地球大数据科学论丛　郭华东　总主编

20 世纪 40 年代以来
中国大陆海岸线演变特征

侯西勇　张玉新　李　东等　著

科学出版社

北　京

内 容 简 介

本书系统分析和阐述20世纪40年代以来约80年间中国大陆海岸线的时空变化特征，包括：海岸线长度与结构、海岸线开发利用程度、海岸线变化速率、海岸线分形维、海岸带陆海格局、海湾形态等方面的格局与过程特征，并对大陆海岸线变化的影响因素、环境与生态效应等进行分析和总结，提出进一步加强大陆海岸线保护的政策与对策。

本书可供海岸带区域自然资源与生态环境保护、修复和管理的政府部门工作人员，以及地球信息科学、地理科学、海洋科学、环境科学、生态学等领域的专业科研人员参考阅读。

审图号：GS 京(2022) 1452 号

图书在版编目(CIP)数据

20 世纪 40 年代以来中国大陆海岸线演变特征 / 侯西勇等著. -- 北京 : 科学出版社, 2024. 6. -- (地球大数据科学论丛 / 郭华东总主编).

ISBN 978-7-03-078944-0

Ⅰ. P737. 172

中国国家版本馆 CIP 数据核字第 202482NT45 号

责任编辑：谢婉蓉　董　墨/责任校对：郝甜甜

责任印制：赵　博/封面设计：蓝正设计

科学出版社 出版

北京东黄城根北街 16 号

邮政编码：100717

http://www.sciencep.com

涿州市般润文化传播有限公司印刷

科学出版社发行　各地新华书店经销

*

2024 年 6 月第　一　版　开本：720×1000　B5

2024 年10月第二次印刷　印张：28 1/4

字数：567 000

定价：368. 00 元

(如有印装质量问题，我社负责调换)

“地球大数据科学论丛”编委会

作者名单

主　　　笔：侯西勇

副　主　笔：张玉新　李　东

参与编写人员：李晓炜　樊　超　徐　鹤　宋　洋

技　术　支　持：毋　亭　王远东　陈　晴　王晓利　邸向红
杜培培　宋百媛　侯　婉　于良巨　吴　莉
刘　静　常远勇　刘玉斌　王俊惠　方晓东
孙　敏　张春艳　李　卉

“地球大数据科学论丛”序

第二次工业革命的爆发，导致以文字为载体的数据量约每10年翻一番；从工业化时代进入信息化时代，数据量每3年翻一番。近年来，新一轮信息技术革命与人类社会活动交汇融合，半结构化、非结构化数据大量涌现，数据的产生已不受时间和空间的限制，引发了数据爆炸式增长，数据类型繁多且复杂，已经超越了传统数据管理系统和处理模式的能力范围，人类正在开启大数据时代新航程。

当前，大数据已成为知识经济时代的战略高地，是国家和全球的新型战略资源。作为大数据重要组成部分的地球大数据，正成为地球科学一个新的领域前沿。地球大数据是基于对地观测数据又不唯对地观测数据的、具有空间属性的地球科学领域的大数据，主要产生于具有空间属性的大型科学实验装置、探测设备、传感器、社会经济观测及计算机模拟过程中，其一方面具有海量、多源、异构、多时相、多尺度、非平稳等大数据的一般性质，另一方面具有很强的时空关联和物理关联，具有数据生成方法和来源的可控性。

地球大数据科学是自然科学、社会科学和工程学交叉融合的产物，基于地球大数据分析来系统研究地球系统的关联和耦合，即综合应用大数据、人工智能和云计算，将地球作为一个整体进行观测和研究，理解地球自然系统与人类社会系统间复杂的交互作用和发展演进过程，可为实现联合国可持续发展目标(SDGs)做出重要贡献。

中国科学院充分认识到地球大数据的重要性，2018年年初设立了A类战略性先导科技专项“地球大数据科学工程”(CASEarth)，系统开展地球大数据理论、技术与应用研究。CASEarth旨在促进和加速从单纯的地球数据系统和数据共享到数字地球数据集成系统的转变，促进全球范围内的数据、知识和经验分享，为科学发现、决策支持、知识传播提供支撑，为全球跨领域、跨学科协作提供解决方案。

在资源日益短缺、环境不断恶化的背景下，人口、资源、环境和经济发展的矛盾凸显，可持续发展已经成为世界各国和联合国的共识。要实施可持续发展战略，保障人口、社会、资源、环境、经济的持续健康发展，可持续发展的能力建设至关重要。必须认识到这是一个地球空间、社会空间和知识空间的巨型复杂系统，亟须战略体系、新型机制、理论方法支撑来调查、分析、评估和决策。

一门独立的学科，必须能够开展深层次的、系统性的、能解决现实问题的探究，以及在此探究过程中形成系统的知识体系。地球大数据就是以数字化手段连接地球空间、社会空间和知识空间，构建一个数字化的信息框架，以复杂系统的思维方式，综合利用泛在感知、新一代空间信息基础设施技术、高性能计算、数据挖掘与人工智能、可视化与虚拟现实、数字孪生、区块链等技术方法，解决地球可持续发展问题。

"地球大数据科学论丛"是国内外首套系统总结地球大数据的专业论丛，将从理论研究、方法分析、技术探索以及应用实践等方面全面阐述地球大数据的研究进展。

地球大数据科学是一门年轻的学科，其发展未有穷期。感谢广大读者和学者对本论丛的关注，欢迎大家对本论丛提出批评与建议，携手建设在地球科学、空间科学和信息科学基础上发展起来的前沿交叉学科——地球大数据科学。让大数据之光照亮世界，让地球科学服务于人类可持续发展。

郭华东
中国科学院院士
地球大数据科学工程专项负责人
2020年12月

序

20 世纪 40 年代以来，中国的经济社会发生了巨大的变革，自然环境也经历了广泛而剧烈的变化。中国海岸带位于亚欧大陆东部、太平洋西岸，南北及东西之间均跨越广阔的空间，海岸带区域自然环境兼受陆地和海洋的双重影响以及自然和人文的耦合作用，在过去近 80 年间，其发生的一系列变化的剧烈程度和复杂程度尤为突出。大陆海岸带是最典型和最受关注的地球单元之一，其在过去近 80 年间的时空演变过程和特征构成同期中国海岸带区域自然环境和经济社会因素剧烈变化最具代表性的“写真”和“缩影”。

侯西勇等学者十年磨一剑，完成《20 世纪 40 年代以来中国大陆海岸线演变特征》一书，这是一部颇具分量的学术著作。该书广泛收集能够反映 20 世纪 40 年代以来不同历史阶段中国海岸带区域基本状况和特征的地图与海图资料、卫星影像等信息，应用遥感技术、地理信息系统技术以及多学科的模型方法，深入分析、系统阐述了过去近 80 年间中国大陆海岸线变迁的过程、特征、规律和机制。这一研究具有很强的科学意义和实践指导价值。

该书的出版能够增进对中国海岸带区域自然环境和经济社会长期演变特征的理解和认识，丰富该领域研究的成果，并将为中国大陆海岸线保护、海岸带综合管理和海岸带可持续发展提供很有价值的参考。

值此书付梓之际，笔者得以先睹为快，我愿向大家郑重推荐这本理论与实际密切结合的学术专著。

中国科学院院士

地球大数据科学工程专项负责人

2023 年 6 月 25 日

前　言

20 世纪 40 年代以来中国发生了天翻地覆的变化：1945 年抗日战争胜利；1949 年 10 月 1 日中华人民共和国宣告成立，中国历史开启新的纪元；1953 年开始实施第一个“五年计划”，标志着我国系统建设社会主义的开始；1978 年确立改革开放政策，开始建立社会主义市场经济体制；至 2019 年改革开放 40 周年和中华人民共和国成立 70 周年，中国已经从一个积贫积弱的国家跃升为世界第二大经济体。伴随过去近 80 年剧烈的时代变迁，中国沿海区域更是“节物风光不相待，桑田碧海须臾改”，经济社会和自然环境等都已时异事殊。沿海区域是指有海岸线（大陆岸线和岛屿岸线）的地区，如欲见微知著，从某一侧面出发记载、反映和回溯中国沿海区域过去近 80 年间剧烈变化“故事”的梗概，毋庸置疑，海岸线是最恰当不过的切入点之一，将其作为“故事”的主角亦是毫不过分的。正因如此，笔者基于已经持续了十年之久的中国大陆海岸线时空变化特征相关研究工作，进行系统性梳理、完善、总结和提升，赶在 21 世纪第 3 个十年的开端形成了这一著作。

在我国，政府部门和专家学者都十分重视海岸线资源的调查和研究，并已开展了大量的工作。例如，20 世纪 70 年代，由解放军海军航海保证部通过大比例尺地图量测方式获得并由国务院发布的中国大陆海岸线长度为 1.8 万 km，这一数字直至当前仍然在普遍使用；20 世纪 80 年代中期，我国开展了全国海岸带和海涂资源综合调查，海岸线资源调查是其中的重要任务之一；21 世纪初期，国家海洋局组织开展了我国近海海洋综合调查与评价专项（简称 908 专项），其中也对海岸线资源进行了调查和修测；2019 年，自然资源部又启动了新一轮的全国海岸线修测工作。相较于上述工作，本研究更加注重在地球大数据科学与技术深入应用的基础上对中国大陆海岸线长期的变迁特征进行系统性的分析。十年磨剑，研究工作主要得到了如下科研项目的资助：中国科学院战略性先导科技专项（A 类）（应对气候变化的碳收支认证及相关问题）子课题——典型海岸带区域渔业生产与海岸线变化（XDA05130703，2011～2015 年）；国家自然科学基金国际（地区）合作与交流项目——面向生物多样性和生态系统服务可持续利用的跨系统、统一的全球及区域社会-生态研究（31461143032，2015～2016 年）；中国科学院战略性先导科技专项（A 类）（地球大数据科学工程）子课题——海岸带气候变化风险综合评估与决策支持系统(XDA19060205，2018～2022年)。特别感谢上述科研项目的支持以及项目首席科学家和众多专家学者的关心、帮助和支持，他们是吕厚远研究员、于秀波研究员、郭华东研究员、李超伦研究员、苏奋振研究员等。本书撰写和出版得到中国科学院战略性先导科技专项(A类)地球大数据科学工程“地球大数据科学论丛”、中国科学院烟台海岸带研究所自主部署项目(YICY755011031)的共同资助，对此表示真诚的感谢。尤须感谢十年间中国科学院烟台海岸带研究所几任领导对研究工作的关心、帮助和支持，他们是施平研究员、骆永明研究员、孙松研究员、杨红生研究员、高玲瑜书记等。特别感谢郭华东研究员、王庆教授、牛振国研究员对本书内容修改和质量提升而提出非常中肯和极具建设性的意见和建议。

全书共18章，由侯西勇、张玉新、李东组织撰写和统稿。各章的主要内容和作者如下：

第1章“中国海岸带基本特征”通过文献综述，对中国海岸带的位置与范围、自然地理特征、经济社会发展特征等进行必要的、概括性的介绍，由李晓炜负责。

第2章“国内外海岸线变化研究进展”基于文献计量学的方法对海岸线变化研究发展历程进行分析，并对若干热点问题的研究进展进行文献综述，由张玉新负责。

第3章“中国大陆海岸线提取的地球大数据平台”介绍不同时期中国大陆海岸线信息提取的主要数据源、辅助数据以及软硬件环境和地球大数据平台，由侯西勇负责。

第4章“中国大陆海岸线分类及提取方法”介绍本书采用的海岸线的概念和方法框架，包括海岸线定义、指示岸线、分类系统、空间信息提取标准规范、南北端点确定方法、时空数据模型等，由侯西勇负责。

第5章“中国大陆海岸线提取结果精度评估”介绍多时相大陆海岸线数据精度评估的方法和结果，包括海岸线数据误差阈值计算、海岸线野外科学考察及位置测量、海岸线数据实际误差及其与误差阈值的对比特征，由侯西勇负责。

第6章“中国大陆海岸线长度与结构的格局与过程”从中国大陆海岸线整体、分海域和分省区3个层面，分析和总结大陆海岸线长度和类型结构的变化特征，由张玉新负责。

第7章“中国大陆海岸线开发利用程度的格局与过程”从中国大陆海岸线整体、分海域、分省(区、市)以及135个空间单元4个层面，计算海岸线开发利用程度综合指数，分析和揭示大陆海岸线开发利用程度的变化特征，由张玉新、侯西勇负责。

第 8 章“中国大陆海岸线变化速率的格局与过程”计算不同时段大陆海岸线变化的速率，从中国大陆海岸线整体、分海域、分省(区、市)以及 135 个空间单元 4 个层面分析和揭示大陆海岸线空间位置的变化特征，由张玉新负责。

第 9 章“中国大陆海岸带陆海格局的时空变化特征”从中国大陆海岸带整体、分海域、分省(区、市)以及 135 个空间单元 4 个层面出发，分析和揭示由于海岸线变化导致的陆海格局的变化特征，由张玉新负责。

第 10 章“中国大陆海岸线分形维数的格局与过程”从中国大陆海岸线整体、分海域和分省(区、市)3 个层面，利用网格法计算海岸线的分形维数，分析和揭示大陆海岸线分形维数的变化特征，由张玉新负责。

第 11 章“中国大陆沿海主要海湾形态变化特征”针对中国大陆沿海的主要海湾，建立不同时期的封闭图斑数据，计算多个形态特征指数，分析和揭示大陆沿海主要海湾几何形态的变化特征，主要由徐鹤、侯西勇负责。

第 12 章“渤海海岸线及海湾形态变化特征”基于多时期海岸线数据与水下地形等数据，点、线、面、体多维度相结合，综合分析和揭示渤海及其 4 个子区域的形态变化特征，主要由宋洋、侯西勇负责。

第 13 章“龙口湾岸线及海湾形态变化特征”将多时期的海岸线、水下地形、多波束扫测等数据相结合，分析龙口湾围填海发展导致的海岸线变化和水下地形变化特征，以及近期人工岛建设导致的微地形变化特征，由李东负责。

第 14 章“杭州湾岸线及海湾形态变化特征”将多时期的海岸线、水下地形等数据相结合，分析杭州湾自然因素和多种人类活动所导致的海岸线和水下地形的变化特征，由樊超负责。

第 15 章“钦州湾岸线及海湾形态变化特征”将多时期的海岸线、水下地形等数据相结合，分析钦州湾陆域人类活动、海岸带围填海、港口发展等因素带来的海岸线和水下地形的变化特征，由李东负责。

第 16 章“中国大陆海岸线变化的影响因素”在上述针对过去 80 年间中国大陆海岸线变化特征等深入研究的基础上，结合文献综述，分析中国大陆海岸线变化的主要影响因素和影响机制，由李晓炜负责。

第 17 章“大陆海岸线变化的环境与生态效应”在上述针对过去 80 年间中国大陆海岸线变化特征等深入研究的基础上，结合文献综述，分析中国大陆海岸线变化对海岸带资源、环境、生态系统和自然灾害等的影响特征，由李东负责。

第 18 章“大陆海岸线保护的政策与对策建议”在上述研究的基础上，梳理近年来我国海岸带相关的重大政策和生态修复措施的演进过程，分析其成效，并着眼未来，提出进一步加强大陆海岸线保护的政策建议和对策措施，由李东、徐鹤、侯西勇负责。

限于作者水平，本书难免存在不足和疏漏之处，真诚地恳请各位读者给予批评和指正。

侯西勇

2021 年世界湿地日于烟台

目　录

第 1 章

中国海岸带基本特征

中国海岸带位于亚欧大陆的东部、太平洋的西岸，空间范围广阔，拥有独特的地质构造和丰富的地貌类型，由北向南纵跨暖温带、北亚热带、中亚热带、暖亚热带、北热带、南热带六个气候带，在气候、水文、土壤、植被和景观等方面均显示出陆海交汇的地带特征和陆海交互的过程特征，区位的独特性和优越性使得海岸带孕育有非常丰富的湿地、生物及矿产资源。

得益于此，中国海岸带区域经济社会较为发达，汇聚了长江三角洲、珠江三角洲和环渤海经济区等具有国家战略意义和全球竞争力的经济区。2018 年，中国海岸带 14 个省(区、市)人口占全国人口的 44.88%，沿海 11 个省(区、市)地区生产总值占全国(不含港、澳、台)生产总值的 55%以上。近 20 年来，随着中国区域协调发展战略的稳步实施，海岸带地区依靠本身的区位优势和改革开放的先发优势，对中、西部区域乃至全国经济社会的高质量发展和创新驱动发展发挥出了显著的示范带动和辐射推进作用。

本章主要从位置与范围、自然地理和经济社会发展等方面就中国海岸带的基本特征进行简要介绍，以期为本书后续章节内容的展开提供必要的基础知识和信息。

1.1 位置与范围

中国海岸带位于亚欧大陆的东部、太平洋的西岸(苏奋振等，2015)；从行政区划上来看，中国海岸带区域涉及的省级行政区由北向南包括辽宁省、河北省、天津市、山东省、江苏省、上海市、浙江省、福建省、台湾省、广东省、香港特别行政区、澳门特别行政区、广西壮族自治区和海南省，共 14 个省(区、市)(图 1.1)。

海岸带的概念和内涵处于不断发展的过程中，国内外学者对海岸带空间范围的认定也在不断地发展和变化，但目前仍然没有一个公认的概念和范围界定方案。狭义的海岸带是指传统的地貌学研究中的定义，即海岸带是海洋和陆地相互作用的地带，包括海岸、潮间带和水下岸坡3个部分，其中，低潮位和高潮位之间的部分称为潮间带，向陆一侧至激浪作用可达的上界部分称为海岸，向海一侧至波浪有效作用的下界部分称为水下岸坡(伍光和等，2003)。广义的海岸带是指以海岸线为基准，向海陆两个方向辐射扩散的广阔地带，包括沿海平原、河口三角洲、浅海大陆架等，一直延伸到大陆边缘的地带(骆永明，2016)。我国20世纪80年代开展的全国海岸带和海涂资源综合调查中规定的海岸带调查工作的空间范围为海岸线向陆延伸10 km，向海延伸到15 m等深线(陈宝红等，2001)。我国2004～2012年间开展了近海海洋综合调查与评价专项(简称908专项)，在其《海岸带调查技术规程》中规定“调查范围为我国大陆和海南岛海岸带，具体以潮间带为中心，自海岸线向陆延伸1 km，向海延伸至海图0 m等深线”(国家海洋局908专项办公室，2005)。海岸带区域范围的划定研究中，主要的划界标准包括自然标志、行政边界、政治边界、任意距离、环境单元等，划分结果差异显著，各有其合理性，但亦有其明显的不足(赵锐和赵鹏，2014)。

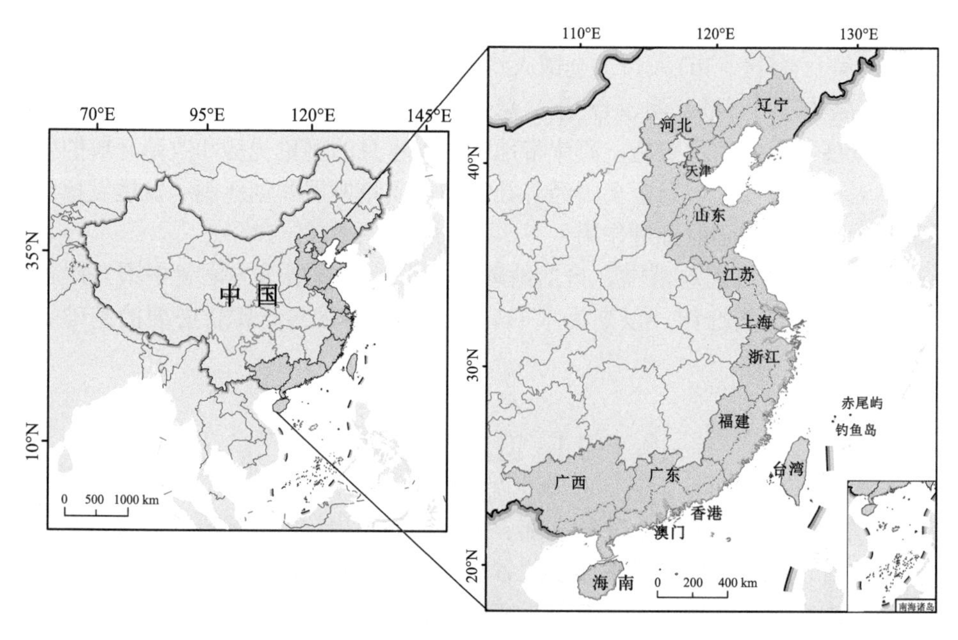

图1.1　中国沿海省(区、市)示意图

1.2　自然地理特征

1.2.1　地质地貌

中国海岸带区域在地质构造方面纵跨中朝准地台、扬子准地台、华南褶皱系、台湾褶皱系、南海地台 5 个单元(郭振仁，2013)；自北至南分别为辽东半岛隆起带、辽河平原沉降带、燕山隆起带、华北平原沉降带、山东半岛隆起带、苏北-杭州湾沉降带、浙闽粤桂隆起带，呈现为隆起-沉降交替的格局特征(苏奋振等，2015)；海岸带的活动断裂主要为北东-北北东向和北西-北西西向，主要断裂带包括郯庐断裂带、张家口-蓬莱断裂带、华南滨海断裂带、泉州-台湾断裂带等，断裂带多发地震，地震高发区包括环渤海地区、台湾海峡西部以及琼州海峡沿岸(印萍等，2017)。

中国海岸带区域地貌类型的多样性非常丰富，可以分为自然地貌和人工地貌两大类(苏奋振等，2015)，其中：自然地貌主要包括侵蚀剥蚀中山、侵蚀剥蚀低山、侵蚀剥蚀高丘、侵蚀剥蚀低丘、侵蚀剥蚀高台地、侵蚀剥蚀低台地、洪积冲积台地、冲积海积台地、熔岩台地、火山、洪积冲积平原、冲积平原、冲积海积平原、三角洲平原、潟湖平原、海积平原、侵蚀剥蚀平原，以及陡崖、河流、湖泊、风成沙地、风成沙丘、淤泥滩、砂滩、砾滩、岩滩、礁坪、红树林滩、沙坝、水下三角洲、水下浅滩等；人工地貌主要包括水库、码头、养殖场、盐田、圩田、基塘、海堤、河堤、避潮墩等。中国海岸带以杭州湾为界，南北之间的地貌类型宏观差异显著，杭州湾以北山地、平原相间分布，杭州湾以南则是以山地为主(郭振仁，2013)。

国际海道测量组织(International Hydrographic Organization，IHO)和联合国教科文组织(UNESCO)政府间海洋学委员会(Intergovernmental Oceanographic Commission，IOC)联合开展了全球海陆数据库(General Bathymetric Chart of the Oceans，GEBCO)项目，以期为全球海洋科学研究提供权威的、公开的海底测深数据集(GEBCO Compilation Group[①])，根据其新近发布的 15 角秒分辨率全球海陆地形模型(global terrain model for ocean and land，GEBCO_2020 Grid)数据[②]进行分析，数据表明：

① GEBCO Compilation Group. 2020. GEBCO 2020 Grid (doi:10.5285/a29c5465-b138-234d-e053- 6c86abc040b9).

② https://www.gebco.net/data_and_products/gridded_bathymetry_data/gebco_2020/.

1. 中国海岸带陆域以杭州湾为界，南北之间的高程差异非常显著

杭州湾以北以平原地貌为主，高程多低于40 m，仅在辽宁省东西两侧、河北省北部、山东半岛及山东省的南部分布有丘陵、山地，其高程普遍低于500 m，少数区域的高程高于500 m；杭州湾以南则以丘陵山地为主，平原低地的面积很少，低山丘陵广泛分布于浙江中南部、福建、台湾中东部、广东北部、广西北部、海南中部等区域，高程多介于100～1000 m之间，少数区域高于1000 m，高程低于40 m的低地平原区域仅分布于沿海较窄的范围内。

2. 中国海岸带所濒海域的水深呈现出北部浅南部深的宏观格局特征

渤海海域水深较浅，多介于10～40 m之间，仅在渤海海峡附近水深逐渐加深至约70 m；黄海海域由岸线向海方向的水深逐渐增加，离岸约0～150 km范围内的水深多介于0～40 m之间，离岸约150～230 km海域范围的水深多介于40～70 m之间，离岸约230～400 km海域范围的水深多介于70～100 m之间；东海与黄海类似，总体上离岸越远水越深，但东海海域的平均水深及水下坡度均明显大于黄海海域，在离岸约0～80 km范围的海域水深多介于0～70 m之间，离岸约80～180 km范围的海域水深多介于70～100 m之间，离岸约180～380 km范围的海域水深多介于100～200 m之间，东海东部近琉球群岛海域水深多介于500～2200 m之间；南海大部分区域的水深大于1000 m，深水区甚至超过5000 m。

1.2.2 气候特征

中国海岸带地处东亚季风区，气候湿润，雨热同期，风向季节变化明显，夏季受印度低压和太平洋副热带高压作用，以偏南风为主，冬季受蒙古高压的影响，以偏北风为主，气候特征的南北差异极为显著，气温、降雨、湿度等由北向南均表现为逐渐升高的趋势(李培英等，2007；郭振仁，2013)。整个海岸带自北至南纵跨暖温带、北亚热带、中亚热带、暖亚热带、北热带、南热带六个气候带，其中，气候较为相近的北亚热带和中亚热带可并称为亚热带，北热带和南热带可并称为热带，暖温带区域自辽宁鸭绿江口至江苏灌溉总渠，亚热带区域自江苏灌溉总渠至闽江口，暖亚热带区域自闽江口至广西北仑河口，热带区域主要为雷州半岛、海南岛、南海诸岛，各气候带中以亚热带区域分布最为广泛，其面积占整个海岸带的60%以上(李培英等，2007)。

在各气候带中，亚热带是蒸发量最小的类型区域，暖亚热带和热带相对湿度较大，除亚热带呈现为春秋两个雨季外，其他气候带降雨均集中在夏季；暖温带区域的气象灾害主要包括寒潮、海冰、大风、风暴潮，亚热带区域的气象灾害主

要有寒潮、热带气旋、海浪，暖亚热带和热带区域的气象灾害主要包括海浪、热带气旋、暴雨[①]（李培英等，2007；郭振仁，2013）。在各种气象灾害中，以热带气旋对我国海岸带区域的影响最广泛、最深远，主要发生在每年的 6～10 月，并在 8 月达到数量峰值，主要的登陆地包括广东、广西、台湾、海南、福建和浙江等省（区），灾次指数由东南向西北呈现递减趋势（郭腾蛟等，2014；张春艳等，2020）。

中国海岸带区域的气候变化较为显著。据沿海省（区、市）气象台站日值监测数据分析，1955～2014 年的 60 年间，中国沿海省（区、市）的气温呈显著增加趋势，日照时数和相对湿度呈下降趋势，降雨量略有增加（王晓利和侯西勇，2019）。在全球气候变暖的背景下，中国海岸带区域的海表温度、气温均呈升高趋势，气压呈下降趋势，1980～2019 年间，中国沿海区域海温上升速率达 0.25℃/10a，气温上升速率达 0.38℃/10a，气压下降速率为 0.16 hpa/10a（自然资源部海洋预警监测司，2020a）。在全球气候变化的背景下，中国海岸带区域的气象灾害亦有较为明显的变化，以热带气旋为例：1951～2017 年间，登陆的热带气旋共计 490 个（年均 7.4 个，登陆大陆和岛屿的分别为 272 和 218 个），占西北太平洋地区总量的 27.96%；且年际变化特征明显，登陆数量最高和最低年份分别为 1971 年（12 个）和 1969 年（3 个），67 年间登陆热带气旋的个数、频次和强度总体呈现波动下降的趋势；登陆的位置有向北（高纬度）转移的趋势，高强度热带气旋的数量也呈现显著增加的趋势（张春艳等，2020）。

1.2.3　陆海水文

中国海岸带陆地水文水资源的一级分区，自北向南依次为：辽河区、海河区、黄河区、淮河区、长江区、东南诸河区、珠江区，其中，入海水量高值区依次为长江区、珠江区、东南诸河区（中华人民共和国水利部，2019）。2018 年，全国入海水量达 15598.7 亿 m^3（中华人民共和国水利部，2019）。主要的入海河流包括：辽河、滦河、海河和黄河，流入渤海海域；鸭绿江和淮河，流入黄海海域；长江、钱塘江、瓯江和闽江，流入东海海域；韩江和珠江，流入南海海域（安鑫龙等，2005）。20 世纪中期以来，中国入海河流的入海泥沙量大幅减少（陈吉余，2010）。据代表水文站多年实测数据统计，长江、黄河、珠江、淮河、辽河、海河、闽江、钱塘江 8 条主要入海河流，1950～2015 年平均输沙总量为 14.72 亿 t/a，其中 2009～2018 年平均输沙总量降至 3.21 亿 t/a；而年径流总量的变化并不显著，仅呈微弱下降趋势，1950～2015 年平均径流总量 13231.76 亿 m^3/a，其中 2009～2018 年平均径流总量 12954.2 亿 m^3/a（中华人民共和国水利部，2019）。

---

① 自然资源部海洋预警监测司. 2020b. 2019 中国海洋灾害公报。

中国大陆沿海海域包括渤海、黄海、东海、南海 4 大海域，其中，黄海又可分为北黄海和南黄海两部分。沿海海域的潮汐类型复杂多样，正规和不正规半日潮、正规和不正规全日潮在各海区均存在；潮差以东海最大，黄渤海次之，南海最小；潮流以半日潮为主，沿岸海域以往复流为主，水深开阔海域以旋转流为主；主要海流包括中国沿岸流（渤海沿岸流、辽南沿岸流、黄海沿岸流、浙闽沿岸流、南海沿岸流）、台湾暖流和黑潮；沿海海浪除成山角至石臼所以涌浪为主外，其他海域多以风浪为主，东海海浪波高和波周期均为最大，南海次之，黄渤海最小（李培英等，2007）。

全球气候变化、海平面上升的现象在中国海岸带区域非常显著。海平面监测分析结果显示，中国沿海海平面呈波动上升趋势，1980～2019 年海平面上升速率为 3.4 mm/a，高于全球平均水平，其中 2010～2019 年平均海平面为近 40 年最高，2019 年渤海、黄海、东海和南海海平面比常年（1993～2011 年）分别高出 74 mm、48 mm、88 mm 和 77 mm[①]。

1.2.4 植被分布

中国海岸带的植被类型较为多样，从北到南主要包括：温带针阔叶混交林区域、温带草原区域、暖温带落叶阔叶林区域、亚热带常绿阔叶林区域、热带季雨林雨林区域。受建群植物区系特征和地理分布、地貌、气候、土壤、水文以及人类活动共同影响，中国海岸带区域人工植被分布面积大于自然植被，人工植被主要分布于陆域平原区，自然植被主要分布于陆域的丘陵山地区以及潮间滩涂区域。海岸带区域植被面积中约 50%为草本栽培植被，约 15%为木本栽培植被，自然植被中，滨海盐生、沙生植被南北广布（苏奋振等，2015）。

中国海岸带区域的自然植被以盐沼植被、红树林和海草床为主，盐沼植被分布于中国沿海的河口和潮间带滩涂，北方海岸带以芦苇群落（Ass. *Phragmites australis*）、碱蓬群落（Ass. *Suaeda glauca*）和柽柳群落（Ass. *Tamarix chinensis*）为主，南方海岸带则以茳芏群落（Ass. *Cyperus malaccensis*）、芦苇群落、盐地鼠尾粟群落（Ass. *Sporobolus virginicus*）和海雀稗群落（Ass. *Paspalum vaginatum Sw.*）为主（李捷等，2019）。红树林生态系统主要分布在北纬 27°20′以南的滨海地区，包括浙江南端、福建南部、台湾南部、广东、澳门、香港、广西以及海南沿海，且由北向南递增，多生长于河口、海湾、潟湖中，中国真红树和半红树植物有 34～38 种，以秋茄树（*Kandelia obovata*）、白骨壤（*Avicennia marina*）、桐花树（*Aegiceras corniculatum*）为主（郭振仁，2013；苏奋振等，2015；李捷等，2019）。海草床主

① 自然资源部海洋预警监测司. 2020a. 2019 年中国海平面公报。

要分布于黄渤海和南海的浅海水域，截至 2013 年，中国海草有 22 种，其中，黄渤海区有海草 9 种，以大叶藻(*Zostera marina*)为广布种，南海区有海草 15 种，以喜盐草(*Halophila ovalis*)为广布种，黄渤海区海草床主要分布于山东荣成和辽宁长海沿海，南海区海草床主要分布于南海东部、广东湛江、广西北海和台湾东沙岛沿海(郑凤英等，2013)。

近年来，中国海岸带滩涂湿地正面临日益严峻的生物入侵问题，对原生滩涂植物物种以及滩涂湿地生态系统构成了非常严重的威胁和破坏：20 世纪 70 年代，为了固滩护岸、防风防浪，原生于北美洲大西洋沿岸的禾本科多年生草本植物互花米草(*Spartina alterniflora*)被引种至中国沿海(左平等，2009)，经人为引种和自然扩散，目前已经蔓延至中国海岸带区域的全部 14 个省(区、市)，以江苏海岸带区域的分布面积最广，其次为浙江、福建和上海海岸带(罗敏，2019)。互花米草对气候、环境的适应性和耐受能力非常强，正因如此，对我国海岸带生态系统的负面影响极为突出，造成巨大的危害。例如，互花米草在滩涂及河口区域，均呈现出与本地物种的竞争关系，在苏北无原生植被的光滩扩散最快，入侵态势极为严峻(左平等，2009；罗敏，2019)。2003 年国家环境保护部正式将互花米草列为入侵物种，但互花米草的控制和治理难度极大，中国沿海区域互花米草种群的分布面积增长极为迅速，已经由 2007 年前后的约 3.4 万 hm^2 增长至 2015 年的 5.5 万 hm^2(左平等，2009；Lu and Zhang，2013；Zhang et al.，2017；Liu et al.，2018)，成为中国海岸带植被的“超级入侵者”。

1.2.5 土壤类型

中国海岸带区域南北及东西的跨度均非常显著，主要受风化壳、气候、植被等因素的影响，发育形成了多种多样的土壤类型，具体而言，中国海岸带的土壤类型共计 17 个土类 53 个亚类，其中分布面积所占比例较大的土类依次为滨海盐土、水稻土、潮土、棕壤、砖红壤、红壤和赤红壤(巴逢辰和冯志高，1994；郭振仁，2013)。潮间带、陆域平原区和陆域丘陵山地区的土壤类型各不相同，其中，潮间带分布有 2 个土类 5 个亚类，土类包括滨海盐土和潮土，并以滨海盐土为主，土壤含盐量较高，沿海各省(区、市)均有分布，潮土仅分布于长江口沙岛；陆域平原区分布有 6 个土类 21 个亚类，土类包括水稻土、潮土、滨海盐土、沼泽土、砂姜黑土、风砂土，陆域平原是中国沿海区域重要的农耕分布区，因陆海间相互作用突出，除风砂土外，其他土类均存在含盐亚类；陆域丘陵山地区分布有 12 个土类 30 个亚类，土类包括棕壤、砖红壤、赤红壤、红壤、水稻土、褐土、黄棕壤、黄壤、燥红土、紫色土、红色石灰土、磷质石灰土，丘陵山地区域的土壤以林用地为主，在浙江、福建、广东、广西和辽宁等地的丘陵区，水稻土也有较大面积的分布(巴逢辰和冯志高，1994)。

根据土壤的化学组成特征，中国海岸带区域南北分属两个土壤地球化学分区，大体以长江为界，以北为硅铝土区，以南则为铁铝土区，由北至南土壤的 pH 值呈现为降低的变化趋势、土壤淋溶作用呈现为加强的变化趋势：北方硅铝土区以黏壤土为主，土壤酸碱度呈中至微酸，矿物主要为2∶1类型的硅酸盐，土壤以缺磷、钾为主要特征；南方铁铝土区以黏土为主，土壤酸碱度呈酸性，矿物主要为1∶1类型的硅酸盐，土壤铁、铝的含量较高，缺钾、磷的状况较为突出，有效性硼、钼、氟缺少，锌、铜、锰、铁等微量元素的含量较高(龚子同，2014)。最近几十年来，伴随着沿海区域经济社会的迅速发展，工业化、城市化突飞猛进，中国海岸带区域的土壤污染问题逐渐凸显，污染物类型主要包括重金属(铜、硫化物、砷等)、持久性有机污染物(有机氯及多氯联苯、多环芳烃等)、抗生素、溴代化合物以及微塑料等(吕剑等，2016；周倩等，2016)。与此同时，由于沿海海平面上升和地面沉降、陆地区域水资源开采量巨大、入海河流河口入海淡水通量减少、沿海地下古卤水开采等，加剧了海咸水入侵，土壤盐渍化问题在海岸带区域也日益突出(徐兴永等，2020)。

1.2.6 自然资源

中国海岸带自然资源丰富，包括气候资源、矿产资源、油气资源、岸线资源、湿地生态系统、生物资源、渔业资源等，类型多样、数量丰富。

湿地生态系统的类型丰富多样，包括淡水沼泽、半咸水沼泽、咸水沼泽、红树林沼泽、海草床，以及砂砾滩、粉砂质淤泥滩、淤泥滩、牡蛎礁、珊瑚礁、河口湾、潟湖、海湾等(刘宝银和苏奋振，2005)。杭州湾以北以砂质和淤泥质海滩为主，潮上带、潮间带、潮下带滩涂湿地分布广泛，碱蓬(*Suaeda glauca* (Bunge) Bunge)、柽柳(*Tamarix chinensis*)、芦苇(*Phragmites australis*)等湿地植被非常丰富；杭州湾以南以基岩性海滩为主，在河口及海湾淤泥滩分布有红树林，台湾、海南及西沙群岛、南沙群岛沿海分布有珊瑚礁(安鑫龙等，2009)。

盐沼、红树林、海草床等海岸带生态系统具有高固碳能力，是极为宝贵的蓝碳生态系统，据估算，中国海岸带蓝碳生态系统年碳汇量约126.88～307.74万 tCO_2，总储碳量高达13877～34895万 tCO_2(李捷等，2019)。类型多样、分布广泛的海岸带湿地孕育了丰富的生物多样性，有记录的海岸带湿地生物达8200种(马志军和陈水华，2018)，并为迁徙水鸟提供了重要的停歇地、越冬地及繁殖地，为海洋生物提供了优良的产卵场、育幼场。

中国海岸带区域分布众多的渔场，渔业资源非常丰富，以2018年数据为例，中国大陆沿海海域捕捞产量达到1044.46万 t，其中渤海、黄海、东海和南海海域的捕捞产量分别为 79.03 万 t、238.60 万 t、417.28 万 t 和 309.56 万 t，海洋捕捞产量中鱼类、甲壳类、贝类、藻类、头足类的占比分别为 68.6%、19.0%、4.1%、0.2% 和 5.5%，产量较高的鱼类依次为带鱼（*Trichiurus japonicus*）、鳀（*Engraulis japonicus*）、蓝圆鲹（*Decapterus maruadsi*）、鲐（*Scomber japonicus*）、鲅鱼（*Scomberomorus niphonius*）、金线鱼（*Nemipterus virgatus*）、海鳗（*Muraenesox cinereus*）、鲳鱼（*Pampus*）、小黄鱼（*Pseudosciaena polyactis*）和梅童鱼（*Collichthys*）等，其中最高产的是带鱼和鳀鱼，年捕捞量分别达到 93.94 万 t 和 65.84 万 t（农业农村部渔业渔政管理局等，2019）。

中国海岸带区域油气资源、天然气水合物、滨海砂矿资源的储量非常丰富，其中海洋石油和天然气探明储量分别为 30 亿 t 和 1.74 万亿 m^3，天然气水合物和滨海砂矿预测远景资源量分别为 744 亿 t 油当量和 4749 亿 m^3，潮汐能、波浪能、潮流能、温差能、盐差能、海上风能的开发潜力巨大，蕴藏量总计达 15.8 亿 kW，技术可开发量总计 6.47 亿 kW（国家海洋局海洋发展战略研究所课题组，2017）。

1.3　经济社会发展特征

1.3.1　人口数量及其分布

据《中国统计年鉴 2014》和《中国统计年鉴 2019》数据显示（图 1.2），2009 年中国海岸带 14 个省（区、市）的人口数为 5.99 亿人，自 2009 年以来海岸带人口呈持续上升趋势，至 2018 年的人口数已增长为 6.41 亿人，占全国人口总数的 44.88%。2018 年辽宁、河北、天津、山东、江苏、上海、浙江、福建、广东、广西、海南、香港、澳门、台湾 14 个省（区、市）的人口数依次为：4359 万、7556 万、1560 万、10047 万、8051 万、2424 万、5737 万、3941 万、11346 万、4926 万、934 万、745.1 万、65.9 万、2358.9 万。沿海各省（区、市）人口自然增长率的差异巨大，由高至低依次为海南、广东、广西、福建、山东、澳门、浙江、河北、江苏、上海、天津、香港、台湾、辽宁，最高的为海南省（8.47‰），最低的为辽宁省（−1‰）。2009 年沿海 11 个省（区、市）中（不含港、澳、台），城镇人口比例最低的为广西壮族自治区（39.2%），最高的为上海市（88.6%），至 2018 年，除上海外，各省（区、市）城镇人口比例均有不同程度的升高，广西壮族自治区的城镇人口比例仍为最低，但也已上升至 50.2%（国家统计局，2014；国家统计局，2020）。

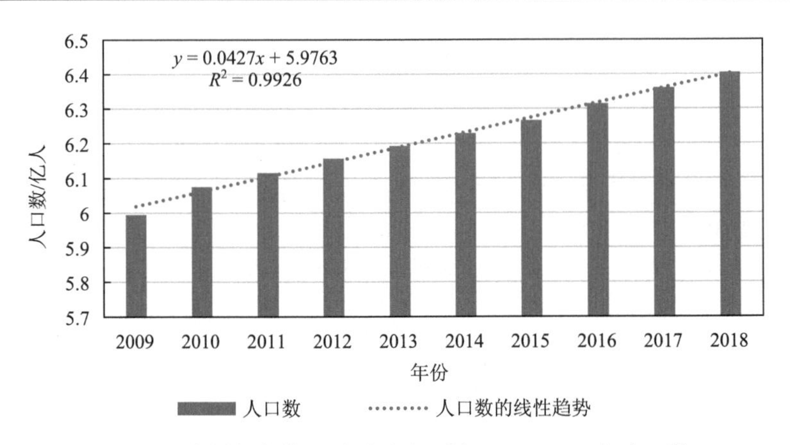

图 1.2　中国海岸带 14 个省(区、市)2009～2018 年人口数

因统计数据口径原因，辽宁省、河北省、天津市、山东省、江苏省、上海市、浙江省、福建省、广东省、广西壮族自治区、海南省为年末人口数，香港特别行政区、澳门特别行政区为年中人口数，台湾省为户籍登记人口数(中华人民共和国国家统计局，2014；国家统计局，2020)。

受海岸带地貌、社会经济因素等的综合影响，中国海岸带区域人口的空间分布差异明显，平原、河口三角洲人口密度较高，山地、滩涂人口密度较低，环渤海、长江三角洲、珠江三角洲区域人口密集，人口密度由城镇向乡村逐级递减，长江以北地区人口呈多层级重心离散分布，长江以南地区人口呈相对集中分布(杜培培和侯西勇，2020)。

1.3.2　经济社会发展水平

中国海岸带区域经济社会发展水平较高，在全国经济社会发展格局中长期居于领先地位，长江三角洲、珠江三角洲和京津冀经济区是具有国家战略意义以及全球竞争力的重要经济区。

根据《中国统计年鉴 2019》数据(图 1.3)，2018 年，中国沿海 11 个省(区、市)(不含港、澳、台)的地区生产总值(GDP)总计 49.63 万亿元，占国内生产总值(不含港、澳、台)的 55.1%，第一、二、三产业增加值分别为 2.69 万亿元、20.89 万亿元和 26.05 万亿元；GDP 最高的四个省依次为广东、江苏、山东和浙江(9.73 万亿元、9.26 万亿元、7.65 万亿元和 5.62 万亿元)，最低的四个省(区)为辽宁、广西、天津和海南(2.53 万亿元、2.04 万亿元、1.88 万亿元和 0.48 万亿元)；人均 GDP 数据，由高至低依次为上海、天津、江苏、浙江、福建、广东、山东、辽宁、海南、河北和广西。产业结构方面，三产中第一产业占比较高的依次为海南、广西、河北和福建(分别达到 20.7%、14.8%、9.3%和 6.7%)，第二产业占比较高的依次为福建、河北、江苏和山东(分别达到 48.1%、44.5%、44.5%和 44%)，第三产业占比较高的依次为上海、天津、海南和浙江(分别达到 69.9%、58.6%、56.6%和 54.7%)(国家统计局，2020)。

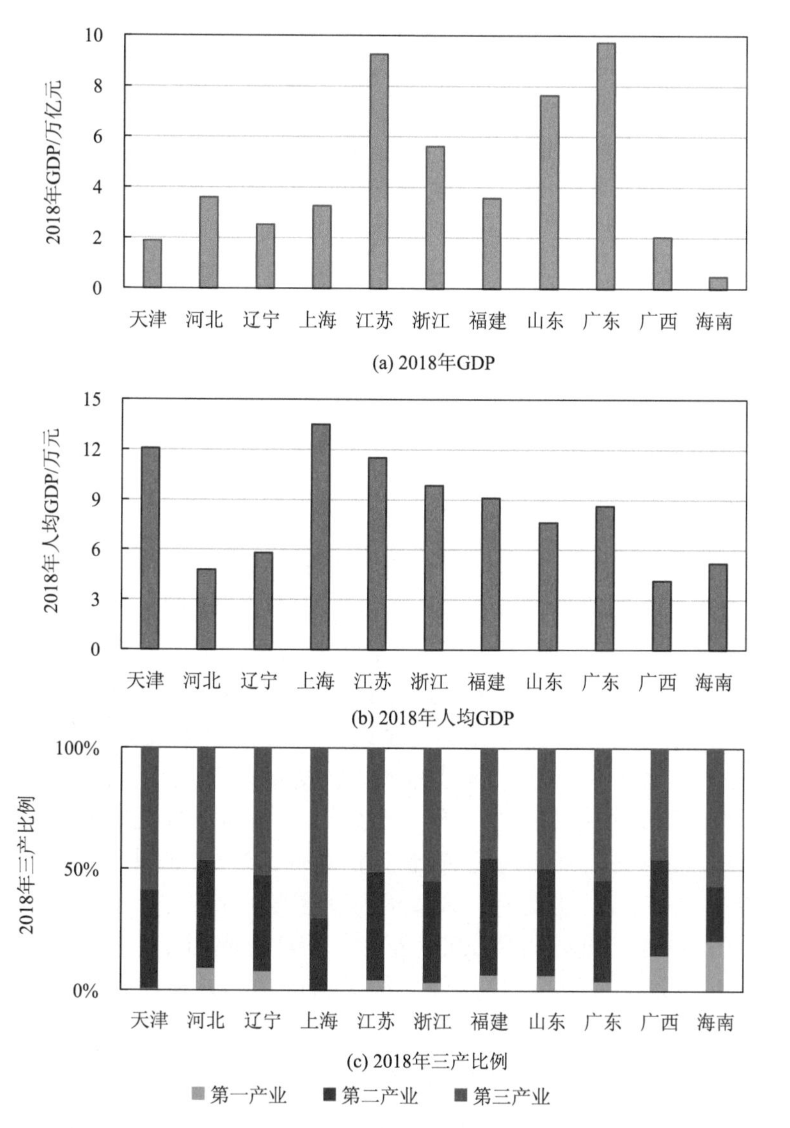

图 1.3　2018 年中国沿海 11 个省(区、市)(不含港、澳、台)GDP、人均 GDP 及三产比例

海岸带区域是中国海洋经济发展的主体区域。海洋经济是开发利用各类海洋产业及相关经济活动的总和。据《2018 年中国海洋经济统计公报》数据，2018 年，中国沿海 11 个省(区、市)(不含港、澳、台)的海洋生产总值高达 8.34 万亿元，

占国内生产总值(不含港、澳、台)的 9.3%，占沿海地区生产总值(不含港、澳、台)的 16.8%，其中，海洋第一、二、三产业的增加值分别为 0.36 万亿元、3.09 万亿元和 4.89 万亿元，占海洋生产总值的比例分别为 4.4%、37.0%和 58.6%；海洋产业主要包括滨海旅游业、海洋交通运输业、海洋渔业、海洋油气业、海洋工程建筑业、海洋化工业、海洋船舶工业、海洋生物医药业、海洋电力业、海洋矿业、海洋盐业、海水利用业，其中，滨海旅游业、海洋交通运输业和海洋渔业的地位最为突出，是海洋产业的三大主要支柱产业，其产业增加值占海洋产业总增加值的比例分别为 47.8%、19.4%和 14.3%；与 2017 年相比，产业增速领先的主要有海洋电力业、海洋生物医药业和滨海旅游业(增速分别为 12.8%、9.6%和 8.3%)，产业下降明显的主要有海洋盐业、海洋船舶工业和海洋工程建筑业(增速分别为–16.6%、–9.8%和–3.8%)[①]。据《中国海洋经济发展报告 2020》数据，2019 年我国海洋生产总值超过 8.9 万亿元，同比增长 6.2%。海洋经济对国民经济增长的贡献率达到 9.1%，拉动国民经济增长 0.6 个百分点[②]。

1.3.3 经济社会对外开放格局

改革开放以来，东部沿海地区实施率先发展战略，经济社会发展速度和发展水平均走在了全国的前面，近 20 年来，为了促进中国区域协调发展战略的推进和实施，东部沿海地区通过进一步深化改革和发展，推出了一系列的国家级发展战略或规划，开始对全国尤其是中西部等地区的经济社会发展发挥出强劲的示范、带动和辐射作用。据不完全统计，进入 21 世纪以来的 20 余年间，中国沿海各地区不断积极探索区域经济社会发展的新模式、新策略和新经验，先后推出国家级及区域层面的区域发展战略、经济区发展规划和多种类型的试验区等，加上能够覆盖到沿海区域(包括沿海局部区域)的其他发展战略，合计多达 20 余个(图 1.4)，主要有：天津滨海新区(2006 年)[③]、广西北部湾经济区(2008 年)[④]、珠江三角洲地区(2008 年)[⑤]、福建海峡西岸经济区(2009 年)[⑥]、江苏沿海地区(2009 年)[⑦]、广东珠海横琴新区(2009 年)[⑧]、辽宁沿海经济带

① 自然资源部海洋战略规划与经济司. 2019. 2018 年中国海洋经济统计公报。

② 自然资源部网站，《中国海洋经济发展报告 2020》发布。

③ 国务院关于推进天津滨海新区开发开放有关问题的意见(国发〔2006〕20 号)。

④ 广西北部湾经济区发展规划(2006～2020)。

⑤ 珠江三角洲地区改革发展规划纲要(2008～2020)。

⑥ 支持福建加快建设海峡西岸经济区的若干意见(国发〔2009〕24 号)。

⑦ 江苏沿海地区发展规划，2009 年 6 月国务院常务会议审议通过。

⑧ 横琴总体发展规划，2009 年 8 月国务院正式批准实施。

(2009 年)[①]、黄河三角洲高效生态经济区(2009 年)[②]、海南国际旅游岛(2009 年)[③]、长江三角洲地区(2010 年)[④]、山东半岛蓝色经济区(2011 年)[⑤]、浙江海洋经济发展示范区(2011 年)[⑥]、广东海洋经济综合试验区(2011 年)[⑦]、河北沿海地区(2011 年)[⑧]、温州市金融综合改革试验区(2012 年)[⑨](孙斌栋和郑燕，2014)，以及珠江-西江经济带(2014 年)[⑩]、京津冀协同发展(2015 年)[⑪]、黄河三角洲农业高新技术产业示范区(2015 年)[⑫]、长江经济带(2016 年)[⑬]、山东新旧动能转换综合试验区(2018 年)[⑭]、粤港澳大湾区(2019 年)[⑮]、长江三角洲区域一体化(2019 年)[⑯]、黄河流域生态保护和高质量发展(2019 年)[⑰]；另外，全国层面的计划规划还有能源发展战略行动计划(2014～2020 年)(国办发〔2014〕31 号)和全国海洋主体功能区规划(国发〔2015〕42 号)等[⑱]。

一系列国家级发展规划的相继实施，为中国海岸带区域经济社会发展带来更多的机遇和动力。目前，中国海岸带总体呈现出“三大五小三大核心经济圈”战略格局：三大是指环渤海、长江三角洲和珠江三角洲 3 个地区，五小包括辽宁沿海、山东黄河三角洲、江苏沿海、海峡西岸和广西北海经济区，三大核心

① 辽宁沿海经济带发展规划。

② 国务院关于黄河三角洲高效生态经济区发展规划的批复(国函〔2009〕138 号)。

③ 国务院关于推进海南国际旅游岛建设发展的若干意见(国发〔2009〕44 号)。

④ 国务院关于长江三角洲地区区域规划的批复(国函〔2010〕38 号)。

⑤ 国务院关于山东半岛蓝色经济区发展规划的批复(国函〔2011〕1 号)。

⑥ 浙江海洋经济发展示范区规划。

⑦ 国务院关于广州海洋经济综合试验区发展规划的批复(国函〔2011〕81 号)。

⑧ 国务院关于河北沿海地区发展规划的批复(国函〔2011〕133 号)。

⑨ 浙江省温州市金融综合改革试验区总体方案。

⑩ 国务院关于珠江-西江经济带发展规划的批复(国函〔2014〕87 号)。

⑪ 京津冀协同发展规划纲要。

⑫ 国务院关于同意设立黄河三角洲农业高新技术产业示范区的批复(国函〔2015〕188 号)。

⑬ 长江经济带发展规划纲要。

⑭ 国务院关于山东新旧动能转换综合试验区建设总体方案的批复(国函〔2018〕1 号)。

⑮ 粤港澳大湾区发展规划纲要。

⑯ 长江三角洲区域一体化发展规划纲要。

⑰ 黄河流域生态保护和高质量发展规划纲要。

⑱ 国务院办公厅. 2014. 国务院办公厅关于印发能源发展战略行动计划(2014-2020 年)的通知. 中国政府网[2014-11-19/2020-08-03]. http://www.gov.cn/zhengce/content/2014-11/19/content_9222.htm.

国务院. 2015. 国务院关于印发全国海洋主体功能区规划的通知. 中国政府网[2015-08-20/2020-08-03]. http://www.gov.cn/zhengce/content/2015-08/20/content_10107.htm.

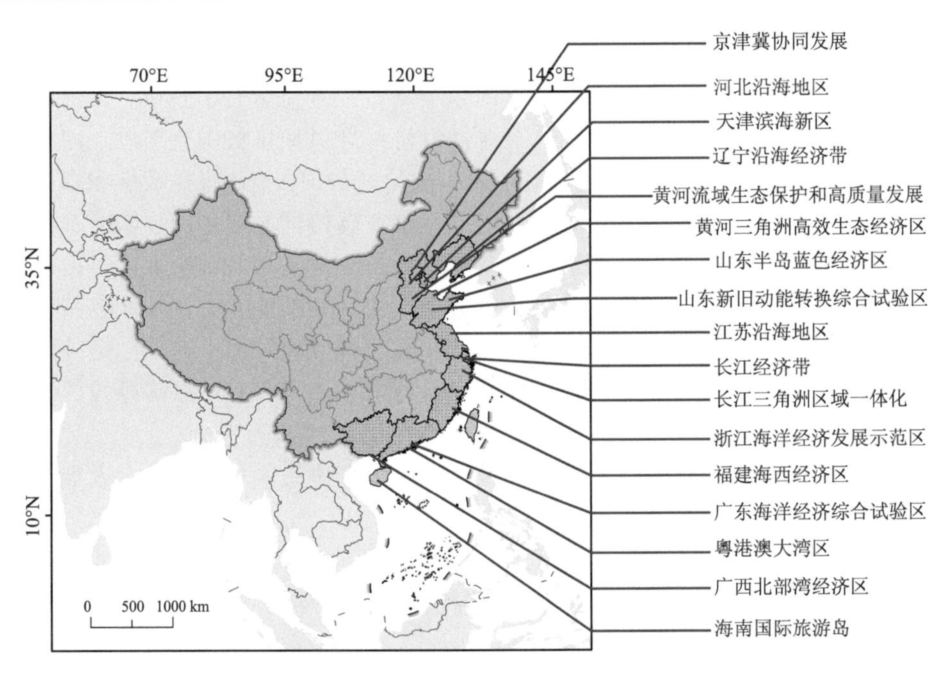

图 1.4　国家级区域发展战略、规划和试验区分布示意图

经济圈为环渤海、东海和南海经济圈(孙斌栋和郑燕，2014)。不仅如此，2013 年以来，中国实施“丝绸之路经济带和 21 世纪海上丝绸之路”(“一带一路”)的建设，沿海各省(区、市)(包括港、澳、台地区)进一步大力推进开放、改革、创新和国际合作，成为“一带一路”特别是“21 世纪海上丝绸之路”建设的排头兵和主力军①。

1.4 本章小结

本章介绍了中国海岸带的基本特征，概括如下：

(1)中国海岸带地质上呈隆起-沉降交替格局，南北地貌类型差异显著，杭州湾以北山地、平原相间分布，杭州湾以南则以山地为主，沿海海域水深呈北浅南深特征。

(2)中国海岸带地处东亚季风区，气候湿润，雨热同期，气温、降雨、湿度由

① 国家发展改革委, 外交部, 商务部. 2015. 推动共建丝绸之路经济带和 21 世纪海上丝绸之路的愿景与行动. 新华网[2015-03-28/2023-10-05]. http://www. xinhuanet. com/world/2015-03/28/c_ 1114793986. htm.

北向南逐渐升高，在全球气候变暖背景下，中国沿海区域的海温、气温呈升高趋势，气压呈下降趋势，海平面亦随之呈上升趋势，同时，中国入海河流泥沙量呈大幅减少趋势。

(3) 中国海岸带的土壤类型共计 17 个土类 53 个亚类，潮间带、陆域平原区和陆域丘陵山地区的土壤类型各不相同，人工植被主要分布于陆域平原区，自然植被主要分布于陆域丘陵山地区和潮间带，自然植被以盐沼植被、红树林和海草床为主；多样的湿地类型孕育出丰富的生物多样性，同时陆海区域蕴藏大量的矿产资源。

(4) 近 10 年来，中国海岸带区域人口呈持续上升趋势，城镇人口比例亦不断增高，2018 年，中国海岸带 14 个省(区、市)人口占全国的 44.88%，沿海 11 个省(区、市)地区生产总值占全国(不含港、澳、台)的 55%以上，其中海洋生产总值 8.34 万亿元，以滨海旅游业、海洋交通运输业和海洋渔业为主，海洋产业中海洋电力业和海洋生物医药业产业增加值增速领先，海洋盐业、海洋船舶工业和海洋工程建筑业产业增加值呈下降趋势。

(5) 随着中国区域协调发展战略的实施，海岸带地区通过率先发展战略对全国整体发挥示范和辐射作用，并成为“一带一路”特别是“21 世纪海上丝绸之路”建设的排头兵和主力军，目前中国海岸带已形成“三大五小三大核心城市群”战略格局。

参考文献

安鑫龙, 齐遵利, 李雪梅, 等. 2009. 中国海岸带研究III——滨海湿地研究. 安徽农业科学, 37(4): 1712-1713.

安鑫龙, 张海莲, 闫莹. 2005. 中国海岸带研究(Ⅰ)海岸带概况及中国海岸带研究的十大热点问题. 河北渔业, (4): 17.

巴逢辰, 冯志高. 1994. 中国海岸带土壤资源. 自然资源, (1): 8-14.

陈宝红, 杨圣云, 周秋麟. 2001. 试论我国海岸带综合管理中的边界问题. 海洋开发与管理, 5: 27-32.

陈吉余. 2010. 中国海岸侵蚀概要. 北京: 海洋出版社.

杜培培, 侯西勇. 2020. 基于多源数据的中国海岸带地区人口空间化模拟. 地球信息科学学报, 22(2): 207-217.

龚子同. 2014. 中国土壤地理. 北京: 科学出版社.

郭腾蛟, 徐新良, 王召海. 2014. 1990 年以来我国沿海地区台风灾害对土地利用影响的风险分析. 灾害学, 29(2): 193-198.

郭振仁. 2013. 海岸带空间规划与综合管理：面向潜在问题的创新方法. 北京: 科学出版社.

国家海洋局 908 专项办公室. 2005. 海岸带调查技术规程. 北京: 海洋出版社.

国家海洋局海洋发展战略研究所课题组. 2017. 中国海洋发展报告(2017). 北京: 海洋出版社.

国家统计局. 2015. 2014 中国统计年鉴. 北京: 中国统计出版社.

国家统计局. 2020. 2019 中国统计年鉴. 北京: 中国统计出版社.

李捷, 刘译蔓, 孙辉, 等. 2019. 中国海岸带蓝碳现状分析. 环境科学与技术, 42(10): 207-216.

李培英, 杜军, 刘乐军, 等. 2007. 中国海岸带灾害地质特征及评价. 北京: 海洋出版社.

刘宝银, 苏奋振. 2005. 中国海岸带与海岛遥感调查——原则、方法、系统. 北京: 海洋出版社.

罗敏. 2019. 2015 年中国海岸带盐沼遥感监测与生态服务价值评估. 杭州: 浙江大学.

骆永明. 2016. 中国海岸带可持续发展中的生态环境问题与海岸科学发展. 中国科学院院刊, 31(10): 1133-1142.

吕剑, 骆永明, 章海波. 2016. 中国海岸带污染问题与防治措施. 中国科学院院刊, 31(10): 1175-1181.

马志军, 陈水华. 2018. 中国海洋与湿地鸟类. 长沙: 湖南科学技术出版社.

农业农村部渔业渔政管理局, 全国水产技术推广总站, 中国水产学会. 2019. 2019 中国渔业统计年鉴. 北京: 中国农业出版社.

苏奋振, 等. 2015. 海岸带遥感评估. 北京: 科学出版社.

孙斌栋, 郑燕. 2014. 我国区域发展战略的回顾、评价与启示. 人文地理, 139(5): 1-7.

王晓利, 侯西勇. 2019. 中国沿海极端气候时空特征. 北京: 科学出版社.

伍光和, 田连恕, 胡双熙, 等. 2003. 自然地理学(第三版). 北京：高等教育出版社.

徐兴永, 付腾飞, 熊贵耀, 等. 2020. 海水入侵-土壤盐渍化灾害链研究初探. 海洋科学进展, 38(1): 1-10.

印萍, 林良俊, 陈斌, 等. 2017. 中国海岸带地质资源与环境评价研究. 中国地质, 44(5): 842-856.

张春艳, 刘昭华, 王晓利, 等. 2020. 20 世纪 50 年代以来登陆中国热带气旋的变化特征分析. 海洋科学, 44(2): 10-21.

赵锐, 赵鹏. 2014. 海岸带概念与范围的国际比较及界定研究. 海洋经济, 4(1): 58-64.

郑凤英, 邱广龙, 范航清, 等. 2013. 中国海草的多样性、分布及保护. 生物多样性, 21(5): 517-526.

中华人民共和国水利部. 2019. 中国河流泥沙公报 2018. 北京: 中国水利水电出版社.

周倩, 章海波, 周阳, 等. 2016. 滨海潮滩土壤中微塑料的分离及其表面微观特征. 科学通报, 61(14): 1604-1611.

左平, 刘长安, 赵书河, 等. 2009. 米草属植物在中国海岸带的分布现状. 海洋学报(中文版), 31(5): 101-111.

Liu M Y, Mao D H, Wang Z M, et al. 2018. Rapid invasion of Spartina alterniflora in the coastal zone of mainland China: new observations from Landsat OLI images. Remote Sensing, 10(12):

1933.

Lu J B, Zhang Y. 2013. Spatial distribution of an invasive plant Spartina alterniflora and its potential as biofuels in China. Ecological Engineering, 52: 175-181.

Zhang D H, Hu Y M, Liu M, et al. 2017. Introduction and spread of an exotic plant, Spartina alterniflora, along Coastal Marshes of China. Wetlands, 37(6): 1181-1193.

第 2 章

国内外海岸线变化研究进展

海岸线具有独特的地理、形态和动态特征，是描述海陆分界最重要的地理要素，是国际地理数据委员会(International Geographic Data Committee，IGDC)认定的 27 个地表要素之一。在全球气候变暖及海平面上升的背景下，全球超过一半的海滩遭受侵蚀而后退。然而，20 世纪以来，世界沿海国家经济重心向滨海地区转移，全球已有超过一半的人口居住在离海岸线 100 km 的范围内，海岸带成为人类经济活动最活跃、最集中的地区。日益饱和与拥挤的生活与生产空间，迫使一些沿海国家、区域以围填海形式向海洋要空间，使得部分区域海岸线一反全球海平面上升背景下的海岸侵蚀趋势而大规模向海扩张，海岸线以远超过自然状态下的速度与强度在改变。

海岸线的剧烈变化给沿海地区带来经济、社会、生态、环境等方面的矛盾与难题。岸线侵蚀，海岸带土地资源减少，土地承载力下降，海水入侵，淡水资源紧张；岸线固化，陆海间的水沙供给过程中断，海岸带地面下沉加剧、湿地退化以及风暴潮灾害影响；人工岸线扩张，湿地资源被侵占和破坏，海岸带环境受到污染，富营养化加剧。国内外学者已经认识到，海岸线的位置、走向和形态变化是全球及海岸带环境过程、人类活动综合作用的结果，不仅体现在海岸带环境特征及演变态势上，也反映海岸带经济社会发展、生态环境变化与政策导向之间的博弈关系，因此，海岸线动态变化研究是海岸带环境监测、资源开发与管理等研究的基础，有助于加深对海岸带环境与生态过程的理解，以及促进海岸带资源与环境的可持续管理与开发。

本章从文献计量学的角度出发，对 SCIE(Science Citation Index Expanded)数据库中收录的 1970 年以来有关海岸线变化的文献进行分析，总结国内外海岸线变化相关研究的发展历程和趋势，了解主要的研究团队、国家和学术机构以及该领域研究的主要方法、热点问题和未来发展趋势；在此基础上，筛选具有较强代表性的研究成果，梳理海岸线信息提取的主要方法与关键技术，综述海岸线变化特征、影响因素及环境效应等方面获取的基本知识和重要发现。

2.1　海岸线变化研究发展历程

数据来源于 SCIE 数据库，该数据库全面收录了国际上较高水平的科研论文，是各学科文献计量最可靠的数据来源(Pritchard，1969)。在 Web of Science 系统中，主题设定为“shoreline change”或者“coastline change”或者“shoreline erosion”或者“coastline erosion”或者“shoreline expansion”或者“coastline expansion”，检索时间设定为 1970 年 1 月 1 日至 2019 年 12 月 31 日，通过检索，共得到有效文献 1181 篇，将其全记录与参考文献信息全部导出。以海岸线变化相关文献信息为数据基础，利用 Excel 软件进行统计分析，并基于 VOSviewer (Visualization of Similarities Viewer)软件完成相关矩阵的运算，实现对作者、国家、机构、关键词的合作与共现网络分析以及科学知识图谱的可视化(李杰，2018)。在此基础上，通过文献综述的方法，分析海岸线变化研究领域的主要科学问题和研究热点。

2.1.1　学科领域及出版物分析

1. 学科领域

按 web of science 类别分，近 50 年来，海岸线变化研究共涉学科 66 个，其中发文量超过 30 篇的有 12 个学科(表 2.1)。海岸线变化研究在地球科学、环境科学和自然地理学发展较早，占比最多；遥感科学/技术、大气科学、生态学以及生物多样性保护学科自 21 世纪以来逐渐出现，在 2010 年之后增长较快。

表 2.1　发文量超过 30 篇的所涉学科统计结果

编号	学科领域	总记录/篇	编号	学科领域	总记录/篇
1	地球科学	619	7	土木工程	90
2	环境科学	522	8	海洋工程学	85
3	自然地理学	440	9	遥感科学/技术	65
4	海洋学	193	10	气象大气科学	51
5	水资源学	173	11	生态学	38
6	海洋生物学	102	12	生物多样性保护	36

注：有些文献涉及多学科，被重复计数，故表中记录数之和超过 1181 篇。

2. 出版物

共有 250 种出版物发表过海岸线变化相关的文章，发文量 5 篇以下的有 209 种(占比 83.6%)，发文量 15 篇及以上的有 12 种(表 2.2)。*Journal of Coastal Research* 发文量最多，占比 26.9%，虽然其只是 4 区(中国科学院分区，下同)期刊，但作为岸线变化文章的主阵地，篇均被引频次已经超过了 20。12 种出版物中，有 1 区期刊 1 种，发文量仅 37 篇。篇均被引频次最高的是 *Marine Geology*，达 37.74，为 2 区期刊。

表 2.2　发文量 15 篇及以上的期刊信息统计

来源出版物	数量/篇	比例/%	篇均被引频次	中国科学院分区	5 年影响因子
Journal of Coastal Research	318	26.93	24.26	4	1.072
Geomorphology	52	4.40	24.35	2	4.623
Marine Geology	41	3.47	37.74	2	4.035
Ocean & Coastal Management	41	3.47	12.21	3	3.663
Coastal Engineering	37	3.13	25.03	1	4.869
Journal of Coastal Conservation	30	2.54	8.73	4	1.861
Natural Hazards	19	1.61	9.55	3	3.656
Journal of Geophysical Research : Earth Surface	18	1.52	32.72	2	4.732
Estuarine Coastal and Shelf Science	18	1.52	26.89	2	3.329
Geophysical Research Letters	15	1.27	35.67	2	5.265
Remote Sensing	15	1.27	6.85	2	5.353
Estuaries and Coasts	15	1.27	13.40	2	3.186

注：中国科学院分区参考中国科学院 SCI 期刊分区 2021 年 12 月最新升级版，5 年影响因子参考 Web of Science 2021 年 12 月 28 日查询结果。

2.1.2　成长趋势分析

1. 发文量分析

近 50 年来文献数量整体呈指数上升趋势(图 2.1)。大致分为 3 个阶段：21 世纪以前为萌芽及缓慢发展阶段，年发文量不超过 20 篇，合计发文 142 篇，占比 12%，研究主要探讨海岸线演变过程及机理；2000～2010 年为发展阶段，发文量小幅波动上升，合计发文 237 篇，占比 20%，海岸线变化与海平面上升、泥沙运输及海岸水动力系统的关系研究逐渐增加，岸线模拟预测与海岸带综合管理研究开始发展；2011 年以来进入快速增长阶段，发文量暴增，合计发文 802 篇，占比 68%，海岸线变化的驱动力及模拟预测研究、岸线变化的自然与社会效应以及海岸带综合管理研究成为海岸线变化研究的热点。

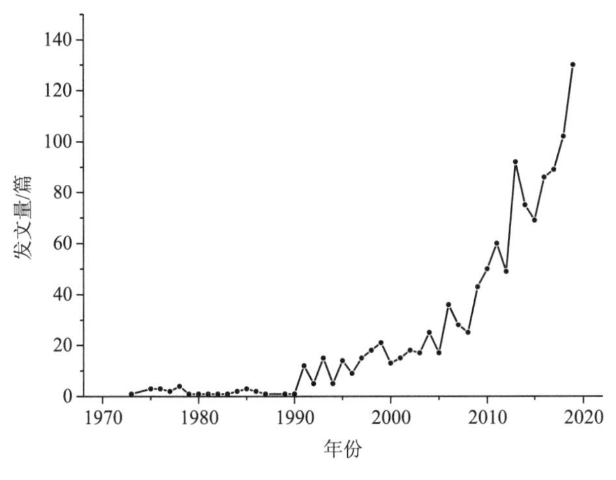

图 2.1　1970～2019 年文献发表数量

2. 主要特征值分析

以每 10 年为统计时段，得到国际海岸线变化研究文献成长趋势主要特征值(表 2.3)。

表 2.3　1970～2018 年岸线变化研究文献的主要特征值

时间	发文量/篇	作者数	平均作者数	被引频次	平均被引频次	文献页数	平均页码数	高引指数
1970～1979 年	14	30	2.14	191	13.64	76	5.43	5
1980～1989 年	13	32	2.46	224	17.23	180	13.85	5
1990～1999 年	113	300	2.65	4865	43.05	1419	12.56	38
2000～2009 年	236	728	3.08	8483	35.94	2722	11.53	52
2010～2018 年	805	3310	4.11	9347	11.61	7508	12.57	44

可见：发文量逐渐加速增长；平均作者数逐渐增加，由开始的 2.14 人/篇增长到现在 4.11 人/篇；平均被引频次在 2000 年以前一直是上升态势，但 2000 年之后发表文献的平均被引频次未超过 20 世纪 90 年代的文章；文章的平均页码数从 20 世纪 70 年代到 80 年代有较大的跨越，之后则趋于相对稳定，平均在 11～12 页左右；高引指数自 1990 年以来呈剧烈的上涨趋势，2000～2009 年间最高，达 52。

2.1.3 关键词共现分析

基于 VOSviewer 对所有的关键词进行共现分析，并对原始数据中各阶段出现次数排名前 50 位的关键词进行归并处理，归并原则是：意义相同者归并，单复数形式进行归并，将词语中连接的“-”符号统一为空格，英文缩写与全称合并等，归并后再次进行统计(表 2.4)。

表 2.4　1970～2018 年各阶段关键词统计信息表

1970～1999 年			2000～2009 年			2010～2019 年		
关键词	频次	共现频次	关键词	频次	共现频次	关键词	频次	共现频次
erosion(侵蚀)	35	224	shoreline change(海岸线变化)	84	283	shoreline change(海岸线变化)	359	2011
shoreline change(海岸线变化)	21	142	erosion(侵蚀)	78	342	erosion(侵蚀)	304	1755
beach erosion(海滩侵蚀)	16	120	beach erosion(海滩侵蚀)	37	213	sea level rise(海平面上升)	178	1411
coast(海岸)	12	82	sediment transport(沉积物运输)	32	186	sediment transport(沉积物运输)	136	851
sediment transport(沉积物运输)	11	54	evolution(演变)	24	152	beach erosion(海滩侵蚀)	132	804
sedimentation(沉积)	8	56	airborne topographic lidar(机载地形激光雷达)	18	137	climate change(气候变化)	124	837
aerial photography(航空摄影)	7	41	USA(美国)	16	123	impacts(影响)	116	780
sea level rise(海平面上升)	6	61	sea level rise(海平面上升)	15	81	evolution(演变)	95	631
Louisiana(路易斯安那州)	5	39	model(模型)	13	81	coastal management(海岸带管理)	71	437
equilibrium(平衡)	4	54	position prediction(位置预测)	13	80	coast(海岸)	71	464
evolution(演变)	4	43	beach nourishment(人工育滩)	12	39	morphology(形态)	63	469
subsidence(下沉)	4	29	coastal management(海岸带管理)	12	60	model(模型)	59	371
accretion(淤积)	3	14	coast(海岸)	11	64	variability(变化的)	53	313
bruun rule(bruun 规则)	3	35	El Nino(厄尔尼诺)	11	72	wave(波浪)	53	324

续表

1970～1999 年			2000～2009 年			2010～2019 年		
关键词	频次	共现频次	关键词	频次	共现频次	关键词	频次	共现频次
dunes（沙丘）	3	27	remote sensing（遥感）	10	44	GIS（地理信息系统）	44	240
storm surge（风暴潮）	3	19	North Carolina（北卡罗来纳州）	9	73	remote sensing（遥感）	44	261
model（模型）	3	26	variability（变化的）	8	59	vulnerability（脆弱性）	44	269
New York（纽约）	3	36	climate change（气候变化）	8	33	dynamics（动力学）	42	270
patterns（模式）	3	11	accretion（淤积）	7	42	delta（三角洲）	38	251
plain（平原）	3	27	GIS（地理信息系统）	7	19	DSAS（数字海岸线分析系统）	34	215

1. 总体分析

3 个发展阶段出现 5 次及以上的高频词的占比在逐渐增加，但均小于 10%，这种“高频词占比低，低频词占比高”的频次与排序分布规律是一种较为普遍的现象（Li et al.，2008）。而本研究中高频词占比逐渐增加的现象说明：海岸线变化这一主题研究的热点相对集中，但研究热点有发散的趋势。

海岸线侵蚀尤其是砂质岸线侵蚀一直是备受关注的研究重点，同时，可以明显看出岸线变化所涉及科学问题及监测手段的变化与进步。例如：2000 年前与 2010～2019 年两个阶段相比，海平面上升和气候变化的共现次数由 61 次和 8 次，分别发展到 1411 次和 837 次，“管理”一词也由 29 次增加到 437 次，同时，“人工育滩”一词更是由 0 次发展到 153 次；2000 年以前岸线变化监测的手段主要是航空摄影测量技术和依托历史地图资料，但进入 21 世纪之后，机载雷达、遥感和 GIS 逐渐成为主要的监测手段。

2. 国家与地区关注度分析

在 3 个发展阶段关键词总排名中，统计出现频次排名前 100 关键词中的国家与地区的出现次数，在 20 世纪仅有 3 个国家，分别是美国（97 次）、澳大利亚（26 次）和孟加拉国（12 次）；2000～2009 年间共 6 个国家，分别是美国（360 次）、墨西哥（68 次）、中国（37 次）、埃及（33 次）、澳大利亚（31 次）、加拿大（23 次）；2010～2019 年间共 5 个国家，分别是美国（723 次）、新加坡（189 次）、墨西哥（140 次）、印度（134 次）、中国（129 次）。可见，美国一直是海岸线变化研究的热点区域，但近年来亚洲的几个国家也逐渐成为研究的焦点。

就区域而言，美国的路易斯安那州、佛罗里达州、北卡罗来纳州、加利福尼亚州、夏威夷等，以及墨西哥湾、尼罗河三角洲、长江三角洲、黄河三角洲、江苏省和上海市等都是岸线变化研究的热点区域。

2.1.4 国家与机构分析

1. 国家发文量分析

1181 篇文献所涉及的国家共有 80 个，其中发文量不足 5 篇的国家有 41 个(占比 51.25%)，表 2.5 显示的是发文量前 15 名的国家在各个阶段的发文情况。

表 2.5 发文量前 15 名的国家发文信息统计结果

国家/地区	1970～1979 年	1980～1989 年	1990～1999 年	2000～2009 年	2010～2018 年	发文量/篇	被引频次	篇均被引频次
美国	11	8	88	126	279	512	12388	24.20
印度	0	0	2	8	68	78	1018	13.05
中国	0	0	0	4	73	77	851	11.05
澳大利亚	0	0	4	17	56	77	2253	29.26
英国	0	0	4	20	51	71	1414	19.92
法国	0	0	0	7	63	70	920	13.14
加拿大	3	1	6	8	30	48	515	10.73
荷兰	0	0	1	5	33	43	855	19.88
西班牙	0	0	2	5	32	39	424	10.87
德国	0	0	1	4	26	31	519	16.74
韩国	0	0	0	3	27	30	127	4.23
土耳其	0	0	0	6	23	29	406	14.00
巴西	0	0	0	12	16	28	274	9.79
日本	0	1	1	2	24	28	231	8.25
新西兰	0	0	3	9	9	21	536	25.52

美国、加拿大和日本是最早开始研究岸线变化问题的国家，其中，美国自 20 世纪 90 年代就进入了快速发展态势，而加拿大和日本则一直到 2010 年发展速度才开始有所加快；澳大利亚、英国、印度、西班牙、德国、荷兰和新西兰等国是从 20 世纪 90 年代才逐渐开始发展，其中，澳大利亚、英国和印度的发展速度较快；中国、法国、韩国、巴西和土耳其则是到 21 世纪才逐渐出现在国际舞台，其

中，中国、法国两国虽起步较晚，但发展速度较快，目前已经跻身世界前列。

就各国的被引频次来看，澳大利亚的篇均被引频次最高，美国和新西兰也均超过 20 次/篇，中国的篇均被引频次为 11.05，相对较低，说明中国在岸线变化方面研究的国际影响力还较弱。

2. 机构发文量分析

1181 篇文献的作者所属机构共 1212 个，其中发文量不足 5 篇的有 1114 个（占比 92%）。表 2.6 显示的是发文量排名前十位的机构，英国、中国和法国各占一个，美国有 7 个，其中美国地质调查局（United States Geological Survey, USGS）以绝对优势排名第一。就文献的篇均被引频次看，俄勒冈州立大学（Oregon State Univ）最高，达 41 次，美国地质调查局、路易斯安那州立大学（Louisiana State Univ）和德克萨斯大学奥斯汀分校（UT-Austin）均超过 30 次/篇，而中国的中国科学院仅为 11.62 次/篇，在 10 所机构中最低。

表 2.6　发文量前十位的机构发文信息统计结果

机构	发文量/篇	被引频次	篇均被引频次	国家
USGS（美国地质调查局）	76	2978	39.18	美国
Duke Univ（杜克大学）	28	814	29.07	美国
Univ North Carolina（北卡罗来纳州立大学）	25	460	18.40	美国
Univ Plymouth（普利茅斯大学）	22	575	26.14	英国
Chinese Academy of Science（中国科学院）	21	244	11.62	中国
Florida State Univ（佛罗里达州立大学）	21	528	25.14	美国
Oregon State Univ（俄勒冈州立大学）	20	820	41.00	美国
Louisiana State Univ（路易斯安那州立大学）	19	650	34.21	美国
Aix-Marseille Univ（艾克斯-马赛大学）	17	220	12.94	法国
UT-Austin（得克萨斯大学奥斯汀分校）	16	544	34.00	美国

3. 国家合作分析

k-core（*k* 核）分析是网络聚类分析中的常用方法，可有效表征个体间的相似性及聚类关系。VOSviewer 给出的核函数为高斯核函数，基于 *k* 核进行网络分析，表达式为 $k(t)=\exp(-t^2)$，t 为自变量，在本研究中为文献数量，k 值越大，团体合作越密切、节点越大，表示与其合作数量越多，节点之间的连线宽度越大，则表明两者之间的联系越多（钟赛香等，2014）。对所涉 80 个国家进行合作网络分析（图

2.2)，其中有 70 个与其他国家存在合作关系，形成以美国、澳大利亚和英国为核心的合作群，荷兰、加拿大、德国、中国和法国的合作也较密切。合作最为密切的几个国家群基本是在 2010 年前后开始形成并发展的，而中国和法国则在最近几年才逐渐扩大与国际的交流合作。

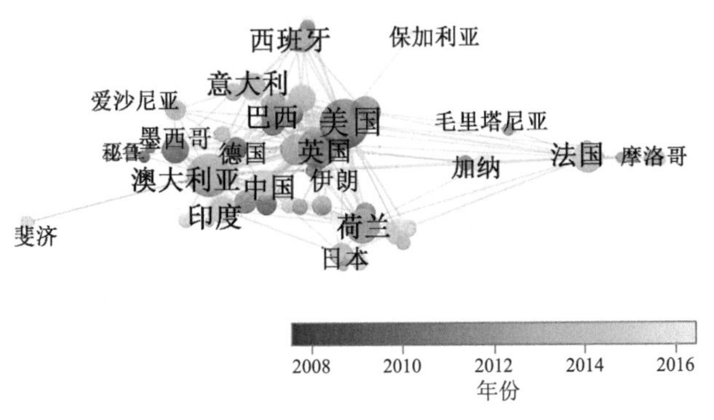

图 2.2　国家合作网络可视化图谱

4. 机构合作分析

对所涉 1212 个机构进行合作网络分析(图 2.3)，其中有 861 个是与其他机构存在合作关系的，形成了以美国地质调查局、杜克大学(Duke univ)、佛罗里达大学(Univ florida)为主要核心的合作群，中国的中国科学院、同济大学和河海大学在国际上也有较密切的合作。

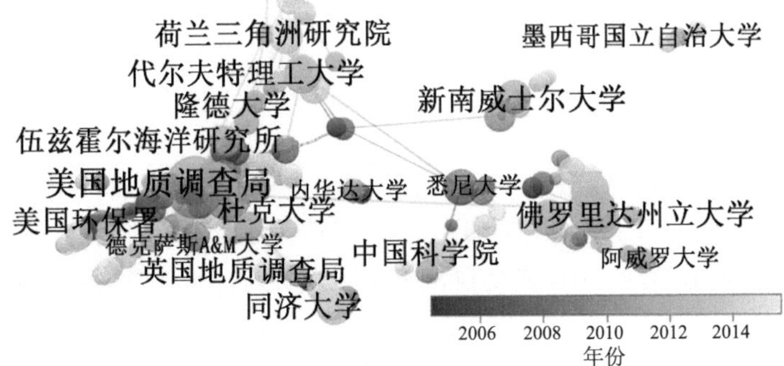

图 2.3　机构合作网络可视化图谱

2.2　海岸线的定义、分类与提取

2.2.1　海岸线的定义

海岸线被定义为陆地表面与海洋表面的交界线(Boak and Turner，2005)，其在英文中主要对应 coastline 和 shoreline 两个词汇。在有潮海区由于受潮汐影响，海陆分界线每时每刻都在变动，海岸线实际上是一个带，因此，根据高、低潮的岸线位置不同，可分为高潮线和低潮线，但高、低潮线也不是固定的，一年之内不同时间其具体位置相差很大。在我国，将海岸线确定为大潮平均高潮线，即，全年各月大潮平均潮汐水位与陆地之间的痕迹线。列举我国相关国家标准等对海岸线的定义如下：

(1)《中国海图图式》(GB 12319—2020)规定，海岸线是指平均大潮高潮时水陆分界的痕迹线，一般可根据当地的海蚀阶地、海滩堆积物或海滨植物确定。

(2)《国家基本比例尺地图图式 第 2 部分：1∶5000 1∶10000 地形图图式》(GB/T 20257.2—2017)规定，海岸线指海面平均大潮高潮时的水陆分界线，一般可根据当地的海蚀阶地、海滩堆积物或海滨植物确定。

(3)《海洋学术语 海洋地质学》(GB/T 18190—2017)规定，海岸线即海陆分界线，在我国系指多年大潮平均高潮位时海陆分界线。

理想情况下，科学研究与管理实践中所涉及到的海岸线应该与实际的水陆边界线一致，但因为周期性的潮汐与不定期风暴潮的影响，水陆边界线具有瞬时性，且一直处于摆动状态。因此，在实际应用中一般采用较为固定的线要素代替水陆边界线指示海岸线的位置，称为指示岸线或代理岸线。

指示岸线分为两大类：①目视可辨识线，即肉眼可分辨的线要素，如干湿分界线、植被分界线、杂物堆积线、峭壁基底线、侵蚀陡崖基底线、大潮高潮线等；②基于潮汐数据的指示岸线，即海岸带垂直剖面与利用实测潮汐数据计算的某一海平面的交线，如平均大潮高潮线为多年潮汐数据计算的平均大潮高潮面与海岸带垂直剖面的交线，平均海平面线为多年潮汐数据计算的平均海平面与海岸带垂直剖面的交线等。较常见的指示岸线如表 2.7 和图 2.4 所示。

表 2.7　常见指示岸线的定义

指示岸线分类	指示岸线	特征识别
目视可辨识线	崖壁(侵蚀陡崖)顶或底线	临海峭壁(侵蚀陡崖)的崖顶线或基底线
	人工岸线	海岸工程向海侧的水陆分界线
	植被分界线	沙丘上植被区向海侧的边界线

续表

指示岸线分类	指示岸线	特征识别
目视可辨识线	滩脊线	滩脊顶部向海一侧
	杂物堆积线	大潮高潮的长期搬运作用形成的较为稳定的杂物堆积线
	干湿分界线	大潮高潮长期淹没形成的干燥海滩与潮湿海滩分界线
基于潮汐数据的指示岸线	瞬时大潮高潮线	即时大潮的最高潮在沙滩上所达到的最远边界
	平均大潮高潮线	多年大潮高潮线的平均位置
	平均海平面线	平均海平面与海岸带剖面的交线

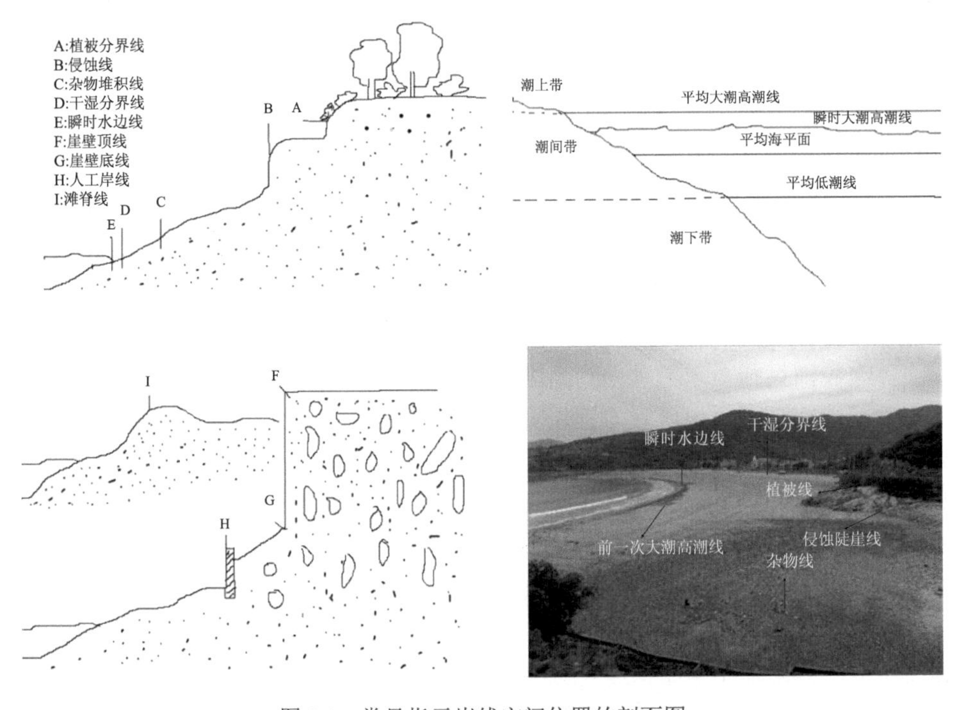

图 2.4　常见指示岸线空间位置的剖面图

指示岸线的具体选择需要根据特定的研究背景、研究区的海岸特点和研究区域的可利用数据信息而定。通常认为大潮高潮线是海水与陆地的分界线，地形图中的岸线多数是指大潮高潮线，但在遥感影像上及野外现场，大潮高潮线往往并不直接可见。目视可辨识岸线中，除人工岸线外，其余岸线均是在大潮高潮的长期淹没、冲刷、搬运等作用下形成，很好地指示了大潮高潮线的位置。因此，在岸线变化的时空特征研究与陆地制图中，常选择这些岸线代替大潮高潮线进行说明。平均高潮线是多年高潮线的平均值，但在温和气候下，以制图为目的输出的高潮线与平均高潮线的差距是非常小的(Crowell et al.，1991)，因此一些研究中选择平均大潮高潮线代替大潮高潮线。基于潮汐数据的指示岸线，暗含了海水侵蚀与淹没海岸的距离，因此常被用于海岸带的管理、规划与灾害预防等行政领域。如在新西兰，平均大潮高潮线是法定的规划分界线。

2.2.2　海岸线的分类

政府管理机构提出的海岸线分类系统中，比较有代表性的有：

(1)在我国近海海洋综合调查与评价专项(简称 908 专项)中，综合海岸线成因和物质组成，将我国海岸线分为自然岸线和人工岸线两大类，自然岸线包括基岩岸线、珊瑚岸线、砾石岸线、砂质岸线、粉砂淤泥质岸线和河口岸线 6 个类型，人工岸线主要包括码头、堤坝等人工构筑物形成的岸线。

(2)2018 年 3 月浙江省发布的《海岸线调查统计技术规范》(DB 33/T 2106—2018)中将海岸线分为自然岸线、人工岸线和河口岸线 3 类，自然岸线包括砂砾质岸线、淤泥质岸线、基岩岸线、红土岸线等类型，人工岸线包括海堤、防潮闸、码头、船坞、道路等人工构筑物组成的岸线，该规范中强调了自然恢复或整治修复后具有自然岸滩形态特征和生态功能的海岸线也为自然岸线。

(3)2019 年 5 月山东省发布的《海岸线调查技术规范》中将海岸线分为了自然岸线、人工岸线和其他岸线，自然岸线包括基岩岸线、砂(砾)质岸线和粉砂淤泥质岸线，人工岸线是由永久性人工构筑物组成的岸线，其他岸线包括河口岸线、具有自然岸滩形态和生态功能的海岸线。

不同的学者根据研究区域、研究目的和研究方法等的不同提出了不尽相同的海岸线分类方案。如孙伟富等(2011)将海岸线分为基岩岸线、砂质岸线、粉砂淤泥质岸线、生物岸线和人工岸线；高义等(2011)将中国大陆自然岸线分为基岩岸线、淤泥质岸线和砂质岸线；武芳等(2013)根据海岸形态、物质构成及人类干扰程度将辽东湾东岸的海岸线分为人工岸线、基岩岸线、砂质岸线、已开发的淤泥质岸线、未开发的淤泥质岸线和河口岸线 6 类；姚晓静等(2013)根据物质组成将海南岛的自然岸线分为河口岸线、基岩岸线、砂砾质岸线、生物岸线，以及将人工岸线分为建设围堤、码头岸线、农田围堤、养殖围堤；Wu 等(2014)主要基于 Landsat 影像，针对中国大陆海岸线，将自然岸线分为基岩、砂砾质、淤泥质和生物四类，将人工岸线分为丁坝与突堤、港口码头、围垦中岸线、养殖围堤、盐田围堤、交通围堤和防潮堤七类；朱国强等(2015)将南海周边 9 个国家的海岸线分为基岩、粉砂淤泥质、生物和人工四种类型；索安宁等(2015)根据底质与空间形态将海岸线分为基岩岸线、砂质岸线、淤泥质岸线、生物岸线、河口岸线，根据使用功能和用途将海岸线分为渔业岸线、港口码头岸线、临海工业岸线、旅游娱乐岸线、矿产能源岸线、城镇岸线、保护岸线、特殊用途岸线和未利用岸线。

综合分析上述众多的分类方案可见，海岸线可按人类开发利用情况分为自然岸线与人工岸线 2 个一级类；按照海岸的物质组成，又可将自然岸线划分为基岩岸线、砂砾质岸线、淤泥质岸线、生物岸线等二级类；而人工岸线则可根据具体的用途差异分为丁坝突堤、港口码头、养殖与盐田岸线、交通岸线、防潮堤等类型。

2.2.3 海岸线的提取

海岸线信息提取是对现实世界海陆分界线的概括过程，最终呈现的线要素模型是现实世界海陆分界线上具有代表性的特征点的集合。提取过程主要涉及数据源选取、提取的方法与技术、数据精度控制等问题。

1. 海岸线提取的数据源

1927 年以前，航空摄影测量技术尚未出现，海岸线信息主要来源于历史文献与地图资料(Hapke et al.，2009)，例如，历史时期的地质地貌图、专题地图和地形图等，以规范性相对较强、精度相对较高的地形图为例，比较有代表性的是 18 世纪开始出现的美国地形图(Topographic sheet)(Chaaban et al.，2012)和英国地形测量图(Ordnance Survey maps)。总体而言，此类数据源通常地域性比较强，所能覆盖的空间范围有限，精度水平也相对有限。

1927～1970s，航空摄影测量技术问世并逐渐成熟，各种航空摄影测量像片成为海岸线信息获取的重要来源，得到了较为广泛的应用(Alberico et al.，2012)。航空像片覆盖范围较广，精度高，能够满足大比例尺海岸线信息提取和制图的要求，但航片拍摄的成本较高、时间覆盖率低，仍然具有很强的地域性。

1970s 以来，美国陆地资源卫星发射升空，开启了利用卫星遥感信息监测地球表面的新阶段。卫星遥感影像数据覆盖范围广、重复周期短、获取成本低、空间分辨率高，成为海岸线制图和变化特征研究等的首选数据源，能够满足多时空尺度的监测研究的要求。应用最普遍的是 Landsat 系列遥感影像(Ahmad and Lakhan，2012)，以及后续不断涌现的 SPOT、QuickBird、IKONOS、HJ-CCD、CBERS、IRS、RadarSat 等卫星影像。除了多光谱影像数据，遥感卫星的相关产品及衍生数据，如 GPS 坐标、海深、气候气象等，也常被用作岸线研究的补充与辅助数据。

1990s 以来发展起来的数码影像系统技术，利用若干固定位置的摄像机按照一定的时间间隔曝光获取海岸带影像，可监测海岸线的连续变化，时间分辨率和空间精度均比较高，但仅限于特定的离散点，适用的空间尺度较小。

同样在 1990s 出现的激光雷达探测数据，能在很短的时间内获取较大范围区域的地面信息，因此在海岸线相关研究中的应用发展较为迅速。按照承载雷达的平台工具的差异，可分为航天合成孔径雷达、航空激光雷达(Hapke et al.，2009)、船载雷达(Quan et al.，2013)、车载雷达等。但雷达数据的获取成本较高，在岸线研究中的应用仍局限于较小的空间尺度。

2. 海岸线提取的技术方法

海岸线的提取包括几何位置绘制与类型识别等。岸线类型识别主要靠人工判读；岸线几何位置的提取，根据绘制过程中是否需要人工辅助或手动修改分为自动、半自动与目视解译三种技术。实际应用时，在统一海岸线标准的基础上，应综合考虑各种岸线提取精度的影响因素，结合多源数据匹配组合的特征，运用地学相关知识，选择合适的方法高效、准确地提取海岸线。

1)海岸线的自动提取

海岸线的自动提取主要依赖于雷达探测等手段获得高精度的海岸带高程(DEM)数据，在此基础上，提取海岸带地形剖面与海岸线高程面的交线即为海岸线。海岸线高程面可以是：①验潮站长期观测资料计算的平均高潮面或平均海平面；②没有验潮站资料时可现场测量多个岸线点的高程然后取平均高程面；③在没有验潮站观测资料同时又无法实施现场测量时，可在 DEM 数据或遥感影像解译标志明显的区域判绘多个岸线点，然后取平均高程面(刘善伟等，2011)。后两种获取高程面的方法假定区域内岸线的高程面一致，只适用于地形起伏与空间差异均较小(可以忽略不计)的较小空间区域的岸线提取。位置确定后，结合遥感影像各类型海岸的解译标志或实地经验，判断岸线的类型。

2)海岸线的半自动提取

海岸线的半自动提取，主要是基于卫星遥感技术所获得的中、高空间分辨率的多光谱影像数据，借助 ERDAS\ENVI\PCI 等遥感图像处理软件中丰富多样的数字图像处理技术实现岸线的半自动化提取，基本的模式和过程如图 2.5 所示。

对于单波段影像(LiDAR、SAR、航空像片、Landsat ETM+全色波段、Landsat/SPOT 等的可见光波段等)，可通过三条技术流提取岸线：①通过滤波、去噪等边缘增强技术最大化岸线与背景地物的辐射对比度，设定阈值将图像二值化以提取岸线；②利用边缘检测算法，检测灰度梯度突变的边缘点，然后连接提取岸线；③运用模糊聚类、修正模糊聚类、神经网络分类、马尔科夫分类、面向对象等分类方法区分陆地与海洋像元并将同类邻近像元合并斑块化，利用轮廓边界跟踪技术提取岸线。

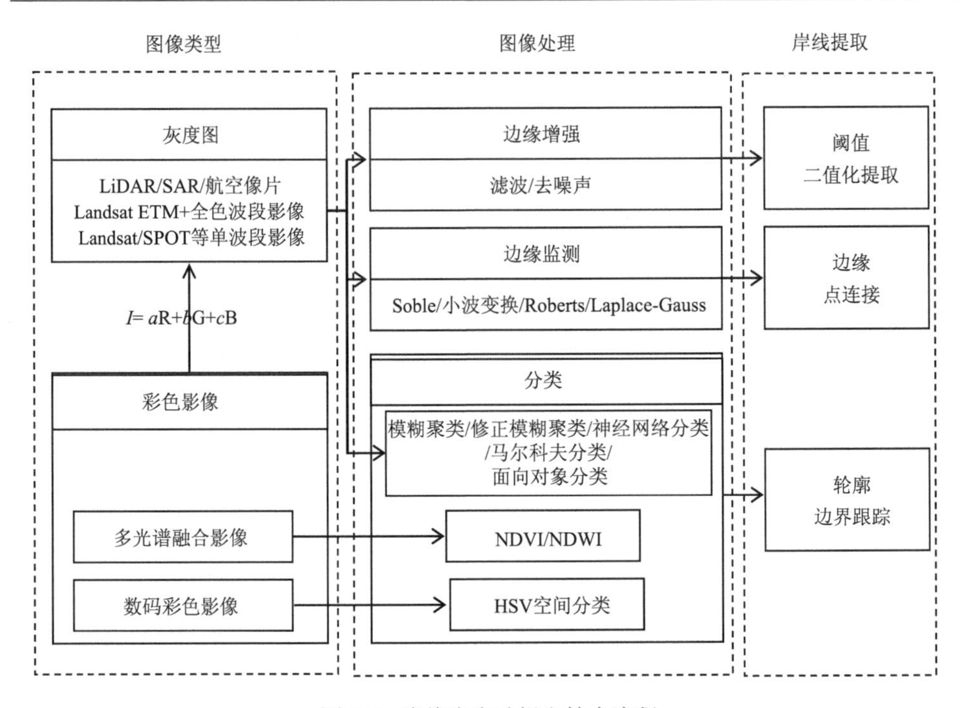

图 2.5　岸线半自动提取技术流程

对于多光谱影像，可通过 $I=aR+bG+cB$ 关系，将彩色图像转化为单波段形式的灰度图像，利用基于灰度图像的岸线提取技术提取岸线；或者构建归一化植被指数(Normalized Difference Vegetation Index, NDVI)、归一化水体指数(Normalized Difference Water Index, NDWI)(Mcfeeters，1996)，识别陆地与海洋斑块，利用轮廓边界跟踪技术提取岸线。对于数码彩色影像(Video Image)，可将其“红-绿-蓝(Red-Green-Blue, RGB)”空间转换为“色调-饱和度-亮度(Hue-Saturation-Value, HSV)”空间，利用水体与陆地“色调-饱和度”或亮度差异，识别陆地与海洋单元，实现海陆分离和海岸线提取(Aarninkhof et al.，2003)。

利用数字图像处理技术提取海岸线，存在如下问题和不足：①在图像噪声及分辨率等因素的影响下，获取的水陆分界线数据的连续性和准确性存在一定的问题，提取结果存在大量的冗余信息，需要人工辅助修测；②提取结果均为遥感影像成像时刻的瞬时水边线，与海岸线并不吻合，必须经过潮位校正方能得到具有地貌学意义的海岸线数据，潮位校正一般根据卫星影像成像时刻的潮位高度、平均大潮高潮位的潮水高度以及海岸坡度等信息，计算水边线至高潮线的水平距离，从而确定海岸线的位置；③对于宏观的海岸带区域以及需要提取较长时期多时相海岸线信息的情形，时空尺度放大带来海岸线类型的多样化及其时间变化特征的复杂化，潮位校正的精度有限，海岸线半自动提取方法所获得的结果存在较强的不确定性。

3）海岸线人工目视解译

多光谱遥感影像呈现的各类海岸线的典型而丰富的光谱特征，使得海岸线的目视解译成为可能。具体而言，可结合各类型海岸线的地学特征、光谱特征，总结形成海岸线人工目视解译的标志，并通过野外验证与修正，建立多光谱遥感影像上各类海岸线的判绘原则与解译标志，利用多光谱遥感影像判绘海岸线的位置以及识别海岸线的类型（孙伟富等，2011）。

基岩岸线：在标准假彩色（CIR）合成的彩色影像上，海水区域呈深蓝色，而陆地因为岩石或植被辐射作用，呈亮白色或红色，颜色差异较大，可直接提取水陆边界线作为海岸线。

砂砾质岸线：在标准假彩色合成影像上呈亮白色，潮间带部分因间歇性淹水，在影像上较暗，因此，砂砾质海滩岸线的影像解译位置一般选择在亮白色向暗色转折的分界线上，且偏向于亮白色区域。

淤泥质岸线：淤泥质海岸向陆一侧一般植被生长茂盛，在标准假彩色合成影像上呈红色或暗红色，向海一侧植被较为稀疏或没有植被，则呈浅红色或灰色，因此岸线的遥感解译位置取红色明显变淡或变为灰色转折处。

人工岸线：一般比较平直因而在影像上易于辨识，丁坝和突堤一般直接沿其中心线提取，其余人工岸线一般取人工构筑物向海一侧的水陆边界线作为海岸线。

3. 海岸线信息的质量控制

海岸线数据集一般是基于某一特定时刻的静态影像所提取的，因此它只能代表特定定义与特定时间或时段的陆海分界线，而岸线数据的提取受人为主观影响较大，提取结果必然与实际陆海分界线存在差异。对提取的岸线数据进行误差分析和精度控制，是岸线相关研究中至关重要的过程。基本思路是计算提取的岸线与真实岸线之间的差异并判断其是否在应用或用户的可接受范围内，若不在，则采取相应措施予以改进。获得数字格式的“真实岸线”是不可能的，所以在实际的岸线质量控制过程中，一般是将已知具有较高精度的岸线作为真值参与比较。

现有的海岸线质量评估的方法主要可分为基于线评估、基于特征点评估和推论评估三种。

1）基于线评估

美国国家图像与测绘局（National Imagery and Mapping Agency, NIMA）2000年白皮书中提出了针对线性要素的质量评估方法。基本思路为评估代表同一地球表面要素的两条线数据的相似性，度量方法主要包括地图概括因子、失真因子、偏离因子、模糊因子，四者分别描述线要素的不同特征，同时又具有能够表现误差的空间分布形式的能力，具体如下。

地图概括因子：待评估岸线与已知具有较高精度的岸线长度之比，反映待评估岸线与较高精度岸线所能呈现的细节相似度，值越接近 1，待评估岸线越接近较高精度岸线；

失真因子：将待评估岸线与较高精度岸线数据同时标准化并平均分割，依照同一方向为两条岸线的分割点编号，计算两条岸线上所有对应点对的平均距离，反映两岸线对应点间的差异，值越大，待评估岸线相对于较高精度岸线的变形越大；

偏离因子：待评估岸线落于较高精度岸线右边的弧段与左边弧段长度比，反映待评估岸线相对于较高精度岸线的摆动情况，值越大，待评估岸线相对于较高精度岸线的摆动越不规则；

模糊因子：计算两条岸线两对端点之间的对应距离，取较大值作为半径，以四个端点为圆心分别做圆，两对端点的圆对应相交，计算相交面积较大者与整圆面积的比值，反映待评估岸线的端点相对于较高精度岸线的偏移情况，值越接近 1，待评估岸线的端点越接近较高精度岸线的端点。

2) 基于特征点评估

基本原理是选择已知误差水平且精度足够高(误差水平很低，可忽略)的数据集作为参照对象，如高精度 GPS 获得的野外岸线采样点、由更高空间分辨率卫星影像提取的岸线数据等，计算参照数据集与待评估数据集中相对应的岸线特征点之间的平面距离(Fletcher et al.，2003)，或计算较高精度岸线数据集中的岸线点至待评估岸线的垂直距离(刘善伟等，2011)。

3) 推论评估法

当难以获得有效数量的高精度特征控制点或岸线数据作为质量评估的参照数据集时，海岸线的质量评估可采用推论评估法。该方法的基本思路为：数据源误差、数据转换与处理过程中产生的误差会积累并传播至最终的岸线数据，因而可分析并推算岸线提取过程中所有潜在的可能误差项，并按式(2.1)计算综合误差，该方法又被称为多误差综合法(Fletcher et al.，2003)。

$$U=\sqrt{E_{\mathrm{r}}^{2}+E_{\mathrm{d}}^{2}+E_{\mathrm{p}}^{2}+E_{\mathrm{td}}^{2}+E_{\mathrm{s}}^{2}+\ldots} \tag{2.1}$$

式中，U 表示综合误差；E_{r} 为校正误差；E_{d} 为数字化误差；E_{p} 为像元误差；E_{td} 为潮差误差；E_{s} 为季节误差。具体计算时，可视具体情况添加或删除某些误差项，误差项越多，综合误差则越大。

在海岸线数据质量判断方面，对于空间数据的水平精度，不同组织或个人根据具体的应用需要，在不同空间尺度上定义了质量判断的标准，其中，可用于海岸线质量判断的标准分别如下：

(1) 美国国家地图精度标准(National Map Accuracy Standard, NMAS)指出，当制图比例尺大于 1∶20000 时，90%的特征点应落在制图比例尺下真实值周边 1/30 英寸的范围内；美国联邦地理数据委员会(Federal Geographic Data Committee, FGDC)指出，当有 20 个控制特征点时，在 95%置信水平，要求最多只能有一个点落在所设定的误差范围之外；连同美国摄影测量与遥感学会(American Society Photogrammetry and Remote Sensing, ASPRS)，三个机构均要求当制图比例尺大于 1∶20000 时，用于比较的特征点数量不能小于 20 个，且所有特征点必须均匀分布以使其能反映研究区域的地理特征以及数据集中的误差分布。金永福等(2009)利用 GPS 实测了 1083 个上海的岸线点，将其与 Google Earth 影像(空间分辨率 0.6～1 m)进行对比，发现 90%以上的点偏移距离小于 5 m，最大偏移距离小于 10 m，能够满足 1∶20000 的制图精度要求。

(2) 美国海岸和大地测量局(U.S. Coast and Geodetic Survey)第 49 号摄影测量与制图指南中要求，在基于地图资料提取海岸线时，岸线定位误差不应超过一定制图比例尺下纸质地图的 0.5 mm 间距(Crowell et al.，1991)，如对于比例尺为 1∶50000、1∶100000 和 1∶250000 的地图，0.5 mm 的地图间距对应的海岸线定位误差应分别小于 25 m、50 m 和 125 m。刘善伟等(2011)利用 GPS 采集青岛市 261 个岸线点，计算这些岸线点到由 SPOT 影像提取的岸线的距离的中误差，结果优于 5 m，由此判断 SPOT 遥感影像提取的岸线满足 1∶10000 比例尺的制图精度要求。

(3) 在岸线变化的相关研究中，岸线的误差要求小于岸线的变化值，否则，岸线的变化分析将不可靠。如 Romine 等(2009)运用推论评估法计算岸线误差，并比较由岸线误差计算的速率误差与变化速率的大小关系，判断夏威夷欧胡岛东南海岸线变化速率的可靠性、统计显著性及合理性。

2.3　海岸线变化特征、影响因素及环境效应研究

2.3.1　海岸线变化分析方法与技术

海岸线变化特征包括长度消长、形态演化、位置变迁、利用类型转移、岸线所围陆海空间更替等。在对海岸线变化进行分析时，可定性分析或凭借一些简单的基本统计量定量分析，如利用长度值、海陆域面积、分形维、变化速率等分析岸线长度、形态及位置的时空变化特征。例如，Romine 和 Fletcher(2013)计算岸

线变化速率，对夏威夷群岛的考爱岛、欧胡岛、毛伊岛的岸线位置变化趋势进行了分析；孙晓宇等(2014)从岸线长度、海陆域面积变化等方面分析渤海湾地区岸线的时空变迁特征；徐进勇等(2013)以岸线变化强度及分形维数变化为切入点，分析中国北方岸线长度及形态的时空变化特征。

海岸线位置变化的分析在海岸线变化研究中占据重要地位，主要研究方法分为定性和定量两种。定性分析主要通过地图叠加分析对岸线位置变化形成基本的了解和定性认识；定量分析则通过数值统计量，如面积、速率等对海岸线位置变化进行量化，其中基于剖面的位置变化速率方法可同时在多层空间尺度上进行，对海岸线变化特征的刻画因此更为深刻与全面。该方法自提出至今，其具体的速率计算方法一直在不断被改进，已从最初简单的端点速率、平均速率发展到较为复杂的线性回归与加权线性回归速率，近年来又出现了能够描述海岸线非线性变化与空间相关性的速率模型。更复杂的方法不断被开发出来，方法的尝试、检验以及与多种方法的优劣比较、适用条件的讨论也因此成为很多学者关注的热点(Genz et al.，2007)。根据速率的计算方法，定量分析方法又可分为简单模型分析与复杂模型分析。

1. 地图叠加分析

地图叠加分析即将不同时期岸线图层叠加，利用视觉感观定性分析岸线位置变化的时空特征(Fromard et al.，2004；于杰等，2009)。这种方法比较简单，但分析过程主观，分析结果粗糙，不能进行时间或空间的比较，无法进行驱动力分析。

2. 简单模型分析

简单模型分析认为海岸线的位置变化过程是单调线性的，即中间没有波动。距离和速率的计算方法主要有 4 种。

1)多重缓冲区法(Goodchild and Hunter，1997)

构建原始岸线不同半径的缓冲区，计算岸线落入不同缓冲区的长度占总长度的百分比。对于既定的一个百分比序列，如 5%、10%、15%、……、95%，存在与序列中每个值相对应的缓冲区的宽度，这些缓冲区宽度构成一个服从高斯分布的序列，根据高斯分布的概率及非线性最小二乘法求得这个序列的平均值与标准差，即岸线的变化距离与变化距离的置信区间。该方法不涉及尺度效应、岸线长度及复杂性影响，而且具有统计精确性(Heo et al.，2009)，但其假设岸线只在水平方向上移动，没有考虑方向性(Heo et al.，2008)。

2)动态分割法(Li et al.，2001)

在不打断实际岸线的基础上，根据地域特征在岸线属性发生变化的位置进行分割，计算基线与岸线上对应关联点间的平均距离。该方法保持了岸线同其他空间要素的拓扑关系，但当岸线较长且较复杂时，可能会出现不合理值(Heo et al.，2009)。

3)基于点的计算

将较早时相的海岸线多边形化，并将较新时相的海岸线分割为点数据，计算点至多边形的最短距离，再除以两时相的时间间隔即得岸线变化速率(Cowart et al.，2011)。

4)基于剖面的计算

以平行于所有历史岸线基本走向的线要素为基线，构建垂直于基线并与所有岸线相交的剖面，基于剖面计算岸线变化速率。剖面与岸线的交点构成岸线位置的时间序列，对其进行拟合求速率的模型包括：端点速率(Crowell et al.， 1999)、平均速率(Crowell et al.，1993)、最小二乘法线性拟合(Fenster et al.，2001)、交叉验证法(Dolan et al.，1991)、加权线性回归法(Keyes，2001)、再加权最小二乘法(Keyes，2001)、绝对值最小法(Keyes，2001)等。

3. 复杂模型分析

复杂模型分析认为海岸线变化过程是非单调线性的，变化速率也不再是常数，而是随时间变化的。计算方法仍基于剖面对岸线位置的时间序列进行拟合，但不同于简单模型分析的线性模型，其拟合模型为复杂的多项式模型，图形显示为曲线。曲线的波峰或波谷所在时间点为海岸线运动趋势发生变化的时间拐点，曲线的凹口方向决定海岸线变化的方向及速度的变化。拟合时多项式的次数不由用户决定，而是由海岸线数据的精度、样本量等本身固有特征而定。岸线数据的误差越大、样本量越多，拟合出的多项式的次数将越高，模型匹配度与复杂性也随之增加。因此，选择模型之前首先要构建统计量，通常称为信息标准参数，该统计量的值随模型匹配度的增加而减小，随模型复杂性的增加而增加，统计量的值最小时对应的模型为最优模型，此时，拟合模型最精简同时匹配度最高(Fenster and Dolan，1994)。

美国地质调查局所实施的“国家海岸线评估项目”(U.S. Geological Survey National Shoreline Assessment Project)提出岸线位置相关性概念，认为某单个剖面上岸线的位置变化并非独立事件，而是受相邻剖面同时相岸线位置的牵制，即相邻剖面岸线位置变化具有空间相关性。因此，同时考虑岸线变化的相关性及波动性，拟合模型也就变得更加复杂，目前已有的计算方法仍在尝试阶段，还未被广泛应用与了解。选择标准仍然是满足拟合模型最精简且匹配度最高，但模型不再是传统的多项式模型，而是能表达相关性的复杂模型。例如，IC-bin(Frazer et al.，

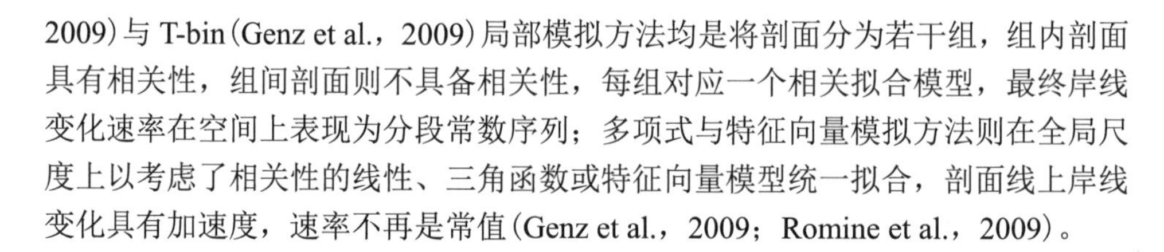

2009）与 T-bin（Genz et al.，2009）局部模拟方法均是将剖面分为若干组，组内剖面具有相关性，组间剖面则不具备相关性，每组对应一个相关拟合模型，最终岸线变化速率在空间上表现为分段常数序列；多项式与特征向量模拟方法则在全局尺度上以考虑了相关性的线性、三角函数或特征向量模型统一拟合，剖面线上岸线变化具有加速度，速率不再是常值（Genz et al.，2009；Romine et al.，2009）。

2.3.2 海岸线变化的影响因素

1. 海岸线变化的影响因素分类

海岸线变化的影响因素可概括为三类，分别是全球环境过程、海岸带环境过程和人类活动。

1）全球环境过程

新构造运动、海平面大尺度起伏等环境过程是构筑海岸轮廓和骨架、决定海岸沉积/侵蚀方向和速率的作用力，是较长时间尺度上海岸发育和变化的背景要素（庄振业等，2008）。而气候变暖则构成 20 世纪以来全球及区域岸线变化的重要影响因素。联合国政府间气候变化专门委员会（Intergovernmental Panel on Climate Change, IPCC）第三次评估报告指出，全球表面平均温度将上升 1.4～5.8℃。全球变暖，热带洋面温度上升，气压下降，热带气旋随之增多，当热带气旋将远海沉积物搬运至近海分布时，岸线将向海推进（Cooper et al.，2008），而当热带气旋登陆，在海平面升高背景下，极端海水漫溢与洪涝灾害发生频率、强度增加（Peduzzi et al.，2012），岸线将会遭受大规模、更强与更频繁的侵蚀（Woodruff et al.，2013）。

2）海岸带环境过程

海洋动力（如波、浪、潮汐等）以及沉积物运移是影响岸线变化最基本的海岸带环境过程。波、浪、潮汐等海洋动力是海岸带的主要营力（Kish and Donoghue，2013；St-Hilaire-Gravel et al.，2012），其与海岸的作用方向、作用强度和海岸带地形、地貌、岸线形状、岸线走向相关（Solomon，2005），其对海岸的改变作用具有空间差异性。沉积物运移是海岸侵蚀的结果和海岸淤积的物质来源，海洋动力对沉积物的搬运和堆积，造成海岸线在较大空间尺度上的改变（Ahmad and Lakhan，2012）；而海岸带微气候因素，如气压、温度、风场等，通过降水、蒸发、径流等过程对河流向海洋的泥沙补给产生影响（Ranasinghe et al.，2013；Yıldırım et al.，2011），造成海岸线在较小空间尺度上的改变。

3）人类活动

人类活动对岸线的直接改变往往具有较强的破坏性及不可逆性，原有自然系统的功能及原始状态的恢复较为困难，对其所引起的生态环境的恶化和退化进行治理与补救代价高昂，例如以海岸防护为目的的防潮堤、丁坝突堤的修筑，以增加人类生存与发展空间为目的的围填海工程，以物品贸易、经济交流与交换为目的港口码头的修建与扩张等。人类活动通过干扰全球环境过程与海岸带环境过程，也间接地影响海岸线的变迁，例如采沙(Mujabar and Chandrasekar，2013)、补沙(Slott et al.，2010)等活动改变波、浪、潮汐与海岸作用的方向、能量，影响海岸带侵蚀与堆积过程，从而改变海岸线形状；河流上游水库蓄水拦沙、水土保持工程、土地利用变化、城市扩展、河流或河口改道等，打破河流与海洋间原有的泥沙供给平衡，导致局部岸线的变化(Aiello et al.，2013)。

2. *海岸线变化影响因素分析方法*

1) 基于岸线实际变化过程的影响因子与影响机制分析

通过某一环境过程前后、不同区域岸线位置变化特征，分析环境因子与过程等对岸线变化的影响。Hapke 等(2009)将美国加利福尼亚州分为北、中、南三部分，从岸线变化平均速率、最高速率的空间趋势及空间差异方面出发，探索岸线变化与海蚀崖变化的相关关系及内部影响机制；List 等(2006)分析风暴潮前、中、后三个时期岸线的变化特征，讨论海岸线对风暴潮响应的空间异质性；Zhang 等(2004)选择美国东部海岸的 5 个岸段，通过分析海岸线变化速率的空间差异探究海平面变化与海岸侵蚀之间的关系。

2) 基于数学方法的影响因素分析

通过影响因子变化过程与岸线变化过程的相关分析，确认两个过程是否具有关联。Schupp 等(2006)利用卡方检验、交叉相关分析及数字海岸线分析系统(Digital Shoreline Analysis System，DSAS)等方法，探讨美国北卡罗来纳州外滩群岛沙坝、近岸沉积物与海岸线变化的关系。

3) 基于模型的岸线变化分析和模拟

利用以自然过程或因子为参数的模型模拟海岸线变化，分析自然过程或因子对岸线变化的影响。Stockdon 等(2007)基于预测的风暴潮海平面高度，结合风暴潮前的沙丘和坡台高程，模拟不同沙滩地区风暴潮前后海岸线和沙滩体积的变化，揭示风暴潮前后海平面高度、海滩坡度对海岸线变化的影响；Valvo 等(2006)利用模型模拟不同海滨浅层地下岩岩性对海岸线变化的影响。

2.3.3　海岸线变化的影响效应

岸线侵蚀过程的影响效应：海岸的蚀退作用增强、岸线后退速度剧增，直接造成海岸带土地资源、生物多样性资源、社会经济资源的损失(Crowell et al.，2010)，并导致海水入侵、土地盐渍化加剧、淡水资源减少、地基承载力下降、沿海建筑物稳定性被破坏与削弱等(周健等，2000)。

人力作用下岸线变化的影响效应：包括对海洋动力的影响以及对环境和生态的影响。海岸带的人工建造物，如养殖池、港口码头、防潮堤都会干扰沿岸流的方向及速率(Saranathan et al.，2011)，或产生新的沿堤流，从而改变或产生新的泥沙搬运-沉积过程，打破其本身及附近海区原有的冲刷与淤积平衡状态，干扰或逆转海岸线的自然演变趋势(Pandian et al.，2004)。海岸工程往往伴随大量垃圾排放入海，导致海洋环境退化，污染加剧；海水养殖使用的化学制剂、饵料，通过废水排入海洋，会显著提高近海水域营养物浓度，海水富营养化问题加重，赤潮发生率提高(Kautsky et al.，2000)。海岸工程还直接导致海岸带湿地生态系统大面积的减少与破坏，其所特有的诸如气候调节、防洪、为人类提供特定生物资源及作为野生动植物栖息地等生态服务功能也随之丧失。

2.4 本章小结

回顾近 50 年来海岸线变化研究，研究内容与研究方法均有较为明显的发展，2000 年之前，主要是从地质、地貌及物理等角度，探究岸线侵蚀的发生与演变机理，对于岸线变化与其他自然、社会要素之间的联系以及对于海岸带管理等方面研究还较少，另外，研究中定性分析较为普遍，定量化研究较少。到了 21 世纪，海岸线变化研究的内容更为具体，所涉科学问题更加全面，主要包括：海岸线时空变化及其驱动力研究、海岸线变化的自然与社会因素效应研究、岸线变化背景下的海岸带综合管理研究。研究方法也多发展为定量化的模型研究，如利用多种方法实现对波浪、泥沙、降雨、季风等数据的建模，构建数值海岸线演变模型，实现对海岸线的模拟与预测。同时，遥感、GIS、数字海岸线分析系统的广泛运用，定量化岸线的位置变化特征，极大促进了该领域的科学研究。

未来时期该领域的研究将围绕以下关键问题：

1. 岸线位置形态的预测与模拟

随着人们对海岸线变化生物、物理过程了解的不断深入，越来越多的因素可以被模型化，以建立更为复杂的数值海岸线模型，但就目前来看，仍很少有方法可以对海岸线做出完全适应或可靠的模拟与预测。因此，波浪系统、降雨、季风以及海平面上升等因素对岸线位置、形态的影响机制，海岸线演化模型的理论框架、准确性和不确定性的量化、计算效率以及观测数据的集成等问题都将是今后研究的重点及难点问题。

2. 岸线开发与利用的环境与生态风险评估

在全球气候变化和海岸线变化的背景下，近海岸陆海空间的资源、环境、生物、生态系统以及社会经济发展均会有不同的响应特征和变化过程，如何在不同的时空尺度观察和描述各种响应过程及变化结果？以及如何更加科学准确地辨识和评估海岸带地区因海岸线变化而出现或增强的社会、生态风险？这些都已成为学者们普遍关注的重点问题。

3. 岸线变化背景下的海岸带综合管理

正是由于海岸线位置形态预测和模拟的难度以及岸线开发利用过程中蕴含的巨大的资源环境和生态风险，岸线变化成为海岸带综合管理(Integrated Coastal Zone Management，ICZM)的重要核心问题之一，因此，岸线变化背景下，海岸带地区的可持续发展与管理必将成为社会发展的新挑战。例如“多规合一”背景下，海岸带空间及功能规划的科学制定、海岸带法律及政策导向的及时完善、海岸带居民生活质量的保障与提高等问题将会发展为该领域新的研究热点。

4. 海岸工程技术研发与应用

成熟稳健的海岸工程技术是保障海岸线合理开发与利用的基础，是落实海岸带综合管理的重要举措，因此，进一步完善和加强海岸工程技术的研发与推广应用也将是学者们关注的焦点问题。近年来，国际上海岸带生态防护的理念逐渐成熟，在很多国家或地区通过生态缓冲和堤防后退等手段开展海岸带生态防护，在减缓海岸侵蚀的同时提升了海岸带生态服务功能，这代表了未来基本的发展趋势。

参 考 文 献

高义, 苏奋振, 周成虎, 等. 2011. 基于分形的中国大陆海岸线尺度效应研究. 地理学报, 66(3): 331-339.

金永福, 郭伟其, 苏诚. 2009. Google Earth 在海岸线修测调查中的应用研究. 海洋环境科学, 28(5): 566-569, 593.

李杰. 2018. 科学知识图谱原理及应用：VOSviewer 和 CitNetExplorer 初学者指南. 北京：高等教育出版社.

刘善伟, 张杰, 马毅, 等. 2011. 遥感与 DEM 相结合的海岸线高精度提取方法. 遥感技术与应用, 26(5): 613-618.

孙伟富, 马毅, 张杰, 等. 2011. 不同类型海岸线遥感解译标志建立和提取方法研究. 测绘通报, (3): 41-44.

孙晓宇, 吕婷婷, 高义, 等. 2014. 2000～2010 年渤海湾岸线变迁及驱动力分析. 资源科学, 36(2): 413-419.

索安宁, 曹可, 马红伟, 等. 2015. 海岸线分类体系探讨.地理科学, 35(7): 933-937.

武芳, 苏奋振, 平博, 等. 2013. 基于多源信息的辽东湾顶东部海岸时空变化研究. 资源科学, 35(4): 875-884.

徐进勇, 张增祥, 赵晓丽, 等. 2013. 2000～2012 年中国北方海岸线时空变化分析. 地理学报, 68(5): 651-660.

姚晓静, 高义, 杜云艳, 等. 2013. 基于遥感技术的近 30a 海南岛海岸线时空变化. 自然资源学报, 28(1): 114-125.

于杰, 杜飞雁, 陈国宝, 等. 2009. 基于遥感技术的大亚湾海岸线的变迁研究. 遥感技术与应用, 24(4): 512-516.

钟赛香, 曲波, 苏香燕, 等. 2014. 从《地理学报》看中国地理学研究的特点与趋势：基于文献计量方法. 地理学报, 69(8): 1077-1092.

周健, 丛林, 许彰珉. 2000. 上海地区沿海岸线工程受相对海平面上升影响浅析. 中国地质灾害与防治学报, 11(3): 70-73, 78.

朱国强, 苏奋振, 张君珏. 2015. 南海周边国家近 20 年海岸线时空变化分析. 海洋通报, 34 (5): 481-490.

庄振业, 刘冬雁, 刘承德, 等. 2008. 海岸带地貌调查与制图. 海洋地质动态, 24(9): 25-32.

Aarninkhof S G J, Turner I L, Dronkers T D T, et al. 2003. A video-based technique for mapping intertidal beach bathymetry. Coastal Engineering, 49(4): 275-289.

Ahmad S R, Lakhan V C. 2012. GIS-based analysis and modeling of coastline advance and retreat along the Coast of Guyana. Marine Geodesy, 35(1): 1-15.

Aiello A, Canora F, Pasquariello G, et al. 2013. Shoreline variations and coastal dynamics: A space-time data analysis of the Jonian littoral, Italy. Estuarine, Coastal and Shelf Science, 129: 124-135.

Alberico I, Amato V, Aucelli P P C, et al. 2012. Historical shoreline change of the sele plain (Southern Italy): the 1870～2009 time window. Journal of Coastal Research, 28(6): 1638-1647.

Boak E H, Turner I L. 2005. Shoreline definition and detection: A review. Journal of Coastal Research, 21(4): 688-703.

Chaaban F, Darwishe H, Battiau-Queney Y, et al. 2012. Using ArcGIS® modelbuilder and aerial photographs to measure coastline retreat and advance: North of France. Journal of Coastal Research, 28(6): 1567-1579.

Cooper M J P, Beevers M D, Oppenheimer M. 2008. The potential impacts of sea level rise on the coastal region of New Jersey, USA. Climatic Change, 90(4): 475-492.

Cowart L, Corbett D R, Walsh J P. 2011. Shoreline change along sheltered coastlines: insights from the Neuse River Estuary, NC, USA. Remote Sensing, 3(7): 1516-1534.

Crowell M, Coulton K, Johnson C, et al. 2010. An estimate of the U. S. population living in 100-year coastal flood hazard areas. Journal of Coastal Research, 26 (2) : 201-211.

Crowell M, Honeycutt M, Hatheway D. 1999. Coastal erosion hazards study: phase one mapping. Journal of Coastal Research, (28) : 10-20.

Crowell M, Leatherman S P, Buckley M K. 1991. Historical shoreline Change: error analysis and mapping accuracy. Journal of Coastal Research, 7 (3) : 839-852.

Crowell M, Leatherman S P, Buckley M K. 1993. Shoreline change rate analysis: long term versus short term data. Shore and Beach, 61 (2) : 13-20.

Dolan R, Fenster M S, Holme S J. 1991. Temporal analysis of shoreline recession and accretion. Journal of Coastal Research, 7 (3) : 723-744.

Fenster M, Dolan R. 1994. Large-scale reversals in shoreline trends along the U. S. mid-Atlantic coast. Geology, 22 (6) : 543-546.

Fenster M S, Dolan R, Morton R A. 2001. Coastal storms and shoreline change: signal or noise? Journal of Coastal Research, 17 (3) : 714-720.

Fletcher C, Rooney J, Barbee M, et al. 2003. Mapping shoreline change using digital orthophotogrammetry on Maui, Hawaii. Journal of Coastal Research, (38) : 106-124.

Frazer L N, Genz A S, Fletcher C H. 2009. Toward parsimony in shoreline change prediction (I) : basis function methods. Journal of Coastal Research, 25 (2) : 366-379.

Fromard F, Vega C, Proisy C. 2004. Half a century of dynamic coastal change affecting mangrove shorelines of French Guiana. A case study based on remote sensing data analyses and field surveys. Marine Geology, 208 (2-4) : 265-280.

Genz A S, Fletcher C H, Dunn R A, et al. 2007. The predictive accuracy of shoreline change rate methods and alongshore beach variation on Maui, Hawaii. Journal of Coastal Research, 23 (1) : 87-105.

Genz A S, Frazer L N, Fletcher C H. 2009. Toward parsimony in shoreline change prediction (II) : applying basis function methods to real and synthetic data. Journal of Coastal Research, 25 (2) : 380-392.

Goodchild M F, Hunter G J. 1997. A simple positional accuracy measure for linear features. International Journal of Geographical Information Science, 11 (3) : 299-306.

Hapke C J, Reid D, Richmond B. 2009. Rates and trends of coastal change in California and the regional behavior of the beach and cliff system. Journal of Coastal Research, 25 (3) : 603-615.

Heo J, Kim J H, Kim J W. 2009. A new methodology for measuring coastline recession using buffering and non-linear least squares estimation. International Journal of Geographical Information Science, 23 (9) : 1165-1177.

Heo J, Kim J W, Park J S, et al. 2008. New line accuracy assessment methodology using nonlinear least-squares estimation. Journal of Surveying Engineering, 134 (1) : 13-20.

Kautsky N, Rönnbäck P, Tedengren M, et al. 2000. Ecosystem perspectives on management of disease in shrimp pond farming. Aquaculture, 191 (1-3): 145-161.

Keyes T K. 2001. Applied regression analysis and multivariable methods. Technometrics, 43 (1): 101.

Kish S A, Donoghue J F. 2013. Coastal response to storms and sea-level rise: Santa Rosa Island, Northwest Florida, USA Journal of Coastal Research, (63): 131-140.

Li R X, Liu J K, Felus Y. 2001. Spatial modeling and analysis for shoreline change detection and coastal erosion monitoring. Marine Geodesy, 24 (1): 1-12.

Li T, Ho Y S, Li C Y. 2008. Bibliometric analysis on global Parkinson's disease research trends during 1991～2006. Neuroscience letters, 441 (3): 248-252.

List J H, Farris A S, Sullivan C. 2006. Reversing storm hotspots on sandy beaches: Spatial and temporal characteristics. Marine Geology, 226 (3-4): 261-279.

Mcfeeters S K. 1996. The use of the Normalized Difference Water Index (NDWI) in the delineation of open water features. International Journal of Remote Sensing, 17 (7): 1425-1432.

Mujabar P S, Chandrasekar N. 2013. Shoreline change analysis along the coast between Kanyakumari and Tuticorin of India using remote sensing and GIS. Arabian Journal of Geosciences, 6 (3): 647-664.

Pandian P K, Ramesh S, Murthy M V R, et al. 2004. Shoreline changes and near shore processes along Ennore Coast, East Coast of South India. Journal of Coastal Research, 20 (3): 828-845.

Peduzzi P, Chatenoux B, Dao H, et al. 2012. Global trends in tropical cyclone risk. Nature Climate Change, 2 (4): 289-294.

Pritchard A. 1969. Statistical bibliography or bibliometrics. Journal of documentation, 25 (4): 348-349.

Quan S, Kvitek R G, Smith D P, et al. 2013. Using vessel-based LIDAR to quantify coastal erosion during El Niño and inter-El Niño periods in Monterey Bay, California. Journal of Coastal Research, 29 (3): 555-565.

Ranasinghe R, Duong T M, Uhlenbrook S, et al. 2013. Climate-change impact assessment for inlet-interrupted coastlines. Nature Climate Change, 3 (1): 83-87.

Romine B M, Fletcher C H. 2013. A summary of historical shoreline changes on beaches of Kauai, Oahu, and Maui, Hawaii. Journal of Coastal Research, 29 (3): 605-614.

Romine B M, Fletcher C H, Frazer L N, et al. 2009. Historical shoreline change, Southeast Oahu, Hawaii; applying polynomial models to calculate shoreline change rates. Journal of Coastal Research, 25 (6): 1236-1253.

Saranathan E, Chandrasekaran R, Manickaraj D S, et al. 2011. Shoreline changes in Tharangampadi Village, Nagapattinam District, Tamil Nadu, India—A case study. Journal of the Indian Society of Remote Sensing, 39 (1): 107-115.

Schupp C A, Mcninch J E, List J H. 2006. Nearshore shore-oblique bars, gravel outcrops, and their correlation to shoreline change. Marine Geology, 233 (1-4): 63-79.

Slott J M, Murray A B, Ashton A D. 2010. Large-scale responses of complex-shaped coastlines to local shoreline stabilization and climate change. Journal of Geophysical Research: Earth Surface (2003–2012), 115(F3): F03033.

Solomon S M. 2005. Spatial and temporal variability of shoreline change in the Beaufort-Mackenzie region, northwest territories, Canada. Geo-Marine Letters, 25(2-3): 127-137.

St-Hilaire-Gravel D, Forbes D L, Bell T. 2012. Multitemporal analysis of a gravel-dominated coastline in the Central Canadian Arctic Archipelago. Journal of Coastal Research, 28(2): 421-441.

Stockdon H F, Sallenger A H J, Holman R A, et al. 2007. A simple model for the spatially-variable coastal response to hurricanes. Marine Geology, 238(1-4): 1-20.

Valvo L M, Murray A B, Ashton A. 2006. How does underlying geology affect coastline change? An initial modeling investigation. Journal of Geophysical Research: Earth Surface (2003～2012), 111(F2): F02025.

Woodruff J D, Irish J L, Camargo S J. 2013. Coastal flooding by tropical cyclones and sea-level rise. Nature, 504(7478): 44-52.

Wu T, Hou X Y, Xu X L. 2014. Spatio-temporal characteristics of the mainland coastline utilization degree over the last 70 years in China. Ocean and Coastal Management, 98: 150-157.

Yıldırım U, Erdoğan S, Uysal M. 2011. Changes in the coastline and water level of the Akşehir and Eber Lakes between 1975 and 2009. Water Resources Management, 25(3): 941-962.

Zhang K Q, Douglas B C, Leatherman S P. 2004. Global warming and coastal erosion. Climatic Change, 64(1-2): 41-58.

第3章

中国大陆海岸线提取的地球大数据平台

以卫星遥感为代表的现代遥感技术起源于20世纪60年代，经过半个多世纪的快速发展，目前已经成为人类开展地球系统科学观测和研究必不可少的重要技术手段，尤其是进入21世纪以来，高空间分辨率、高光谱分辨率、高时间分辨率已成为遥感技术发展的重要特征，与此相应，遥感技术的应用领域也得到了进一步的拓展和深化。

同样于20世纪60年代开始兴起并逐渐发展成熟的地理信息系统技术在地球系统科学研究中也发挥了不可或缺的重要作用。地理信息系统是由计算机硬件和软件系统组成并在其支持下对地球表层空间中各种类型的地理分布数据进行采集、储存、管理、运算、分析、显示和描述的复杂技术系统，空间分析能力是地理信息系统的主要功能，也是其有别于计算机制图软件等类型信息系统的根本特征。

遥感技术、地理信息系统技术、全球定位技术以及互联网和云服务等技术的有机结合，大大促进了国内外高精度海岸线信息提取以及不同时空尺度海岸线变化特征科学研究的进展。本书所详述的近80年来中国大陆海岸线时空变化特征研究亦得益于上述技术的日渐成熟和不断普及。

本章在整个专著中的地位和作用在于：概要介绍20世纪40年代初以来多时相中国大陆海岸线信息提取和时空特征分析所使用的地图资料、卫星影像等多源、多类型数据信息，基本的计算机软硬件环境、网络环境和云服务平台，以及对多源、多类型数据信息进行处理从而获得大陆海岸线数据过程中一些最基本的技术方法或环境参数设置等。

3.1 大陆海岸线信息提取的数据源

随着遥感技术在高空间分辨率、高光谱分辨率、高时间分辨率等方面不断取得日新月异的进步，多源遥感信息在地球系统科学研究中的应用也在不断拓展和深化(张兵，2017)。在针对较长历史时期不同空间尺度海岸带区域的海岸线信息提取及时空动态特征的研究中，中、高空间分辨率的多种卫星影像已成为主要数据源，尤其是 Landsat MSS/TM/ETM+/OLI 系列传感器多光谱影像、Terra-ASTER 多光谱影像、CBERS 系列卫星的 CCD 数据、HJ 系列卫星的 CCD 数据、SPOT 多光谱影像以及 GF 系列影像等数据的应用极为普遍。其中，Landsat 系列传感器影像数据具有空间覆盖完整、光谱分辨率高、空间分辨率高、重访周期短以及时间序列长且连续等优点，应用最为普遍。但即便是最早的 Landsat MSS 存档数据也仅能追溯至 20 世纪 70 年代初期，因此，大尺度空间区域海岸线变化等方面的研究受制于更早时期高质量数据源的匮乏，鲜有针对 50 年及更长时间尺度的研究成果，这一问题在我国海岸带区域尤为突出。

鉴于此，本书进行了广泛的资料查阅，收集了 20 世纪 40 年代初至 20 世纪 70 年代多个历史时期测绘、编制及出版的中国沿海区域大中比例尺地形图资料，将其与 20 世纪 80 年代以来的 Landsat TM/ETM+/OLI 系列传感器影像数据相结合，形成 20 世纪 40 年代、20 世纪 60 年代、1990 年、2000 年、2010 年、2015 年和 2020 年等多个时相、覆盖整个中国海岸带区域的资源环境时空数据平台，从而能够有效支持 20 世纪 40 年代初至 2020 年近 80 年间中国大陆海岸线信息的提取及其时空动态特征等的研究；在局部区域，如渤海海岸带、部分近岸岛屿、大陆沿海主要海湾等，也收集了更早历史时期多种比例尺的地图或海图资料、20 世纪 70 年代的 Landsat MSS 影像以及近期的 HJ-CCD 数据、SPOT 多光谱影像、GF 系列影像等数据，从而能够满足局部区域更为详尽的海岸线变化特征分析以及海湾专题要素多方面变化特征综合研究等的需要。

3.1.1 20 世纪 40 年代初的地图资料

美国陆军制图局编绘和出版了中国部分区域 1∶25 万的地形图资料，其概况和特点如下：①信息源测绘于 1904～1945 年间，已出版图幅覆盖中国东部沿海、华北、内蒙古东部、黄土高原东部及南部、长江中下游、华东、华南、西南及青藏高原南部边缘等，其中，东部沿海区域图幅的信息源集中测绘于 20 世纪 40 年代初；②采用通用横轴墨卡托投影(Universal Transverse Mercator Projection)，具备规范的图幅编号、拼接图表、比例尺、图名(采用具有代表性的居民点名称)、图例等地图要素，例如，除了数字比例尺，还提供了多种长度单位制的线段比例尺；③地图区具有规范的经纬网、10 km 网格线、控制点以及丰富的文字和数字注记等，例如，居民点等同时标注中文文字和拼音(威妥玛拼音)，重要的地貌单元也标注有英文等；④主图区包含不同级别的居民点及其注记(中文注记采用不同的字号区分5个等级的居民点)、境界、等高(深)线及其注记、高程点及其注记、水体边界、铁路及其轨距、公路及其类型和等级、土地利用、植被覆盖等信息；⑤以简图形式提供初始信息源的精度和可信度，并具有地图生产者、出版者、版本、词汇表等元数据信息；⑥彩色印刷，地图质量总体较高。

这批地图资料已扫描为高分辨率栅格图形文件，由德克萨斯大学奥斯汀分校(The University of Texas at Austin)图书馆提供下载(http://www.lib.utexas.edu)。查阅和下载中国沿海区域的图幅，共47幅，对其进行分析和评估，表明：①各个图幅的空间范围及图面信息均比较完整，电子文档的水平及垂直分辨率均为400 dpi，单个文件占用的磁盘空间在3.21～6.50 MB之间，图上的各种地图符号、文字注记以及图廓外部的各种附属信息均清晰可读；②沿海47个图幅的空间范围能够完整覆盖中国大陆海岸带区域；③各个图幅均附带编图资料示意图(reliability diagram)，多数区域对应的测绘时期是20世纪40年代初，因此可支持提取和获得20世纪40年代初(以下简记为1940s初)的大陆海岸线信息。本书所用图幅的编号、图名以及每个图幅主体区域所对应的测绘时间如附表1所示。以青岛幅为例，地图的整体效果及局部细节如附图1所示。

3.1.2 20世纪60年代初的地图资料

使用新中国成立以来陆续测绘、编制和出版的中国沿海区域大比例尺地形图资料提取20世纪60年代的海岸线。共查阅沿海区域1:50000比例尺的地形图约300个分幅以及1:100000比例尺的地形图约50个分幅，覆盖了中国沿海的绝大部分区域；部分区域具有重叠图幅(测绘及制图的年代略有不同)，使用过程中可根据地图的测绘年代以及地图信息的精度特征等区分主次，优选其一用于大陆海岸线信息提取，而其他图幅则作为参照资料辅助推断大陆海岸线的准确位置和具体类型。极少量空间区域缺少地形图资料，则以20世纪70年代成像的Landsat MSS卫星影像[①]代替，合计下载10景Landsat MSS卫星影像(融合产品，空间分辨率为60m)用于补缺。由于Landsat MSS卫星影像的空间分辨率不高、谱段数也比较少，应用于海岸线提取和分类，数据结果的不确定性较强，但其仅用于地图资料空白区域的补缺，所涉及的总面积以及对应的大陆海岸线长度非常有限。

地形图编绘所使用的基础数据的测绘时间以及Landsat MSS卫星影像的成像时间散布于1951～1979年间，但统计分析表明，大部分空间区域地形图资料的测绘时间对应1960年前后(表3.1)，可较好地支持20世纪60年代初期(以下简记为1960s初)中国大陆海岸线信息的提取。

① 由美国马里兰大学全球土地变化数据中心(The Global Land Cover Facility, GLCF)提供数据下载服务。

表 3.1 20 世纪 60 年代海岸线提取所用源数据的时相分布特征

	1951～1959 年	1960～1969 年	1970～1979 年
1:50000 比例尺地形图/幅	164	88	23
1:100000 比例尺地形图/幅	1	26	12
Landsat MSS 卫星影像/景	—	—	10

3.1.3 20 世纪 70 年代以来的 Landsat 系列卫星影像

1. Landsat 系列卫星及其传感器

美国陆地卫星(Landsat)是用于探测地球资源与环境的系列地球观测卫星系统，是人类对地观测卫星技术的经典之作。美国国家航空航天局(National Aeronautics and Space Administration，NASA)的陆地卫星计划开始于 1972 年 7 月 23 日 Landsat 1 卫星的成功发射，最初命名为 ERTS，即地球资源技术卫星，至今共发射了 9 颗卫星，已经对地球表面进行了超过 40 年的连续观测，积累了有史以来最完整、全球覆盖、时间连续的对地观测影像数据，为地球表面的环境科学和生态科学等领域研究提供了非常宝贵的基础资料。其中，Landsat 1～4 卫星均已相继失效而退役；Landsat 5 卫星于 1984 年 3 月 1 日成功发射，2013 年 6 月退役，是在轨运行时间最长的光学遥感卫星，共获取了近 30 年的数据；Landsat 6 卫星发射过程失败；Landsat 7 卫星于 1999 年 4 月 15 日发射升空，但 2003 年 5 月 31 日由于机载扫描行校正器(scan lines corrector，SLC)出现故障，导致获取的图像出现数据重叠和大约 25%的数据丢失。Landsat 8 卫星于 2013 年 2 月 11 日发射升空，经过 100 天的测试运行后开始获取影像，目前正常运行。2021 年 9 月 27 日，Landsat 9 从加利福尼亚范登堡太空部队基地成功发射。Landsat 9 重访周期为 16 天，与 Landsat 8 间隔 8 天。Landsat 9 每天收集多达 750 景影像，与 Landsat 8 相结合，两颗卫星每天获取近 1500 景影像数据。

目前，Landsat 卫星数据由 NASA 和 USGS 共同管理。Landsat 系列卫星的基本参数见表 3.2。

表 3.2 Landsat 系列卫星的基本参数

卫星参数	Landsat 1	Landsat 2	Landsat 3	Landsat 4	Landsat 5	Landsat 7	Landsat 8	Landsat 9
发射时间	07/23/1972	01/12/1975	03/05/1978	07/16/1982	03/01/1984	04/15/1999	02/11/2013	09/27/2021
卫星高度/km	920	920	920	705	705	705	705	705
轨道倾角	99.2°	99.2°	99.2°	98.2°	98.2°	98.2°	98.2°	98.2°

续表

卫星参数	Landsat 1	Landsat 2	Landsat 3	Landsat 4	Landsat 5	Landsat 7	Landsat 8	Landsat 9
覆盖周期/天	18	18	18	16	16	16	16	16
扫描宽度/km	185	185	185	185	185	185	185	185
波段数	4	4	4	7	7	8	9+2	9+2
传感器	MSS	MSS	MSS	MSS/TM	MSS/TM	ETM+	OLI TIRS	OLI-2 TIRS-2
运行情况	1978 年退役	1976 年失灵 1980 年修复 1982 年退役	1983 年退役	1983 年出现故障，2001 年退役	超期服役，2013 年退役	2003 年 5 月出现故障	在役	在役

资料来源：https://landsat.gsfc.nasa.gov/。

Landsat 卫星传感器的观测范围覆盖地球表面南、北纬 81°之间的区域，因其具有与太阳同步的近极地圆形轨道，保证了北半球中纬度地区能够获得上午时刻成像的中等太阳高度角(25°～30°)影像数据，而且卫星以同一地方时、同一方向通过同一地点，有利于影像数据对比分析。例如，Landsat 5 卫星轨道高度 705 km，轨道倾角 98.2°，卫星由北向南运行穿过赤道的地方时为 9 点 45 分，运行周期 98.9 分钟，每天绕地球 14.5 圈并在赤道向西平移 172 km，相邻轨道间赤道处重叠度为 13 km(7%)，重复观测周期为 16 天(运行 233 圈)。

Landsat 系列卫星搭载的传感器共有 5 种，分别是：Landsat 1～5 卫星搭载的多光谱扫描仪(Multispectral Scanner，MSS)，Landsat 4～5 卫星搭载的专题成像仪(Thematic Mapper，TM)，Landsat 7 卫星搭载的增强型专题成像仪(Enhanced Thematic Mapper Plus，ETM+)，Landsat 8 卫星搭载的陆地成像仪(Operational Land Imager，OLI)和热红外传感器(Thermal Infrared Sensor，TIRS)。其中，TM、ETM+、OLI 和 TIRS 传感器的波段划分及影像的空间分辨率如表 3.3 所示。

表 3.3 Landsat TM/ETM+/OLI/TIRS 传感器的波段介绍

传感器	波段号	类型	波长范围/μm	分辨率/m
Landsat 5 TM	Band1	蓝波段	0.45～0.52	30
	Band2	绿波段	0.52～0.60	30
	Band3	红波段	0.63～0.69	30
	Band4	近红外	0.76～0.90	30
	Band5	中红外	1.55～1.75	30
	Band6	热红外	10.40～12.50	120
	Band7	中红外	2.08～2.35	30

续表

传感器	波段号	类型	波长范围/μm	分辨率/m
Landsat 7 ETM+	Band1	蓝波段	0.450～0.515	30
	Band2	绿波段	0.525～0.605	30
	Band3	红波段	0.630～0.690	30
	Band4	近红外	0.775～0.900	30
	Band5	中红外	1.550～1.750	30
	Band6	热红外	10.40～12.50	60
	Band7	中红外	2.090～2.350	30
	Band8	微米全色	0.520～0.900	15
Landsat 8 OLI	Band1-Coastal	海岸带蓝波段	0.433～0.453	30
	Band2-Blue	蓝波段	0.450～0.515	30
	Band3-Green	绿波段	0.525～0.600	30
	Band4-Red	红波段	0.630～0.680	30
	Band5-NIR	近红外	0.845～0.885	30
	Band6-SWIR1	短波红外 1	1.560～1.660	30
	Band7-SWIR2	短波红外 2	2.100～2.300	30
	Band8-PAN	微米全色	0.500～0.680	15
	Band9-Cirrus	短波红外(卷云波段)	1.360～1.390	30
Landsat 8 TIRS	Band10-TIR	热红外 1	10.60～11.19	100
	Band11-TIR	热红外 2	11.50～12.51	100

2. LandsatTM/OLI 常用的波段合成方式

Landsat 系列卫星传感器的多光谱影像数据可通过不同波段之间的组合，有效增强某些地物的信息，从而满足对不同类型地物对象的观测所需。Landsat TM 传感器影像数据常见的波段组合如表 3.4、附图 2 所示。Landsat OLI 传感器影像数据常见的波段组合如表 3.5、附图 3 所示。

Landsat TM 波段 3-2-1 组合：真彩色合成的图像，接近地物自然色彩，对浅水透视效果好，可用于监测水体的浊度、含沙量、水体沉淀物质形成的絮状物、水底地形。一般而言，深水呈现深蓝色、浅水呈现浅蓝色、水体悬浮物是絮状影像，健康植被呈现绿色，土壤呈现棕色或褐色。可用于河口及海岸带环境调查，但不适用于水陆分界的准确划分等研究。Landsat TM 影像波段 3-2-1 真彩色合成效果如附图 2(a)所示。

表 3.4　Landsat TM 传感器常用的波段合成

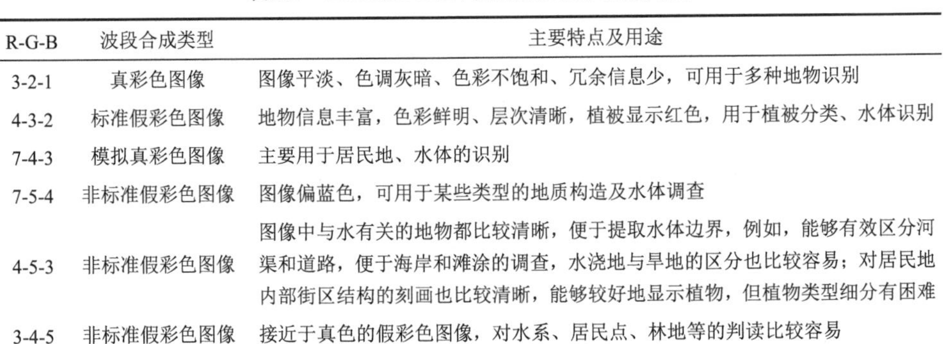

R-G-B	波段合成类型	主要特点及用途
3-2-1	真彩色图像	图像平淡、色调灰暗、色彩不饱和、冗余信息少，可用于多种地物识别
4-3-2	标准假彩色图像	地物信息丰富，色彩鲜明、层次清晰，植被显示红色，用于植被分类、水体识别
7-4-3	模拟真彩色图像	主要用于居民地、水体的识别
7-5-4	非标准假彩色图像	图像偏蓝色，可用于某些类型的地质构造及水体调查
4-5-3	非标准假彩色图像	图像中与水有关的地物都比较清晰，便于提取水体边界，例如，能够有效区分河渠和道路，便于海岸和滩涂的调查，水浇地与旱地的区分也比较容易；对居民地内部街区结构的刻画也比较清晰，能够较好地显示植物，但植物类型细分有困难
3-4-5	非标准假彩色图像	接近于真色的假彩色图像，对水系、居民点、林地等的判读比较容易

Landsat TM 波段 4-3-2 组合：标准假彩色合成的影像，植被整体呈现红色调，可用于植被分类与植被健康度监测。其中深红色或亮红色为阔叶林，浅红色为草地等生物量较小的植被。同时，可从该波段组合的影像中判别出近岸富有叶绿素 a 的大型藻类(蓝藻)及滨海植被(红树林)，可用于潮间带生境调查。Landsat TM 影像波段 4-3-2 标准假彩色合成图像如附图 2(b)所示。

Landsat TM 波段 7-4-3 组合：红光波段与热红外波段中的近红外、中红外波段组合成的假彩色影像，可用于城镇及水体的空间识别。该种波段组合对地表温度变化较为敏感，可根据地表温度的时空变化进行土地利用及自然覆被条件的判别和反演。此外，合成的图像色调接近自然彩色，对以水体、建筑、道路、广场等不透水面为主要构成要素的城市生态系统的空间形态及其外部拓展效应具有很好的监测作用。Landsat TM 影像波段 7-4-3 标准假彩色合成图像如附图 2(c)所示。

Landsat TM 波段 7-5-4 组合：由 TM 影像的 3 个红外波段合成的假彩色图像，可用于分析湖泊等水体的面积及水位的时空变化规律。该图像中的含水地物整体呈现蓝色调，其中水体呈现深蓝色、蓝色等层次分明的颜色，且区别较为显著。Landsat TM 影像波段 7-5-4 标准假彩色合成图像如附图 2(d)所示。

Landsat TM 波段 4-5-3 组合：由 2 个红外波段和 1 个红色可见光波段合成的假彩色图像，可用于干湿边界区分较为显著的地理单元的调查工作。该波段组合能较好地反映土壤含水量，水分含量越多则图像显示的颜色越暗，含水量越少呈现的颜色越亮。在识别河流流域空间范围及沿海滩涂面积等方面具有较好的适用性，亦可以用于受水分影响较显著的植被的健康状况分析。Landsat TM 影像波段 4-5-3 标准假彩色合成图像如附图 2(e)所示。

Landsat TM 波段 3-4-5 组合：由 2 个红外波段和 1 个红色可见光波段合成的假彩色图像，色调接近于真彩色影像，可用于水系、居民点、林地等地物类型的判读与目视解译工作。Landsat TM 影像波段 3-4-5 标准假彩色合成图像如附图 2（f）所示。

表 3.5　Landsat OLI 传感器常用的波段合成

R-G-B		主要特点及用途
4-3-2	Red-Green-Blue	自然真彩色图像；接近地物真实色彩，图像平淡、色调灰暗，容易受大气影响而清晰度不足
5-4-3	NIR-Red-Green	标准假彩色图像；植被显示为红色，植被越健康红色越亮，便于区分植被、农作物及湿地
5-6-2	NIR-SWIR1-Blue	假彩色合成图像；对覆盖度与内部含水量高的植物反射敏感，便于健康植被监测
5-6-4	NIR-SWIR1-Red	假彩色合成图像；陆地一般为橙色和绿色，水体为蓝色，便于区分陆地和水体
5-7-1	NIR-SWIR2-Coastal	假彩色合成图像；可穿透灰尘、烟雾和浅水，能有效监测植被和水体，植被显示为橘红色
6-3-2	SWIR1-Green-Blue	假彩色合成图像；突出裸露地表上的一些景观，对无(少)植被区的地质监测有效
6-5-2	SWIR1-NIR-Blue	假彩色合成图像；农作物监测：农作物为高亮绿色，裸地为品红色，休耕地为弱的墨绿色
7-5-2	SWIR2-NIR-Blue	假彩色合成图像；对火点燃烧引起的烟雾的敏感度降低，因而能有效监测森林火灾的范围
7-5-3	SWIR2-NIR-Green	假彩色合成图像；移除大气影响的自然表面，有良好的大气透射，植被显示为不同深度的绿色
7-6-4	SWIR2-SWIR1-Red	假彩色合成图像；主要用于城市环境监测

Landsat OLI 波段 4-3-2 组合：合成的真彩色图像，可用于城镇、森林、大型湖泊等地物类型较为均一的混合像元的判别及目视解译。该波段组合的图像色彩接近地物真实状况，图像平淡、色调灰暗，易受到大气的影响，有时图像不够清晰。图像上健康的森林呈现暗绿色、洁净水体呈现蓝色、城镇呈现淡紫色。Landsat OLI 影像波段 4-3-2 真彩色合成效果如附图 3（a）所示。

Landsat OLI 波段 5-4-3 组合：合成的标准假彩色图像，可用于植被健康状态分析、植被类型鉴定、农作物产量评估及滩涂湿地面积识别。该种波段组合，植被整体呈现出红色调，植被生长越健康，图像上显示的红色越亮。可根据不同植被类型及物候情况产生的光谱曲线差异，进行植被种类鉴定。此外，该波段组合下陆海交互地带（尤其是向陆一侧）的湿地呈现的色彩斑块较为破碎，向海一侧湿地呈现青色絮状分布，而向陆一侧的植被区呈现出红色，非植被区呈现青灰色。Landsat OLI 影像波段 5-4-3 假彩色合成效果如附图 3（b）所示。

Landsat OLI 波段 5-6-2 组合：合成的假彩色图像，可用于监测健康的植被。健康植被地表覆盖度及内部含水量较高，叶绿体光合作用能力较强，光电反应过程中释放电子，在绿色可见光波段 TM2 电磁波反射率较高，且热红外波段 TM5 对植被内部水分存量变化较为敏感。健康植被在该种波段组合呈现出较亮的绿色。Landsat OLI 影像波段 5-6-2 假彩色合成效果如附图 3(c)所示。

Landsat OLI 波段 5-6-4 组合：合成的假彩色图像，适用于提取陆海水边线。该种波段组合，图像中橙色和绿色是陆地，蓝色是水体。可通过目视解译，快速分辨出陆地和水体。Landsat OLI 影像波段 5-6-4 假彩色合成效果如附图 3(d)所示。

Landsat OLI 波段 5-7-1 组合：采用近红外波段、短波红外 2 波段和海岸带蓝波段三个波段，合成假彩色，适用于监测河口三角洲的植被和水体。该种波段组合可以穿透一些很小的微粒如灰尘、烟雾等，还能穿透浅的水域(其中海岸带蓝波段为 Landsat 8 卫星独有的波段)。合成的图像中，植被显示为橘红色，水体显示为深蓝色，两者较容易区分。Landsat OLI 影像波段 5-7-1 假彩色合成效果如附图 3(e)所示。

Landsat OLI 波段 6-3-2 组合：合成的假彩色图像，突出了裸露地表上的一些景观信息，常用于地质地貌监测。该波段组合在地表没有(少量)植被情况下，能够有效的区分出较小尺度地理单元的地物信息。例如，能有效识别我国沿海基岩海岛的景观格局。由于岛陆面积较小，土壤发育条件较差，水土流失情况较严重，岛陆局部基岩裸露情况较普遍。该波段组合图显示了破碎的生境斑块，暗棕色区为植被覆盖区、粉色区域为基岩裸露区。Landsat OLI 影像波段 6-3-2 假彩色合成效果如附图 3(f)所示。

Landsat OLI 波段 6-5-2 组合：合成的假彩色图像，适用于农作物长势监测。该种波段组合图中，农作物生长区域显示为高亮的绿色，休耕地显示为很弱的墨绿色，裸地显示为品红色。可通过目视判断，有效的分辨出农作物空间生长范围。Landsat OLI 影像波段 6-5-2 假彩色合成效果如附图 3(g)所示。

Landsat OLI 波段 7-5-2 组合：合成的假彩色图像，可用于森林火灾监测。该种波段组合效果类似于 6-5-2 波段组合，但其采用更长波段的短波红外，对火点燃烧引起的烟雾的敏感度降低，能有效的监测森林火灾发生点、过火面积及判断火势情况。Landsat OLI 影像波段 7-5-2 假彩色合成效果如附图 3(h)所示。

Landsat OLI 波段 7-5-3 组合：合成的假彩色图像，适用于监测植被生长状况及植物物种分类。该种波段组合大气透射条件较好，获得的自然地表植被显示为不同深度的绿色，可在提取特定植物物候光谱曲线的基础上，开展植物种类鉴定。Landsat OLI 影像波段 7-5-3 假彩色合成效果如附图 3(i)所示。

Landsat OLI 波段 7-6-4 组合：合成的假彩色图像，可用于城市环境监测。该种波段组合用到了短波红外波段，相较于波长较短的波段来说，图像效果比较明亮，有利于城市空间范围的判别。Landsat OLI 影像波段 7-6-4 假彩色合成效果如附图 3(j)所示。

3. 卫星影像在海岸线变化研究中的应用

得益于其长时序、短周期、广覆盖、多光谱、空间分辨率较高等突出优势，Landsat 系列卫星影像数据已被广泛应用于不同时空尺度海岸带区域海岸线或瞬时水边线信息的提取以及变化特征等方面的科学研究。在此，从研究区空间范围和空间尺度的差异角度略作总结和梳理，具体如下。

以 Landsat 系列卫星影像为重要数据源针对国际海岸带区域大陆海岸线或岛屿海岸线空间分布及时间变化特征所开展的研究主要有：White 和 El Asmar(1999)利用多时相 Landsat TM 影像研究了尼罗河三角洲 1984～1991 年间的海岸线变化特征；Annibale 等(2006)将历史地图、航空相片、SPOT 影像及 Landsat 影像等资料相结合，研究了意大利南部巴西利卡塔(Basilicata)区域 1950～2001 年间海岸线的变化特征；Alesheikh 等(2007)利用 Landsat TM 和 ETM+影像数据研究了 1989～2001 年间伊朗乌尔米耶盐湖(Urmia Lake)的岸线变化特征；Maiti 和 Bhattacharya(2009)利用多时相 Landsat 数据和 ASTER 数据建立了 1973～2003 年间孟加拉湾的岸线变化数据库；Almonacid-Caballer 等(2016)利用航片和 Landsat 影像分析了伊比利亚半岛西南部萨雷海滩海岸线的时空变化特征；徐南和宫鹏(2016)使用 Landsat 卫星影像和验潮站水位数据提取不同时期的海岸线，进行速率估算和变化检测，得到卡特里娜飓风发生前后的海岸线变化率，揭示了飓风对海岸线的影响特征；周磊等(2018)基于 1988 年、1996 年、2006 年和 2016 年的 Landsat TM/OLI 卫星影像监测近 30 年泰国湾岸线时空变迁，并应用数字海岸线分析系统(DSAS)计算岸线变迁速率，分析泰国湾侵蚀淤积面积状况以及岸线变迁的影响因素；张玉新等(2019)分析了 1988～2015 年间马六甲海峡整体以及 12 个主要港口区域海岸线的时空变化特征；Song 等(2020)利用 Landsat ETM+/OLI 影像，结合 Google Earth 影像，研究了 21 世纪初期东南亚大陆海岸线的变化特征；Zhang 和 Hou(2020)基于多时相 Landsat 卫星影像，研究了 2000～2015 年间东南亚 9000 多个岛屿海岸线的变化特征；Muskananfola 等(2020)基于 Landsat TM/ETM+影像和 Sentinel 2A 影像，提取了 Sayung 海湾 1994 年、2000 年、2005 年、2011 年和 2018 年 5 个时相的岸线数据，并在 ArcGIS 软件及数字海岸线分析系统(DSAS)进行相应岸线的侵蚀率和堆积速率的时空统计分析。

以 Landsat 系列卫星影像为重要数据源所开展的中国海岸带区域大陆海岸线整体时空变化特征的研究主要有：赵玉灵(2010)分析了 20 世纪 70 年代中期以来我国海岸线资源类型及岸线主要演变特征，发现我国岸线类型主要有生物海岸、淤泥质海岸、砂砾质海岸、基岩海岸和人工海岸等岸线，其中生物海岸分布在浙闽沿岸以南区域，人工海岸的比例呈逐年上升走势。高义等(2013)研究了1980～2010年间我国大陆海岸线的时空变化特征，指出我国大陆海岸线中人工岸线所占比例由1980年的24.6%上升至2010年的56.1%，变化最显著的区域包括珠江口岸段、长江口-杭州湾岸段、海州湾-吕四段、滦河口-潍河口段及辽河口-葫芦岛港段，岸线开发方式自南向北，由早期的围垦养殖向后期的城镇建设和交通运输转变。Wu等(2014)利用地图资料和Landsat系列影像建立了1940s～2012年6个时期的中国大陆海岸线分布与分类数据，并计算海岸线开发利用程度指数，评价中国大陆海岸线开发利用强度的时空变化特征。刘百桥等(2015)利用Landsat系列影像以及HJ-1A影像数据建立了1990～2013年间多时相的中国大陆海岸线数据，并对海岸线资源的开发利用特征进行了评估。Hou等(2016)分析20世纪40年代以来70年间中国大陆海岸线的变化特征，发现大陆海岸线人工化是最主要的特征和趋势，2014年自然岸线的保有率已不足1/3，大陆海岸线分维数具有“北方＜整体＜南方”的宏观格局特征，海岸线总体向海推移、陆地面积不断扩张，70年间增加了近1.42万km^2。Xu和Gong(2018)以1991～2015年间可获取的Landsat影像(10900景TM影像、8141景ETM+影像)为数据源，利用超算环境提取遥感瞬时水边线，获得逐年平均水边线位置，分析了25年间中国大陆海岸线的变化特征。王冰洁等(2019)基于Landsat数据，采用改进的归一化差异水体指数，提取了1975～2015年共5期中国海岸线长度及海岸带面积的时空变化信息，分析了1975～2015年中国海岸线时空变化特征。李宁等(2019)利用Landsat遥感影像与GIS技术，针对2000年、2015年2个特征年，从海岸线长度与结构、分形维数、岸线变化速率与稳定性、开发利用负荷等角度，综合分析2000～2015年中国大陆海岸线时空变化特征。张云等(2019)基于1990年、2000年、2010年和2015年4个时期的Landsat和HJ-1A遥感影像提取岸线数据，计算25年来我国大陆海岸线开发强度变化及年均变化速度，研究其时空演变规律。

以Landsat系列卫星影像为源数据，针对我国海岸带岸线变化特征开展研究所取得的成果也较为丰富。按照研究区的地理位置，自北向南，梳理和总结其中较具代表性的研究工作：柯丽娜和王权明(2012)基于Landsat系列影像、SPOT影像及地形图提取辽宁省1990～2005年间多时相的海岸线数据，分析和揭示了海岸线变化的特征。王铁良等(2020)基于33景Landsat卫星影像提取海岸线，并应用数字海岸线分析系统(DSAS)软件定量研究了1985～2017年辽河口滨海湿地的时空变化特征。常军等(2004)利用Landsat卫星影像研究1976～2000年间黄河三角洲区域海岸线的时空演变特征，并分析了海岸线变化与黄河来水来沙变化之间的关系。孙孟昊等(2019)基于Landsat影像，利用修正的归一化水体指数提取青岛地区的水边线，并结合海岸高程数据对水边线进行潮位校正，从而对海岸线时空格局特征进行了研究。李飞等(2018)基于 Landsat ETM+和 OLI 影像，提取 2014 年江苏中部区域不同类型的海岸线(高潮线、湿地线、海堤线、堤坝线、植被线、水边线等类型的代理海岸线)，并采用基线法和统计方法对海岸线空间分布及海岸演变特征进行了分析。陈玮彤等(2017)针对江苏省绣针河口至连兴河口区域，基于 1984～2016 年 61 景多源遥感影像、部分实测潮位和坡度数据，获取多时相的海岸线和平均大潮低潮线，并将其应用于岸线及岸滩的时空演变特征研究。杨磊等(2014)基于 1990～2010 年 5 个时相的 TM 影像，通过人机交互解译获取 5 年间隔的中国南方大陆海岸线数据，揭示了不同时段海岸线的空间变迁特征以及变迁的原因。李加林等(2019)发布了 1990～2015 年间 5 年间隔的东海区大陆海岸线数据集，将海岸线分为自然岸线和人工岸线两大类。陈正华等(2011)结合 Landsat、ASTER 和 HJ 等影像数据，监测 1986～2009 年间浙江省大陆海岸线的空间变迁情况，分析和揭示了岸段变化发生的空间区域、陆地面积增加特征以及海岸线分维数的变化等。叶梦姚等(2017)基于 1990～2015 年间 6 个时期的 TM/OLI 影像，利用 RS 和 GIS 技术分析了浙江省大陆海岸线变迁时空特征、岸线类型转换特征以及开发利用强度的空间变化特征。Cao 等(2020)利用 Google Earth Engine(GEE)平台的 Landsat 全时序列影像，计算 MNDWI 指数，绘制了 1985～2017 年舟山群岛的海岸线和潮位月变化图。林松等(2020)利用 1976～2018 年间的 Landsat 影像，将改进的归一化水体指数和 Canny 边缘检测方法相结合提取厦门岛 9 个时期的海岸线，计算和分析了厦门岛海岸线的分维数。李猷等(2009)以深圳市 1978 年、1986 年、1995 年、1999 年和 2005 年 5 期 Landsat MSS/TM/ETM+影像为数据源，利用阈值结合 NDVI 指数法提取各期海岸线，系统分析了深圳市海岸线的时空动态特征及驱动因素。柏叶辉等(2019)基于 1988～2018 年间 4 个时期的影像，选取海岸线长度、海岸线分形维数、海岸线开发利用强度、景观格局指数和人为干扰强度等指标，研究了深圳市的海岸线时空演化及开发利用格局变化特征。黄鹄等(2006)结合 Landsat 系列影像、多期航空相片和 SPOT 影像等资料，研究了 1955～1998 年间广西海岸线的时空变化特征以及海岸线功能属性的转换特征。姚晓静等(2013)基于 1980～2010 年多时相的 Landsat 系列影像，对海南岛近 30 年的海岸线时空变化特征进行了系统分析。张丽等(2020)利用多期 Landsat 影像和少量 GF 影像，提取海南岛 8 期海岸线数据、7 期红树林数据、4 期近海围塘养殖数据、4 期近海人工岛和 4 期港口数据，在此基础上综合分析了海南岛海岸线的变化特征。

综上所述，Landsat 系列卫星影像数据在国内外不同空间尺度海岸带区域的海岸线变化特征研究中发挥了巨大的、不可替代的作用。本书亦将 Landsat 系列卫星影像数据作为主要的数据源。目前，Landsat 系列卫星传感器所获取的遥感影像数据可以通过互联网免费下载。其中，Landsat MSS/TM/ETM+传感器所获得的全球范围的历史存档数据及其融合产品可通过美国马里兰大学所建立的全球陆地覆盖数据库进行免费查询和下载(GLCF: Global Land Cover Facility, http://lcluc.umd.edu/)，此外，隶属于 USGS 的地球资源观测与科技中心[Earth Resources Observation and Science（EROS）Center]则同时提供 Landsat 历史存档数据、多时期融合产品、Landsat 8 OLI/TIRS 传感器影像数据等的查询和下载服务(https://earthexplorer.usgs.gov/或 http://glovis.usgs.gov/)。中国科学院计算机网络信息中心建立了“地理空间数据云”，也提供了 Landsat 系列传感器影像数据的查询和下载服务(http://www.gscloud.cn/home)。此外，全球最知名的云计算平台，谷歌地球引擎 GEE(Google Earth Engine)，也集成了 40 多年来大部分公开的遥感影像数据，其中包括了 Landsat 系列传感器影像数据(王小娜等，2022)。中国科学院近年来也在“地球大数据科学工程”专项的支持下推出了我国的“地球大数据云服务”平台(http://portal.casearth.cn)，是一个以计算存储、分析处理、共享服务为核心功能的先进的综合性平台。本书综合应用上述的共享平台，查询和下载了中国东部沿海区域多时相的 Landsat 卫星系列传感器影像数据及融合产品，其中，利用 Landsat 5 TM 和 Landsat 7 ETM+历史存档数据建立了 1990 年、2000 年和 2010 年 3 个时相的影像数据库，利用 Landsat 8 OLI 影像数据建立了 2015 年和 2020 年时相的影像数据库。1990 年、2000 年、2010 年、2015 年和 2020 年 5 个时相大陆海岸线信息提取所应用的 Landsat 系列传感器影像数据的数量及其时间分布特征如图 3.1 所示，具体的卫星影像行列号及成像时间等具体信息见附表 2 至附表 6。

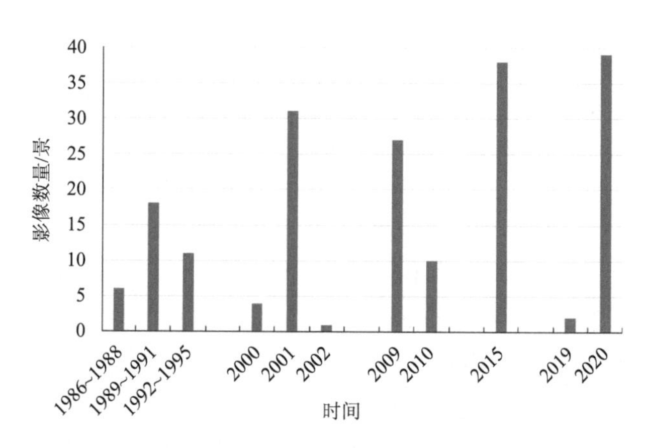

图 3.1 大陆海岸线提取 Landsat 影像源数据的时相分布特征

3.2　大陆海岸线信息提取的辅助数据

基于 30 m 分辨率的 Landsat 系列传感器卫星影像，通过多种方式的波段组合以获得假彩色合成图像，总体上能够较好地反映海岸带区域的地貌特征，从而有效支持多时相海岸线信息的提取(Kuleli et al.，2011；Zhang et al.，2013；Almonacid-Caballer et al.，2016)，包括海岸线的位置判断和类型划分。但由于中国海岸带空间尺度大、海岸带地貌复杂多样，不同类型的海岸线在 Landsat 影像上可能会表现出相似的纹理或颜色特征，例如盐田岸线和养殖岸线、交通岸线与防潮堤等，而且，30m 分辨率卫星影像数据在海岸线位置多属于包含 2 种及以上地物的混合像元，海岸线提取结果存在较大的不确定性。因此为提高海岸线数据的准确性，包括降低岸线位置误差和提高类型判定的准确率，在基于 30m 分辨率 Landsat 卫星影像提取海岸线信息的前期方法探索阶段和提取过程中，参考谷歌地球(Google Earth，GE)提供的高分辨率卫星影像图以及多种类型传感器于不同时间拍摄的海岸带高分辨率卫星影像数据。此外，研究还使用到了谷歌地球引擎 GEE、“地球大数据云服务”平台等提供的丰富的数据资源，主要包括沿海区域的卫星影像融合产品、基础地理信息数据、土地利用/覆盖变化数据以及陆地 DEM 数据和海域水下地形数据等，分别介绍如下。

3.2.1　谷歌地球高分辨率卫星影像图

谷歌地球(GE)是 Google 公司开发的虚拟地球软件，于 2005 年在全球推出，是一个集成了大量高分辨卫星影像和航空照片的三维地球模型(虚拟地球仪)，谷歌地球的数据来源主要包括 QuickBird、IKONOS、SPOT、Landsat 系列卫星影像以及历史时期航空照片等。基于谷歌地球平台，用户可以在地图上标记关键点以及绘制线条和形状，添加现场照片和视频等信息，谷歌地球具有高质量的 3D 景观、3D 地图定位、街景探索和鸟瞰世界等功能。典型海岸带区域谷歌地球平台所提供的信息如图 3.2 所示。

得益于其极高的遥感影像分辨率、多样化的处理方式及人性化的操作方法、多源信息复合以及三维立体技术，使人有身临其境的感觉等优点，谷歌地球能够在众多同类型软件中脱颖而出(焦雯雯，2020)，在众多领域得到了较为普遍的应用，例如，可以提供较长时间序列的高分辨率地表影像资料，在地球信息科学领域的相关研究以及城市规划、景观规划、自然资源管理、智能交通、智慧城市等领域具有较高的应用价值。

图 3.2　Google Earth 系统示意图

威海荣成桑沟湾南部及八河水库卫星影像

在本研究中，谷歌地球的作用主要包括：①支持海岸线野外考察方案制定和路线规划；②在海岸线信息遥感提取过程中辅助大陆海岸线位置的判定和类型的划分；③辅助海岸线信息提取结果验证样点的选取及验证信息的获取；④辅助推断小尺度区域具体岸段海岸线变化的过程、特征和原因。

3.2.2　海岸带局部区域高分辨率卫星影像

1. 法国 SPOT 系列卫星影像

SPOT 系列卫星是法国国家空间研究中心(CNES)研制的地球观测卫星，采用太阳同步准回归轨道，通过赤道时刻为地方时上午 10: 30，回归天数(重复周期)为 26 天，目前已经发射 SPOT 卫星 1～7 号。SPOT 系列卫星影像与 Landsat 系列传感器影像相同，以对陆地区域的资源环境调查和监测为主，但其空间分辨率优于 Landsat 影像数据，而且通过立体观测和建立高程数据能够满足 1∶100000 至 1∶25000 比例尺地形图的制作。

SPOT-1 卫星于 1986 年 2 月 22 日发射成功，SPOT-2 卫星于 1990 年 1 月 22 日发射成功，SPOT-3 卫星于 1993 年 9 月 26 日发射成功，SPOT-4 卫星于 1998 年 3 月 24 日发射成功，SPOT-5 卫星于 2002 年 5 月 4 日发射成功，SPOT-6 卫星于 2012 年 9 月 9 日发射成功，SPOT-7 卫星于 2014 年 6 月 30 日发射成功。

SPOT 系列卫星中，1～3 号属于第一代卫星，能够提供 1 个全色波段和 3 个多光谱波段，空间分辨率分别为 10 m 和 20 m。SPOT 卫星的 4～5 号属于第二代卫星，能够提供 1 个全色波段、3 个多光谱波段和 1 个短波红外波段，其中，SPOT-4 卫星的全色波段和多光谱波段空间分辨率分别为 10 m 和 20 m，而 SPOT-5 卫星则分别将其提高至 2.5 m 和 10 m 分辨率。SPOT 卫星的 6～7 号是新一代光学卫星，位于相同的轨道，能够提供大范围区域(幅宽 60 km)的 1.5 m 分辨率全色波段和 6 m 分辨率多光谱波段的数据产品；这 2 颗卫星组成的双星星座，可对地球任意地点实现 1 天重访，每日双星最大可拍摄面积达 600 万 km^2。

本书获得了中国海岸带局部区域多颗 SPOT 卫星获取的影像数据，成像时间散布于 1992～2018 年，能够对本书在大陆海岸线提取的方法学探索等方面形成强有力的支持。典型海岸带区域 SPOT 卫星影像数据如图 3.3、图 3.4 所示。

(a)

(b)

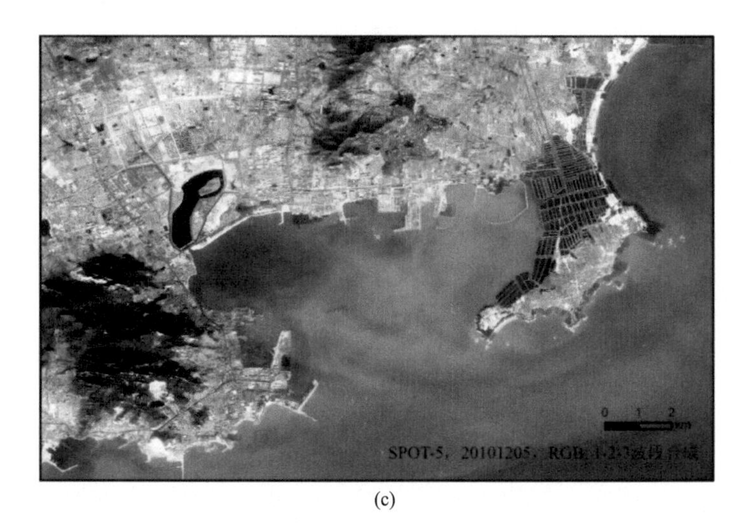

(c)

图 3.3　典型海岸带区域 1 SPOT 卫星影像数据

威海荣成石岛湾，(a), (b), (c) 分别为 SPOT-1, 2, 5 卫星获取的数据

(a)

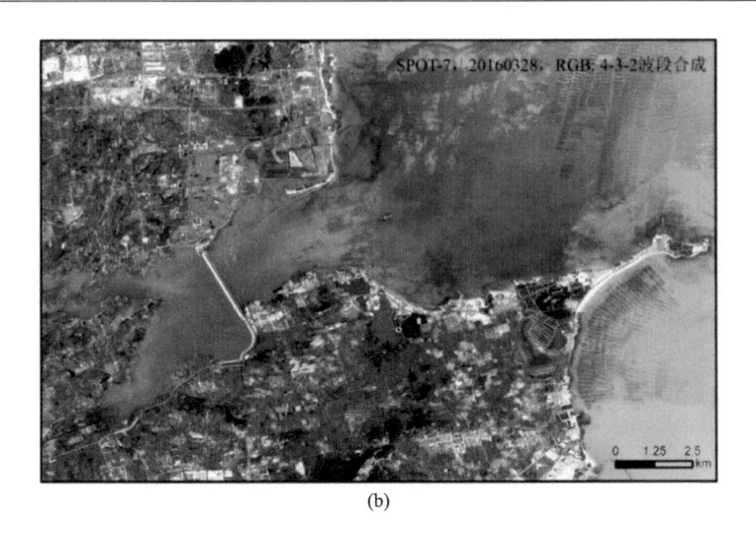

(b)

图 3.4　典型海岸带区域 2 SPOT 卫星影像数据

威海荣成桑沟湾及八河水库，(a), (b) 分别为 SPOT-6, 7 卫星获取的数据

2. 欧空局“哨兵”系列卫星影像

“哨兵”系列卫星由欧盟委员会(EC)投资、欧洲航天局(ESA)研制，是欧洲哥白尼(Copernicus)计划(原名“全球环境与安全监测”计划)空间部分(GSC)的专用卫星系列。目的在于提供全球范围的卫星遥感数据，监测海洋、陆地、污染、水质、森林、空气、全球变化、土地利用与覆盖状况及其变化等。预计在 2030 年将有 20 余颗卫星在轨运行和提供数据服务，目前已发射或在研的包括哨兵-1、哨兵-2、哨兵-3、哨兵-5p 和哨兵-6 卫星，以及拟搭载在欧洲气象卫星应用组织(EUMETSAT)气象卫星上的哨兵-4 和哨兵-5 载荷设备。

哨兵-1 包括哨兵-1A 和哨兵-1B 两颗处于同一轨道平面的极轨卫星，分别于 2014 年 4 月 3 日和 2016 年 4 月 25 日成功发射。搭载 C 波段合成孔径雷达，具有 4 种成像模式，可为陆地和海洋提供全天时、全天候的雷达图像，并能够提供一系列运营服务，包括北极海冰、日常海冰、海洋环境监测、森林制图、水和土壤资源监测等。哨兵-1 卫星采用太阳同步轨道，轨道高度 693 km，倾角 98.18°，轨道周期 99 min。单星的重访周期 12 天，双星座重访周期缩短至 6 天，赤道地区重访周期 3 天，北极 2 天。干涉宽幅模式幅宽 250 km，分辨率 5×20 m；波模式幅宽 20×20 km，分辨率 5×5 m；条带模式幅宽 80 km，分辨率 5×5 m；超宽幅模式幅宽 400 km，分辨率 20×40 m。

哨兵-2 包括两颗极地轨道相位成 180° 的多光谱高分辨率光学卫星，即哨兵-2A

和哨兵-2B 两颗卫星，分别于 2015 年 6 月 22 日和 2017 年 3 月 7 日成功发射，主要用于陆地监测，提供植被、土壤和水覆盖、内陆航道和海岸区域的图像。哨兵-2A、哨兵-2B 卫星运行在高度为 786 km、倾角为 98.5° 的太阳同步轨道上，单星重访周期为 10 天，2 颗卫星的重访周期缩短为 5 天。主要有效载荷是多光谱成像仪(MSI)，工作谱段为可见光、近红外和短波红外，地面分辨率分别为 10 m(4 个波段)、20 m(6 个波段) 和 60 m(3 个波段)，多光谱图像的幅宽为 290 km。

哨兵-3 卫星是全球海洋和陆地监测卫星，搭载多个有效载荷，包括光学仪器和地形学仪器，其中：光学仪器包括海洋和陆地彩色成像光谱仪(OLCI)与海洋和陆地表面温度辐射计(SLSTR)，提供地球表面的近实时测量数据；地形学仪器包括合成孔径雷达高度计(SRAL)、微波辐射计(MWR)和精确定轨(POD)系统，提供高精度地球表面(尤其是海洋表面)测高数据。哨兵-3A、哨兵-3B 两颗卫星分别于 2016 年 2 月 16 日、2018 年 4 月 25 日成功发射，2 颗卫星可在 2 天内实现全球覆盖。

哨兵-5P(先导)卫星于 2017 年 10 月 13 日成功发射，是一颗全球大气污染监测卫星，其有效载荷是对流层观测仪(Tropospheric Monitoring Instrument，TROPOMI)，主要用于监测大气污染情况，跟踪二氧化氮、臭氧、甲醛、二氧化硫、甲烷、一氧化碳等气体的浓度。卫星可以进行长达 2600 km 的扫描，可每日覆盖全球各地。

哨兵-6 卫星是 Jason-3 海洋卫星的后续任务，携带雷达高度计，用于测量全球海面高度，主要用于海洋科学和气候研究。其目标是使用两颗卫星在 2020～2030 年进行高精度的全球海平面高度测量。哨兵-6 卫星于 2020 年 11 月 21 日成功发射。

"哨兵"系列卫星影像数据是目前最强大的免费遥感数据，空间分辨率高、光谱质量好、数据种类全、用途广是其显著优势。以哨兵-2 为例，其多光谱成像仪(MSI)包含 13 个光谱波段，幅宽达 290 km，地面分辨率分别为 10 m、20 m 和 60 m，其在红边范围含有三个波段的数据，对于监测植被健康信息非常有效。哨兵-2 传感器的光谱划分如表 3.6 所示，不同波段假彩色合成的效果如附图 4 所示。

3. 国产高分系列卫星影像

国务院于 2006 年 2 月发布的《国家中长期科学和技术发展规划纲要(2006～2020 年)》中确定了 16 个重大专项，高分专项是其中之一，是指高分辨率对地观测系统，其核心目标是形成全天候、全天时、全球覆盖的对地观测能力，建成我国自主的陆地、大气和海洋全覆盖的先进对地观测系统。2010 年 5 月高分专项全面启动实施，2013 年 4 月开始进入运营发射阶段，截至 2020 年 12 月底，我国已经成功发射了近 20 颗用途及性能各有侧重的高分(GF)系列卫星，覆盖了从全

表 3.6　哨兵-2 卫星多光谱成像仪(MSI)的波段划分

波段	波段名称	中心波长/nm		空间分辨率/m	波段	波段名称	中心波长/nm		空间分辨率/m
		哨兵-2A	哨兵-2B				哨兵-2A	哨兵-2B	
1	海岸带气溶胶	443.9	442.3	60	8	近红外(宽)	835.1	833	10
2	可见光-蓝色	496.6	492.1	10	8a	近红外(窄)	864.8	864	20
3	可见光-绿色	560	559	10	9	水蒸气波段	945	943.2	60
4	可见光-红色	664.5	665	10	10	短波红外-卷云	1373.5	1376.9	60
5	红边波段	703.9	703.8	20	11	短波红外	1613.7	1610.4	20
6	红边波段	740.2	739.1	20	12	短波红外	2202.4	2185.7	20
7	红边波段	782.5	779.7	20					

色到多光谱以及高光谱、从光学到雷达、从太阳同步轨道到地球同步轨道等多种类型，初步构成了一个具有高空间分辨率、高时间分辨率和高光谱分辨率的对地观测系统。具体如下：

GF-1 卫星于 2013 年 4 月 26 日发射成功，搭载了两台 2 m 分辨率全色/8 m 分辨率多光谱相机和四台 16 m 分辨率多光谱相机，该卫星成功突破了高空间分辨率、多光谱与高时间分辨率结合的光学遥感技术。

GF-2 卫星于 2014 年 8 月 19 日发射成功，搭载了两台 1 m 分辨率全色/4 m 分辨率多光谱相机，可获取亚米级空间分辨率的卫星影像数据，标志着我国遥感卫星开始进入亚米级“高分时代”。

GF-3 卫星于 2016 年 8 月 10 日发射升空，是中国首颗分辨率达到 1 m 的 C 频段多极化合成孔径雷达(SAR)成像卫星。

GF-4 卫星于 2015 年 12 月 29 日发射成功，搭载了一台可见光 50 m 分辨率/中波红外 400 m 分辨率、幅宽大于 400 km 的凝视相机，是我国第一颗地球同步轨道遥感卫星。

GF-5 卫星于 2018 年 5 月 9 日发射成功，搭载了可见短波红外高光谱相机、全谱段光谱成像仪、大气气溶胶多角度偏振探测仪、大气痕量气体差分吸收光谱仪、大气主要温室气体监测仪和大气环境红外甚高分辨率探测仪，是世界上首颗可对大气和陆地进行综合观测的全谱段高光谱卫星。

GF-6 卫星于 2018 年 6 月 2 日发射成功，搭载了 2 m 分辨率全色/8 m 分辨率多光谱相机(幅宽 90 km)和 16 m 中分辨率多光谱宽幅相机(幅宽 800 km)，是一颗低轨光学遥感卫星，也是中国首颗精准农业观测的高分卫星。

GF-7 卫星于 2019 年 11 月 3 日发射成功，是一颗高分辨率空间立体测绘卫星，搭载了双线阵立体相机、激光测高仪等有效载荷，能够获取高空间分辨率的光学立体观测数据和高精度激光测高数据。

GF-8 卫星于 2015 年 6 月 26 日发射成功，是一颗高分辨率对地观测光学遥感卫星。

GF-9 卫星包括多颗光学遥感卫星，地面像元的分辨率可达亚米级，主要满足国土普查、城市规划、农作物估产、防灾减灾等领域的需求；其首颗卫星于 2015 年 9 月 14 日发射成功；其 02 星、03 星和 04 星分别于 2020 年的 5 月 31 日、6 月 17 日和 8 月 6 日发射成功；2020 年 8 月 23 日又通过“一箭三星”成功地将 05 星送入预定轨道。

GF-10 卫星于 2019 年 10 月 5 日成功发射升空，GF-12 卫星于 2019 年 11 月 28 日成功发射升空；这两颗卫星都属于微波遥感卫星，地面像元分辨率最高可达亚米级。

GF-11 卫星于 2018 年 7 月 31 日成功发射第一颗星，是一颗光学遥感卫星，地面像元分辨率最高可达亚米级；2020 年 9 月 7 日，GF-11 的 02 星成功发射。

GF-14 卫星于 2020 年 12 月 6 日成功发射，是一颗光学立体测绘卫星，可高效获取全球范围高精度立体影像，测绘大比例尺数字地形图，生产数字高程模型、数字表面模型和数字正射影像图等产品。

此外，2020 年 7 月 3 日，我国还成功发射高分辨率多模综合成像卫星，该卫星可实现多种成像模式切换，是具备亚米级分辨率的民用光学遥感卫星。

本书获取了海岸带局部区域的 GF-1 和 GF-2 卫星多光谱影像数据，如图 3.5、图 3.6 所示。

图 3.5　典型海岸带区域 GF-1 卫星影像数据

山东龙口，20160617，RGB: 4-3-2 波段合成

图 3.6　典型海岸带区域 GF-2 卫星影像数据

辽宁青堆子湾，20180924，RGB: 4-3-2 波段合成

此外，中国科学院遥感与数字地球研究所研制了“16 米分辨率全国一张图”数据产品[①]。其数据源以 2015 年成像的 GF-1 影像为主，是在 GF-1 宽幅影像等高精度正射影像的基础上，基于海量影像快速自动化镶嵌和匀色等关键技术制作的融合数据。该数据产品以 GeoTiff 格式分幅存储，并公开共享，由于其数据源的成像时间集中于 2015 年，所以对于 2015 年时相中国大陆海岸线数据的提取具有较大的帮助作用；自该数据产品中提取 14 个图幅，能够完整覆盖中国海岸带区域。这一融合数据产品在典型海岸带区域的图像质量如图 3.7 所示。

4. 其他高分辨率卫星影像

“吉林一号”系列卫星由长光卫星技术股份有限公司研发和运营，是一个正在建设中的由多种类型的卫星所组成的系统工程，其核心目标是在 2030 年前建成由 138 颗在轨运行的卫星所组成的“吉林一号”星座，从而实现全天时、全天候数据获取以及全球任意地点 10 分钟内重访的能力。2015 年 10 月 7 日，“吉林一号”一箭四星发射成功，拉开了我国商业航天大幕，并创造了多项第一：我国第一颗

① 16 米分辨率全国一张图（2015、2016）. 2018-12-19. 中国科学院空天信息创新研究院. https://data.casearth.cn/sdo/detail/5c19a56a0600cf2a3c557bdb.

图 3.7　海岸带 16 m 分辨率融合图像示意图

浙江宁波梅山保税区

自主研发的商用高分辨率遥感卫星、我国第一颗自主研发的“星载一体化”商用卫星、我国第一颗自主研发的米级高清动态视频卫星等。“吉林一号”星座是长光卫星技术股份有限公司在建的核心工程，一期工程由 138 颗涵盖视频、高分、宽幅、红外、多光谱等系列的高性能光学遥感卫星组成。截至目前，公司通过 22 次成功发射实现 108 颗“吉林一号”卫星在轨运行，建成了目前全球最大的亚米级商业遥感卫星星座，在遥感信息服务上占据优势地位，并逐渐成为全球重要的航天遥感信息来源。以现有在轨卫星测算，“吉林一号”卫星星座可对全球任意地点实现每天 35～37 次重访，具备全球一年覆盖 3 次、全国一年覆盖 9 次的能力，为国土安全、地理测绘、土地规划、农林生产、生态环保、智慧城市等各领域提供了高质量的遥感信息和产品服务，对数字中国建设具有重要意义①。

本书收集了我国海岸带局部区域的吉林一号卫星多光谱影像数据，成像时间为 2019 年 3～8 月，空间分辨率为 5m。典型海岸带区域吉林一号卫星影像如图 3.8 所示。

高景一号卫星是中国航天科技集团有限公司自主研制的商业高分辨率遥感卫星。高景一号(SuperView-1，SV-1) 01/02 星于 2016 年 12 月 28 日发射成功，SuperView-1 03/04 星于 2018 年 1 月 9 日发射成功，两次均以一箭双星的方式成功发射，卫星的轨道高度为 530 km，幅宽 12 km，过境时间为上午 10:30。高景

① http://www.jl1.cn/about_tw.aspx?id=9

一号卫星影像的全色波段数据空间分辨率高达 0.5 m，多光谱波段数据空间分辨率为 2 m。

本书收集了我国海岸带局部区域的高景一号卫星多光谱影像数据，典型海岸带区域高景一号卫星影像如图 3.9 所示。

图 3.8　典型海岸带区域吉林一号卫星影像数据

福建莆田，2019 年影像，RGB: 4-3-2 波段合成

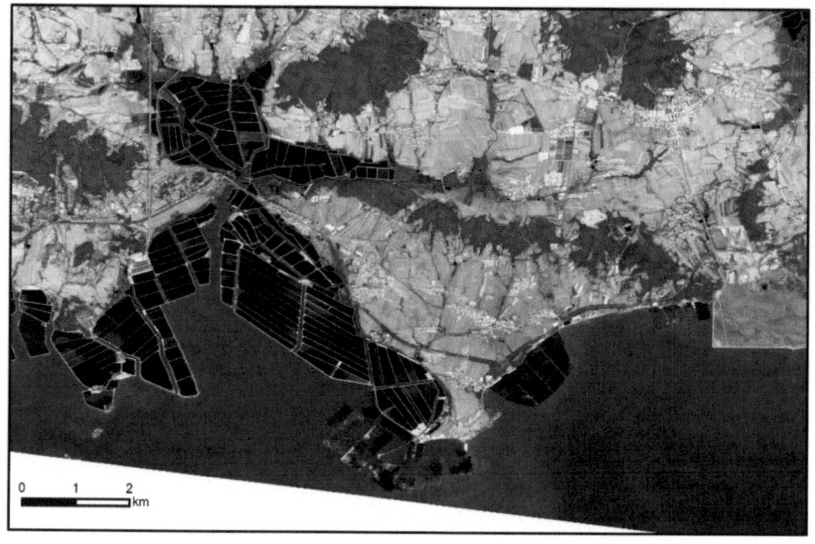

图 3.9　典型海岸带区域高景一号卫星影像数据

辽宁庄河湾，20180519，RGB: 4-3-2 波段合成

GeoEye-1 是美国地球眼卫星公司(GeoEyeInc.)于 2008 年 9 月 6 日发射的一颗商业卫星，能够获取 0.41 m 空间分辨率全色和 1.65 m 空间分辨率多光谱影像数据，而且能以 3 m 的定位精度精确确定目标位置。WorldView 系列卫星是 DigitalGlobe 公司的商业成像卫星系统，WorldView-I、II、III 三颗卫星分别于 2007 年 9 月 18 日、2009 年 10 月 8 日、2014 年 8 月 13 日发射成功。其中：WorldView-I 可提供 0.5 m 空间分辨率全色数据；WorldView-II 是第一颗高分辨率 8 波段多光谱商业卫星，能够提供 0.46 m 空间分辨率全色和 1.85 m 空间分辨率多光谱影像；WorldView-III 进一步增加了短波红外(SWIR)波段载荷和 CAVIS 装置，能够提供 0.31 m 空间分辨率全色和 1.24 m 空间分辨率多光谱影像。WorldView-IV 卫星以 GeoEye-2 卫星为前身，是 DigitalGlobe 公司的第五代高分辨率光学卫星，于美国东部时间 2016 年 11 月 11 日发射成功，是第一颗多负载、超高光谱、高分辨率的商业卫星，能够提供 0.31 m 空间分辨率全色和 1.24 m 空间分辨率多光谱影像，其成功发射再次大幅提高了 DigitalGlobe 星座群的整体数据采集能力，可以对地球上任意位置的平均拍摄频率达到每天 4.5 次。

本书收集了我国海岸带局部区域的 GeoEye-1 和 WorldView-II 卫星影像的多光谱数据。典型海岸带区域的 GeoEye-1 和 WorldView-II 卫星影像如图 3.10 所示。

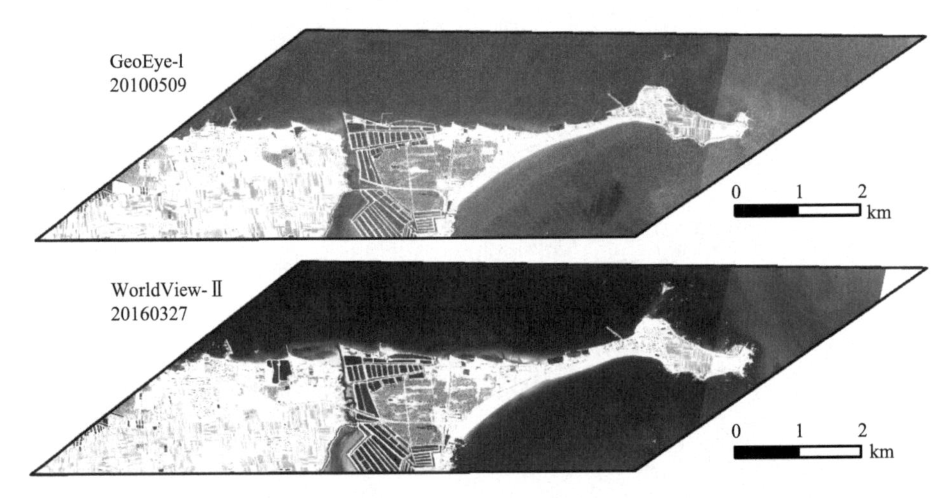

图 3.10 典型海岸带区域的 GeoEye-1 与 WorldView-II 卫星影像数据

威海荣成楮岛，RGB: 4-3-2 波段合成

3.2.3 海岸带区域基础地理信息数据

包括“1∶50 万数字地理底图数据库”“全国 1∶100 万基础地理信息共享平

台”以及“中国资源与环境数据库(1∶400 万)”3 个共享数据集(以下分别简称为 1∶50 万数据集、1∶100 万数据集和 1∶400 万数据集)。1∶50 万数据集主要包括政区、居民地、铁路、公路、水系、海洋要素、地貌、文化要素和地理格网 9 个专题信息；1∶100 万数据集主要包括境界(政区)、河流、交通、居民地和经纬网等专题信息；1∶400 万数据集细分为行政边界、交通、基础环境、自然资源等子集，其中，行政边界子集包括国界、省界、县界、县城位置 4 个要素，交通子集包括公路、铁路 2 个要素，基础环境子集包括地形、地貌、植被、土壤、地质、河流、湖泊、沼泽、土地利用等要素，自然资源子集包括森林、草地、能源矿产、金属矿产、非金属矿产等要素。上述 3 个数据集中各个要素的数据信息是根据要素的空间属性特征，以点要素、线要素、面要素或区域实体 4 种类型的空间数据图层表达和记录地理要素实体的空间分布(位置与范围)，并以相对应的属性表记录地理要素实体的多种属性特征(类型、等级、代码、名称以及某些物理量等，可区分为名目、定序、定距、定比四种尺度的属性信息)。

部分地理要素的时间变化比较显著，或者对时效性的要求比较高，需要进行必要的更新和补充，例如：①行政区划和居民地分布 2 个要素的数据，根据自然资源部地图技术审查中心提供的“标准地图服务系统”(http://bzdt.ch.mnr.gov.cn/index.html)进行数据更新；②交通等要素的数据，通过收集新近出版的纸质图件进行数字化处理，或者基于高分辨率卫星影像进行信息提取，或者利用网络爬虫等技术方法进行信息采集，多种途径相结合实现数据的更新和补充；③地形、土壤、土地利用、森林、草地等要素信息，收集时效性更强、精度更高的专业数据产品。

沿海区域基础地理信息数据对本研究具有重要的支撑作用，主要包括：①提供中国沿海区域多专题地理要素类型、分级、空间分布等方面的丰富知识和信息，增进对中国沿海区域自然地理、行政区划、基础设施等方面特征的认知；②多种地理要素与海岸线之间具有直接的联系，如地形、地质、地貌、河流、海洋要素等，这些要素的空间信息能够直接辅助于海岸线信息的提取；③大陆海岸线时空变化特征分析过程中需要进行海区差异分析、行政区差异分析、高程分异特征分析、海湾分布等，需要相应的基础地理空间信息；④制图，如大陆海岸线分布与分类制图、大陆海岸线变化特征制图、陆海格局变化特征制图、海湾形态变化特征制图等，需要某些要素的基础地理信息。

3.2.4　海岸带区域土地利用/覆盖数据

主要包括全球 30 m 地表覆盖数据(GlobeLand30)和中国海岸带土地利用遥感制图数据 2 个数据集。单一时相的土地利用/覆盖分类数据能够辅助相同年份大陆

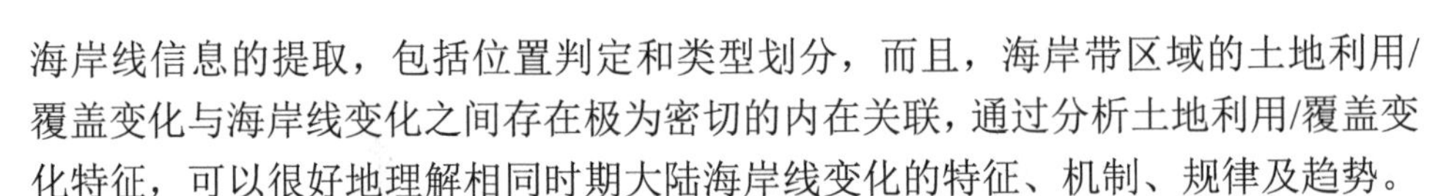

海岸线信息的提取，包括位置判定和类型划分，而且，海岸带区域的土地利用/覆盖变化与海岸线变化之间存在极为密切的内在关联，通过分析土地利用/覆盖变化特征，可以很好地理解相同时期大陆海岸线变化的特征、机制、规律及趋势。

全球30 m地表覆盖数据(GlobeLand30)是为了满足全球范围高分辨率地表覆盖数据需求，由国家基础地理信息中心牵头开展并完成的30 m分辨率全球地表覆盖遥感制图，这一工作以2000年和2010年为基准年，数据产品的分类系统包括水体、湿地、人造地表、耕地、林地、灌木、草地、裸地、永久性冰雪、苔原共10个一级类型，两期数据产品的配准精度较高，误差控制在1个像元以内，在分类精度方面误判率控制在10%以内(陈军等，2014；廖安平等，2014；Chen et al.，2015；李然等，2016)

中国海岸带土地利用遥感制图数据是以1∶10万中国土地利用数据库(刘纪远等，2003，2014；Liu et al.，2003)中的2000年时相数据为基础，通过土地利用分类系统调整、空间数据图斑修改以及数据时相更新而开展的多时相中国海岸带土地利用数据制备(邸向红等，2014；侯西勇等，2018)。该数据集产品包含8个一级分类和24个二级分类(表3.7)，目前已有2000年、2005年、2010年、2015年和2020年5个时相的数据产品；分类结果的精度水平较高，其中，2010年和2015年2个时相数据的总体精度分别为95.16%、93.98%，Kappa系数分别为0.9357、0.9229(侯西勇等，2018)。

表3.7　中国海岸带土地利用遥感制图数据的分类系统

一级类型		二级类型		一级类型		二级类型	
代码	名称	代码	名称	代码	名称	代码	名称
1	耕地	11	水田	5	内陆水体	51	河渠
		12	旱地			52	湖泊
2	林地	21	有林地			53	水库坑塘
		22	疏林地			54	滩地
		23	灌丛林地	6	滨海湿地	61	滩涂
		24	其他林地			62	河口水域
3	草地	31	高覆盖度草地			63	河口三角洲湿地
		32	中覆盖度草地			64	沿海泻湖/潟湖
		33	低覆盖度草地			65	浅海水域
4	建设用地	41	城镇用地	7	人工(咸水)湿地	71	盐田
		42	农村居民点			72	养殖
		43	独立工矿、交通等用地	8	未利用地	81	未利用地

3.2.5　海岸带区域数字高程模型数据

主要使用了陆地区域的 SRTM(shuttle radar topography mission) DEM 数据(https://dwtkns.com/srtm30m/)和海洋区域的 GEBCO(general bathymetric chart of the oceans) DEM 数据(https://www.gebco.net/)。

SRTM(shuttle radar topography mission，航天飞机雷达地形测绘使命)是美国国家航空航天局(NASA)和国家图像与测绘局(NIMA)联合开展的，在“奋进”号航天飞机上搭载 SRTM 系统，于 2000 年 2 月 11 日至 22 日期间的 11 天内(总计 222 小时 23 分钟)针对地球表面南纬 60 度至北纬 60 度之间的陆地表面进行数据采集，获取雷达影像数据，总面积超过 1.19 亿 km^2，覆盖地球 80%以上的陆地表面，此后经过 2 年多的数据处理，形成数字高程模型(DEM)数据。SRTM DEM 数据产品自 2003 年开始公开发布，数据的空间分辨率包括 1″、3″以及 30″三种，对应的实地精度分别为 30 m、90 m 和 900 m①，数据产品经过多次修订，目前最新版本为 4.1 版本。

GEBCO(general bathymetric chart of the oceans，大洋地势图)，是由国际海道测量组织(IHO)和政府间海洋学委员会(IOC)协调有关国家联合编制的全球海陆高程数据库，旨在向全球用户免费提供最具权威性的全球地势图(陆地高程和海水深度)，并不断更新该数据产品。GEBCO 早期版本的数据空间分辨率较低，例如，2015 年发布的 GEBCO_2014 Grid 数据的分辨率为 30″，其海水深度信息主要是基于船舶航迹探测和卫星重力数据获得，陆地高程信息则主要使用 SRTM 30②和 GTOPO 30 等数据③；GEBCO 不断更新其数据产品，自 2019 年开始发布空间分辨率为 15″的数据产品，例如，2020 年发布了 GEBCO_2020 Grid 数据④，该版本是以第 2 版本的 SRTM15+(Tozer et al.，2019)数据为主要数据源，同时结合若干个区域性的高分辨率 DEM 数据产品，形成了全球陆地和海洋 15″空间分辨率的 DEM 数据产品(GEBCO Compilation Group⑤)。

3.3　大陆海岸线信息提取的软硬件环境和云服务平台

多时期中国大陆海岸线信息提取和分类是一项比较复杂的系统工程，研究工

① SRTM, https://dds.cr.usgs.gov/srtm/.

② SRTM30, https://dds.cr.usgs.gov/srtm/version2_1/SRTM30/.

③ GTOPO30 global digital elevation model, https://www.usgs.gov/media/files/gtopo30-readme.

④ GEBCO_2020 Grid, https://www.gebco.net/data_and_products/gridded_bathymetry_data/gebco_2020/.

⑤ GEBCO Compilation Group. 2020. GEBCO 2020 Grid (doi:10.5285/a29c5465-b138-234d-e053- 6c86abc040b9).

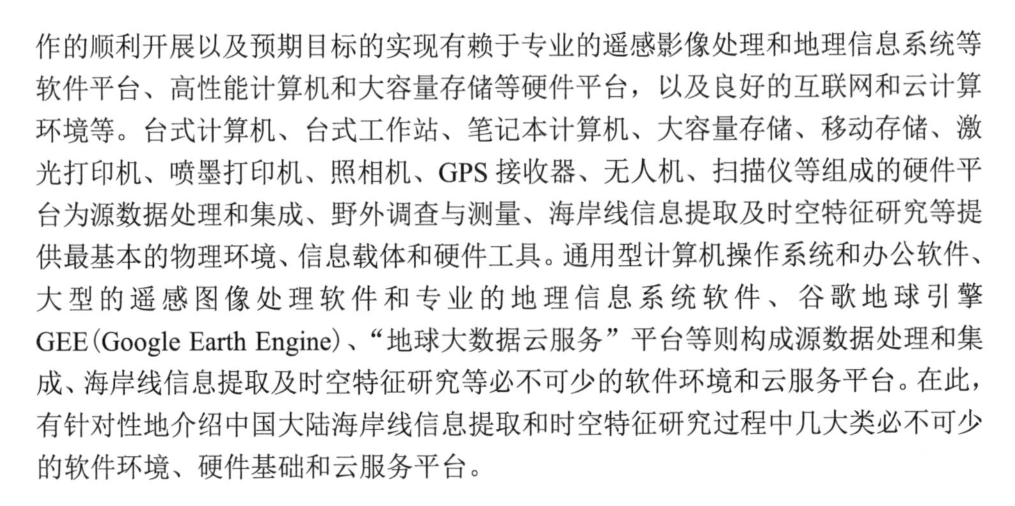

作的顺利开展以及预期目标的实现有赖于专业的遥感影像处理和地理信息系统等软件平台、高性能计算机和大容量存储等硬件平台，以及良好的互联网和云计算环境等。台式计算机、台式工作站、笔记本计算机、大容量存储、移动存储、激光打印机、喷墨打印机、照相机、GPS 接收器、无人机、扫描仪等组成的硬件平台为源数据处理和集成、野外调查与测量、海岸线信息提取及时空特征研究等提供最基本的物理环境、信息载体和硬件工具。通用型计算机操作系统和办公软件、大型的遥感图像处理软件和专业的地理信息系统软件、谷歌地球引擎 GEE(Google Earth Engine)、“地球大数据云服务”平台等则构成源数据处理和集成、海岸线信息提取及时空特征研究等必不可少的软件环境和云服务平台。在此，有针对性地介绍中国大陆海岸线信息提取和时空特征研究过程中几大类必不可少的软件环境、硬件基础和云服务平台。

3.3.1 遥感影像处理软件

当前国内外应用比较普遍的遥感影像处理软件主要有：eCognition、ENVI、ERDAS IMAGINE、PCI GEOMATICA、IDRISI、Titan Image、ER Mapper 等，针对中国大陆海岸线时空变化特征的研究，主要使用了其中的 ENVI 和 ERDAS 两个软件，对其简介如下。

1. ENVI 软件

ENVI(The Environment for Visualizing Images)是一个比较综合的遥感影像处理和分析平台，拥有 ENVI Classic 和 ENVI 5.X(以下简称 5.X 版本)两个系列多个版本的软件系统。ENVI 汇集的软件包含了丰富的遥感影像处理和分析功能，主要包括：图像数据的输入与输出、图像定标、图像增强、图像纠正、正射校正、图像镶嵌、数据融合以及各种变换、信息提取、图像分类、提取 DEM 及地形信息、雷达数据处理、三维立体显示分析等。当前，ENVI 5.X 系列版本已成为遥感影像处理领域应用最广泛的软件之一。

ENVI 5.X 系列版本在外观上集成了功能菜单和 toolbox 软件界面，集成的软件界面包括菜单项、工具栏、图层管理、工具箱、状态栏几个部分，遥感影像数据的显示、浏览与处理都能借此而实现。与其早期版本相比，ENVI 5.X 系列版本的兼容性更为突出：5.X 系列版本兼容 IDL 定制服务，直接在 toolbox 中就可以方便地调用 IDL 程序并进行功能扩展；能够直接使用 ArcGIS 的投影坐标引擎，并且集成了更多的专业分析工具，如光谱分析、植被分析、波段运算等。ENVI 5.X 版本的数据处理性能也得到了明显提升：具有高级的影像配准的功能，改进了图像处理的算法，提供了更多流程化图像处理工具等。

ENVI 软件的最新版本已更新至 ENVI 5.6，自这一版本开始，可以将 ENVI 安装升级为 ENVI Server，从而支持后台并行运行 ENVI 任务和模型，以及设置远程计算机运行 ENVI Server，从而实现分布式处理。

2. ERDAS IMAGINE 软件

ERDAS（Earth Resource Data Analysis System）IMAGINE，通常简称为 ERDAS。由美国亚特兰大 ERDAS 公司开发，是一套集遥感和 GIS 于一身的大型遥感图像处理和分析系统。ERDAS 软件所有的操作都在一个窗口下，因而能够高效的显示、浏览与处理大多数类型的遥感影像数据。

ERDAS 软件在操作界面外观设计方面具有高度模块化的特点，主要模块包括：数据输入与输出模块、图像预处理模块、图像分类模块、图像解译模块、地形分析模块、空间建模模块、雷达图像处理模块、虚拟 GIS 模块、数字摄影测量模块、矢量数据处理模块、专题制图模块、扫描仪模块等。其中，图像处理模块是 ERDAS 软件的核心，是多种具体专业应用工具的集合，这些工具主要包括影像增强模块、辐射纠正模块、几何纠正模块、影像镶嵌模块、预分类模块、分类模块、分类后处理模块等。

ERDAS 软件自 1978 年问世，距今已经有 40 多年的发展历史，已经成为全球遥感影像处理和分析领域应用最广泛的软件之一，而且其功能仍然处于不断发展和更新的过程中，最近的一次软件升级是在 2020 年 1 月[①]，推出了 ERDAS IMAGINE 2020 Update 1（v16.6.1）版本。

3.3.2　地理信息系统软件

中国大陆海岸线多时相信息提取及时空特征研究，包括 1940s 初、1960s 初、1990 年、2000 年、2010 年、2015 年和 2020 年 7 个时相的地图资料和卫星影像等源数据的集成、管理和融合处理，大陆海岸线图形数据提取和属性信息录入，基于多种方法的大陆海岸线时空特征分析等过程，主要是基于 ArcGIS Desktop 软件平台开展和完成，对其简要介绍如下。

ArcGIS Desktop（以下简称 ArcGIS）是 ArcGIS family 的桌面端软件产品，是当前全球地理信息市场中发展较为完善且普及率非常高的地理信息通用平台，是 GIS 专业人员建立、管理和使用各种时空信息时所使用的最主要的软件产品。该软件平台主要包括 ArcMap、ArcCatalog 和 ArcToolbox 三种应用环境，可以实现

① 查阅时间为截至 2020 年 9 月。

任何从简单到复杂的 GIS 任务，例如，数据建立、数据存储、数据格式转换、矢量及栅格数据管理、影像数据管理、数据投影转换、地图编辑、制图输出、拓扑处理、空间分析、空间建模、三维分析等一系列地理信息管理和分析任务。ArcGIS 能够支持在局域网以及 Web 上灵活定制和部署各种 GIS 应用，可用于发布和共享地理信息。ArcGIS 用户可通过共享地图包与其他专业桌面用户共享资源，通过移动、Web 和自定义系统，使用 ArcGIS for Server 和 ArcGIS Online 发布地图以及地理信息服务。

按 ArcGIS 可提供的产品服务功能的复杂程度，可进一步细分为三个独立的软件产品，分别为 ArcView、ArcEditor 及 ArcInfo。其中，ArcView 提供了复杂的制图、数据使用、分析，以及简单的数据编辑和空间处理工具；ArcEditor 除了包括 ArcView 中的所有功能之外，还包括对 Shapefile 和 geodatabase 的高级编辑功能；ArcInfo 是一个全功能的旗舰式 GIS 桌面产品，它扩展了 ArcView 和 ArcEditor 的高级空间处理功能，还包括传统的 ArcInfo Workstation 应用程序（Arc、ArcPlot、ArcEdit、AML 等）。三个独立的软件产品结构完全统一，常用的应用程序也都涵盖了 ArcMap、ArcCatalog 和 ArcToolbox 三种应用环境的相关功能，而且各类工具接口、报表和元数据等均可在这三个产品之间共享和交换使用。

ArcMap 是 ArcGIS 桌面系统的核心应用程序，集成了 40 余种地理数据管理和分析的工具，而且允许用户自定义和添加新的工具，因而具有非常强大的地图制作、空间分析、空间数据建库等方面的功能，可用于显示、查询、编辑和分析地理空间数据及其属性数据；具有地图制图的所有功能，能够创建、浏览、查询、编辑、组织和发布地图文档。ArcMap 的窗口视图主要由主菜单、标准工具栏、内容表、显示窗口、绘图工具和状态条 6 个部分组成，并且提供了数据视图（Data View）和版面视图（Layout View）两种浏览数据的方式。在数据视图中，可以加载数据图层并对其进行符号化显示以及分析和查询，在查询方面，既能进行属性查询也能进行空间查询，除此之外，也能够非常快捷地编辑 GIS 数据集。在版面视图中，可以进行地图制图设计和排版，添加或修改地图元素，例如，地图符号和样式、图层顺序、图名、图框、比例尺、图例、指北针等。在 ArcMap 中可以非常便捷地集成和调用第三方开发的扩展工具，例如，USGS 开发的 DSAS（Digital Shoreline Analysis System，数字海岸线分析系统）工具①，是专门用于分析和计算一定时期内海岸线变化速率的专业化软件工具；SimCLIM 是新西兰 CLIMsystems

① Digital Shoreline Analysis System（DSAS），https://www.usgs.gov/centers/whcmsc/science/digital-shoreline-analysis-system-dsas?qt-science_center_objects=0#qt-science_center_objects（20201011）.

公司研发的气候变化、海平面变化模拟模型[①]，能够模拟和研究未来时期不同的海平面情景及其对海岸的侵蚀作用。

ArcCatalog 是地理数据的资源管理器，以地理(空间)数据为核心，用于定位、浏览、搜索、组织和管理各种常见的空间数据及其属性数据，例如，卫星影像、矢量 GIS 数据、栅格 GIS 数据、空间数据集、模型、元数据、地图服务等。除此之外，ArcCatalog 也能够通过设置文件类型而对压缩包文件(如 Winzip、Winrar 等的压缩文件)、二维表格(如 Visual FoxPro 的.dbf 数据、Excel 的.xlsx 数据等)、文本(如 Adobe Acrobat 的.pdf 文件、Word 的.docx 文件、txt 文件等)以及音频、视频等类型的文件实现比较基本的管理、查询和浏览等。ArcCatalog 涵盖了 5 大类基本的工具模块，分别是：浏览和查找地理信息，记录、查看和管理元数据，定义、输入和输出 geodatabase 结构和设计，在局域网和广域网上搜索和查找 GIS 数据，管理 ArcGIS Server。通过这些工具模块，可以满足不同类型用户的需求：GIS 使用者可基于 ArcCatalog 组织、管理和利用 GIS 数据，同时也可使用标准化的元数据来描述数据；GIS 数据库的管理员则可以使用 ArcCatalog 来定义和建立 geodatabase 数据库；GIS 服务器管理员则可以使用 ArcCatalog 来管理 GIS 服务器框架。

ArcToolbox 是由一系列的用于地理信息数据的管理、分析以及专业化的模型工具所组成的大型“工具箱”，在 ArcMap 和 ArcCatalog 中均可以调用 ArcToolbox。通过设计由工具箱、工具集和工具 3 个层次所组成的应用，ArcToolbox 主要提供了如下分析功能：3D(三维)分析工具、矢量数据分析工具、制图工具、数据转换工具、Coverage 分析和管理工具、数据互操作工具、数据管理工具、数据编辑工具、地理编码工具、地统计分析工具、线性参考工具、多维分析工具、网络分析工具、服务器工具、宗地结构工具、逻辑示意图工具、空间统计工具、跟踪分析工具等。而且，除了上述系统自带的工具，用户可以在 ArcToolbox 中根据自己的需求创建自定义的工具。

目前，ArcGIS 在我国已被广泛应用于农业、林业、水利、土地、海洋、航空、交通、旅游、环境监测、生态系统评估、自然资源管理、城市规划和管理以及科学研究等诸多领域。

3.3.3 硬件设备类型参数

中国大陆海岸线信息提取、分类及时空特征研究工作主要使用台式计算机、笔记本计算机、台式工作站、平板电脑、大容量存储、移动存储、激光打印机、

---

① SimCLIM for ArcGIS/Marine, https://www.climsystems.com/simclimarcgis/marine/ (20201011).

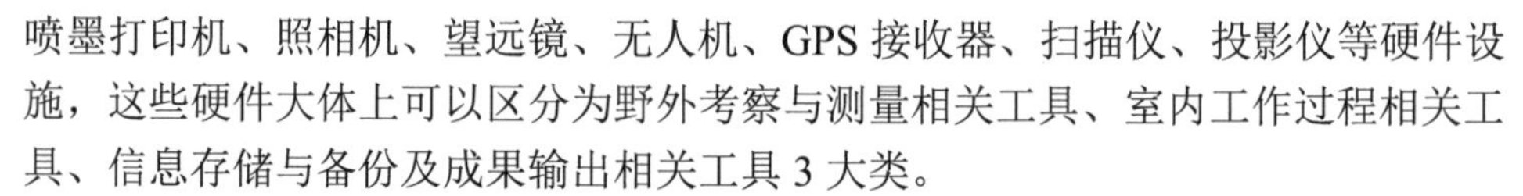

喷墨打印机、照相机、望远镜、无人机、GPS 接收器、扫描仪、投影仪等硬件设施，这些硬件大体上可以区分为野外考察与测量相关工具、室内工作过程相关工具、信息存储与备份及成果输出相关工具 3 大类。

(1)野外考察与测量相关过程使用的设备和工具。主要是指前期阶段进行海岸带野外考察、海岸带地理特征信息采集和记录、海岸线坐标测量及现场景观拍照等所使用的硬件设备，包括高精度 GPS 接收器、数码照相机、望远镜、导航仪、平板电脑、便携式笔记本计算机等硬件设备；在后期针对重点区域的野外补充调查及测量等过程中，进一步使用了 GNSS 接收机(iRTK5 型号)和便携式多旋翼无人机航测系统等设备。

(2)室内海岸线信息提取及分析相关过程使用的工具。主要是指在室内进行源数据资料下载和预处理、海岸线专业数据库建设、海岸线时空特征分析、计算结果分析与研究报告撰写等研究过程所使用的硬件设备，包括台式工作站、台式计算机、笔记本计算机、移动存储、大容量存储、扫描仪等硬件设备。

(3)信息存储与备份、研究成果输出相关工具。是指整个研究过程中所涉及的数据信息的存储与备份、研究结果与成果的展示和输出(尤其是物理形式的输出)等所使用的硬件设备，主要包括大容量存储、移动存储、液晶显示器、激光打印机、喷墨彩色打印机、投影仪等硬件设备。

择要介绍相关硬件设备的型号及其基本的参数信息，如表 3.8 所示。

表 3.8　重要的硬件设备及其基本参数

类别	型号及数量	基本参数
工作站	联想 ThinkStation P720，1 台	2 颗 Intel Xeon Silver 4110 服务器 CPU、CPU 主频 2.1GHz、64G 内存、256GB 固态硬盘、2T 硬盘、M4000 显卡
	联想 ThinkStation P320，3 台	Intel 酷睿 I7-7700、CPU 主频 3.6GHz、8G/16G 内存、1T/2T 硬盘、128GB 固态硬盘、P600 显卡
	联想 ThinkStation P310，2 台	Intel Core i7-6700、CPU 主频 3.4GHz、8G/16G 内存、1T 硬盘、128GB 固态硬盘
	联想 ThinkStation P300，3 台	Intel Core i7-4790、CPU 主频 3.6GHz、8G/16G 内存、1T/2T 硬盘、128GB 固态硬盘
台式计算机	Lenovo ThinkCentre M8300t，1 台	Intel(R) Core(TM) i7-2600、CPU 主频 3.4GHz、4G 内存、1T 硬盘、DVD 刻录机
	Lenovo ThinkCentre M8000t，1 台	Intel Core 2 Quad Q9400、CPU 主频 2.66GHz、128GB 固态硬盘、500GB 硬盘
	HP Compaq DC7900，1 台	Intel Core 2 Q9550、CPU 主频 2.83GHz、4GB 内存、500G 硬盘、DVD 刻录机

续表

类别	型号及数量	基本参数
笔记本计算机	ThinkPad T440s，1 台	Intel 酷睿 i54210U、CPU 主频 1.7Hz、8GB 内存、1TB 硬盘、屏幕尺寸 14 英寸、屏幕分辨率 1920x1080、全尺寸键盘
	ThinkPad X390 Yoga，1 台	Intel 酷睿 i7 8565U 4 核、CPU 主频 1.80 GHz、8GB DDR4、476GB 固态硬盘、屏幕 13.3 英寸、显示比例 16:9、屏幕分辨率 1920×1080
GPS 接收器	Trimble GEO Explorer 6000 XT	Windows Mobile 6.5 操作系统，TI OMAP 3503 处理器，256 MB 随机内存，首次定位时间 45 s，更新率 1Hz；配备 220 通道的 GNSS 接收机，能跟踪 GPS 和 GLONASS 卫星，并通过 SBAS 广域差分接收机实时地提交亚米级精度数据，也可通过后处理提交 50 cm 精度的数据，而且采用 Floodlight 卫星阴影消除技术，提高了阴影区的数据采集精度
	GNSS 接收机 iRTK5 型号，1 套	空气型全频段天线，内置 16GB ROM、支持静态数据自动循环存储，测量精度(D 为被测点间距离)：(1)RTK 定位精度：平面±(8+1×10-6D)mm，高程±(15+1×10-6D)mm；(2)静态定位精度：平面±(2.5 + 0.5×10-6D)mm，高程±(5+0.5×10-6D)mm；(3)DGPS 定位精度：平面±0.25m+1ppm，高程±0.50m+1ppm
无人机航测系统	便携式多旋翼无人机 1 架+小旋风 M5 正射影像航测系统 1 套	负载续航时间≥25min，巡航速度 0～15m/s，测控通讯距离 3km，定位方式 GPS，抗风能力 5 级，单架次作业面积≥0.5 km^2(1:1000)，正射相机含云台(金眼彪 X6)2400 万像素、满足 DEM 生成需求
硬盘盒	世特力 10 十盘位硬盘盒，1 台，装配 20 TB 硬盘	型号 CRST1035U3IS6G、同时支持 10 块硬盘、3.5"SATA [SATA I/II 1.5Gbps/3.0Gbps]、输出接口 USB3.0+eSATA、可随意搭配使用 2.5 寸 SATA/SSD，每个硬盘位支持独立的电源控制
喷墨打印机	爱普生 R1900，1 台	最高分辨率 5760×1440dpi、最大打印幅面 A3+、分体式墨盒(8 色墨盒)、共 1440 个喷嘴(180 喷嘴×8 色)
激光打印机	DCP-8085DN 打印机，1 台	黑白激光多功能一体机、打印/复印/扫描、A4 幅面、打印速度 30ppm、打印分辨率 1200×1200dpi、自动双面
	惠普(HP)M227fdw，1 台	四合一无线黑白激光一体机(打印、复印、扫描、传真、自动双面打印)

3.3.4 地球大数据平台

日益丰富的对地观测遥感数据催生了一种强调数据密集分析、海量计算资源以及高端可视化的“大数据”科学范式(王小娜等，2022)。中国大陆海岸线信息提取、分类及时空特征研究工作，在源数据和辅助数据的下载与处理、中间数据结果的存储和管理等方面充分发挥了日臻成熟的地球大数据平台的强大作用和显著优势，极大地提高了工作效率。具体而言，主要使用了谷歌地球引擎 GEE(Google Earth Engine)和“地球大数据云服务”平台的相关功能，简要介绍如下。

(1)谷歌地球引擎 GEE。进入 21 世纪以来，面向遥感大数据的云计算技术得到了迅速的发展，GEE 是其中最具代表性的案例。GEE 由 Google 公司与卡内基梅隆大学、美国国家航空航天局 NASA(National Aeronautics and Space Administration)、美国地质调查局 USGS(United States Geological Survey)联合开发，存储了 40 多年来全球范围大部分公开的遥感影像数据，如 Landsat 系列产品、MODIS 系列产品、Sentinel 系列产品等，可以为用户提供全球尺度的遥感云计算服务(王小娜等，2022)。2013 年，GEE 开始在遥感行业内崭露头角，并得到迅速发展。经过 10 余年的发展，GEE 的技术逐渐成熟，其在全球范围的用户已达数百万，在遥感大数据和云计算服务领域已占据了垄断性的地位(程伟等，2022)。

(2)“地球大数据云服务”平台。2018 年中国科学院启动了 A 类战略性先导科技专项“地球大数据科学工程”的研究工作，“地球大数据云服务”平台建设是其重点任务之一，目前已发展成为一个集成计算云服务、数据云服务、分析云服务、应用云服务于一体的综合性云平台(http://portal.casearth.cn)。其中，数据共享服务系统[①](CASEarth Databank)是地球大数据专项数据资源发布及共享服务的门户窗口，是地球大数据共享服务平台核心系统之一，提供长时序的多源对地观测数据，例如，自 1986 年中国遥感卫星地面站建设以来 40 多万景(每景 12 种产品，共计 400 多万个产品)的长时序陆地卫星数据产品、基于高分卫星 1/2 和资源 3 号卫星等国产高分辨率遥感卫星数据制作的 2 m 分辨率动态全国一张图、利用高分卫星和陆地卫星等国内外卫星数据制作的 30 m 分辨率动态全球一张图以及重点区域的亚米级即得即用产品集等。

3.4 本章小结

本章详细介绍了 20 世纪 40 年代初以来多时相中国大陆海岸线信息提取和变化特征研究所使用的源数据、辅助数据、软硬件环境和地球大数据平台，主要包括：

(1)大陆海岸线空间分布及分类信息提取的数据源以历史时期测绘和出版的大中比例尺地图和 Landsat 卫星影像为主。具体而言，1940s 时期海岸线信息提取是基于美国陆军制图局编绘和出版的中国沿海区域 1∶250000 地形图资料；1960s 时期是基于新中国成立以来陆续测绘、编制和出版的中国沿海区域大比例尺地形图资料，主要包括 1∶50000 和 1∶100000 两种比例尺，少量区域缺少地图资料，以 20 世纪 70 年代成像的 Landsat MSS 卫星影像为信息源；1990 年、2000 年、2010

① 网址：https://sdg.casearth.cn/datas/databank.

年、2015 年和 2020 年五个时期海岸线信息提取是基于 Landsat TM/ETM+/OLI 系列传感器卫星影像数据。

(2) 在海岸带野外科学考察与海岸线坐标测量，以及基于地图资料和遥感信息提取海岸线信息的过程中，充分利用了大量的辅助数据，以保证和提高大陆海岸线位置判断与类型判读的精确性。这些辅助数据主要包括：谷歌地球高分辨率卫星影像，海岸带局部区域的高分辨率卫星影像(如国外的 SPOT、哨兵、GeoEye-1、WorldView-II 等影像数据以及国产的高分系列及其融合图像、吉林一号、高景一号等影像数据)，多比例尺基础地理信息数据(行政区划、居民点、交通网络、植被分布等)，多源、多时相土地利用/覆盖数据，多源陆海区域数字高程模型(DEM)数据等。

(3) 开展中国大陆海岸带野外科学考察和现场海岸线坐标测量，以及在室内进行多时相大陆海岸线信息提取和变化特征分析的软硬件环境，主要包括：高精度 GPS 接收器、全画幅数码照相机、多款光学望远镜、便携式多旋翼无人机航测系统、台式工作站、台式计算机、笔记本计算机、大容量存储、移动存储、扫描仪、绘图仪、打印机等硬件设备，以及专业的遥感影像处理软件(ENVI 和 ERDAS IMAGINE)、地理信息系统软件(ArcGIS Desktop)和办公软件(Microsoft Office)等。

(4) 多源卫星影像数据及其产品数据下载、预处理及数据融合所使用的地球大数据平台。在新近时相大陆海岸线信息提取的源数据以及多种辅助数据的下载和预处理等过程中，GEE 和“地球大数据云服务”平台的作用和优势得到发挥，例如，多源和多类型卫星影像的查询和下载、波段合成、空间拼接、时间融合，以及 DEM、土地利用/覆盖、陆海环境和生态多种参数定量遥感反演产品等的下载和预处理等，通过地球大数据平台，大大提高了工作效率。

参考文献

柏叶辉, 李洪忠, 李向新, 等. 2019. 1990 年以来 4 个时期深圳市海岸线与海岸带景观格局及其对人类活动强度的响应. 湿地科学, 17(3): 335-343.

常军, 刘高焕, 刘庆生. 2004. 黄河口海岸线演变时空特征及其与黄河来水来沙关系. 地理研究, 23(5): 339-346.

陈军, 陈晋, 廖安平, 等. 2014. 全球 30m 地表覆盖遥感制图的总体技术. 测绘学报, 43(6): 551-557.

陈玮彤, 张东, 施顺杰, 等. 2017. 江苏中部淤泥质海岸岸线变化遥感监测研究. 海洋学报, 39(5): 138-148.

陈正华, 毛志华, 陈建裕. 2011. 利用 4 期卫星资料监测 1986～2009 年浙江省大陆海岸线变迁. 遥感技术与应用, 26(1): 68-73.

程伟, 钱晓明, 李世卫, 等. 2022. 时空遥感云计算平台 PIE-Engine Studio 的研究与应用. 遥感学报, 26(2): 335-347.

邸向红, 侯西勇, 吴莉. 2014. 中国海岸带土地利用遥感分类系统研究. 资源科学, 36(3): 463-472.

高义, 王辉, 苏奋振, 等. 2013. 中国大陆海岸线近30a的时空变化分析. 海洋学报, 35: 31-42.

侯西勇, 邸向红, 侯婉, 等. 2018. 中国海岸带土地利用遥感制图及精度评价. 地球信息科学学报, 20(10): 1478-1488.

黄鹄, 胡自宁, 陈新庚, 等. 2006. 基于遥感和 GIS 相结合的广西海岸线时空变化特征分析. 热带海洋学报, 25(1): 66-70.

焦雯雯. 2020. 基于 Google Earth 的遥感图像信息获取. 科学技术创新, 5:76-77.

柯丽娜, 王权明. 2012. 基于RS的辽宁省海岸线1990-2005年动态变化及驱动力分析. 海洋开发与管理, 29(7): 54-56.

李飞, 曹可, 赵建华, 等. 2018. 典型海岸线指标识别与特征研究——以江苏中部海岸为例. 地理科学, 38(6):963-971.

李加林, 田鹏, 邵姝遥, 等. 2019. 中国东海区大陆海岸线数据集(1990～2015). 全球变化数据学报(中英文), 3(3): 252-258.

李宁, 杨帆, 张英, 等. 2019. 2000～2015 年中国大陆海洋岸线变化多视角分析. 测绘科学, 44(10): 43-49.

李然, 匡文慧, 陈军, 等. 2016. 基于GlobeLand30 的全球人造地表利用效率时空差异特征分析. 中国科学: 地球科学, 46: 1436-1445.

李猷, 王仰麟, 彭建, 等. 2009. 深圳市 1978 年至 2005 年海岸线的动态演变分析. 资源科学, 31(5): 875-883.

廖安平, 陈利军, 陈军, 等. 2014. 全球陆表水体高分辨率遥感制图. 中国科学: 地球科学, 44: 1634-1645.

林松, 俞晓华, 庄小冰, 等. 2020. 厦门岛海岸线分形特性演变规律的研究. 海洋科学进展, 38(1): 121-129.

刘百桥, 孟伟庆, 赵建华,等. 2015. 中国大陆 1990～2013 年海岸线资源开发利用特征变化. 自然资源学报, 30(12): 2033-2044.

刘纪远, 匡文慧, 张增祥, 等. 2014. 20世纪80年代末以来中国土地利用变化的基本特征与空间格局. 地理学报, 69(1): 3-14.

刘纪远, 张增祥, 庄大方, 等. 2003. 20 世纪 90 年代中国土地利用变化时空特征及其成因分析. 地理研究, 22(1): 1-12.

孙孟昊, 蔡玉林, 顾晓鹤, 等. 2019. 基于潮汐规律修正的海岸线遥感监测. 遥感信息, 34(6): 105-112.

王冰洁, 梁璐, 惠凤鸣, 等. 2019. 基于 Landsat 数据的 1975～2015 年中国海岸线时空变化分析. 北京师范大学学报(自然科学版), 55(1): 83-100.

王铁良, 苏芳莉, 董琳琳, 等. 2020. 1985～2017年辽河口滨海湿地海岸线变化特征. 沈阳农业大学学报, 51(2): 129-136.
王小娜, 田金炎, 李小娟, 等. 2022. Google Earth Engine 云平台对遥感发展的改变. 遥感学报, 26(2): 299-309.
徐南, 宫鹏. 2016. 卡特里娜飓风对美国新奥尔良市西侧海岸线变化的影响. 科学通报, 61(15): 1687-1694.
杨磊, 李加林, 袁麒翔, 等. 2014. 中国南方大陆海岸线时空变迁. 海洋学研究, 32(3):42-49.
姚晓静, 高义, 杜云艳, 等. 2013. 基于遥感技术的近 30a 海南岛海岸线时空变化. 自然资源学报, 28(1): 114-125.
叶梦姚, 李加林, 史小丽, 等. 2017. 1990～2015 年浙江省大陆岸线变迁与开发利用空间格局变化. 地理研究, 36 (6): 1159-1170.
张兵. 2017. 当代遥感科技发展的现状与未来展望. 中国科学院院刊, 32(7): 774-784.
张丽, 廖静娟, 袁鑫, 等. 2020. 1987～2017 年海南岛海岸线变化特征遥感分析. 热带地理, 40(4): 659-674.
张玉新, 宋洋, 侯西勇. 2019. 1988～2015 年马六甲海峡岸线时空变化特征分析. 海洋科学,43(8): 17-28.
张云, 宋德瑞, 张建丽, 等. 2019. 近 25 年来我国海岸线开发强度变化研究. 海洋环境科学, 38(2): 251-255, 277.
赵玉灵. 2010. 近 30 年来我国海岸线遥感调查与演变分析. 国土资源遥感, 86(S1): 174-177.
周磊, 马毅, 胡亚斌, 等. 2018. 1988～2016 年泰国湾海岸线变迁遥感分析. 海洋开发与管理, 35(5): 44-50, 76.
Alesheikh A, Ghorbanali A, Nouri N. 2007. Coastline change detection using remote sensing. Int. J. Environ. Sci. Technol., 4: 61-66.
Almonacid-Caballer J, Sanchez-Garcia E, Pardo-Pascual J E, et al. 2016. Evaluation of annual mean shoreline position deduced from Landsat imagery as a mid-term coastal evolution indicator. Marine Geology, 372: 79-88.
Annibale G, Arcangela B, Angela L, et al. 2006. A multisource approach for coastline mapping and identification of shoreline changes. Annals of Geophysics, 49(1): 295-304.
Cao W T, Zhou Y Y, Li R, et al. 2020. Mapping changes in coastlines and tidal flats in developing islands using the full time series of Landsat images. Remote sensing of environment, 239(15): 111665.
Chen J, Chen J, Liao A, et al. 2015. Global land cover mapping at 30 m resolution: A POK-based operational approach. ISPRS-J Photogramm Remote Sens, 103: 7-27.
Hou X Y, Wu T, Hou W, et al. 2016. Characteristics of coastline changes in mainland China since the early 1940s. Science China Earth Sciences, 59(9): 1791-1802.
Kuleli T, Guneroglu A, Karsli F, et al. 2011. Automatic detection of shoreline change on coastal Ramsar wetlands of Turkey. Ocean Engineering, 38: 1141-1149.
Liu J Y, Liu M L, Zhuang D F, et al. 2003. Study on spatial pattern of land-use change in China

during 1995～2000. Science in China (Series D-Earth Sciences), 46(4): 373-384.

Maiti S, Bhattacharya A K. 2009. Shoreline change analysis and its application to prediction: A remote sensing and statistics based approach. Marine Geology, 257: 11-23.

Muskananfola M R, Supriharyono, Febrianto S. 2020. Spatio-temporal analysis of shoreline change along the coast of Sayung Demak, Indonesia using Digital Shoreline Analysis System. Regional studies in marine science, 34: 101060.

Song Y, Li D, Hou X Y. 2020. Characteristics of mainland coastline changes in Southeast Asia during the 21st century. Journal of Coastal Research, 36(2): 261-275.

Tozer B, Sandwell D T, Smith W H F, et al. 2019. Global bathymetry and topography at 15 arc sec: SRTM15+. Earth and Space Science, 6(10): 1847-1864.

White K, El Asmar H M. 1999. Monitoring changing position of coastlines using Thematic Mapper imagery, an example from the Nile Delta. Geomorphology, 29: 93-105.

Wu T, Hou X Y, Xu X L. 2014. Spatio-temporal characteristics of the mainland coastline utilization degree over the last 70 years in China. Ocean & Coastal Management, 98: 150-157.

Xu N, Gong P. 2018. Significant coastline changes in China during 1991～2015 tracked by Landsat data. Science Bulletin, 63: 883-886.

Zhang T, Yang X M, Hu S S, et al. 2013. Extraction of Coastline in Aquaculture Coast from Multispectral Remote Sensing Images: Object-Based Region Growing Integrating Edge Detection. Remote Sensing, 5: 4470-4487.

Zhang Y X, Hou X Y. 2020. Characteristics of Coastline Changes on Southeast Asia Islands from 2000 to 2015. Remote Sensing, 12(3): 519.

第 4 章

中国大陆海岸线分类及提取方法

进行大陆海岸线信息提取和类型划分，获取不同时期的大陆海岸线数据是进行大陆海岸线时空特征研究的前提和基础。但是，海岸线具有比较复杂的属性，体现在其定义的模糊性、类型的多样性、影响因素的复杂性、指示岸线的多样性、时刻处于变化中、时间属性不明确、空间位置摆动频繁、野外现场具体位置判定的不确定性、岸线长度的“测不准”以及位置变化的空间相关性等方面特征。

因此，拟对大陆海岸线的时空变化特征问题开展深入细致的研究，首先需要对其进行一定的简化和具化，即，以具体可感知的、便于理解的概念对大陆海岸线进行界定，并依照严格的技术规范对海岸线进行数字化表达和表现。本章通过详细介绍大陆海岸线提取和分类的相关理论基础、技术规范和技术途径，实现对“海岸线”这一研究对象的简化和具化，夯实后续的章节中一系列更为深入的计算、分析和归纳等部分内容的概念基础和数据模型基础。

本章具体内容包括：明确海岸线的定义以及指示岸线的选取，明确大陆海岸线的分类系统，确定地图资料和卫星影像中不同类型大陆海岸线信息提取的技术规范和要求，确定大陆海岸线时空数据模型等。

4.1 海岸线的定义与分类系统

4.1.1 海岸线的定义及指示岸线

通俗地讲，海岸线是海洋与陆地的分界线，更确切地讲则是指海水到达陆地的极限位置的连线。英文中使用较多的 2 个词汇是 coastline 和 shoreline：对于 coastline，韦氏词典给出的定义为“a line that forms the boundary between the land and the ocean (or a lake)”，即形成陆地和海洋(或湖泊)之间分界的“线”；对于 shoreline，韦氏词典解释为“the line where a body of water and the shore meet”，即水与岸相交的“线”；可见两个词汇之间的含义并无二致。国际上，学者普遍认可和广泛使用的“海岸线”的定义与韦氏词典中给出的这两个词汇的含义基本一致，例如，“An idealized definition of shoreline is that it coincides with the physical interface of land and water(理想的海岸线定义是陆地和海水的物理交界)”(Dolan et al.,1980);“The instantaneous shoreline is the position of the land–water interface at one instant in time(瞬时岸线是指某一时刻陆地和海水界面所在的位置)”(Boak and Turner，2005)。在我国，《海洋学术语-海洋地质学》(GB/T 18190-2017)国家标准中将“海岸线”与英文中的“coastline”相联系，并将其定义为“多年大潮平均高潮位时海陆分界痕迹线”。可见，我国对海岸线的定义与西方略有差异，明确强调了“多年平均”的时间属性和要求。强调这一属性和要求的原因在于，受到潮汐、波浪和风暴潮等周期性及偶发性水动力因素的影响，实际的海岸线是高、低潮之间多种海陆分界线的集合，其在空间上呈现为一个条带，而并非一条位置固定不变的、易于辨识的“线”。但对“多年平均”这一时间特质的强调，并不能给野外现场海岸线具体位置的“即时”判断带来方便，甚至反而因为时间尺度的不一致而又增加了不少的困难，因此，实际研究中仍然多采用较为明确和具体的指示岸线作为代理海岸线(于彩霞等，2014)。

指示岸线主要包括目视可辨识线和基于潮汐的指示岸线两大类。目视可辨识线主要包括瞬时干湿分界线、滩脊线、植被分界线、杂物堆积线、侵蚀陡崖基底线和大潮高潮线等类型，在海岸带野外现场均比较容易辨认，在空间分辨率很高(米级、亚米级)的多光谱卫星影像上大多也比较容易识别；基于潮汐的指示岸线具有一定的复杂性，根据潮位的差异，主要包括平均大潮高潮面(mean high water springs)、平均高潮面(mean high water)、平均小潮高潮面(mean high water neaps)、平均海平面(mean sea level)、平均小潮低潮面(mean low water neaps)、平均低潮面(mean low water)、平均大潮低潮面(mean low water springs)等不同的潮位所对应的水陆分界线(Boak and Turner，2005)。可见，高分辨率卫星影像或海岸带野外现场可辨识的“大潮高潮线”与基于潮汐的“平均大潮高潮面”具有较强的对应关系，是两大类指示岸线中相对共性的方面。正因如此，国内外大量研究选用“大潮高潮线”作为海岸线遥感信息提取的指示岸线，本书亦选用“大潮高潮线”作为指示岸线，从而实现研究对象的简化和具体化。

4.1.2 中国大陆海岸线分类系统

海岸线的分类是根据海岸线某一或某些方面属性与特征的异同而对其进行一定的类别划分和界定。20 世纪 80 年代的《全国海岸带和海涂资源综合调查简明规程》将我国海岸分为河口型、基岩型、砂砾质岸、淤泥质岸、珊瑚礁岸、红树林岸 6 种类型(刘林等，2008)，这一分类方法较多地体现了海岸带的地貌学特征，与当时我国海岸带区域人类活动仍较轻微、海岸线仍然以自然岸线为主的时代背景密切相关。随着我国海岸带区域人类活动逐渐增强，海岸线的开发利用日益突出，因此，2004～2009 年间由国家海洋局组织实施的 908 专项中制订的《海岸带调查技术规程》，已将海岸线分为自然岸线和人工岸线 2 大类，在此基础上，按照海岸线的组成成分，进一步将自然海岸分为基岩海岸、砂质海岸、粉砂淤泥质海岸、生物海岸。楼东等(2012)在对浙江省海岸线时空动态特征的研究中归纳了分别以水域位置、地质岩性、稳定性、前沿水深为分类标准的海岸线的自然分类，并提出根据海岸线的保护利用功能可分为港口岸线、工业岸线、仓储岸线、生活岸线和其他利用 5 大类(细分为 20 个类型)。姚晓静等(2013)将海南岛的海岸线分为自然岸线和人工岸线，其中，自然岸线细分为河口岸线、基岩岸线、砂砾质岸线、生物岸线 4 个类型，人工岸线细分为建设围堤、码头岸线、农田围堤、养殖围堤 4 个类型。吴春生等(2015)将环渤海地区的海岸线分为自然岸线和人工岸线，自然岸线根据位置和物质组成分为河口岸线、淤泥质岸线、砂砾质岸线和基岩岸线，人工岸线根据开发目的分为建设围堤、养殖围堤、农田围堤和盐田围堤。刘百桥等(2015)将中国大陆海岸线划分为自然岸线和人工岸线，其中，自然岸线细分为基岩岸线、砂质岸线、粉砂淤泥质岸线、生物岸线、河口岸线 5 类，人工岸线细分为海岸防护工程、交通运输工程、围海工程、填海造地工程 4 类。

近年来，随着我国对滨海湿地和海岸线等资源保护力度的逐渐加大，开始有学者从保护和管理的角度出发，对海岸线分类问题进行更为深入和综合的思考。索安宁等(2015)对海岸线分类体系进行总结和梳理，提出：依据海岸线自然属性改变与否将海岸线分为自然海岸线和人工海岸线，依据海岸底质特征和空间形态将海岸线划分为基岩海岸线、砂质海岸线、淤泥质海岸线、生物海岸线和河口海岸线 5 类，依据海岸线功能用途将海岸线划分为渔业岸线、港口码头岸线、临海工业岸线、旅游娱乐岸线、城镇岸线、矿产能源岸线、保护岸线、特殊用途岸线和未利用岸线 9 类。浙江省地方标准《海岸线调查统计技术规范(DB33/T 2106—2018)》提出了海岸线的三级分类体系(贾建军等，2019)，一级类包括自然岸线、人工岸线和河口岸线 3 个类型，其中，自然岸线划分为基岩岸线、砂砾质岸线、淤泥质岸线和红土岸线 4 个类型，人工岸线划分为海堤、码头、船坞、防潮闸、道路、其他人工岸线 6 个类型，而三级类型只针对于基岩岸线、砂砾质岸线、淤泥质岸线继续划分，进一步区分原生、自然恢复和整治修复 3 种情形。张云等(2018)从海域使用和海域空间资源动态监测的角度出发，将海岸线划分为 9 个一

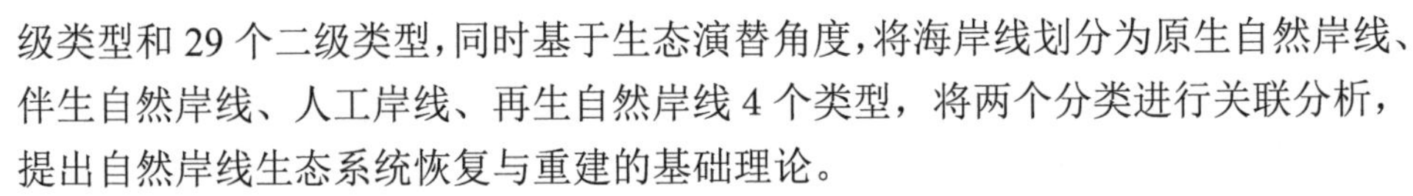

级类型和 29 个二级类型，同时基于生态演替角度，将海岸线划分为原生自然岸线、伴生自然岸线、人工岸线、再生自然岸线 4 个类型，将两个分类进行关联分析，提出自然岸线生态系统恢复与重建的基础理论。

由此可见，在应用遥感技术对海岸线进行提取和分类并分析较大时空尺度海岸线变化特征的研究中，多数学者采用二分法划分出自然岸线和人工岸线 2 个一级类型，进而对 2 个一级类型分别予以细分。而近年来提出的以服务于海岸线保护和海岸带管理实践需求为主要目的的若干海岸线分类体系，在分类标准、分级数目以及所包含的类型数量等方面都明显比基于遥感技术的海岸线分类体系复杂得多，但这方面的探索尚处于起步阶段，在理论依据、可操作性以及普适性等方面有待进一步加强。

通过分析和梳理近年来众多学者在海岸线遥感信息提取和分类、海岸线时空动态特征遥感监测等方面的研究成果，以及在对我国大陆海岸线及海南岛海岸线进行大量实地科学考察的基础上，考虑到以 Landsat 为主的多时相遥感影像的解译能力，将大陆海岸线按照自然状态与人为利用方式进行分类，一级类型包括自然岸线和人工岸线 2 类，在此基础上，将自然岸线分为 4 个类型，人工岸线分为 7 个类型，合计包括 11 个类型(表 4.1)。

表 4.1　中国大陆海岸线分类体系

一级类	二级类	说明
自然岸线(自然状态)	基岩岸线	位于基岩海岸的岸线
	砂砾质岸线	位于沙滩的海岸线
	淤泥质岸线	位于淤泥或粉砂泥滩的海岸线
	生物岸线	由红树林、珊瑚礁和芦苇等组成的岸线
人工岸线(人为利用)	丁坝突堤岸线	丁坝：与海岸成一定角度向外伸出，具有保滩和挑流作用的护岸建筑物；突堤：一端与岸连接，一端伸入海中的实体防浪建筑物
	港口码头岸线	港池与航运码头形成的岸线
	围垦(中)岸线	正在建设中的、最终用途尚不明确的围海堤坝
	养殖岸线	用于养殖的人工修筑堤坝
	盐田岸线	用于盐碱晒制而围垦的堤坝
	交通岸线	用于交通运输的人工修筑堤坝
	防潮堤岸线	分隔陆域和水域的其他海堤护岸工程(非养殖区、非盐田区，且交通功能不显著的海堤/海塘工程)

4.2　海岸线提取源数据预处理

4.2.1　Landsat 卫星影像预处理

Landsat 系列传感器卫星影像是中国大陆海岸线信息提取和分类的主要数据源，对多传感器获得的 Landsat 多时相卫星影像进行的预处理主要包括数据融合和图像增强 2 方面。

1. 数据融合

遥感影像数据融合是一个对多源、多类型遥感影像数据以及其他信息进行处理从而生成新的信息或合成图像的过程。数据融合着重于把在空间或时间上冗余或互补的多源数据，按一定的规则(或算法)进行运算处理，获得比任何单一数据更精确、更丰富的信息，生成一幅具有新的空间、波谱、时间特征的合成图像，其不仅仅是数据间的简单复合，更强调信息的优化，以突出有用的专题信息，改善目标识别的图像环境，从而增强信息提取或解译的可靠性，减少模糊性(即多义性、不完全性、不确定性和误差)，改善遥感影像分类精度，扩大应用范围和效果(赵英时等，2013)。

本研究主要是将相同时相的全色影像和多光谱影像进行融合。从 USGS 网站上下载的 Landsat 影像均是压缩包的形式，解压后文件夹中主要包括两种文件，一是包含影像元数据、投影方式等信息的文本文件，二是 TIFF 格式的各个波段的影像文件。基于 ENVI 5.1 软件，使用 IDL 语言进行编程，构建一个融合 Landsat 多波段图像的程序，将 TM/ETM+/OLI 传感器获取的可见光、近红外等单一波段的图像以及全色影像进行融合，输入数据为解压缩后的数据文件夹，输出数据为 TIFF 格式的多波段融合影像。

基于融合后的多波段影像，采用 RGB 彩色合成(即指定 3 个不同类型图像，如 3 个波段图像，分别赋予 RGB 三原色进行彩色合成)，生成一幅彩色合成图像，通过试验不同的波段组合形式，遴选出有助于海岸线提取和分类的若干种彩色合成方案，具体而言：1990 年、2000 年、2010 年、2015 年和 2020 年大陆海岸线提取，是在 ArcGIS 9.3/10.2 软件中将 Landsat TM/ETM+影像主要按照 4-3-2、5-4-3 或 4-5-3 波段合成显示，将 Landsat OLI 影像主要按照 5-4-3、6-5-2 或 5-6-4 波段合成显示。图 4.1 是以 Landsat OLI 影像为例的影像融合及 RGB 彩色合成效果示意图。

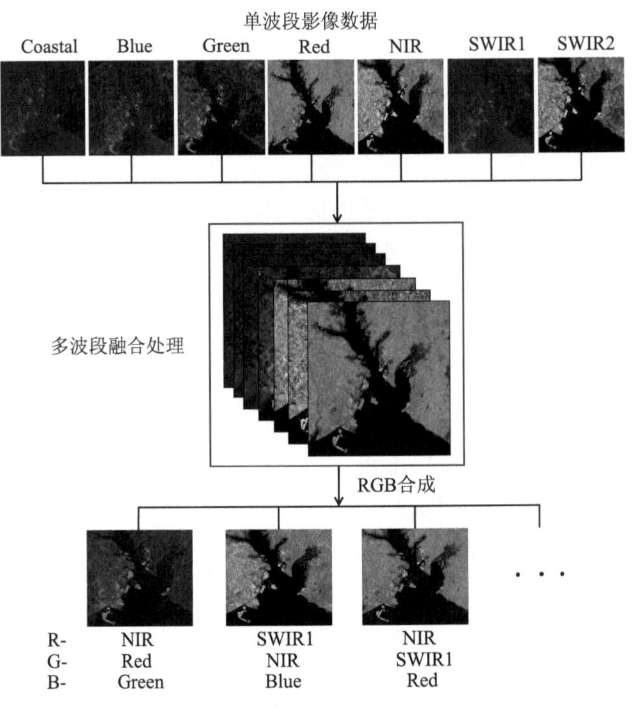

图 4.1　Landsat OLI 影像融合及 RGB 彩色合成示意图

2. 图像增强

图像增强的主要目标是突出专题信息，提高图像的清晰度、对比度和可读性，提升影像视觉效果，使用户更容易识别和解译图像中的各种内容，从而提取出感兴趣的特征信息。图像增强一般分为光谱增强和空间增强两类(赵英时等，2013)：光谱增强对应每个像元，与像元的空间排列和结构无关，又叫点操作，即对目标物的光谱特征——像元的对比度、波段间的亮度比进行增强，主要包括对比度增强、各种指标提取、光谱转换等；空间增强主要集中于图像的空间特征，即考虑每个像元与其周围像元亮度之间的关系，通过变换处理使图像的空间几何特征，如地物边缘以及目标物的形状、大小、线性特征等得到突出或者弱化，方法主要包括各种空间滤波、傅里叶变换和小波变换等。

对比度增强是将卫星影像中的亮度值范围拉伸或压缩成显示系统指定的亮度显示范围，从而提高图像整体的对比度(赵英时等，2013)。在进行多时相中国大陆海岸线提取和分类的过程中，对比度增强是频繁使用到的图像增强方法。主要运用了 ArcMap 中提供的 3 种对比度增强方法，包括：①最大-最小值对比度拉伸。

这是最简单的线性拉伸算法，即将其亮度值扩展到整个输出显示范围(如 0～255)，但这一方法仅适合亮度值分布符合正态分布的图像，若图像亮度值的最大最小值相差太大，拉伸效果则会较差。②直方图均衡化。这是一种常见的非线性拉伸方法，其算法是根据原图像各亮度值出现的频率，使输出图像中亮度也具有相同的频率。③百分比截断拉伸。这一增强方法针对的是图像亮度值在某几个区间分布较为集中，而在其他区间分布很少，其增强原理即为先以百分比形式截断，再进行区间内拉伸。以 Landsat OLI 影像 5-4-3 波段组合为例，如图 4.2 所示，未经过对比度增强以及分别运用最大-最小值对比度拉伸、直方图均衡化和百分比截断拉伸的影像显示效果具有较大的差别。

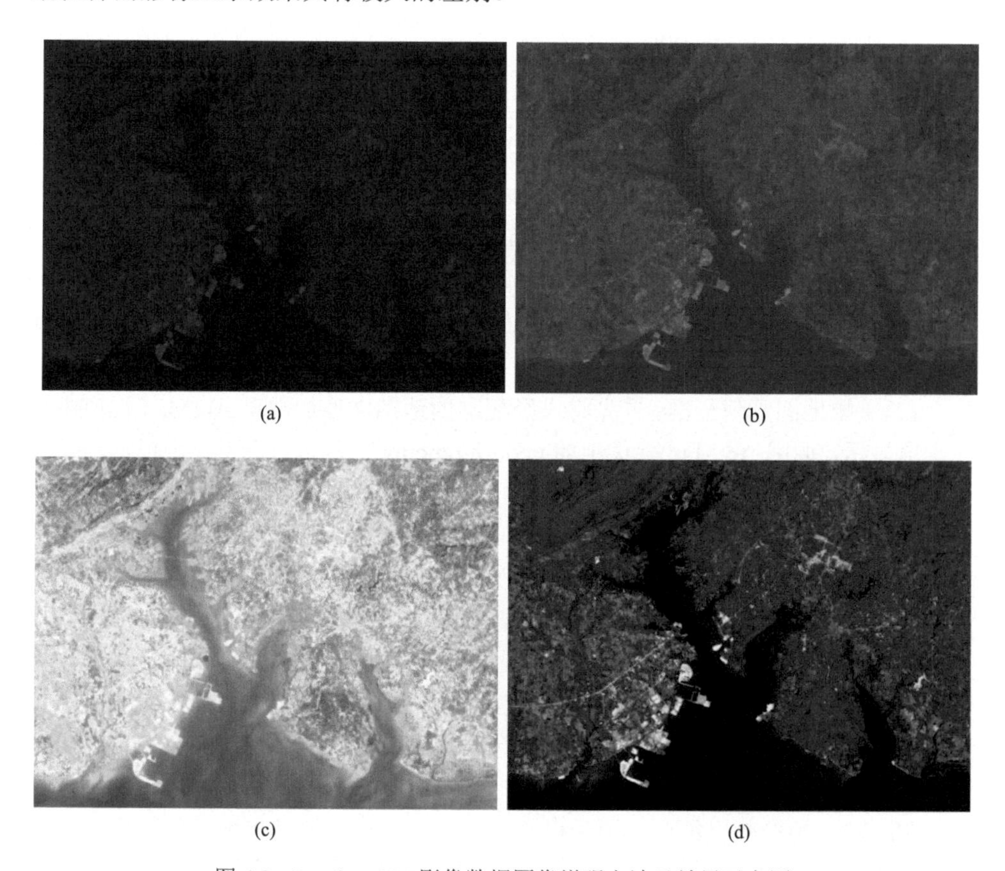

图 4.2　Landsat OLI 影像数据图像增强方法及效果示意图

(a)未经对比度增强的 Landsat OLI 影像；(b)经过最大-最小值对比度拉伸的 Landsat OLI 影像；(c)经过直方图均衡化的 Landsat OLI 影像；(d)经过百分比截断拉伸的 Landsat OLI 影像

4.2.2 多时相地图资料预处理

20 世纪 70 年代之前大尺度空间区域海岸线信息的提取只能基于地图资料得以实现。1940s 时期有 1∶250000 比例尺的地图资料可以覆盖整个中国沿海区域；1960s 时期是将 1∶50000 和 1∶100000 比例尺的地图资料相结合，也能够覆盖整个中国沿海区域。针对上述多源、多比例尺的地图资料，在提取海岸线信息之前，需要对每幅地图进行一定的预处理，主要包括纸质图件扫描、扫描文件边缘空白区裁切、地图文件规则化命名、地图文件几何配准等过程。预处理流程以几何配准过程最为重要。为充分保证几何配准的精度，采取如下具体措施。

(1) 浏览分析所有地图的基本信息。规范化的地图包含三种类型的地图要素，分别是数学要素、地理要素和辅助要素。其中，数学要素包括大地控制基础、地图投影、制图格网、比例尺和方位标等；地理要素是指地图内容，即地图所要表达的自然、社会经济等多种类型的地理信息；辅助要素包括图名、图号、图例、略图、插图、接合表、编绘说明等。利用 ArcGIS 软件的 generate (fishnet) 命令建立与地图资料相同的制图格网矢量文件以及方里网的网格线矢量文件，其中，制图格网矢量文件可便于汇总统计以及图形化显示不同地理位置地图资料的数量、时相和比例尺等方面特征，同时，将其与方里网矢量数据相结合，可辅助于后续的几何配准过程。

(2) 单幅地图几何配准。首先将未经配准的地图文件加载至 ArcMap 视窗中进行全屏显示，调用 ArcMap 软件中的 georeferencing 工具进行配准：可根据需要进行地图的旋转或翻转，以便于能够正确显示出整幅地图；进而利用地图图廓点的地理坐标完成初步的配准，利用方里网网格线的交叉点以及与高分辨率卫星影像等进行对比挑选容易辨识的同名地物点作为配准控制点，控制点的选择需要达到一定的数量，并且空间分布需要相对均匀，以便保证几何配准的精度。

(3) 局部扭曲变形的控制措施。个别图幅因纸质图件的年代较为久远、使用比较频繁、卷曲和折叠、有水渍浸染等原因而导致局部区域变形扭曲，应该进一步结合历史时期或现状的高分辨率卫星影像、野外现场坐标测量数据或 Google Earth 影像信息，甄别和补充一定数量的在地形图及遥感影像上均清晰可辨的特征地物点(同名地物)至控制点集合，用于提高局部扭曲变形区域几何配准的精度。

(4) 几何配准的精度分析与控制。地图资料配准过程中，单个控制点所在位置的精度可通过残差(residual)来判断，整幅地图总体的配准精度可通过总误差值(total RMS error)来判断。在控制点采集过程中可通过实时观察这 2 个参数来判断单一控制点对整幅地图配准结果的影响，进而选择剔除或替换某些控制点以便保证和提升整体的配准精度。

(5)几何配准结果保存。地图整体及其局部的配准精度达到要求之后，可将配准的控制点对信息导出为独立的文件存储，以备下次使用时直接读取，保证研究工作不同阶段之间的连续性和一致性。也可以将经过配准的地形图文件导出，经过重采样而另存为新的文件，这一文件可在 ArcCatalog 中进一步添加地图投影信息，从而成为具备空间参考信息、位置精度也达到要求的地图数据。此外，也可以将每一幅地图的几何配准结果单独保存为 ArcMap 文档(.mxd 文件)，在下一次使用时直接打开 ArcMap 文档即可。

4.3　海岸线分类提取标准规范

4.3.1　自然岸线遥感解译技术规范

综合近年来关于海岸线位置判断、遥感解译技术和规范等方面的文献成果(孙伟富等，2011；刘善伟等，2011；张旭凯等，2013；高燕等，2014)，确立不同类型自然岸线的野外现场判断方法和遥感影像上的判读标准，如附图 5 所示。

基岩海岸：常有突出的海岬和深入陆地的海湾，岸线比较曲折，有明显的起伏状态和岩石构造，近岸水深较大；在 4-3-2(5-4-3)波段组合显示的 Landsat TM/ETM+(Landsat OLI)遥感影像上颜色较深，破波带呈现为亮白色，近岸礁石呈现为灰白色，分布较为散乱，且亮度不均匀，纹理较为粗糙；海岸植被根据不同的长势呈浅红色或暗红色，裸岩呈灰白色，建筑物的亮度较高，呈白色[附图 5(a1)]。基于 Landsat 影像提取时，基岩岸线的位置应选定于明显的水陆分界线上。

砂砾质海岸：一般比较平直，海滩上部因大潮潮水搬运，常常堆积成一条与岸平行的脊状砂砾质沉积(滩脊)，海岸线一般确定在现代滩脊的顶部向海一侧，一般在干燥砂滩下限处堆积成一条痕迹线。在 Landsat 影像上，干燥滩面呈亮白色，痕迹线处堆积有植物碎屑、杂物等，亮度较低，含水量较高的滩面亮度也较低[附图 5(a2)]，因此，砂砾质岸线的位置应取亮度发生转折的地方。有陡崖的砂砾质海滩一般无滩脊发育，海滩与基岩陡岸直接相接，崖下滩、崖的交接线即为岸线；在遥感影像上，陡崖有明显的基岩海岸纹理，陡崖下滩面长期被海水浸没，含水量高，在影像上显示为灰色或灰白色，纹理平滑[附图 5(a3)]，因此在影像上，此类砂质岸线的位置应取纹理形态变化处。

淤泥质海岸：分布于主要受潮汐作用塑造的低平海岸或河口区域，潮间带滩涂宽阔而平缓。淤泥质海岸向陆一侧一般植被生长茂盛，呈红色或暗红色，向海一侧植被较为稀疏或没有植被呈浅红色，裸露潮滩上多有树枝状潮沟发育[附图 5(a4)]，在 Landsat 影像中，植被茂盛与稀疏程度明显差异处即为淤泥质海岸线所在位置。

生物海岸：在我国主要包括红树林海岸、芦苇海岸和珊瑚礁海岸，红树林海岸和芦苇海岸分别是我国南方和北方大陆海岸的常见类型，而珊瑚礁海岸则主要分布在南海的岛屿区域。红树林多分布于平均大潮高潮淹没的潮滩及河口区域，一般成片分布，具有向海延伸的能力，其向陆一侧边界即为高潮线位置[附图5(a5)]，在4-3-2波段组合的Landsat 5 TM影像中表现为红色，与陆地植被相比，颜色较暗且形状不规则，与向陆一侧相邻的养殖区、陆生植被等的影像特征差异较为显著。芦苇多分布于北方淤泥质滩涂的高滩区域，由陆向海逐渐稀疏，在4-3-2波段组合的Landsat 5 TM遥感影像中也表现为红色，分布均匀而不规则，没有明显纹理，这类岸线确定在颜色变淡、斑块破碎程度明显变大处[附图5(a6)]。

4.3.2 人工岸线遥感解译技术规范

各类人工岸线在遥感影像上一般易于辨识，如附图6所示。

港口码头岸线、围垦(中)岸线、养殖岸线、盐田岸线、交通岸线、防潮堤等类型的人工海岸线具有类似的结构：人工构筑物向陆一侧不存在平均大潮高潮时海水可达的水域，其向海一侧的水陆分界线即是海岸线。向海延伸的丁坝与突堤，若其与陆地连接根部宽度不超过2个像元，则图上不予描绘，岸线直接从其根部穿过；若宽度超过2个像元，则以突堤中心线长度代表整个丁坝或突堤[附图6(a)]。

正在围填的区域，如果已经有闭合的矮坝，而且被围垦面积非常有限，则一般将矮坝作为岸线，即便其内部仍然为水体；围填区域的形状以及毗邻区域的地物类型等可辅助于判断围填的目的以及判断是否可直接将矮坝视为岸线，例如，滨海建成区毗邻海域的围填、港口区海域的围填等，一旦封闭即可视为岸线[附图6(c)]。

跨海公路、特大桥一般不作为人工海岸线来处理，因为其下方的水体并未被公路或桥梁阻隔开，例如，胶州湾跨海大桥、杭州湾跨海大桥、铁山港跨海大桥等，但如果公路或桥已经将两侧的水体隔离开，则应视为岸线，Landsat遥感影像上公路或桥两侧水体的颜色和纹理等可作为主要的判断依据。例如，附图6(g)中公路两侧水体的影像色彩和纹理差异较大，不具有连续性，因而应将公路确定为岸线(威海荣成，向陆一侧为八河水库，向海一侧为桑沟湾天鹅湖，实地考察证明两侧水体已不再连通)。

4.3.3 特殊岸线遥感解译技术规范

河口岸线：河口属于海岸带基本的地貌类型之一，本书未将河口岸线作为一个单独的类型予以提取和分类，但由于海岸线在入海河口位置是断开的，为保证海岸线的连续性和海陆分界的拓扑关系，需人为规定河口岸线的位置，即确定河海分界线的位置。主要原则包括：以最靠近河口的道路桥梁或防潮闸作为河海分界线；以河口区地貌形态来确定河口岸线，即以河口突然展宽处的突出点连线作为河海分界线；存在明显行政性界碑的，则根据界碑来确定。

陆连岛：陆连岛也是海岸带非常基本的地貌类型之一，中国大陆沿海存在大量的自然或人工形成的陆连岛，例如，山东省烟台市的芝罘岛是一个非常典型的陆连岛，被写入地貌学教科书中(伍光和等，2003)，烟台市的老城区(芝罘区)也因其而得名。但是，目前存在的陆连岛，大多是离岸岛屿修建连岛公路等类型的工程后而形成的。本书在大陆海岸线解译的过程中，有跨海公路与陆地相连的岛屿(如连云港西连岛)，一般仍视为岛屿(不作为大陆海岸线来处理)，提取大陆海岸线时可直接穿过公路并沿大陆海岸线继续绘制，仅有狭窄水道与大陆相隔的岛屿(如厦门岛)，即便有多条公路或者桥梁将岛屿与陆地联系在一起，也仍然视其为岛屿，不予解译。

河口和陆连岛位置大陆海岸线遥感解译标准示例如附图 7 所示。

4.3.4　地图中海岸线提取技术规范

1940s 初期和 1960s 初期 2 个时相中国大陆海岸线信息的提取过程中，通过观察和分析所使用的源数据资料，可以判定地图资料中的海岸线是按照“大潮高潮线”的定义和标准来确定的，因此，海岸线位置清晰可辨，通过目视解译，能够比较容易地获得海岸线空间分布数据。但在具体的海岸线数据提取过程中，采取在 1990 年大陆海岸线数据提取结果的基础上，通过“回溯历史”“反向更新”方法而获得 1960s 初期的大陆海岸线数据；以此类推，通过进一步修改 1960s 初期的大陆海岸线数据，“反向更新”而获得 1940s 初的大陆海岸线数据。采取这一技术途径，在海岸线并未发生变化的区域能够最大限度保持不同时相之间海岸线空间数据位置的一致性。

在基于地图资料判定海岸线的类型方面，主要的技术措施包括：①地图资料中包含大量的地物类型、地表覆盖、土地利用、海域使用等方面的信息，例如，盐田、养殖等类型的用海区域，以及港口、码头、滨海城镇、海岸防护林、海岸带植被类型、海岸带沙丘分布等方面的信息，这些信息非常清晰明了地指示了海岸线的底质物质组成特征以及开发利用特征，可有效支持海岸线类型的判定。②部分海岸带区域的地图上海岸带地貌、地物等方面信息较为稀缺，需要通过多种方式综合推断，主要包括多时相海岸带信息相似性与差异性分析，判断岸线类型变化的可能性，推断岸线类型；在垂直于海岸线的方向上，观察和分析地图中向陆及向海更大宽度范围内的各种信息，综合推断海岸线的类型。③海岸线的变化存在一定的空间自相关特征，沿着海岸线方向，观察海岸线的类型特征，也能

够有助于推断信息稀缺区域的海岸线的类型。

4.3.5 大陆海岸线南北端点的确定

我国大陆海岸线的南北端点均是河口区域，北部端点是中朝边境的鸭绿江口，南部端点是中越边境的北仑河口。鸭绿江口区域大陆海岸线北部起点的确定是基于中朝两国正式协议所确定的江海分界碑和分界线（专栏 4.1、图 4.3），根据该分界线获得其与鸭绿江南侧江岸的交叉点，作为大陆海岸线的北部起点（图 4.4）。北仑河口区域大陆海岸线南部端点的确定方式如下：2013 年 7 月，对北仑河口区域进行实地考察，在广西防城港东兴市东兴镇竹山村保存有“大清国 1 号界碑”（图 4.5），在这一界碑附近的北仑河入海口的北岸发现一处小型码头，根据码头的突堤确定大陆海岸线的南部端点。

专栏 4.1

鸭绿江口江海分界碑与分界线

1962 年 10 月 12 日，中朝两国正式达成协议，通过确定三处地理坐标点来划分鸭绿江口江海分界线。这三处地理坐标点有两处在朝鲜民主主义人民共和国境内，另一处在我国东港市大东港区内。具体位置如下：1 号标志位于朝鲜境内小多狮岛最南端，在东经 124°24′31.25″，北纬 39°48′22.64″处；在磁方位角 145°38′18″、距离 1290 m 处为朝鲜境内大多狮岛三角点。2 号标志位于朝鲜境内薪岛北端，在东经 124°13′43.59″，北纬 39°49′21.30″处；在磁方位角 95°51′47.2″、距离 15512.9 m 处为上述 1 号江海分界标志。3 号标志位于中国境内大东沟（现东港市大东港区）以南突出最南端，在东经 124°09′02.25″，北纬 39°49′46.49″处；在磁方位角 95°51′47.2″、距离 6736.3 m 处为上述 2 号江海分界标志。

将三处江海分界标志连成线，得到作为国界意义的江海分界线，即，从位于朝鲜的小多狮岛最南端的 1 号江海分界标志起，以直线经过位于朝鲜薪岛北端的 2 号江海分界标志，到位于大东沟以南突出部最南端的 3 号江海分界标志，由此确定中朝两国的江海分界线，其长度为 22249.2 m。还有一条江海相遇时在水面形成的自然景观意义的江海分界线，这一江海分界线随着潮水的起落而变化，要从海上才能看到。这条线位于丹东市振安区浪头镇和东港市前阳镇胜利村之间的一段水域，最明显的位置对应于朝鲜的蛤蟆岛上，在我国这边对应岸边的大致位置是在东港市前阳镇胜利村一撮毛港口，是鸭绿江水流入黄海时形成的淡水和咸水的交接带。

资料来源：https://baike.baidu.com/item/江海分界碑/4615156

图 4.3　鸭绿江口江海分界标志 3 号碑(侯西勇于 2012 年摄)

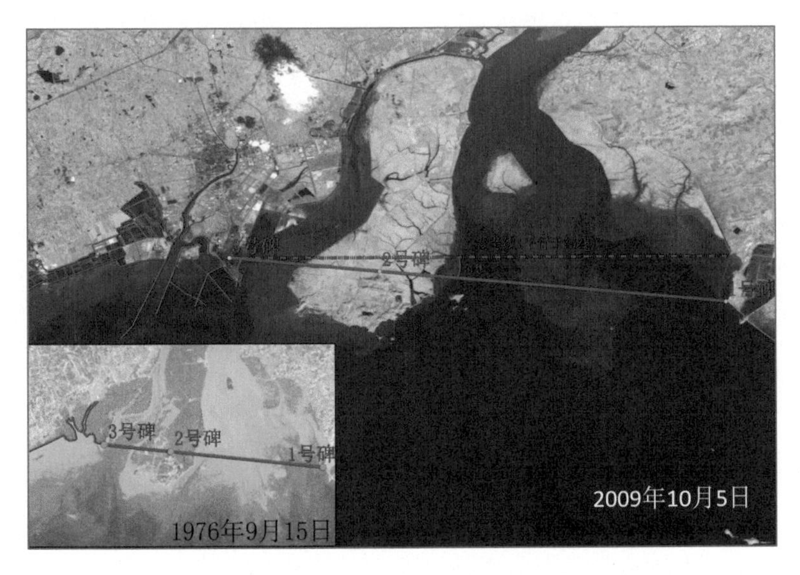

图 4.4　鸭绿江口中国大陆海岸线北部端点确定方法示意图

图4.5　北仑河口大清国1号界碑(侯西勇于2013年摄)

4.4　大陆海岸线时空数据模型

主要包括海岸线数据模型及属性表、海岸线图形数据制图标准、海岸线数据的投影坐标系、海岸线数据的元数据信息等，具体如下。

4.4.1　海岸线数据模型及属性表

采用矢量数据模型编辑和存储海岸线空间信息和属性信息。具体而言，在海岸线空间信息提取、编辑及属性信息录入阶段，选用Shapefile格式数据；在完成海岸线空间信息提取和属性信息录入之后，将Shapefile格式数据转换为Coverage格式数据，以便进一步对线要素空间信息建立严格的拓扑关系、检查和修改逻辑错误，以及对属性信息进行必要的检查和修改。两种格式数据的基本特征如下①。

1. Shapefile格式数据

Shapefile是ArcView GIS 3.x的原生数据格式，属于简单要素类数据，用点、

① 参考了如下网络信息：

https://blog.csdn.net/zmr455/article/details/9789783

https://www.cnblogs.com/jameslif/p/3928678.html

https://desktop.arcgis.com/zh-cn/arcmap/10.3/manage-data/coverages/coverage-topology.htm

线、多边形(面)存储要素的形状，具有简单、快速显示的优点，但不能存储拓扑关系。一个 Shapefile 是由若干个文件组成的，空间信息和属性信息分离存储，所以被称为“基于文件”的数据。由于 20 世纪 90 年代地理信息的迅速发展以及 ArcView GIS 3.x 软件在世界范围内的推广，Shapefile 格式数据使用非常广泛。很多遥感图像处理和 GIS 软件都提供了向 Shapefile 转换的接口。ArcGIS 支持对 Shapefile 的编辑操作以及 Shapefile 向其他类型数据模型的转换。

在组成 Shapefile 数据的若干个文件中，有 3 个文件是必需的：

*.shp：存储几何要素的空间信息，即 X、Y 坐标；

.shx：存储.shp 的索引信息，记录*.shp 中空间数据是如何存储的，如 X、Y 坐标的输入点，有多少 X、Y 坐标对等信息；

*.dbf：存储地理数据的属性信息。

另外，规范的、高质量的 Shapefile 格式数据还应该包含如下文件：

*.prj：存储 Shapefile 数据的空间参考信息；

*.shp.xml：是对 Shapefile 进行元数据浏览后生成的 xml 元数据文件；

.sbn 和.sbx：存储 Shapefile 的空间索引，能加速空间数据的读取，这两个文件是在对数据进行操作、浏览后才产生的，也可以通过 ArcToolbox >Data Management Tools >Indexes >Add spatial Index 工具生成。

海岸线地理要素适合以线要素类 shapefile 数据来存储，例如，名为 cl2020(2020 年海岸线)的 shapefile 线要素类数据具体由 cl2020.dbf、cl2020.prj、cl2020.sbn、cl2020.sbx、cl2020.shp、cl2020.shp.xml、cl2020.shx 等文件组成。可以使用 ArcCatalog 工具对 Shapefile 数据进行创建、移动、复制、删除或重命名等操作，或使用 ArcMap 对 Shapefile 进行编辑和修改，ArcCatalog 将自动维护 Shapefile 数据的完整性，将所有文件同步改变。

2. Coverage 格式数据

Coverage 是 ArcInfo workstation 的原生数据格式。空间信息以二进制文件的形式存储在独立的文件夹中，文件夹名称即为该 Coverage 的名称，属性信息和拓扑数据则以 INFO 表的形式存储，所以，Coverage 被称为“基于文件夹的存储”。Coverage 将空间信息与属性信息结合起来，存储要素间的拓扑关系。当使用 ArcCatalog 工具对 Coverage 进行创建、移动、删除、复制或重命名等操作时，ArcCatalog 将自动维护其完整性，将 Coverage 和 INFO 文件夹中的文件同步改变。

Coverage 是一个非常成功的地理数据模型，深受用户欢迎，很多早期的数据都是 Coverage 格式的。ESRI 未公开 Coverage 的数据格式，但是提供了 Coverage 格式转换的一个交换文件(interchange file，即 E00)并公开其数据格式，方便

Coverage 数据与其他格式数据之间的转换。Coverage 是一个集合，在同一个 Coverage 数据中可以包含一个或多个要素类型：其中，基本要素类型包括标注点(label point)、线(arc)和多边形(polygon)三种；复合要素类型主要有路径(route)、路段(section)、区域(region)等；辅助要素类型包括注记(annotation)、控制点(tic)、连接点(link)三种。

Coverage 的突出优势是可以建立拓扑关系。拓扑明确定义地理数据中相连或相邻要素之间的空间关系。Coverage 的拓扑结构支持三个主要的拓扑概念：①连通性，弧段在结点处彼此相连；②邻接，弧段具有方向以及左右两侧；③区域定义，围绕区域连接的弧段定义一个面。

Coverage 文件夹存储 lab.adf、arc.adf、sec.adf、pal.adf、cnt.adf、tic.adf、lnk.adf、bnd.adf 等坐标文件，arx.adf、pax.adf 等索引文件和 pat.adf、aat.adf 等属性文件。info 文件夹中存储 arc0000.dat、arc0000.nit、arc.dir 等文件，用于记录 INFO 数据文件和 Coverage 数据的属性表定义。对于 Coverage 文件夹里的每一个.adf 文件，都有一对在 info 文件夹下的.dat 和.nit 文件与其相对应。arc.dir 文件主要是记录.dat 和.nit 文件同哪个.adf 文件对应。一个 Coverage 数据具体包括哪些类型的文件，与该 Coverage 数据包含哪些要素类型相关。名为 cl2020(2020 年海岸线)的线要素类 Coverage 数据，在与其同名的 cl2020 文件夹中包含 aat.adf、arc.adf、arx.adf、bnd.adf、tic.adf、metadata.xml 以及无扩展名的 log 文件，共 7 个文件；在其 info 文件夹中则包含了 arc.dir、arc0000.dat、arc0000.nit、arc0001.dat、arc0001.nit、arc0002.dat、arc0002.nit，也是 7 个文件。

3. *海岸线数据的属性表*

海岸线 GIS 数据的属性表用于记录海岸线不同岸段的起始节点、终止节点、岸段编号、岸段长度、岸段信息提取所使用的地图分幅编号或卫星影像行列号、时间信息(地图测绘时间或卫星影像的成像时间)、岸段类型、岸段开发利用情况、岸段所在行政区等方面信息。不同时期海岸线信息提取的源数据有所不同，属性表结构也略有差异，如图 4.6 所示。

1940s 初期和 1960s 初期的海岸线数据均是利用地图资料提取，其属性表结构基本相同。如图 4.6(a)所示，以 1940s 初期大陆海岸线 Coverage 数据线要素的属性表为例，其中：①LENGTH 和 SL1940-ID 字段是 sl1940 这一 Coverage 文件线要素属性表中自动建立的 2 个字段，其中，LENGTH 字段用于记录每一个岸段的长度信息，当 Coverage 具有正确的投影坐标系，对线要素建立拓扑关系后，将能自动生成或更新每个岸段的长度信息，即 LENGTH 字段值；SL1940-ID 字段用于标记岸段的编码值，默认情况下每一条记录具有唯一的编码值，但是该字段的

Table

sl1940 arc

FID	Shape	FNODE#	TNODE#	LENGTH	SL1940-ID	岸线类型	利用方式	地图分幅	时间	省份
4002	Polyline	4007	3968	16833.478433	4002	1	18	nj51-10	1944	山东
4003	Polyline	4008	4003	1452.964349	4003	2	18	nj51-10	1944	山东
4004	Polyline	3980	4009	9539.336301	4004	2	18	nj51-9	1944	山东
4005	Polyline	3988	4010	4232.058351	4005	1	18	nj51-9	1944	山东
4006	Polyline	4007	4011	2671.028167	4006	1	18	nj51-10	1944	山东
4007	Polyline	4012	4009	1206.24595	4007	2	18	nj51-9	1944	山东
4008	Polyline	4013	4014	1472.577025	4008	2	18	nj51-10	1944	山东
4009	Polyline	4015	4006	5546.175376	4009	1	18	nj51-10	1944	山东
4010	Polyline	4016	4017	2776.259145	4010	2	18	nj51-10	1944	山东
4011	Polyline	4015	4016	1572.608717	4011	1	18	nj51-10	1944	山东
4012	Polyline	4018	3970	10168.611863	4012	1	18	nj51-10	1944	山东
4013	Polyline	4017	4013	3780.499515	4013	1	18	nj51-10	1944	山东
4014	Polyline	4014	4011	3506.958629	4014	1	18	nj51-10	1944	山东
4015	Polyline	4019	4020	353.717401	4015	2	18	nj51-10	1944	山东
4016	Polyline	4021	4018	2530.262801	4016	1	18	nj51-10	1944	山东
4017	Polyline	4022	4023	1274.37417	4017	1	18	nj51-9	1944	山东
4018	Polyline	4008	4019	4178.860024	4018	2	18	nj51-10	1944	山东
4019	Polyline	4010	4023	5713.429768	4019	1	18	nj51-9	1944	山东
4020	Polyline	4020	4024	2087.220864	4020	2	15	nj51-10	1944	山东
4021	Polyline	4024	4025	459.135328	4021	1	18	nj51-10	1944	山东
4022	Polyline	4026	4012	2830.328378	4022	2	18	nj51-9	1944	山东
4023	Polyline	3987	4027	9676.666245	4023	2	18	nj51-9	1944	山东
4024	Polyline	4028	4026	181.763828	4024	2	18	nj51-9	1944	山东
4025	Polyline	4021	4029	1512.456238	4025	1	12	nj51-10	1944	山东
4026	Polyline	4030	4028	242.811735	4026	1	18	nj51-9	1944	山东
4027	Polyline	4031	4025	1662.499985	4027	1	18	nj51-10	1944	山东
4028	Polyline	4032	4030	202.093521	4028	1	18	nj51-9	1944	山东
4029	Polyline	4002	4033	5774.650654	4029	2	18	nj51-9	1944	山东

4033　(0 out of 4656 Selected)

sl1940 arc

(a)

Table

sl2020 arc

FID	Shape	FNODE#	TNODE#	LENGTH	SL2020-ID	影像行列号	影像日期	岸线类型	利用方式	省份
7759	Polyline	7725	7726	1360.145664	7759	120036	20200323	5	11	江苏
7760	Polyline	7727	7725	61.874598	7760	120036	20200323	5	11	江苏
7761	Polyline	7728	7725	2196.900523	7761	120036	20200323	0	12	江苏
7762	Polyline	7729	7724	1696.965759	7762	120036	20200323	0	14	江苏
7763	Polyline	7730	7727	910.229839	7763	120036	20200323	5	11	江苏
7764	Polyline	7731	7729	735.435079	7764	120036	20200323	0	16	江苏
7765	Polyline	7732	7731	681.750043	7765	120036	20200323	0	14	江苏
7766	Polyline	7733	7732	1606.292256	7766	120036	20200323	3	14	江苏
7767	Polyline	7734	7728	2860.223415	7767	120036	20200323	0	13	江苏
7768	Polyline	7734	7730	1754.30697	7768	120036	20200323	5	11	江苏
7769	Polyline	7735	7733	106.07218	7769	120036	20200323	0	18	江苏
7770	Polyline	7735	7736	591.511546	7770	120036	20200323	0	18	江苏
7771	Polyline	7737	7736	1552.892791	7771	120036	20200323	0	18	江苏
7772	Polyline	7738	7737	2047.239312	7772	120036	20200323	3	16	江苏
7773	Polyline	7738	7734	2315.046678	7773	120036	20200323	5	11	江苏
7774	Polyline	7739	7738	1047.324944	7774	120036	20200323	3	16	江苏
7775	Polyline	7740	7739	750.583186	7775	120036	20200323	3	18	江苏
7776	Polyline	7741	7742	1079.800982	7776	120036	20200323	0	11	山东
7777	Polyline	7743	7744	183.301155	7777	120036	20200323	3	14	山东
7778	Polyline	7741	7745	1740.253005	7778	120036	20200323	0	13	山东
7779	Polyline	7746	7743	2109.295969	7779	120036	20200323	3	16	山东
7780	Polyline	7747	7746	894.317357	7780	120036	20200323	3	16	山东
7781	Polyline	7744	7748	1170.130054	7781	120036	20200323	3	18	山东
7782	Polyline	7749	7740	1671.066629	7782	120036	20200323	3	16	江苏
7783	Polyline	7750	7741	1617.739999	7783	120036	20200323	0	13	山东
7784	Polyline	7751	7749	249.220213	7784	120036	20200323	3	16	江苏
7785	Polyline	7748	7752	539.940348	7785	120036	20200323	3	18	山东
7786	Polyline	7753	7754	230.326628	7786	120036	20200323	3	18	山东

1　(0 out of 12344 Selected)

sl2020 arc

(b)

图 4.6　大陆海岸线 GIS 数据的属性表

(a)为 1940s 初期岸线属性表；(b)为 2020 年岸线属性表

数值允许数据生产者或管理者修改；②岸线类型、利用方式、地图分幅、时间、省份 5 个字段是数据生产者定义和添加的字段，分别记录海岸线每一个岸段的底质物质组成特征分类信息、人为开发利用类型信息、岸段提取所使用的地图分幅编号信息、岸段提取源数据的时间信息(测绘时间)、岸段所在的行政区信息，每一条记录这 5 个字段的值也都需要数据生产者手工录入和修改。

1990 年、2000 年、2010 年、2015 年和 2020 年海岸线数据以 Landsat 系列卫星影像为数据源进行提取，其属性表结构基本相同。如图 4.6(b)所示，以 2020 年大陆海岸线 Coverage 数据线要素属性表为例，与 1940s 初期大陆海岸线 Coverage 数据线要素属性表相比，差别主要在于“地图分幅”对应于“影像行列号”以及“时间”对应于“影像日期”。

大陆海岸线数据属性表的相关项定义如表 4.2 所示。

表 4.2　大陆海岸线数据属性表的项定义

项名称	项宽度-输出宽度-项类型	小数位数	项用途
Length	4-12-F(双精度浮点型)	3	岸段长度，记录岸段的长度信息
Cover-ID①	4-5-B(二进制整数)	—	岸段的编码值(标识码)
岸线类型	4-5-B(二进制整数)	—	按照岸段底质物质组成特征进行的分类
利用方式	4-5-B(二进制整数)	—	按照岸段人为开发利用特征进行的分类
地图分幅	50-50-C(字符型)	—	记录岸段信息提取所依据的地图分幅编号
时间	50-50-C(字符型)	—	记录岸段信息提取所依据的地图资料测绘年份
影像行列号	50-50-C(字符型)	—	记录岸段信息提取所依据的卫星影像的行列号
影像日期	50-50-C(字符型)	—	记录岸段信息提取所依据的卫星影像的成像日期
省份	50-50-C(字符型)	—	记录岸段所归属的省级行政区的名称

4.4.2　海岸线图形数据制图标准

分形特征是海岸线的重要特征，海岸线信息提取过程中对海陆分界线进行目视解译和手工数字化，需要最大限度地保证同一时相的不同空间区域之间，以及不同时相的相同空间区域之间所获取的线要素空间数据在制图标准(制图精度)方面的一致性。经过大量的观察和实验，针对不同时期不同空间精度的源数据，分别从屏幕比例尺控制和鼠标采点密度控制 2 个方面协调大陆海岸线时空数据集在线要素空间数据制图标准方面的一致性。

① Cover-ID 对应图 4.6 中的 SL1940-ID 和 SL2020-ID 两个字段。

屏幕比例尺控制的作用在于尽量平衡屏幕视域范围和手工鼠标采点之间的协调。屏幕视域范围过大或者过小，均不利于海岸线位置和类型的快速准确判断，如果频繁放大和缩小屏幕显示的比例尺，虽然能够在较大范围视域和较小范围细节之间切换，但对于数据解译的速度影响太大，也不利于数据生产者脑部思维和手部行为的连贯性。因此，针对于某一精度水平(地图的比例尺，或卫星影像的分辨率)的源数据，通过观察和实验，选定某一固定的屏幕显示比例尺，能够最大限度地保证手部数字化采点实地密度的相对均匀，对于多时相海岸线数据，相对一致的数字化采点实地密度即意味着多时相海岸线数据空间精度的一致性。

1940s 初期大陆海岸线信息提取的源数据空间精度略低，为 1∶250000 比例尺地图资料；1960s 初期大陆海岸线信息提取的源数据包括 1∶50000、1∶100000 比例尺地图资料以及 60 m 分辨率卫星影像；1990 年、2000 年、2010 年、2015 年、2020 年大陆海岸线信息提取的源数据空间精度完全一致，均为 30 m 分辨率卫星影像。综合分析上述源数据的精度水平和类型特征，设计大陆海岸线数据生产的工作流程和制图标准。

1. 工作流程

中国大陆海岸线时空数据集的建立过程包括 2 个阶段。

第一阶段，首先进行 2010 年大陆海岸线数据的生产，在此基础上，采取“回溯历史”的思路，对照 2000 年 Landsat 卫星影像，判断海岸线位置和开发利用类型发生变化的区域，通过修改 2010 年的大陆海岸线数据，“反向更新”获得 2000 年大陆海岸线数据；依次类推，获得 1990 年、1960s 初期和 1940s 初期的海岸线数据。该阶段的工作于 2011～2014 年间完成。

第二阶段，基于 2010 年大陆海岸线数据，对照 2015 年 Landsat 8 OLI 卫星影像更新获得 2015 年大陆海岸线数据，进而对照 2020 年 Landsat 8 OLI 卫星影像更新获得 2020 年大陆海岸线数据。该阶段的工作于 2019～2020 年间完成。

2. 制图标准

采取人工目视判读和手工数字化(即目视解译)的技术途径建立中国大陆海岸线时空数据集。各个时相大陆海岸线数据的制图标准主要考虑垂直于海岸线方向的空间位置精度控制和沿着海岸线方向岸段采集过程的基本上图单元 2 个方面；针对于垂向的空间位置精度控制，需要区分大陆海岸线信息提取所用的源数据是卫星影像还是地图资料，分别有不同的计算方法确定可以接受的误差的阈值，具体内容将在后续章节详细介绍。在此，仅针对沿着海岸线方向岸段的基本上图单元问题进行较为详细的介绍，具体如下。

基于地图制图的技术与规范以及遥感信息的相关理论和知识，可以判断 1960s 初期以来各个时相源数据信息的精度水平均能够有效支持高于 100 m 精度水平的海岸线信息提取，所以，针对 1960s 初期、1990 年、2000 年、2010 年、2015 年和 2020 年 6 个时相，将海岸线信息提取的控制精度设定为约 100 m 水平。

针对 1990 年、2000 年、2010 年、2015 年和 2020 年的海岸线数据生产，按照 Landsat TM/ETM+/OLI 卫星影像约 3 个像元(约 100 m)的间距沿着海岸线进行鼠标采点，对于海岸线走向比较曲折和复杂的海岸带区域，应额外增加海岸线重要拐点位置坐标点的采集，以充分保证海岸带地貌特征的真实性和准确性。通过实验和观察，在鼠标采点过程中，将 ArcMap 软件的屏幕显示比例设定在 1∶10000 比例尺较为适宜。

针对 1960s 初期，通过修改 1990 年的海岸线数据，进行“回溯历史”和反推，从而获得 1960s 初期的海岸线数据。当源数据为 1∶50000 比例尺地图资料时，按照地图比例尺进行计算，将鼠标采集线要素信息的最小上图单元设定为纸质图上约 2 mm，对应的实地距离为约 100 m；通过实验和观察，在鼠标采点过程中，将 ArcMap 软件的屏幕显示比例设定在 1∶10000 较为适宜。当源数据为 1∶100000 比例尺地图资料时，按照地图比例尺进行计算，应该将鼠标采集线要素信息的最小上图单元设定为纸质图上约 1 mm，对应的实地距离为约 100 m，通过实验和观察，在鼠标采点过程中，将 ArcMap 软件的屏幕显示比例设定在 1∶20000 较为适宜。当源数据为 Landsat MSS 卫星影像时，将鼠标采集线要素信息的最小上图单元设定为 1～2 个像元；通过实验和观察，在鼠标采点过程中，将 ArcMap 软件的屏幕显示比例设定在 1∶20000 较为适宜。

对于 1940s 初期，源数据的空间精度大约可以支持 125 m 精度水平海岸线信息的提取(基于地图资料用鼠标采集线要素信息，最密集的采点可采集到纸质图上 0.5 mm 的岸段，折算为实地距离为 125 m)，明显逊于其他时相所设定的约 100 m 精度水平的目标，为此，仍然采取“回溯历史”的思路和途径，判断 1940s 初期至 1960s 初期大陆海岸线发生变化的区域，通过修改 1960s 初期的大陆海岸线数据反推出 1940s 初期的大陆海岸线数据。通过实验和观察，在鼠标采点过程中，将 ArcMap 软件的屏幕显示比例设定在 1∶40000 较为适宜。这种技术措施能够在最大限度内保持 1940s 初期海岸线数据与其他时相海岸线数据在空间精度方面的吻合度。

4.4.3 海岸线数据的投影坐标系

大陆海岸线数据选用的投影坐标系为 Krasovsky_1940_Albers(阿尔伯斯投影，又称为正轴等面积割圆锥投影)，是我国较大空间范围(尤其是全国范围)中、小比例尺制图的主要投影类型，具体参数如下。

投影：ALBERS(阿尔伯斯等积圆锥投影)

椭球体：KRASOVSKY(克拉索夫斯基椭球)

单位：m

Z 单位：无

X 偏移：0.0

Y 偏移：0.0

投影参数：

25　0　0.0 /*　第一标准纬线/（°N）

47　0　0.0 /*　第二标准纬线/（°N）

105　0　0.0 /*　中央经线/（°E）

0　0　0.0 /*　起始原点的纬度/（°）

0.0 /*　东伪偏移/m

0.0 /*　北伪偏移/m

4.4.4　海岸线数据的元数据信息

元数据是关于(或描述)数据的数据。其作用在于描述数据的内容、质量、精度、获取方式、表达方式、管理方式等方面的特征和信息。其目的包括：帮助数据生产者有效管理和维护数据；帮助用户了解数据、查询检索数据，以便针对数据是否能满足要求以及如何使用做出正确判断；建立起数据生产者和潜在用户之间的桥梁，从而促进数据的共享以及数据价值的提升。遥感和地理信息系统领域的数据多数都是比较复杂的空间数据，在数据生产方法、数据时空属性、数据类型、数据模型、数据管理和使用等方面都表现出显著的复杂性，因而空间数据元数据信息至关重要。

从大陆海岸线数据集的时空特征、属性特征及其生产、管理和使用全过程的特征出发，确定其元数据信息及记录格式如表 4.3 所示。

表 4.3　大陆海岸线数据元数据记录格式

序号	属性信息名称	数据类型	长度	定义或说明
1	数据集名称	字符型	50	数据集的中文名称
2	数据文件名	字符型	50	所包含的数据的文件名
3	存储位置	字符型	50	电子载体名称、编号、文件目录等
4	时效性	字符型	50	记录数据集、数据文件的时效性，对应于源数据的时效性
5	地理区域	字符型	50	描述数据对应或覆盖的空间范围

续表

序号	属性信息名称	数据类型	长度	定义或说明
6	数据量	字符型	50	记录数据集、数据文件的数据量
7	记录总数	长整型	5	属性表的记录总数
8	数据格式	字符型	50	记录数据集、数据文件的数据格式
9	数据生产方式	字符型	50	简要描述数据的生产方式、方法
10	投影坐标系	字符型	50	记录数据所使用的投影坐标系名称
11	数据质量评价	字符型	50	简要描述数据质量控制措施和精度评价结果
12	数据生产者	字符型	50	数据生产单位、人员(电话、邮箱)
13	开始日期	日期型	—	YYYYMMDD样式的日期，记录数据集生产过程开始的日期
14	结束日期	日期型	—	YYYYMMDD样式的日期，记录数据集生产过程结束的日期
15	知识产权	字符型	50	数据集知识产权归属
16	备注	字符型	255	其他需要记录的信息

4.5 本章小结

本章详细介绍了遥感和GIS技术支持下20世纪40年代初以来多时期中国大陆海岸线分类提取的技术方法，具体包括：

(1)总结国内外在海岸线定义、指示岸线及其分类方面的新近研究成果，在此基础上，选择“大潮高潮线”作为本书的指示岸线，并提出本书所采用的海岸线分类体系，即，将大陆海岸线按照自然状态与人为利用方式进行分类，一级类型包括自然岸线和人工岸线2类，进而，将自然岸线分为基岩岸线、砂砾质岸线、淤泥质岸线、生物岸线4个类型，将人工岸线分为丁坝突堤岸线、港口码头岸线、围垦(中)岸线、养殖岸线、盐田岸线、交通岸线、防潮堤岸线7个类型，合计包括11个类型。

(2)介绍对海岸线提取所使用的多源地图资料和卫星影像等类型数据进行的预处理，主要包括：Landsat系列传感器卫星影像的数据融合和图像增强，以及地图资料的扫描与几何配准等。其中，在卫星影像波段合成方面，Landsat TM/ETM+影像主要按照4-3-2、5-4-3或4-5-3波段合成显示，Landsat OLI影像则主要按照5-4-3、6-5-2或5-6-4波段合成显示；在图像增强方面主要使用了若干种对比度增强的方法。

(3)详细介绍了大陆海岸线分类提取的标准规范，包括：基于时间序列Landsat卫星影像数据提取各种类型自然岸线和人工岸线的技术规范，以及河口区域和陆连岛区域岸线提取的技术规范；基于地图资料提取海岸线以及判断海岸线类型的技术规范；以及大陆海岸线南、北 2 个端点的确定方法。

(4) 详细介绍了大陆海岸线时空数据模型，包括：海岸线 GIS 矢量数据 (Shapefile 和 Coverage) 模型及其属性表结构，海岸线图形数据制图标准以及各个时相数据制图过程中的控制措施，海岸线 GIS 数据使用的投影坐标系，海岸线数据的元数据信息。

参考文献

高燕, 周成虎, 苏奋振, 等. 2014. 基于多特征的人工海岸线提取方法. 测绘工程, 23(5): 1-5.

贾建军, 蔡廷禄, 刘毅飞, 等. 2019. 考虑人类活动的海岸线分类体系——近期浙江省海岸线调查的实践与思考. 海洋科学, 43(10): 13-23.

刘百桥, 孟伟庆, 赵建华, 等. 2015. 中国大陆 1990～2013 年海岸线资源开发利用特征变化.自然资源学报, 30(12): 2033-2044.

刘林, 吴桑云, 王文海, 等. 2008. 海岸线数据共享分类编码与数据结构. 海洋测绘, (2): 64-67.

刘善伟, 张杰, 马毅, 等. 2011. 遥感与 DEM 相结合的海岸线高精度提取方法. 遥感技术与应用, 26(5): 613-618.

楼东, 刘亚军, 朱兵见. 2012. 浙江海岸线的时空变动特征、功能分类及治理措施. 海洋开发与管理, 29(3): 11-16, 48.

孙伟富, 马毅, 张杰, 等. 2011. 不同类型海岸线遥感解译标志建立和提取方法研究. 测绘通报, (3): 41-44.

索安宁, 曹可, 马红伟, 等. 2015. 海岸线分类体系探讨. 地理科学, 35(7): 933-937.

吴春生, 黄翀, 刘高焕, 等. 2015. 基于遥感的环渤海地区海岸线变化及驱动力分析. 海洋开发与管理, 32(5): 30-36.

伍光和, 田连恕, 胡双熙, 等. 2003. 自然地理学(第三版). 北京：高等教育出版社.

姚晓静, 高义, 杜云艳, 等. 2013. 基于遥感技术的近 30a 海南岛海岸线时空变化. 自然资源学报, 28(1): 114-125.

于彩霞, 王家耀, 许军, 等. 2014. 海岸线提取技术研究进展. 测绘科学技术学报, 31 (3): 305-309.

张旭凯, 张霞, 杨邦会, 等. 2013. 结合海岸类型和潮位校正的海岸线遥感提取. 国土资源遥感, 25(4): 91-97.

张云, 吴彤, 张建丽, 等. 2018. 基于海域使用综合管理的海岸线划定与分类探讨. 海洋开发与管理, 35(9): 12-16.

赵英时, 等. 2013. 遥感应用分析原理与方法. 北京：科学出版社.

Boak E H, Turner I L. 2005. Shoreline definition and detection:A review. Journal of Coastal Research, 21(4): 688-703.

Dolan R, Hayden B P, May P, et al. 1980. The reliability of shoreline change measurements from aerial photographs. Shore and Beach, 48(4): 22-29.

第5章 中国大陆海岸线提取结果精度评估

海岸线变化监测、演变过程与机理研究起始于20世纪70年代，进入21世纪之后迎来迅速发展的阶段，相关研究成果呈现出爆发式的增长，目前已经成为国内外科学研究的热点和前沿问题之一。但是，纵览相关的研究工作，可以发现一个被普遍忽视或者说至少是有很大改进和提升空间的工作，即，大量研究并未对海岸线数据质量和精度进行严肃的分析和评估。

导致这一不足的原因主要包括：①研究对象的复杂性，包括海岸线的分形特征、海岸线类型的多样性、海岸线空间位置的动态性以及时空演变的复杂性和非线性特征等；②海岸线测量与海岸线变化研究方法和技术手段的局限性，例如，现场测量技术方法的局限性和不确定性，海岸线制图技术方法的局限性，历史地图(及海图)中海岸线的定义、测绘和制图的标准规范以及制图比例尺等的差异，海岸线分布位置验证样本采集困难(尤其是历史时期的验证样本极为稀缺)等；③海岸线信息采集过程中受到人为主观因素的影响，表现在，历史时期地图和海图中的海岸线信息受到当时测绘人员、制图人员主观因素的影响，以及当前基于日益多源和丰富的卫星影像判断和提取海岸线位置的过程中亦受到工作人员主观因素的显著影响。

尽管如此，仍有一些研究工作对海岸线信息的质量和精度问题做了一定的探索，并提出了很具建设性的思路方法，可归纳为两大类：①采集验证样本信息，视为“真值”，将其与被验证数据进行对比分析，应用统计方法对海岸线数据的精度特征进行定量评估；②系统分析海岸线数据的误差项，对所有的误差项进行单项量化，在此基础上进行综合评估，获得综合误差，该方法被称为“多误差综合法”。总的来说，两类方法的原理存在根本性的差异，决定了相互之间并不具有较强的可比性，当针对较大时空尺度的海岸线变化特征进行研究时，两类方法都难以独立满足研究的需求。

本书针对中国大陆海岸线自1940s初以来约80年的时间尺度，具有空间尺度大、时间范围长、时间断面多、源数据类型多样且复杂等特征，因此，本章旨在发展较大时空尺度海岸线数据精度特征量化评估的方法，并对 1940s 初以来各个时相海岸线数据的误差来源和精度特征进行系统分析和评估，为后续的海岸线时空演变特征系统研究奠定基础。

5.1　多时相大陆海岸线提取结果精度评估的方法

如前所述，本研究工作所建立的 1940s～2020 年的多时相中国大陆海岸线数据存在如下突出特征：①空间尺度大，是完整的中国大陆海岸线，海岸带地貌类型及特征复杂，海岸线类型多样、总长度较为可观；②多时相大陆海岸线信息提取的源数据类型多样，空间精度不同，多种比例尺的地图资料以及 30 m 空间分辨率的卫星影像，意味着海岸线“量测”的基本长度单位存在较大的差异。这些特征决定了海岸线精度分析常见的两类方法都难以独立满足本研究工作的需求，如何在空间维度(视角)有效地反映海岸线“量测”基本长度单位对测量结果的影响从而达到在时间维度(视角)将各个时相海岸线数据精度有效地联系起来，即，能够实现不同时相海岸线数据精度特征的“对比分析”？这是需要解决的重要问题。为此，将上述的两类方法加以融合和改进，发展出多时相中国大陆海岸线精度评估的方法。

5.1.1　基于多源数据提取大陆海岸线的误差来源分析

大陆海岸线提取结果的精度受到数据源、岸线定义、岸线提取方法与规范、野外现场测量方法与规范、多源数据集成与分析环境等众多因素的影响。

数据源导致的误差。基于遥感影像提取海岸线，误差主要来源于卫星传感器、遥感图像处理和解译过程等，具体包括卫星影像空间分辨率、几何校正和辐射畸变以及数据处理流程等导致的误差。地形图资料中的误差，包括地形图原始测绘信息中的误差，地形图因潮湿、折叠、蛀虫等所造成的变形误差和信息损失，地形图比例尺所决定的精度水平等。

海岸线定义与判断标准差异导致的误差。野外现场考察和测量过程中采用的海岸线的定义、位置判断规则与基于不同空间分辨率遥感影像提取海岸线过程中所遵循的技术规范不匹配、“观测”的空间尺度存在较大差异而引起误差。地图资料中的海岸线信息与现场观测信息相比亦存在空间尺度差异、时间不匹配等方面因素的影响。

海岸线提取方法、规范与技术过程导致的误差。在卫星影像或地形图等资料上判读和提取海岸线的过程中，因工作人员知识背景、工作经验和技术水平等的差异所造成的误差；野外现场测量过程中，海岸线的位置并非是清晰和明确的，人为判断也会出现误差；使用 GPS 接收机测量时，受到卫星数量、现场地形、天气、操作人员等因素的影响，采点精度存在差异或者不稳定等。

多源异构数据集成与融合过程、软件平台及算法等带来的误差。包括数据模型、数据存储格式、空间数据投影坐标系、高程基准、空间比例尺、进位计数制、计量量纲等方面存在差异，在集成与融合过程中涉及或需要基于多种软件平台及算法等，这些也都是误差产生、传递和放大的重要影响因素。

5.1.2 大陆海岸线精度评估的需求分析与基本思路

需要对 1940s 初、1960s 初、1990 年、2000 年、2010 年、2015 年和 2020 年共 7 个时相中国大陆海岸线提取结果的精度特征进行定量评估，得到能够反映各个时相海岸线精度特征(误差水平)的量化指标，这是基于多时相大陆海岸线提取结果分析其时空动态变化等方面特征的前提和基础，例如，在分析一定时段内的海岸线变化速率时，需要基于海岸线空间位置的误差值计算海岸线变化速率的误差水平(Crowell et al.，1993；Frazer et al.，2009；Romine et al.，2009)等。同时，考虑到不同时期海岸线提取的源数据存在较大的差异，尤其是反映空间精度的制图比例尺或卫星影像分辨率不尽相同，需要评估海岸线“量测”基本长度单位的影像特征。统一两个方面的需求，可以概括为“计算不同时期中国大陆海岸线提取结果的误差水平，并判断误差水平是否处于可接受的范围之内”。

为此，确定多时相中国大陆海岸线提取结果精度评估的基本思路如下：①收集和获取验证样本数据，作为“真值”，通过统计方法，量化评估各个时相大陆海岸线的实际误差水平；②从各个时相海岸线提取的源数据类型与特征以及提取过程的技术方法出发，借鉴“多误差综合法”的原理和计算方法，计算各个时相海岸线提取结果误差水平可能的最大值，将其称为理论最大允许误差；③将表征实际误差水平的统计量与表征误差水平可能的最大值的“理论最大允许误差”进行比较，以前者不超过后者作为判断单一时相海岸线提取结果是否处于可接受范围的判断标准。

5.1.3 多时相大陆海岸线数据实际误差的计算方法

采用直接对比法计算实际误差。最常见的方法是“控制点对法”，通过选择海岸线位置长期不变、稳定性较强的点为控制点，例如，基岩岸线、防潮堤、道路岸线、河口处河闸等，计算影像或地图上此类特征点与其实地对应位置 GPS 测量值之间的距离。在验证样点尺度，各个点对的距离即反映提取结果的精度特征，距离越大，则精度越低，反之则越高；在一定面积的海岸带空间区域，对应较长的海岸线，则利用大量点对间距离的平均值(Tanaka et al.，2006)、均方根误差①等统计量评价海岸线的精度特征。

为了避免在遥感影像或地图上寻找和确认与野外实测点相对应的位置(同名点)而导致的主观判断误差，采用如下的改良方式计算实际误差值：①野外考察和测量的过程中，既测量现代海岸线的位置，也测量过去时期海岸线的位置(部分区域有多种形式的辨识标志)，以及测量长期稳定的海岸线位置，获取足够数量的实测数据，满足多时相海岸线精度评估对验证样本数据量的要求；②对全部实测点进行必要的分选，从而为各个时相分别建立精度评估的实测点集合，即验证样本数据，选择标准是排除实际已经发生了海岸线位置变化的实测点；③针对某一时相，计算 GPS 实测的验证样本数据与基于地图或卫星影像所提取的海岸线之间的最小距离，并定义为实际误差(d_i)，得到一个距离值数据序列，用该序列的平均值(η)、总体标准差(σ)反映海岸线提取结果误差水平的平均特征，并计算所有误差值平方和的平均值的二次方根，对应等精度测量中的均方根误差(Re)，该值对测量中的较大及较小误差均比较敏感，能够较好地反映海岸线提取结果的总体精度特征。具体公式如下：

$$\eta = \frac{\sum_{i=1}^{n} d_i}{n} \tag{5.1}$$

$$\sigma = \sqrt{\frac{\sum_{i=1}^{n} (d_i - \eta)^2}{n}} \tag{5.2}$$

$$\mathrm{Re} = \sqrt{\frac{\sum_{i}^{n} d_i^2}{n}} \tag{5.3}$$

式中，d_i 为实际误差值；η 为样本平均误差；σ为误差值的样本标准差；n 为样本数量。

针对上述方法中的第一个环节，如果工作人员在海岸线遥感提取方面的经验足够丰富、技术足够熟练，但是不具备野外考察和实地测量的条件，在这种情况下，也可以基于更高空间分辨率的卫星影像，如 Google Earth 影像，判断海岸线的位置，采集样点数据，以其作为海岸线精度评估的验证样本数据。

5.1.4　大陆海岸线数据理论最大允许误差的计算方法及结果

“多误差综合法”能够反映海岸线提取过程中所有的潜在误差项对提取结果的

① Thieler E R, O'connell J F, Schupp C A. 2001. The Massachusetts shoreline change project: 1800s to 1994 technical report.

综合影响，例如，卫星影像分辨率或地图比例尺的影响、影像或地图配准以及几何校正所包含的误差、影像信息判读误差、数字化仪器设备的误差等，通常计算这些误差项平方之和的平方根来衡量海岸线提取的可能误差(Genz et al.，2007；Eulie et al.，2013；Crowell et al.，1991)，例如，当考虑 5 个方面影响因素时的计算公式如下：

$$U = \sqrt{{E_r}^2 + {E_d}^2 + {E_p}^2 + {E_{td}}^2 + {E_s}^2} \tag{5.4}$$

式中，U 表示综合误差，E_r 为校正误差，E_d 为数字化误差，E_p 为像元误差，E_{td} 为潮差误差，E_s 为季节误差。具体计算时，可视具体情况添加、删除或替换某些误差项。

多误差综合法的特点是考虑的误差项越多则计算结果越大，反映的是采用一定的技术方案提取海岸线时潜在的最大误差，因此，可以借鉴该方法的基本思想，提出并计算海岸线数据的理论最大允许误差，将其作为海岸线位置误差水平分析时的阈值。

另外，考虑到研究工作的实际特征，在建立 1940s 以来多时相的大陆海岸线数据过程中，误差项主要是多类型、不同空间精度水平的数据源所导致，而这些误差项(数据源)在空间分布方面一般是不重叠的，以 1960s 时相海岸线数据为例，其误差项(数据源)包括 1∶50000 地图、1∶100000 地图和 60m 分辨率卫星影像，这些误差项(数据源)有其独立的空间分布范围，因此，如果按照式(5.4)计算，会导致 3 个误差项在所有的岸段上累加和均匀分布，这显然会严重夸大误差水平，与实际并不相符。

为此，有必要对式(5.4)加以改进，改进的思路包括：

(1) 鉴于“多误差综合法”考虑的误差项越多则计算结果越大而且多种误差项实际上难以量化计算的基本特点，采取“简单但却严格”的标准要求，即，仅选取影像分辨率或地图比例尺这一最主要的误差项来计算综合误差，作为海岸线位置误差水平分析时的参考阈值，由此，式(5.4)被简化为如下公式：

$$U = E_{Ds} \tag{5.5}$$

式中，U 表示综合误差，E_{Ds} 为数据源误差项，即，地图比例尺或遥感影像空间分辨率所导致的误差。

(2) 如果单一时相海岸线数据制备使用了多源、多种精度水平的数据源，鉴于“误差项(数据源)”在空间上的不重叠特征，采取对多个“误差项(数据源)”取最大值或主要误差项的技术措施，回避由于人为的多误差项空间叠加而导致的误差水平被虚夸问题。

综上所述，①将 1940s 初海岸线数据 U 值简化为计算 1∶250000 比例尺地图提取线要素信息时的误差水平；②将 1960s 初海岸线数据 U 值简化为计算基于 1∶50000 比例尺地图、1∶100000 比例尺地图和 60 m 分辨率卫星影像提取线要素信息时的综合误差，由于 3 种数据源空间上不重叠，可以进一步简化为取其中的最大值，或者选择其中比较重要的误差项(数据源)来计算综合误差；③将 1990 年、2000 年、2010 年、2015 年和 2020 年的海岸线数据 U 值简化为计算 30 m 空间分辨率卫星影像提取线要素信息时的误差水平。

基于这些简化措施，将理论最大允许误差的计算转变为地图资料制图比例尺或者卫星影像空间分辨率所决定的线要素信息提取结果误差水平的分析和计算。具体计算方法如下。

1. 基于地图资料提取海岸线的理论最大允许误差

按照地图学的基本原理和技术方法进行分析，基于地图或海图资料提取海岸线、低潮线、等高线、等深线、湖库岸线、河网水系、交通道路等类型的线要素信息，如果忽略地图媒介(如纸张、绢帛等)扭曲变形等因素对局部区域造成的影响，则提取结果的误差水平主要受到地图或海图制图比例尺的影响。Crowell 等(1991)详述了海岸线变化研究中的误差与制图精度问题，在讨论基于地图资料提取海岸线时，采用美国国家海洋和大气管理局在第 49 号摄影测量与制图指南中所提出的标准规范，即海岸线定位误差不超过地图资料上 0.5 mm 地图单位的范围，据此估算不同比例尺地图或海图中误差最大允许值所对应的实地距离为 0.5 mm 与地图比例尺的商，具体而言，地图或海图比例尺为 1∶10000、1∶50000、1∶100000、1∶250000、1∶500000 等，则误差应该分别低于 5 m、25 m、50 m、125 m 和 250 m 等。我国在地形图编绘、地图数字化等方面制定的国家标准或行业标准，如，GB/T 17157—1997《1∶25000、1∶50000、1∶100000 地形图航空摄影测量数字化测图规范》等，普遍以 0.3 mm 地图单位作为管线、道路等线要素信息的控制标准，据此计算海岸线提取的精度要求，则地图或海图比例尺为 1∶25000、1∶50000、1∶100000、1∶250000 时对应的误差阈值应该分别为 7.5 m、15 m、30 m 和 75 m。

2. 基于遥感影像提取海岸线的理论最大允许误差

基于卫星影像提取海岸线等各种类型的线要素信息，提取结果的误差特征涉及图像信息学方面的问题。高山(2010a，2010b)的研究表明，基于卫星影像提取线要素地物的不确定性 P 与卫星影像空间分辨率 a 之间存在密切的关系，基本符合如下公式：

$$P = \frac{2\sqrt{2}}{3} \times a \tag{5.6}$$

据此计算，30 m 分辨率卫星影像线要素信息提取的最大允许误差约为 28.28 m，而基于 60 m 分辨率的卫星影像提取则为 56.57 m。

3. 各时相海岸线数据理论最大允许误差计算结果

综上所述，计算各个时相中国大陆海岸线提取结果对应的理论最大允许误差，分别如下：

(1) 基于 1∶250000 比例尺的地图资料提取 1940s 初的海岸线，提取结果的理论最大允许误差计算过程仅考虑地图比例尺单一误差项，计算结果为 125 m 或 75 m（分别对应地图资料中线要素信息提取时精度按照 0.5 mm 或 0.3 mm 地图单位来控制，以下相同）。

(2) 综合应用 1∶50000 和 1∶100000 地图资料以及少量的 60m 分辨率 Landsat MSS 卫星影像提取 1960s 初的海岸线数据，提取结果的理论最大允许误差计算过程需要考虑 3 个误差项，具体为 1∶50000 地图的误差（E_5 = 25 m 或 15 m）、1∶100000 地图的误差（E_{10} = 50 m 或 30 m）和 60 m 分辨率遥感影像的误差（E_{60}= 56.57 m）。如果按照式(5.4)进行计算，综合 3 个误差项，得到的阈值为 79.53 m（或 65.77 m）；如果采用更严格的判断标准，可以取 3 个误差项中的最大值作为误差控制阈值，即 56.57 m；另外，如果考虑到 3 种数据源中 1∶50000 和 1∶100000 的地图资料均大量使用而 60 m 分辨率卫星影像则使用极少，也可以仅将 E_5 和 E_{10} 两个误差项按照式(5.4)进行计算，得到的阈值为 55.90 m（或 33.54 m）。

(3) 基于 30 m 分辨率卫星影像提取 1990 年、2000 年、2010 年、2015 年和 2020 年 5 个时期的海岸线，提取结果的理论最大允许误差计算过程仅考虑影像分辨率单一误差项，按照式(5.6)进行计算，所得结果为 28.28 m。

5.2 海岸线的野外科学考察与测量

针对中国大陆海岸带开展野外科学考察，重点针对大陆海岸线的分布、类型、自然地理特征以及开发利用特征等进行调查，设置一定数量且空间分布相对均匀的野外考察点，测量考察点附近海岸线（大潮高潮线）的地理坐标，记录海岸线的类型和稳定性等方面特征。早期阶段针对山东、辽宁等海岸带区域的野外考察与海岸线坐标测量主要辅助于建立大陆海岸线遥感判断和解译的技术方法和规范；在此基础上，完成覆盖整个中国海岸带的野外考察，获取大量的海岸线位置实测数据，以及野外现场多方面属性特征的文字描述信息及照片资料，以满足按照 5.1

节中所确定的原则和方法评估大陆海岸线遥感提取或地图解译结果的精度水平的要求。

5.2.1　野外科学考察使用的主要设备

1. 多种型号的 GPS 接收机

大陆海岸线野外勘察和坐标测量主要用到两个型号的 GPS 接收机：Trimble Juno SB 和 Trimble GEO Explorer 6000 系列，两款 GPS 接收机的外观如图 5.1 所示。

1) Trimble Juno SB

Windows Mobile 6.1 操作系统，533 MHz 的三星处理器，128 MB 随机内存，内置 GPS/SBAS 接收机和天线，首次定位时间 30 s，更新率 1 Hz，后处理码差分精度 2～5 m，实时差分(SBAS)精度 2～5 m；具有 3.5 英寸大屏幕显示，支持 MicroSD(MicroSDHC 兼容)内存卡，内置 2600mAh 锂电池。

2) Trimble GEO Explorer 6000 XT

Windows Mobile 6.5 操作系统，TI OMAP 3503 处理器，256 MB 随机内存，首次定位时间 45 s，更新率 1Hz；配备 220 通道的 GNSS 接收机，能跟踪 GPS 和 GLONASS 卫星，通过 SBAS 广域差分接收机实时提交亚米级精度数据，也可通过后处理提交 50 cm 精度的数据，采用 Floodlight 卫星阴影消除技术，提高了阴影区的数据采集精度；具有 4.2 英寸超大屏幕显示，内置 500 万像素数码相机，能够拍摄高质量的图像，支持外部 SD 卡扩展，配备超大容量可充电锂电池。

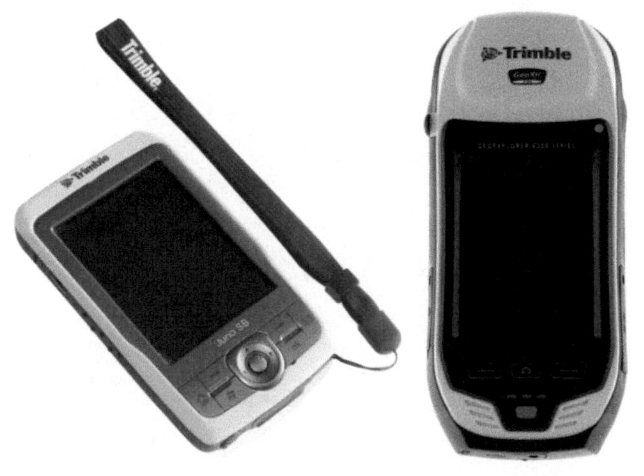

(a) Trimble Juno SB　　(b) Trimble GEO Explorer 6000 XT

图 5.1　大陆海岸线考察所使用的 GPS 接收机

两款 GPS 接收机，Trimble GEO Explorer 6000 XT 的数据采集精度更优，因此，野外考察与海岸线坐标测量以该款 GPS 接收机为主，Trimble Juno SB 则作为备用。野外进行坐标测量时，严格按照 GPS 接收机的使用指南和注意事项，在海岸线所在位置等待至少 60 s，至卫星数量（至少 4 颗星）及经纬度数据输出精度稳定后，确认采集和存储所在测量点的坐标。

2. 多种型号的数码照相机

野外考察过程主要使用了 3 款性能各异的数码照相机，包括：Canon EOS 5D Mark Ⅱ全画幅相机、SONY DSC-W210 卡片机、FUJIFILM FinePix JX405 卡片机。其中，Canon EOS 5D Mark Ⅱ属于高端单反全画幅数码相机，兼容佳能 EF 系列镜头，能够获取到较高质量的图像，体积和重量均较大，对使用者的摄影技术和技巧有一定的要求，将其作为野外考察过程的主要相机；SONY DSC-W210 卡片机和 FUJIFILM FinePix JX405 卡片机均属于便携式数码相机，体积和重量均很小，操作方便，但图像质量不高，故将其作为野外考察的辅助相机。对 Canon EOS 5D Mark Ⅱ相机[①]及配备的镜头作简要介绍，具体如下：

Canon EOS 5D Mark Ⅱ相机发布于 2008 年 9 月，属全手动操作高端全画幅数码单反相机（图 5.2）。传感器类型为 CMOS，尺寸为 36×24 mm，具除尘功能；有效像素达到 2110 万像素，影像处理系统为 DIGIC 4，照片最大分辨率可达 5616×3744 像素，可设置中等分辨率（4080×2720 像素，约 1100 万像素）和小分辨率（2784×1856 像素，约 520 万像素）。支持视频拍摄，视频拍摄帧数（fps）为 30 帧/s，视频分辨率为 640×480 像素或 1920×1080 像素。

图 5.2　大陆海岸线考察所使用的数码相机

① 佳能（中国）有限公司 https://www.canon.com.cn/product/5dmk2/.

相机的对焦方式包括 4 种：自动对焦、手动对焦、9 点人工智能自动对焦、人工智能伺服自动对焦；对焦系统为 9 个自动对焦点和 6 个辅助自动对焦点，可进行自动对焦微调。液晶屏的尺寸为 3.0 英寸，92 万像素，TFT 液晶屏，视野率达 98%，7 级亮度调节。取景器为眼平五棱镜光学取景器。

相机的曝光模式包括 6 种，分别是：全自动曝光、程序自动曝光(P)、光圈优先曝光(A)、手动曝光(M)、快门优先(S)、B 门曝光；ISO 感光度包括 12 种：自动、手动、50、100、200、400、800、1600、3200、6400、12800、25600；白平衡模式包括：自动、晴天(日光)、阴天、白炽灯、荧光灯、自定义，色温设置(2500～10000K)，具备白平衡矫正和白平衡包围曝光功能，支持色温信息传输。

电子快门，快门速度包括 1/8000～30 s、B 门(全快门速度范围，可用范围随拍摄模式各异)、闪光同步速度 1/200 s 3 种模式。相机支持镜头防抖和遥控功能；支持连拍功能，连拍速度可以达到 3.9 张/s；支持自拍功能，2 s 或 10 s 延时；支持外接闪光灯(EX 系列闪光灯)。

存储介质为 CF 卡、CF Ⅱ卡及 UMDA；数据接口包括 USB 2.0 接口、MIC 输入端子、扩充系统端子、遥控端子；视频/音频接口包括 AV 输出接口、HDMI 输出接口、S 端子接口；电池类型为 LP-E6 专用可充电锂电池，电池容量 1800mAh，电池电压 7.2V。

配备标准变焦镜头、中长焦镜头和广角镜头各 1 个，能够满足大多数场景的拍摄需求，分别如下①：

(1)标准变焦镜头，佳能 EF 24～105mm f/4L IS USM 镜头，如图 5.2 所配镜头，为 135 mm 全画幅单反镜头，由 13 组 18 片[1 片超级超低色散(超级 UD)镜片和 3 片非球面镜片]透镜组成，伸缩式变焦方式，滤镜尺寸为 77 mm，最大光圈为 F4.0，最小光圈为 F22，焦距范围 24～105 mm，最近对焦距离 0.45 m，具有 3 级 IS 手持防抖性能。

(2)中长焦镜头，佳能 EF 70～200mm f/2.8L USM 镜头，为 135 mm 全画幅中长焦镜头，镜头焦距 70～200 mm，镜头结构包括 15 组 18 片透镜，最大光圈为 F2.8，最近对焦距离约为 1.5 m，驱动系统为环形 USM 超声波马达，滤镜尺寸为 77 mm，光学防抖。

(3)广角镜头，佳能 EF 16～35mm f/2.8L Ⅱ USM 镜头，为 135 mm 全画幅(超)广角镜头，单反变焦镜头，伸缩式变焦，镜头结构包括 12 组 16 片透镜；视角范围方面，水平为 98°～54°，垂直为 74°10'～38°，对角线为 108°10'～63°；

① 佳能(中国)有限公司 https://www.canon.com.cn/product/ef24105f4l/，https://www.canon.com.cn/product/ef70200f28l/index.html，https://www.canon.com.cn/product/ef1635f28lii/.

最大光圈为F2.8，最小光圈为F22，焦距范围16～35 mm，最近对焦距离0.28 m；驱动系统为环形USM超声波马达，滤镜的尺寸为82 mm。

5.2.2 野外科学考察的过程及总行程

于2011年11月至2014年9月期间，针对中国大陆海岸带及海南岛的海岸线共开展了11次野外科学考察(表5.1)，实地考察行程累计约1.8万km(不包含考察开始前与结束后的长距离往返差旅行程)，考察区域由北至南覆盖辽宁、河北、天津、山东、江苏、上海、浙江、福建、广东、广西和海南11个省(区、市)的海岸带。其中，大陆海岸带区域的考察行程超过1.63万km，获取578个GPS实测数据点，海南岛的考察行程约1700 km，获取45个GPS实测数据点，大陆海岸带及海南岛海岸带合计获得623个岸线位置测量点，考察密度约为平均29 km行程设置一个测量点(或每100 km考察行程有3.46个测量点)。野外现场的GPS实测数据点大多数属于现代海岸线位置，或者是长期稳定的海岸线位置，也有少量实测点代表以往时期的海岸线分布位置(图5.3)。

表5.1 海岸线野外科学考察与测量的时间及区域

年份	第次	日期（月. 日）	考察区域
2011	1	11.14～11.18	山东烟台－莱州－东营的海岸线
	2	12.24～12.25	山东威海－烟台的海岸线
2012	3	5.6～5.9	山东日照－青岛的海岸线
	4	10.5～10.14	辽宁丹东－大连－葫芦岛的海岸线
	5	11.4～11.10	河北秦皇岛－黄骅及天津的海岸线
2013	6	6.13～6.19	江苏省的海岸线
	7	7.27～8.9	上海、广东及广西的海岸线
	8	9.22～10.3	浙江、福建的海岸线
	9	10.22～10.24	山东青岛、威海的海岸线
	10	10.28～10.30	山东东营的海岸线
2014	11	8.30～9.3	海南岛的海岸线

野外考察过程中，针对每个现场考察点进行编号，记录隶属的行政区、考察次数和日期、经纬度坐标，详细记录考察点的地貌类型和地形特征、潮间带特征、湿地植被分布情况、海滩冲淤动态等自然地理特征以及土地利用、海域使用、围填海、岸线开发利用、产业发展等人类活动特征，拍摄现场照片共约7000幅。

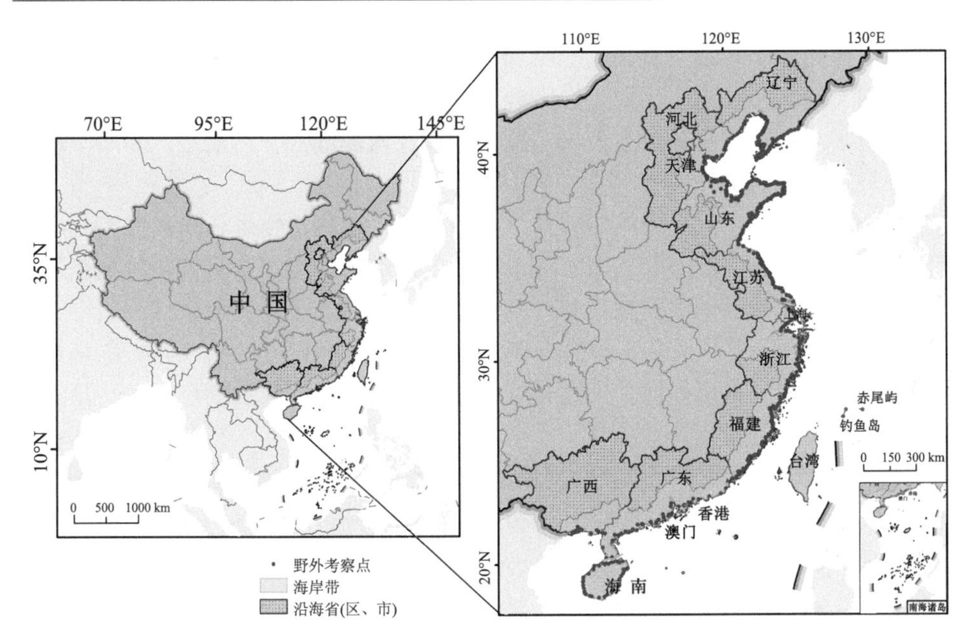

图 5.3　中国大陆及海南岛海岸线野外考察及测量点空间分布

5.2.3　野外现场海岸线位置判断标准

在海岸线野外科学考察和位置测量的过程中，准确判断海岸线的分布位置对于整个研究工作初期阶段海岸线遥感信息提取技术规范的建立以及后续过程对所获得的多时相海岸线遥感提取结果进行精度评估均至关重要。为此，综合分析和借鉴前人的研究成果(庄振业等，2008；夏东兴等，2009；孙伟富等，2011)，按照“大潮高潮线”的海岸线定义和标准，确定野外现场不同类型海岸线分布位置判断的标准和依据，具体如下：

基岩海岸——多发育于隆起带的大陆边缘，如辽东半岛、山东半岛、浙东—桂南隆起段等区域，基岩海岸在我国广泛分布。受海陆长期作用的影响，基岩海岸多被塑造出海蚀崖、海蚀阶地等地貌形态，且在潮间带有大粒径砾石分布，海蚀崖底部是基岩岸线位置所在。野外现场海蚀崖底部的可达性经常较差，可在海蚀崖顶部设置坐标测量点。

砂砾质海岸——多发育在上游与下游落差较大的入海河口的两翼，以及基岩岬角之间的海湾顶部。无陡崖砂砾质海岸在现代滩脊的顶部向海一侧设置测量点，或在碎屑、贝壳碎片和杂物等分布的痕迹线处设置测量点；有陡崖的砂砾质海岸则在崖下滩与崖的交接线处设置测量点。

淤泥质海岸——主要由潮汐作用形成，受上冲流的影响显著，滩面坡度平缓，

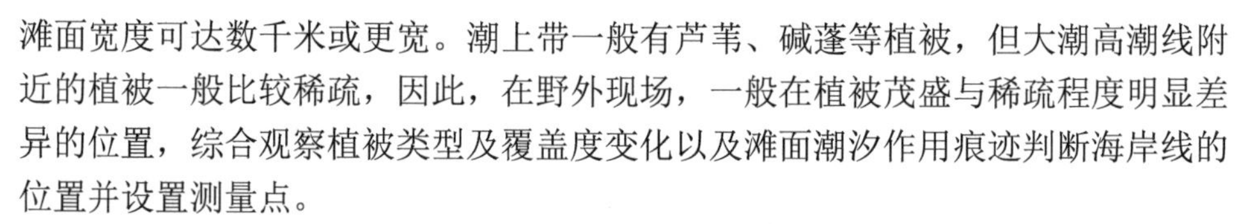

滩面宽度可达数千米或更宽。潮上带一般有芦苇、碱蓬等植被，但大潮高潮线附近的植被一般比较稀疏，因此，在野外现场，一般在植被茂盛与稀疏程度明显差异的位置，综合观察植被类型及覆盖度变化以及滩面潮汐作用痕迹判断海岸线的位置并设置测量点。

生物海岸——一般是指红树林及芦苇等植物，这些植物生长在潮滩上或海岸带的沼泽区域，在大潮时会被海水淹没，因此，红树林或芦苇等植被斑块在陆地一侧的内边界即为高潮线位置，野外判断时，在此边界上设置测量点。

人工岸线——丁坝突堤在向海一侧的端点处设置测量点，港口码头、围垦(中)岸线、养殖岸线、盐田岸线、交通岸线和防潮堤等人工构筑物则在向海一侧的水陆分界线处设置测量点。

河口岸线——有防潮闸的入海河流的河口优先选择防潮闸处测点，无防潮闸河口则在最接近海水区域的桥梁处测点。在既没有防潮闸也没有桥梁的河流河口区域，选择沿河固定人工建筑物，如港口、码头、交通岸线、防潮堤等位置设置测量点。

5.2.4 海岸线现场测量数据规范化整编

通过海岸线野外考察、GPS 坐标测量、现场照片拍摄以及多方面特征文字描述和记录，建立海岸线野外考察信息基础数据集，对历次考察所获取的信息进行必要的集成和整编，形成规范化的海岸线野外调查和实测数据集，其属性表如表 5.2 所示。

表 5.2 海岸线野外科学考察与测量的时间及区域

Id	点号	地点	考察日期	点属性
…	…	…	…	…
259	07两广17	广西防城港市港口区光坡镇新兴村火筒径组	20130801	闸桥头测点，靠陆侧虾养殖。桥本身非岸线但桥头点为岸线点
260	07两广18	广西防城港龙门港镇火筒径	20130801	交通护堤边测点，向陆侧有养殖
261	07两广19	广西防城港市防城区茅岭镇茅岭村	20130801	桥头测点，植被茂盛，有高架桥
262	07两广20	广西防城港市防城区茅岭镇茅岭村	20130801	桥头测点，水很浑，桥另一头河边有护堤，桥向陆侧有采沙活动，有渔船
263	07两广21	广西钦州市金鼓江大桥	20130801	桥向海侧端点测点，向海侧有采沙船和沙堆，向陆侧有运输阀
264	07两广22	广西钦州市金鼓江大桥	20130801	桥向海侧另一端点测点，向海侧有采沙船和沙堆，向陆侧有运输阀
265	07两广23	广西钦州市鹿耳环江大桥	20130801	桥端测点，水面有网养，岸边有坑养

续表

Id	点号	地点	考察日期	点属性
266	07 两广 24	广西钦州市浦北县岭底村	20130801	有渔船，砂质海岸，沙滩较窄，沙滩后为小土丘，植被茂盛
267	07 两广 25	广西北海铁山港	20130801	散石头护堤，堤下有红树林，水浸红树林，附近有一石头突堤和大片养殖池，附近岸段为石砌护堤
268	07 两广 26	广西北海市铁山港区芋头塘	20130801	桥头测点，桥下有围填荒滩和养殖
269	07 两广 27	广东湛江廉江市车板镇	20130802	石头堤，堤面为土面。护堤上测点，护堤向海侧为大片红树林，向陆侧为大片养殖，附近有废弃晒盐池。海面上有出露浅滩
270	07 两广 28	广东湛江廉江市营仔镇	20130802	小河岸边人工休闲园测点，渔船，公路桥
271	07 两广 29	广东湛江市麻章区湖光镇	20130802	公路桥，桥较低，两边都是海水，公路堤下有植被，有渔船，垃圾较多
272	07 两广 30	广东湛江雷州市企水镇	20130802	码头，水泥护堤上测点，有渔船
273	07 两广 31	广东湛江雷州市企水镇	20130802	码头，水泥护堤上测点，有渔船，护堤拐角测点，100 m 外有红树林，只露树干
274	07 两广 32	广东湛江徐闻县海安港	20130803	水泥护堤，测点离护堤约 10 m，有码头。雷州半岛左端
275	07 两广 33	广东湛江徐闻县角尾乡西坡村	20130803	杂物贝壳线上测点,10 m 外向陆侧有稀疏草本植物。沙滩上有珊瑚,200 m 外有晒盐池
…	…	…	…	…

注：20130801、20130802、20130803 分别表示 2013 年 8 月 1 日、2013 年 8 月 2 日、2013 年 8 月 3 日，附表同。

5.3　大陆海岸线位置精度评估结果

5.3.1　各个时相海岸线的验证样本集筛选

利用大陆海岸带野外科学考察过程中获得的 578 个海岸线位置 GPS 实测数据建立 1940s 初、1960s 初、1990 年、2000 年、2010 年、2015 年和 2020 年七个时相中国大陆海岸线提取结果的位置精度验证样本数据集。由于 GPS 实测数据的获取时间为 2011 年 11 月至 2013 年 10 月，在此之前以及自此之后，大陆海岸线都在不断地发生着位置方面的变化，因此，需要对 578 个实测数据进行筛选，从中挑选出各个时相可供利用的测量点。筛选的标准，如前所述，为海岸线位置长期不变、稳定性较强的点。经过筛选，得到各个时相的验证样本集，统计其数量，如图 5.4 所示，距离野外考察和实测时间(2011 年 11 月至 2013 年 10 月)越近的时相(2010 年和 2015 年)，海岸线发生的变化较为轻微，可供利用的验证样本数量越多，反之，距离的时间越长久(如 1940s 初和 1960s 初)，则海岸线发生的变化越显著，可供利用的验证样本数量越少。

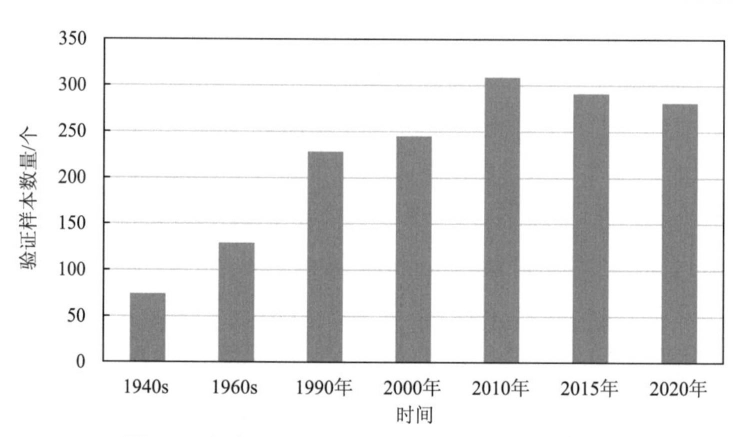

图 5.4　各个时相海岸线位置精度验证样本的数量

5.3.2　各个时相海岸线位置精度评估结果

在 GCS_Krasovsky_1940 椭球体、Albers 等积割圆锥投影坐标系下，针对每个时相的大陆海岸线空间数据，按照前述的方法，在 ArcGIS 软件中进行计算，得到验证样本数据点距离线状海岸线数据的最小距离数据序列(表 5.3)，对这一数据序列进行统计，得到能够衡量各个时相海岸线总体精度的 3 个基本统计量，将其与理论最大允许误差进行对比，如表 5.4 所示，结果表明：

(1)各个时相的理论最大允许误差：1940s 时相数值最大，这是因数据源制图比例尺相对较低所致；1960s 时相由于数据源组成比较复杂、单一误差项的裁定标准可宽可严(0.5 mm 或 0.3 mm 地图单位)，以及综合误差的计算方式可能因严格程度(取舍标准)不同而导致计算结果浮动范围较大(介于 33.54～79.53m 之间)；1990 年之后各个时相因数据源类型及空间分辨率一致，计算所得的阈值完全相同。

(2)采取“简单但却严格”的标准要求，即，仅以最主要的误差项计算理论最大允许误差(减少误差项数则所得阈值的数值偏小)，或选择更严格的地图数据源单一误差项计算标准(0.3 mm 地图单位是更严格的单一误差项的控制标准)，七个时相的海岸线提取结果的平均值、标准偏差和均方根误差 3 个统计量均明显小于理论最大允许误差，表明各个时相海岸线提取的技术方案可行，提取结果的精度均较优。

(3)1940s、1960s 两个时相海岸线的位置精度相对较低，表明早期地形图提取海岸线的精度总体上低于 20 世纪 90 年代以来基于遥感影像提取的结果，可能的原因在于测图及印刷的时间较为久远，当时的技术水平仍然较低，以及采用的岸线的定义和标准可能存在时空差异性等。

(4) 1960s 时相海岸线的位置精度是各个时相中最低的，但仍然达到了由数据源所决定的精度要求(3 个统计量均远远小于最严格等级所对应的阈值)，究其原因，不同类型数据源之间成图比例尺、测量与成图时间、投影与坐标系、测量与制图技术等方面存在的差异，以及地图图幅较多、时间跨度大、几何纠正难度大等因素是比较重要的原因。

(5) 基于 Landsat 系列传感器遥感影像提取的五个时相海岸线的位置精度明显优于基于地图资料提取的结果，精度水平从大到小排列，依次为：2015 年>2020 年>2010 年>2000 年>1990 年，整体趋势为较新时相的海岸线数据位置精度高于较早时相的。

表 5.3　验证样本数据点与线状海岸线的最小距离数据序列(以 2020 年为例)

Id	点号	地点	考察日期	点线距离/m
…	…	…	…	…
7	辽宁 07	辽宁大连海岸游园	20121005	2.49
8	辽宁 08	辽宁大连旅顺口区 大连医科大学	20121005	10.72
11	辽宁 11	辽宁大连沙河口区黑石礁	20121005	16.86
13	辽宁 13	辽宁大连金州区南坨子	20121006	11.56
19	辽宁 19	辽宁大连金州区柳家河大桥	20121006	32.57
27	辽宁 27	辽宁大连庄河市张虾网大桥	20121006	5.06
28	辽宁 28	辽宁大连庄河市昌盛街道半拉山—庄河东	20121006	7.42
29	辽宁 29	辽宁大连庄河市大南岛	20121006	32.51
30	辽宁 30	辽宁大连庄河市黑岛镇	20121006	1.19
31	辽宁 31	辽宁大连庄河市栗子房镇南尖村	20121007	25.31
32	辽宁 32	辽宁丹东东港市菩萨庙镇	20121007	25.50
33	辽宁 33	辽宁丹东鸭绿江口国家级自然保护区	20121007	34.42
35	辽宁 35	辽宁丹东东港市黄土坎镇大洋河口东岸	20121007	38.01
36	辽宁 36	辽宁丹东东港市大鹿岛港	20121007	3.94
37	辽宁 37	辽宁丹东东港市北井子镇	20121007	15.52
45	辽宁 45	辽宁锦州凌海市建业乡四沟村	20121008	16.83
49	辽宁 49	辽宁锦州市太和区青沟湾	20121008	17.98
50	辽宁 50	辽宁葫芦岛市绥中县二河口村	20121009	38.62
54	辽宁 54	辽宁葫芦岛市绥中县前所镇碧海蓝天旅游度假村	20121009	11.64
57	辽宁 57	辽宁葫芦岛兴城市龙泉寺村	20121010	2.02
58	辽宁 58	辽宁葫芦岛兴城市台里村	20121010	5.77
59	辽宁 59	辽宁葫芦岛兴城市曹庄镇临海工业园	20121010	30.29
62	辽宁 62	辽宁葫芦岛市龙港区	20121010	17.68
63	辽宁 63	辽宁葫芦岛市连山区三义庙村	20121010	25.84
64	辽宁 64	辽宁葫芦岛连山区塔山乡	20121010	15.99

续表

Id	点号	地点	考察日期	点线距离/m
67	辽宁 67	辽宁盘锦市大洼县二界沟镇海兴村	20121011	3.61
70	辽宁 70	辽河口大桥	20121011	8.17
72	辽宁 72	辽宁营口市西市区四道沟	20121011	15.44
75	辽宁 75	辽宁营口盖州市西海村	20121011	35.77
…	…	…	…	…

表 5.4　各时相岸线提取结果的实际误差

时相	控制点个数	平均值/m	标准偏差/ m	均方根误差/ m	理论最大允许误差（误差阈值）/ m
1940s	74	19.38	16.26	25.23	125.00（或 75.00）*
1960s	129	22.68	16.51	28.01	55.90/56.57/79.53（或 33.54/56.57/65.77）**
1990 年	228	17.79	15.32	23.46	28.28
2000 年	245	16.67	14.61	22.15	28.28
2010 年	309	15.00	12.51	19.52	28.28
2015 年	291	14.12	10.94	17.85	28.28
2020 年	281	14.28	11.04	18.04	28.28

* 1940s 时相的 125.00 和 75.00 分别对应基于地图资料提取（数字化）线要素信息时的误差阈值为 0.5 mm 和 0.3 mm 的地图单位。

**1960s 时相是 1: 50000 地图（E_5）、1: 100000 地图（E_{10}）两个误差项按照不同的精度控制标准分别计算单一误差项，进而与 60 m 分辨率卫星影像（E_{60}）误差项组合，三个误差项按照不同的组合（取舍）分别计算而得到不同的理论最大允许误差。如果 E_5 和 E_{10} 都采用 0.5 mm 地图单位的线要素数字化精度控制标准，则 55.90 是对 E_5 和 E_{10} 两个主要误差项进行综合所得，56.57 是在 E_5、E_{10} 和 E_{60} 三个误差项中取最大值，79.53 是对三个误差项进行综合；如果 E_5 和 E_{10} 都采用 0.3 mm 地图单位的线要素数字化精度控制标准，则 E_5 和 E_{10} 两个主要误差项综合计算而得到 33.54，在 E_5、E_{10} 和 E_{60} 三个误差项中取最大值仍为 56.57，对三个误差项进行综合而得到 65.77。理论上，进行综合误差分析和计算的具体要求（取舍标准）可能会有所差异，选择 6 个数值中的任何一个作为判断海岸线位置误差是否符合要求的阈值均有其合理性，所选取的阈值数值越小，则对海岸线数据精度的要求越高。

5.4 本 章 小 结

本章详细介绍了 1940s 初以来多时期中国大陆海岸线提取结果精度评估的方法和结果，具体如下：

(1) 基于误差分析的基本理论和方法，分析多时期中国大陆海岸线提取的误差来源，主要包括 4 个来源，分别是：数据源导致的误差，海岸线定义与判断标准差异导致的误差，海岸线提取方法、规范与技术过程导致的误差，多源异构数据集成与融合、软件平台及算法等带来的误差。在四个误差来源中，后面三种类型是可控的，控制措施主要包括强化理论知识、积累实践经验和提升技术水平等，但是由数据源导致的误差则难以控制，因此是本研究最主要的误差来源。

(2) 总结海岸线精度评估的现有方法，主要包括验证样本定量评估法、多误差综合法 2 类方法，但这 2 类方法相互之间并不具有可比性，也都难以独立满足本研究的需求。为此，确定将 2 类方法相结合的海岸线精度评估方法，即，首先从野外测量的海岸线位置数据中选取验证样本，定量评估基于地图和遥感影像所得的各个时相海岸线数据的实际误差；同时，利用多误差综合法计算各个时相海岸线数据的理论最大允许误差，将其作为阈值，评估各个时期海岸线提取结果的精度是否“达标”。

(3) 通过野外科学考察，实地测量而获取大量的海岸线位置数据，这是计算海岸线提取结果实际误差的前提。介绍了野外科学考察所使用的主要设备(GPS 接收机和照相机)、野外科学考察的过程和行程、野外测量过程中的海岸线位置判断标准、野外实测点空间分布特征、野外测量数据规范化整编等方面的技术规范或细节特征。

(4) 基于上述方法以及野外测量的海岸线位置数据，评估基于地图和遥感影像所提取的各个时期中国大陆海岸线数据的精度(误差)特征，采取“简单但却严格”的标准要求，即，仅以最主要的误差项计算理论最大允许误差，或者选择更严格的地图数据源单一误差项的控制标准，结果表明：七个时相的海岸线提取结果的平均值、标准偏差和均方根误差 3 个统计量均明显小于理论最大允许误差，各个时相海岸线提取的技术方案可行，提取结果的精度均较优。

参考文献

高山. 2010a. 铁路工程地质遥感图像解译质量分析. 铁道工程学报, (8): 25-28.

高山. 2010b. 铁路工程地质遥感调查中的图像解译质量分析. 铁道勘察, (3): 24-27

孙伟富, 马毅, 张杰, 等. 2011. 不同类型海岸线遥感解译标志建立和提取方法研究. 测绘通报, (3): 41-44.

夏东兴, 段焱, 吴桑云. 2009. 现代海岸线划定方法研究. 海洋学研究, 27: 28-33

庄振业, 刘冬雁, 刘承德, 等. 2008. 海岸带地貌调查与制图. 海洋地质动态, 24(9): 25-32.

Crowell M, Leatherman S P, Buckley M K. 1991. Historical shoreline Change: error analysis and mapping accuracy. Journal of coastal research, 7(3): 839-852.

Crowell M, Leatherman S P, Buckley M K. 1993. Shoreline change rate analysis: long term versus short term data. Shore and Beach, 61(2): 13-20.

Eulie D O, Walsh J P, Corbett D R. 2013. High-resolution analysis of shoreline change and application of balloon-based aerial photography, Albemarle-Pamlico Estuarine System, North Carolina, USA. Limnology and Oceanography: Methods, 11: 151-160.

Frazer L N, Genz A S, Fletcher C H. 2009. Toward Parsimony in Shoreline Change Prediction (I): Basis Function Methods. Journal of Coastal Research, 25(2): 366-379.

Genz S A, Fletcher C H, Dunn R A, et al. 2007. The predictive accuracy of shoreline change rate methods and alongshore beach variation on Maui, Hawaii. Journal of Coastal Research, 23(1): 87-105.

Romine B M, Fletcher C H, Frazer L N, et al. 2009. Historical Shoreline Change, Southeast Oahu, Hawaii; Applying Polynomial Models to Calculate Shoreline Change Rates. Journal of Coastal Research, 25(6): 1236-1253.

Tanaka H, Takahashi G, Matsutomi H, et al. 2006. Application of old maps for studying long-term shoreline change. Coastal Engineering, 5: 4022-4034.

第 6 章 中国大陆海岸线长度与结构的格局与过程

长度是海岸线这一特殊地理要素最基本的属性特征之一，因此，海岸线的长度测算一直是海岸带资源环境等领域基础调查和科学研究的基础性工作之一。此外，根据海岸线的自然属性特征和被人类开发利用的情况特征，可以将其分为不同的类型，因此，在长度量算的基础上，统计分析某一区域不同类型海岸线的长度及其结构特征，将能有助于了解海岸线的资源特征、开发利用状态及经济社会属性特征，对于海岸线资源保护和海岸带经济社会可持续发展等具有重要的指导意义。

例如，自然岸线保有率非常高的岸段说明海岸未受人类活动影响或是受人类活动的影响比较微弱，海岸带自然的属性和功能保存较好；人工岸线占比非常高的岸段说明海岸带受到的人类开发利用较为剧烈，原始的自然环境与生态系统已被损坏或替换而消失殆尽，海岸带的经济社会属性较为突出；而在分布有多种类型海岸线的岸段，通过各类型海岸线的长度及比例信息，可以反映出该区域海岸线类型及海岸生态系统类型的多样性特征，是海岸带资源禀赋的重要体现。

如第 4 章所述，将中国大陆海岸线按照自然状态与人为利用方式进行分类，一级类型包括自然岸线和人工岸线 2 类，在此基础上，将自然岸线分为基岩岸线、淤泥质岸线、砂砾质岸线和生物岸线 4 类，将人工岸线细分为丁坝突堤、港口码头、围垦(中)岸线、养殖岸线、盐田岸线、交通岸线、防潮堤 7 个类别。

本章将对 7 个时期的中国大陆海岸线空间分布与分类数据进行统计分析，从整体、海域以及省(区、市)多个层面出发，系统分析过去 80 年(1940s～2020 年)中国大陆海岸线长度与结构的格局和变化特征，深入揭示在自然与人类活动双重影响下海岸线的类型多样性、开发利用状态以及经济社会属性演变的特征和规律。

6.1 分析方法

6.1.1 分析指标选取

主要对大陆海岸线长度、分类型长度占比进行分析，同时，为了更好地呈现中国大陆近 80 年间海岸线长度的变化特征，引入海岸线变迁强度(intensity of shoreline change)指标，即计算某一空间单元某一时段内海岸线长度的年均变化百分比来指示海岸线的变迁强度(叶梦姚等，2017)，这一指标避免了研究单元之间海岸线总长度不一、监测时段时间间隔不同而造成的分析误差，能够更加客观地表征岸线长度变迁的时空差异特征，公式如下：

$$\mathrm{LCI}_{ij} = \frac{L_j - L_i}{L_i(j-i)} \times 100\% \tag{6.1}$$

式中，LCI_{ij} 表示某一研究单元内第 i 年至第 j 年间的海岸线长度变迁强度；L_i 和 L_j 分别表示第 i 年和第 j 年的海岸线长度；LCI_{ij} 为正值表示海岸线增长，LCI_{ij} 为负值表示海岸线缩短，$|\mathrm{LCI}_{ij}|$数值越大，表示海岸线变迁强度越大。

6.1.2 空间单元划分

从大陆沿海整体、分海域以及省级行政区划 3 种尺度出发，分析大陆海岸线长度与结构的格局和变化特征。其中，分海域尺度将中国沿海由北向南分为北黄海(鸭绿江口至辽宁大连老铁山西角，山东半岛蓬莱角至山东威海成山角)、渤海(辽宁大连老铁山西角至山东半岛北岸的蓬莱角)、南黄海(山东威海成山角至江苏启东嘴)、东海(长江口北角至广东与福建省交界处)和南海(广东与福建省交界处至广西北仑河口)5 个海域；省级行政区划尺度分为辽宁省、河北省、天津市、山东省、江苏省、上海市、浙江省、福建省、广东省和广西壮族自治区 10 个省(区、市)。空间单元划分如图 6.1 所示。

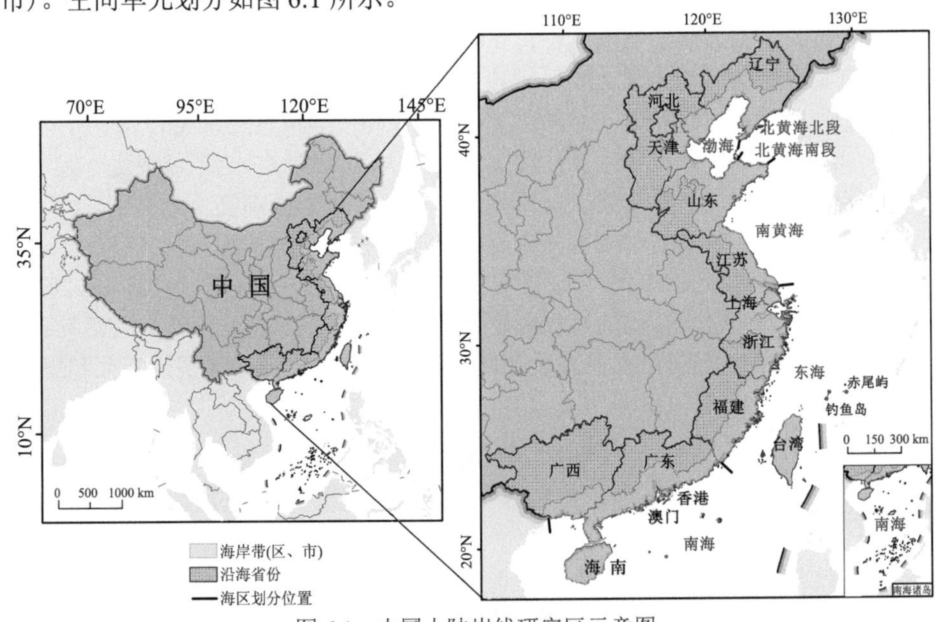

图 6.1 中国大陆岸线研究区示意图

6.2　近 80 年中国大陆海岸线长度的变化

6.2.1　中国大陆海岸线长度整体变化

统计表明，1940s、1960s、1990 年、2000 年、2010 年、2015 年和 2020 年，中国大陆海岸线的总长度分别约为 1.81 万 km、1.92 万 km、1.65 万 km、1.72 万 km、1.88 万 km、1.90 万 km 和 1.90 万 km。我国当前普遍使用的大陆海岸线长度数据为 18400.5 km，是我国于 1972 年根据当时最新的大比例尺地图资料通过多种方法量测和相互验证而得到的(马建华等，2015)，本书所得的 1940s 和 1960s 两个时相数据分别与其相差约–250 km(–1.4%)和 780 km(4.2%)；2004～2012 年间由国家海洋局组织完成的近海海洋综合调查与评价专项(简称 908 专项)公布的大陆海岸线长度为 19057 km[①]，该数据可能对应 2004～2012 年间一个具有一定跨度的时间阶段，本书所得的 2010 年和 2015 年数据与其相比时间较为接近，分别与其相差约–210 km(–1.1%)和–20 km(–0.1%)。上述对比表明，本书所得的数据与国家发布的数据之间具有较强的一致性。

1940s～2020 年中国大陆海岸线长度以及其中自然岸线与人工岸线长度的消长对比特征如图 6.2 所示。可见：自 1990 年开始，中国大陆岸线长度呈递增趋势，但在 2010 年之后趋于稳定，其中，2000～2010 年间，大陆岸线长度增长最快，

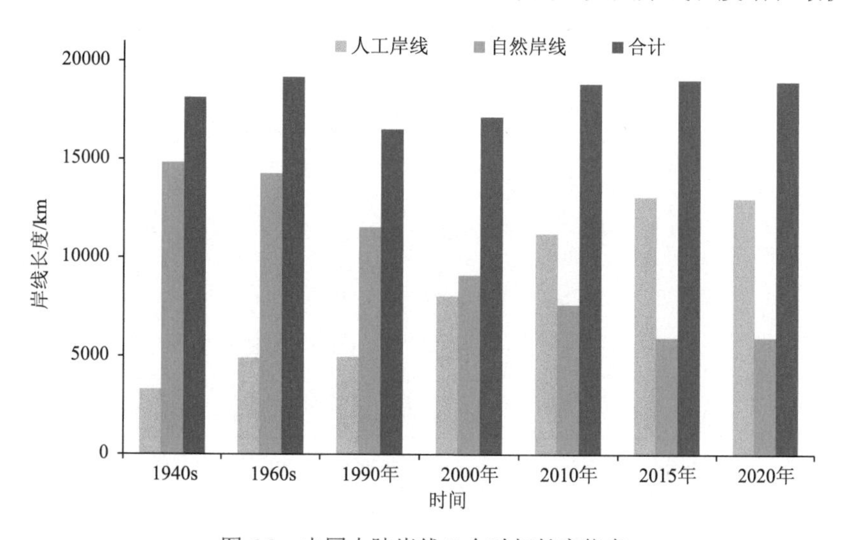

图 6.2　中国大陆岸线 7 个时相长度信息

① 中国网中国海洋 http://ocean.china.com.cn/.

10 年间增加了近 1700 km；自然岸线长度减幅最大发生在 1960s～1990 年间，10 年间减少了约 2700 km；而人工岸线长度在 1990～2000 年间和 2000～2010 年间增长均较快，涨幅都超过了 3000 km。

另外，从图 6.2 可以看出，近 80 年来，中国大陆人工岸线与自然岸线长度的消长趋势呈现为明显的“X 型”特征：自然岸线逐步减少，从 1940s 初期的 1.48 万 km 逐渐减少到 2015 年的 0.6 万 km，减少了近 9000 km(约 60%)，2020 年与 2015 年相比略有增长，涨幅不足 15 km；人工岸线逐渐增加，从 1940s 初期的 0.3 万 km 逐渐增加到 2015 年的 1.3 万 km，增加了近 1 万 km(超过 300%)，2020 年较 2015 年略有减少，减幅约 90 km。

6.2.2 中国大陆不同海域海岸线长度变化

按海域尺度，五大海域 7 个时相的大陆岸线长度和岸线变迁强度信息如图 6.3 和图 6.4 所示。

北黄海岸线长度在五大海域中占比最少，仅占 7%左右，1940s～1990 年期间，岸线长度呈递减趋势，但减幅不大，岸线变迁强度绝对值在 0.2%左右；1990～2015 年间，岸线长度呈递增趋势，其中，2010～2015 年间增长最快，岸线变迁强度达 1.46%；2015～2020 年间，岸线长度略有减少，岸线变迁强度仅为–0.17%。

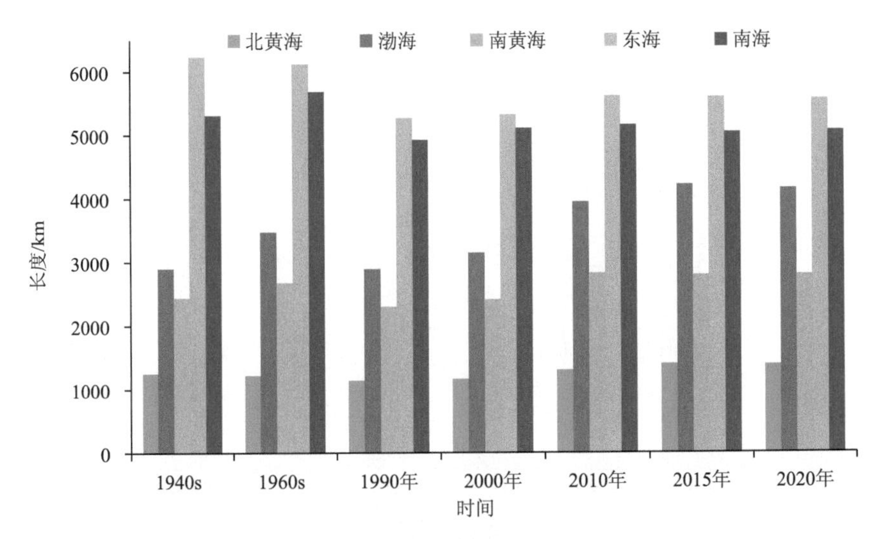

图 6.3　7 个时相五大海域岸线长度信息

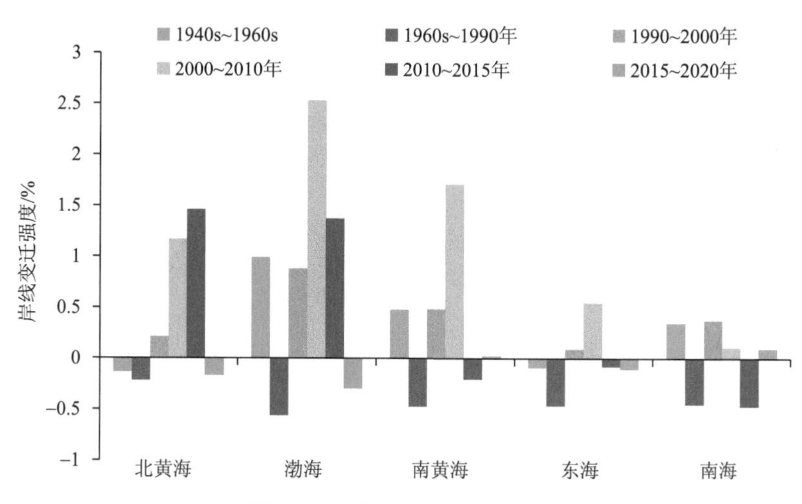

图 6.4　五大海域岸线变迁强度

渤海海域大陆岸线长度整体呈增长趋势，从 1940s 初期的 2900 km 增长到 2020 年的约 4150 km，在整个大陆岸线中的占比也相应从 16%增长到 22%，其中，在 2000～2010 年间增长最快，岸线变迁强度高达 2.53%，2010～2015 年间增长也较快，岸线变迁强度为 1.37%。

南黄海海域大陆岸线长度在整个沿海区域占比也较小，约为 15%，长度变化也是呈整体增长态势，但仅在 2000～2010 年间增长较快，岸线变迁强度为 1.71%，其他时间阶段岸线长度变化均较小，尤其是在 2010 年后，岸线长度基本维持不变。

东海海域大陆岸线长度在整个沿海区域中最长，占比 30%左右，岸线长度在 80 年间变化并不大，增长最快阶段是 2000～2010 年间，但岸线变迁强度也仅为 0.55%，其余时间阶段岸线变迁强度绝对值均小于 0.5%。

南海海域大陆岸线长度与东海海域相差不大，在整个大陆岸线中占比约 27%。南海海域岸线长度在五大海域中表现最为稳定，各个阶段的岸线变化强度绝对值均小于 0.5%，1990～2000 年间增长最快，岸线变迁强度仅为 0.38%，2010～2015 年间，岸线长度出现缩减，变迁强度为–0.47%。

整体来讲，过去 80 年来，黄海和渤海海域的大陆岸线长度是增加的，北黄海和南黄海分别增长了 130 km 和 360 km，岸线变迁强度分别为 0.13%和 0.18%，渤海海域岸线增加最多，共增长近 1300 km，岸线变迁强度为 0.54%；东海和南海海域岸线长度减少，分别减少了 670 km 和 250 km，岸线变迁强度分别为–0.13%和–0.06%。另外，2015 年后，五大海域的岸线长度均表现出趋于稳定的态势，岸线变迁强度绝对值都小于 0.3%。

6.2.3 中国大陆不同省(区、市)海岸线长度变化

按省级区划尺度，10 个省(区、市)7 个时相的岸线长度和岸线变迁强度分别如图 6.5 和图 6.6 所示。

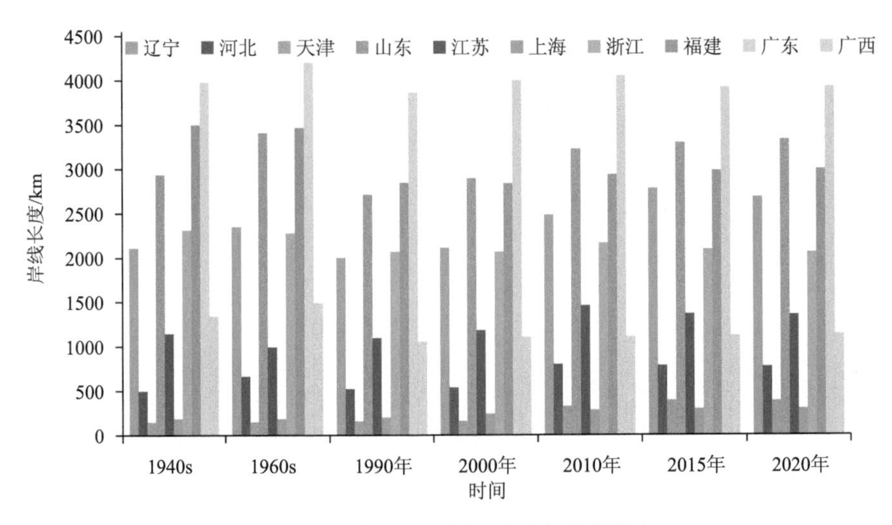

图 6.5 10 省(区、市)7 个时相岸线长度

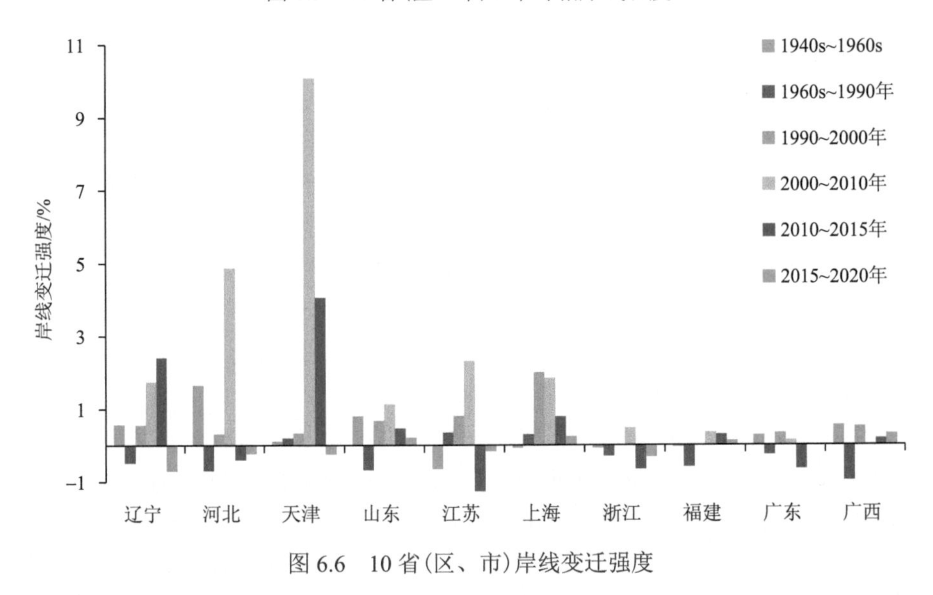

图 6.6 10 省(区、市)岸线变迁强度

辽宁省岸线长度约占整个大陆沿海岸线长度的 14%，岸线长度整体呈增长趋势，2000～2010 年间和 2010～2015 年间增长迅速，岸线变迁强度分别为 1.74%

和 2.40%，值得注意的是，2015 年后辽宁省岸线长度出现减少，减少了近 100 km，2015～2020 年间的岸线变迁强度为–0.71%。

河北省岸线长度约占整个大陆沿海岸线长度的 4%，2010 年前岸线长度整体呈增长趋势，其中，在 2000～2010 年这 10 年间，岸线增长迅速，增加了 260 余千米，岸线变迁强度达 4.87%；2010 年后，岸线长度出现减少，2020 年较 2010 年，岸线共减少约 26 km。

天津市岸线资源较少，仅占整个大陆沿海岸线的 2%，2000 年之前只占 1%。然而，天津市海岸线长度在过去 80 年间变化是最大的，截至 2015 年，岸线长度持续增长，从 1940s 初期的 146 km 增加到 2015 年的 393 km，其中，在 2000～2010 年间增长最为剧烈，岸线变迁强度高达 10.08%，2010～2015 年间增长有所放缓，但岸线变迁强度也高达近 4%。2015 年后，岸线长度出现减少，但减幅不大，岸线变迁强度为–0.33%。

山东省岸线长度约占整个大陆沿海岸线长度的 18%，除 1960s～1990 年间岸线有所缩短，其余期间则一直呈增长趋势，从 1940s 时期的 2900 km 增长到 2020 年的 3300 km，就增长态势而言，增势一直较为缓和，只有在 2000～2010 年间，岸线变迁强度超过 1%，为 1.13%。

江苏省岸线长度约占整个大陆沿海岸线长度的 7%，2010 年前，岸线整体呈增长趋势，从 1940s 初期的 1100 km 增加到 2010 年的 1400 km，同样是在 2000～2010 年间增长较快，岸线变迁强度达 2.31%，2010 年后，岸线长度逐渐减少，到 2020 年，共减少约 100 km，岸线变迁强度绝对值小于 0.5%。

上海市岸线资源同样较少，仅占整个大陆沿海岸线的 2%，岸线整体呈增长趋势，从 1940s 初期的 190 km 增长到 2020 年的 300 km，其中在 1990～2000 年和 2000～2010 年两个阶段增长较快，两个阶段均增长 40 余千米，岸线变迁强度分别为 2.00%和 1.84%。

浙江省岸线长度约占整个大陆沿海岸线长度的 11%，过去 80 年间，浙江省海岸线长度发生减少，从 1940s 初期的 2300 km 减少到 2020 年的 2000 km，各阶段的岸线变迁强度绝对值基本小于 0.5%，岸线长度相对稳定。

福建省岸线长度在过去 80 年间是减少的，占整个大陆沿海岸线长度的比例从 1940s 初期的 19%降到 2020 年的 16%，岸线长度相应从 3500 km 减少到 2020 年的 3000 km，而岸线长度缩减主要发生在 2000 年之前，从 1940s 初期的 3500 km 减少到 2000 年的 2800 km，2000 年后岸线长度开始逐渐增加，从 2800 km 增加到 2020 年的 3000 km，就岸线变迁强度而言，各个阶段的变迁强度绝对值均小于 0.4%，岸线长度也相对稳定。

广东省海岸线资源最为丰富，占整个大陆沿海岸线长度的 21%，岸线长度在过去 80 年间变化不大，2020 年较 1940s 初期，岸线共减少约 50 km，其中 1990～2000 年间，岸线增长约 130 km，2015～2010 年间，岸线长度减少了约 130 km，各个阶段的岸线变迁强度绝对值大多都在 0.5%以下，岸线长度同样比较稳定。

广西壮族自治区岸线长度约占整个大陆沿海岸线长度的 6%，在 1960s～1990 年间，岸线长度显著减少，从 1500 km 减少到 1100 km，之后岸线长度呈现缓慢的增长趋势，2020 年岸线长度为 1100 km，较 1940s 初期的 1300 km 共减少了近 200 km。岸线变迁强度除了 1960s～1990 年间为–0.97%，其余各阶段变迁强度绝对值都在 0.5%以内，岸线长度仍是比较稳定的。

整体来讲，过去 80 年间，位于长江以北的辽宁、河北、天津、山东、江苏和上海 6 省(市)的岸线长度均是增加的，且岸线变迁强度超过 1%的也均发生在这 6 省(市)，岸线长度变化较为剧烈；而位于长江以南的浙江、福建、广东和广西 4 省(区)的岸线长度是减少的，且各阶段的岸线变迁强度绝对值均小于 1%，岸线长度变化较为缓和。

6.3 近 80 年中国大陆海岸带分类型空间分布与变化

6.3.1 中国大陆海岸带不同类型空间分布与长度

中国大陆岸线北起辽宁鸭绿江口，南至广西北仑河口，根据我国沿海地质构造的沉降与隆起空间分布特征①(李从先等，2002)，大陆海岸可分为辽东半岛隆起带、辽河平原-华北平原沉降带、山东半岛隆起带、苏北-杭州湾沉降带及浙东-桂南隆起带岸线 5 个沉降与隆起相间的岸段(高义等，2011)。本节中，按照海岸带的物质组成，将中国大陆海岸带分为了基岩海岸、砂砾质海岸、淤泥质海岸和生物海岸。基于 1940s 海岸数据，统计各类海岸的长度百分比，结果如表 6.1 所示，4 类海岸的空间分布如图 6.7 所示。

表 6.1 中国大陆不同类型海岸长度比例

海岸类型	基岩海岸	砂砾质海岸	淤泥质海岸	生物海岸
长度比例/%	20.10	24.55	50.75	4.60

① 全国海岸带和海涂资源综合调查编委会. 中国海岸带和海涂资源综合调查报告. 北京, 1991.

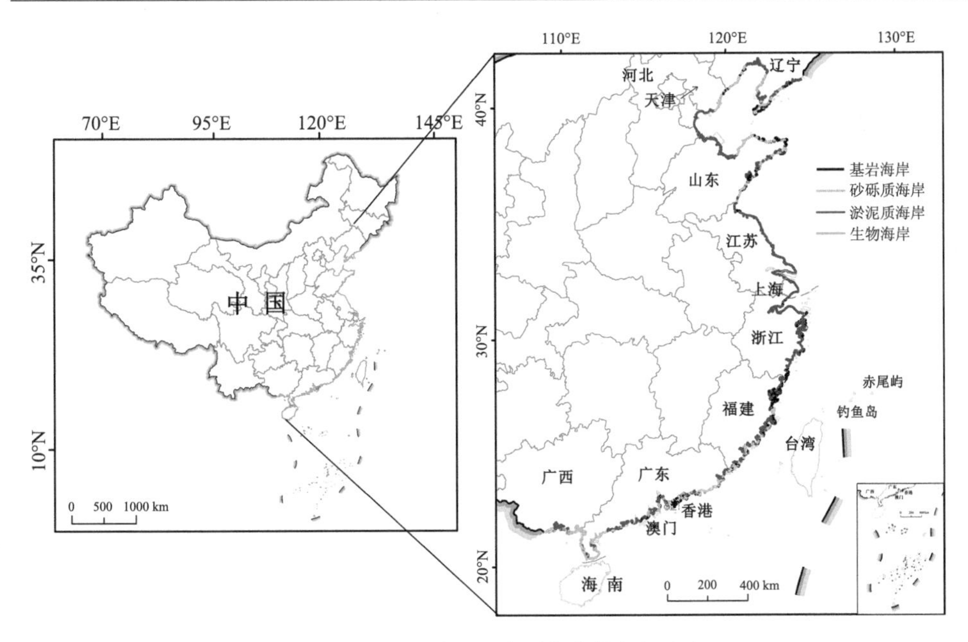

图 6.7 中国大陆不同类型海岸的空间分布

基岩海岸，占中国大陆海岸带的 20.10%，主要分布于辽宁大连、河北秦皇岛、山东烟台至威海、山东青岛、浙江宁波至福建中部以及广东中部等区域；砂砾质海岸，占中国大陆海岸带的 24.55%，主要分布于辽东湾东西两岸、河北东部、山东半岛、福建中南部、广东与广西两翼地区；淤泥质海岸，占中国大陆海岸带的 50.75%，主要分布于辽河三角洲、小渤海湾至莱州湾、海州湾至浙江中部、福建中部、广东珠江三角洲与广西钦州湾；生物海岸，占中国大陆海岸带的 4.60%，主要分布于福建中南部、广东中部、雷州半岛东部与广西两翼地区。

按海岸线的开发利用方式进行分类制图，7 个时相中国大陆岸线开发利用类型空间分布图如附图 8 所示。可见，早期阶段(20 世纪 60 年代之前)对大陆海岸线的开发利用主要是以防潮堤为主，集中分布在江苏沿海—长江三角洲—杭州湾区域，以及少量的港口码头等类型，散布在比较重要的沿海港口城市区域；随着沿海对外开放政策的实施，经济社会加速发展，至 20 世纪 90 年代之后，对大陆海岸线的开发利用进入快速发展的阶段，环渤海、胶东半岛、珠江三角洲、福建沿海等区域的海岸线被大量开发(王珏等，2016；张海涛，2016；赖志坤，2012；高晓路和翟国方，2008)，尤其是 2010 年之后，由于人工海岸线持续增加，导致自然海岸线总量急剧减少，并被严重切割而呈现为显著的破碎化分布特征，环渤海区域的海岸线开发利用尤为突出(魏帆等，2019；Rahman et al.，2019；李东等，2019；侯西勇等，2018)，成为中国大陆海岸线开发利用的重心区域。

6.3.2 中国大陆不同海域各类型海岸线空间分布与变化

1. 自然岸线

统计过去 80 年间自然岸线在五大海域中的长度及分布变化情况，如图 6.8 所示。

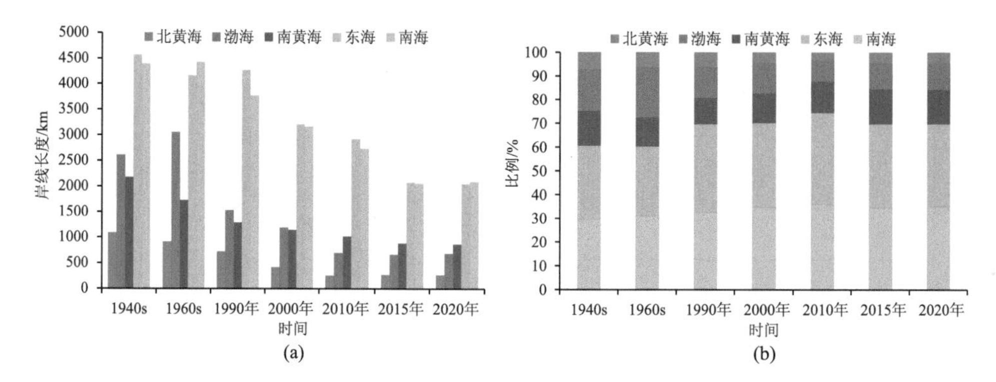

图 6.8　近 80 年中国大陆五大海域自然岸线长度(a)及分布比例(b)

自然岸线在过去 80 年间显著减少，2020 年北黄海、渤海、南黄海、东海和南海自然岸线长度较 1940s 初期分别减少了 819 km、1924 km、1308 km、2520 km 和 2300 km，岸线变迁强度依次为–0.9%、–0.9%、–0.8%、–0.7%和–0.7%。

北黄海自然岸线长度在整个大陆沿海区域所占比例相对稳定且一直是最低的，1940s 初期时占比较高为 7%，2010 年时占比最低为 3%，其余时期则维持在 5%左右。

渤海自然岸线长度在整个大陆沿海区域所占比例整体呈波动下降的趋势，从 1940s 初期的 18%下降到 2020 年的 11%，其中在 1960s 时期占比较高，达 21%，2010 年时最低，为 9%。

南黄海自然岸线长度在整个大陆沿海区域所占比例也相对比较稳定，1940s 初期、2015 年和 2020 年均为 15%，其余时相均维持在 12%左右。

东海和南海海域自然岸线长度相差不大，在五大海域中是最高的，在整个大陆沿海区域所占比例均在 35%左右，其中，2010 年两个海域的占比最高，东海和南海分别为 38%和 36%，1960s 时期占比最低，分别为 29%和 31%，自 2015 年后，两个海域的自然岸线占比均稳定在 35%左右。

2. 丁坝突堤

统计过去80年间丁坝突堤在五大海域中的长度及分布变化情况，如图6.9所示。

五大海域在过去80年间丁坝突堤长度增长都十分剧烈，其中南黄海增加最为显著，从1940s初期的1.13 km陡然增长到2020年的223 km，岸线变迁强度高达245%，东海海域岸线变迁强度同样较高(达93%)，丁坝突堤从1960s开始建设，到2020年增加到206 km。

北黄海丁坝突堤长度在整个大陆沿海区域所占比例呈递减趋势，1940s初期占比高达27%，但到2015年和2020年，占比仅维持在6%左右，在五大海域中占比最少。

渤海丁坝突堤长度在整个大陆沿海区域所占比例呈先减少后增加的态势，从1940s初期的69%降低到2000年的22%，随后又逐渐增加到2020年的37%，即使有波动性的起伏变化，渤海海域丁坝突堤的长度在五大海域中一直都是最高的。

南黄海丁坝突堤长度在整个大陆沿海区域所占比例整体呈递增趋势，从1940s初期的5%增加到2020年的22%，在五大海域中排在第二位。

东海与南海海域丁坝突堤的发展模式较为相似，在1940s初期几乎都还没有这一类型的岸线，都是从1960s开始逐步发展。在东海海域，2010年前丁坝突堤长度在整个大陆沿海区域所占比例持续增加，从10%增长到29%，随后开始降低，到2020年占比为20%；在南海海域，2000年之前丁坝突堤长度在整个大陆沿海区域所占比例持续增加，从15%增长到29%，随后同样开始降低，到2020年占比为15%。

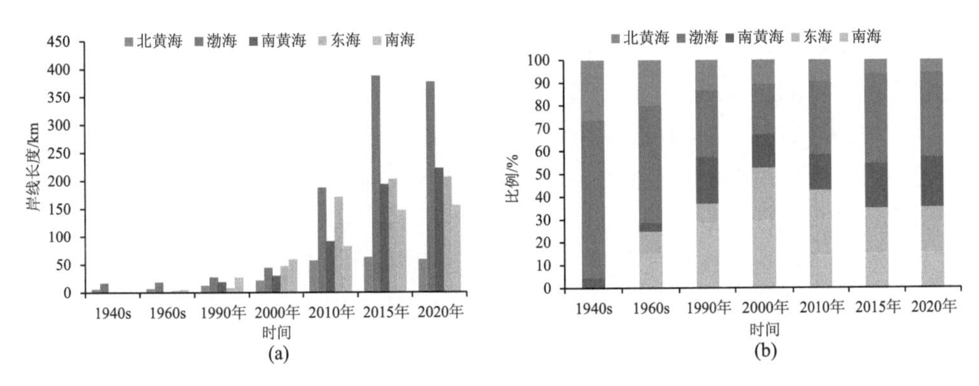

图6.9　近80年中国大陆五大海域丁坝突堤岸线长度(a)及分布比例(b)

3. 港口码头

统计过去 80 年间港口码头在五大海域中的长度及分布变化情况，如图 6.10 所示。

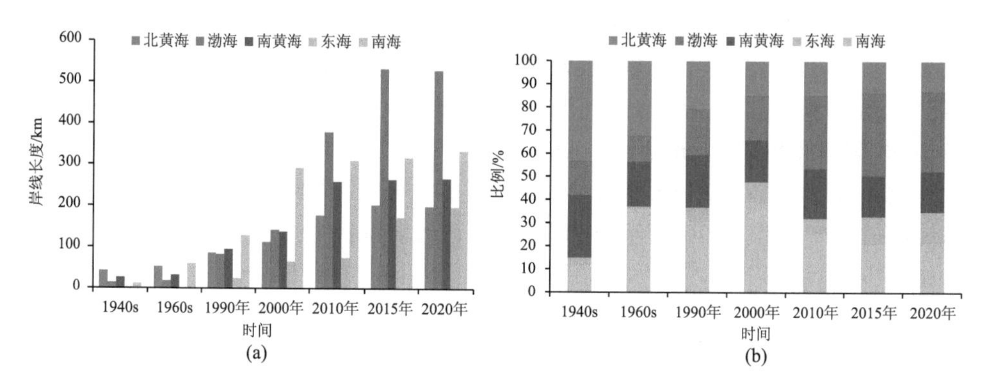

图 6.10 近 80 年中国大陆五大海域港口码头岸线长度(a)及分布比例(b)

港口码头岸线作为港口经济发展的直接标志之一，在过去 80 年间出现了较大幅度的增长，其中渤海、东海和南海增长最多，分别从 1940s 初期的 14 km、3 km 和 12 km 增长到 2020 年的 528 km、197 km 和 334 km，岸线变迁强度分别高达 45%、91%和 34%。

北黄海港口码头岸线长度在整个大陆沿海区域所占比例呈递减趋势，1940s 初期占比高达 43%，居五大海域之首，而到 2020 年，仅占整个沿海区域的 13%，占比最低。

渤海港口码头岸线长度在整个大陆沿海区域所占比例整体呈递增的趋势，1940s 初期占比 15%，经过大规模的开发建设，截止到 2020 年，渤海港口码头岸线长度占比维持在 35%左右，跃居五大海域之首。

南黄海港口码头岸线长度在整个大陆沿海区域所占比例整体呈递减趋势，从 1940s 初期的 27%降到 2020 年的 17%，但在 1990 年和 2010 年有过两次小的高点，分别达到 23%和 22%。

东海港口码头岸线长度在整个大陆沿海区域所占比例整体呈递增的趋势，但在整个沿海区域的占比一直是最低的，1940s 初期占比仅为 3%，2020 年也只增长到 13%。

南海港口码头岸线长度在整个大陆沿海区域所占比例呈先增加后减少的态势，2000 年前为增长的趋势，从 1940s 初期的 12%增长到 2000 年的 39%，一度成为五大海域之首，但随后逐渐降低，到 2020 年占比为 22%，低于渤海海域。

4. 围垦(中)岸线

统计过去 80 年间围垦(中)岸线在五大海域中的长度及分布变化情况，如图 6.11 所示。

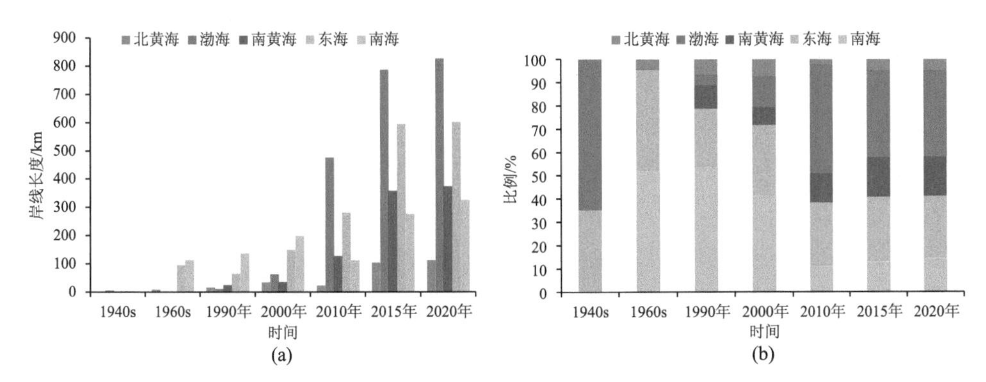

图 6.11　近 80 年中国大陆五大海域围垦(中)岸线长度(a)及分布比例(b)

围填海作为人类活动向海扩张的主要手段，过去 80 年间，围垦(中)岸线在各大海域中都出现了显著的增长。1940s 初期，五大海域几乎都还未出现围填海现象，仅东海和渤海有少量围垦类型的岸线，从 1960s 开始发展，北黄海、渤海、南黄海、东海和南海围垦(中)岸线分别增加了 113 km、821 km、374 km、599 km 和 326 km，岸线变迁强度依次为 19%、179%、49%、238%和 5%，东海海域涨幅最显著，南海增长相对比较缓和。

北黄海围垦(中)岸线长度在整个大陆沿海区域所占比例最小，且在 80 年间的变化不大，占比最高的年份为 1990 年和 2000 年，均为 7%，2010 年时占比最少，仅为 2%。

渤海围垦(中)岸线长度在整个大陆沿海区域所占比例变化较大，1940s 初期时由于有三个海域几乎没有围垦(中)岸线，因此渤海海域围垦(中)岸线仅凭不足 6 km 的长度在整个大陆沿海区域中占比高达 65%，但在 1990 年时，由于其他海域围垦(中)岸线的快速增长，该海域围垦(中)岸线占比降到 4%，随后渤海海域开始大规模进行围填活动，占比逐渐增加，2010 年时达到最高，为 47%，2015 年和 2020 年有所降低，均为 37%，仍居五大海域之首。

南黄海围垦(中)岸线长度在整个大陆沿海区域所占比例整体呈递增趋势，从 1990 年的 10%增加到 2020 年的 17%。

东海围垦(中)岸线长度在整个大陆沿海区域所占比例变化不大，相对比较稳定，一直在 30%左右，最高是在 1940s 初期，为 35%，最低在 2010 年和 2020 年，均为27%。

南海围垦(中)岸线长度在整个大陆沿海区域所占比例整体呈递减趋势，1960s和1990年最高，分别高达52%和53%，随后逐渐降低，2020年为15%。

5. 养殖岸线

统计过去80年间养殖岸线在五大海域中的长度及分布变化情况，如图6.12所示。

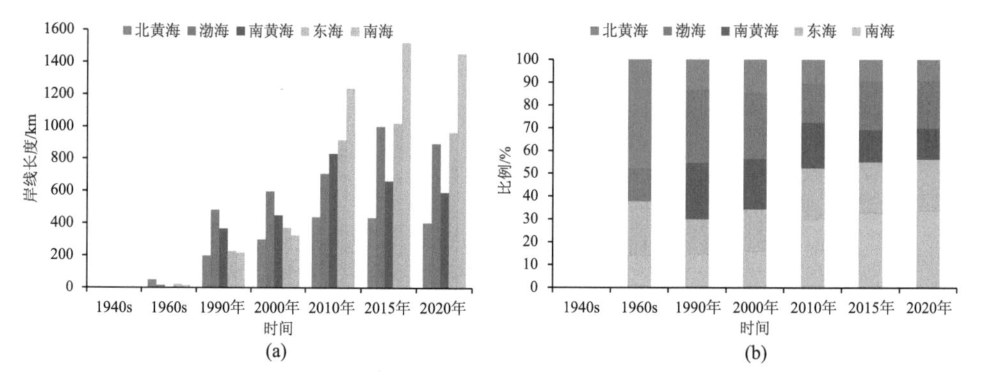

图6.12　近80年中国大陆五大海域养殖岸线长度(a)及分布比例(b)

养殖岸线是所有类型岸线中增长最多的，1940s初期全国范围内几乎还没有养殖岸线，1960s开始逐渐大力发展水产养殖业，截止到2020年，北黄海、渤海、南黄海、东海和南海养殖岸线分别增加了402 km、895 km、590 km、966 km和1453 km，岸线变迁强度依次为14%、102%、5%、67%和171%，渤海和南海增长尤为显著，北黄海和南黄海的增长变化则相对缓和。

北黄海和南黄海养殖岸线长度在整个大陆沿海区域所占比例呈一直递减趋势，北黄海从1960s占比48%逐渐降到2020年的9%，在五大海域中从占比最高降到了最低；南黄海则是从1990年占比25%逐渐降到2020年的14%。

渤海养殖岸线长度在整个大陆沿海区域所占比例整体呈增长的趋势，从1960s初期占比14%增长到2020年的21%，其中，1990年时以占比32%和2000年时占比29%一度跃居同时期五大海域占比之首。

东海养殖岸线长度在整个大陆沿海区域所占比例呈先降低后增加的趋势，1960s时期占比24%，到1990年降到了15%，随后增加到2010年的22%，且2015和2020年一直都维持在22%的比例。

南海养殖岸线长度在整个大陆沿海区域所占比例呈持续增长趋势，从1960s时期的14%增长到2020年的34%，发展为五大海域中占比最多的。

6. 盐田岸线

统计过去 80 年间盐田岸线在五大海域中的长度及分布变化情况，如图 6.13 所示。

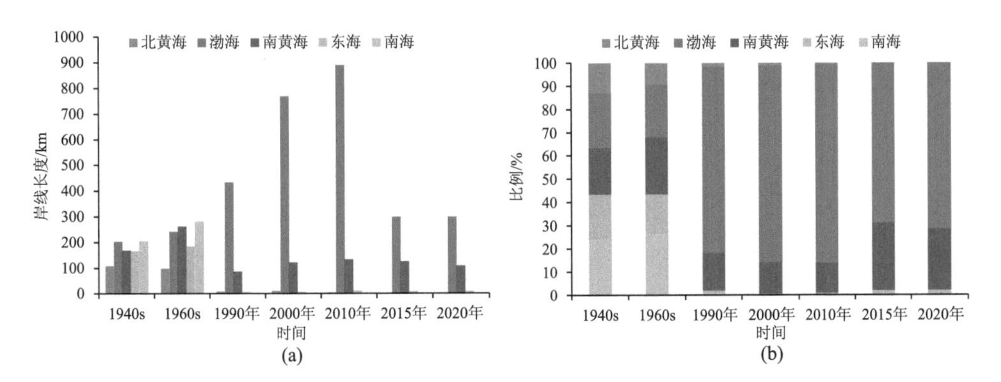

图 6.13　近 80 年中国大陆五大海域盐田岸线长度(a)及分布比例(b)

盐田岸线在过去 80 年间各个海域都出现了不同程度的减少，其中，北黄海、东海和南海减少最多，2020 年较 1940s 初期分别减少了 109 km、157 km 和 205 km，岸线变迁强度分别为–1.25%、–1.18%和–1.25%。渤海盐田岸线长度在过去 80 年间呈现先增加后减少的态势，从 1940s 初期的 204 km，一度增长到 2010 年的 891 km，随后出现锐减，到 2020 年，渤海盐田岸线长度约为 300 km。

北黄海、东海和南海盐田岸线长度在整个大陆沿海区域所占比例均呈先升高后降低的趋势。1940s～1960s，三个海域盐田岸线长度占整个沿海区域的比例均处于较高的状态，北黄海占比 10%左右，东海占比 20%左右，南海占比 25%左右；而 1990 年以后，这三个海域盐田岸线长度大幅减少，占比仅为 1%～2%，最近十几年中，北黄海和南海已几乎很少再有盐田岸线。

渤海盐田岸线长度在整个大陆沿海区域所占比例整体呈递增的趋势，从 1940s 初期占比 24%增长到 2020 年占比 71%，在五大海域中一直处于首位，其中在 2010 年占比最高，达 86%。

南黄海盐田岸线长度在整个大陆沿海区域所占比例呈波动上升的趋势，1940s 初期占比为 20%，2010 年占比降到最低，为 13%，随后急剧回升，至 2015 年达到 29%，是占比最高的年份，随后又稍有下降，至 2020 年变为 26%。

7. 交通岸线

统计过去 80 年间交通岸线在五大海域中的长度及分布变化情况，如图 6.14 所示。

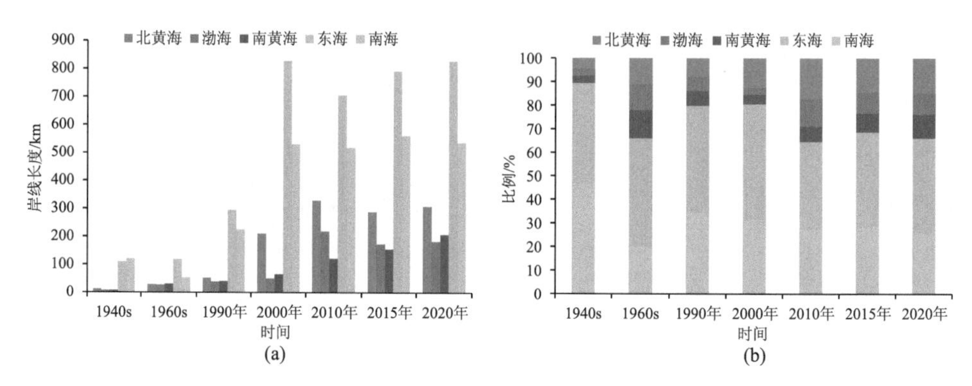

图 6.14 近 80 年中国大陆五大海域交通岸线长度(a)及分布比例(b)

交通岸线在过去 80 年间也出现了较大幅度的增长，北黄海、渤海、南黄海、东海和南海 2020 年交通岸线长度较 1940s 初期分别增长了 296 km、175 km、200 km、718 km 和 416 km，岸线变迁强度依次为 31%、29%、32%、8%和 4%。

北黄海和渤海交通岸线长度在整个大陆沿海区域所占比例均呈先增加后减少的趋势。北黄海从 1940s 初期的 5%增长到 2010 年的 17%，随后减少，2015 年和 2020 年均维持在 15%比例；渤海从 1940s 初期的 3%增长到 2010 年的 12%，随后减少，2015 年和 2020 年维持在 9%的比例。

南黄海交通岸线长度在整个大陆沿海区域所占比例呈波动上升趋势，1940s 初期和 2000 年时占比较低，分别为 3%和 4%，1960s 时期占比最高，达 12%，2020 年占比为 10%。

东海交通岸线长度在整个大陆沿海区域所占比例比较稳定，一直维持在 40%～50%之间，2000 年时占比最高，达 49%，2015 年和 2020 年最低，均占比 40%。

南海交通岸线长度在整个大陆沿海区域所占比例呈递减的趋势，从 1940s 初期的占比 47%一直下降到 2020 年的 26%。

8. 防潮堤

统计过去 80 年间防潮堤在五大海域中的长度及分布变化情况，如图 6.15 所示。

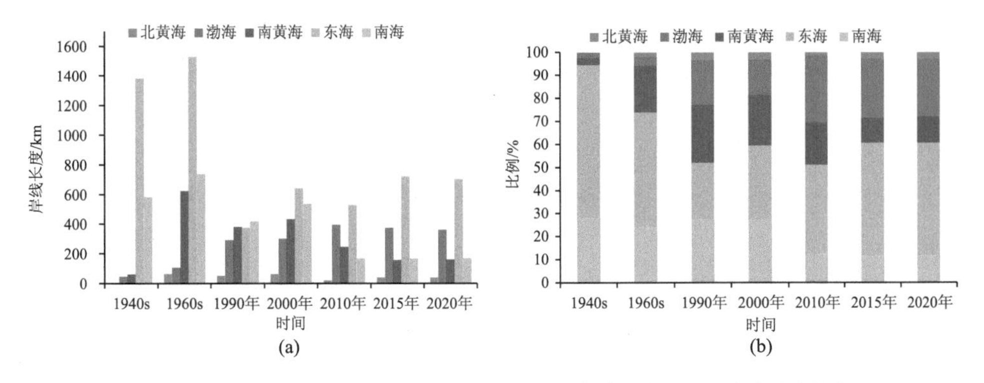

图 6.15　近 80 年中国大陆五大海域防潮堤岸线长度(a)及分布比例(b)

过去 80 年间防潮堤岸线长度在五大海域中呈现不同的增减趋势，其中北黄海、渤海和南黄海的防潮堤长度是增加的，2020 年较 1940s 初期，分别增加 40 km、315 km 和 99 km，岸线变迁强度依次为 85%、9%和 2%；东海和南海防潮堤长度则出现减少，分别减少了 679 km 和 415 km，岸线变迁强度为–0.6%和–0.9%。

北黄海防潮堤长度在整个大陆沿海区域所占比例比较稳定且一直是最低的，维持在 2%～3%。

渤海防潮堤长度在整个大陆沿海区域所占比例整体呈上升的趋势，从 1940s 初期的 2%一直增加到 2020 年的 25%，其中在 2010 年时达到最高，为 29%。

南黄海防潮堤长度在整个大陆沿海区域所占比例呈先增后减的趋势，从 1940s 初期的 3%增长到 2000 年的 22%，随后逐渐降低，2015 年和 2020 年时稳定在 11%。

东海防潮堤长度在整个大陆沿海区域所占比例呈先减后增趋势，从 1940s 初期的 67%逐步减少到 2000 年的 32%，随后又逐渐增加，2015 年和 2020 年稳定在 49%，虽然有波动，但东海防潮堤长度在整个大陆沿海区域所占比例一直是最高的。

南海防潮堤长度在整个大陆沿海区域所占比例呈现出两个不同的阶段，1940s 初期到 2000 年期间，在整个大陆沿海的占比在 27%左右，在五大海域中处于较高水平；而在 2010～2020 年间，这一比例则降到 12%左右，在五大海域中成为较低水平。

6.3.3 中国大陆不同省(区、市)各类型海岸线空间分布与变化

1. 自然岸线

统计过去 80 年间自然岸线在 10 省(区、市)的长度及分布变化情况，如图 6.16 所示。

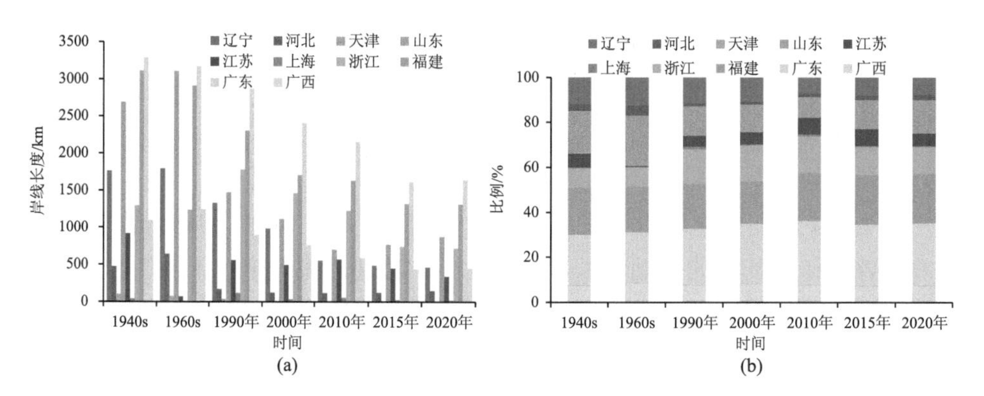

图 6.16 近 80 年中国大陆沿海 10 省(区、市)自然岸线长度(a)及分布比例(b)

各省(区、市)自然岸线在过去 80 年间均有较大程度的减少，辽宁、河北、天津、山东、江苏、上海、浙江、福建、广东和广西自然岸线分别减少了 1300 km、325 km、97 km、1825 km、572 km、22 km、632 km、1800 km、1645 km 和 656 km，其中天津市岸线变迁强度最高，为–1.2%，其余省(区、市)均岸线变迁强度均介于–0.5%和–1%之间。

辽宁省自然岸线长度在整个大陆沿海区域所占比例分为高、低两个阶段，1940s 初期至 2000 年期间在 12%左右，2010～2020 年间则维持在 8%左右。

河北省、天津市和上海市自然岸线长度在整个大陆沿海区域所占比例均较小，河北省为 2%左右，而天津市和上海市则不足 1%。

山东省自然岸线长度在整个大陆沿海区域所占比例整体呈波动下降趋势，1940s 初期为 18%，1960s 时期最高达 22%，2010 年降到最低为 9%，2015 年之后维持在 14%左右。

江苏省自然岸线长度在整个大陆沿海区域所占比例一直较为稳定，维持在 6%左右。

浙江省自然岸线长度在整个大陆沿海区域所占比例呈先增后减趋势，1940s 初期至 1960s 时期为 9%，1990～2010 年间上升至 16%左右，2015～2020 年期间又下降到 12%。

福建省和广西壮族自治区自然岸线长度在整个大陆沿海区域所占比例也较为稳定，福建省一直维持在 22%左右，广西壮族自治区则一直维持在 8%左右。

广东省自然岸线长度在整个大陆沿海区域所占比例呈递增趋势，从 1940s 初期的 22%持续增长到了 2020 年的 28%，广东省自然岸线长度一直是沿海省(区、市)之首，其次是福建省。

2. 丁坝突堤

统计过去 80 年间丁坝突堤在 10 个省(区、市)的长度及分布变化情况，如图 6.17 所示。

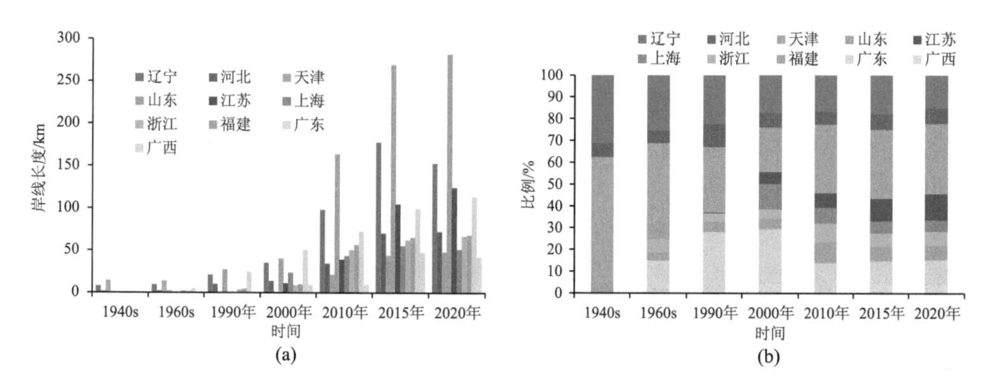

图 6.17　近 80 年中国大陆沿海 10 省(区、市)丁坝突堤岸线长度(a)及分布比例(b)

辽宁、山东、江苏和广东 4 省的丁坝突堤在过去 80 年间增长最为显著，分别增长了 145 km、281 km、124 km 和 114 km，岸线变迁强度依次为 23%、311%、52%和 37%，其余省(区、市)增长均未超过 100 km。广西壮族自治区岸线变迁强度较大，达 92%，丁坝突堤长度从 1990 年不足 2 km 增长到 2020 年的 40 余千米。

辽宁省丁坝突堤长度在整个大陆沿海区域所占比例呈递减趋势，从 1940s 初期的 31%逐渐减少到 2020 年的 15%，虽然有所减少，但目前在 10 个省(区、市)中占比仍排在第二位。

河北省丁坝突堤长度在整个大陆沿海区域所占比例相对稳定，除 1990 年达到 11%，其余年份一直维持在 6%～7%之间。

天津市丁坝突堤长度在整个大陆沿海区域所占比例呈现两个不同的阶段，1940s 初期和 1960s 时期，占比分别为 58%和 38%，远高于其他省(区、市)，但 1960s 之后，其他省(区、市)大力建设丁坝突堤，天津市丁坝突堤长度在整个大陆沿海区域所占比例急剧下降，自 2010 年后，这一比例维持在 4%～5%。

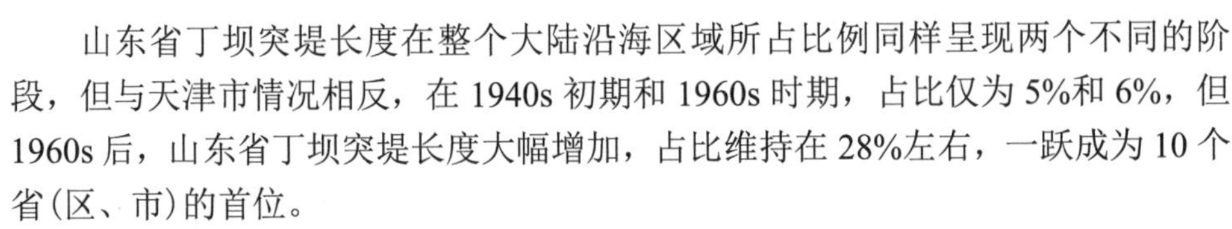

山东省丁坝突堤长度在整个大陆沿海区域所占比例同样呈现两个不同的阶段，但与天津市情况相反，在1940s初期和1960s时期，占比仅为5%和6%，但1960s后，山东省丁坝突堤长度大幅增加，占比维持在28%左右，一跃成为10个省(区、市)的首位。

江苏省丁坝突堤长度在整个大陆沿海区域所占比例呈递增趋势，1990年之前，江苏省很少有丁坝突堤，自1990年开始发展，丁坝突堤长度逐渐增加，2020年其丁坝突堤长度在整个大陆沿海区域的比例达12%，继山东省和辽宁省之后，占比排在第三位。

上海市丁坝突堤长度在整个大陆沿海区域所占比例的变化趋势呈“凸”型态势，1990年之前，上海市也很少有丁坝突堤，1990年后迅速发展，2000年时占比达12%，但之后又出现降低，2015年后维持在5%～6%。

浙江省和福建省丁坝突堤长度在整个大陆沿海区域所占比例较为接近且均比较稳定，一直维持在5%～10%之间，两省均在2010年时占比最高，分别为9%和10%。

广东省丁坝突堤长度在整个大陆沿海区域所占比例呈先增加后减少的趋势，1990年之前呈递增趋势，占比从1940s初期不到1%增加到1990年的26%，随后逐渐减少，维持在11%左右。

广西壮族自治区丁坝突堤长度在整个大陆沿海区域所占比例比较稳定，且在10个省(区、市)中占比最低，一直在2%～5%左右。

3. 港口码头

统计过去80年间港口码头在10省(区、市)的长度及分布变化情况，如图6.18所示。

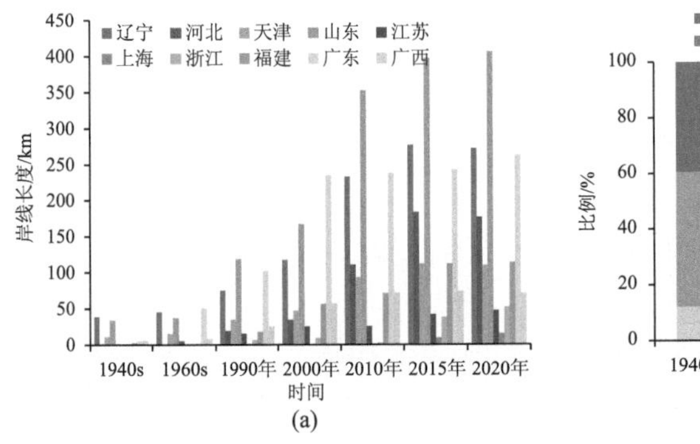

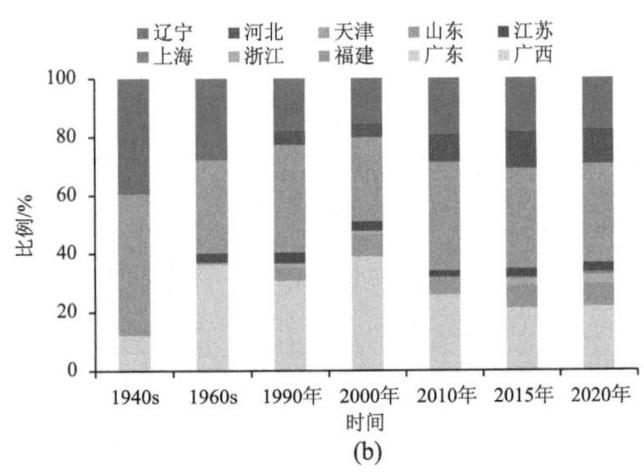

图6.18　近80年中国大陆沿海10省(区、市)港口码头岸线长度(a)及分布比例(b)

辽宁、河北、山东和广东 4 省的港口码头长度在过去 80 年间增长最为显著，分别增加了 233 km、176 km、372 km 和 257 km，岸线变迁强度依次为 8%、10%、14%和 53%，其余省(区、市)增长均低于 100 km。上海市的岸线变迁强度较大，为 53%，港口码头岸线长度自 2000 年开始发展，到 2020 年时约为 15 km。

江苏省港口码头长度在整个大陆沿海区域所占比例呈递减趋势，从 1940s 初期的 39%逐渐降到 2020 年的 18%，虽有所减少，但在沿海 10 个省(区、市)中仍位居前列。

河北省港口码头长度在整个大陆沿海区域所占比例呈递增趋势，1960s 之后逐渐开始发展港口码头的建设，2000 年前该省港口码头占比 5%左右，随后继续发展，2015 年后一直维持在 12%左右。

天津市港口码头长度在整个大陆沿海区域所占比例相对稳定，1940s 初期占比最高，为 12%，之后则一直维持在 7%左右。

山东省港口码头长度在整个大陆沿海区域所占比例呈波动下降态势，1940s 初期最高，为 34%，2000 年最低，降到 22%，2015 年后稳定在 27%左右。1960s 前辽宁省港口码头岸线长度是最长的，之后山东省则发展为港口码头岸线最长的沿海省份。

江苏、上海和浙江三个省(市)港口码头长度在整个大陆沿海区域所占比例一直比较稳定，且占比都较低，江苏省与浙江省均一直维持在 3%左右，上海市仅 1%左右。

福建省港口码头长度在整个大陆沿海区域所占比例整体呈递增趋势，从 1940s 初期的 3%增加到 2020 年的 7%。

广东省港口码头长度在整个大陆沿海区域所占比例整体呈先增后减趋势，从 1940s 初期的 6%增长到 2000 年的 31%，随后逐渐下降，2020 年为 17%，继山东和辽宁之后，在沿海 10 个省(区、市)中排名第三。

广西壮族自治区港口码头长度在整个大陆沿海区域所占比例一直比较稳定，除 2000 年达到 8%，其他年份一直维持在 5%～6%。

4. 围垦(中)岸线

统计过去 80 年间围垦(中)岸线在 10 省(区、市)的长度及分布变化情况，如图 6.19 所示。

辽宁、河北、天津、山东、江苏、浙江和福建 7 省(市)的围垦(中)岸线在过去 80 年间增长显著，分别增加了 459 km、131 km、161 km、277 km、249 km、196 km 和 333 km，岸线变迁强度依次为 128%、55%、162%、38%、260%、63%和 133%。

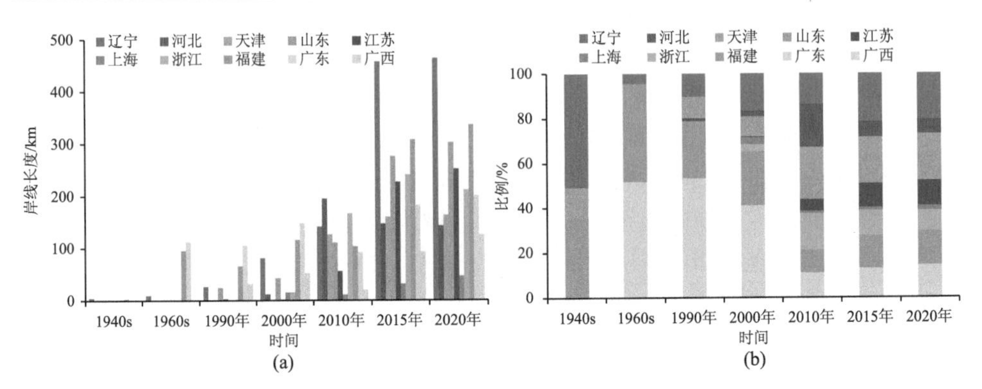

图 6.19　近 80 年中国大陆沿海 10 省(区、市)围垦(中)岸线长度(a)及分布比例(b)

辽宁省围垦(中)岸线长度在整个大陆沿海区域所占比例整体呈波动下降的态势，1940s 初期占比高达 51%，随后锐减，1990 年为 10%，之后又波动上升，2015 年后逐渐稳定在 21%～22%。

河北省围垦(中)岸线长度在整个大陆沿海区域所占比例呈先增后减的趋势，2000 年之前，河北省还很少有围垦(中)岸线，2000 年后逐渐发展，在整个大陆沿海区域占比从 2000 年的 2%增加到 2010 年的 19%，随后又开始下降，2015 年后维持在 6%～7%。

天津市围垦(中)岸线长度在整个大陆沿海区域所占比例整体呈下降趋势，从 1940s 初期的 14%下降到 2020 年的 7%。

山东省围垦(中)岸线自 1990 年开始大范围出现，在整个大陆沿海区域所占比例一直维持在 9%～13%。

江苏省围垦(中)岸线也是从 1990 年开始出现，之后逐渐发展，在整个大陆沿海区域所占比例从 1990 年的 1%增长到 2020 年的 11%。

上海市围垦(中)岸线长度在整个大陆沿海区域所占比例最低，自 2000 年开始，占比一直在 3%以下。

浙江省围垦(中)岸线长度在整个大陆沿海区域所占比例呈先增后减的趋势，2000 年前几乎没有围垦(中)岸线，自 2000 年开始发展，占比从 3%增长到 2010 年的 16%，之后又有所降低，2020 年为 9%。

福建省围垦(中)岸线长度在整个大陆沿海区域所占比例整体呈先减后增的趋势，从 1940s 初期的 35%持续减少到 2010 年的 10%，之后又有所提高，2015 年后维持在 15%左右。

广东省围垦(中)岸线长度在整个大陆沿海区域所占比例呈递减趋势，从 1960s 时期的 52%持续减少到 2010 年的 9%，之后 10 年则一直维持在 9%左右。

广西壮族自治区从 1990 年开始大范围出现围垦(中)岸线，在整个大陆沿海区域所占比例约为 12%，随后逐渐降低，2020 年为 6%。

5. 养殖岸线

统计过去 80 年间养殖岸线在 10 省(区、市)的长度及分布变化情况，如图 6.20 所示。

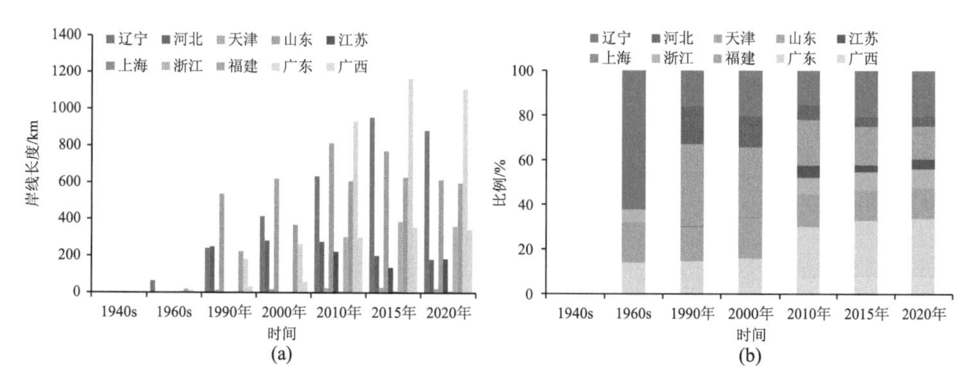

图 6.20　近 80 年中国大陆沿海 10 省(区、市)养殖岸线长度(a)及分布比例(b)

辽宁、江苏、浙江、福建、广东和广西六省(区)的养殖岸线在过去 80 年间增长较为显著，分别增加了 819 km、181 km、354 km、580 km、1094 km 和 311 km，岸线变迁强度依次为 22%、240%、99%、53%、129%和 32%，其余省(市)增长均不超过 80 km，此外，河北省 2020 年养殖岸线较 1990 年时减少了 67 km。

辽宁省养殖岸线长度在整个大陆沿海区域所占比例整体呈先减后增的趋势，从 1960s 时期的 62%逐渐降到 2010 年的 15%，随后有所增加，2015 年后维持在 21%左右，在 10 省(区、市)中位列第二。

河北省 1960s 之前几乎没有养殖岸线，1990 年开始出现大面积养殖区，养殖岸线长度在整个大陆沿海区域所占比例为 17%，之后逐渐下降，2015 年后，这一比例维持在 4%左右，

天津市和上海市一直以来都很少有养殖岸线，在整个大陆沿海区域所占比例不足 1%。

浙江省在 2010 年之前很少有养殖岸线，自 2010 年开始出现较大范围的养殖区，养殖岸线长度在整个大陆沿海区域所占比例整体为 7%，之后逐渐增加，到 2020 年，增长到 9%。

福建省养殖岸线长度在整个大陆沿海区域所占比例相对比较稳定，1960s 至今一直维持在 14%～18%之间。

广东省养殖岸线长度在整个大陆沿海区域所占比例呈递增趋势，从 1960s 时期的 14%逐渐增长到 2020 年的 26%，自 2010 年开始，广东省就发展成为养殖岸线最多的沿海省(区、市)。

广西壮族自治区养殖岸线长度在整个大陆沿海区域所占比例也呈递增趋势，从 1990 年的 2%逐渐增加到 2020 年的 8%。

6. 盐田岸线

统计过去 80 年间盐田岸线在 10 省(区、市)的长度及分布变化情况，如图 6.21 所示。

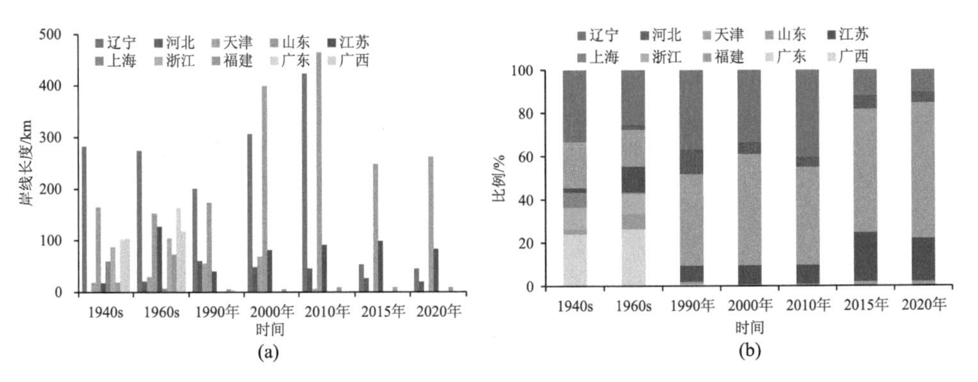

图 6.21　近 80 年中国大陆沿海 10 省(区、市)盐田岸线长度(a)及分布比例(b)

过去 80 年间全国盐田岸线的长度趋于减少，但各省(区、市)的变化情况有所不同，有些省(区、市)是在 2010 年后开始减少，有些省(区、市)则是 2000 年后就出现明显减少。2020 年对比 1940s 初期，只有山东和江苏两省盐田岸线长度有所增加，其他省(区、市)均出现不同程度的减少，其中辽宁、广东和广西减少最为显著，分别减少了 238 km、98 km 和 103 km，岸线变迁强度依次为–1%、–4%和–2%。

辽宁省盐田岸线长度在整个大陆沿海区域所占比例呈先增后减趋势，从 1940s 初期的 33%逐渐增加到 2010 年的 41%，随后开始下降，2020 年减少到 11%。

河北省和天津市盐田岸线长度在整个大陆沿海区域所占比例也呈先增后减趋势，河北省从 1960s 时期的 2%增加到 1990 年 11%，之后出现降低，2020 年降到 5%；天津市从 1940s 初期的 2%增加到 1990 年的 10%，随后降低，2010 年时仅为 1%，最近 10 年间，天津市盐田岸线几乎已经消失。

山东省盐田岸线长度在整个大陆沿海区域所占比例呈递增趋势，从 1940s 初期的 19%逐渐增长到 2020 年的 63%，自 2000 年开始，山东省就已成为拥有盐田岸线最多的沿海省份。

江苏省盐田岸线长度在整个大陆沿海区域所占比例整体呈递增趋势，从1940s初期的2%增长到了2020年的20%，成为继山东省之后拥有盐田岸线长度排第二的沿海省(区、市)。

上海、浙江、广东和广西4省(区、市)盐田岸线的变化情况较为相似，盐田岸线仅在1940s初期到1960s初期期间有分布，1940s初期4省(区、市)盐田岸线长度在整个大陆沿海区域所占比例分别为7%、10%、12%和12%，1960s时期，上海市减少到1%，其他3省(区)分别为10%、15%和11%，但1960s之后，4个省(区、市)的盐田岸线逐渐消失，自1990年至今，这4个省(区、市)已几乎没有盐田岸线。

福建省盐田岸线长度在整个大陆沿海区域所占比例较少且相对稳定，除1960s时期较高(为7%)外，其他年份一直维持在1%～2%。

7. 交通岸线

统计过去80年间交通岸线在10省(区、市)的长度及分布变化情况，如图6.22所示。

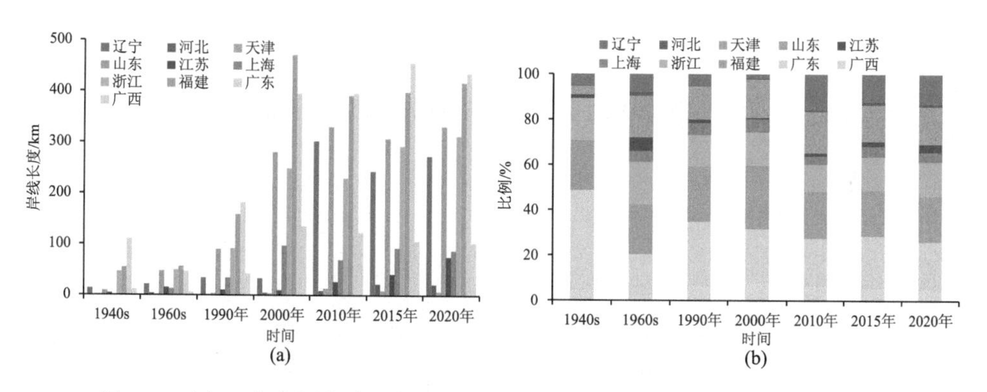

图6.22　近80年中国大陆沿海10省(区、市)交通岸线长度(a)及分布比例(b)

辽宁、山东、浙江、福建和广东5省的交通岸线在过去80年间增长显著，分别增长了260 km、322 km、258 km、363 km和325 km，岸线变迁强度依次为24%、45%、6%、8%和4%，其余省(区、市)增长均不超过100 km。

辽宁省交通岸线长度在整个大陆沿海区域所占比例呈波动上升趋势，1940s初期为6%，2000年降到最低为2%，2010年又发展到16%，2020年维持在13%左右。

河北省和天津市交通岸线长度较少，过去80年间，其交通岸线长度在整个大陆沿海区域所占比例均仅在 1%左右。

山东省交通岸线长度在整个大陆沿海区域所占比例分两个阶段，1940s 初期占比仅为 4%，之后迅速增长，自 1960s～2020 年，这一比例一直维持在 16%左右。

江苏省交通岸线长度在整个大陆沿海区域所占比例较小，2015 年之前仅为 1%～2%，2015 年后稍有增长，2020 年增加到 4%。

上海市和广西壮族自治区交通岸线长度在整个大陆沿海区域所占比例相仿且在过去 80 年间变化均较小，占比一直维持在 5%左右。

浙江省交通岸线长度在整个大陆沿海区域所占比例呈先减后增的趋势，从 1940s 初期的 19%减少到 2010 年的 12%，随后稍有增长，2015 年后维持在了 15%左右。

福建省交通岸线在整个大陆沿海区域所占比例呈先增后减趋势，从 1940s 初期的 22%增加到 2000 年的 28%，之后出现下降，2015 年后维持在 20%。

广东省交通岸线长度在整个大陆沿海区域所占比例整体呈递减趋势，从 1940s 初期的 44%逐渐降到 2020 年的 21%，广东省和福建省交通岸线长度在沿海省(区、市)中一直是最多的。

8. 防潮堤

统计过去 80 年间防潮堤在 10 省(区、市)的长度及分布变化情况，如图 6.23 所示。

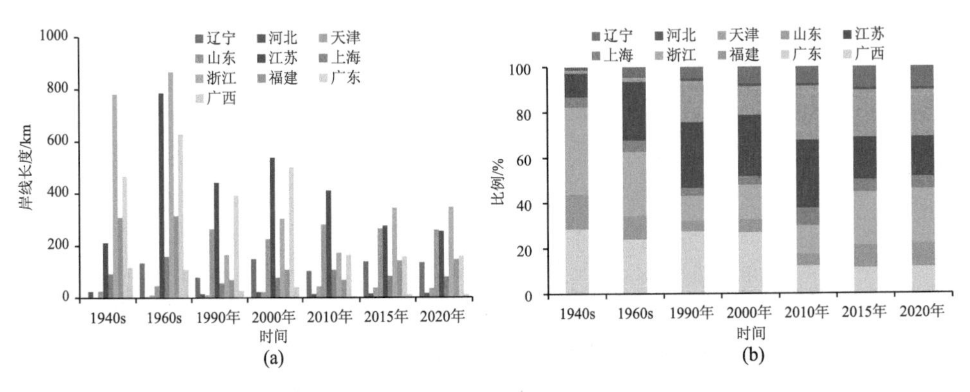

图 6.23　近 80 年中国大陆沿海 10 省(区、市)防潮堤岸线长度(a)及分布比例(b)

各省(区、市)防潮堤岸线长度在过去 80 年间的变化情况存在较大差异，辽宁和山东两省增长显著，分别增加了 132 km 和 232 km，岸线变迁强度分别为 57%和 11%；而浙江、福建、广东和广西 4 省(区、市)的防潮堤有较大幅度的减少，分别减少了 477 km、163 km、309 km 和 106 km，岸线变迁强度分别为–0.7%、–0.7%、–0.8%和–1%；其他省(市)相对稳定，防潮堤岸线长度变化范围均在 40 km 之内。

辽宁省防潮堤岸线长度在整个大陆沿海区域所占比例呈递增趋势，从 1960s 时期的 4%逐渐增长到了 2020 年的 9%。

河北省和天津市防潮堤岸线长度在整个大陆沿海区域所占比例均较小，且变化不大，河北省一直维持在 1%左右，天津市一直维持在 1%～3%。

山东省防潮堤岸线长度在整个大陆沿海区域所占比例整体呈递增趋势，从 1940s 初期的 1%增长到了 2020 年的 18%，其中 2010 年时占比达到最高，为 20%。

江苏省防潮堤岸线长度在整个大陆沿海区域所占比例整体呈先增后减趋势，从 1940s 初期的 10%一度增长到 2010 年的 30%，成为当时防潮堤占比最多的省(区、市)，但随后开始降低，2020 年降到 18%，与山东省共同排第二位。

上海市防潮堤岸线长度在整个大陆沿海区域所占比例一直维持在 6%左右，变化不大，在 1990 年和 2000 年占比最小为 4%，2010 年时最高为 8%。

浙江省防潮堤岸线长度在整个大陆沿海区域所占比例整体呈先减后增趋势，从 1940s 初期的 38%逐渐降到了 1990 年的 11%，之后开始增长，2020 年为 24%，在 10 个沿海省(区、市)内排名第一。

福建省防潮堤岸线长度在整个大陆沿海区域所占比例呈现为 3 个阶段，从 1940s 初期的 15%降到 1960s 时期 10%，1990～2010 年维持在 5%，2015～2020 年维持在 10%。

广东省防潮堤岸线长度在整个大陆沿海区域所占比例呈先增后减趋势，从 1940s 初期的 23%增长到 1990 年的 26%，随后逐渐降低，2015 年后维持在了 11%。

广西壮族自治区防潮堤岸线长度在整个大陆沿海区域所占比例呈递减趋势，从 1940s 初期的 6%逐渐降到 2020 年的 1%。

6.4　近 80 年中国大陆海岸线结构的变化

6.4.1　中国大陆海岸线整体结构变化

统计过去 80 年间整个中国大陆沿海各类岸线的长度及结构变化情况，如图 6.24 所示。

在过去 80 年间，中国大陆自然岸线与人工岸线长度均发生了非常显著的变化，自然岸线长度锐减约 8800 km，自然岸线的保有率从 1940s 初期的 82%逐渐减小到了 2020 年的 31%；相应的，人工岸线比率则从 18%逐渐上升到了 69%，人工岸线的长度共增加约 9700 km。其中，1990～2010 年间是海岸线结构变化最显著的 20 年，在这 20 年间，自然岸线减少近 4000 km，人工岸线增长近 6300 km，分别占过去 80 年间变化量的 45.45%和 64.95%。

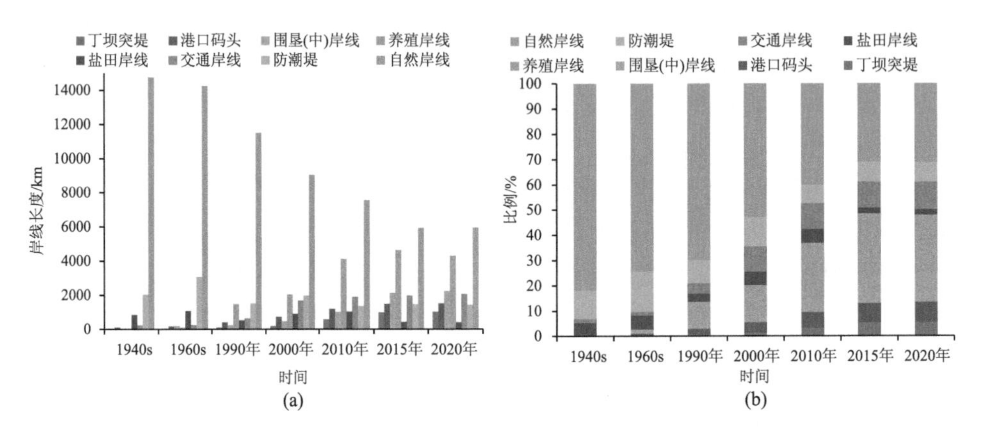

图 6.24　近 80 年中国大陆不同类型岸线长度(a)与分布比例(b)

在 7 类人工岸线中，盐田岸线和防潮堤岸线有所减少，分别减少 400 余千米和 600 余千米；其余 5 种类型的人工岸线长度均是增加的，具体而言，丁坝突堤、港口码头、围垦(中)岸线、养殖岸线和交通岸线长度分别增加约 1000 km、1400 km、2200 km、4300 km 和 1800 km，岸线变迁强度依次为 50%、18%、314%、69%和 9%。

6.4.2　中国大陆不同海域海岸线结构变化

1. 北黄海

统计过去 80 年间北黄海各类岸线的长度及结构变化情况，如图 6.25 所示。

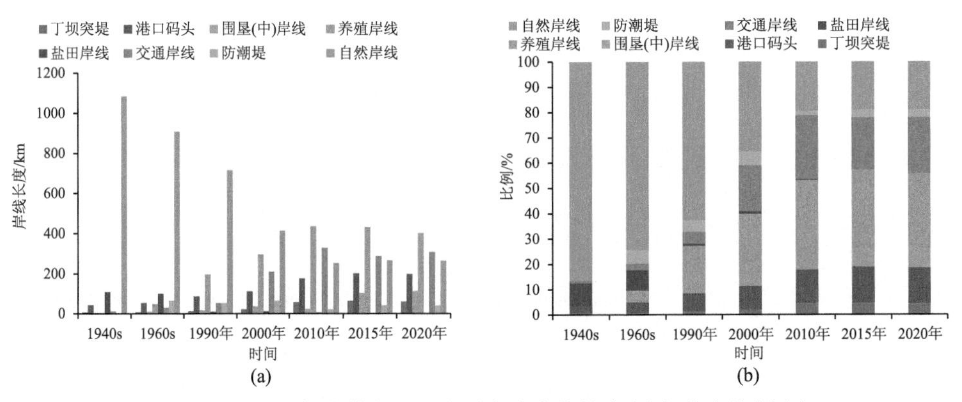

图 6.25　近 80 年北黄海不同类型大陆岸线长度(a)与分布比例(b)

过去 80 年间，北黄海自然岸线减少近 820 km，自然岸线保有率从 86%锐减到 19%，1990～2000 年间减少最快，岸线变迁强度达–4%；人工岸线共增长 950 余千米，人工岸线比率从 14%增加到 81%，同样在 1990～2000 年间增长最快，岸线变迁强度近 8%。

7 类人工岸线中，丁坝突堤增加近 53 km，在 2000～2010 年间增长最快，岸线变迁强度为 16%；港口码头增加近 156 km，也是在 2000～2010 年间增长最快，岸线变迁强度为 6%；围垦(中)岸线增加 113 km，在 2010～2015 年间增长最快，岸线变迁强度高达 67%；养殖岸线增加 402 km，在 1960s～1990 年间增长最快，岸线变迁强度近 11%；盐田岸线减少 109 km，在 2010～2015 年间减少最快，岸线变迁强度为–20%；交通岸线增加 296 km，在 1990～2000 年间增长最快，岸线变迁强度达 30%；防潮堤岸线增加 40 km，2010～2015 年间增长最快，岸线变迁强度为 18%。

2. *渤海*

统计过去 80 年间渤海各类岸线的长度及结构变化情况，如图 6.26 所示。

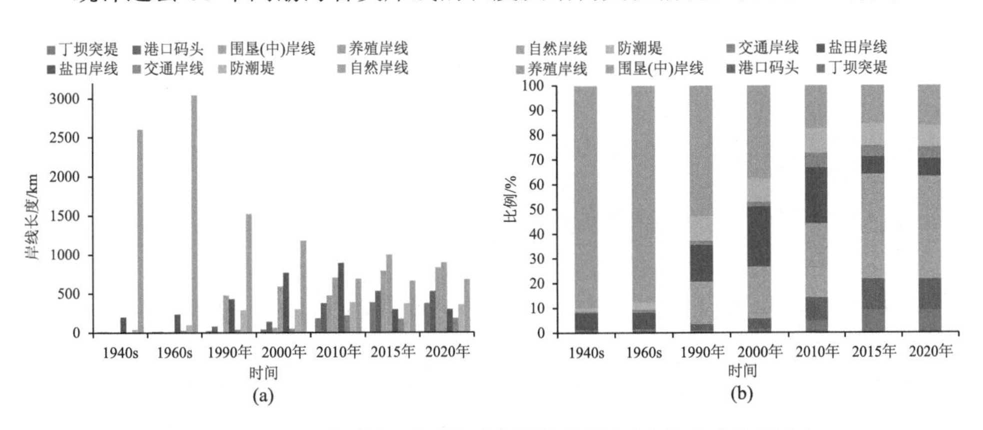

图 6.26　近 80 年渤海不同类型大陆岸线长度(a)与分布比例(b)

过去 80 年间，渤海自然岸线减少 1900 余千米，自然岸线保有率从 90%锐减到 16%，2000～2010 年间减少最快，岸线变迁强度为–4%；人工岸线共增长近 1300 km，人工岸线比率从 10%增加到 84%，同样在 2000～2010 年间增长最快，岸线变迁强度近 7%。

7 类人工岸线中，丁坝突堤增加近 360 km，在 2000～2010 年间增长最快，岸线变迁强度为 32%；港口码头增加 514 km，也是在 2000～2010 年间增长最快，岸线变迁强度为 17%；围垦(中)岸线增加 821 km，同样在 2000～2010 年间增长最快，岸线变迁强度高达 65%；养殖岸线增加 895 km，在 1960s～1990 年增长最快，岸线变迁强度高达 107%；盐田岸线增加 95 km，在 2010 年之前持续增长，2010 年之后开始减少；交通岸线增加 175 km，在 2000～2010 年间增长最快，岸线变迁强度达 34%；防潮堤岸线增加 315 km，1940s 初期到 1960s 期间增长最快，岸线变迁强度为 7%。

3. 南黄海

统计过去 80 年间南黄海各类岸线的长度及结构变化情况，如图 6.27 所示。

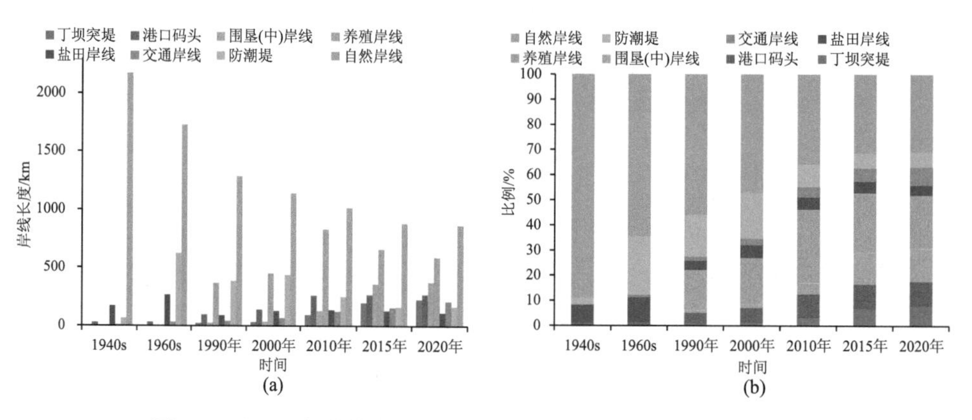

图 6.27　近 80 年南黄海不同类型大陆岸线长度(a)与分布比例(b)

过去 80 年间，南黄海自然岸线减少 1300 余千米，自然岸线保有率从 89%锐减到 31%，2010～2015 年间减少最快，岸线变迁强度为–3%；人工岸线共增长近 1700 km，人工岸线比率从 11%增加到 69%，在 2000～2010 年间增长较快，岸线变迁强度为 4%。

7 类人工岸线中，丁坝突堤增加 222 km，其中在 2000～2010 年和 2010～2015 年间增长最快，岸线变迁强度均在 21%左右；港口码头增加 240 km，也是在 2000～2010 年间增长最快，岸线变迁强度为 9%；围垦(中)岸线增加 374 km，在 2010～2015 年间增长最快，岸线变迁强度高达 36%；养殖岸线增加 590 km，2000～2010 年间增长最快，岸线变迁强度为 9%；盐田岸线减少 59 km，2015～2020 年间减少最快，岸线变迁强度为–3%；交通岸线增加 200 km，在 2000～2010 年间增长最快，岸线变迁强度达 9%；防潮堤岸线增加近 100 km，1940s 初期到 1960s 期间增长最快，岸线变迁强度高达 44%。

4. 东海

统计过去 80 年间东海各类岸线的长度及结构变化情况，如图 6.28 所示。

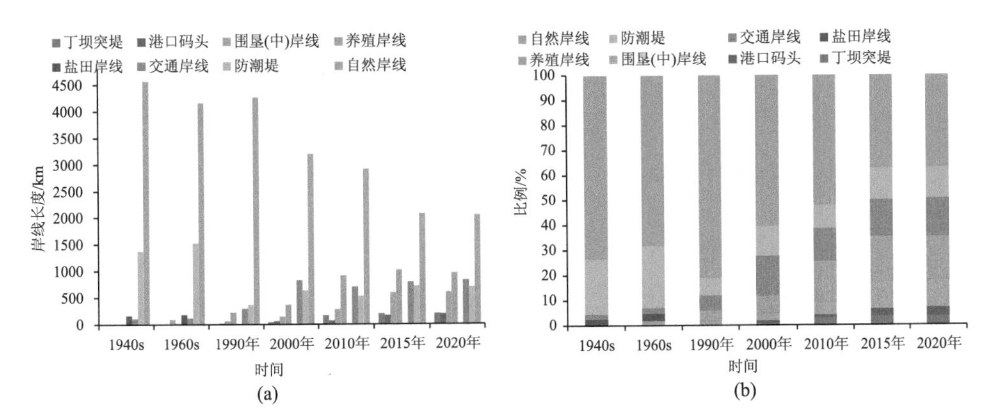

图 6.28　近 80 年东海不同类型大陆岸线长度(a)与分布比例(b)

过去 80 年间，东海自然岸线减少了 2500 余千米，自然岸线保有率从 73%锐减到 37%，2010～2015 年间减少最快，岸线变迁强度为–6%；人工岸线共增长 1800 余千米，人工岸线比率从 27%增加到 63%，1990～2000 年间增长较快，岸线变迁强度为 11%。

7 类人工岸线中，丁坝突堤增加 206 km，在 1990～2000 年间增长最快，岸线变迁强度为 48%左右；港口码头增加 195 km，1960s～1990 年间增长最快，岸线变迁强度高达 65%；围垦(中)岸线增加近 600 km，在 2010～2015 年间增长最快，岸线变迁强度达 22%；养殖岸线增加 966 km，1960s～1990 年间增长最快，岸线变迁强度为 28%；盐田岸线减少 157 km，1960s～1990 年间减少最快，岸线变迁强度为–3%；交通岸线增加 719 km，在 1990～2000 年间增长最快，岸线变迁强度达 18%；防潮堤岸线减少 679 km，1960s～1990 年间减少最快，岸线变迁强度为–3%。

5. 南海

统计过去 80 年间南海各类岸线的长度及结构变化情况，如图 6.29 所示。

过去 80 年间，南海自然岸线减少 2300 余千米，自然岸线保有率从 83%锐减到 41%，2010～2015 年间减少最快，岸线变迁强度为–5%；人工岸线共增长 2000 余千米，人工岸线比率从 17%增加到 59%，1990～2000 年间增长较快，岸线变迁强度为 7%。

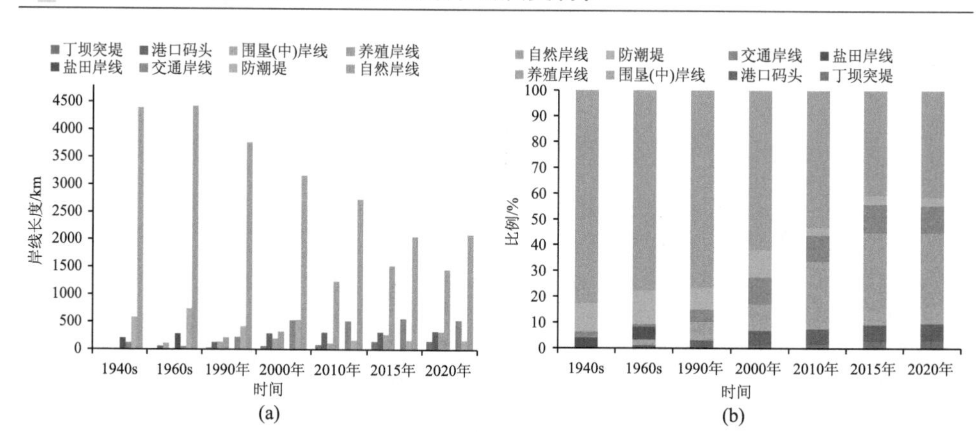

图 6.29 近 80 年南海不同类型大陆岸线长度(a)与分布比例(b)

7 类人工岸线中，丁坝突堤增加 156 km，在 2010～2015 年间增长最快，岸线变迁强度为 16%；港口码头增加 322 km，1990～2000 年间增长最快，岸线变迁强度为 13%；围垦(中)岸线增加近 326 km，在 2010～2015 年间增长最快，岸线变迁强度达 29%；养殖岸线增加 1453 km，1960s～1990 年间增长最快，岸线变迁强度达 47%；盐田岸线减少 206 km，1990～2000 年间减少最快，岸线变迁强度为–10%；交通岸线增加 416 km，在 1990～2000 年间增长最快，岸线变迁强度达 14%；防潮堤岸线减少 415 km，2000～2010 年间减少最快，岸线变迁强度为–7%。

6.4.3 中国大陆不同省(区、市)海岸线结构变化

1. 辽宁省

统计过去 80 年间辽宁省各类岸线的长度及结构变化情况，如图 6.30 所示。

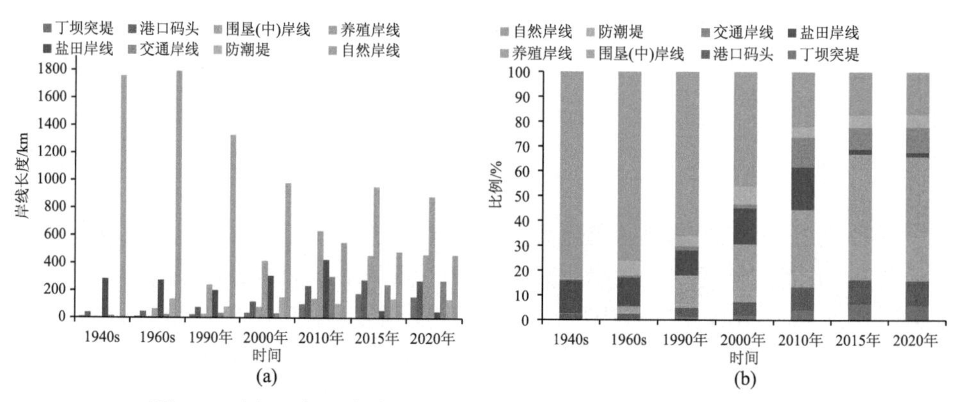

图 6.30 近 80 年辽宁省不同类型大陆岸线长度(a)与分布比例(b)

过去 80 年间，辽宁省自然岸线减少近 1300 km，自然岸线保有率从 83%锐减到 17%，2000～2010 年间减少最快，岸线变迁强度为–4%；人工岸线共增长近 1900 km，人工岸线比率从 17%增加到 83%，2000～2010 年间增长最快，岸线变迁强度为 7%。

7 类人工岸线中，丁坝突堤增加 145 km，在 2000～2010 年和 2010～2015 年间增长最快，岸线变迁强度均在 17%左右；港口码头增加 233 km，2000～2010 年间增长最快，岸线变迁强度为 10%；围垦(中)岸线增加 459 余千米，在 2010～2015 年间增长最快，岸线变迁强度高达 45%；养殖岸线增加近 882 km，2010～2015 年间增长最快，岸线变迁强度为 10%；盐田岸线减少 237 km，2010～2015 年间减少最快，岸线变迁强度为–17%；交通岸线增加 259 余千米，在 2000～2010 年间增长最快，岸线变迁强度高达 81%；防潮堤岸线增加 132 km，1940s 初期到 1960s 时期增长最快，岸线变迁强度高达 230%。

2. 河北省

统计过去 80 年间河北省各类岸线的长度及结构变化情况，如图 6.31 所示。

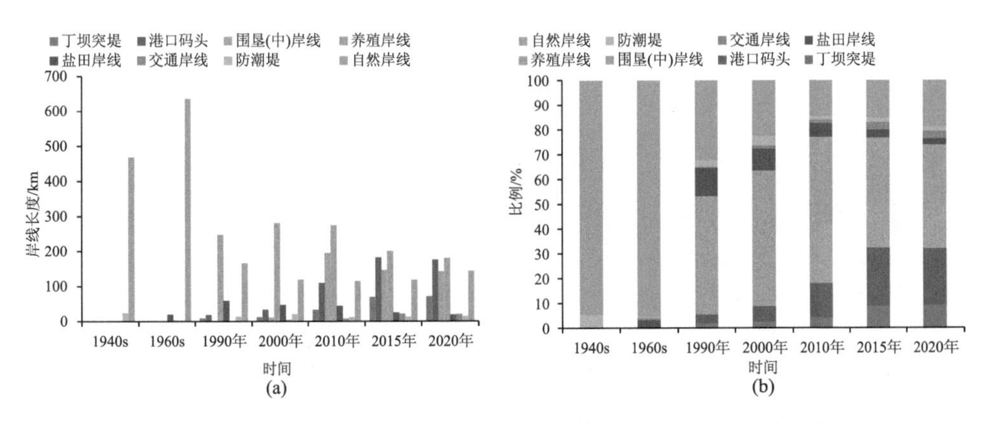

图 6.31 近 80 年河北省不同类型大陆岸线长度(a)与分布比例(b)

过去 80 年间，河北省自然岸线减少 325 km，自然岸线保有率从 94%锐减到 19%，1990～2000 年间减少最快，岸线变迁强度约–3%；人工岸线共增长 600 余千米，人工岸线比率从 6%增加到 81%，1960s～1990 年间增长最快，岸线变迁强度达 35%。

7 类人工岸线中，丁坝突堤增加 70 km，在 2010～2015 年间增长最快，岸线变迁强度为 21%；港口码头增加 176 km，2000～2010 年间增长最快，岸线变迁强度为 22%；围垦(中)岸线增加 143 km，在 2000～2010 年间增长最快，岸线变迁强度高达154%；养殖岸线增加181 km，1960s～1990年间增长最快，岸线变迁强度为8%；盐田岸线增加20 km，1960s～1990年间增长最快，岸线变迁强度为6%，1990年之后开始逐渐减少；交通岸线增加约20 km，1990～2000年间增长最快，岸线变迁强度达49%；防潮堤岸线减少9 km，2000年前逐渐增加，2000年后逐渐减少。

3. 天津市

统计过去80年间天津市各类岸线的长度及结构变化情况，如图6.32所示。

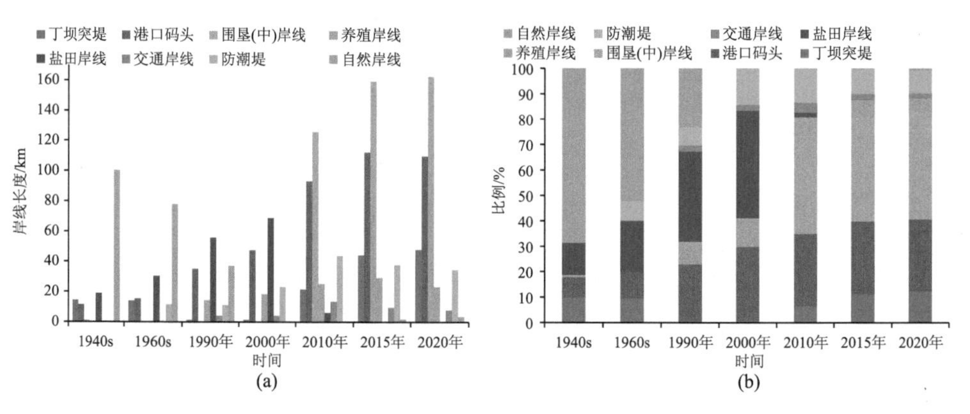

图6.32　近80年天津市不同类型大陆岸线长度(a)与分布比例(b)

过去80年间，天津市自然岸线减少97 km，自然岸线保有率从69%锐减到1%，1990～2000年间减少最快，岸线变迁强度为–10%；人工岸线共增长339 km，人工岸线比率从31%增加到99%，2000～2010年间增长最快，岸线变迁强度为10%。

7类人工岸线中，丁坝突堤增加34 km，在2000～2010年间增长最快，岸线变迁强度高达168%；港口码头增加98 km，2000～2010年间增长最快，岸线变迁强度为10%；围垦(中)岸线增加161 km，在2010～2015年间增长最快，岸线变迁强度为5%；养殖岸线增加23 km，2000～2010年间增长最快，岸线变迁强度为4%；盐田岸线减少近20 km，2010～2015年间减少最快，岸线变迁强度为–20%；交通岸线增加8 km，2000～2010年间增长最快，岸线变迁强度达23%；防潮堤岸线增加34 km，1990～2000年间增长最快，岸线变迁强度为11%。

4. 山东省

统计过去80年间山东省各类岸线的长度及结构变化情况，如图6.33所示。

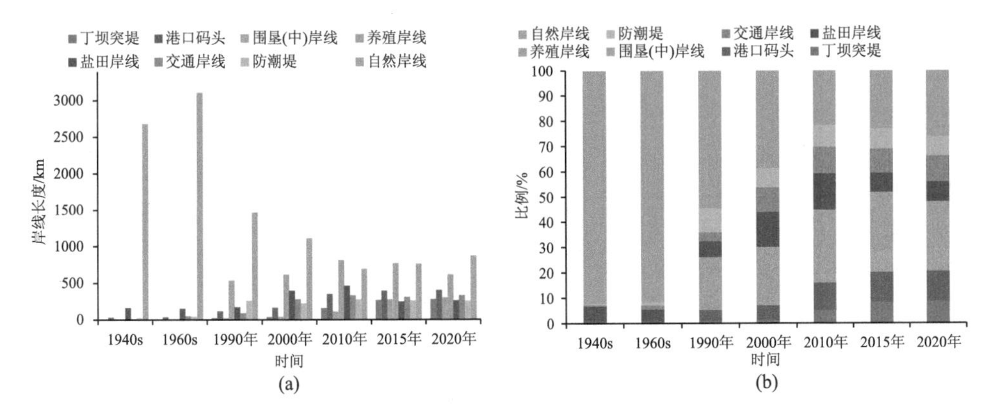

图 6.33　近 80 年山东省不同类型大陆岸线长度(a)与分布比例(b)

过去 80 年间，山东省自然岸线减少 1800 余千米，自然岸线保有率从 92%锐减到 26%，2000～2010 年间减少最快，岸线变迁强度为–4%；人工岸线共增长 2200 余千米，人工岸线比率从 8%增加到 74%，1960s～1990 年间增长最快，岸线变迁强度为 11%。

7 类人工岸线中，丁坝突堤增加 281 km，在 2000～2010 年间增长最快，岸线变迁强度高达 31%；港口码头增加约 372 km，2000～2010 年间增长最快，岸线变迁强度为 11%；围垦(中)岸线增加 302 km，在 2010～2015 年间增长最快，岸线变迁强度为 30%；养殖岸线增加 616 km，2000～2010 年间增长最快，岸线变迁强度为 3%；盐田岸线增加 97 km，1990～2000 年间增长最快，岸线变迁强度为 13%；交通岸线增加 322 km，1990～2000 年间增长最快，岸线变迁强度达 21%；防潮堤岸线增加 232 km，1960s～1990 年间增长最快，岸线变迁强度为 15%。

5. 江苏省

统计过去 80 年间江苏省各类岸线的长度及结构变化情况，如图 6.34 所示。

过去 80 年间，江苏省自然岸线减少近 580 km，自然岸线保有率从 80%锐减到 25%，2010～2015 年间减少最快，岸线变迁强度为–4%；人工岸线共增长 780 余千米，人工岸线比率从 20%增加到 75%，1940s 初期到 1960s 时期增长最快，岸线变迁强度为 15%。

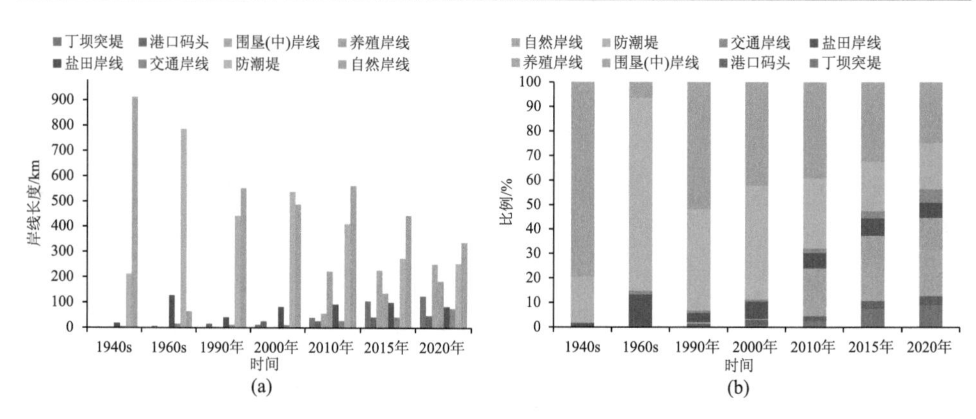

图 6.34 近 80 年江苏省不同类型大陆岸线长度(a)与分布比例(b)

7 类人工岸线中，丁坝突堤增加 124 km，在 2010～2015 年间增长最快，岸线变迁强度高达 34%；港口码头增加 47 km，2010～2015 年间增长最快，岸线变迁强度为 13%；围垦(中)岸线增加 252 km，在 2010～2015 年间增长最快，岸线变迁强度达 61%；养殖岸线增加 183 km，2000～2010 年间增长最快；盐田岸线增加 66 km，1990～2000 年间增长最快，岸线变迁强度为 10%；交通岸线增加 71 km，2000～2010 年间增长最快，岸线变迁强度达 17%；防潮堤岸线增加 41 km，1940s 初期到 1960s 初期增长最快，岸线变迁强度为 13%，1960s 之后，防潮堤岸线长度开始逐渐减少。

6. 上海市

统计过去 80 年间上海市各类岸线的长度及结构变化情况，如图 6.35 所示。

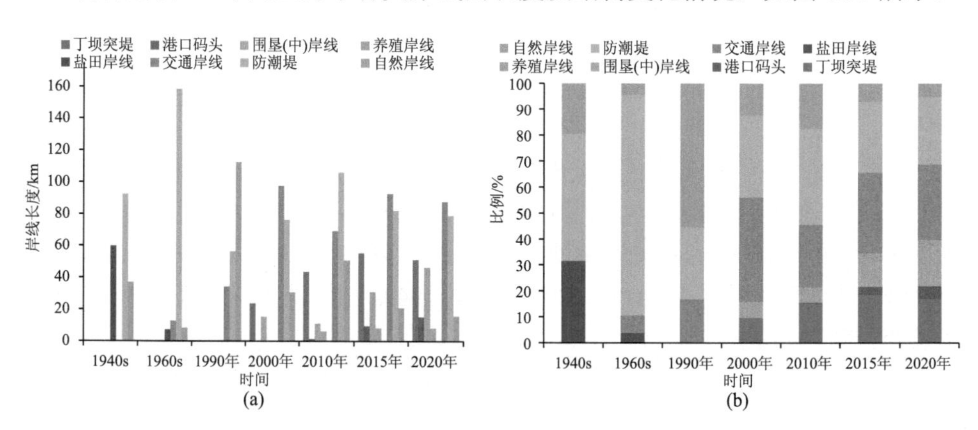

图 6.35 近 80 年上海市不同类型大陆岸线长度(a)与分布比例(b)

过去 80 年间，上海市自然岸线减少 22 km，自然岸线保有率从 20%减到 5%，2010～2015 年间减少最快，岸线变迁强度为–12%；人工岸线共增长 135 km，人工岸线比率从 80%增加到 95%，1990～2000 年间增长最快，岸线变迁强度为 14%。

7 类人工岸线中，丁坝突堤增加 51 km，在 2000～2010 年间增长最快，岸线变迁强度为 9%；港口码头增加 15 km，2010～2015 年间增长最快，岸线变迁强度达 126%；围垦(中)岸线增加 46 km，在 2010～2015 年间增长最快，岸线变迁强度达 36%；养殖岸线增加 8 km，2010～2015 年间增长最快，岸线变迁强度为 7%；盐田岸线减少 60 km，1940s 初期到 1960s 时期减少最快，岸线变迁强度为–4%；交通岸线增加 88 km，1990～2000 年间增长最快，岸线变迁强度达 19%；防潮堤岸线减少 13 km，2010～2015 年间减少最快，岸线变迁强度为–12%。

7. 浙江省

统计过去 80 年间浙江省各类岸线的长度及结构变化情况，如图 6.36 所示。

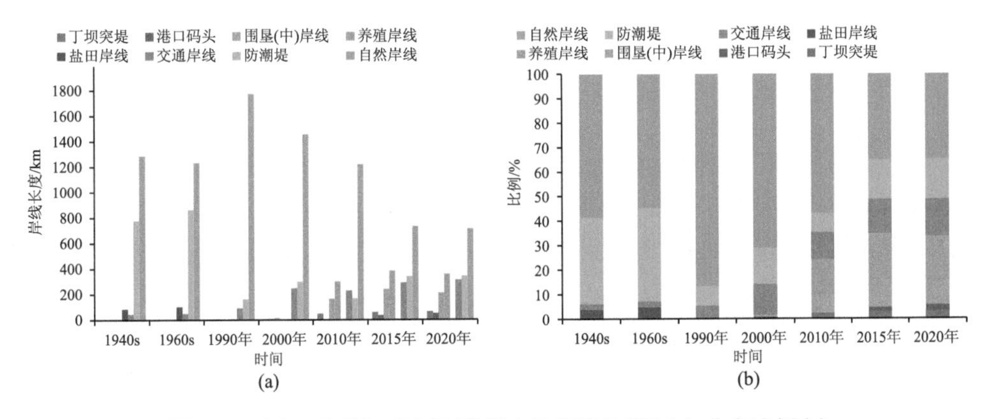

图 6.36　近 80 年浙江省不同类型大陆岸线长度(a)与分布比例(b)

过去 80 年间，浙江省自然岸线减少约 630 km，自然岸线保有率从 58%降到 35%，2010～2015 年间减少最快，岸线变迁强度为–8%；人工岸线共增长 383 km，人工岸线比率从 42%增加到 65%，1990～2000 年间增长最快，岸线变迁强度为 12%。

7 类人工岸线中，丁坝突堤增加 67 km，在 2000～2010 年间增长最快，岸线变迁强度为 47%；港口码头增加 52 km，2010～2015 年间增长最快，岸线变迁强度达 312%；围垦(中)岸线增加 212 km，在 2000～2010 年间增长最快，岸线变迁强度达 97%；养殖岸线增加 360 km，2000～2010 年间增长最快，岸线变迁强度高达 738%；盐田岸线减少 88 km，2010～2015 年间减少最快，岸线变迁强度为

–20%；交通岸线增加 258 km，1990～2000 年间增长最快，岸线变迁强度达 17%；防潮堤岸线减少 477 km，2000～2010 年间减少最快，岸线变迁强度为–4%。

8. 福建省

统计过去 80 年间福建省各类岸线的长度及结构变化情况，如图 6.37 所示。

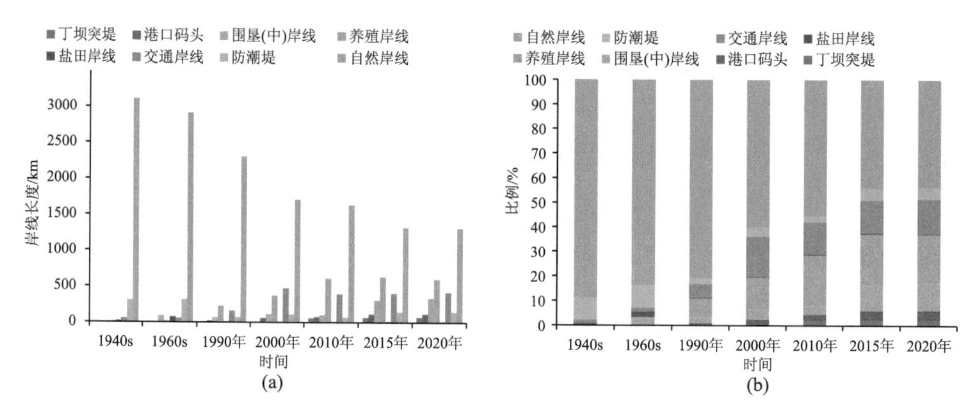

图 6.37 近 80 年福建省不同类型大陆岸线长度(a)与分布比例(b)

过去 80 年间，福建省自然岸线减少近 1800 km，自然岸线保有率从 89%锐减到 44%，2010～2015 年间减少最快，岸线变迁强度为–4%；人工岸线共增长近 1300 km，人工岸线比率从 11%增加到 56%，1990～2000 年间增长最快，岸线变迁强度为 11%。

7 类人工岸线中，丁坝突堤增加 68 km，在 2000～2010 年间增长最快，岸线变迁强度为 46%；港口码头增加 111 km，2010～2015 年间增长最快，岸线变迁强度为 12%；围垦(中)岸线增加 333 km，在 2010～2015 年间增长最快，岸线变迁强度达 40%；养殖岸线增加 598 km，1960s～1990 年间增长最快，岸线变迁强度为 38%；盐田岸线减少 10 km，1960s～1990 年间减少最快，岸线变迁强度为–3%；交通岸线增加 363 km，1990～2000 年间增长最快，岸线变迁强度达 20%；防潮堤岸线减少 163 km，2000～2010 年间减少最快，岸线变迁强度为–4%。

9. 广东省

统计过去 80 年间广东省各类岸线的长度及结构变化情况，如图 6.38 所示。

过去 80 年间，广东省自然岸线减少 1600 余千米，自然岸线保有率从 83%锐减到 42%，2010～2015 年间减少最快，岸线变迁强度为–5%；人工岸线共增长近 1600 km，人工岸线比率从 17%增加到 58%，1990～2000 年间增长最快，岸线变迁强度为 6%。

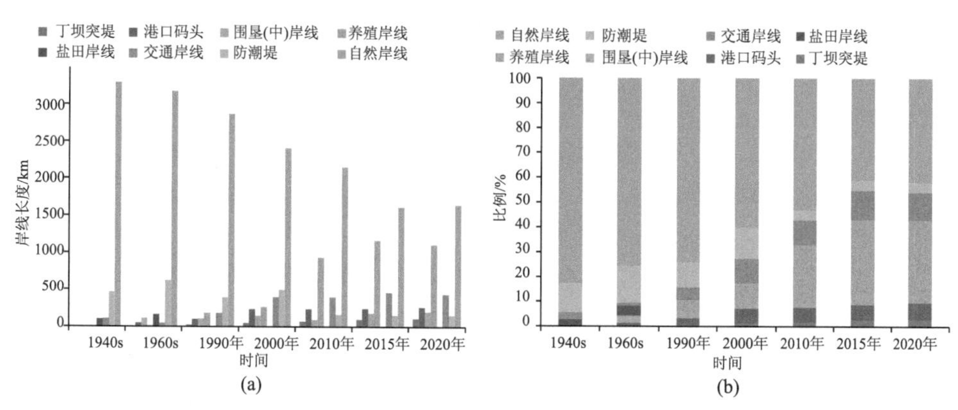

图 6.38 近 80 年广东省不同类型大陆岸线长度(a)与分布比例(b)

7 类人工岸线中，丁坝突堤增加 114 km，在 1960s～1990 年间增长最快，岸线变迁强度为 14%；港口码头增加 263 km，1990～2000 年间增长最快，岸线变迁强度为 13%；围垦(中)岸线增加 195 km，在 2010～2015 年间增长最快，岸线变迁强度达 19%；养殖岸线增加 1100 余千米，2000～2010 年间增长最快，岸线变迁强度为 25%；盐田岸线减少 102 km，1990～2000 年间减少最快，岸线变迁强度为–10%；交通岸线增加 325 km，1990～2000 年间增长最快，岸线变迁强度达 12%；防潮堤岸线减少 309 km，2000～2010 年间减少最快，岸线变迁强度为–7%。

10. 广西壮族自治区

统计过去 80 年广西壮族自治区各类岸线的长度及结构变化情况，如图 6.39 所示。

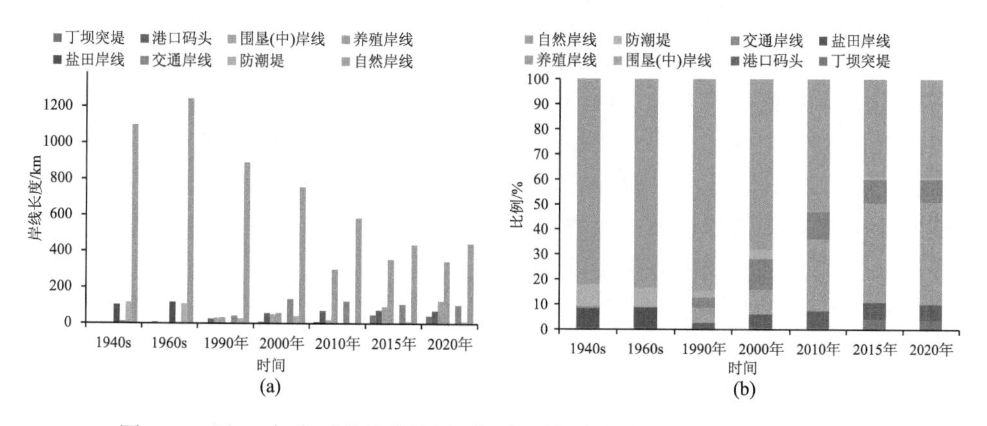

图 6.39 近 80 年广西壮族自治区不同类型大陆岸线长度(a)与分布比例(b)

过去 80 年间，广西壮族自治区自然岸线减少 656 km，自然岸线保有率从 82%锐减到 39%，2000～2010 年间减少最快，岸线变迁强度为–2%；人工岸线共增长 459 km，人工岸线比率从 18%增加到 61%，1990～2000 年间增长最快，岸线变迁强度为 12%。

7 类人工岸线中，丁坝突堤增加 42 km，在 2010～2015 年间增长最快，岸线变迁强度高达 78%；港口码头增加 71 km，1990～2000 年间增长最快，岸线变迁强度为 12%；围垦(中)岸线增加 119 km，在 2010～2015 年间增长最快，岸线变迁强度达 72%；养殖岸线增加 344 km，2000～2010 年间增长最快，岸线变迁强度为 42%；盐田岸线减少 103 km，1960s～1990 年间减少最快，岸线变迁强度为–3%；交通岸线增加 91 km，1990～2000 年间增长最快，岸线变迁强度达 22%；防潮堤岸线减少 106 km，2000～2010 年间减少最快，岸线变迁强度为–9%。

6.5 本章小结

本章对中国大陆海岸线长度和结构的时空动态特征进行了系统的分析和研究。统计表明：

(1) 1940s、1960s、1990 年、2000 年、2010 年、2015 年和 2020 年，中国大陆海岸线的总长度分别约为 1.81 万 km、1.92 万 km、1.65 万 km、1.72 万 km、1.88 万 km、1.90 万 km 和 1.90 万 km。

(2) 截至 2020 年，北黄海、渤海、南黄海、东海和南海五海域大陆海岸线的长度分别为 1386.91 km、4154.09 km、2796.93 km、5562.87 km 和 5064.03 km；过去 80 年来，北黄海、渤海和南黄海海域的大陆岸线长度呈现总体增加的特征，其中，渤海增长最为显著，共增加了 1251.68 km，东海和南海大陆海岸线长度是减少的，分别减少了 671.11 km 和 249.21 km；辽宁、河北、天津、山东、江苏、上海、浙江、福建、广东和广西的大陆岸线长度分别为 2683.46 km、774.09 km、388.25 km、3332.73 km、1355.64 km、302.75 km、2063.96 km、2999.93 km、3924.30 km 和 1139.72 km，其中，位于长江以北的 6 省(市)岸线长度是增加的，天津市增加最为显著，而长江以南的 4 省(区、市)岸线长度是减少的，值得注意的是，北方省(市)海岸线变化的强度要高于南方省(区、市)。

(3) 过去 80 年间，中国大陆自然岸线与人工岸线长度均发生了显著的变化，自然岸线长度锐减了约 8800 km，自然岸线保有率从 1940s 初期的 82%逐渐减小到 2020 年的 31%；相应的，人工岸线比率则从 18%上升到了 69%，人工海岸线的长度共增加约 9700 km。

(4) 过去 80 年间，在 7 类人工岸线中，盐田岸线和防潮堤岸线有所减少，分别减少了 400 余千米和 600 余千米；其余 5 种类型海岸线的长度均增加，丁坝突堤、港口码头、围垦(中)岸线、养殖岸线和交通岸线分别增加了约 1000 km、1400 km、2200 km、4300 km 和 1800 km，岸线变迁强度依次为 50%、18%、314%、69%和 9%。从北黄海到南海，由北向南，人工岸线比率分别从 1940s 初期的 14%、10%、11%、27%和 17%增加到 2020 年的 81%、84%、69%、63%和 59%；从辽宁省到广西壮族自治区，由北向南，大陆沿海省(区、市)人工岸线比率分别从 17%、6%、31%、8%、20%、80%、42%、11%、17%和 18%增加到了 2020 年的 83%、81%、99%、74%、75%、95%、65%、56%、58%和 61%。

参 考 文 献

高晓路, 翟国方. 2008. 天津市海岸带环境的空间价值及其政策启示. 地理科学进展, 27(5): 1-11.

高义, 苏奋振, 周成虎, 等. 2011. 基于分形的中国大陆海岸线尺度效应研究. 地理学报, 66(3): 331-339.

侯西勇, 张华, 李东, 等. 2018. 渤海围填海发展趋势、环境与生态影响及政策建议. 生态学报, 38(9):3311-3319.

赖志坤. 2012. 泉州湾海岸线变化特征的定量分析研究. 海洋科学, 36(8): 75-78.

李从先, 范代读, 邓兵, 等. 2002. 构造运动与中国沿岸平原的地质灾害. 自然灾害学报, 11(1): 28-33.

李东, 侯西勇, 张华. 2019. 曹妃甸围填海工程对近海环境的影响综述. 海洋科学, 43(2): 82-90.

马建华, 刘德新, 陈衍球. 2015. 中国大陆海岸线随机前分形分维及其长度不确定性探讨. 地理研究, 34(2): 319-327.

王琎, 吴志峰, 李少英, 等. 2016. 珠江口湾区海岸线及沿岸土地利用变化遥感监测与分析. 地理科学, 36(12): 1903-1911.

魏帆, 韩广轩, 韩美, 等. 2019. 1980～2017 年环渤海海岸线和围填海时空演变及其影响机制. 地理科学, 39(6): 997-1007.

叶梦姚, 李加林, 史小丽, 等. 2017. 1990～2015 年浙江省大陆岸线变迁与开发利用空间格局变化. 地理研究, 36(6): 1159-1170.

张海涛. 2016. 珠海市海岸线变化高分辨率遥感监测分析. 测绘通报, (11): 55-59, 71.

Rahman M F , Xiujuan S , Chen Y , et al. 2019. Dynamics of shoreline and land reclamation from 1985 to 2015 in the Bohai Sea, China. Journal of Geographical Sciences, 29(12): 2031-2046.

第 7 章

中国大陆海岸线开发利用程度的格局与过程

海岸带承接陆地与海洋，居住于海岸带的人口约占全球总人口的 60%，人口超过 160 万的城市有 2/3 位于海岸带。不同于其他的自然地理单元，海岸带同时承受陆地过程(如降雨与径流变化及岩石与地壳构造运动等)、海洋过程(如波浪、潮汐、风暴潮、海平面变化等)和人类活动(如采沙、补沙、海岸工程、围填海等)的影响，是全球最敏感、波动最迅速、变化最频繁的生态系统。

海岸线作为海水面与陆地接触的分界线，其空间摆动与属性变化反映着海岸侵蚀淤积及地质演变动态，以及人类对其利用方式的时空变化。人类活动改变海岸线属性的方式主要有两种，一是在原位海岸进行开发利用，从而改变海岸线的形态及利用方式，如，围垦原位的滨海湿地进行水产养殖或发展盐田产业，在原位海岸修建防潮堤或者交通围堤；二是通过围填海活动向海推进，直接产生新的海岸线类型，如，通过围填海进行土地或城市的扩张，或修建港口码头、丁坝突堤等。

自然岸线转变成不同类型的人工岸线主要是由不同的人类开发利用活动所决定的，分布有不同类型人工岸线的岸段，人类对海岸的开发利用程度不同，对海岸带自然资源和生态环境产生的影响特征、影响程度不同，岸段恢复为原有的自然状态或功能的可能性也不相同。例如，在原位或者通过围填海方式进行港口码头建设要比围垦滨海湿地进行水产养殖的开发利用程度更大，导致的岸段状态和属性改变更彻底，对海岸带自然资源和生态环境的破坏更严重，岸段自然属性和功能的可恢复性也更低。

如第六章中所述，在过去 80 年(1940s～2020 年)间，中国大陆海岸线的类型结构发生了很大的变化，自然岸线减少了约 8800 km，新增各类人工岸线总计约 9700 km，如此广泛和深刻的变化势必对海岸带造成高强度的影响，因此，本章对过去 80 年间中国大陆海岸线开发利用程度的时空动态特征开展研究，以期刻画和揭示海岸带受人类活动影响的强度及其格局与过程特征。

7.1　大陆海岸线开发利用程度分析方法

7.1.1　海岸线开发利用程度综合指数

进入 21 世纪以来，随着人类经济和社会活动的空间范围不断向海洋挺进，大量自然海岸被占用和开发，在很多海岸带区域，人类活动在较短时期内对资源环境和生态系统所造成的影响已明显超越了自然界本身在较长时期内的累积性影响，例如，人类活动已然替代了大量入海河流以及海岸带水动力因素而跃升为近期海岸线位置及属性特征变化的主导因素（Primavera，2006；Sridhar et al.，2009；李建国等，2010；Yildirim et al.，2010；徐进勇等，2013；王毅杰和俞慎，2013；刘永超等，2016），使得海岸线的位置及多种属性由过去仅在自然因素影响下的温和而缓慢的变化转变为当前急剧的、大幅度的变化。

目前，已有不少学者针对海岸线的开发利用特征进行研究：刘百桥等（2015）从海岸线空间资源可持续利用的角度，构建了海岸线开发利用负荷度和易损度指标，对我国 1990～2013 年间的大陆海岸线资源开发利用特征进行了评估，评估指出中国大陆海岸线的开发利用负荷不断增加，距离海岸线 1 km 范围内海域被开发利用的面积比例已超过 80%，重度开发岸线长度占比达 16.43%，其中，河北、天津、山东、江苏、上海和浙江的重度开发岸线长度占比均超过了 50%，天津、上海和江苏的未利用岸线比例均不足 30%，而海南、福建和广西地区的未开发岸线比例超过 60%；叶梦姚等（2017）基于专家知识方式，建立包含自然和生态两方面因素的影响因子的评价指标体系，根据层次分析法并结合专家意见构建评价体系的判断矩阵，确定各项指标的权重，计算得到各种海岸类型的资源环境影响因子值，最终建立海岸线开发利用强度函数模型，计算了浙江省及各岸区的海岸线开发利用强度；Li 等（2018）通过综合海岸带湿地生态系统稳定性特征、岸线利用扰动特征和人工堤坝动态变化特征，建立了一个海岸线开发利用强度的综合评价模型，研究分析了江苏省大丰区岸线开发利用特征。

海岸线类型形态与土地的类型形态均由人类活动的开发利用方式所决定，因此，岸线利用程度综合指数的建立可以参考土地利用程度量化的过程。刘纪远（1992）对土地利用程度的定量表达提出了新的方法，即将土地利用程度按照土地自然综合体在社会因素影响下自然平衡保持状态分为 4 级，并分级赋予指数，从而定量表达土地利用的程度。量化的基础建立在土地利用程度的极限上，土地利用的上限，即土地资源的利用达到顶点，人类一般无法对其进行进一步的利用与开发，土地利用的下限，即人类对土地资源开发利用的起点（庄大方和刘纪远，

1997）。

参照土地利用程度综合指数的概念和计算方法，建立“海岸线开发利用程度综合指数(index of coastline utilization degree, ICUD)”模型。基于大量的野外考察，按照人类活动影响程度的差异，对各类型岸线分别赋予不同的人力作用强度指数(表 7.1)，指数由 1 至 4，海岸线受人类活动影响的程度及其恢复为自然岸线的难度均逐渐增强，而海岸线的功能多样性则逐渐下降。

表 7.1 各类型岸线的人力作用强度指数

利用方式	丁坝突堤	港口码头	交通岸线	围垦(中)岸线	养殖岸线	盐田岸线	防潮堤	自然岸线
指数	4	4	4	4	3	3	2	1

进而，利用式(7.1)计算海岸线开发利用程度综合指数。

$$\mathrm{ICUD}=\sum_{i=1}^{n}(A_i \times C_i)\times 100 \tag{7.1}$$

式中，ICUD 为海岸线开发利用程度综合指数；A_i 为第 i 类岸线的人力作用强度指数；C_i 为第 i 类岸线的长度百分比；n 为岸线利用类型的种类数量。海岸线开发利用程度综合指数是一个取值区间为[100，400]的连续函数，在一定的区域内，综合指数的大小即反映了海岸线开发利用程度的高低，在此基础上，任何地区的海岸线开发利用程度均可以通过计算其综合指数的大小而得到。

7.1.2 中国大陆海岸线开发利用程度评价单元

中国大陆海岸线的类型结构、开发利用程度以及多方面的变化特征都具有很强的空间差异性，为了更好地展现中国大陆海岸线开发利用程度的格局特征，本章除了选取如第六章所述的沿海整体、分海域和分省(区、市)3 个层面外，又按照 Wu 等(2014)对中国海岸带的分区方案，在 135 个空间单元层面进行更为细致的计算和分析。该分区方案的具体划分方法为：分别对 7 个时相的大陆海岸线数据以 5 km 为半径作缓冲区，得到 7 个多边形；将 7 个多边形空间合并(取并集)，得到能够同时覆盖 7 个时相海岸线的多边形；在垂直于该多边形的临海边界，自北向南以 50 km 间距建立横断面，将自相交以及与同一时相海岸线相交两次的横断面做适当调整，最终划分出 135 个海岸带基本空间单元，自北向南依次编号(图 7.1、附表 7)。

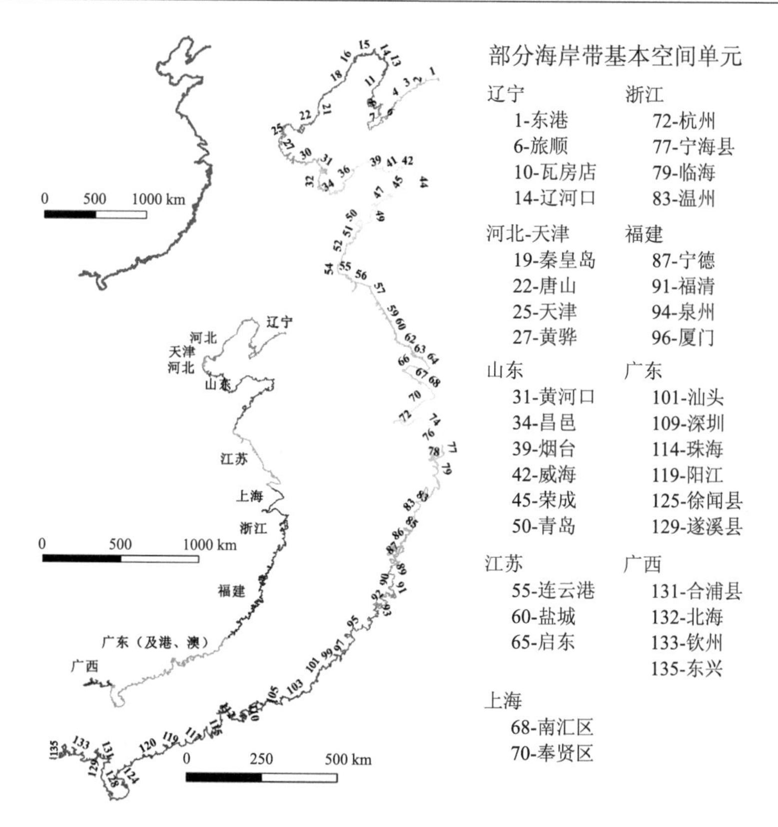

图 7.1　海岸线开发利用程度计算和分析的空间尺度

7.2　中国大陆海岸线开发利用程度时空特征

7.2.1　全国大陆海岸线开发利用程度时空动态特征

如表 7.2 所示，过去 80 年间，丁坝突堤、港口码头、围垦(中)岸线、养殖岸线以及交通岸线所占比例整体均呈连续增加的态势,养殖岸线在 2015 年后有所减少；盐田岸线与防潮堤岸线的比例在 80 年间整体为下降态势，但中间有所波动，盐田岸线在 2010 年占比最大，防潮堤岸线在 2000 年占比最大；自然岸线的比例在 2015 年之前持续减少，2015 年后稍有增加，1940s 初期为 81.86%，2000 年减少至 52.97%，2020 年已接近 30%。岸线结构变化使得海岸线开发利用程度综合指数呈持续增加的态势，80 年来增加了 138.67，增加一倍多，年均增加 1.73。

海岸线开发利用程度综合指数的增加具有显著的阶段性特征：1940s 仅为 127.12，1940s～1960s 期间，增加了 11.71，年均增加 0.59；1960s～1990 年期间，增加了 20.79，年均增加 0.69；1990～2000 年间，增加了 41.09，年均增加 4.11；2000～2010 年间，增加了 36.56，年均增加 3.66；2010～2015 年间，增加了 27.21，年均增加 5.44；2015～2020 年间，增加了 1.32，年均增加 0.26。1990～2000 年间，自然岸线减少的速度较快，岸线利用程度综合指数的增速也较高，与 1990～2000 年间相比，2000 年以来，在自然岸线人工化的同时，不同类型的人工岸线之间的结构调整也已成为海岸线开发利用程度综合指数升高的重要原因，因此，虽然自然岸线比例减少速率已明显变缓，但海岸线开发利用程度综合指数仍保持着较高的增速。

表 7.2　不同年份中国大陆海岸线开发利用的结构特征及开发利用程度综合指数

时间	丁坝突堤/%	港口码头/%	围垦(中)岸线/%	养殖岸线/%	盐田岸线/%	交通岸线/%	防潮堤/%	自然岸线/%	ICUD
1940s	0.14	0.55	0.05	0.00	4.75	1.38	11.28	81.86	127.12
1960s	0.19	0.85	1.14	0.53	5.59	1.35	15.97	74.37	138.83
1990	0.57	2.52	1.56	9.01	3.29	3.94	9.22	69.88	159.62
2000	1.19	4.38	2.83	11.88	5.32	9.84	11.60	52.97	200.71
2010	3.14	6.37	5.44	21.94	5.54	10.07	7.25	40.25	237.26
2015	5.23	7.81	11.13	24.33	2.29	10.34	7.68	31.18	264.47
2020	5.38	8.04	11.82	22.70	2.21	10.88	7.57	31.38	265.79

7.2.2　中国大陆不同海域海岸线开发利用程度时空动态特征

1. 五大海域大陆海岸线开发利用程度空间特征

计算 1940s 初期至 2020 年 7 个时相五大海域的海岸线开发利用综合指数，并分时相绘制五大海域的 ICUD 分布情况，如图 7.2 所示。

1940s 初期，东海的大陆岸线开发利用程度最高，其次是北黄海；渤海与南黄海最低，ICUD 值均在 120 左右；虽然各海域 ICUD 值有所差异，但相差较小，最大值与最小值相差不到 13。

1960s 时期，北黄海发展成为大陆岸线开发利用程度最高的海域，南黄海发展迅速，一跃成为 ICUD 值第二高的海域，且与北黄海相差无几，渤海大陆岸线开发利用程度依旧是最低的，该时期 ICUD 最大值与最小值差扩大到 30。

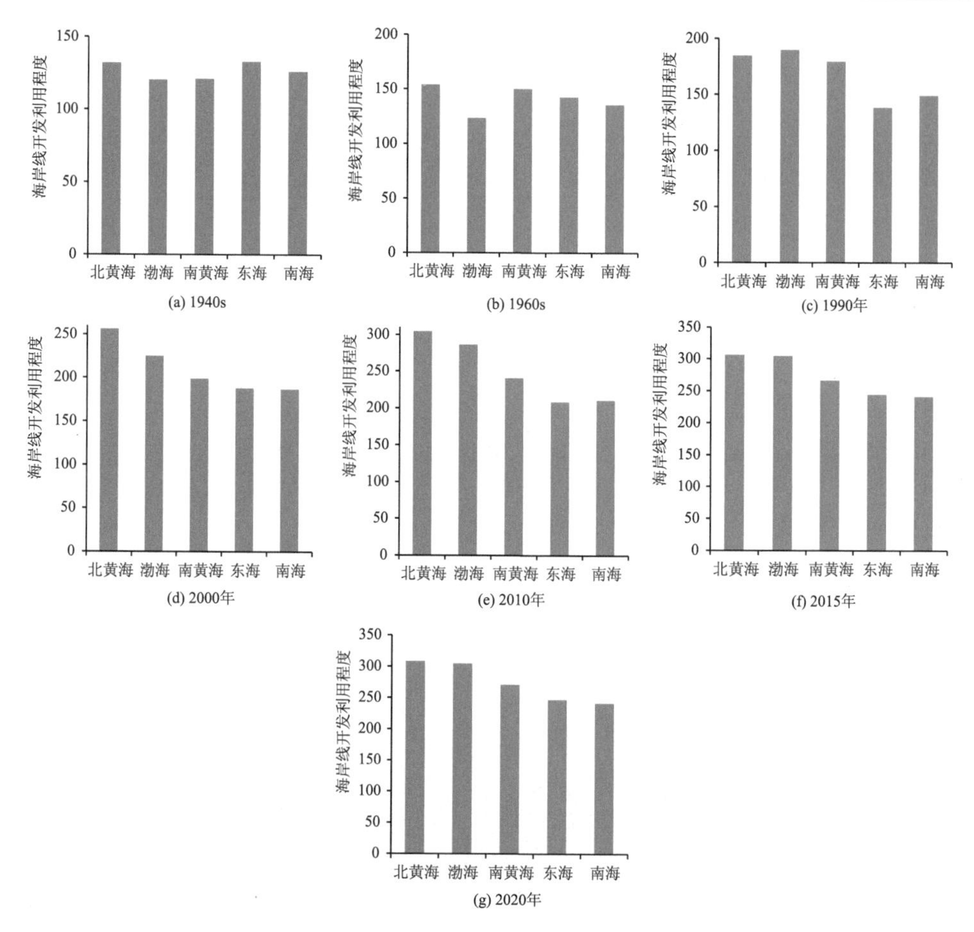

图 7.2　1940s 初期到 2020 年五大海域大陆岸线开发利用程度

1990 年，渤海一跃成为大陆岸线开发利用程度最高的海域，东海成为 ICUD 值最低的海域，与 1940s 初期正好相反，此时，初步形成了北黄海、渤海和南黄海 ICUD 值整体高于东海和南海的“北高南低”的态势，ICUD 最大值与最小值的差进一步扩大到 51。

2000～2020 年间，中国大陆岸线开发利用程度一直呈现由北向南依次递减的变化态势，这一递减趋势在 2000 年最为明显，2010 年、2015 年和 2020 年时期，北黄海和渤海以及东海和南海的 ICUD 值相差并不大，此外，2010 年 ICUD 最大值与最小值的差值达到最大(相差 96)，2000 年、2015 年和 2020 年，这一差值均在 67 左右。

2. 五大海域大陆海岸线开发利用程度时间特征

计算统计五大海域 1940s～2020 年 7 个时相岸线开发利用程度综合指数，并分海域绘制各海域 7 个时相的 ICUD 变化情况，以更好地展示各海域岸线开发利用程度在时间上的变化特征，如图 7.3 所示。

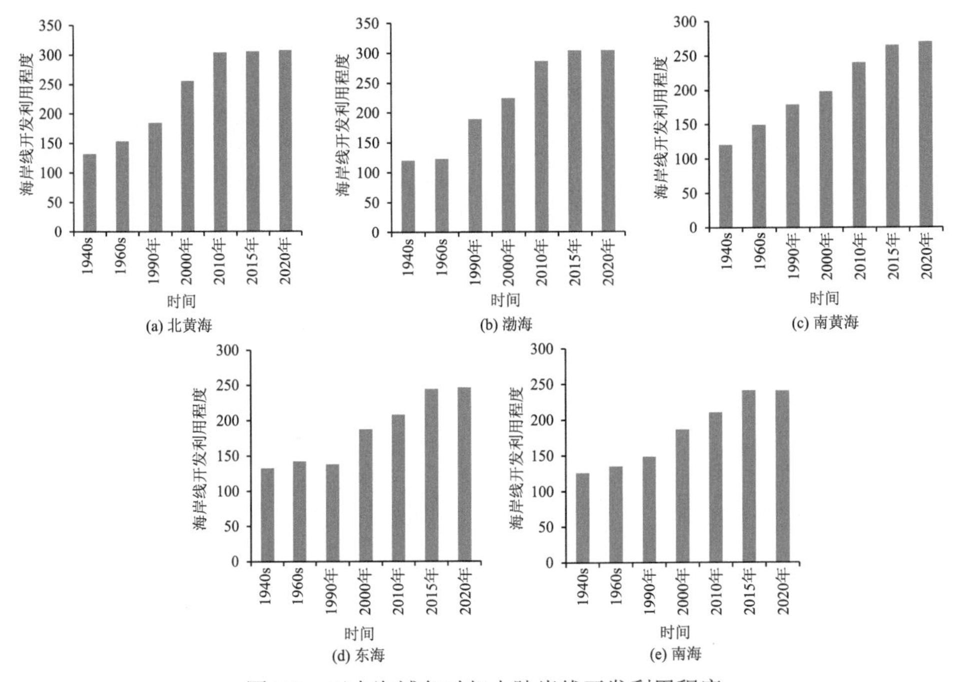

图 7.3 五大海域各时相大陆岸线开发利用程度

五大海域大陆岸线开发利用程度在过去 80 年间整体均呈增强的态势，但各个海域在不同阶段 ICUD 值的变化仍具有较大的差异。

1940s～1960s 期间：北黄海和南黄海 ICUD 值增长较多，分别增加了 21.76 和 29.27，年均增量为 1.09 和 1.46，其他三个海域年均增长均不足 0.5，渤海最低，仅为 0.16。

1960s～1990 年间：渤海 ICUD 值增长最多，增加了 66.38，年均增长 2.21，其次是北黄海，年均增长 1.03，南黄海和南海年均增长不足 1，而东海在这一阶段 ICUD 有所减小，共减小 4.15。

1990～2000 年间：中国海岸带地区开始进入快速开发建设阶段，各海域 ICUD 值较前两阶段增长明显，其中北黄海最为显著，ICUD 年均增长达 7.13，东海、南海和渤海岸线开发利用也较明显，ICUD 年均增量依次为 4.94、3.77 和 3.49，南黄海在该阶段增长较少，ICUD 年均增量为 1.93。

2000～2010 年间：中国海岸带地区仍处于开发建设的高速阶段，渤海海域 ICUD 年均增量高达 7.13，北黄海、南黄海、东海和南海年均增量分别为 4.83、4.20、2.06 和 2.39。

2010～2015 年间：北黄海大陆岸线开发利用基本处于停滞状态，5 年间 ICUD 仅增加 1.48，其他海域大陆岸线的开发利用依旧处于较高的强度，东海和南海尤为显著，年均增量分别高达 7.18 和 6.10，南黄海和渤海也较高，年均增量分别为 5.08 和 3.50。

2015～2020 年间：整个中国大陆岸线开发利用均处于停滞状态，也可以说是达到了岸线开发利用的饱和状态，南海海域 ICUD 增量转为负值，其他海域的 ICUD 年均增量也均不足 1，渤海海域仅为 0.04。

7.2.3　中国大陆不同省（区、市）海岸线开发利用程度时空动态特征

1. 沿海省（区、市）大陆海岸线开发利用程度空间特征

计算 1940s～2020 年 7 个时相沿海各省（区、市）的岸线开发利用程度综合指数，并分时相绘制 10 省（区、市）的 ICUD 分布情况，以更好地展示中国大陆沿海各省（区、市）岸线开发利用程度的空间特征，如图 7.4 所示。

1940s 初期，上海和天津两市的大陆岸线开发利用程度最高，ICUD 分别为 211.95 和 181.05，其他省（区）相差不大，均在 100～150 之间，其中，浙江省较高（149.70）、河北省最低（106.05）。该时期 ICUD 最大与最小值之差为 105.90，值得注意的是，这一差值较同时期海域尺度上的极差有明显的扩大。

1960s 时期，江苏省大陆岸线开发利用程度显著增强，形成了天津市、上海市和江苏省三地独高的局面，ICUD 分别为 207.28、210.46 和 212.98，除浙江省 ICUD 为 154.86 外，其他省（区）依旧低于 150，河北省仍是最低，为 109.58。

1990 年，天津、河北和山东三省（市）的大陆岸线开发利用程度领先于其他省（区、市），ICUD 分别为 271.62、238.74 和 191.09，长江以北的其他省（市）ICUD 均超过了 150，长江以南地区，除广东省为 152.09 外，浙江、福建及广西三省（区）的 ICUD 仍然低于 150。北方 6 省（市）ICUD 平均值为 201.11，南方 4 省（区、市）ICUD 平均值为 139.44，相差 62，该阶段也初步形成了大陆岸线开发利用程度“北高南低”的局面。

2000 年，重新形成了天津与上海两直辖市岸线开发利用程度“领跑”局面，ICUD 分别高达 317.97 和 299.64，此外，北方其他省份的岸线开发利用程度情况也出现分化，河北与山东两省较高，辽宁和江苏两省较低；南方省（区、市）中，浙江省最低，为 156.77，福建、广东和广西 3 省（区）ICUD 相差不大，介于 180～

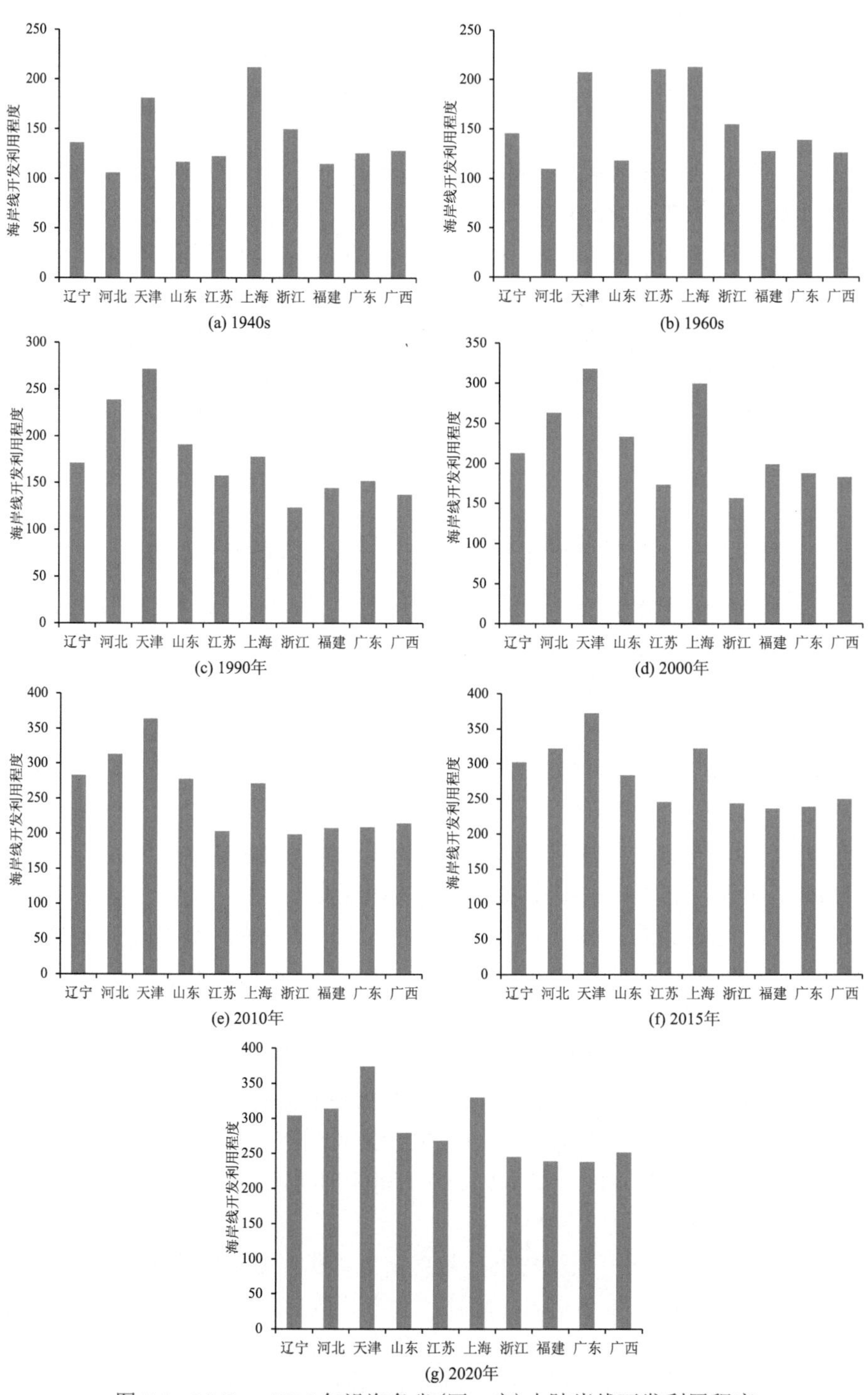

图 7.4　1940s～2020 年沿海各省(区、市)大陆岸线开发利用程度

200 之间，整体依旧低于北方地区。该阶段北方 6 省(市)ICUD 平均值为 250.06，南方 4 省(区、市)ICUD 平均值为 181.67，相差 68.40，较 1990 年时有所扩大。

2010 年，北方各省(市)岸线开发利用程度发展迅速，辽宁、河北和山东尤为显著，ICUD 均超过了上海市，依次为 282.94、312.90 和 277.63，天津市依旧是最高的，达 363.88；南方省(区、市)中，浙江省也依旧最低，为 199，福建、广东和广西 ICUD 值均在 210 左右。该阶段北方 6 省(市)ICUD 平均值为 285.31，南方 4 省(区、市)ICUD 平均值为 207.81，相差 77.51，差值达到最高峰，此外，ICUD 最高与最低的天津市与浙江省相差达 164.88，省(区、市)间的差值同样达到最高点。

2015 年和 2020 年两个时相中国大陆沿海岸线开发利用程度的空间特征基本一致，整体依旧是“北高南低”的格局，其中，天津、上海、辽宁及河北 4 省(市)领先其他区域，这两阶段，北方 6 省(市)ICUD 平均值为 310 左右，南方 4 省(区、市)则为 243 左右，相差 67，省(区、市)间的 ICUD 极差也减小到 135.97，可见，不管是南北间差异还是省(区、市)间的差异，在 2015 年和 2020 年都已明显缩小。

2. 沿海省(区、市)大陆海岸线开发利用程度时间特征

计算统计中国大陆沿海省(区、市)1940s～2020 年 7 个时相岸线开发利用程度综合指数，并按省级区划绘制 10 省(区、市)7 个时相的 ICUD 变化情况，以更好地展示各省(区、市)开发利用程度在时间上的变化特征，如图 7.5 所示。

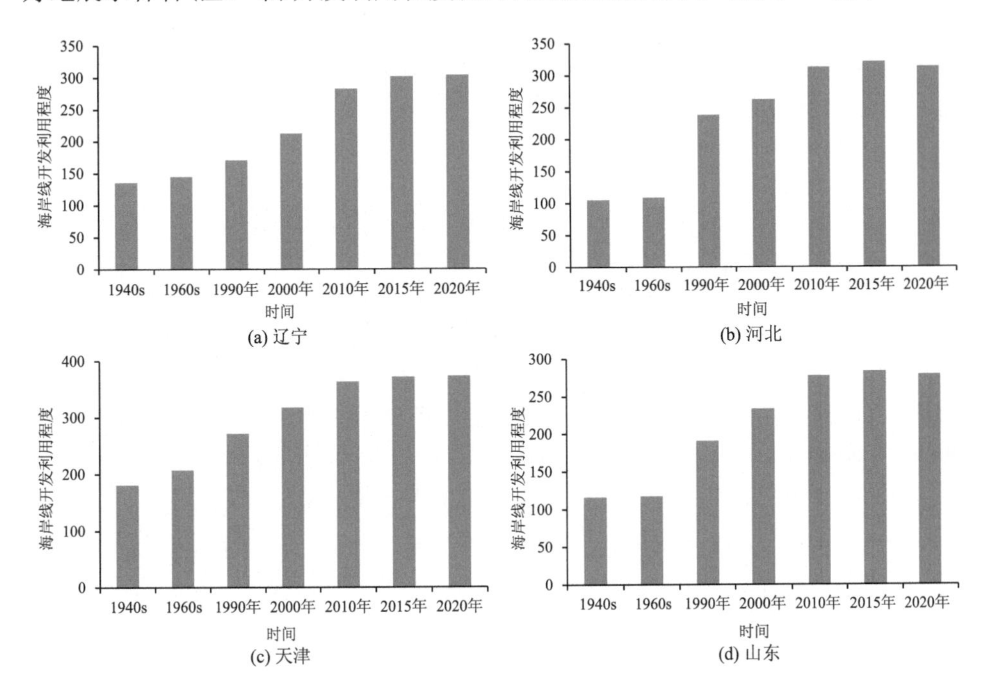

(a) 辽宁　(b) 河北　(c) 天津　(d) 山东

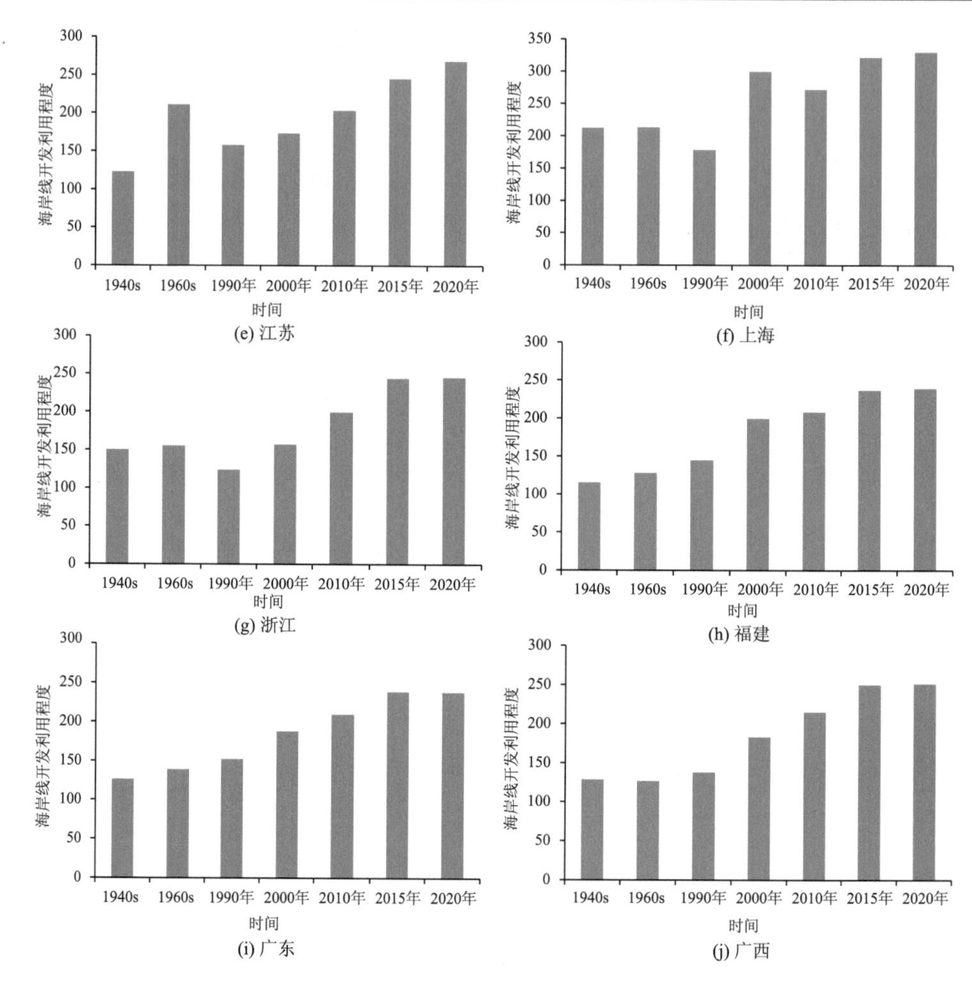

(e) 江苏 (f) 上海 (g) 浙江 (h) 福建 (i) 广东 (j) 广西

图 7.5　沿海省(区、市)各时相大陆岸线开发利用程度

沿海各省(区、市)大陆岸线开发利用程度在过去 80 年间整体均呈增强态势，但各个省(区、市)在不同时间阶段 ICUD 值的变化仍具有较大的差异。

1940s～1960s 期间：江苏省 ICUD 值增长最为突出，年均增长量达 4.39，天津市也较高，年增长量为 1.31，其他省(区、市)的岸线开发利用程度均较弱，福建和广东两省 ICUD 年均增长量约为 0.6，其他省(区、市)则不足 0.5。

1960s～1990 年间：河北、天津和山东 3 省(市)的 ICUD 值增长显著，年均增长分别为 4.31、2.14 和 2.43，江苏、上海和浙江 3 省(市)的 ICUD 值出现负增长，年均变化量分别为–1.76、–1.16 和–1.04，其他省(区)岸线开发利用程度则是缓慢增长态势，ICUD 年均增长量不足 1。

1990～2000 年间：中国海岸带地区的开发建设开始进入快速发展期，各省(区、市)大陆岸线的开发利用程度较之前均有较大的提高，其中，上海市 ICUD 增加最为突出，年均增长达 12.14，福建省次之，为 5.47，辽宁、天津、山东和广西 4 省(区、市)岸线的开发利用也较强，ICUD 年均增长均在 4.5 左右，江苏省 ICUD 在此期间增长最缓慢，年均增长为 1.56。

2000～2010 年间：中国海岸带地区仍处于开发建设的高速阶段，辽宁、河北、天津、山东和浙江 5 省(市)ICUD 增长较为明显，年均增长依次为 7.00、4.98、4.59、4.42 和 4.22，福建省 ICUD 增长较上阶段明显放缓，年均增长仅为 0.86，其他省(区、市)ICUD 年均增长均在 3 左右。

2010～2015 年间：环渤海地区的 4 省(市)——辽宁、天津、河北、山东岸线开发利用程度较前两阶段明显放缓，辽宁省 ICUD 年均增量减小到 3.78，河北、天津和山东 3 省(市)ICUD 年均增量则均降到不足 2，值得注意的是，江苏省及以南的各省(区、市)岸线开发利用程度达到高峰，江苏、上海、浙江、福建、广东和广西各省(区、市)ICUD 年均增长依次为 8.44、10.05、8.93、5.72、5.84 和 6.97。

2015～2020 年间，仅江苏省岸线开发利用程度仍然处于较高态势，ICUD 年均增长为 4.60，除此之外，其他各省(区、市)岸线开发利用程度基本处于停滞状态，ICUD 年均增长整体不足 0.5，上海市稍高，为 1.61，河北、山东及广东 3 省 ICUD 值甚至出现了负增长。

7.2.4　135 个空间单元海岸线开发利用程度时空动态特征

1. 135 个空间单元大陆海岸线开发利用程度空间特征

计算 1940s～2020 年 7 个时相 135 个空间单元的岸线开发利用程度综合指数，并分时相绘制 135 个空间单元的 ICUD 分布情况，如图 7.6 所示。

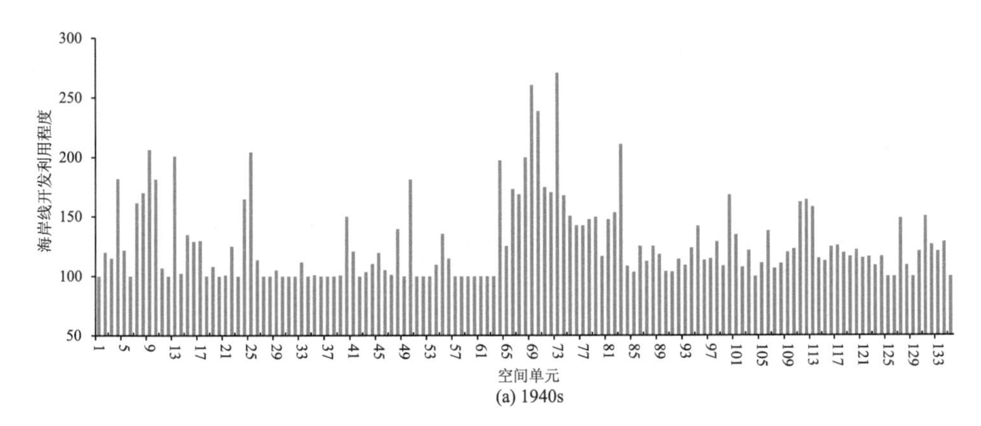

(a) 1940s

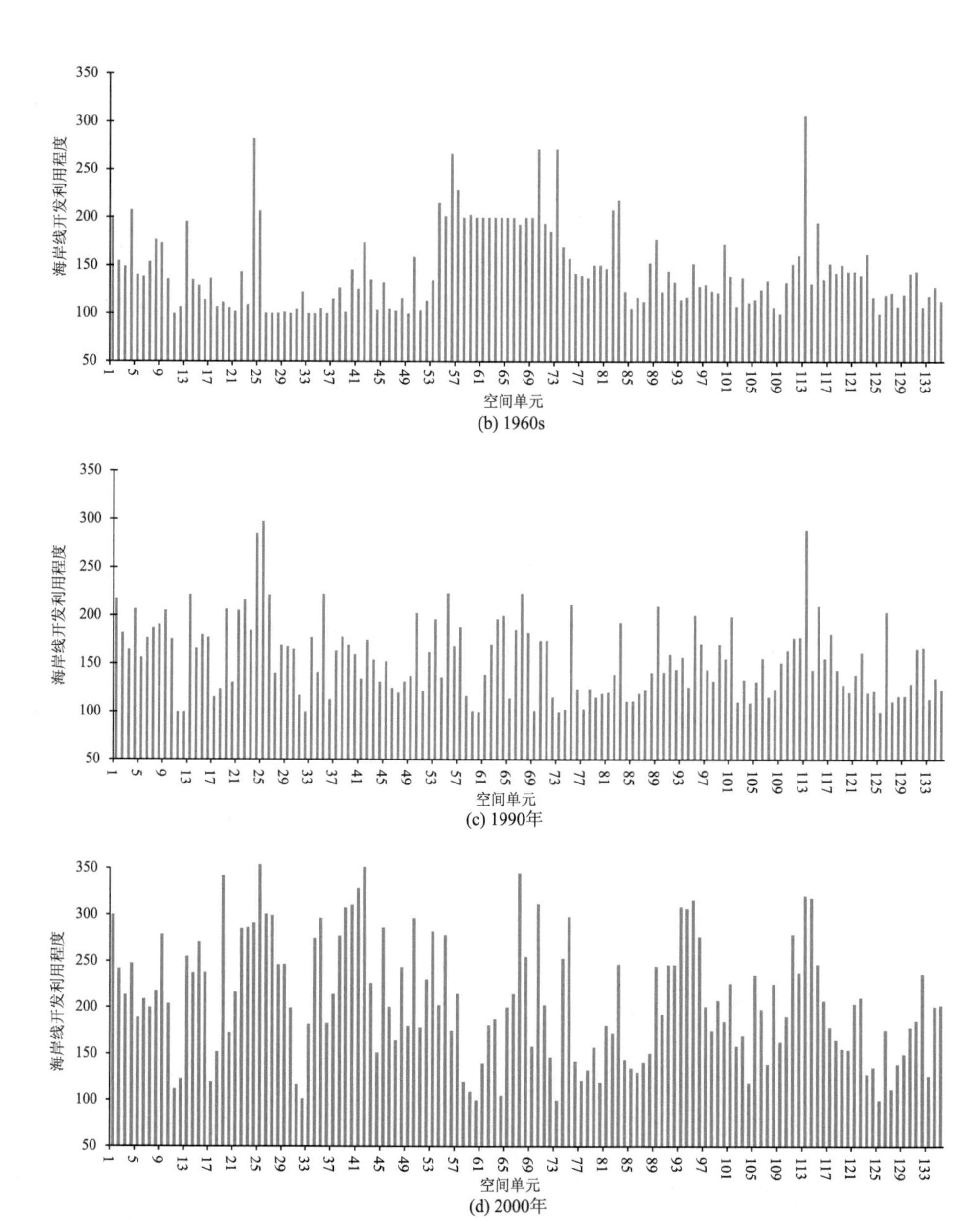

(b) 1960s

(c) 1990年

(d) 2000年

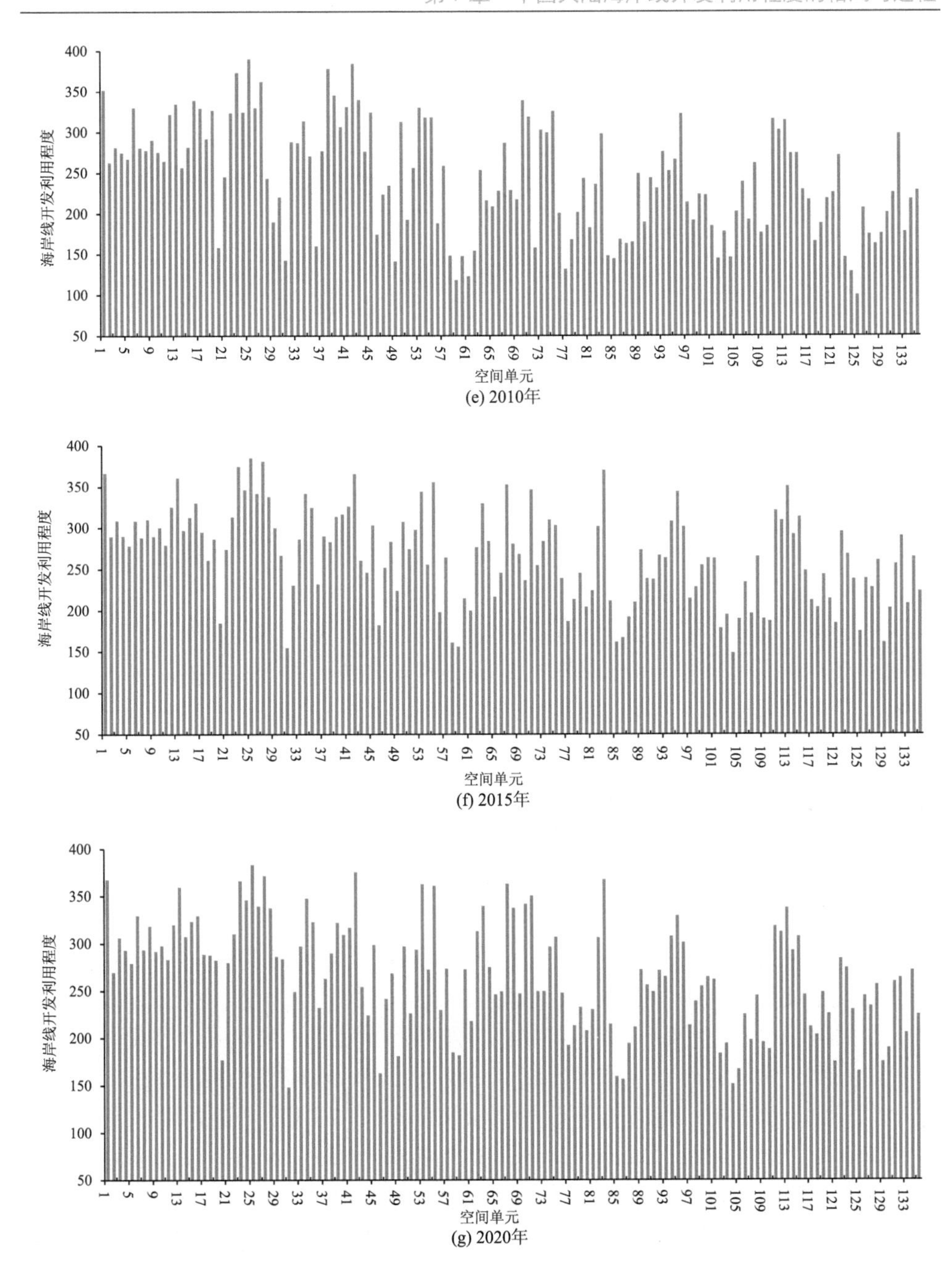

图 7.6　1940s～2020 年沿海 135 个空间单元大陆岸线开发利用程度

1940s 初期：中国大陆海岸线开发利用程度整体较小，但仍有几处开发程度较高的热点区域，分别是：大连的庄河市、大连市辖区南段及瓦房店市北段，盖州市，天津宁河区及市辖区，启东市至宁波市一带，温州市辖区至瑞安市一带，香港、深圳及澳门一带。此外，如果以启东市为界(如图 7.1 所示，启东为 65 号分区)，将中国海岸带划分为北方和南方(65-启东分区归入北方)，由图 7.6 可知，北方区域，除了零星分布的开发热点区域数值较高，多数空间单元的 ICUD 值为 100(无人工岸线)，而南方各空间单元的 ICUD 则普遍超过 100，整体明显超过北方区域。

1960s 时期：中国大陆海岸线开发利用程度较 1940s 初期有所提高，但总体仍然较弱。ICUD 普遍不足 200，空间差异依旧较明显，该时期的开发热点区域有：丹东东港市，大连庄河市，天津宁河区及市辖区，江苏连云港市至宁波慈溪市一带，温州乐清市至瑞安市一带，香港澳门一带。该时期 1～65 空间单元的 ICUD 平均值为 145.68，66～135 单元的 ICUD 平均值为 147.98，中国南方岸线的开发利用程度仍然整体高于北方。

1990 年：有更多的空间单元开始加速海岸线的开发与利用，但各单元开发建设的速度与规模差异较大，导致该时期开发热点区域的连续性较差，多单元独立突出的现象较为明显，按 ICUD 值大小排序，有 21 个单元 ICUD 值≥200，分别是：天津市辖区、澳门、天津宁河区、连云港市辖区、苏州市至上海市辖区、烟台莱州市、营口盖州市、天津市辖区至沧州黄骅市、丹东东港市、唐山乐亭县至曹妃甸区、宁波市辖区、江门新会区至台山市、福州连江县至市辖区、大连庄河市、秦皇岛市辖区、秦皇岛昌黎县至唐山乐亭县、大连瓦房店市、湛江市徐闻县、青岛市辖区、泉州晋江市至厦门市辖区和启东市。此外，该时期 1～65 空间单元的 ICUD 平均值为 165.56，66～135 单元的 ICUD 平均值为 146.43，相差 19.13，中国北方岸线开发利用程度整体开始高于南方。

2000 年：一部分空间单元的海岸线开发利用程度进一步加强，形成了几处连续性较好的岸线高强度开发利用区域，分别是：营口盖州市至锦州凌海市、唐山乐亭县至河北黄骅市、烟台蓬莱市至威海市辖区、苏州市至上海市辖区、泉州惠安县至厦门市辖区和珠江三角洲地区。该时期各空间单元岸线开发利用发展最不平衡，有大量空间单元的 ICUD 值超过 250 甚至 300，但仍有不少单元 ICUD 值停留在 100～150 之间，如：大连瓦房店市南段、葫芦岛兴城市至绥中县、黄河口东营市辖区、盐城射阳县至南通如东县、杭州市辖区至宁波慈溪市北段、宁波奉化区至台州温岭市、福建福鼎市至罗源县、湛江市辖区至遂溪县。此外，南北差异进一步扩大，该时期 1～65 空间单元的 ICUD 平均值为 222.17，66～135 单元的 ICUD 平均值为 196，相差 26.17。

2010 年：有更多空间单元的海岸线开发利用程度得到加强，高强度开发利用区域的连续性也进一步加强；IUCD 超过 200 的空间单元达 95 个，超过 250 的有 64 个，尤其是北方的 65 个单元中，80%的单元 ICUD 超过了 200，70%超过了 250，因此，该时期高强度开发利用热点区域不再显著，相反，从图 7.6 (e) 中可以看到几处明显凹陷的海岸线开发利用“冷点”区域，其 ICUD 值仍然不足 150，这些“冷点”区域主要包括：秦皇岛抚宁区-昌黎县、黄河口东营市辖区、青岛即墨区、盐城射阳县至南通如东县、宁波象山县至宁海县、温州平阳县至宁德福鼎市、汕头潮阳市至揭阳惠来县、湛江雷州市和徐闻县，其中徐闻县 ICUD 值依旧维持在 100，说明该岸段一直处于自然状态，还未经历开发利用。此外，该时期中国沿海岸线开发利用程度南北差异达到最大，1～65 空间单元的 ICUD 平均值为 269.82，66～135 单元的 ICUD 平均值为 219.82，相差约达 50。

2015 年和 2020 年：2015 年约有 82%的空间单元岸线开发利用程度达到最高峰或开发饱和状态，另外 18%的空间单元的岸线开发利用程度有进一步的增强。2015 年和 2020 年各单元 ICUD 值的空间分布特征基本是一致的，近 85%的空间单元 ICUD 值超过 200，近 60%空间单元 ICUD 值超过 250，形成了多处大范围的岸线高开发利用程度区域，如：除秦皇岛抚宁区-昌黎县以及黄河三角洲区域外，从丹东东港市一直到威海荣成市，整个环渤海区域的海岸线都处于高强度开发利用状态，ICUD 平均值高达 306，青岛黄岛区至连云港市辖区、南通如东县至宁波象山县、福州连江县至漳州龙海区以及珠江三角洲区域的岸线开发利用程度同样较强。此外，这两个年份中国沿海海岸线开发利用程度依旧呈北高南低的态势，但差异较 2010 年有所减小，1～65 空间单元的 ICUD 平均值约为 287，66～135 单元的 ICUD 平均值约为 247，差值缩小到 40。

2. 135 个空间单元大陆海岸线开发利用程度时间特征

自 1940s 初期以来，135 个空间单元的岸线开发利用程度整体均是逐渐增强的，但从时间序列来看，各空间单元在不同阶段岸线开发利用程度的变化情况均有很大的差异。

1) 135 个空间单元各时相海岸线开发利用程度分布特征

设定 100、150、200、250、300 和 350 六个阈值，将海岸线开发利用程度综合指数划分成不同的开发利用层次，并定义某空间海岸 ICUD 等于 100 为自然状态(无人工岸线)，介于 100～150(含 150，下同)之间为极弱开发利用状态，介于 150～200 之间为弱开发利用状态，介于 200～250 为中等开发利用状态，介于 250～300 为强开发利用状态，介于 300～350 为高强开发利用状态，介于 350～400 为极强开发利用状态。统计 1940s 初期以来 7 个时相 135 个空间单元大陆海岸线的开发利用状态，并绘制图 7.7 所示的 135 个空间单元各个时相岸线开发利用程度综合指数直方图。

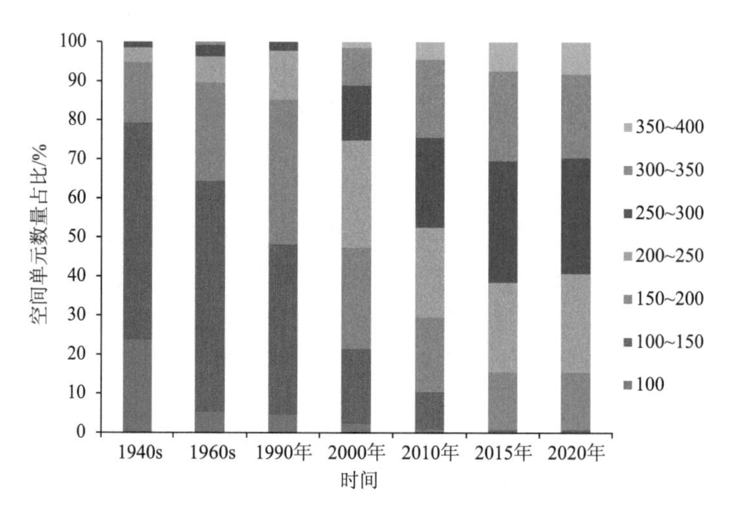

图 7.7　135 个空间单元各个时相岸线开发利用程度综合指数直方图

1940s 初期，共有 32 个空间单元处于自然状态，占比达 24%，处于极弱和弱开发利用状态的空间单元分别占 56%和 15%，处于中等及以上开发利用状态的共 7 个单元，占比仅为 5%。

1960s 时期：处于自然状态下的空间单元大幅减少，由 32 个减少到 7 个，占比也下降到 5%，极弱开发利用状态的空间单元占比最多，达 59%，弱开发利用状态的单元较上一时期增加最多，增加了 13 个，占比达到 25%，处于中等及以上开发利用状态的空间单元增加了 7 个，占比上升到近 11%。

1990 年：处于自然状态的单元还剩 6 个，占 4%，极弱开发利用状态的单元大幅减少，弱开发利用状态的单元则大幅增加，两者占比分别为 44%和 37%，中等及以上开发利用状态的单元增加了 6 个，其中，处于中等开发利用状态的为 13%，强开发利用状态的仅 2%。

2000 年：处于自然状态的单元还剩 3 个，占比 2%，处于极弱和弱开发利用状态的空间单元数量均明显减少，占比分别下降到 19%和 26%，中等及以上开发利用状态的单元共增加了 51 个，其中，中等和强开发利用状态的单元增加最为显著，占比分别上升到 27%和 14%，另外，有 13 个单元首次达到高强开发利用状态，有 2 个单元首次达到极强开发利用状态。

2010 年：处于自然状态的单元仅剩 1 个，占比不足 1%，处于极弱和弱开发利用状态的空间单元数量进一步减少，占比分别降到 10%和 19%，处于中等开发利用状态的单元也开始转为更高开发利用状态，其占比下降到 23%，处于强、高强和极强开发利用状态的单元则迅速增加，共新增 30 个，三者占比分别上升到 23%、20%和 4%。

2015 年：已不再有处于自然状态的空间单元，处于极弱和弱开发利用状态的单元也分别仅剩 1 个和 20 个，共占比约 15%，处于中等开发利用状态的单元数量与 2010 年相同，处于强、高强和极强开发利用状态的单元则进一步有所增加，共新增 19 个，占比分别上升到 31%、23%和 7%。

2020 年：各空间单元的开发利用程度状态与 2015 年相差不大，处于强和高强开发利用状态的空间单元数量均各减少了 2 个，处于中等开发利用状态的单元数量增加了 3 个，处于极强开发利用状态的单元数量增加了 1 个，即 2015～2020 年间，岸线开发利用程度减弱的空间单元数量比加强的空间单元数量多 3 个。

2) 135 个空间单元各阶段海岸线开发利用程度变化特征

计算 1940s 初期以来相邻两个时相之间海岸线开发利用程度综合指数的年均变化量(ΔICUD)，并设定 0、2、5 和 10 四个阈值，将海岸线开发利用程度综合指数年均变化量划分成 5 个区间，定义ΔICUD 小于 0 为开发停滞状态，介于 0～2(包含 0，下同)为缓慢开发状态，介于 2～5 为中等开发状态，介于 5～10 为快速开发状态，大于 10 为高速开发状态。统计 6 个阶段 135 个空间单元的岸线开发利用程度综合指数年均变化量，并绘制如图 7.8 所示的 135 个空间单元各阶段 ICUD 值年均变化分布直方图。

1940s～1960s 期间：处于开发停滞状态的空间单元占 24%，处于缓慢开发的占 61%，处于中等开发的占 6%，有 12 个空间单元在该阶段主要由于大量修建盐田围堤和防潮堤，而处于快速开发状态，占比约 9%。

1960s～1990 年：开发停滞状态的单元新增了 12 个，占比上升到 33%，缓慢开发的单元减少了 8 个，占比降到 55%，中等开发的单元新增了 8 个，占比上升到 12%。

1990～2000 年：是中国大陆岸线开发利用程度迅速加强的第一次高潮，处于开发停滞状态的单元仅剩 6 个，缓慢开发的单元也减少到 27 个，占比分别降到 4%和 20%，中等开发、快速开发和高速开发的单元数量均大幅增加，分别增加了 26 个、38 个和 22 个，占比分别上升到 31%、28%和 17%。

2000～2010 年：135 个空间单元岸线开发利用的发展较上阶段有所放缓，开发停滞的单元数量新增了 11 个，占比上升到 20%，处于缓慢与中等开发状态的单元数量与上阶段基本一致，快速和高速开发利用的空间单元数量减少较多，分别减少了 15 个和 6 个，占比分别降到 17%和 12%。

2010～2015 年：135 个空间单元岸线开发利用程度的变化出现两极分化现象。

开发停滞的空间单元数量进一步增加了 8 个，占比上升到 26%；处于缓慢和中等开发利用程度的单元数量有较大幅度的减少，分别减少了 12 个和 21 个，占比降至 10%和 16%；处于快速和高速开发利用的单元数量则分别增加了 13 个和 12 个，占比分别上升到 27%和 21%；可见，部分空间单元岸线开发利用程度出现了第二次增长高潮。

2015～2020 年：中国大陆岸线开发利用程度几乎达到均衡状态，发展明显放缓，中等及以下开发利用状态的空间单元占比高达 94%，其中 50%的单元已处于开发停滞状态，处于快速和高速开发利用状态的单元分别只有 5 个和 3 个，合计占比仅为 6%。

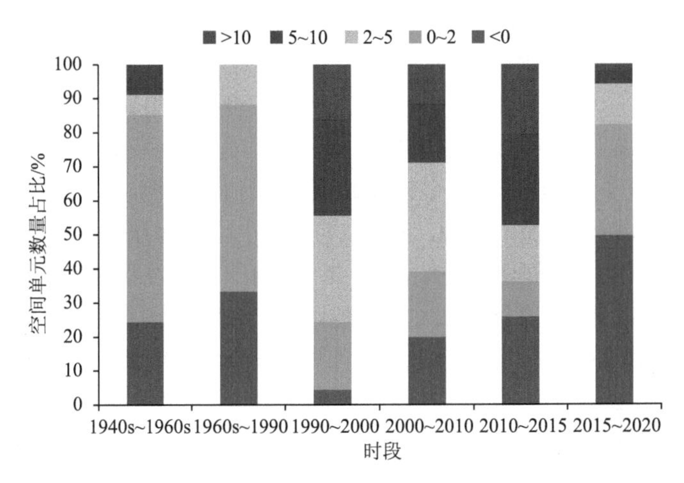

图 7.8　135 个空间单元 ICUD 值年均变化分布直方图

7.3　本 章 小 结

本章借鉴土地利用程度综合指数的概念和计算方法，计算海岸线开发利用程度综合指数，在此基础上分析中国大陆海岸线开发利用程度的格局与过程特征，结果表明：

(1)过去 80 年间，丁坝突堤、港口码头、围垦(中)岸线、养殖岸线以及交通岸线所占比例整体均呈连续增加的态势，盐田岸线与防潮堤岸线整体为下降态势，岸线结构变化使得岸线利用程度综合指数呈持续增加的态势，1940s～2020 年 7 个时相中国大陆岸线开发利用程度综合指数分别为 127.12、138.83、159.62、200.71、237.26、264.47 和 265.79，80 年来共增加了 138.67，增加一倍多，年均增加 1.73。

(2) 中国大陆岸线开发利用程度综合指数的增加具有显著的阶段性特征：整体而言，1940s 初期到 1960s 期间人类活动对大陆海岸线的开发利用程度较小，1990～2015 年间是人类活动对大陆岸线高强度开发利用的阶段，2015～2020 年间人类活动对大陆岸线的开发利用达到饱和或受到抑制，海岸线开发利用程度综合指数增长停滞。另外，1990～2000 年间，自然岸线的显著减少和人工岸线的大幅增加是此阶段岸线开发利用程度综合指数快速增加的主要原因，而 2000～2015 年间，在自然岸线人工化的同时，不同类型的人工岸线之间的结构调整也成为岸线开发利用程度综合指数升高的重要原因，因此，虽然自然岸线比例减少速率已明显变缓，但岸线利用程度综合指数仍保持着较高的增速。

(3) 分别从海域、省(区、市)和 135 个空间单元 3 个层面，分析中国大陆海岸线开发利用程度的时空格局特征，结果显示，在 3 个层面，大陆海岸线开发利用程度均显现出明显的时空差异，且空间尺度越小，差异性愈显著，整体表现为：1940s～1960s，中国大陆沿海整体开发利用水平均较低，3 个层面各空间单元之间的差异较小，但宏观上“北低南高”的空间格局较为显著；自 1960s 起，中国大陆海岸线开始进入开发利用活动增强的阶段，其中，渤海区域率先进入快速开发阶段，在 1990 年左右宏观格局初步逆转，形成了海岸线开发利用程度“北高南低”的格局特征，在此之后，3 个层面绝大多数空间单元均开始了高强度的海岸线开发和利用，且开发利用程度综合指数的空间差异性呈现逐渐扩大的态势，到 2015 年，大陆海岸线开发利用程度综合指数基本达到峰值；在此之后的 2015～2020 年间，中国大陆海岸线开发利用基本处于停滞状态，海岸线的开发利用程度综合指数维持稳定少变。

参 考 文 献

李建国, 韩春花, 康慧, 等. 2010. 滨海新区海岸线时空变化特征及成因分析. 地质调查与研究, 33(1): 63-70.

刘百桥, 孟伟庆, 赵建华, 等. 2015. 中国大陆 1990～2013 年海岸线资源开发利用特征变化. 自然资源学报, 30(12): 2033-2044.

刘纪远. 1992. 西藏自治区土地利用. 北京: 科学出版社.

刘永超, 李加林, 袁麒翔, 等. 2016. 人类活动对港湾岸线及景观变迁影响的比较研究——以中国象山港与美国坦帕湾为例. 地理学报, 71(1): 86-103.

王毅杰, 俞慎. 2013. 三大沿海城市群滨海湿地的陆源人类活动影响模式. 生态学报, 33(3): 998-1010.

徐进勇, 张增祥, 赵晓丽, 等. 2013. 2000～2012 年中国北方海岸线时空变化分析. 地理学报,

68(5): 651-660.

叶梦姚, 李加林, 史小丽, 等. 2017. 1990～2015年浙江省大陆岸线变迁与开发利用空间格局变化. 地理研究, 36(6): 1159-1170.

庄大方, 刘纪远. 1997. 中国土地利用程度的区域分异模型研究. 自然资源学报, 12(2): 105-111.

Li F, Zhao J, Zhao P, et al. 2018. Comprehensive Evaluation of Coastline Development and Utilization Intensity—A case study of Dafeng China//IOP Conference Series: Earth and Environmental Science. IOP Publishing, 199(2): 022052.

Primavera J H. 2006. Overcoming the impacts of aquaculture on the coastal zone. Ocean & Coastal Management, 49(9-10): 531-545.

Sridhar R S, Elangovan K, Suresh P K. 2009. Long Term Shoreline Oscillation and Changes of Cauvery Delta Coastline Inferred from Satellite Imageries. Journal of the Indian Society of Remote Sensing, 37(1): 79-88.

Wu T, Hou X Y, Xu X L. 2014. Spatio-temporal characteristics of the mainland coastline utilization degree over the last 70 years in China. Ocean & Coastal Management, 98: 150-157.

Yildirim U, Erdogan S, Uysal M. 2010. Changes in the coastline and water level of the Akşehir and Eber Lakes between 1975 and 2009. Water Resources Management, 25(3): 941-962.

第 8 章

中国大陆海岸线变化速率的格局与过程

海岸线空间位置的变化受到全球变化过程(气候变暖等)、海岸带环境过程(周期性潮汐、波浪系统、海岸带气象灾害与气候事件、近岸泥沙运移等)、人类活动(填海造陆、围垦滨海湿地、滨海基础设施建设、商业采砂、河流改道与修建闸坝等)以及海岸带原位的地质构造、地形和地貌、生态系统等多重因素的影响。影响海岸线空间位置变化的因素往往不是单一的，而是多重因素共同作用，但是，海岸线变化的影响因素又具有显著的空间差异性和时间变异特征。因此，分析和了解海岸线空间位置的变化特征具有突出的意义，能够在很大程度上直接或间接地反映海岸带地区自然及社会环境要素的变化特征及其影响。

海岸线变化速率是量化表征海岸线空间位置变化特征的指标，目前常见的海岸线变化速率指标有端点速率(end point rate，EPR)、线性回归速率(linear regression rate，LRR)和加权线性回归速率(weighted linear regression rate，WLRR)等。在陆域一侧设置基线计算海岸线变化速率，为负值说明岸线处于向陆后退的状态，为正值则表示岸线处于向海推进的状态，绝对值越大则表明单位时间内海岸线空间位置的变化幅度越大。

本章将从全国、分海域、分省(区、市)以及 135 个空间单元 4 个层面出发，并结合不同的时段划分，计算和分析中国大陆海岸线变化速率在不同层面所表现出来的格局与过程特征，系统而深入地揭示过去 80 年(1940s～2020 年)间中国大陆海岸线的时空变化特征。

8.1 大陆海岸线变化速率计算方法

8.1.1 基于剖面的海岸线变化速率计算

基于与多时相海岸线数据相交的剖面获得海岸线位置时序数据，对这一交点时间序列进行拟合，计算岸线变化速率。主要的拟合模型有：端点速率(Crowell et

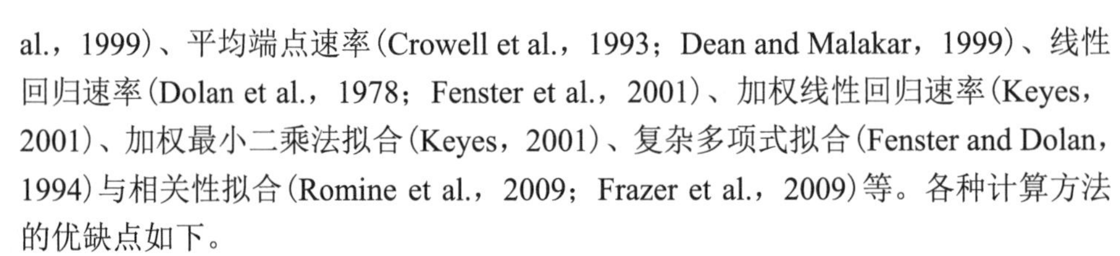

al.，1999）、平均端点速率（Crowell et al.，1993；Dean and Malakar，1999）、线性回归速率（Dolan et al.，1978；Fenster et al.，2001）、加权线性回归速率（Keyes，2001）、加权最小二乘法拟合（Keyes，2001）、复杂多项式拟合（Fenster and Dolan，1994）与相关性拟合（Romine et al.，2009；Frazer et al.，2009）等。各种计算方法的优缺点如下。

端点速率利用首末两端时相的岸线位置计算变化速率，简单快速，适合表征短期内的岸线位移特征。平均端点速率首先需要确定一个最小时间尺度，然后计算所有时间点对间岸线端点速率的均值，它能排除因岸线源数据的测量误差造成的变化，但最小时间尺度的选择具有主观性，且当数据误差较大或端点速率较小时，平均端点速率可能会出现较大误差（Dolan et al.，1991；Fenster et al.，1993）。

线性回归速率是通过使真实数据与拟合线间的残差平方和最小而求得模型参数来估计岸线的变化趋势，它利用多时期岸线位置，表征岸线变化的长期趋势。此方法的前提是假定岸线以恒定速率位移，但事实并非如此，风暴潮、海岸工程都会使岸线变化趋势偏离其既定固有的方向，因此线性回归速率会滤除异常值，平滑掉突发事件对岸线变化趋势的扭曲（Seber et al.，2012）。

加权线性回归速率以岸线位置误差的平方和倒数为权重进行线性拟合，误差较大的岸线对拟合结果的影响较小。权重的加入使得岸线变化趋势的拟合结果更趋准确，但此方法的前提依然是假定岸线以恒定速率位移（Keyes，2001）。

加权最小二乘法拟合首先要剔除异常值，再进行线性最小二乘法的回归拟合。此方法在没有先验知识的情况下可能会剔除好的数据。另一方面，相邻剖面上的异常点不一定为同一年份，因此该方法会造成变化速率与自然动态相比出现比较显著的差异。该方法适用于数据量较大或相邻剖面被捆绑的情况（Rousseeuw et al.，2005）。

复杂多项式拟合与相关性拟合认为岸线不是以恒定速率位移，而是具有一定的加速度，在对位置序列进行拟合时，采用较为复杂的多项式模型，拟合结果不再是直线而是曲线。相关性拟合在可变速率位移的前提下，还认为岸线位移具有空间相关性，即邻近的岸线点的位移会相互牵制、互相影响。

从上述对比描述中可以看出，复杂多项式拟合与相关性拟合方法更科学、拟合结果更符合岸线自然状态下的实际变迁过程，但实现起来较为困难，目前相关研究领域还未有成熟、公开的算法或软件。因此，从方法实现的难易程度、相关数据的可获得性、拟合结果是否能有效地表征特定空间与时间尺度下岸线位置的变化特征等角度考虑，本书仅选择端点速率、线性回归速率、加权线性回归速率分析岸线位置的变化特征。三种速率的具体计算方法如下所述。

端点速率（end point rate, EPR）是剖面上两条岸线的距离间隔与时间间隔的比值(Crowell et al.，1999)。计算方法比较简单，但因为仅利用初始与结束时相的岸线位置信息，中间过程中海岸线的无规则摆动或周期性波动等变化被忽略或过滤掉。计算公式如下

$$\mathrm{EPR}_{m(i,j)} = \frac{D_{mi} - D_{mj}}{T_{m(i,j)}} \tag{8.1}$$

式中，$\mathrm{EPR}_{m(i,j)}$为 m 剖面 i 与 j 时相间岸线变化的端点速率；D_{mi} 与 D_{mj} 分别为 m 剖面上 i 时相与 j 时相岸线与剖面的交点至基线的距离；$T_{m(i,j)}$为 i 时相与 j 时相间的时间间隔。

线性回归速率(linear regression rate，LRR)基于剖面，对多时相岸线数据与剖面的交点序列数据进行最小二乘法线性回归拟合，拟合线的斜率即为所求线性回归速率，具体计算公式如下：

$$y = a_m x + b_m \tag{8.2}$$

$$b_m = \frac{n\sum_i^n x_i y_i - \sum_i^n x_i \sum_i^n y_i}{n\sum_i^n x_i^2 - \left(\sum_i^n x_i\right)^2} \tag{8.3}$$

$$a_m = \frac{\sum_i x_i^2 \sum_i y_i - \sum_i x_i \sum_i x_i y_i}{n\sum_i x_i^2 - \left(\sum_i x_i\right)^2} \tag{8.4}$$

式中，a_m 与 b_m 分别为 m 剖面上回归线的斜率与截距；x_i 为 i 时相的 X 轴坐标位置；y_i 为 m 剖面上 i 时相岸线点与基线点间的距离；n 为时相个数。

加权线性回归速率(weighted linear regression rate，WLRR)是以海岸线误差的平方和倒数为权重，基于剖面，对多时相海岸线数据与剖面的交点序列数据进行最小二乘法加权线性回归拟合，拟合方程的斜率即为所求的速率。计算所得的参数除加权线性回归速率外，还包括：决定系数(WR2, weighted r-squred)、标准差(WSE, weighted standard error)与误差置信区间(WCI, weighted confidence interval)，用以评估所得速率值的稳健性与可靠性。只有当绝对速率大于绝对误差置信区间，即岸线位置的变化量大于误差量时，所得加权回归速率所表明的岸线变化量及趋势才是有效的，具体计算公式如下：

$$y = a_m x + b_m \tag{8.5}$$

$$b_m = \frac{\sum_i w_i x_i y_i - \left(\sum_i w_i x_i\right)\left(\sum_i w_i y_i\right) / \sum_i w_i}{\sum_i w_i x_i^2 - \left(\sum_i w_i x_i\right)^2 / \sum_i w_i} \tag{8.6}$$

$$w_i = 1 / e_i^2 \tag{8.7}$$

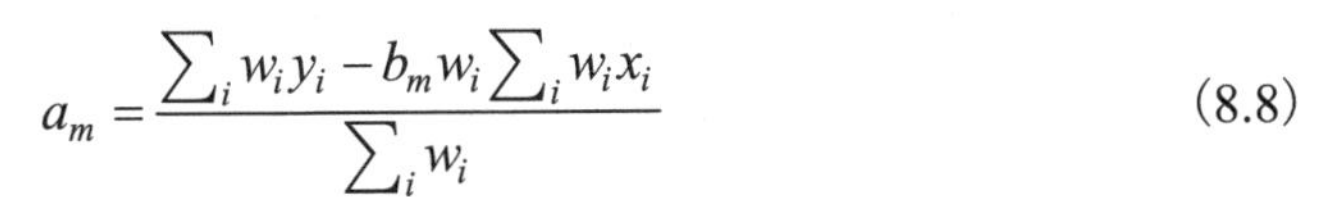

$$a_m = \frac{\sum_i w_i y_i - b_m w_i \sum_i w_i x_i}{\sum_i w_i} \tag{8.8}$$

式中，a_m 与 b_m 分别为 m 剖面上回归线的斜率与截距；x_i 为 i 时相的 X 轴坐标位置；y_i 为 m 剖面上 i 时相岸线点与基线点间的距离；w_i 为 i 时相岸线在回归计算中被赋予的权重；e_i 为 i 时相岸线的位置误差。式(8.7)表明，岸线的位置误差越大，在回归过程中被赋予的权重值就越小，对拟合结果的影响也就越小。

8.1.2 数字海岸线分析系统(DSAS)

数字海岸线分析系统(digital shoreline analysis system，DSAS)是美国 USGS 开发的海岸线变化速率计算工具，是 ESRI 公司的 ArcGIS 地理信息系统软件中的一款免费扩展插件，是当前计算海岸线变化速率的首选工具。DSAS version 5.0(v5.0)于 2018 年 12 月发布，计算机操作系统要求为 Windows 7 或 Windows 10，ArcGIS 版本要求为 ArcGIS10.4 或 10.5 版本。DSAS v5.0 版本的工具栏部分及其功能说明可参考 DSAS v5.0 的用户说明文档(https://www.usgs.gov/centers/whcmsc/science/digital-shoreline- analysis-system-dsas)，基于剖面的海岸线变化速率计算示意图如图 8.1 所示。

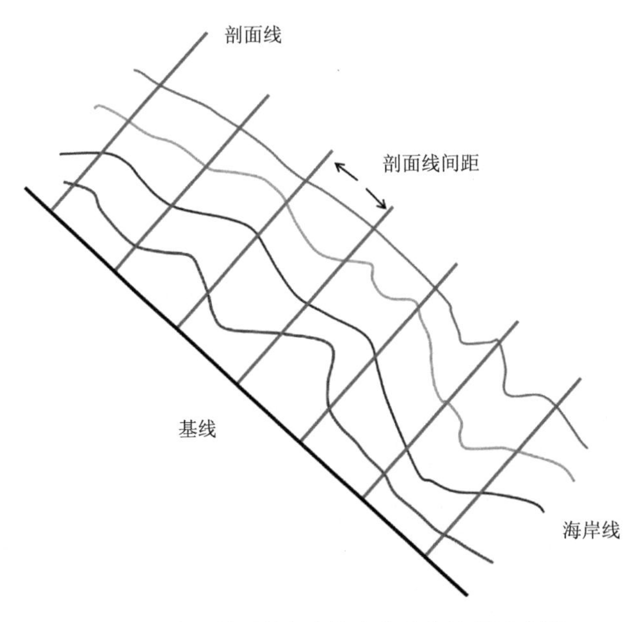

图 8.1　基于剖面的海岸线变化速率计算示意图

首先需要创建一个地理数据库用于储存岸线变化速率计算的输入与输出数据，其中输入数据有“Baseline”和“Shorelines”两个数据集，Baseline 称为基线，是一条与待计算岸线走势大致相同的线要素数据，Shorelines 则是包含了所有时相待计算海岸线的数据集，两个数据集的数据结构如表 8.1、表 8.2 所示。

表 8.1　DSAS v5.0 版本中的基线属性字段要求

Field name	Data type	Attribute addition	DSAS requirement
OBJECTID	Object identifier	Autogenerated	Required
SHAPE（alias: Shape）	Geometry	Autogenerated	Required
SHAPE_Length（alias:Shape_Leng）	Double	Autogenerated	Required
ID	Long Integer	User-created	Required
Group（DSAS_group）	Long Integer	User-created	Optional
Search_Distance（DSAS_search）	Double	User-created	Optional

表 8.2　DSAS v5.0 版本中的海岸线属性字段要求

Field name	Data type	Attribute addition	DSAS requirement
OBJECTID	Object identifier	Autogenerated	Required
SHAPE	Geometry	Autogenerated	Required
SHAPE_Length	Double	Autogenerated	Required
DA TE_（DSAS_date）	Text（Length=10 OR Length=20）	User-created	Required
UNCERTAINTY（DSAS_uncy）	Any numeric field	User-created	Required
SHORELINE_TYPE（DSAS_type）	Text	User-created	Optional

8.2　中国大陆海岸线变化趋势概况

在陆域一侧设置基线，基于 1 km 间距设置剖面线，分别计算 1940s～1960s、1960s～1990 年、1990～2000 年、2000～2010 年、2010～2015 年、2015～2020 年以及 1940s～1990 年和 1990～2020 年 8 个时段中国大陆海岸线的端点变化速率，以及 1940s～2020 年间中国大陆岸线变化的端点速率（EPR）、线性回归速率（LRR）与加权线性回归速率（WLRR），分析与讨论 80 年来中国大陆岸线空间位置变化的时空特征。计算所得的速率值包含正值、负值、零三种，分别对应海岸线向海扩张、向陆后退、未发生变化三种情况。在全国、分海域、分省（区、市）以及 135 个空间单元四个层面，分别统计和分析海岸线的平均变化速率，从而系统地揭示过去 80 年来中国大陆海岸线位置变化的时空特征。

8.2.1 EPR、WLRR、LRR 速率的交互检验

全国范围内，提取端点、线性回归以及加权线性回归三种速率指示岸线位置变化趋势同时相同的剖面子集 a，分别统计该子集中三种指向的剖面数量占全国总剖面数量的百分比；另外，提取线性回归与加权线性回归两种速率指示岸线位置变化趋势同时相同的剖面子集 b，分别统计该子集中三种指向的剖面占全国总剖面数量的百分比，结果如表 8.3 所示。

表 8.3 各剖面子集中三种位置变化趋势的剖面统计 （单位：%）

	未变化	扩张	后退	总和
剖面子集 a	10.80	53.30	15.64	79.74
剖面子集 b	10.86	64.28	24.05	99.19

全国范围内，线性回归与加权线性回归两种速率指示的岸线位置变化趋势相同的剖面数占比高达 99.19%，端点、线性回归以及加权线性回归三种速率指示的岸线位置变化趋势同时相同的剖面数占比 79.74%，子集 a 中岸线位置向海扩张、向陆后退、未变化的剖面百分比均小于子集 b。

子集 a 与子集 b 的以上统计差异说明，经过交叉验证，线性回归与加权线性回归速率对于长时序岸线位置变化趋势的指示较端点速率更为可靠。近五分之一的剖面上，端点速率对于较大时间尺度下岸线位置的变化趋势的指示出现异常，端点速率对于扩张、后退、未变化三种位置变化趋势的指示均有异常值出现。再次表明，初始时相与末端时相间的岸线位置波动会被端点速率忽略从而造成拟合趋势相较于真实趋势发生偏移甚至转向。

8.2.2 中国大陆不同类型海岸线的变化趋势

按海岸底质分类，可将岸线分为基岩岸线、砂砾质岸线、淤泥质岸线和生物岸线四大类，不同底质的海岸线在海岸带及近海环境过程以及被人类活动开发利用过程中所表现的变化特征是不同的，为了解过去 80 年间中国大陆不同类型海岸线的变化特征，本章分别统计三种位置变化趋势剖面中基岩岸线、砂砾质岸线、淤泥质岸线和生物岸线的数量百分比，将输出结果定义为变化趋势的岸线类型结构；另外，分别统计 4 种类型的岸线中各变化趋势的剖面数量百分比，将输出结果定义为岸线类型的变化趋势结构。

选择加权线性回归速率，分析 1940s～2020 年间中国大陆三种变化趋势的岸

线类型结构(表 8.4)以及 4 种岸线类型的变化趋势结构(表 8.5)。

表 8.4　变化趋势的岸线类型结构　　(单位：%)

	基岩岸线	砂砾质岸线	淤泥质岸线	生物岸线	合计
未变化	60.21	17.23	20.50	2.07	100
扩张	16.19	25.66	52.84	5.31	100
后退	26.59	44.21	23.90	5.30	100

表 8.5　岸线类型的变化趋势结构　　(单位：%)

	未变化岸线	扩张岸线	后退岸线	合计
基岩岸线	23.87	52.83	23.29	100
砂砾质岸线	5.28	64.77	29.94	100
淤泥质岸线	4.03	85.58	10.39	100
生物岸线	3.59	76.05	20.36	100

由表 8.4 可知：中国大陆未变化岸线中基岩岸线占比超过一半，为 60.21%，生物岸线占比最低，仅为 2.07%；发生扩张的岸线中淤泥质岸线占比最高，达 52.84%，砂砾质岸线占比同样也较高，为 25.66%，基岩岸线和生物岸线占比较低；发生后退的岸线中砂砾质岸线占比最高，达 44.21%，基岩与淤泥质岸线占比相仿，约为 1/4，生物岸线占比最小，为 5.30%。以上表明过去 80 年来中国大陆岸线扩张趋势主要发生于大规模连续分布的淤泥质岸线，后退趋势主要表现为砂砾质岸线的侵蚀后退，较为稳定的主要为基岩岸线。

由表 8.5 可知：砂砾质岸线、淤泥质岸线以及生物岸线的变化特征相似，均是以扩张为主，后退为辅，未变化岸线占比最少。例如，超过 85%的淤泥质岸线向海扩张，未变化岸线占比不足 5%；基岩岸线与其他 3 种类型岸线的变化结构稍有不同，扩张岸线仍占比最高，达 52.83%，但未变化岸线与发生后退的岸线长度相差不大，占比均在 23%左右。总的来说，过去 80 年中国大陆 4 种类型的岸线均以扩张趋势为主，但亦有较为显著的类型差异性，基岩岸线的稳定性最为显著，砂砾质岸线的侵蚀后退趋势最为显著，而淤泥质岸线的扩张趋势最为显著。

8.2.3　中国大陆海岸线变化时空特征

中国大陆各时间阶段的岸线变化平均速率计算结果如图 8.2 所示，此外，为更好地展示中国大陆岸线位置变化的空间格局特征，基于各剖面线的平均速率进行阈值分割显示，具体为：选定–100、–50、–25、–10、–5、5、10、25、50 和 100

共 10 个阈值，岸线变化平均速率被分为 11 个区间，赋予每个区间不同的颜色，暖色系表示岸线向海扩张，冷色系表示岸线向陆后退，如图 8.3 所示。

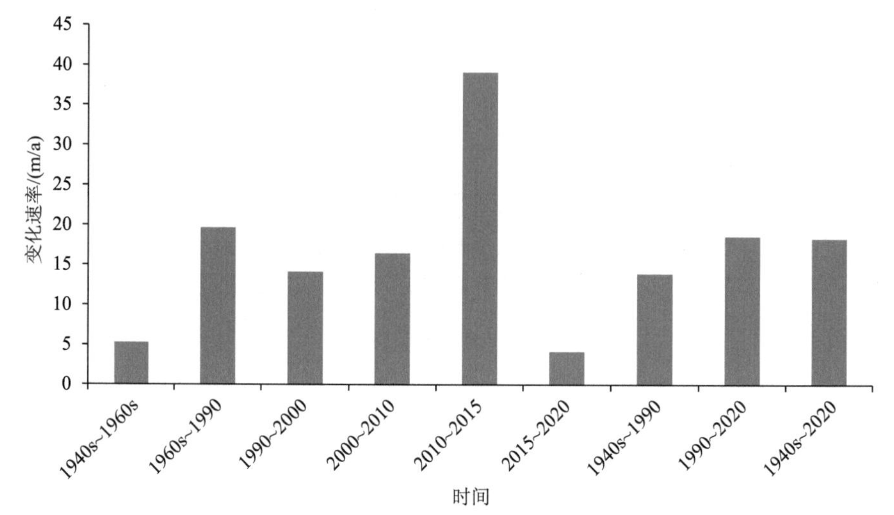

图 8.2　不同时间阶段中国大陆海岸线的变化速率

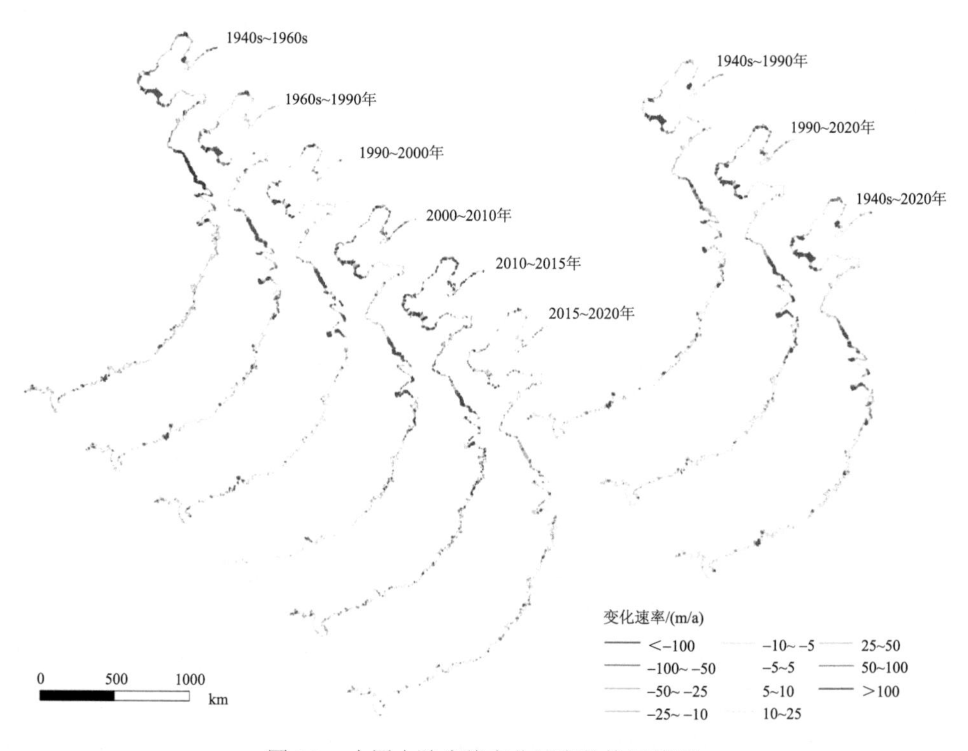

图 8.3　中国大陆岸线变化速率的格局特征

如图 8.2 所示：1940s～1960s、1960s～1990 年、1990～2000 年、2000～2010 年、2010～2015 年、2015～2020 年的岸线变化平均速率依次为 5.28 m/a、19.65 m/a、14.13 m/a、16.46 m/a、39.12 m/a、4.18 m/a；1940s～1990 年、1990～2020 年、1940s～2020 年岸线平均变化速率分别为 13.90 m/a、18.57 m/a 和 18.29 m/a。可见，过去 80 年间中国大陆岸线在各阶段整体上均是向海扩张的。其中，1990～2020 年间（尤其是 2010～2015 年间）海岸线向海扩张的平均速率显著高于 1940s～1990 年间的扩张速率，而 2015～2020 年间，岸线变化速率则大幅下降，明显低于其他各个时间阶段。

综合图 8.3 可以发现，在过去 80 年间，中国大陆海岸线变化速率的空间格局较为复杂，在不同海域、不同省（区、市）以及不同区域间均表现出较强的时空异质性，具体将在以下的几部分内容中予以详细阐述。

8.2.4　中国大陆不同海域海岸线变化时空特征

1. 五大海域大陆岸线变化速率的空间特征

统计 1940s～1960s、1960s～1990 年、1990～2000 年、2000～2010 年、2010～2015 年以及 2015～2020 年 6 个时间阶段北黄海、渤海、南黄海、东海及南海五大海域岸线平均变化速率（图 8.4），以揭示各阶段五大海域的岸线变化空间差异。

1940s～1960s：五大海域海岸线空间位置的变化差异性十分显著，北黄海、东海和南海岸线的变化趋势大致相同，均以向海扩张为主要特征，岸线的平均变化速率均在 7 m/a 左右；渤海海域海岸线同样表现为向海扩张趋势，但向海推进的速率更为突出，平均变化速率高达 50.54 m/a；南黄海海域海岸线则表现为向陆后退的趋势，且后退的幅度也十分显著，岸线的平均变化速率高达–52.14 m/a。

1960s～1990 年间：北黄海、渤海、南黄海、东海及南海的海岸线平均变化速率依次为 8.73 m/a、33.26 m/a、33.43 m/a、17.39 m/a 和 12.93 m/a，渤海和南黄海海域海岸线变化速率基本一致，向海扩张均较为显著，北黄海海域海岸线向海扩张趋势则相对较弱；北方海域（北黄海、渤海和南黄海，下同）海岸线平均变化速率为 25.14 m/a，南方海域（东海和南海，下同）平均变化速率为 15.16 m/a，相差约 10 m/a。

1990～2000 年间：北黄海、渤海、南黄海、东海及南海的海岸线平均变化速率依次为 1.52 m/a、23.70 m/a、28.17 m/a、11.07 m/a 和 10.38 m/a，该时期五大海域岸线变化速率的差异有所扩大，南黄海海域岸线向海扩张最明显，北黄海海域岸线位置则表现出相对稳定的态势，东海和南海海域岸线扩张速率基本一致；该阶段北方海域岸线平均变化速率为 17.80 m/a，南方海域平均变化速率为 10.07 m/a，南北差异有所减小，相差 7.73 m/a。

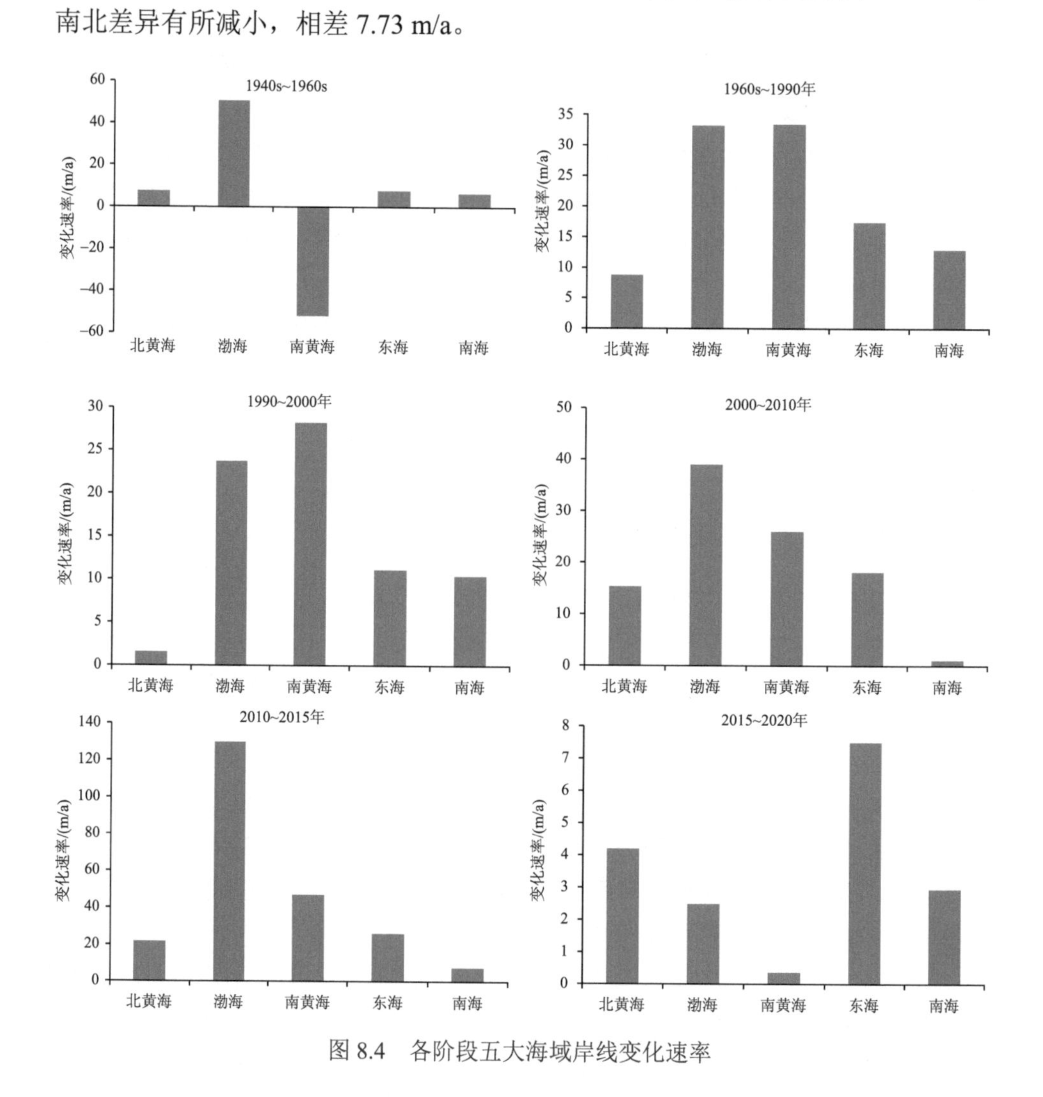

图 8.4　各阶段五大海域岸线变化速率

2000～2010 年间：北黄海、渤海、南黄海、东海及南海的海岸线平均变化速率依次为 15.22 m/a、38.89 m/a、25.98 m/a、18.00 m/a 和 1.05 m/a，该时期五大海域岸线变化速率的差异进一步扩大，以渤海海域岸线向海扩张趋势最为显著，而南海海域岸线则表现为相对稳定的态势，10 年间的岸线位置变化不大；该阶段北方海域岸线平均变化速率为 26.70 m/a，南方海域平均变化速率为 9.53 m/a，相差 17.17 m/a，南北间的差异较上两个阶段明显增强。

2010～2015 年间：北黄海、渤海、南黄海、东海及南海的海岸线平均变化速率依次为 21.51 m/a、129.63 m/a、46.84 m/a、25.92 m/a 和 7.60 m/a，该时期五大海域岸线变化速率的差异发展到最大，渤海海域岸线向海扩张态势明显强于其他海域，南黄海海域岸线的扩张态势也相对较强，而南海岸线的扩张则表现相对较弱；该阶段北方海域岸线平均变化速率为 65.99 m/a，南方海域平均变化速率为 16.76 m/a，相差 49.23 m/a，南北差异也扩大到最大。

2015～2020 年间：北黄海、渤海、南黄海、东海及南海的海岸线平均变化速率依次为 4.18 m/a、2.48 m/a、0.36 m/a、7.49 m/a 和 2.93 m/a，该时期五大海域岸线变化速率较之前阶段均大幅萎缩，海域间的空间差异也同时变小，除东海海域岸线向海扩张趋势稍强外，其他海域岸线空间位置均处于相对稳定状态，5 年间变化不大；该阶段北方海域岸线平均变化速率为 2.34 m/a，南方海域平均变化速率为 5.21 m/a，南方海域岸线的扩张速率超过北方，但相差较小，仅约 3 m/a。

2. 五大海域大陆岸线变化速率的时间特征

以海域为单位，统计北黄海、渤海、南黄海、东海及南海五大海域在 1940s～1960s、1960s～1990 年、1990～2000 年、2000～2010 年、2010～2015 年以及 2015～2020 年 6 个时间阶段的岸线平均变化速率(图 8.5)，以揭示各海域在过去 80 年间岸线变化的时间格局特征。

北黄海：海岸线空间位置的变化在过去 80 年间大致可分为 4 个阶段，1940s～1990 年期间，岸线向海扩张的速率呈小幅上涨态势；1990～2000 年间，岸线向海扩张的速率出现萎缩，岸线空间位置在此 10 年间变化相对稳定；2000～2015 年间，该阶段岸线向海扩张的速率较上阶段明显提高，并且 2010 年后有小幅上涨态势；2015 年后，岸线向海扩张速率大幅萎缩，岸线空间位置再次进入相对稳定的状态。北黄海过去 80 年各时间段中，岸线一直呈向海扩张态势，但岸线变化速率一直在 25 m/a 以下。

渤海：海岸线空间位置的变化在 1940s～2015 年间呈现为较为明显的“V 型”趋势，以 2000 年为界，1940s～2000 年间，岸线向海扩张的速率呈递减趋势，2000～2015 年，岸线变化速率则呈递增趋势，且增幅显著，2010～2015 年间的岸线变化速率高达 129.63 m/a。然而，2015 年后，岸线变化速率出现骤减，近 5 年的平均变化速率仅为 2.48 m/a，岸线位置进入相对稳定状态。过去 80 年，渤海海域岸线一直呈向海扩张趋势，且扩张态势十分显著，岸线变化速率的值域范围在 20～130 m/a，时间异质性明显。

南黄海：海岸线空间位置的变化在过去 80 年间同样大致分为 4 个阶段，1940s～1960s 时期，该阶段主要受黄河入海口北移的影响，该海域岸线出现整体向陆后退的态势，且幅度较大；1960s 之后，岸线空间位置的变化出现反转，1960s～1990 年间，岸线向海扩张速率达到 33.43 m/a，之后 20 年中，岸线位置整体仍是向海扩张态势，但岸线扩张速率呈小幅的递减趋势；2010～2015 年间，岸线变化速率出现较大幅提高，从 2000～2010 年间的 25.98 m/a 提高到 46.84 m/a；2015 年后，该海域的岸线变化速率同样出现骤减，岸线空间位置进入相对稳定状态。该海域岸线变化速率的值域范围在–52.14～46.84 m/a，有较为明显的阶段分化。

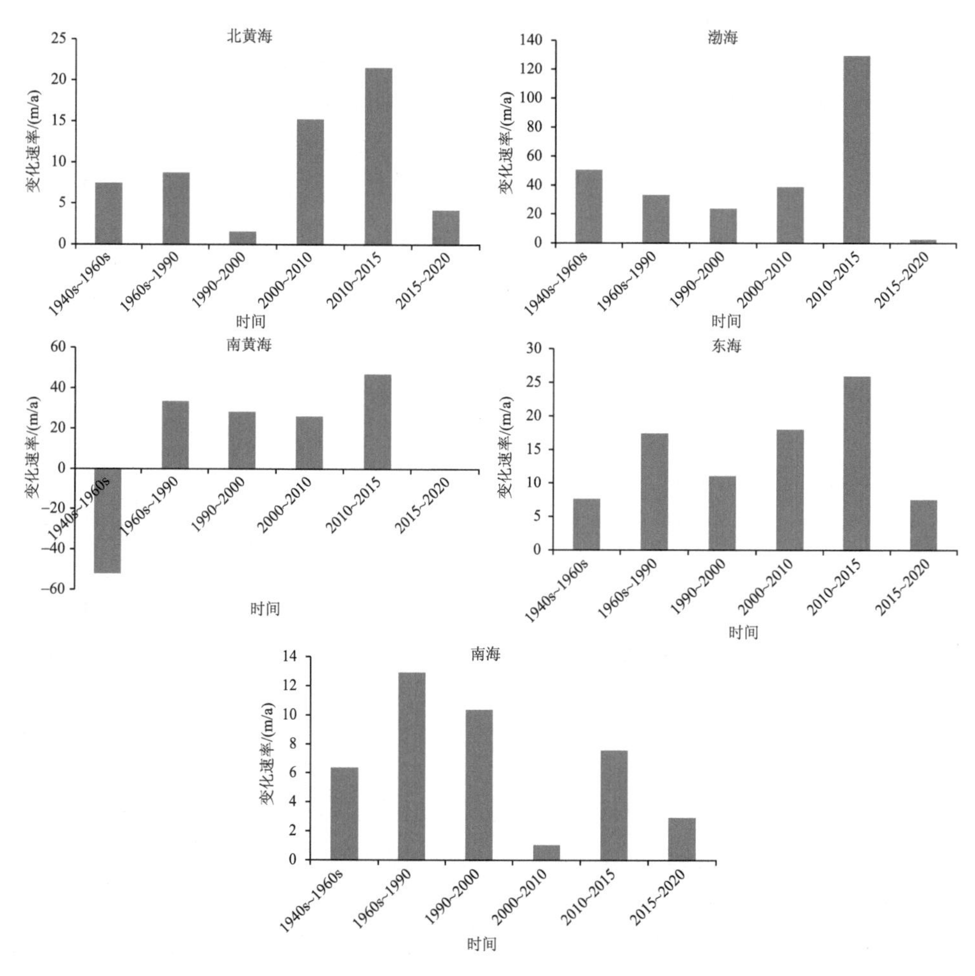

图 8.5　五大海域各阶段岸线变化速率

东海：海岸线空间位置的变化在过去 80 年间大致可分为 3 个阶段，1940s～1990 年间，岸线变化速率呈递增趋势；1990～2000 年间的岸线变化速率较上两阶段有所减缓，但随后 15 年中，岸线向海扩张的趋势呈逐渐增强态势；2015 年后，岸线变化速率同样出现明显下降，但较其他海域而言，向海扩张的趋势仍较显著，岸线变化速率为 7.49 m/a。该海域岸线变化速率的值域范围在 7.49～25.92 m/a，时间异质性相对缓和。

南海：海岸线空间位置在过去 80 年间的变化幅度整体不大，岸线变化速率均不超过 13 m/a，但各阶段仍有一定的差异，具体特征大致如下：1960s～2000 年海岸线变化速率在 11 m/a 左右，扩张速率相对较快；1940s～1960s 和 2010～2015 年，这两阶段的岸线变化速率在 7 m/a 左右，扩张较为缓和；2000～2010 年间和 2015～2020 年间，这两阶段岸线变化速率在 2 m/a 左右，岸线位置相对稳定。该海域在过去 80 年间岸线空间位置变化的时间异质性相对较小。

8.2.5 中国大陆不同省(区、市)海岸线变化时空特征

1. 沿海省(区、市)大陆岸线变化速率的空间特征

统计 1940s～1960s、1960s～1990 年、1990～2000 年、2000～2010 年、2010～2015 年以及 2015～2020 年 6 个时间阶段大陆沿海 10 省(区、市)的岸线变化的平均速率(图 8.6)，以揭示各阶段大陆海岸线空间位置在省域尺度上的格局变化特征。

1940s～1960s：江苏省海岸线整体表现为显著的向陆后退趋势，后退速率高达–120.25 m/a，广西壮族自治区海岸线同样表现为后退的趋势，但岸线后退速率很小，仅为–0.69 m/a；除江苏和广西两省(区)外，其他省(市)岸线均表现为向海扩张，其中，河北、天津、山东和上海 4 省(市)岸线变化速率较高，天津市最高，为 35.81 m/a，浙江、福建和广东三省的岸线变化速率较低，均不超过 10 m/a，辽宁省岸线变化速率为 11.64 m/a，向海扩张态势相对也较为明显。

1960s～1990 年：仅有天津市岸线表现为轻微向陆后退趋势，岸线变化速率为–1.60 m/a；其他省(区、市)岸线均表现为向海扩张态势，其中，江苏省表现最为突出，岸线变化速率远高于其他省(区、市)，高达 66.97 m/a，辽宁、河北、山东、上海和浙江 5 省(市)岸线变化速率相对较高，且相差较小，在 25 m/a 左右；福建、广东和广西 3 省(区)岸线向海扩张趋势相对较弱，岸线变化速率均在 12 m/a 左右。

1990～2000 年：10 省(区、市)岸线整体均表现为向海扩张态势，但省(区、市)之间的空间差异较为明显：江苏与上海岸线向海扩张最为显著，岸线变化速率分别高达 70.94 m/a 和 61.38 m/a；浙江、河北和山东 3 省的岸线变化速率均超过了 15 m/a，分别为 20.41 m/a、17.00 m/a 和 15.09 m/a，扩张态势相对明显；辽宁、广东和广西 3 省(区)岸线变化速率均在 10 m/a 左右，岸线扩张态势相对缓和；福建省岸线变化速率在该阶段最低，仅为 1.82 m/a，岸线空间位置变化相对稳定。

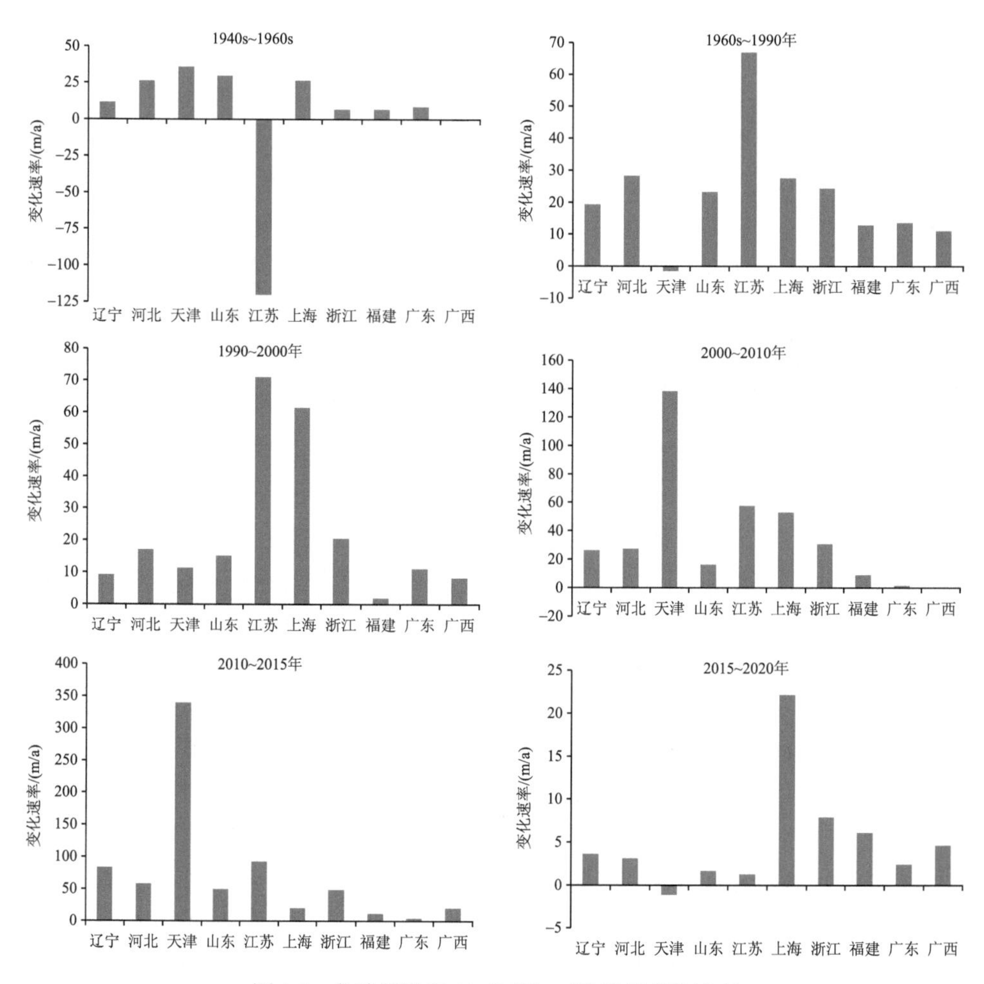

图 8.6　各阶段沿海 10 省(区、市)岸线变化速率

2000～2010 年：10 省(区、市)之间岸线空间位置变化的空间差异有所放大，岸线变化速率可分为 5 个层级：天津市一枝独秀，岸线变化速率高达 138.17 m/a，远高于其他省(区、市)；江苏和上海两省(市)岸线向海扩张趋势也较为突出，岸线变化速率分别为 57.48 m/a 和 52.74 m/a；辽宁、河北和浙江 3 省的岸线变化速率位于第三层级，在 30 m/a 左右，扩张趋势也相对显著；山东和福建两省岸线变化速率分别为 16.10 m/a 和 9.00 m/a，扩张趋势较为缓和；广东和广西两省(区)在该阶段的岸线变化速率最小，分别为 4.13 m/a 和–0.19 m/a，岸线空间位置处于相对稳定状态。

2010～2015 年：10 省(区、市)之间岸线空间位置变化的空间差异进一步扩大，省(区、市)之间的岸线变化速率出现严重分化：天津市岸线向海扩张的趋势仍然是最为突出的，变化速率高达 339.19 m/a；江苏、辽宁和河北 3 省的岸线变化速率也均超过了 50 m/a，分别为 92.63 m/a、83.10 m/a 和 57.98 m/a，岸线的扩张趋势也十分显著；山东和浙江两省岸线变化速率也相对较高，分别为 49.45 m/a 和 48.57 m/a，扩张趋势比较明显；上海、福建、广东及广西 4 省(区、市)的岸线变化速率均不超过 20 m/a，扩张趋势相对比较缓和，其中，广东省岸线变化速率最低，为 3.82 m/a。

2015～2020 年：上海市岸线变化速率较上阶段有所增加，在该阶段扩张趋势最为显著，扩张速率为 22.13 m/a，除上海市外，其他各省(区、市)岸线变化速率较之前阶段都出现了骤减，同时，该阶段各省(区、市)间岸线空间位置变化的空间差异也大幅减小，其中，浙江和福建两省稍高，其岸线变化速率为 7.89 m/a 和 6.08 m/a，其他 7 省(区、市)的岸线变化速率均小于 5 m/a，可见，2015 年后，中国大陆沿海各省(区、市)海岸线的空间位置均进入了相对稳定的状态。

2. 沿海省(区、市)大陆岸线变化速率的时间特征

以省(区、市)为单位，统计辽宁、河北、天津、山东、江苏、上海、浙江、福建、广东和广西 10 省(区、市)在 1940s～1960s、1960s～1990 年、1990～2000 年、2000～2010 年、2010～2015 年以及 2015～2020 年 6 个时间阶段的岸线平均变化速率(图 8.7)，以揭示各省(区、市)在过去 80 年间岸线变化的时间格局特征。

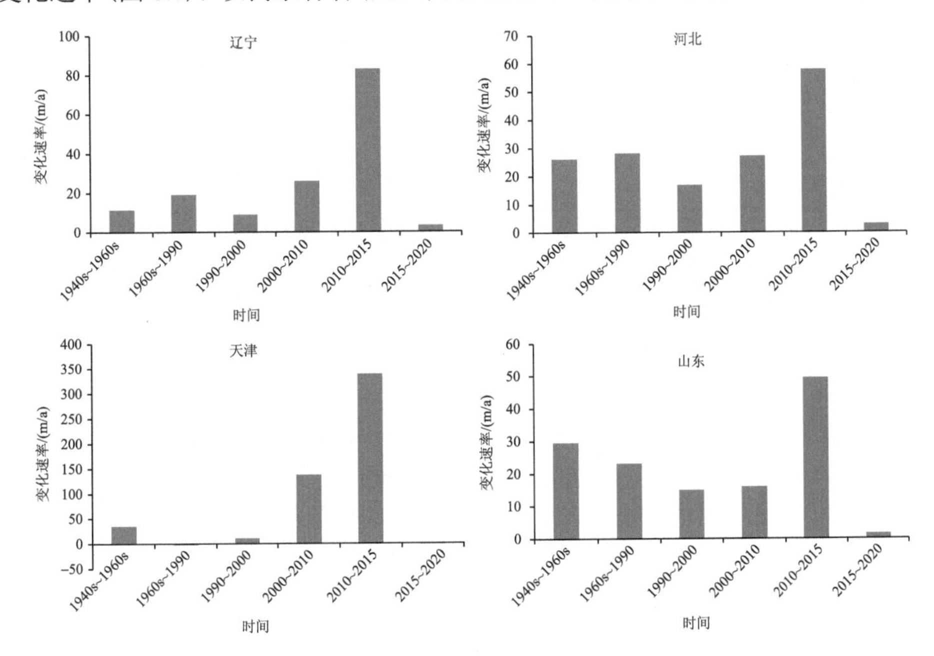

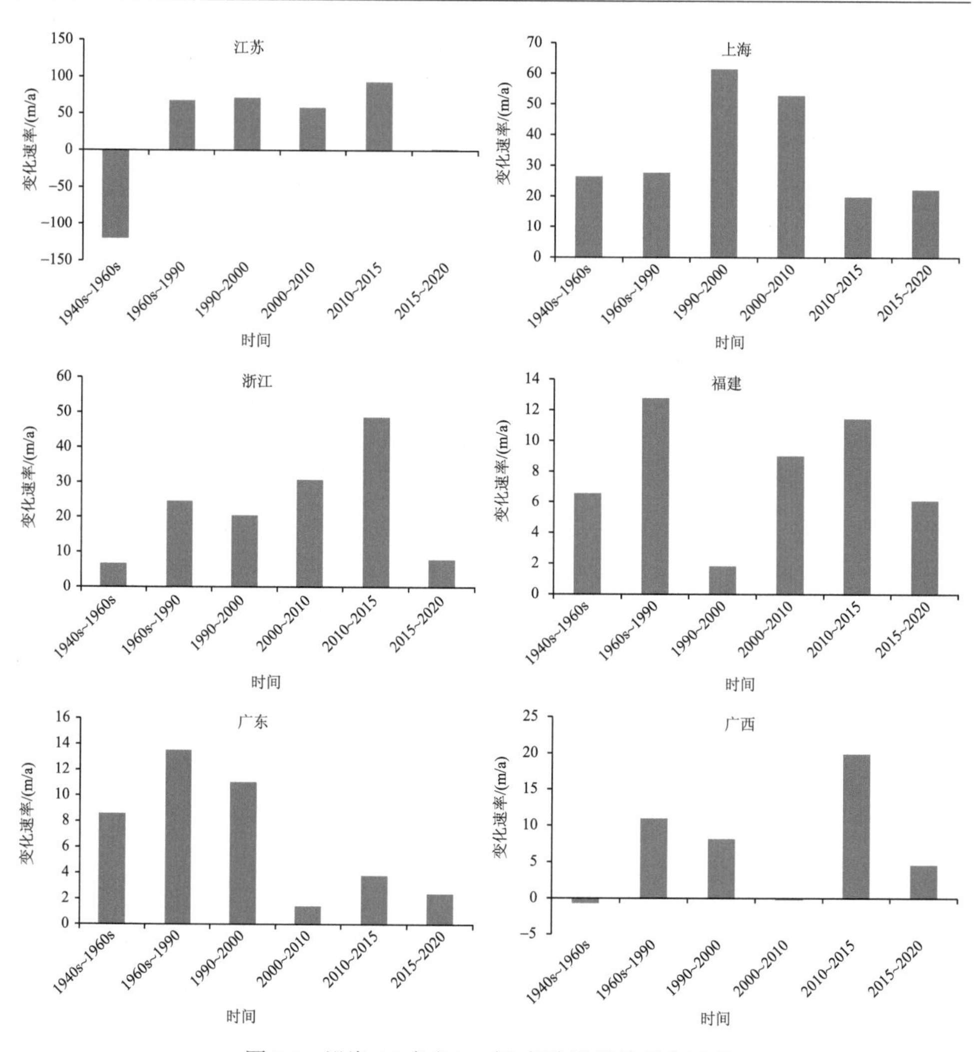

图 8.7　沿海 10 省(区、市)各阶段岸线变化速率

辽宁省和河北省：两省海岸线空间位置在过去 80 年间的变化趋势大致相同，以 1990 年、2015 年为分界点，大体划分为 3 个阶段；1940s～1990 年，海岸线向海扩张的速率呈小幅上涨态势；1990～2015 年间，海岸线向海扩张的速率呈较大幅度的递增趋势，其中，以 2010～2015 年间扩张尤为显著，两省均达到历史最高水平；2015 年之后海岸线向海扩张速率大幅萎缩，均低于 5 m/a。

天津市：海岸线空间位置在过去 80 年间的变化具有很强的阶段性特征，1940s～1960s 初期时段，岸线向海扩张趋势较为明显，平均速率超过 30 m/a；而 1960s～1990 年期间，岸线整体出现了轻微向陆后退的态势，后退速率为–1.06 m/a；

1990～2000 年间，岸线再次转为向海推进趋势，但推进的速率较为缓和，仅为 11.26 m/a；2000～2010 年间和 2010～2015 年间，天津市海岸线进入高速向海扩张的阶段，岸线变化速率均超过 100 m/a；然而，2015 年后，停止向海推进，并且又出现了轻微向陆后退的趋势，后退速率为–1.14 m/a。

山东省：1940s～2015 年期间，海岸线空间位置的变化趋势呈现为 “V 型” 趋势，以 2000 年为界，岸线变化速率从开始的 29.63 m/a 逐渐降低到 15.09 m/a，随后又逐渐提高，同样在 2010～2015 年间达到历史最高水平，为 49.45 m/a；2015 年后，岸线变化速率同样出现骤减，仅为 1.64 m/a。

江苏省：海岸线空间位置在过去 80 年间的变化明显分为 3 个阶段，1940s～1960s，全省岸线整体呈显著的向陆后退趋势，后退速率高达–120.25 m/a；1960s～2015 年间，江苏省岸线空间位置走势由向陆后退转为向海扩张，且扩张的速率处于较高水平，均超过 50 m/a，同样在 2010～2015 年间达到历史最高水平，为 92.63 m/a；2015 年后岸线变化速率也是出现骤减，为 1.26 m/a。

上海市：海岸线空间位置在过去 80 年间的变化可分为 3 个明显的阶段，1940s～1990 年，海岸线变化速率在 26 m/a 左右，岸线扩张趋势较强；1990～2010 年，海岸线变化速率在 55 m/a 左右，岸线扩张趋势显著；2010～2020 年间，海岸线变化速率在 20 m/a 左右，岸线扩张趋势较为缓和。

浙江省：1940s～2015 年期间，海岸线变化速率整体呈递增趋势，从 1940s～1960s 初期的 6.63 m/a 逐渐提高到了 2010～2015 年间的 48.57 m/a，2015 年后出现大幅萎缩，岸线变化速率降到 7.89 m/a。

福建、广东和广西三省（区）：海岸线空间位置在过去 80 年间的变化较为缓和，各阶段的岸线变化速率均未超过 20 m/a，但在不同时间阶段也有比较明显的分化现象：福建省在 1960s～1990 年间和 2000～2015 年间岸线向海扩张态势较强，其他阶段表现相对稳定；广东省在 2000 年前岸线向海推进的速率较高，2000 年后则进入相对稳定状态；广西壮族自治区在 1960s～2000 年间和 2010～2015 年间，岸线向海扩张态势较强，其他时期则是比较稳定的状态。

8.2.6　135 个空间单元海岸线变化时空特征

统计 1940s～1960s、1960s～1990 年、1990～2000 年、2000～2010 年、2010～2015 年以及 2015～2020 年 6 个时间阶段大陆沿海 135 个空间单元的海岸线平均变化速率（图 8.8），以更加具体和细致地揭示各阶段大陆海岸线空间位置在地方尺度上的格局变化特征。另外，选取–50 m/a、–10 m/a、–5 m/a、5 m/a、10 m/a 和 50 m/a 为阈值，将岸线变化速率划分为<–50 m/a、–50～–10 m/a、–10～–5 m/a、–5～5 m/a、5～10 m/a、10～50 m/a 和>50 m/a 共 7 个区间，分别定义为岸线高速后退状态、快速后退状态、缓和后退状态、稳定状态、缓和扩张状态、快速扩张状态和高速扩张状态，统计各时间阶段 135 个空间单元的岸线变化状态，绘制岸线变化速率分布直方图，如图 8.9 所示。

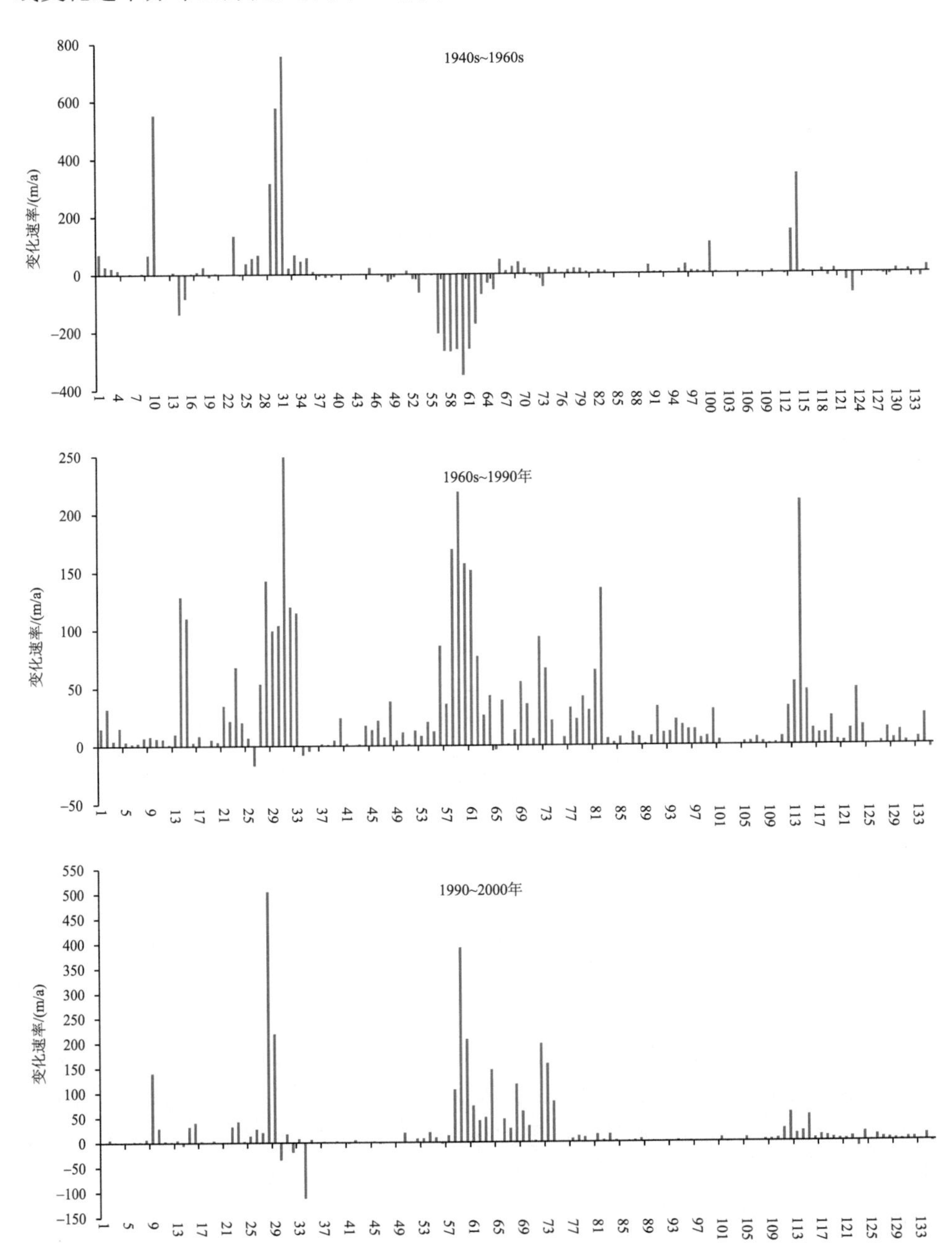

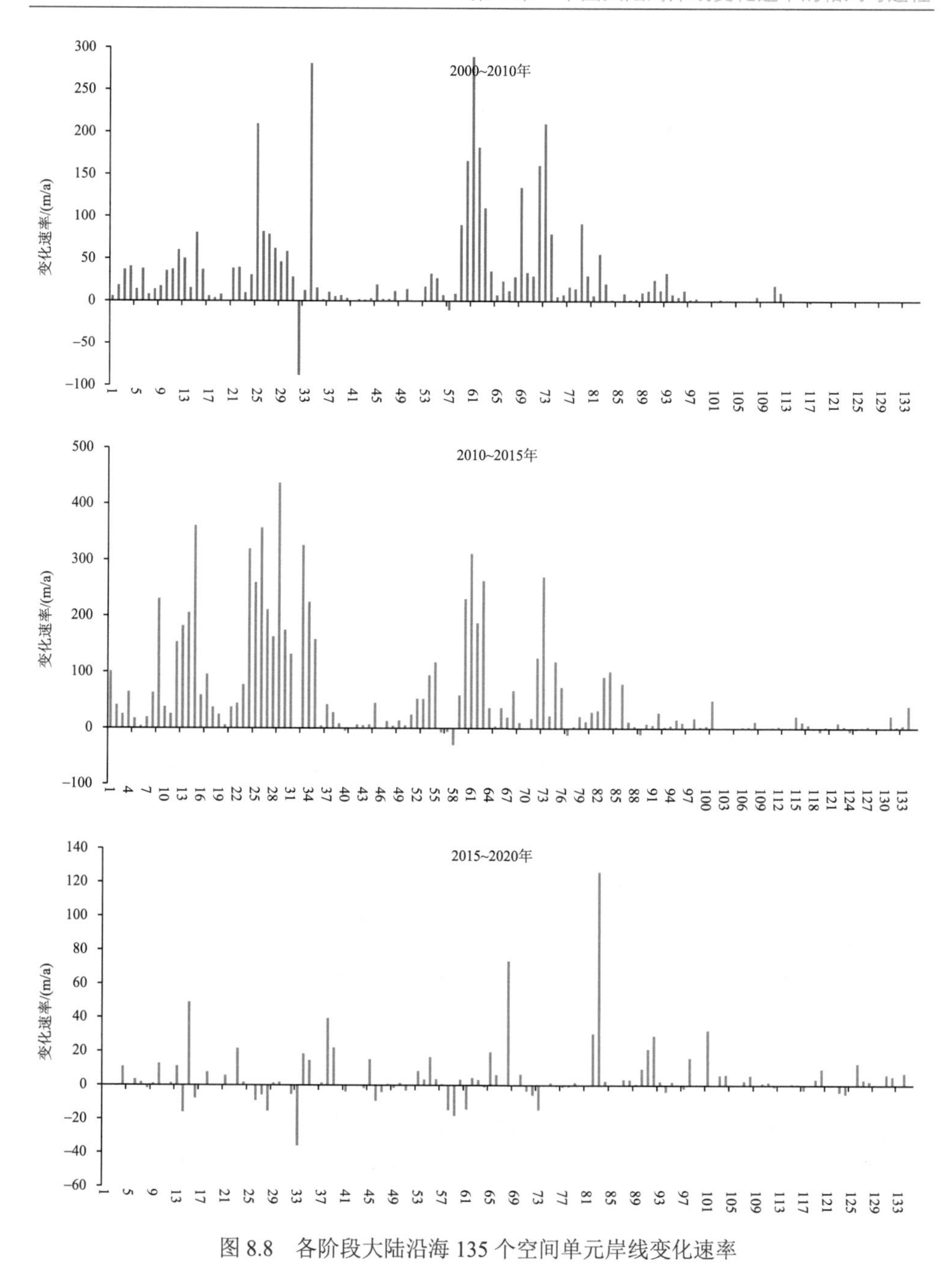

图 8.8　各阶段大陆沿海 135 个空间单元岸线变化速率

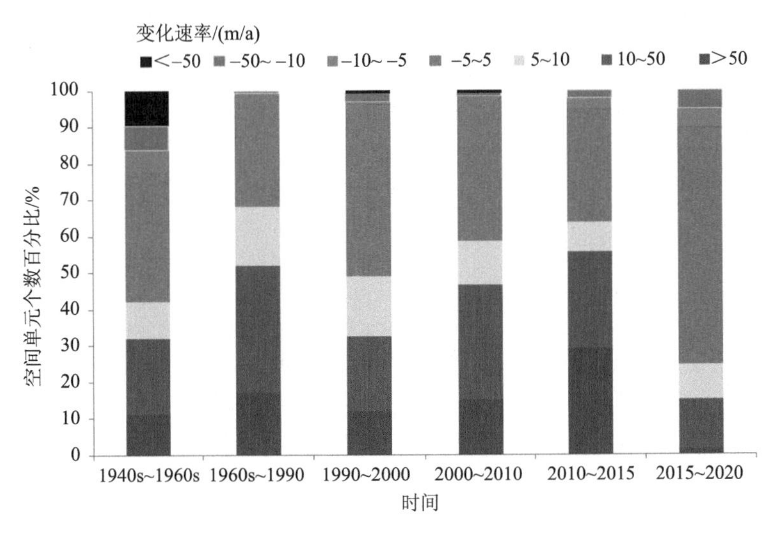

图 8.9 135 个空间单元岸线变化速率分布直方图

1940s～1960s 时期：海岸线空间位置整体较为稳定，处于稳定状态的单元占比为 35.56%，处于后退状态的占 22.22%，其中 9.63%为高速后退状态，处于扩张状态的占 42.22%，其中 11.11%为高速扩张状态，20.74%为快速扩张状态。由图 8.8、附表 7 可见，扩张比较显著的单元有大连瓦房店市西南沿岸、滨州沾化区至东营市辖区和珠海市辖区，而后退比较显著的有盘锦市辽河口附近和连云港灌云县至启东市一段。

1960s～1990 年间：海岸线处于后退状态的空间单元较上阶段大幅减少，仅剩 2 个，占比 1.48%，处于稳定状态的单元也有所减少，占比降到 30.37%，扩张状态的单元相应大幅增加，占比上涨到 68.15%，缓和扩张、快速扩张和高速扩张状态的单元占比依次为 16.30%、34.81%和 17.04%。从图 8.8 也可以看出，扩张状态的单元明显增多，且连续性明显增强，代表性的空间单元有：锦州凌海市、滨州无棣县至潍坊寿光市、盐城射阳县至南通如东县、杭州市辖区至宁波慈溪市、温州乐清市以及珠海市。

1990～2000 年间：海岸线处于稳定状态的单元占比有所增加，增加到 47.40%，处于后退状态的单元数也增加至 5 个，占比为 3.70%，扩张状态的单元占比则相应减少，占比下降到 48.89%，其中处于缓和扩张的单元占比没有变化，依旧为 16.30%，处于快速和高速扩张的单元占比分别下降到 20.74%和 11.85%。从图 8.8 中也可以看出，快速及高速扩张的单元数明显减少，且分布的连续性也较上阶段明显降低，图中扩张显著的空间单元有：大连瓦房店市西南沿岸、滨州无棣县至沾化区、盐城射阳县至启东市、深圳至广州中山市以及江门新会区至台山市；后退较为显著的地区主要是黄河三角洲的部分岸段以及潍坊昌邑市部分岸段。

2000～2010 年间：海岸线处于稳定状态的单元的占比出现下降，降到 40%，处于后退状态的单元再次降到 2 个，处于扩张状态的单元占比相应增加，升至 58.51%，其中缓和扩张的占比有所下降，降到 11.85%，处于快速扩张的占比增加明显，上涨到 31.85%，处于高速扩张状态的上涨到 14.81%。从图 8.8 中也可以相应看出，快速及高速扩张的单元数明显增加，且分布的连续性再次得到提高，图中扩张显著的空间单元有：大连瓦房店市西北沿岸至营口盖州市、锦州凌海市、天津市辖区至滨州无棣县、盐城大丰区至启东市北部沿岸、上海南汇区至奉贤区和杭州市辖区至宁波市辖区。

2010～2015 年间：海岸线处于稳定状态的单元占比继续降低，降至 31.11%，而处于后退状态的单元增至 7 个，处于扩张状态单元的占比上涨到 63.71%，其中缓和扩张的占比 8.15%，快速扩张的占比 26.67%，高速扩张的占比 28.89%，高速扩张状态的单元较上阶段增加了 19 个。较 2000～2010 年时期，该阶段处于高速扩状态空间单元分布的连续性进一步增强，主要分布在：丹东东港市、大连瓦房店市至锦州凌海市、唐山滦南县至东营市垦利区、潍坊市辖区至烟台莱州市、连云港市赣榆区至连云港市辖区、盐城大丰区至启东市、上海市辖区至南汇区和杭州市辖区至宁波象山县。

2015～2020 年间：海岸线处于稳定状态的单元占比大幅增加，从上阶段的 31.11%提高到 65.19%，近 90 个空间单元岸线空间位置的变化进入了稳定状态；处于后退状态的单元数上升至 14 个，占比 10.37%，缓和后退和快速后退状态的单元均为 7 个；处于扩张状态的单元占比下降到 24.44%，其中 13 个单元是缓和扩张状态，18 个单元是快速扩张状态，仍有 2 个单元是高速扩张的状态。该阶段扩张仍比较突出的岸段有：锦州凌海市、上海市辖区至南汇区和温州市辖区至瑞安市。后退突出的岸段有：黄河三角洲部分岸段、盐城射阳县、盐城东台市至南通如东县和宁波慈溪市部分岸段。

8.3　本章小结

本章借助于美国 USGS 开发的 DSAS 软件工具，计算不同时段、不同空间范围(单元)的多种海岸线变化速率，深入分析和揭示了中国大陆海岸线变化速率的格局与过程特征，具体如下：

(1) 过去 80 年间，中国大陆海岸线在各时间阶段整体均为向海扩张，1940s～1960s、1960s～1990 年、1990～2000 年、2000～2010 年、2010～2015 年、2015～

2020年以及1940s～1990年、1990～2020年、1940s～2020年不同时段的海岸线变化平均速率依次为5.28 m/a、19.65 m/a、14.13 m/a、16.46 m/a、39.12 m/a和4.18 m/a以及13.90 m/a、18.57 m/a和18.29 m/a。

(2)过去80年间，在基岩海岸、砂砾质海岸、淤泥质海岸和生物海岸4种类型的海岸带上，海岸线空间位置均发生了显著的变化，未变化的岸线比例均小于1/4，而扩张岸线比例均超过了50%，后退岸线比例介于10%～30%之间。可见，4种类型海岸带的海岸线空间位置均以向海扩张为主导趋势，部分岸段存在岸线侵蚀现象，仅有少数区域的海岸线空间位置处于相对稳定状态；另一方面，对于岸线空间位置未发生变化的岸段，基岩岸线的占比最高，为60.21%，对于岸线向陆后退的岸段，砂砾质岸线占比最高，为44.21%，而对于岸线向海扩张的岸段，淤泥质岸线的占比最大，达52.84%。

(3)过去80年间，北黄海、渤海、南黄海、东海和南海岸线变化的加权线性回归速率分别为10.77 m/a、38.11 m/a、18.83 m/a、17.68 m/a和9.94 m/a；辽宁、河北、天津、山东、江苏、上海、浙江、福建、广东和广西10省(区、市)岸线变化的加权线性回归速率依次为19.90 m/a、33.10 m/a、52.56 m/a、22.61 m/a、39.61 m/a、32.73 m/a、25.77 m/a、10.46 m/a、10.78 m/a和7.13 m/a；135个空间单元中，有99个(73.33%)为向海扩张状态，有2个(1.48%)为向陆后退状态，有34个(25.19%)为相对稳定状态，其中，变化速率介于10～50 m/a的单元数最多，有53个(39.26%)，另外，有20个(14.81%)空间单元的岸线变化速率超过了50 m/a。

(4)过去80年间，中国大陆海岸线整体上持续向海推进，但在海域尺度、省份尺度以及135个空间单元尺度上，均表现出明显的时空差异性，整体表现为北方地区海岸线向海扩张的速率要高于南方地区，另外，1940s～1960s期间，中国大陆海岸线向海扩张的速率较低，自1960s起，中国大陆沿海开始进入大规模向海扩张阶段，2000～2015年间为高潮期，而2015年后，大陆沿海向海扩张的进程基本停止，2015～2020年间海岸线的平均变化速率不足5 m/a。

参 考 文 献

Crowell M, Honeycutt M, Hatheway D. 1999. Coastal erosion hazards study: phase one mapping. Journal of Coastal Research, SI(28): 10-20.

Crowell M, Leatherman S P, Buckley M K. 1993. Shoreline change rate analysis: long term versus short term data. Shore and Beach, 61(2): 13-20.

Dean R G, Malakar S B. 1999. Projected flood hazard zones in Florida. Journal of Coastal Research, SI(28): 85-94.

Dolan R, Fenster M S, Holme S J. 1991. Temporal analysis of shoreline recession and accretion.

Journal of Coastal Research, 7(3): 723-744.

Dolan R, Hayden B, Heywoode J. 1978. A new photogrammetric method for determining shoreline erosion. Coastal Engineering, 2: 21-39.

Fenster M, Dolan R. 1994. Large-scale reversals in shoreline trends along the U.S. mid-Atlantic coast. Geology, 22(6): 543-546.

Fenster M S, Dolan R, Elder J F. 1993. A new method for predicting shoreline positions from historical data. Journal of Coastal Research, 9(1): 147-171.

Fenster M S, Dolan R, Morton R A. 2001. Coastal storms and shoreline change: signal or noise? Journal of Coastal Research, 17(3): 714-720.

Frazer L N, Genz A S, Fletcher C H. 2009. Toward Parsimony in Shoreline Change Prediction (I): Basis Function Methods. Journal of Coastal Research, 25(2): 366-379.

Keyes T K. 2001. Applied Regression Analysis and Multivariable Methods. Technometrics, 43(1): 101.

Romine B M, Fletcher C H, Frazer L N, et al. 2009. Historical Shoreline Change, Southeast Oahu, Hawaii; Applying Polynomial Models to Calculate Shoreline Change Rates. Journal of Coastal Research, 25(6): 1236-1253.

Rousseeuw P J, Leroy A M. 2005. Robust regression and outlier detection. John Wiley & Sons.

Seber G A F, Lee A J. 2012. Linear regression analysis. John Wiley & Sons.

第 9 章

中国大陆海岸带陆海格局的时空变化特征

海岸线空间位置的摆动会引起局部区域甚至较大范围海岸带陆海空间分布格局的变化，包括陆进海退、陆退海进 2 种情形。陆进海退表现为陆地分布面积的增加，陆退海进则表现为陆地分布面积的减少。

陆地是人类生存、生活和生产的空间基础，近几十年来，围海和填海造陆在很大程度上弥补了沿海地区生存及发展空间的不足，缓解了人地矛盾，但是，缺乏科学指导的围填海活动也对沿海地区的资源、环境和生态系统带来了巨大的负面影响，具体表现为：改变了海岸带和近海海域的自然属性特征(水下地形地貌、海湾形状、海域面积等)，占用或破坏了滨海湿地(生物栖息地受损、生物多样性降低、生态系统类型变化等)，改变了近岸水动力过程及水交换能力(潮流潮汐过程改变、水环境质量下降、鱼类“三场一通道”受损等)，海岸带和近海生态系统的功能和服务能力下降(食物和水供给能力下降、旅游观赏功能下降、防灾减灾功能下降、调节气候功能下降等)。

近十年来，国家相关政府部门逐渐认识到围填海所带来的负面效应，相关的管控政策和措施不断出台，以期控制围填海活动以及修复已经受损的海岸带生态系统。纵观过去 80 年（1940s～2020 年)，在经济社会发展、政策法规以及多种自然因素的交织影响下，中国大陆海岸带区域的海岸线位置变化剧烈，陆海分布格局亦发生了显著的变化，因此，本章在全国尺度、海域尺度、省(区、市)尺度以及 135 个空间单元区域尺度上，对中国大陆海岸线的变化趋势以及由此所致的陆海格局的时空变化特征进行分析和研究。

9.1 中国大陆海岸线变化趋势时空特征

过去 80 年间，中国大陆海岸线空间位置发生了显著的变化。除几条大的入海河流的河口三角洲发育外，广泛分布的、大规模的围填海活动构成中国大陆海岸线向海扩张的主要驱动因素(宋红丽和刘兴土，2013；徐谅慧等，2015；Suo and Zhang，2015；Yan et al.，2017；李加林和王丽佳，2020)。据统计，1949 年以来，我国经历了 4 次大规模的围填海活动，围填海类型在 20 世纪 40 年代至 90 年代主要为围海养殖、农田围垦和盐田围垦 3 种类型，随着经济社会发展阶段迈进；1990 年以后，农田及盐田围垦逐渐减少，取而代之的是工业用地和港口码头的大量兴建；进入 21 世纪，城镇新区建设和港口码头建设逐渐成为围填海的主导类型(中国水利学会围涂开发专业委员会，2000；侯西勇等，2016)。我国的围填海活动具有规模大、速度快、范围广和类型多等特点，例如，从“十五”发展期间到“十二五”发展期间，围填海的速度逐渐增加，至 2013 年，围填海增速超过 3000 km^2/a，较 20 世纪末期速度几乎增加了 3 倍(林磊等，2016；崔保山等，2017)。

在本书中，根据海岸线空间位置的变化情况，将海岸线向海发生的位移定义为向海扩张，向陆地发生的位移为向陆后退，没有发生位移的为未变化。在 ArcMap 软件中提取 1940s～1960s、1960s～1990 年、1990～2000 年、2000～2010 年、2010～2015 年、2015～2020 年以及 1940s～2020 年 7 个时段 3 种变化趋势海岸线的空间分布(图 9.1)，统计各个阶段 3 种变化趋势海岸线的长度及比例(表 9.1)。

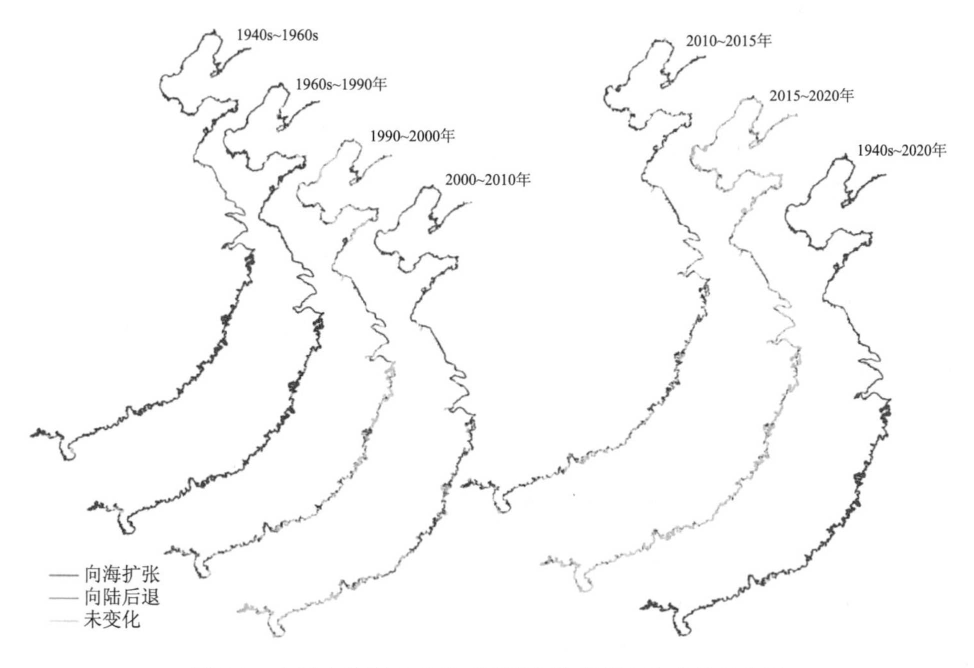

图 9.1　中国大陆海岸线在不同时间阶段的变化趋势示意图

表 9.1 中国大陆岸线不同时期三种状态岸线长度及比例

时间	岸线长度/km			百分比/%		
	向陆后退	向海扩张	未变化	向陆后退	向海扩张	未变化
1940s～1960s	7015.27	8782.62	2348.13	38.66	48.40	12.94
1960s～1990	3494.90	12479.66	3206.87	18.22	65.06	16.72
1990～2000	1252.16	3280.64	11993.11	7.58	19.85	72.57
2000～2010	2166.73	4377.14	10608.66	12.63	25.52	61.85
2010～2015	1851.78	5342.09	11652.59	9.83	28.35	61.83
2015～2020	802.43	1267.34	16939.63	4.22	6.67	89.11
1940s～2020	2675.76	12707.51	2762.75	14.75	70.03	15.23

从表 9.1 可以看出，不同时间阶段 3 种变化趋势岸线的长度比例差异十分明显，具体表现为：前两个阶段，扩张岸线比例均明显高于后退岸线比例，且都大于未变化岸线比例，说明 1940s～1990 年期间，中国大陆海岸线空间位置变化比较活跃，未变化岸线比例不足 1/5；1990～2000 年间，未变化岸线比例显著提高，将近 3/4，扩张岸线比例依旧大于后退岸线比例；2000～2010 年间和 2010～2015 年间，这两阶段未变化岸线比例均约为 61.8%，较上一阶段有所减少，但仍占主导地位，扩张岸线比例也均大于后退岸线比例；2015～2020 年间，该阶段未变化岸线比例再次提高，达 89.11%，占据绝对主导地位，扩张岸线比例依旧大于后退岸线比例，但差距较之前明显缩小，仅相差约 2.5%。

整体而言，过去 80 年间，中国大陆沿海 70%的岸线是向海扩张的，向陆后退和未变化岸线长度相仿，均占比 15%左右。此外，通过图 9.1 看出，各阶段大陆海岸线的变化趋势表现出较为显著的空间分异特征。鉴于此，本章将从海域尺度、沿海省(区、市)尺度以及 135 个空间单元尺度，分别对大陆海岸线变化趋势的时空特征进行更加详细的分析。

9.1.1 中国大陆不同海域海岸线变化趋势时空特征

1. 五大海域大陆海岸线变化趋势空间特征

计算并统计北黄海、渤海、南黄海、东海和南海五大海域各时间阶段向陆后退、向海扩张和未变化海岸线的长度及占比，并区分不同时间阶段绘制五个海域海岸线 3 种变化趋势的长度比例结构图，如图 9.2 所示。

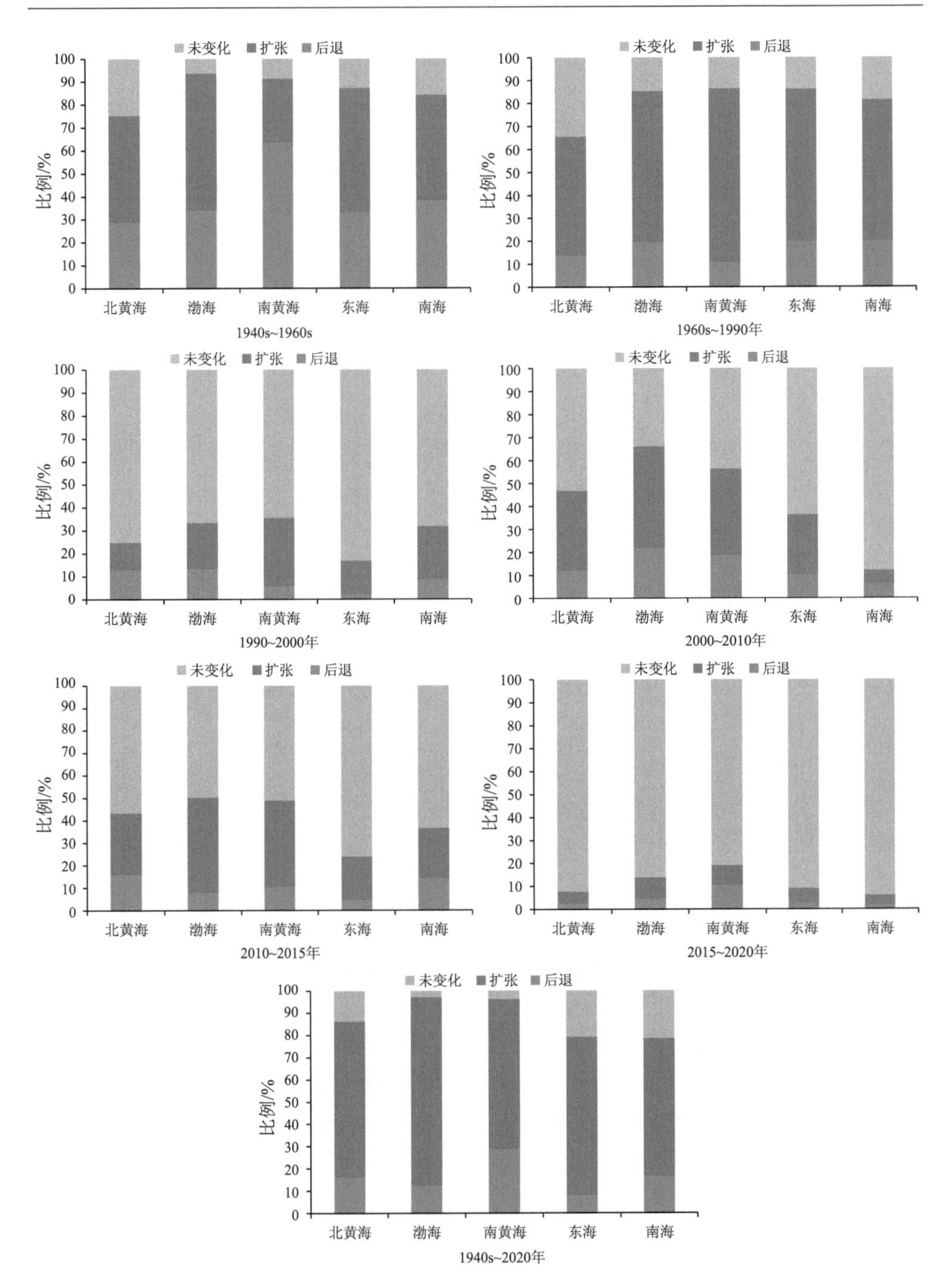

图 9.2　不同时间阶段五大海域大陆海岸线变化趋势

1940s～1960s：北黄海、渤海、东海和南海海域均表现为扩张岸线比例大于后退岸线比例，其中，渤海扩张岸线比例最高，达 59.6%；南黄海则是后退岸线比例大于扩张岸线比例，且后退岸线比例高达 63.7%；北黄海未变化岸线比例最高，为 24.8%，其余海域未变化岸线比例均低于 20%，渤海和南黄海更是不足 10%。

1960s～1990 年：五大海域扩张岸线比例均大于后退岸线，且扩张比例均超过 50%，南黄海最高为 75.4%，东海海域也高达 66.3%，北黄海最低为 51.8%；对于后退岸线占比，南海的比例最高，为 20.2%，其余海域均低于 20%；对于未变化岸线占比，北黄海比例最高，为 34.5%，南黄海最低，仅 13.7%。

1990～2000 年：各个海域未变化岸线占比为主导，占比均超过 60%，东海和北黄海较高，分别为 83%和 75.1%；除北黄海的后退岸线比例稍高于扩张岸线比例，其余四个海域依旧是扩张岸线占比大于后退岸线占比，其中，南黄海的扩张岸线比例最高，为 29.6%，南黄海、东海和南海的后退岸线比例均低于 10%，东海仅为 2.5%。

2000～2010 年：五个海域的岸线变化趋势出现明显的分化，对于后退岸线比例，渤海最高，为 22%，而南海仅为 6.4%，其他三大海域介于 10%～20%之间；对于扩张岸线比例，北黄海、渤海和南黄海均超过 30%，渤海最高为 44.1%，而南海仅为 5.8%；对于未变化岸线比例，北黄海、东海和南海超过了 50%，南海更是高达 87.8%，渤海和南黄海稍低，分别为 33.8%和 43.7%。

2010～2015 年：五个海域未变化岸线的比例均再次超过 50%，东海和南海最高，分别为 75.9%和 63.2%，其他三个海域则在 50%～60%之间；对于扩张岸线，渤海和南黄海较高，分别为 42.3%和 38.3%，东海最低，为 19.2%；对于后退岸线，五个海域均低于 20%，渤海和东海最低，分别为 8.1%和 4.8%。

2015～2020 年：五个海域未变化岸线占据绝对主导地位，占比均超过 80%，其中北黄海、东海和南海超过 90%；除南黄海后退岸线比例是 10.7%外，其他海域扩张和后退岸线比例均不超过 10%，且相差较小。

1940s～2020 年：过去 80 年间，五个海域均是扩张岸线占据主导地位，北黄海、渤海、南黄海、东海和南海扩张岸线的占比依次为 70%、84.7%、67.5%、71.1%和 61.9%；后退岸线的比例，南黄海是最高的，为 28.8%，其余四个海域均未超过 20%，东海最低，为 8.2%；未变化岸线比例，东海和南海最高，分别为 20.7%和 21.3%，渤海和南黄海最低，仅为 2.7%和 3.7%，北黄海为 13.6%。

2. 五大海域大陆海岸线变化趋势时间阶段特征

分海域统计和绘制 7 个时间阶段海岸线 3 种变化趋势的长度比例结构，结果如图 9.3 所示。

北黄海：后退岸线比例在过去 80 年间呈阶段性下降趋势，1940s～1960s 处于较高水平，为 28.9%，1960s～2015 年间，后退岸线比例变化不大，基本维持在 15%左右，2015 年后开始下降，仅为 2.8%；扩张岸线比例呈波动下降趋势，前两阶段处于较高水平，分别高达 46.3%和 51.8%，1990～2000 年间显著下降，仅为 11.8%，2000～2015 年间出现反弹，维持在 30%左右，2015 年后再次出现骤减，降到 5.2%；未变化岸线比例呈波动上升趋势，1940s～1990 年期间，未变化岸线比例不超过 35%，1990～2000 年间上升到 75.1%，而 2000～2015 年间又下降到 55%左右，2015～2020 年间达到最高，为 92.1%。

渤海：后退岸线比例在过去 80 年间整体呈下降趋势，1940s～1960s 占比较高，为 34.1%，之后逐渐下降，2000～2010 年间出现反弹，占比上升到 22%，2010 年后，后退岸线比例明显降低，均低于 10%；扩张岸线比例则呈现出明显的 4 个阶段，1990 年之前处于较高水平，在 65%左右，1990～2000 年间，出现显著下降，降到了 19.8%，2000～2015 年间再次上升到较高水平，维持在 43%左右，同样在 2015 年后出现骤减，降到仅为 9.2%；未变化岸线比例则是呈波动上升的趋势，1940s～2000 年，未变化岸线比例从 6.3%逐渐上升到 66.6%，2000 年后出现下降，2000～2010 年间降到 33.8%，之后再次逐渐升高，2020 年达到 86%。

南黄海：后退岸线比例在过去 80 年间整体呈下降趋势，1940s～1960s，后退岸线比例高达 63.7%，之后发生骤减，其中 2000～2010 年间较高，为 18.9%，而其余阶段均维持在 10%左右；扩张岸线比例可大致分为 3 个水平，1960s～1990 年为最高水平，占比高达 75.4%，2015～2020 年为最低水平，占比仅为 8.5%，其余阶段扩张岸线比例基本维持在 30%～40%之间；未变化岸线比例整体呈上升趋势，从 8.6%逐渐上升到 80.8%。

东海：后退岸线比例在过去 80 年间整体呈下降趋势，从 1940s 初期的 33.2%逐渐降到 2015～2020 年的 2.8%，其中在 2000～2010 年间稍有提高，到 10.3%；扩张岸线比例一直处于震荡变化中，前期两阶段占比较高，分别为 54%和 66.3%，1990 年后出现较为明显的下降，其中，1990～2015 年间在 15%～30%之间震荡变化，2015～2020 年间降到最低，仅为 6.5%；未变化岸线比例呈整体上升趋势，从 1940s 初期的 12.8%增长到了 2015～2020 年的 90.7%。

南海：后退岸线比例在过去 80 年间整体同样呈下降趋势，从 1940s 初期的 38.4%逐渐降到 2015～2020 年的 2.1%；扩张岸线比例在 1990 年之前的两个时间阶段处于较高水平，占比依次为 45.7%和 61.3%，1990～2000 年和 2010～2015 年这两个时间阶段情况相仿，扩张岸线占比为 22%左右，而 2000～2010 年和 2015～2020 年这两个时间阶段，扩张岸线占比最低，在 5%左右；未变化岸线比例在过去 80 年间则为整体上升趋势，从 15.9%一直增长到 93.8%。

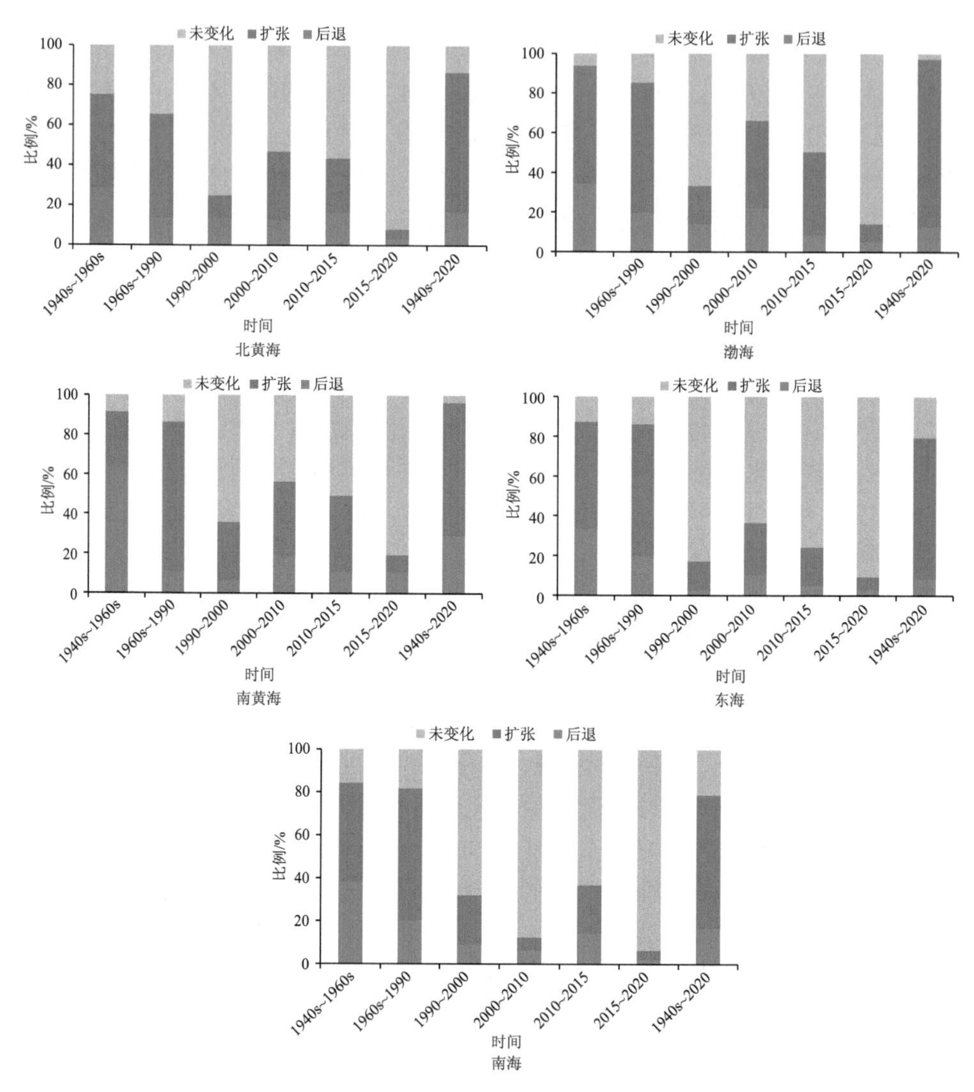

图 9.3　五大海域各时间阶段大陆海岸线变化趋势

9.1.2　中国大陆不同省(区、市)海岸线变化趋势时空特征

1. 沿海省(区、市)大陆海岸线变化趋势空间特征

计算并统计大陆沿海 10 省(区、市)各时间阶段向陆后退、向海扩张和未变化海岸线的长度及占比，并区分不同时间阶段绘制 3 种变化趋势长度比例图，如图 9.4 所示。

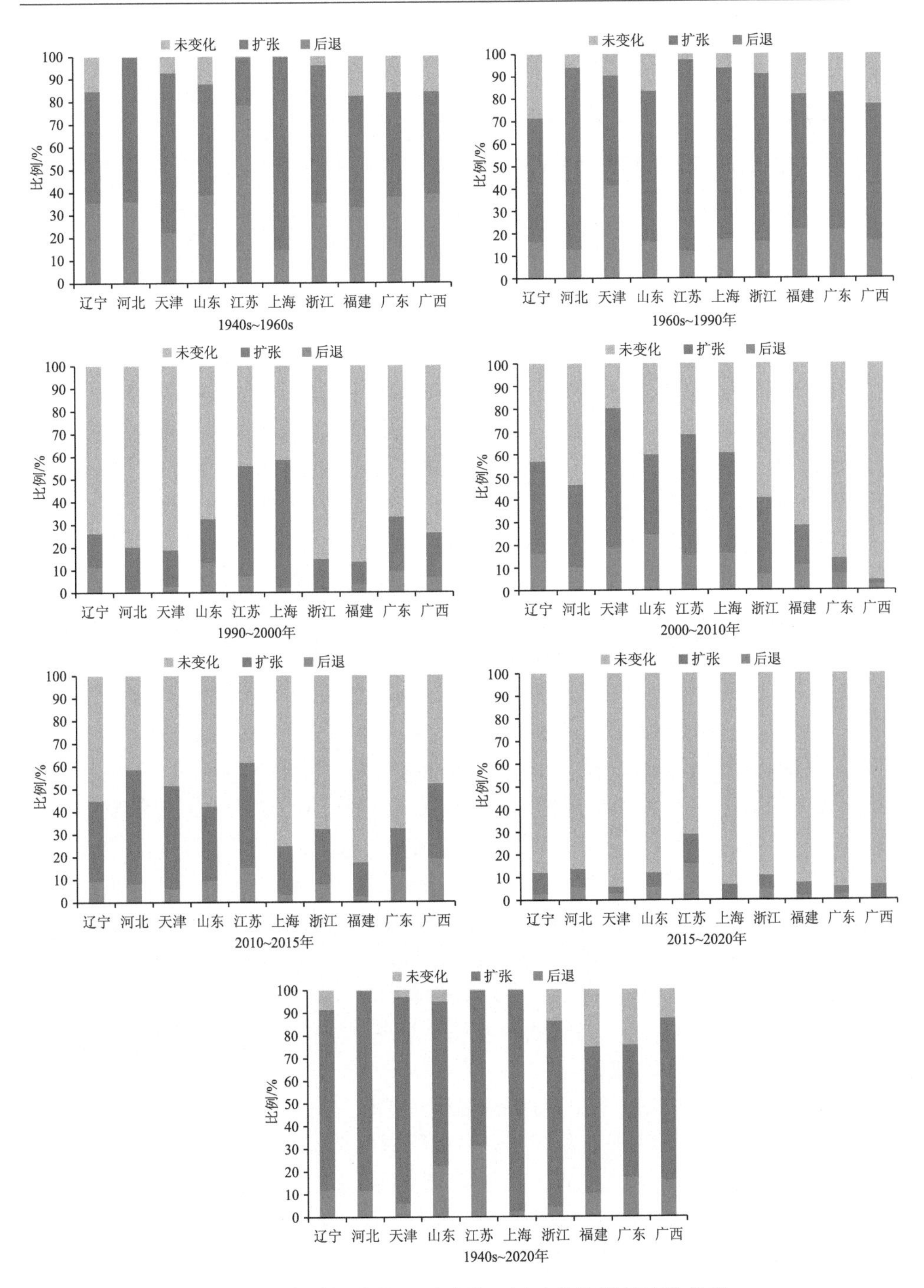

图 9.4　各时间阶段 10 省(区、市)大陆海岸线变化趋势

1940s～1960s：10 省(区、市)中除江苏省外，其余 9 省(区、市)均表现为扩张岸线比例高于后退岸线，其中上海市后退岸线比例最低，为 14.6%，其余 8 省(区、市)后退岸线比例均处于 35%～40%之间，辽宁、山东、福建、广东和广西 5 省(区)扩张岸线比例在 45%～50%之间，河北、天津及上海 3 省(市)扩张岸线比例超过 60%，上海市最高，达 85.2%；江苏省后退与扩张岸线比例分别为 78.5%和 21.2%；10 省(区、市)未变化岸线比例均低于 20%，其中河北、江苏和上海最低，均不足 1%，浙江省也较低，仅为 3.8%。

1960s～1990 年：10 省(区、市)均表现为扩张岸线比例大于后退岸线比例，其中河北与江苏两省的扩张岸线比例最高，分别为 81.4%和 85.9%，上海和浙江也较高，在 75%左右，其他省(区、市)则在 50%～70%之间；后退岸线的长度占比，以天津市为最高，达 41.4%，福建和广东两省在 21%左右，其他省(区、市)后退岸线的占比均未超过 20%；未变化岸线的占比，辽宁与广西两省(区)较高，分别为 28.4%和 22.4%，其他省(市)则均低于 20%，江苏省最低，仅为 2.3%。

1990～2000 年：10 省(区、市)仍然是扩张岸线比例大于后退岸线比例，其中上海和江苏两省(市)扩张岸线比例最高，分别为 56.6%和 44%，广东省其次，为 23.9%，其余 7 省(区、市)扩张岸线比例均未超过 20%，福建省最低，为 10.1%；后退岸线占比中，山东与辽宁两省较高，分别为 13.5%和 11.4%，其余省(区、市)不超过 10%，河北、天津、上海和浙江 4 省(市)低于 3%；该阶段除上海和江苏两省(市)未变化岸线占比低于扩张岸线外，其余 8 省(区、市)的未变化岸线成为主导，占比均超过了 60%，天津、浙江和福建更是超过了 80%。

2000～2010 年：广东与广西两省(区)后退岸线的比例超过了扩张岸线的比例，但相差较小，均在 1%以内，且所占比例也均较小，分别为 7%和 2.5%左右；其余 8 省(市)依旧是扩张岸线比例大于后退岸线比例，其中天津与江苏扩张岸线比例较高，分别为 61.5%和 53.1%，福建省最低，仅为 17.6%，其余省(市)均在 40%左右；后退岸线比例山东省最高，为 24.8%，其余省(区、市)则均未超过 20%，浙江与两广地区低于 10%；河北、浙江、福建、广东与广西 5 省(区、市)未变化岸线占比均超过 50%，广东与广西两省(区)最高，分别为 85.7%和 95.3%，其余省(市)均处在 30%～40%之间。

2010～2015 年：10 省(区、市)再次表现为扩张岸线比例大于后退岸线比例的特征，其中，河北、天津和江苏 3 省(市)扩张岸线比例较高，接近 50%，辽宁、山东与广西 3 省(区)为 34%左右，其余省(市)不超过 25%，福建省最低，为 15%；江苏、广东和广西 3 省(区)后退岸线比例较高，分别为 15.5%、13.2%和 19%，其余省(市)不超过 10%，上海市最低，仅 3.5%；河北、天津、江苏和广西 4 省(区、市)后退岸线比例未超过 50%，江苏省最低，为 38.2%，其余省(市)均超过了 50%，福建省最高，达 82.5%。

2015～2020 年：除江苏省后退岸线比例大于扩张岸线比例外，其他省(区、市)依旧是扩张岸线比例大于后退岸线比例，而且，除江苏省之外的 9 省(区、市)的扩张与后退岸线的比例均低于 10%；10 省(区、市)未变化岸线占比居于绝对主导地位，其中，江苏省略低，为 70.8%，其余省(区、市)未变化岸线的占比则均超过 80%，其中，天津、福建、广东与广西 4 省(区、市)超过了 90%。

1940s～2020 年：过去 80 年间整体而言，10 省(区、市)均表现出岸线扩张是主要变化趋势，天津与上海两市扩张岸线比例最高，分别达 91.1 和 97.7%，福建与广东两省较低，分别为 64.6%和 58.7%，其他省(区)扩张岸线比例普遍大于 70%；江苏省后退岸线比例最高，达 31%，山东省次之，为 22.4%，其余 8 省(区、市)均低于 20%，天津、上海和浙江 3 省(市)不超过 10%；位于长江以南的浙江、福建、广东和广西 4 省(区)未变化岸线的比例超过了 10%，福建与广东最高，分别为 25.1%和 24.3%，而位于长江以北的 6 省(市)未变化岸线占比均未超过 10%，其中，河北、江苏与上海 3 省(市)不足 1%，可见，过去 80 年间，长江以北 6 省(市)的岸线变化更为活跃，稳定性更低。

2. 沿海省(区、市)大陆海岸线变化趋势时间阶段特征

绘制 10 个省(区、市)不同时段海岸线 3 种变化趋势的长度比例对比图，如图 9.5 所示。

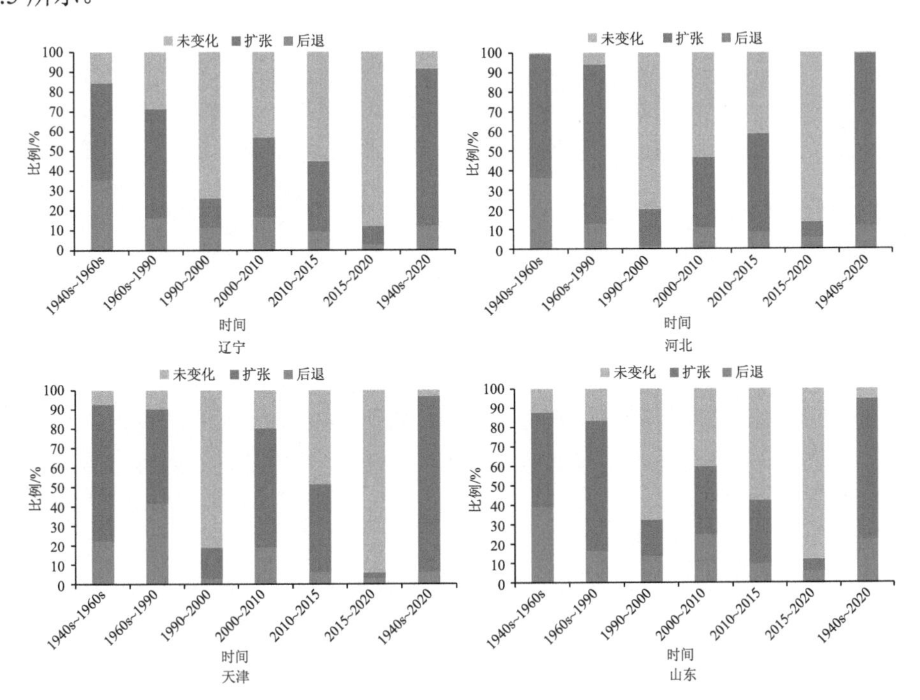

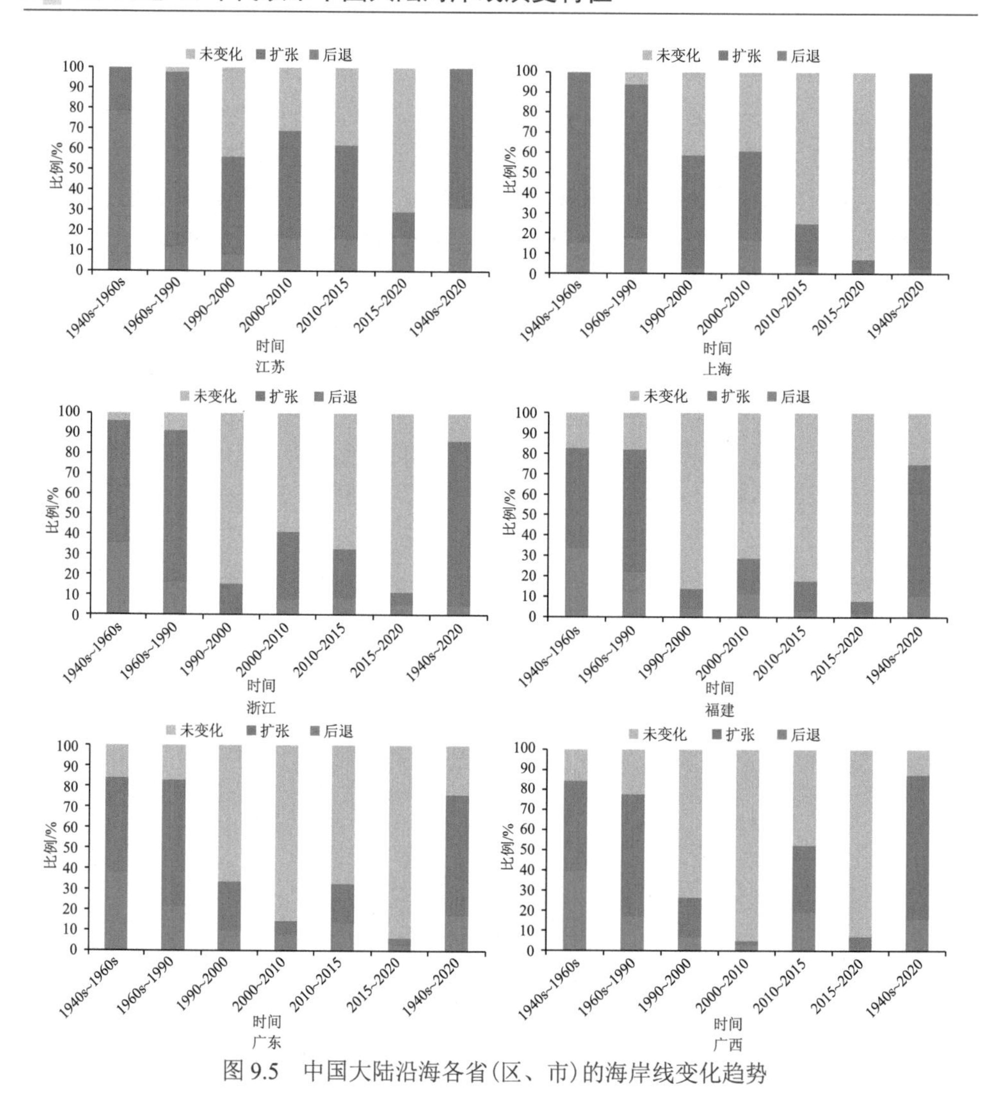

图 9.5　中国大陆沿海各省(区、市)的海岸线变化趋势

辽宁省：后退岸线的比例在过去 80 年间整体呈下降的变化趋势，从 35.6%逐渐降到 2.8%；扩张岸线的比例则是呈震荡下降趋势，从 49.1%降到 9.5%，其间在 1960s～1990 年和 2000～2010 年间达到两个极高点，分别为 55.3%和 40.6%；未变化岸线占比呈“N 型”变化趋势，2000 年前是第一个上升阶段，从 15.3%增长到 73.6%，2000～2010 年间是下降阶段，从 73.6%降到了 43%，2010～2020 年间是第二个上升阶段，从 43%增加到 87.7%。

河北省：后退岸线比例在过去 80 年间呈震荡下降趋势，2000 年之前为下降趋势，从 36.3%降至 1.3%，2000～2010 年为上升趋势，从 1.3%增至 10.6%，2010～2020 年再次变为下降趋势，从 10.6%降至 5.9%；扩张岸线比例也是呈震荡下降的趋势，从 63.6%降至 8%，其间，1960s 初期至 1990 年和 2010～2015 年有两个峰值，分别为 81.4%和 50.4%；未变化岸线比例在 2000 年前呈增长趋势，从不足 1%增长到 79.6%，2000～2015 年间呈现下降的趋势，从 79.6%降到 41.3%，2015～2020 年间再次上涨，增至 86.1%。

天津市：后退岸线比例在过去 80 年间呈震荡下降趋势，1960s～1990 年间达到最高，为 41.4%，1940s～1960s 和 2000～2010 年两阶段在 20%左右，其余时段则不足 6%；扩张岸线比例在 2000 年之前呈递减趋势，从 70.7%下降到 16.2%，2000～2010 年为上涨趋势，从 16.2%增加至 61.5%，2010～2020 年间又呈递减趋势，从 61.5%降至 3.1%；未变化岸线比例在 2000 年前为递增趋势，从 7%增加至 81%，2000～2010 年出现下降，骤降到了 19.5%，2010～2020 年再次开始上涨，从 19.5%增加到了 94%。

山东省：后退岸线比例整体呈递减趋势，从 39%逐渐降到了 5.8%；扩张岸线比例呈震荡下降趋势，1990 年前为上涨趋势，从 48.9%增加到了 67.3%，1990～2000 年出现较为明显的下降，降到了 19.2%，2000～2015 年间再次提高到了 34%左右，之后再次出现下降，最后降到了 6.5%；未变化岸线整体呈递增趋势，从 12.1%逐渐增加到了 87.7%。

江苏省：后退岸线比例在 2000 年前呈递减趋势，从 78.5%一直减少到 7.5%，2000 年后出现小幅上涨且保持相对稳定状态，近 20 年一直稳定在 16%左右；扩张岸线比例在 1990 年前呈显著上涨趋势，从 21.2%增加到了 85.9%，之后出现回落，1990～2015 年间稳定在 50%左右，期间变化不大，2015 年后再次出现明显回落，2015～2020 年间为 13.1%；未变化岸线比例整体则呈递增的趋势，从不足 1%一直增加到 70.8%。

上海市：后退岸线比例在 1940s～1990 年期间和 2000～2010 年间处于较高水平，为 16%左右，而其他时间阶段均不超过 5%；扩张岸线比例呈一直递减趋势，从 85.2%一直减少到 6.4%；未变化岸线比例则是呈一直递增趋势，从不足 1%一直增加到 93.1%。

浙江省：后退岸线比例整体呈两个阶段，1990 年前呈显著下降趋势，从 35.6%降至 16.2%，之后继续下降至 5%左右维持相对稳定；扩张岸线比例为震荡下降趋势，从 60.6%下降到 6.4%，峰值出现在 1960s～1990 年间，为 75.1%；未变化岸线比例呈“N 型”变化趋势，2000 年前为第一增长阶段，从 3.8%增加到 85%，2000～2010 年间为下降阶段，回落到了 59.2%，2010～2020 年间是第二增长阶段，从 59.2%增加到了 89%。

福建省：后退岸线比例整体呈下降趋势，从 33.2%下降到了 1.8%，期间在 2000～2010 年出现次高点，为 11.1%；扩张岸线比例在 1990 年前呈上涨趋势，从 49.4%增加到了 60.4%，之后出现较为显著的下降，到 2015～2020 年已下降到

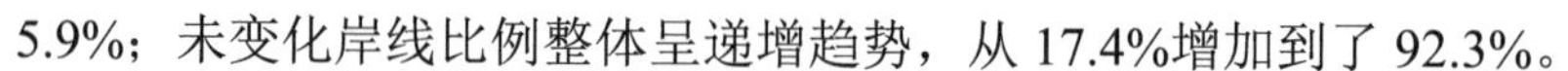

5.9%；未变化岸线比例整体呈递增趋势，从 17.4%增加到了 92.3%。

广东省：后退岸线比例整体呈下降趋势，从 38.1%逐渐降至 2.4%；扩张岸线比例在 1990 年之前呈增长趋势，从 45.9%增至 61.5%，1990～2020 年整体呈下降趋势，从 61.5%降至 3.7%，其中，在 2010～2015 年间出现了次高点，达 19.3%；未变化岸线比例整体呈上涨趋势，从 16%逐渐增至 94%，但在 2010～2015 年间出现回落，降至 67.4%。

广西壮族自治区：后退岸线占比在 1940s～1960s 处于较高水平，达到 39.3%，1960s～1990 年和 2010～2015 年间后退岸线占比也较高，在 18%左右，而其余时间阶段则占比较低，均未超过 10%；扩张岸线的比例呈震荡下降趋势，1940s～1990 年间的两阶段占比均较高，分别达到 45.1%和 60.8%，2010～2015 年间也比较高，为 33.3%，而 2000～2010 年和 2015～2020 年间占比则大幅萎缩，分别仅为 2.1%和 5.7%；未变化岸线比例整体则呈上涨趋势，从 15.7%逐渐增加到了 93.2%，但在 2010～2015 年间出现回落，为 47.7%。

9.1.3 135 个空间单元大陆海岸线变化趋势时空特征

计算并统计大陆沿海 135 个空间单元各时间阶段向陆后退、向海扩张以及未变化海岸线的长度及所占比例，结果如图 9.6 所示。

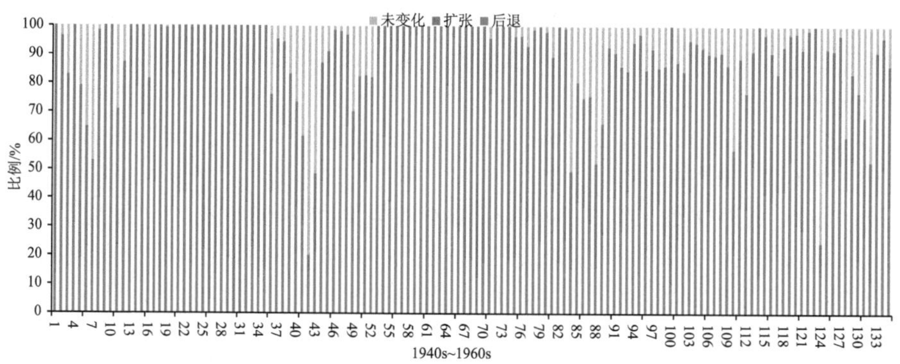

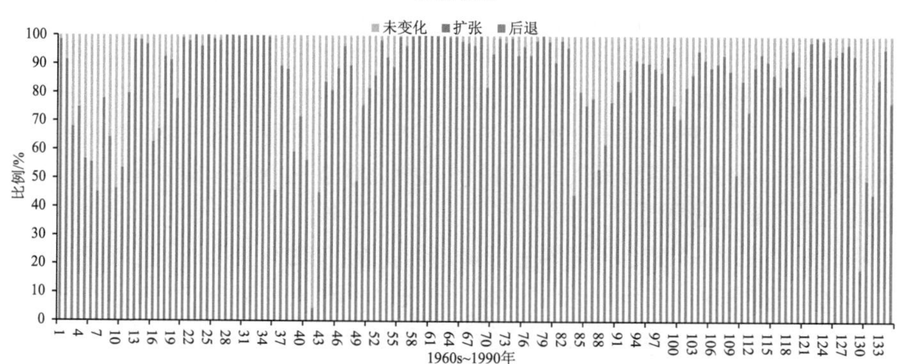

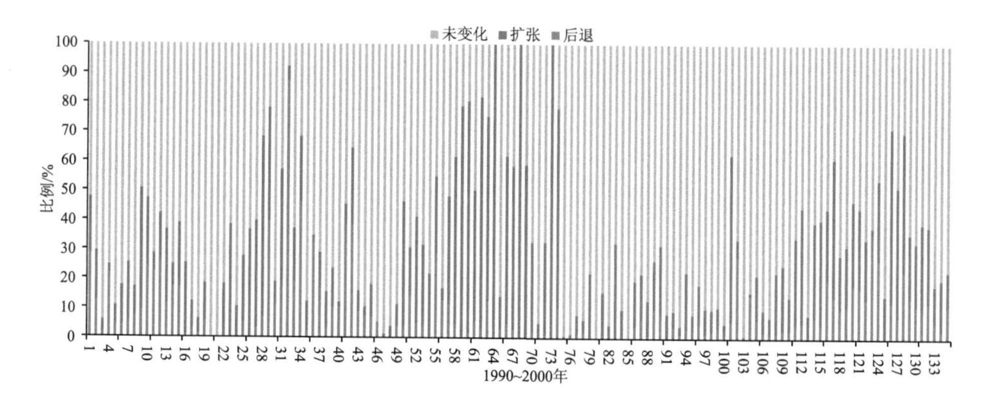
未变化
扩张
后退
比例/%
1990~2000年

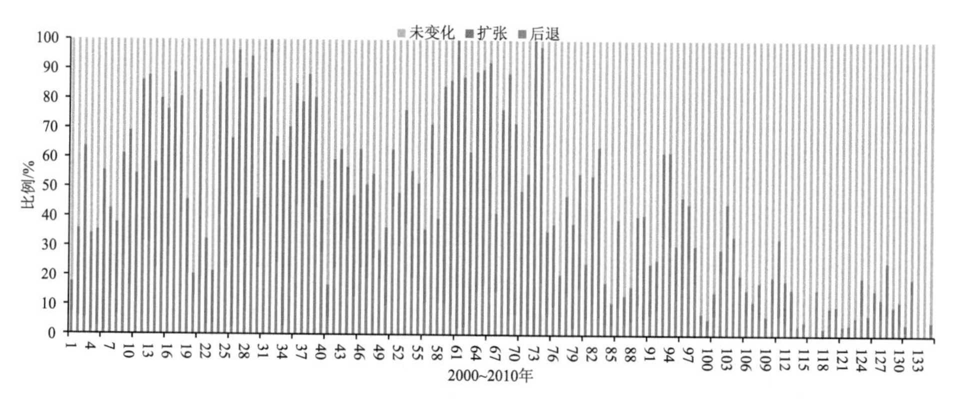
未变化
扩张
后退
比例/%
2000~2010年

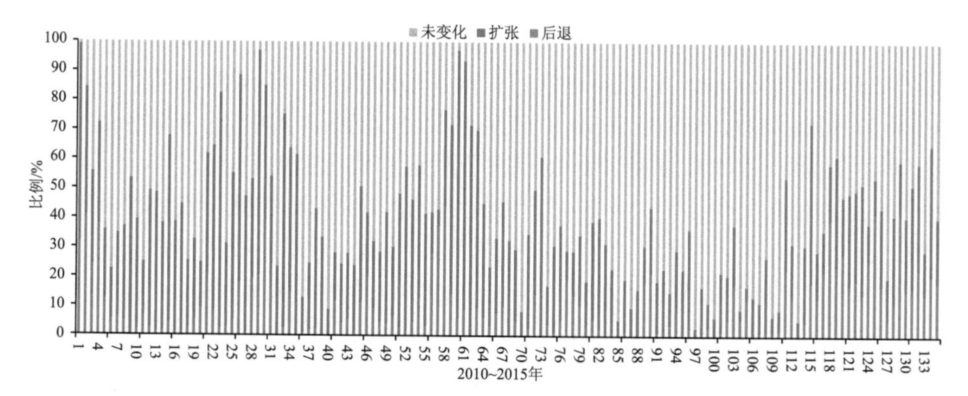
未变化
扩张
后退
比例/%
2010~2015年

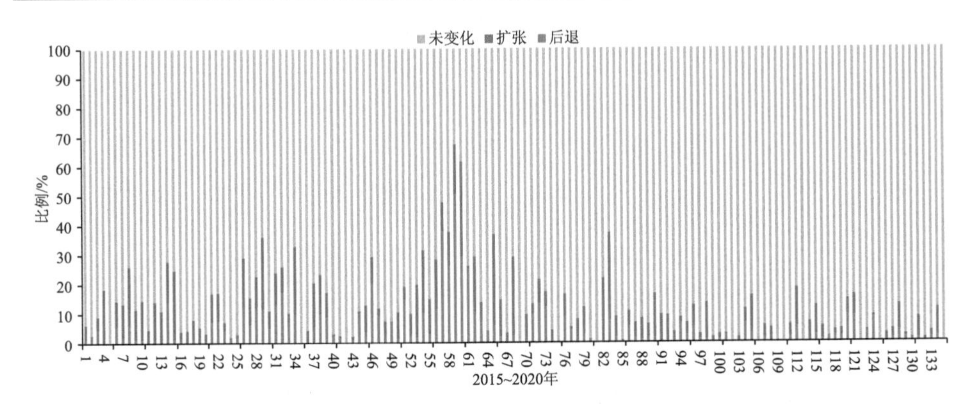

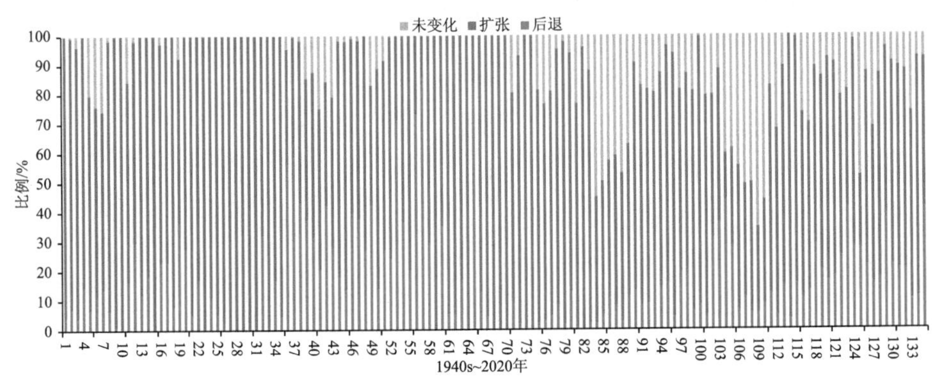

图 9.6　中国大陆沿海 135 个空间单元海岸线变化趋势

1940s～1960s：135 个空间单元未变化岸线的占比较少，大部分空间单元变化岸线比例远高于未变化岸线比例。未变化岸线比例超过 50%的仅 3 个单元，分别为 42-威海市辖区(80%)、124-湛江市雷州市(75.6%)和 43-威海荣成市(51.5%)，而变化岸线比例超过 90%的有 90 个单元，占比 66.7%，其中 46 个单元的变化岸线比例达 100%。另外，扩张岸线比例大于后退岸线比例的有 85 个单元，反之，80 个单元为后退岸线比例大于扩张岸线比例。定义单元内扩张岸线比例高于后退岸线比例 70%及以上的单元为显著扩张单元，同理，后退岸线比例高于扩张岸线比例 70%及以上的为显著后退单元；据统计，有 11 个单元显著扩张，典型区域有：东营市辖区、天津市辖区至河北黄骅市、葫芦岛市绥中县、大连瓦房店市、广东饶平县、珠海市辖区及上海南汇区至奉贤区等；显著后退的有 12 个单元，典型区域有：日照市辖区、连云港市灌云县至南通启东市一带和湛江市辖区等。

1960s～1990 年：未变化岸线比例较上阶段有所增加，另外，扩张岸线比例也有明显的增加。未变化岸线比例超过 50%的单元增加到了 10 个，而变化岸线比例超过 90%的单元数减少到 72 个，变化比例为 100%的单元仅剩 8 个。该阶段扩张岸线比例大于后退岸线比例的单元增加到 128 个，其中，显著扩张的单元数为 33 个，较上阶段增加了 22 个，对应的典型区域有：连云港市辖区至南通市启东市一带、秦皇岛市昌黎县至唐山市滦南县一带、东营市市辖区、上海市、宁波市慈溪市至宁波市辖区、台州临海市、温州乐清市、盘锦市至锦州凌海市以及澳门、珠海等；该阶段仅 7 个单元为后退岸线比例高于扩张岸线比例，但均不是显著后退单元，代表区域有：潍坊市辖区至昌邑市、宁波市辖区及烟台莱州市等。

1990～2000 年：未变化岸线比例明显增加，扩张与后退岸线比例均出现较大幅度减少。未变化岸线比例超过 50%的单元数高达 108 个，较上阶段增加了 98 个，而变化岸线比例超过 90%的单元数减少到 4 个，变化比例为 100%的单元也仅剩 1 个。扩张岸线比例大于后退岸线比例的单元较上阶段也稍有减少，为 104 个，其中有 6 个为显著扩张单元，对应的典型区域有：盐城大丰区至东台市、南通市如东县和启东市、上海市辖区至南汇区以及宁波慈溪市；有 27 个单元表现为后退岸线比例大于扩张岸线，仅 1 个单元为显著后退单元——东营市垦利区，其他后退较为明显的典型区域还包括：潍坊市辖区至昌邑县、烟台莱州市至招远市、烟台市辖区至威海市辖区、湛江市辖区、大连瓦房店市和庄河市以及汕头市潮阳市至揭阳市惠来县等。

2000～2010 年：未变化岸线比例较上阶段出现减少，变化岸线比例相应出现较大幅度增加，北方地区尤为显著。未变化岸线比例超过 50%的单元数减少到 47 个，较上阶段减少了 61 个，而变化岸线比例超过 90%的单元数增加到 8 个，变化比例为 100%的单元增加到 2 个。扩张岸线比例大于后退岸线比例的单元数较上一阶段再次减少，为 96 个，同样有 6 个单元为显著扩张，对应区域有：滨州市无棣县、盐城大丰区至南通如东县一带、上海南汇区至奉贤区和宁波市慈溪市；后退岸线比例大于扩张岸线比例的单元数增加到 37 个，依旧只有垦利区为显著后退，其他后退较为显著的典型区域有：葫芦岛市兴城市、盐城市滨海县、青岛黄岛区以及汕头市潮阳市至汕尾市陆丰市一带等。

2010～2015 年：未变化岸线比例再次出现回升，扩张与后退岸线比例相应减少，其中后退岸线比例减少更为明显。未变化岸线比例超过 50%的单元数增加到 97 个，较上阶段增加了 50 个，而变化岸线比例超过 90%的单元数再次减少到 4 个，且没有变化比例达 100%的单元。扩张岸线比例大于后退岸线比例的单元较上阶段有所增加，增加到 121 个，但仅有 4 个单元为显著扩张，对应区域有：盐城市大丰区至南通如东县一带和唐山滦南县；后退岸线比例大于扩张岸线比例的单元数减少到 14 个，且均不是显著后退状态，后退趋势较为明显的区域有：盐城市滨海县、湛江市徐闻县和遂溪县以及阳江市辖区等。

2015～2020年：未变化岸线的比例成为绝对主导，仅有少部分空间单元变化岸线的比例依旧保持较高水平。共有133个单元未变化岸线比例超过50%，其中超过90%的有71个，共有11个单元未变化岸线比例达100%。扩张岸线比例大于后退岸线比例的有82个单元，后退岸线比例大于扩张岸线比例的有42个，显著扩张或显著后退的单元均不存在。扩张岸线仍然保持较高比例的典型区域有：温州市乐清市、锦州市凌海市、南通市启东市、上海市辖区至南汇区以及温州市辖区至瑞安市等；后退岸线仍然保持较高比例的典型区域有：盐城市滨海县和大丰区以及东台市至南通如东县等。

1940s～2020年：近80年间，135个空间单元的变化岸线占比居绝对主导地位，北方地区尤为显著。未变化岸线比例超过50%的单元仅有5个，而变化岸线比例超过90%的单元有79个，其中23个单元变化岸线比例达到100%。扩张岸线比例大于后退岸线比例的单元有124个，其中47个单元为显著扩张，代表区域包括：丹东东港市至大连庄河市、秦皇岛市昌黎县至唐山市滦南县、天津市至东营市垦利区一带、盐城大丰区至南通启东市一带、苏州市至宁波市一带、台州临海市、温州乐清市至瑞安市以及厦门市辖区至漳州市龙海区等；有11个单元后退岸线比例大于扩张岸线比例，但其中仅1个单元为显著后退——盐城滨海县，其他后退趋势也较为明显的区域有：日照市辖区、连云港市灌云县至盐城市响水县、南通市启东市部分岸段以及汕尾市陆丰市等。

9.2 中国大陆海岸带陆海格局-过程特征

海岸侵蚀、河口淤积和围填海等导致局地和区域尺度海岸线分布位置的变化，进而引起不同尺度陆海格局的变化，因此，对比不同时期的大陆海岸线能够清晰地揭示陆海格局的变化特征。具体而言，两期大陆海岸线所包围的空间区域能够反映陆海格局变迁的面积规模特征。为反映陆海面积变化的强度特征，定义单位长度岸线(不包含丁坝和突堤)的陆地面积变化量为“陆地面积增长指数”，同时，计算岸线完全平直假定条件下的陆进海退距离当量和陆退海进距离当量，结果如表9.2所示，展示了中国大陆沿海在过去80年间不同时间阶段的陆海格局变化特征。

表9.2 中国大陆沿海陆海格局特征

时间	陆退海进/km^2	陆进海退/km^2	净变化/km^2	陆地面积增长指数/(km^2/km)	岸线变化距离当量/(m/km)
1940s～1960s	3835.00	5194.09	1359.09	0.08	75.00
1960s～1990	454.65	7745.38	7290.73	0.38	380.83

续表

时间	陆退海进 /km^2	陆进海退 /km^2	净变化 /km^2	陆地面积增长指数 /(km^2/km)	岸线变化距离当量 /(m/km)
1990～2000	231.67	2101.64	1869.97	0.11	113.81
2000～2010	267.78	2322.66	2054.88	0.12	121.24
2010～2015	188.38	2623.77	2435.39	0.13	133.40
2015～2020	144.37	366.07	221.70	0.01	12.29
1940s～2020	960.81	16192.58	15231.77	0.84	840.55

由表 9.2 可以看出，过去 80 年间，中国大陆沿海向陆后退面积达 961 km^2，向海扩张面积达 1.6 万 km^2，面积净增 1.5 万 km^2，陆地面积增长指数为 0.84 km^2/km，岸线变化距离当量约为 841 m/km。从时间序列看，在 6 个时间阶段中，各个阶段整体均表现为向海扩张态势，但不同阶段又有所差异：1940s～1960s 期间，向陆后退与向海扩张的面积均十分显著，分别约 3835 km^2 和 5194 km^2，陆地面积增长指数为 0.08 km^2/km；1960s～1990 年间，向陆后退面积较上阶段大幅减少，而向海扩张面积却进一步增加，导致该阶段大陆沿海面积净变化量达到最高值，达 7291 km^2，陆地面积增长指数提高到 0.38 km^2/km；1990～2000 年间，向陆后退面积继续减少，向海扩张面积较上阶段出现显著下降，面积净变化量减少到 1870 km^2，陆地面积增长指数相应减小到 0.11 km^2/km；2000～2015 年间，大陆沿海向陆后退面积整体呈逐渐减少趋势，向海扩张面积则呈逐渐递增趋势，面积净变化量由 1870 km^2 逐渐增加到 2435 km^2，陆地面积增长指数从 0.11 km^2/km 增至 0.13 km^2/km；2015～2020 年间，大陆沿海向海扩张面积出现急剧下降，面积净变化量缩至 222 km^2，陆地面积增长指数仅为 0.01 km^2/km，可见，2015 年后，中国大陆沿海陆海格局进入较为稳定的状态。

9.2.1 中国大陆不同海域海岸带陆海格局-过程特征

1. 五大海域大陆海岸带陆海格局的空间特征

计算并统计北黄海、渤海、南黄海、东海和南海五大海域各时间阶段由于岸线向陆后退及向海扩张所造成的后退面积和扩张面积，以及面积净变化量，同时计算和统计不同时间阶段五海域的陆地面积增长指数，然后分不同时间阶段绘制五海域的陆海格局及陆地面积增长指数变化趋势，以更好地展示各海域陆海格局在空间上的变化特征，如图 9.7 所示。

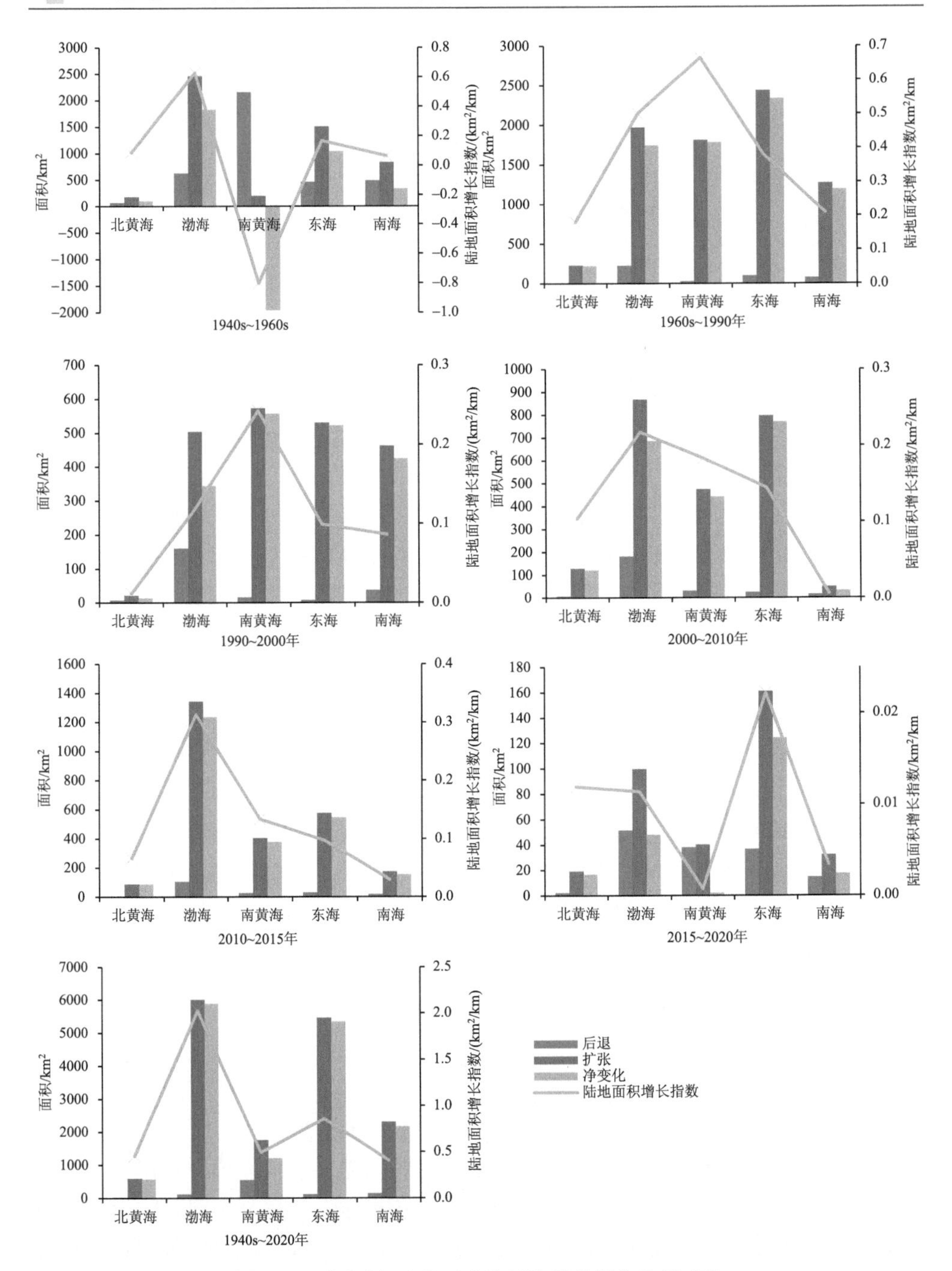

图 9.7　不同时间阶段五大海域海岸带陆海格局变化

1940s～1960s：五海域海岸带陆海格局的空间差异十分显著，五海域中仅南黄海表现为陆地面积净减少态势，且较为显著，共减少近 2000 km^2，陆地面积增长指数为–0.8 km^2/km；其余四海域陆地面积均为净增加状态，但变化强度差异明显，渤海与东海陆地面积净增量均超过 1000 km^2，渤海最高，达 2460 km^2，东海约 1050 km^2，北黄海与南海陆地面积净增量不超过 500 km^2，北黄海最小，仅增加约 110 km^2；五海域陆地面积增长指数表现为：渤海>东海>北黄海>南海>南黄海。

1960s～1990 年：北黄海与其他四海域陆海格局有较大差异，其向陆后退与向海扩张面积均不大，陆地面积净增 221 km^2，而其他四海域陆地面积净增均超过 1000 km^2，其中东海最高，达 2336 km^2，渤海与南黄海相差不大，为 1750 km^2 左右；五海域陆地面积增长指数表现为：南黄海>渤海>东海>南海>北黄海。

1990～2000 年：北黄海陆地面积变化在五海域中仍是最不明显的，后退与扩张面积仅分别为 8 km^2 和 22 km^2，陆地面积增长指数仅为 0.01 km^2/km；其他四海域向海扩张面积相差不大，介于 450～600 km^2，但渤海向陆后退态势显著，后退面积达 160 km^2，而其余三海域则均不足 40 km^2；南黄海陆地面积净变化量最大，达 557 km^2，渤海最小，为 344 km^2；五海域陆地面积增长指数表现为：南黄海>渤海>东海>南海>北黄海。

2000～2010 年：五海域仍然均表现为陆地面积净增加状态，其中北黄海和南海的陆地面积净增量明显小于其他三海域，分别净增 122 km^2 和 32km^2；其他三海域中，渤海海域陆地后退面积和扩张面积均是最大的，分别为 182 km^2 和 868 km^2，南黄海和东海的陆地后退面积均不足 35 km^2，扩张面积分别为 475 km^2 和 797 km^2；五海域陆地面积增长指数表现为：渤海>南黄海>东海>北黄海>南海。

2010～2015 年：渤海海域陆地面积变化在五海域中最为突出，陆地后退面积为 107 km^2，而其余四海域均不足 30 km^2，陆地扩张面积高达 1346 km^2，而其他四海域中东海扩张面积最大为 578 km^2，北黄海最低为 89 km^2，均明显小于渤海海域向海扩张所增加的面积；五海域陆地面积增长指数表现为：渤海>南黄海>东海>北黄海>南海。

2015～2020 年：东海海岸带陆地面积变化与其他四海域相比较为显著，陆地扩张面积为 161 km^2，而其他四海域均不超过 100 km^2；东海海岸带面积净增 124 km^2，其他四海域则均低于 50 km^2；东海陆地面积增长指数最大，但也仅为 0.02 km^2/km，北黄海与渤海为 0.01 km^2/km，而南黄海与南海几乎为 0 km^2/km。

1940s～2020 年：过去 80 年间，五海域陆地面积均表现为净增加状态。南黄海陆地面积后退最多，为 548 km^2，北黄海最少，为 28 km^2；渤海陆地面积向海扩张最多，达 6011 km^2，北黄海最少，仅 598 km^2；渤海面积净增加最多，为 5888 km^2，北黄海最少，为 570 km^2；五海域过去 80 年来的陆地面积增长指数表现为：

渤海>东海>南黄海>北黄海>南海。

2. 五大海域大陆海岸带陆海格局的时间阶段特征

计算并统计五个海域各个时间阶段海岸带陆海空间面积年均变化量，并分海域绘制面积净变化速率曲线，如图 9.8 所示。

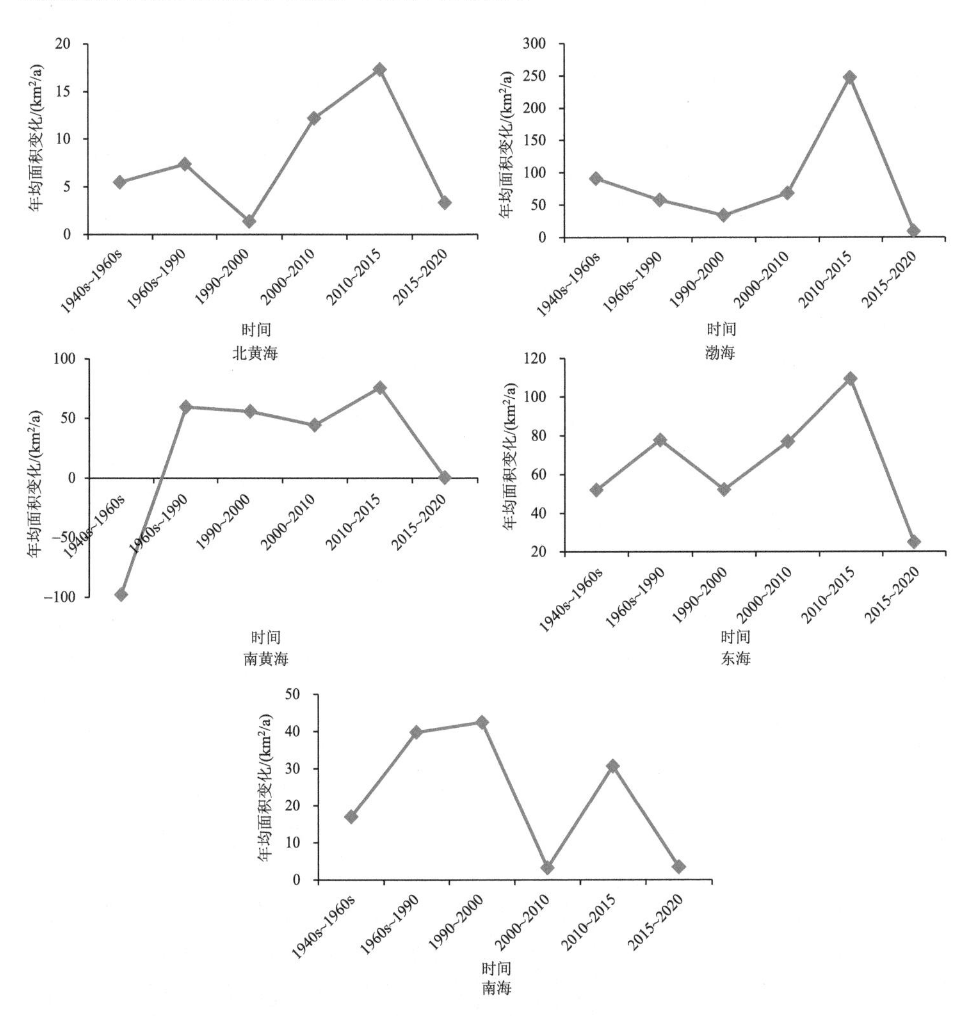

图 9.8　五大海域不同时间阶段陆海格局变化

北黄海：1990 年前，陆地面积年均变化量呈缓慢增长趋势，1990～2000 年间出现下降趋势，年均面积净变化量达到最低点，为 1.37 km^2/a，2000～2015 年间为快速向海扩张阶段，年均面积净变化值达到最高点，为 17.32 km^2/a，而 2015

年后，扩张强度出现大幅衰减，年均面积净变化量减少到 3.33 km^2/a。

渤海：年均陆地净增面积在 2000 年前呈递减趋势，从 91.37 km^2/a 一直减少到了 34.37 km^2/a，2000～2015 年间，该海域向海扩张趋势再次逐渐增强，年均净增面积从 34.37 km^2/a 骤增到 247.76 km^2/a，达到最高点，而 2015 年后，向海扩张趋势基本停止，年均净增面积不足 10 km^2/a。

南黄海：1940s～1960s 表现为显著的向陆后退态势，年均面积净减少高达 98 km^2/a，而在 1960s～1990 年表现为显著的向海扩张趋势，年均面积净增约 60 km^2/a，1990～2010 年间，向海扩张趋势呈缓和的减弱趋势，2010～2015 年间，扩张强度再次增强，年均面积净变化量达 75.67 km^2/a，达到最高值，2015 年后南黄海的向海扩张趋势也基本停止，年均净增面积不足 1 km^2/a。

东海：在过去 80 年间，陆地面积变化趋势呈现不规则的“M 型”，1940s～1990 年为第一上升阶段，年均净增面积从 52.10 km^2/a 增加到 77.87 km^2/a，1990～2000 年为第一下降阶段，年均净增面积相应减少到 52.24 km^2/a，2000～2015 年为第二上升阶段，年均净增面积又增加到了 109.48 km^2/a，2015～2020 年为第二下降阶段，净增面积从 109.48 km^2/a 一直减少到 24.83 km^2/a。

南海：陆地面积变化趋势也表现为不规则的“M 型”，第一上升阶段为 1940s～2000 年，年均面积净变化从 16.98 km^2/a 逐渐上涨到 42.50 km^2/a，2000～2010 年，南海向海扩张趋势大幅减弱，年均面积净变化量降到仅为 3.23 km^2/a，2010 年后，向海扩张趋势再次加强，到 2015 年，年均面积净变化值增加到 30.71 km^2/a，而 2015 年后，该海域向海扩张趋势再次停滞，年均面积净变化量相应萎缩为 3.47 km^2/a。

9.2.2　中国大陆不同省(区、市)海岸带陆海格局-过程特征

1. 沿海省(区、市)大陆海岸带陆海格局的空间特征

计算并统计沿海 10 省(区、市)各个时间阶段由于岸线向陆后退及向海扩张所造成的后退面积和扩张面积，以及面积净变化量和陆地面积增长指数，结果如图 9.9 所示。

1940s～1960s：除江苏省外的 9 个省(区、市)均表现为陆地面积净增加，其中，以山东省最为显著，陆地后退面积和扩张面积均是各省(区、市)中最大的，分别达 471 km^2 和 1742 km^2；其余 8 省(区、市)中，辽宁与广东的陆地后退面积也较为显著，分别为 429 km^2 和 380 km^2，天津与上海两市后退面积最少，分别为 14 km^2 和 4 km^2；辽宁、浙江和广东 3 省的扩张面积也是各省(区、市)中相对较多的，分别为 713 km^2、665 km^2 和 690 km^2；江苏省是唯一发生陆地面积净减少的，其后退面积十分显著，约为 2000 km^2，而扩张面积仅有 405 km^2；10 省(区、

市）陆地面积增长指数表现为：天津＞上海＞山东＞河北＞浙江＞辽宁＞福建=广东＞广西＞江苏。

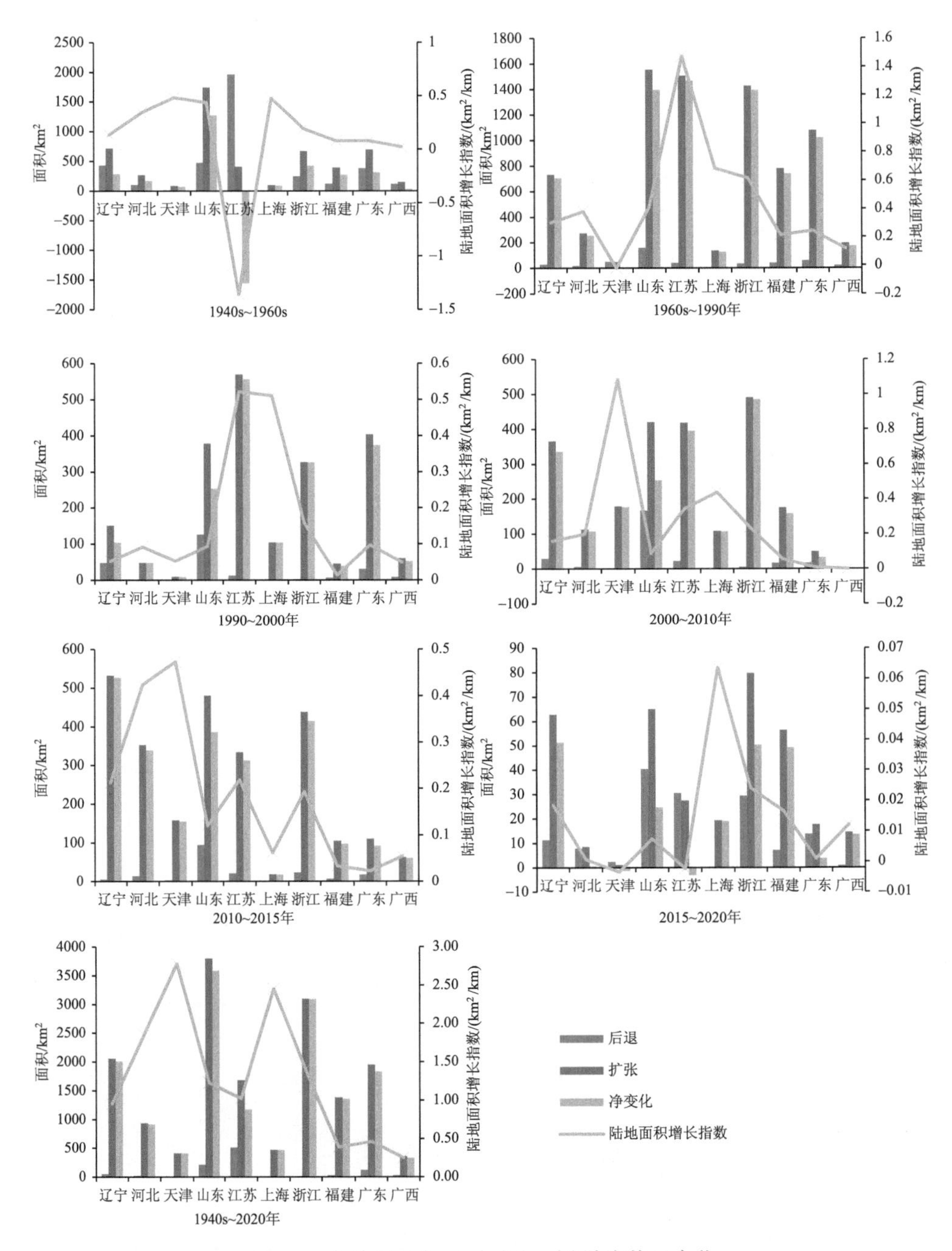

图 9.9 各阶段沿海 10 省（区、市）陆海格局变化

1960s～1990 年：天津市表现为陆地后退面积略大于扩张面积，导致陆地面积小幅减少了 3 km^2，其余省(区、市)均为扩张面积大于后退面积，但各省(区、市)之间的差异显著，山东省陆地后退面积最大，达 157 km^2，其余省(区、市)基本不超过 50 km^2；山东、江苏、浙江和广东 4 省扩张面积超过 1000 km^2，山东与江苏最高，均达到 1500 km^2，浙江为 1400 km^2，广东约为 1100 km^2，此外，辽宁与福建两省扩张面积也较大，分别为 733 km^2 和 780 km^2，而河北、天津、上海和广西 4 省市(区)的扩张面积均不足 300 km^2；10 省(区、市)陆地面积增长指数表现为：江苏＞上海＞浙江＞山东＞河北＞辽宁＞广东＞福建＞广西＞天津。

1990～2000 年：10 省(区、市)均表现为陆地扩张面积大于后退面积，其中山东省陆地后退面积最大，为 126 km^2，其余 9 省(区、市)均不超过 50 km^2，河北、天津、上海、浙江、福建及广西更是在 10 km^2 以下；江苏、广东、山东和浙江 4 省的陆地扩张面积比较显著，依次为 569 km^2、403 km^2、378 km^2 和 327 km^2，其余省(区、市)不超过 150 km^2，天津市最少，不足 10 km^2；10 省(区、市)陆地面积增长指数表现为：江苏＞上海＞浙江＞广东＞山东=河北＞辽宁=天津=广西＞福建。

2000～2010 年：广东与广西两省(区)陆地面积变化最不显著，广东省后退与扩张面积均不足 50 km^2，面积净增加 33km^2，广西壮族自治区后退与扩张面积均不足 1 km^2，面积净减少了 0.18 km^2；其余省(市)面积净增加均超过了 100 km^2，其中，山东省后退面积最大，为 166 km^2，其余省(市)则不足 30 km^2，浙江、山东、江苏和辽宁 4 省的陆地扩张面积较为显著，分别为 491 km^2、420km^2、418 km^2 和 365km^2，而河北、天津、上海和福建 4 省(市)的陆地扩张面积介于 100～200 km^2；10 省(区、市)陆地面积增长指数表现为：天津＞上海＞江苏＞浙江＞河北＞辽宁＞山东＞福建＞广东＞广西。

2010～2015 年：10 省(区、市)再次均表现为陆地扩张面积大于后退面积，其中，山东省仍然是陆地后退面积最多的，为 94 km^2，其余省(区、市)基本在 20 km^2 以内；辽宁、山东和浙江的扩张面积最显著，分别为 532 km^2、480 km^2 和 438 km^2，河北与江苏两省扩张面积在 350 km^2 左右，扩张幅度也相对较大，广西与上海两地的陆地扩张面积最少，分别为 63 km^2 和 18 km^2；10 省(区、市)陆地面积增长指数表现为：天津＞河北＞江苏＞辽宁＞浙江＞山东＞上海＞广西＞福建＞广东。

2015～2020 年：10 省(区、市)的陆地面积变化均进入接近停滞的状态，面积净变化量均在 50 km^2 以内；山东、江苏和浙江 3 省陆地后退面积相对较多，分别为 40 km^2、31 km^2 和 29 km^2，其他省(区、市)则基本不超过 10 km^2；浙江、山东、辽宁和福建 4 省陆地扩张面积在 50 km^2 以上，但均未超过 80 km^2；就陆地面积变化强度而言，上海市陆地面积增长指数最大，但也仅为 0.06 km^2/km，河北、天津、

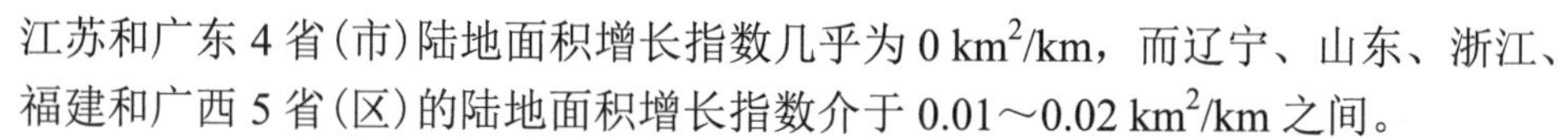

江苏和广东 4 省(市)陆地面积增长指数几乎为 0 km^2/km，而辽宁、山东、浙江、福建和广西 5 省(区)的陆地面积增长指数介于 0.01～0.02 km^2/km 之间。

1940s～2020 年：过去 80 年间，10 省(区、市)陆地面积均表现为净增加状态，但空间差异显著；山东与浙江两省面积净增量最多，均超过 3000 km^2，分别为 3586 km^2 和 3094 km^2，辽宁与广东两省净增面积均为 2000 km^2 左右，江苏与福建两省净增面积均 1200 km^2 左右，河北省净增面积超过 900 km^2，上海与天津两市分别净增 464 km^2 和 406 km^2，广西壮族自治区面积净增最少，仅 329 km^2；就陆地面积的变化强度而言，天津与上海两市变化强度最强，陆地面积增长指数分别为 2.78 km^2/km 和 2.45 km^2/km，广西壮族自治区变化强度最弱，陆地面积增长指数为 0.25 km^2/km，10 省(区、市)陆地面积增长指数具体表现为：天津＞上海＞河北＞浙江＞山东＞江苏＞辽宁＞广东＞福建＞广西。

2. 沿海省(区、市)大陆海岸带陆海格局的时间阶段特征

计算并统计大陆沿海 10 省(区、市)各个时间阶段海岸带陆海空间年均面积变化量，结果如图 9.10 所示。

辽宁省与河北省：过去 80 年间，两省的陆地面积变化趋势大致相同；2010 年之前向海扩张强度均呈小幅波动上升趋势，到 2010～2015 年间，向海扩张强度大幅提高，都达到了峰值，年均面积净变化分别为 105.42 km^2/a 和 67.75 km^2/a，2015 年后，向海扩张强度同时大幅回落，年均面积净变化值分别减少到 10.29 km^2/a 和 0.12 km^2/a。

天津市：2000 年前，陆地面积变化较稳定，年均面积净变化不足 5 km^2/a，2000～2015 年间，进入高强度向海扩张阶段，年均面积净变化增至 31.02 km^2/a，2015 年之后向海扩张活动基本停止，并出现小幅向陆后退趋势，年均面积净变化降为–0.27 km^2/a。

山东省：1940s～2010 年间，陆地面积变化强度呈逐渐递减趋势，年均面积净变化量从 63.60 km^2/a 逐渐减少到 25.39 km^2/a，2010～2015 年间，向海扩张强度开始增强，年均面积净变化量从 25.39 km^2/a 迅速增加到 77.26 km^2/a，同样在 2015 年后，向海扩张趋势大幅减弱，年均面积净变化量缩减为 4.93 km^2/a。

江苏省：1940s～1960s，陆地面积显著减少，年均面积净减少 77.85 km^2/a，1960s～1990 年，变为显著向海扩张，年均净增面积 48.95 km^2/a，1990～2015 年间，保持中等强度向海扩张态势，年均净增面积在 40～60 km^2/a 之间；2015 年后，向海扩张活动基本停止，2015～2020 年间陆地年均面积变化出现不足 1 km^2/a 的小幅萎缩。

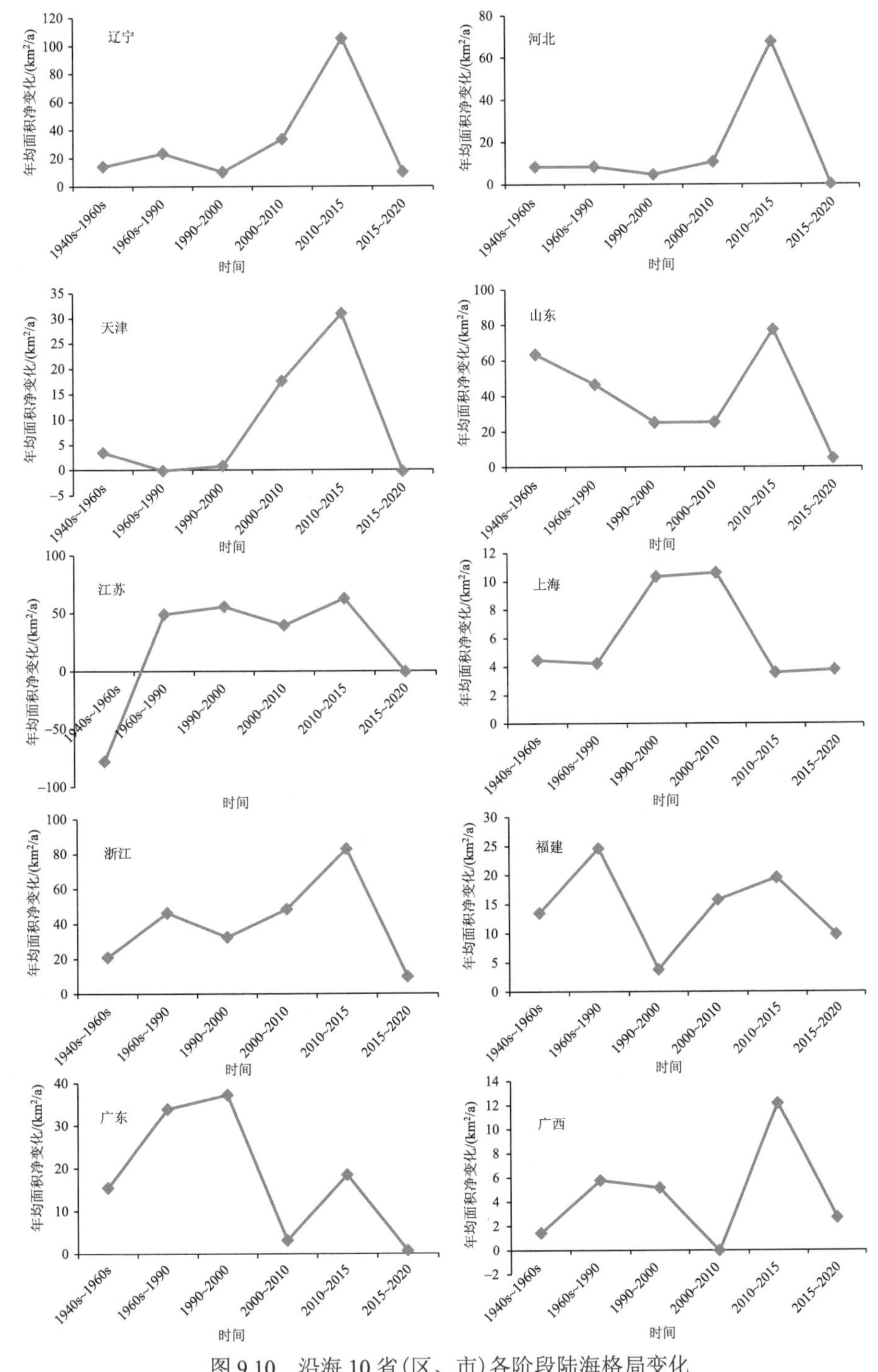

图 9.10　沿海 10 省(区、市)各阶段陆海格局变化

上海市：在 80 年间的陆地面积变化趋势主要呈两个阶段，1990～2010 年间，为较高强度的向海扩张态势，年均面积净变化为 10.50 km^2/a 左右，而在其他的时间阶段，则表现为低强度的向海扩张态势，年均面积净变化均保持在 4 km^2/a 左右。

浙江省：陆地面积变化强度在 2015 年之前整体呈上升趋势，年均面积净变化值从 21.10 km^2/a 逐渐增加到 83.09 km^2/a，2015 年后，向海扩张强度同样出现大幅下降，年均面积净变化值减少到 10.07 km^2/a。

福建省：过去 80 年间的面积变化表现为“M 型”变化趋势，1940s～1990 年间为上涨阶段，年均面积净变化从 13.58 km^2/a 上涨到 24.66 km^2/a，1990～2000 年转为下降走势，年均面积净变化值下降到仅 3.89 km^2/a，成为历史最低值，2000～2015 年间再次成为上涨趋势，年均面积净变化从 3.89 km^2/a 逐渐上涨到 19.59 km^2/a，2015 年后出现第二次回落，年均面积净变化值减少到 9.86 km^2/a。

广东省：1940s～2000 年，陆地面积向海扩张强度呈递增趋势，年均面积净变化量从 15.51 km^2/a 逐渐增加到 37.32 km^2/a，2000～2010 年间，向海扩张强度出现第一次大幅回落，年均面积净变化值减少到 3.25 km^2/a，2010～2015 年间，扩张强度再次转强，年均面积净变化增加到 18.53 km^2/a，2015 年后，出现第二次大幅回落，年均面积净变化量不足 1 km^2/a。

广西壮族自治区：陆地面积在过去 80 年间虽然有所波动，但变化幅度不大；在 2010～2015 年间，向海扩张趋势表现最强，年均面积净变化值为 12.17 km^2/a；1960s～2000 年，向海扩张趋势较弱，年均面积净变化值维持在 5 km^2/a 左右，而在 1940s～1960s、2000～2010 年以及 2015～2020 年间，陆地面积均是相对稳定状态，年均面积净变化量均不足 3 km^2/a。

9.2.3 135 个空间单元大陆海岸带陆海格局-过程特征

计算并统计大陆海岸带 135 个空间单元的陆地面积增长指数，如图 9.11 所示。为了更清晰地表征海岸带陆海格局的时空特征，选取–100、–50、–10、10、50、100 和 500 七个阈值，将各个单元的面积净变化量分成 8 个等级，绘制分布直方图，如图 9.12(a) 所示；选取–1、–0.5、–0.1、0.1、0.5、1 和 5 七个阈值，将陆地面积增长指数分成 8 个等级，绘制分布直方图，如图 9.12(b) 所示。

1940s～1960s：135 个空间单元所呈现的陆海格局动态空间差异十分显著，有 87 个单元为向海扩张状态，48 个单元为向陆后退状态。就面积净变化量看，有 53 个单元介于–10～10 km^2，有 10 个单元面积增加超过 100 km^2，其中 1 个单元超过了 500 km^2，另外，有 8 个单元后退面积超过 100 km^2；就面积变化强度看，有 58 个单元陆地面积增长指数介于–0.1～0.1 km^2/km 之间，大于 1 km^2/km 的有 8

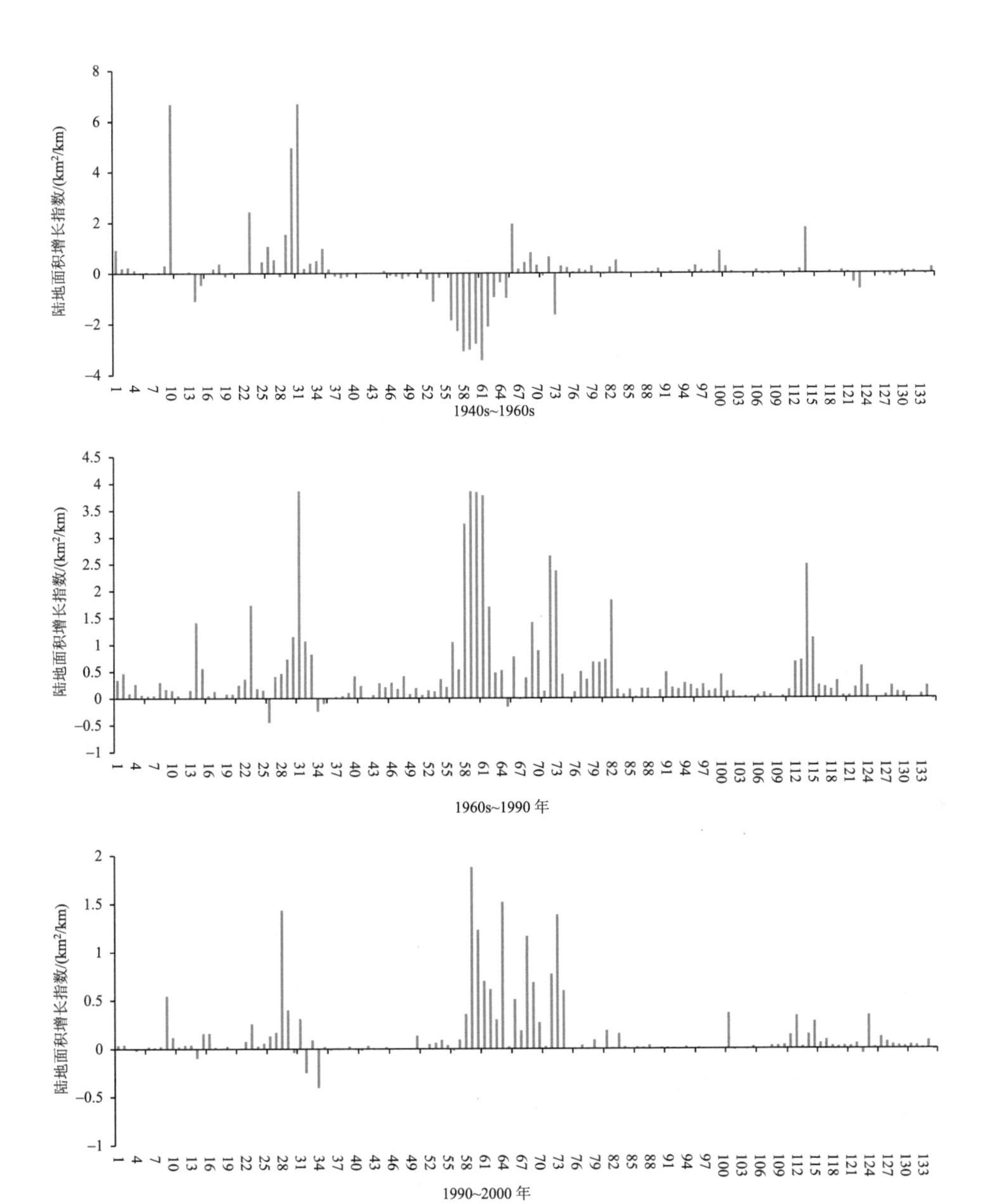

陆地面积增长指数/(km²/km)
1940s~1960s
1960s~1990年
1990~2000年

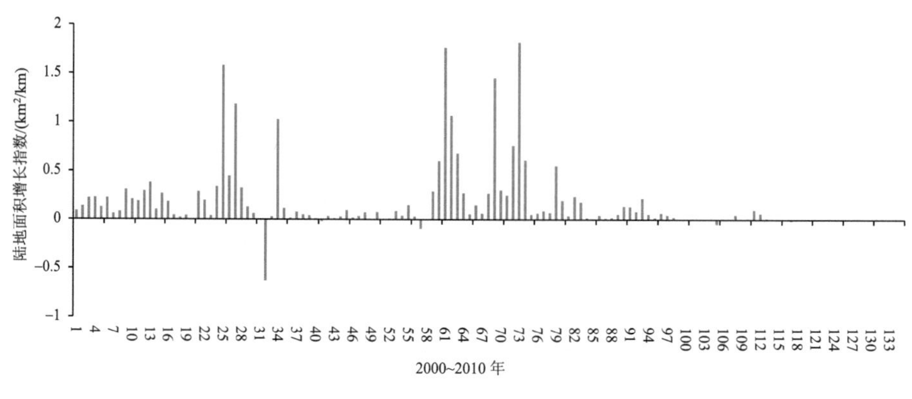
陆地面积增长指数/(km²/km)
2
1.5
1
0.5
0
−0.5
−1
2000~2010 年

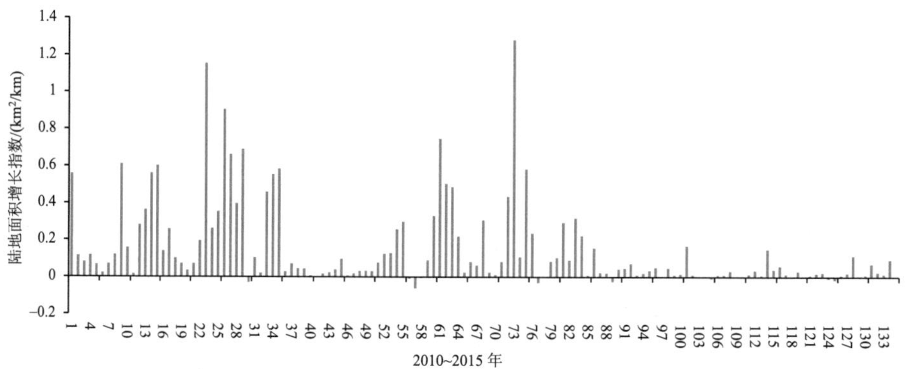
陆地面积增长指数/(km²/km)
1.4
1.2
1
0.8
0.6
0.4
0.2
0
−0.2
2010~2015 年

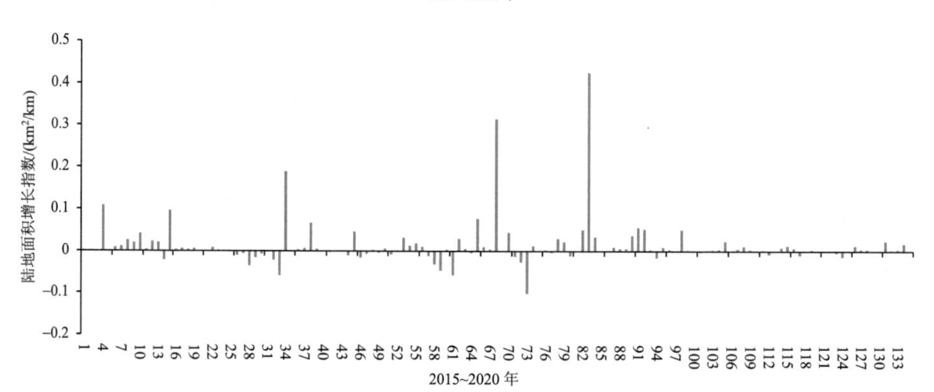
陆地面积增长指数/(km²/km)
0.5
0.4
0.3
0.2
0.1
0
−0.1
−0.2
2015~2020 年

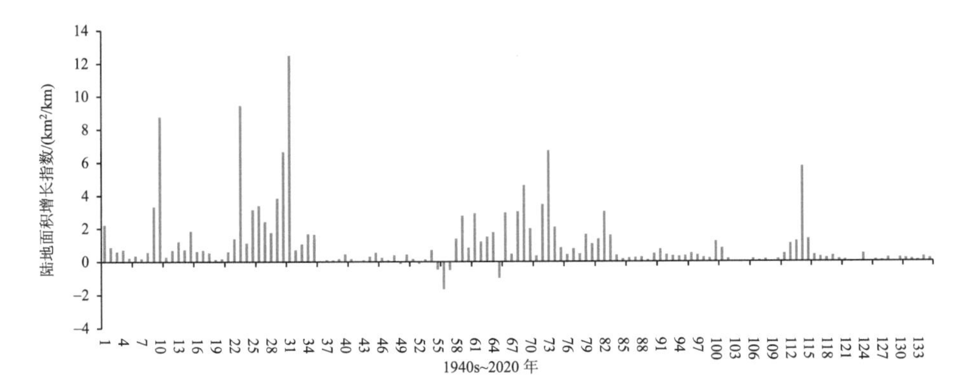

图 9.11　海岸带 135 个空间单元陆地面积增长指数

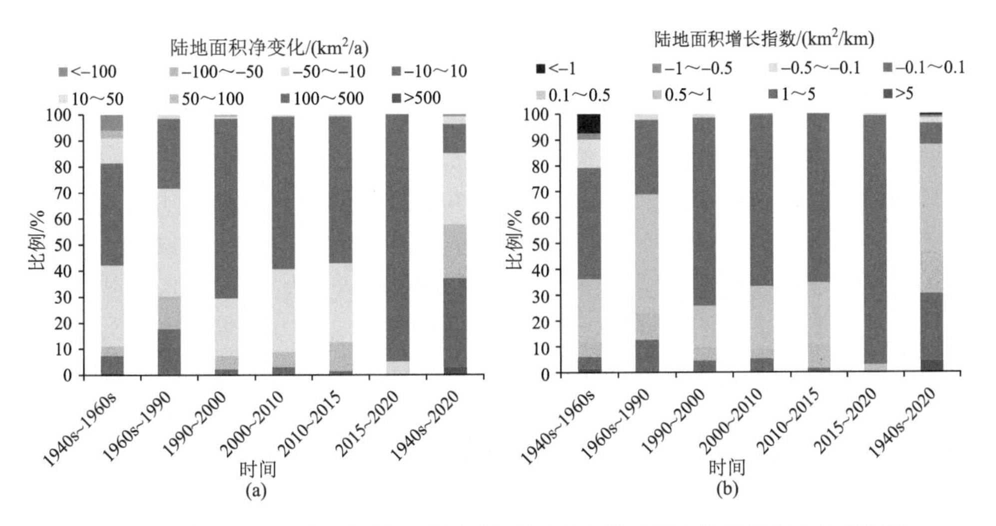

图 9.12　海岸带 135 个空间单元陆地面积净变化与陆地面积增长指数分布直方图

个单元，扩张强度较大，小于–1 km^2/km 的有 10 个单元，后退强度较大；陆地面积扩张强度较大的典型区域有：大连瓦房店市、唐山市滦南县、天津市辖区至沧州黄骅市、滨州市沾化区至东营垦利区一带、烟台莱州市、南通市海门区至苏州市太仓市以及珠海市辖区等；陆地面积后退强度较大的典型区域有：日照市辖区、连云港市灌云县至南通市如东县以及宁波市慈溪市等。

1960s～1990 年：较上一阶段各单元的向海扩张趋势整体增强。有 128 个单元表现为向海扩张状态，仅 7 个单元为向陆后退状态。就面积净变化量来看，介于–10～10 km^2 的单元数有所减少，为 36 个，介于 10～50 km^2 的单元数最多，有 56 个，该阶段净增面积超过 100 km^2 的单元数较上阶段增加了 14 个，达到 24 个，但没有超过 500 km^2 的单元，后退面积超过 10 km^2 的仅剩 2 个单元，较上阶段减少了 23 个；就面积变化强度看，陆地面积增长指数介于–0.1～0.1 km^2/km 之间的单元有 39 个，较上阶段减少了 19 个，介于 0.1～0.5 km^2/km 的单元数最多，有 62 个，大于 1 km^2/km 的单元有 17 个，较上阶段增加了 9 个，小于–0.1 km^2/km 的单元仅剩 3 个，较上阶段减少了 25 个；陆地面积扩张强度较大的典型区域有：盘锦市辽河口、唐山市滦南县、东营市辖区、连云港市灌云县至南通市如东县、上海南汇区至奉贤区、杭州市辖区至宁波慈溪市、温州乐清市以及珠海市辖区至江门市台山市等；陆地面积后退强度较大的典型区域有：潍坊市辖区至昌邑市和南通市启东市等。

1990～2000 年：各单元的向海扩张趋势较上一阶段有明显减弱。有 111 个单元表现为向海扩张状态，较上阶段减少了 17 个，有 20 个单元为向陆后退状态，较上阶段增加了 13 个。就面积净变化量看，介于–10～10 km^2 的单元数大幅度增加，由 36 个增至 93 个，成为主导的变化状态，净增面积超过 100 km^2 的单元数仅剩 3 个，较上阶段减少了 21 个，后退面积超过 10 km^2 的依旧为 2 个单元，其中一个超过 50 km^2；就面积变化强度看，陆地面积增长指数介于–0.1～0.1 km^2/km 之间的单元数同样大幅增加，从 39 个增至 98 个，大于 1 km^2/km 的单元有 6 个，较上阶段减少了 11 个，小于–0.1 km^2/km 的单元仅剩 2 个；陆地面积扩张强度较大的典型区域有：滨州市无棣县、盐城市大丰区至东台市、南通市启东市、上海市辖区至南汇区以及杭州市辖区至宁波慈溪市等；陆地面积后退强度较大的典型区域有：东营垦利区部分岸段和潍坊市辖区至昌邑市一带等。

2000～2010 年：各单元的向海扩张趋势整体较上一阶段有所增强。有 110 个单元表现为向海扩张状态，有 23 个单元为向陆后退状态，两种状态的单元数较上阶段变化不大。就面积净变化量看，介于–10～10 km^2 的单元变为 79 个，减少了 14 个，介于 10～50 km^2 间的单元增加明显，由 30 个增至 43 个，超过 100 km^2 的单元增加了 1 个，而后退面积超过 10 km^2 的单元仅剩 1 个；就面积变化强度看，陆地面积增长指数介于–0.1～0.1 km^2/km 之间的单元数也有所减少，从 98 个减至 89 个，介于 0.1～0.5 km^2/km 的有较为明显的增加，从 22 个增至 33 个，大于 1 km^2/km 的单元增加了 1 个；陆地面积扩张强度相对较大的典型区域有：天津市辖区、河北黄骅市、潍坊市辖区至昌邑市、盐城东台市至南通市如东县、上海南汇区至奉贤区以及宁波慈溪市等；陆地面积后退强度相对较大的典型区域有：东营市垦利区和盐城市滨海县等。

2010～2015 年：各单元的向海扩张趋势整体较上一阶段呈缓慢增强态势。有 122 个单元为向海扩张状态，较上阶段增加了 12 个，有 13 个单元为向陆后退状态，较上阶段减少了 10 个。就面积净变化量看，该阶段较上一阶段的变化主要体现在面积净增量介于 50～100 km^2 的单元，由 8 个增至 15 个，而其他范围内的单元数变化较小；就面积变化强度看，主要变化体现在陆地面积增长指数介于 0.5～1 km^2/km 之间的单元由 5 个增至 12 个，大于 1 km^2/km 的单元数由 7 个减至 2 个，其他范围内的单元数较上阶段几乎没有发生变化；陆地面积扩张强度相对较大的典型区域有：唐山市滦南县、天津市辖区至河北黄骅市、盐城市东台市至南通市如东县以及宁波市慈溪市等；陆地面积仍有较为明显后退的区域有：盐城市滨海县和宁波市象山县至宁海县等。

2015～2020 年：各单元的陆地面积变化情况明显趋向于稳定状态。有 80 个单元仍是向海扩张状态，有 44 个单元为向陆后退状态，有 11 个单元面积净变化量几乎为 0 km^2。面积净变化量介于–10～10 km^2 的单元共有 128 个，占到 95%，还有 7 个单元面积净增量介于 10～50 km^2；就面积变化强度看，陆地面积增长指数介于–0.1～0.1 km^2/km 之间的单元共有 130 个，占比高达 96%，另有 4 个单元介于 0.1～0.5 km^2/km 之间，1 个单元介于–0.1～0.5 km^2/km 之间；陆地面积仍有较为明显扩张区域主要有：大连庄河市、潍坊市辖区至昌邑市、温州市辖区至瑞安市以及上海市辖区至南汇区等；陆地面积仍有较为明显后退的区域主要有：潍坊寿光市、盐城大丰区、宁波慈溪市等。

1940s～2020 年：过去 80 年间，共有 127 个单元表现为向海扩张状态，占比 94%，仅有 8 个单元表现为向陆后退状态。就面积净变化量看，介于–10～10 km^2 的单元有 15 个，介于 100～500 km^2 的单元最多，有 46 个，4 个单元净增面积超过 500 km^2，另外，有 5 个单元面积净减少大于 10 km^2，其中有 1 个单元面积净减少超过 100 km^2；就面积变化强度看，仅有 11 个单元的陆地面积增长指数在–0.1～0.1 km^2/km 之间，介于 0.1～0.5 km^2/km 的单元最多，有 56 个，陆地面积增长指数大于 1 km^2/km 的有 41 个，而小于–1 km^2/km 的仅有 1 个单元。高扩张强度的典型区域包括：丹东东港市、大连瓦房店市、唐山市滦南县、天津市至河北黄骅市、滨州沾化区至东营垦利区、盐城大丰区至南通市如东县、南通海门市至上海市、杭州市至宁波市、温州乐清市以及珠海市等；陆地面积后退较为明显的区域主要有：连云港市至盐城市响水县、南通启东市等。

9.3　本章小结

本章分析了中国大陆海岸带由于海岸线变化所导致的陆海格局-过程特征变化，结果表明：

(1) 过去 80 年间，中国大陆沿海 70%的海岸线是向海扩张的，向陆后退和未变化岸线长度相仿，均占比 15%左右。不同时间阶段 3 种变化趋势岸线的长度比例差异十分明显，具体表现为：1940s～1990 年期间，中国大陆海岸线空间位置变化比较活跃，未变化岸线比例不足 1/5，且扩张岸线比例明显高于后退岸线比例；1990～2000 年间，未变化岸线比例显著提高，将近 3/4，扩张岸线比例依旧大于后退岸线比例；2000～2010 年间和 2010～2015 年间，这两阶段未变化岸线比例均约为 61.8%，较上一阶段有所减少，但仍占主导地位，扩张岸线比例也均大于后退岸线比例；2015～2020 年间，该阶段未变化岸线比例再次提高，达 89.1%，占据绝对主导地位，扩张岸线比例依旧大于后退岸线比例，但差距较之前明显缩小，仅相差 2.5%。

(2) 过去 80 年间，五个海域大陆海岸线的空间位置摆动均以整体向海扩张为主导特征，北黄海、渤海、南黄海、东海和南海向海扩张的海岸线的长度占比分别高达 70%、84.7%、67.5%、71.1%和 61.9%；向陆后退的海岸线的长度比例以南黄海最高，为 28.8%，其余四个海域则均未超过 20%，以东海最低，仅为 8.2%；未发生变化的海岸线的长度比例东海和南海最高，分别为 20.7%和 21.3%，渤海和南黄海最低，仅为 2.7%和 3.7%，北黄海为 13.6%。

(3) 过去 80 年间，沿海 10 个省(区、市)大陆海岸线空间位置摆动均以整体向海扩张为主导特征，天津与上海两市向海扩张岸线的比例最高，分别达 91.1%和 97.7%，福建与广东两省相对较低，分别为 64.6%和 58.7%，其他省(区)向海扩张岸线的比例也普遍大于 70%；江苏省向陆后退岸线的比例最高，达 31%，山东省其次，为 22.4%，其余 8 省(区、市)均低于 20%，天津、上海和浙江 3 省(市)则均低于 10%；位于长江以南的浙江、福建、广东和广西 4 个省(区)未变化岸线的比例均超过了 10%，福建与广东最高，分别为 25.1%和 24.3%，而位于长江以北的 6 省(市)未变化岸线的占比均未超过 10%，其中，河北、江苏与上海 3 省(市)不足 1%，可见，过去 80 年间，长江以北 6 省(市)的岸线变化更为活跃，稳定性更低。

参 考 文 献

崔保山, 谢湉, 王青, 等. 2017. 大规模围填海对滨海湿地的影响与对策. 中国科学院院刊, 32(4): 418-425.

侯西勇, 刘静, 宋洋, 等. 2016. 中国大陆海岸线开发利用的生态环境影响与政策建议. 中国科学院院刊, 31(10): 1143-1150.

李加林, 王丽佳. 2020. 围填海影响下东海区主要海湾形态时空演变. 地理学报, 75(1): 126-142.

林磊, 刘东艳, 刘哲, 等. 2016. 围填海对海洋水动力与生态环境的影响. 海洋学报(中文版), 38(8): 1-11.

宋红丽, 刘兴土. 2013. 围填海活动对我国河口三角洲湿地的影响. 湿地科学, 11(2): 297-304.

徐谅慧, 杨磊, 李加林, 等. 2015. 1990～2010 年浙江省围填海空间格局分析. 海洋通报, 34(6): 688-694.

中国水利学会围涂开发专业委员会. 2000. 中国围海工程. 北京: 中国水利水电出版社.

Suo A, Zhang M H. 2015. Sea Areas Reclamation and Coastline Change Monitoring by Remote Sensing in Coastal Zone of Liaoning in China. Journal of Coastal Research, 73(10073): 725-729.

Yan Y X, Zhang Z Q, Wang C L, et al. 2017. Analysis of recent coastline evolution due to marine reclamation projects in the Qinzhou Bay. Polish Maritime Research, 24(s2): 188-194.

第 10 章

中国大陆海岸线分形维数的格局与过程

对海岸线的长度进行测量促进了数学中分形理论的形成和发展，而且海岸线一直是分形领域最传统的研究问题之一。

分维，又称为分形维或分数维。大空间尺度海岸线的长度和几何形状受到海岸带地质构造、水动力、人类活动等多因素影响，表现出显著的空间分异特征和一定的时间变化特征，对应于海岸线分形维数的时空变化特征。目前应用较为普遍的计算海岸线分形维的方法主要有量规法和网格法两种。

本章基于数学中的分形理论，选用国内外学者普遍使用的网格法在 ArcGIS 环境中计算多时期中国大陆海岸线的分形维数，设置海域、省(区、市)两个层次的空间单元，对每个空间单元以及中国大陆海岸线整体，计算不同时期海岸线的分形维数，分析和揭示中国大陆海岸线分形维数的海域差异特征、省际差异特征以及时间变化特征。在分形维计算及其时空特征分析的基础上，进一步分析海岸线长度与分形维之间的关系，并对中国大陆海岸线长度测量的不确定性问题进行探讨。

10.1 海岸线与分形理论

10.1.1 海岸线与分形维研究

“分形(fractal)”一词源自拉丁文中的“fractus”，意思是破碎的，不均匀的。数学家定义分形是指一个粗糙或零碎的几何形状，可以分为数个部分，且每一部分都(至少会大略)是整体缩小尺寸的形状。分形实际上是对几何形状自相似性的刻画。

分维，又称为分形维或分数维，作为分形的定量表征和基本参数，是分形理论的又一重要原则。在欧氏空间中，人们习惯把空间看成三维的，平面看成二维，而把直线或曲线看成一维，并通常习惯于整数的维数。

分形理论则把维数视为分数，将维数从整数扩大到分数，突破了一般拓扑集维数为整数的界限。可通过图 10.1 比较形象地理解分形维的概念：线段、正方形和正方体的边长均为 1，且均将边长分为 4 等份，可见，线段被分成了更小的 4 条线段，正方形被分成了 16 个更小的正方形，正方体被分成了 64 个更小的正方体，且均与原实体具有相似性，并符合以下模式。

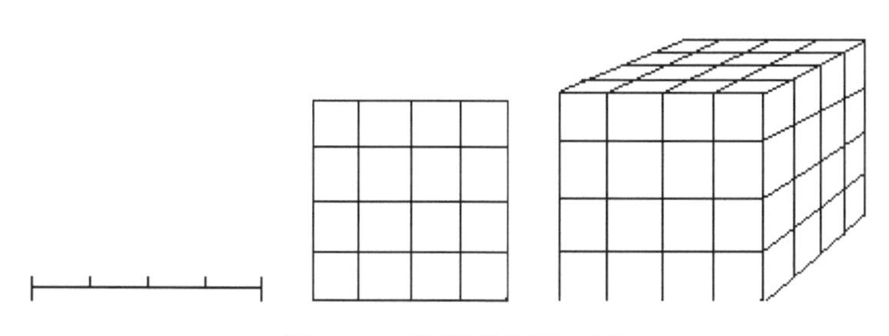

图 10.1　不同维数图形示例

$$4 = 4^1 \tag{10.1}$$

$$16 = 4^2 \tag{10.2}$$

$$64 = 4^3 \tag{10.3}$$

$$\cdots$$

$$N = S^D \tag{10.4}$$

式中，N 为小块组成大块的数量；S 为小块与大块的比例；D 即为分维数，求解公式如下：

$$D = \frac{\ln N}{\ln S} \tag{10.5}$$

分形包括规则分形(regular fractal)和随机分形(random fractal)两种，规则分形在所有尺度上都具有精确的自相似性(exact self-similarity)，而随机分形仅具有统计自相似性(statistical self-similarity)，现实世界的地理系统中的分形都属于随机分形(马建华等，2015)。海岸线是分形领域最传统的研究问题之一。美国科学家 Mandelbrot 于 1967 年在 *Science* 上发表的题为 *How long is the coast of Britain*?一文中就阐述了海岸线长度的不确定性问题，并由此提出了分形与分维的概念，成为分形理论的起源；1975 年，他又进一步提出了分形理论，指出由于使用量测标尺和海岸线复杂程度的不同，所得出的海岸线长度也将不同，并得出了分形维是描述海岸线不规则程度的特征参量，海岸线的分形维数与其曲折程度为正相关关系。

国内外学者对于海岸线与分形维的研究做了大量工作，主要集中于以下几个方面：

(1) 大尺度区域海岸线分形维的计算与统计。例如，Mandelbrot (1967) 分别计算了英国、澳大利亚以及南非海岸线的分形维数；Jiang 和 Plotnick (1998) 分别计算了美国东部和西部海岸线的分形维数；朱晓华等 (2002) 以江苏省为例，研究了岸线长度与分形维的关系；侯西勇等 (2016) 计算了 20 世纪 40 年代以来多时相中国大陆海岸线分形维数。

(2) 海岸线长度与分形维的关系研究。例如，徐进勇等 (2013) 研究了 2000～2012 年间中国北方岸线长度与分形维的关系，指出海岸线的长度与分形维数之间存在较好的线性关系，在大多数情况下，局部海岸线长度增大 (或缩减) 会导致整体海岸线分形维数增大 (或减小)，并且呈正比例变化；廖永生 (2015) 探讨了分形原理与岸线长度的关系；马建华等 (2015) 对中国现行大陆海岸线长度的可靠性进行讨论，指出当量测尺度为 0.1 km 时，中国大陆海岸线的长度约 21900 km，当尺度为 0.25 km 时，长度为 18214 km，接近现行海岸线长度；张云等 (2015) 探讨了 1990 年以来中国大陆岸线长度与分形维数的关系，指出了两者的变化趋势是一致的；Hu 和 Wang (2020) 在研究珠江口 1978～2018 年岸线分形维时空变化时指出，大陆及海岛岸线长度与分形维数呈正相关，而河口岸线长度与分形维数则呈负相关。

(3) 岸线分形维与人类活动关系的研究。例如，张继敏等 (2017) 基于遥感与 GIS 技术，通过界定海岸线分形维数与人为干扰强度的关系，完成了乐清湾海岸带人为干扰强度评价，指出人类活动对乐清湾作用强度逐渐增大，成为影响乐清湾海岸线分维数变化的主要驱动因素之一；林松等 (2020) 在分析厦门岛 1976～2018 年岸线分形维时空变化特征时指出，海洋工程对海岸线分形维有显著的影响，其中，填海造陆会导致分形维的降低，而港口、码头建设则会使岸线分形维有所提高，分形维的变化程度可间接反映海洋工程对海岸带的改造程度。

(4) 岸线分形维与海岸带自然要素之间的关系研究。例如，Dai 等 (2004) 基于对数-螺旋平衡曲线和分形分析的理论和方法，对中国南方 34 个圆齿状海湾岸线的冲淤平衡状态进行了研究，指出岸线的分形维数不仅可以表征岸线的形状特征，一定程度上还可以表征岸线所在位置沉积物的冲淤模式；Tanner 和 Kelley (2006) 计算了缅甸沿海四个海区的平均分形维，探讨了分形维与地质过程之间的联系，并提出利用分形分析的方法可以对缅甸沿海的地质区划进行统计分区；Sharma 和 Byrne (2010) 研究分析了岸线分形维与海岸带地形地貌的关系；高义等 (2011) 研究中国大陆海岸线的尺度效应时指出，岸线分形受地质构造特征和水动力因素控制明显，隆起段和沉降段海岸线分形维数有着显著差异。

10.1.2　海岸线分形维计算方法

目前应用较为普遍的计算海岸线分形维的方法主要有量规法(Mandelbrot，1982)和网格法(Grassberger，1983)两种。

1. 量规法

量规法(divider method)的思路是使用不同长度的尺子去测量同一段海岸线，尺子的长度 r 和测量次数 $N(r)$ 来共同决定海岸线的长度 $L(r)$。

$$L(r) = N(r) \times r \tag{10.6}$$

基于分形理论，海岸线的长度不是固定的，而是一个变量，尺子长度越小，所测得的海岸线长度值越接近被测海岸线长度的真实值。

根据 Mandelbrot 的研究，有下式成立：

$$L(r) = \mathrm{M} \times r^{1-D} \tag{10.7}$$

式中，$L(r)$ 为在标尺长度为 r 时所测的海岸线长度；r 为测量标尺的长度；M 为待定常数；D 为被测海岸线的分形维数。对式(10.7)两边同取自然对数，可得

$$\ln L(r) = (1 - D)\ln r + \mathrm{C} \tag{10.8}$$

式中，C 为待定常数；该式斜率 k=1–D，可根据[$L(r)$，r]数组求得斜率 k，最终分形维数 D=1–k。

2. 网格法

网格法(box-counting method)的思路是使用不同长度的正方形网格去覆盖被测海岸线，覆盖的有海岸线的网格数目 $N(\varepsilon)$ 必然会随着正方形网格长度 ε 的变化而改变，根据分形理论则有下式成立：

$$N(\varepsilon) \propto \varepsilon^{-D} \tag{10.9}$$

两边同时取对数得下式：

$$\ln N(\varepsilon) = -D \ln \varepsilon + \mathrm{A} \tag{10.10}$$

式中，A 为待定常数；D 为被测岸线的分形维数。

两种方法具体原理的差异决定了量规法得到的海岸线分维数大于网格法的计算结果(刘孝贤和赵青，2004；马建华等，2015)，但针对 GIS 环境中矢量结构的海岸线数据，网格法更容易计算。在本节中，通过实验，确定选择 250 m、300 m、400 m、500 m、750 m、1000 m、1500 m、2000 m、2500 m、3000 m、4000 m、5000 m、7500 m、10000 m、15000 m、20000 m 和 25000 m 共 17 个标度，采用网

格法计算不同空间单元大陆海岸线的分形维数。

10.2 中国大陆海岸线分形维时空变化特征

不同时期中国大陆海岸线分形维数计算结果如图 10.2 所示。20 世纪 40 年代至 60 年代之间，大陆岸线分形维数呈小幅增加的趋势，而 20 世纪 60 年代至 90 年代期间，大陆岸线分形维数出现了较大幅度的减小，1990 年后则呈现出较为稳定的增长趋势，2020 年较 2015 年，分形维数出现小幅回落。其中，1990 年最小，为 1.1595，2015 年达到最大，为 1.1813。

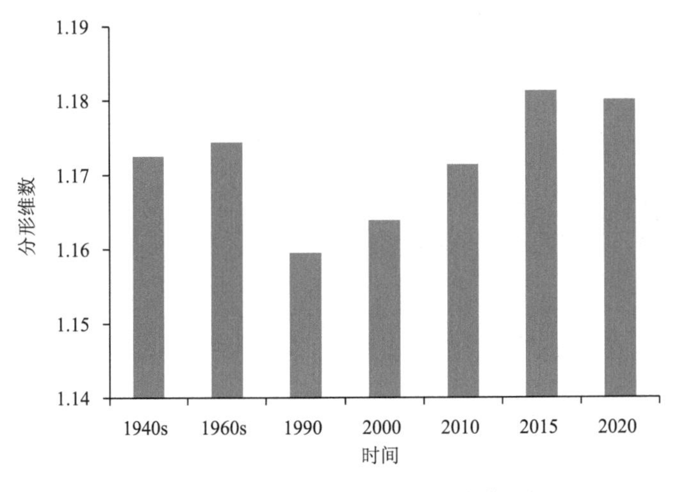

图 10.2 中国大陆岸线分形维数

10.2.1 中国大陆不同海域海岸线分形维变化特征

1. 五大海域大陆岸线分形维的空间特征

计算并统计北黄海、渤海、南黄海、东海和南海五大海域各时相的岸线分形维数，并分不同时相绘制五海域的岸线分形维数，以更好地展示各海域岸线分形维数在空间上的变化特征，结果如图 10.3 所示。

如图 10.3 所示，五个海域岸线分形维数在各个时相均表现出较大的空间差异，但这一差异呈逐渐缩小趋势，五个海域岸线分形维数标准偏差从 1940s 初期的 0.04 减少到 2020 年的 0.02，具体的空间特征为：1940s～1960s，五个海域岸线分形维数大小均表现为东海>南海>北黄海>南黄海>渤海，且东海和南海显著高于其他海域；自 1990 年开始，渤海岸线分形维数超过南黄海，南黄海成为岸线分形维

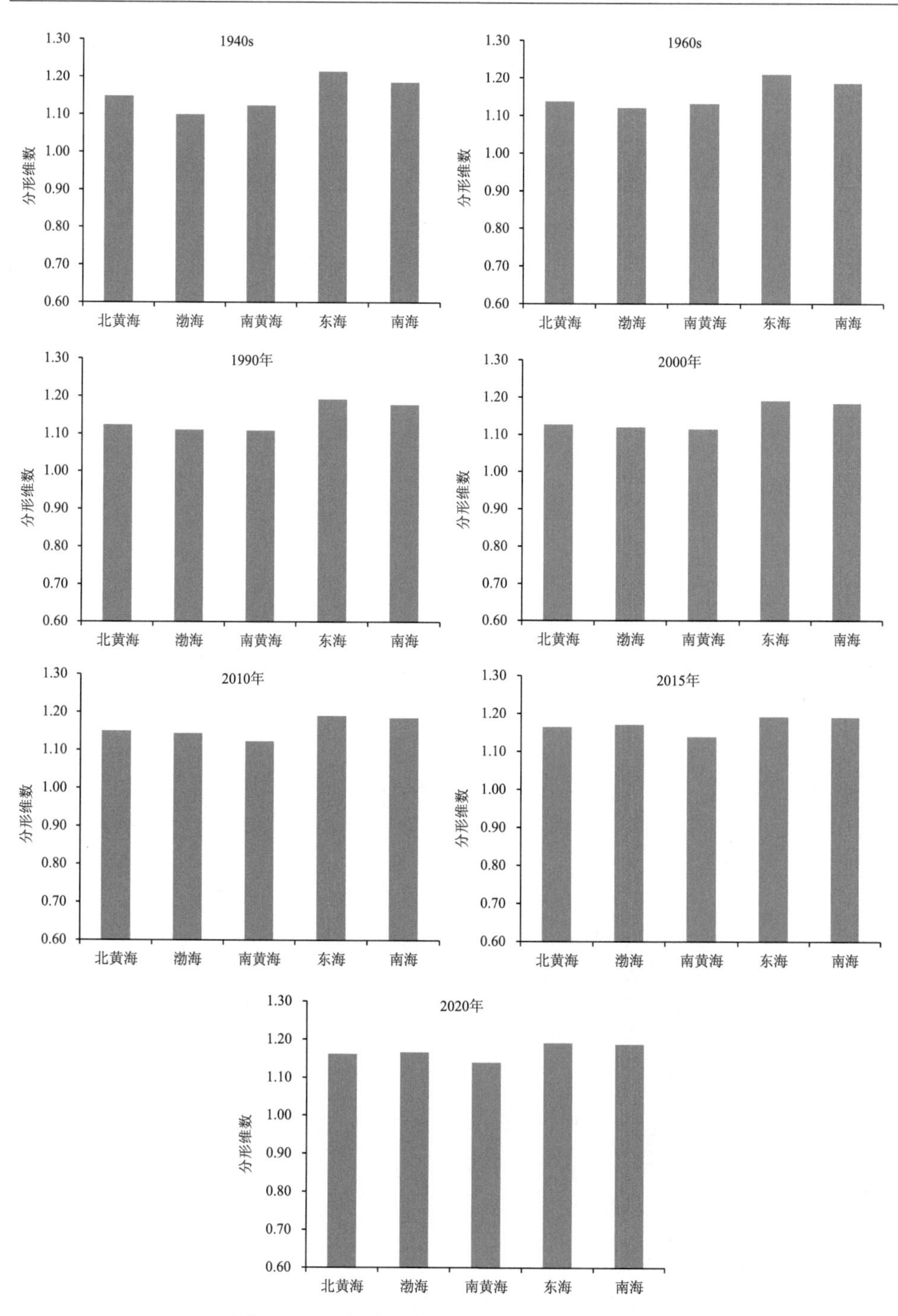

图 10.3　五海域 7 个时相的大陆岸线分形维数

数最小的海域，1990～2000 年间仍然表现为南方海域岸线分形维数显著高于北方海域；自 2010 年后，渤海岸线分形维数超过北黄海，且在 2015 年时与东海和南海的分形维数基本持平，同时南北方海域岸线分形维数的差异明显缩小；2020 年，五个海域岸线分形维数大小表现为东海>南海>渤海>北黄海>南黄海。

2. 五大海域大陆岸线分形维的时间特征

按不同的海域绘制各海域过去 80 年(本章同指 1940s～2020 年)的岸线分形维数变化趋势，以更好地展示各海域岸线分形维数在时间上的变化特征，结果如图 10.4 所示。

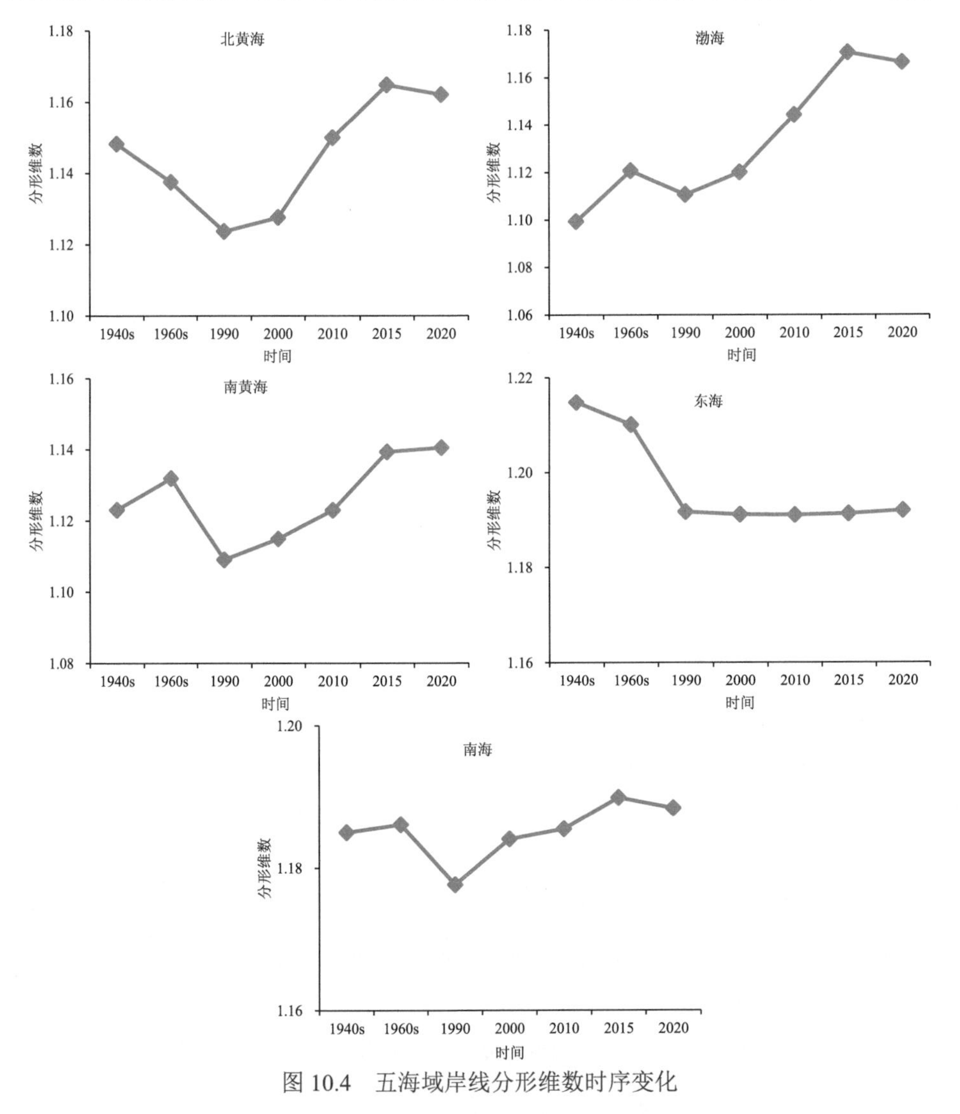

图 10.4　五海域岸线分形维数时序变化

如图 10.4 所示，五个海域岸线分形维数在过去 80 年间的变化趋势表现出十分显著的差异，具体为：北黄海和南海岸线分形维数的变化趋势相仿，大致呈“V”型走势，分形维数均在 1990 年时最小，在 2015 年时达到最大；渤海岸线分形维数大致呈逐渐递增的趋势，从 1940s 的 1.0994 增加到了 2015 年的 1.1706，2020 年减小到 1.1664；南黄海岸线分形维数表现为 1940s～1960s 为增长阶段，1960s～1990 年间为下降阶段，而在 1990 年后则表现为递增的趋势；东海岸线分形维数整体可分为两个阶段，1940s～1960s，基本维持在 1.21 左右，而在 1990～2020 年间则维持在 1.19 左右。

10.2.2　中国大陆不同省（区、市）海岸线分形维变化特征

1. 沿海省（区、市）大陆岸线分形维的空间特征

计算并统计大陆沿海 10 省（区、市）各时相的岸线分形维数，并分不同时相绘制 10 省（区、市）的岸线分形维数，以更好地展示各省（区、市）岸线分形维数在空间上的变化特征，结果如图 10.5 所示。

如图 10.5 所示，10 省（区、市）岸线分形维数在各个时相均表现出较大的空间差异，但其间的差异同样呈逐渐缩小趋势，1940s，10 省（区、市）岸线分形维数标准偏差为 0.08，到 2020 年时降到了 0.06。另外，过去 80 年间，长江以北（北方）省（市）的岸线分形维数整体小于长江以南（南方）省（区、市），同样，这一南北差异也呈逐渐缩小的趋势，1940s，北方省（市）岸线平均分形维数为 1.0870，南方省（区、市）平均为 1.2202，相差 0.1332，而在 2020 年，北方省（市）岸线平均分形维数为 1.1397，南方省（区、市）为 1.2019，相差为 0.0597。

10 省（区、市）岸线分形维数在各时相的空间差异具体如下：在 1940s～2000 年间，福建省和广西壮族自治区的岸线分形维数均是最大的，江苏和上海的岸线分形维数最低，其间，辽宁、河北、天津和山东 4 省（市）的岸线分形维数增长较为明显，而福建、广东和广西的岸线分形维数则相对较为稳定，此外，这期间 10 省（区、市）岸线分形维数的大小顺序基本没有发生变化，以 1940s 为例，10 省（区、市）岸线分形维数大小顺序为福建省>广西壮族自治区>浙江省>广东省>山东省>辽宁省>河北省>天津市>上海市>江苏省；2010 年和 2015 年，天津市岸线分形维数超过了山东省和广东省，基本与福建、广西两省（区）持平；2020 年 10 省（区、市）岸线分形维数大小顺序为福建省>天津市>广西壮族自治区>辽宁省>广东省>浙江省>山东省>河北省>江苏省>上海市。

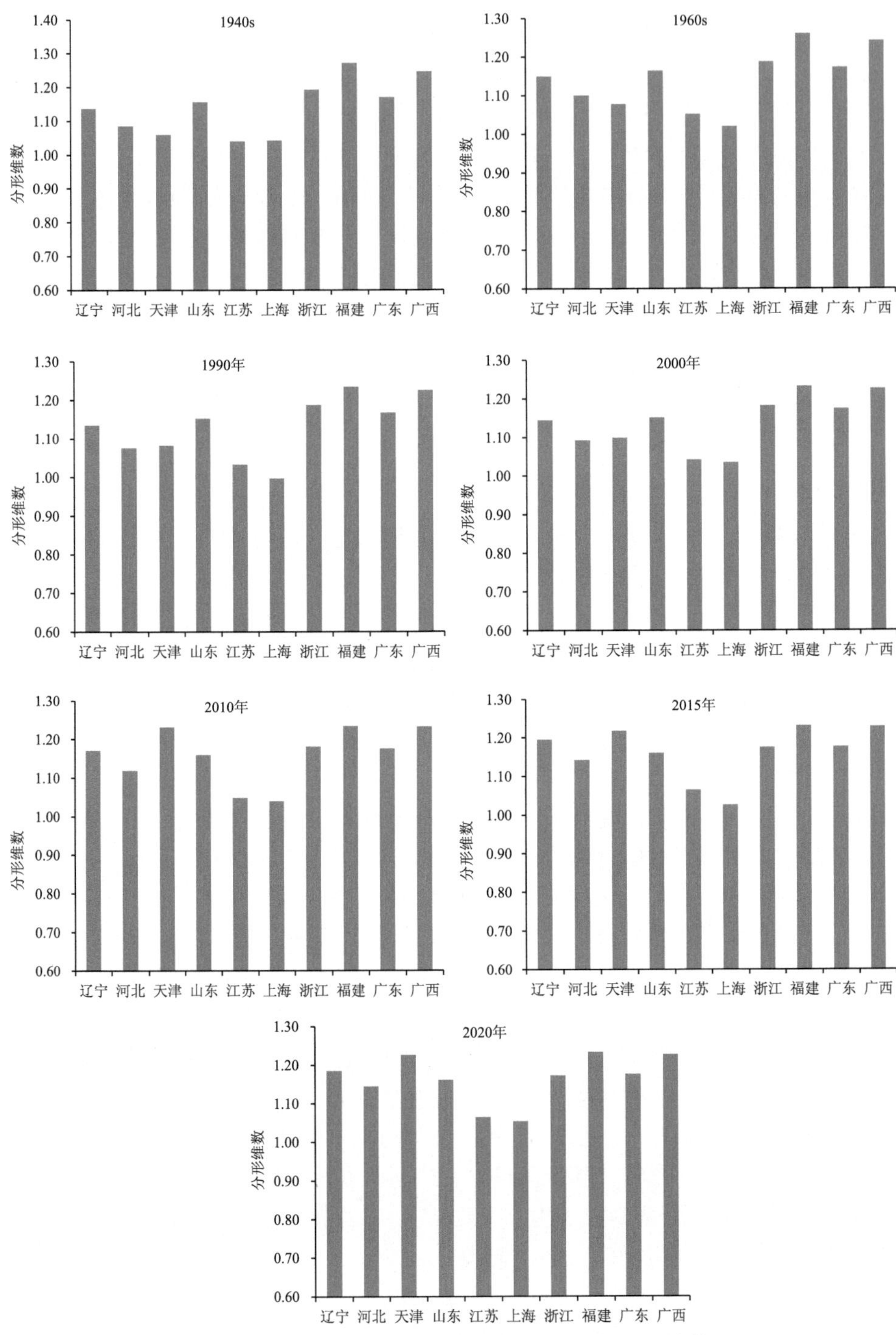

图 10.5 10省(区、市)7个时相的大陆岸线分形维数

2. 沿海省(区、市)大陆岸线分形维的时间特征

按不同的省(区、市)绘制 10 省(区、市)过去 80 年间的岸线分形维数变化趋势，以更好地展示各省(区、市)岸线分形维数在时间上的变化特征，结果如图 10.6 所示。

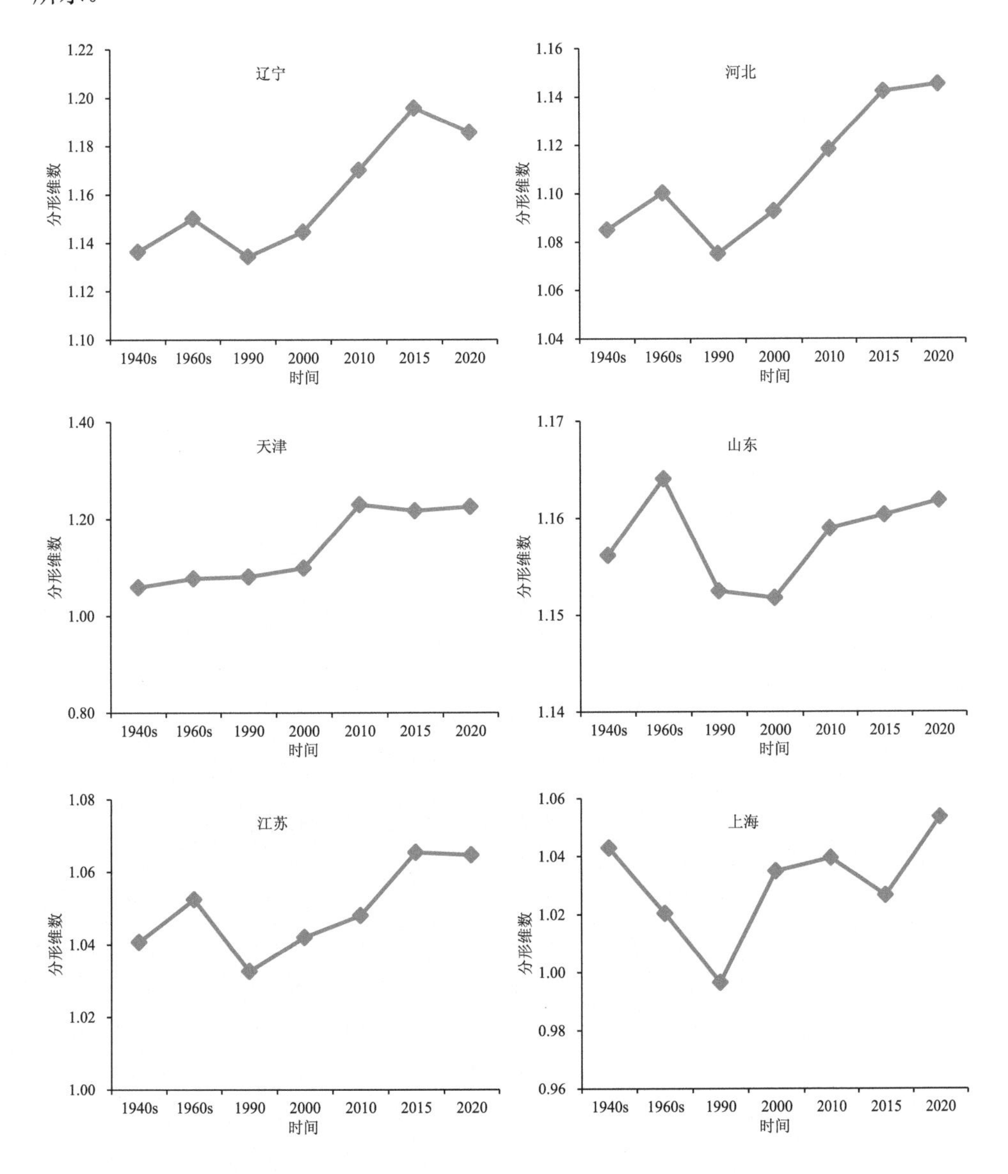

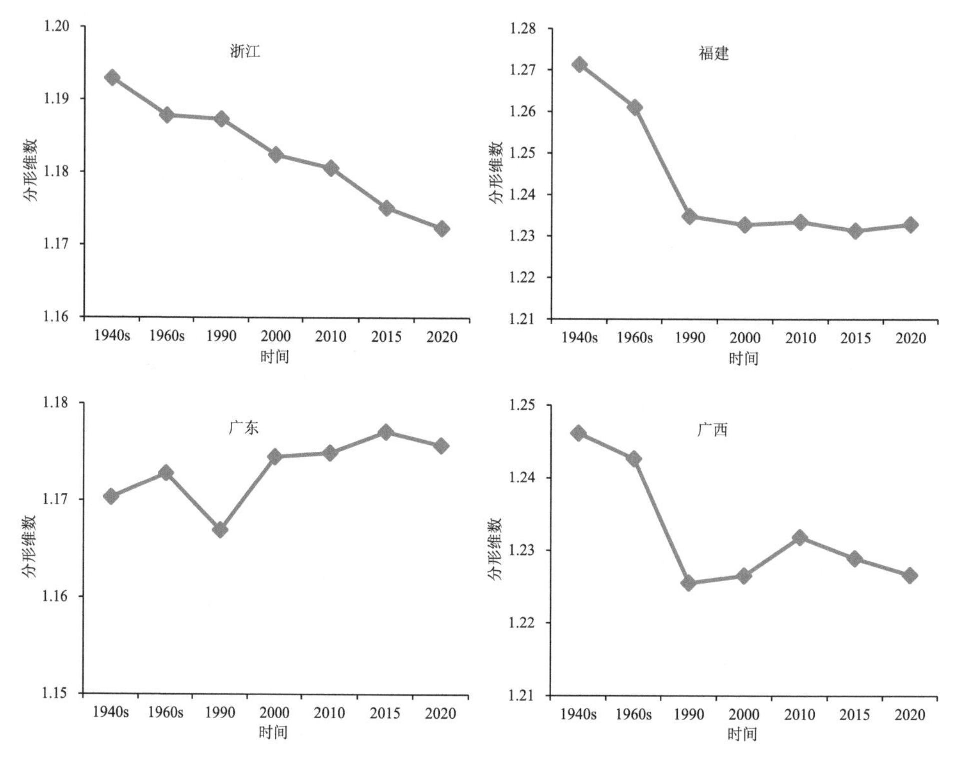

图 10.6　10 省(区、市)岸线分形维数时序变化

如图 10.6 所示，10 省(区、市)岸线分形维数在过去 80 年间的变化趋势表现出十分显著的差异，具体为：辽宁、河北和江苏三省的岸线分形维变化趋势大致相同，在 1940s～1990 年间，均呈现先增加后减小的趋势，1990 年后为逐渐增加趋势，辽宁省和江苏省在 2015 年达到最大，河北省在 2020 年达到最大；天津市在过去 80 年间岸线分形维大致呈递增趋势，1940s 为 1.0600，2010 年达到最高，为 1.2309，之后则处于相对稳定状态，变化较小；山东省岸线分形维数在 1940s～1960s 为增加态势，分形维数从 1.1562 增加到 1.1641，1960s～2000 年间为减小趋势，2000 年减小到了 1.1518，2000 年后为递增趋势，到 2020 年岸线分形维达到 1.1619；上海市岸线分形维数的变化趋势呈“W”型，1940s 和 2020 年，岸线分形维数处于两个高点，分别为 1.0430 和 1.0537，1990 年和 2015 年为两个低点，分别为 0.9966 和 1.0268；浙江省岸线分形维数在过去 80 年间呈持续递减的趋势，从 1940s 的 1.1929 降到了 2020 年的 1.1723；福建省岸线分形维数在 1940s～1990 年间呈较为明显的递减趋势，从 1.2713 降到了 1.2347，而在 1990～2020 年间，该省分形维数基本处于稳定不变的状态；广东省岸线分形维数在过去 80 年间的变

化均不显著，岸线分形维基本维持在 1.17 上下；广西壮族自治区岸线分形维数在 1940s～1990 年间呈较为明显的减小趋势，从 1.2461 减小到 1.2255，之后则变化较小，处于稳定状态。

10.3 海岸线长度与分形维的关系

如前所述，岸线长度变化与分形维数之间存在一定的线性关系，而这一关系可能为正相关，也可能为负相关，这与所选择的空间尺度以及区域内影响岸线长度变化的因素有关系。例如，徐进勇等(2013)研究了中国北方区域海岸线长度与分形维之间的线性关系，相关系数为 0.9962，其中，津冀地区、辽宁省和山东省岸线长度与分形维之间的线性相关系数分别为 0.9971、0.9985 和 0.9108；Hu 和 Wang(2020)根据自然地理特征将珠江口划分为不同的空间单元，分别研究了岸线长度与分形维之间的关系，结果显示，不同单元内岸线长度与分形维之间的关系是不同的，有的呈线性正相关，有的为负相关，而有些则没有明显的线性关系，相关系数从 0.0161 到 0.985 不等。

中国大陆海岸线南北纵跨的纬度约 20°，东西横贯的经度约 16°，海岸带地质构造、地貌环境复杂多样，在不同地区驱动岸线变化的因素也不尽相同，因此基于不同的空间尺度，研究分析中国大陆海岸线长度变化与分形维的关系有重要意义。本节将从整体、海域以及省(区、市)尺度来研究岸线长度与分形维的关系，具体如下。

绘制中国大陆沿海及五海域岸线长度变化与分形维数变化趋势图(图 10.7)，可以十分直观地展现岸线长度与分形维数变化趋势的关系。为了定量化描述岸线长度与岸线分形维数之间的关系，计算中国大陆沿海及五海域岸线长度与分形维数的线性关系，结果如图 10.8 所示。大陆沿海 10 个省(区、市)海岸线长度变化与分形维数变化趋势图如图 10.9 所示。计算大陆沿海 10 个省(区、市)海岸线长度与分形维数的线性关系，结果如图 10.10 所示。

综合图 10.7～图 10.10 所示，可以发现：①就整个中国大陆沿海而言，岸线长度变化趋势与分形维数的变化趋势大致相同，具有较强的正相关关系，R^2 约为 0.83。②就五大海域而言，北黄海、渤海、南黄海和东海的岸线长度变化趋势与分形维的变化趋势十分相似，相关性均较强，R^2 依次为 0.80、0.89、0.77 和 0.94；对于南海海域，岸线长度与分形维数的相关性较弱，R^2 为 0.38。③就沿海 10 个省(区、市)而言，岸线长度与分形维数的关系具有较大的空间差异，其中，辽宁、天津、

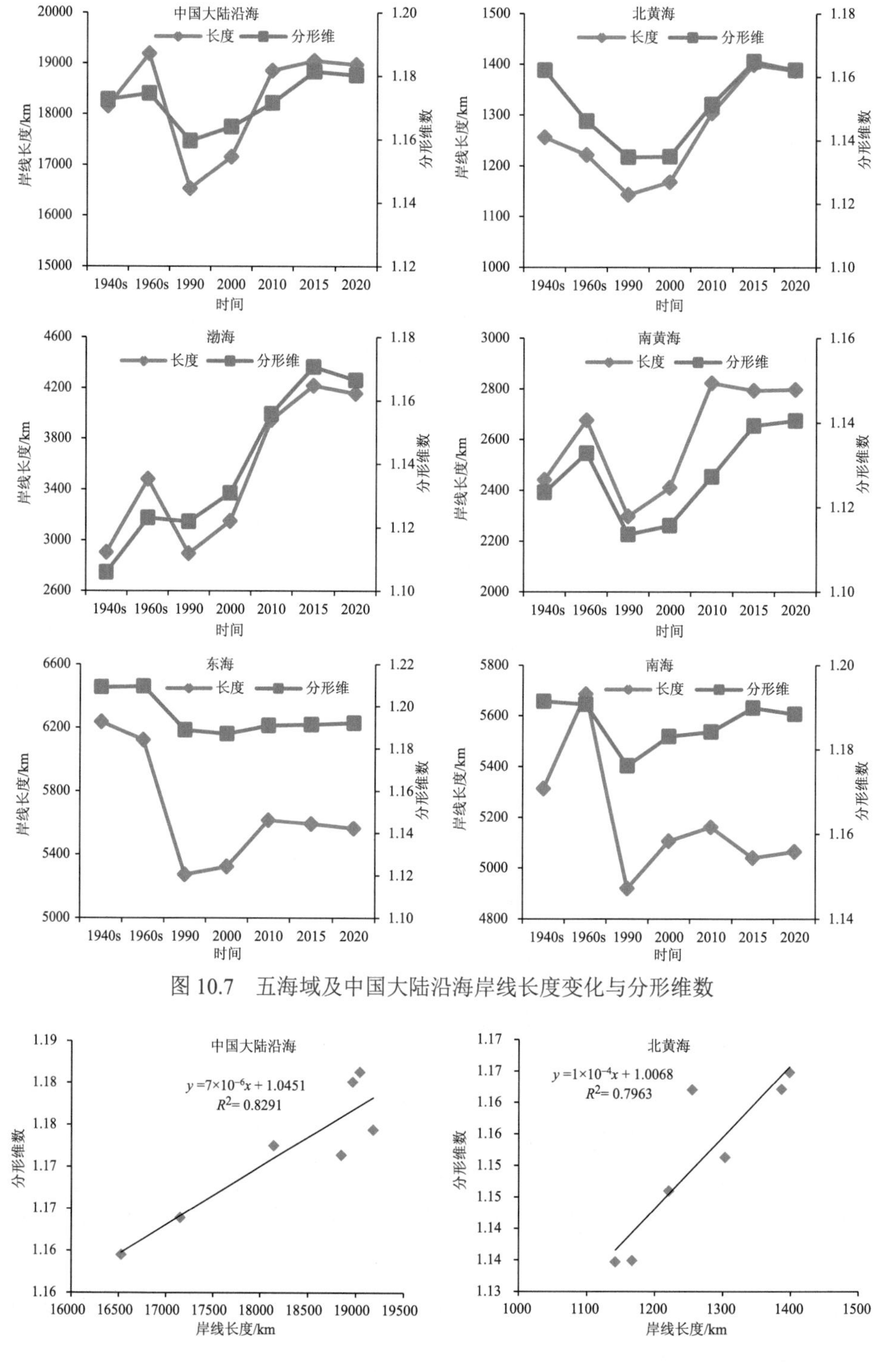

图 10.7 五海域及中国大陆沿海岸线长度变化与分形维数

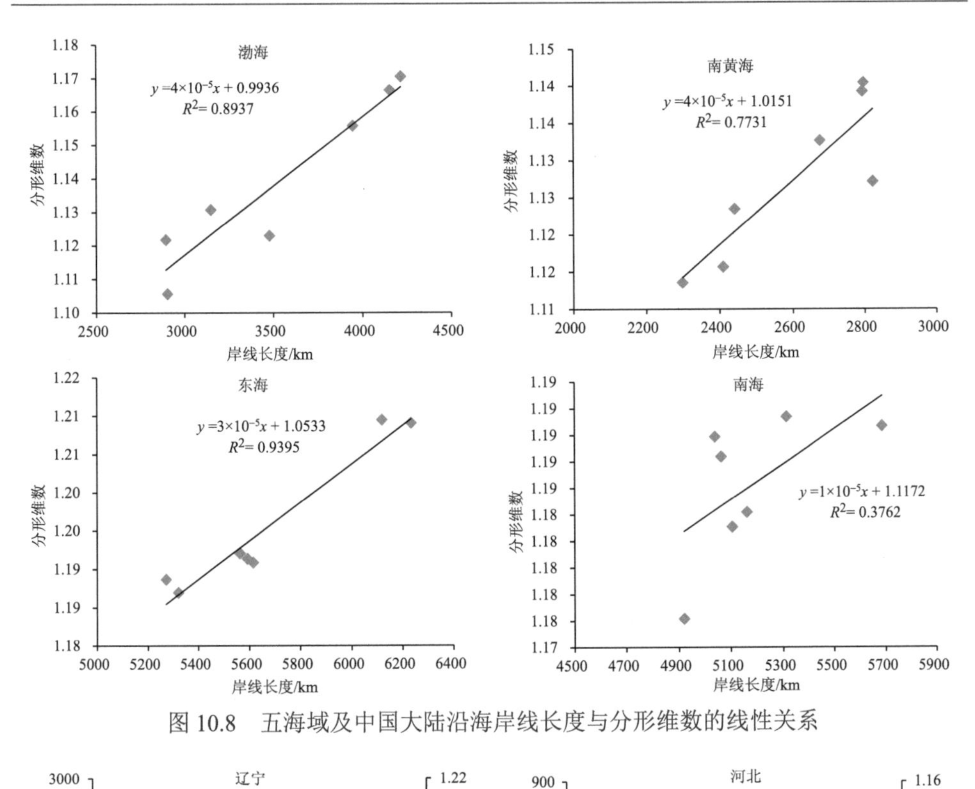

图 10.8　五海域及中国大陆沿海岸线长度与分形维数的线性关系

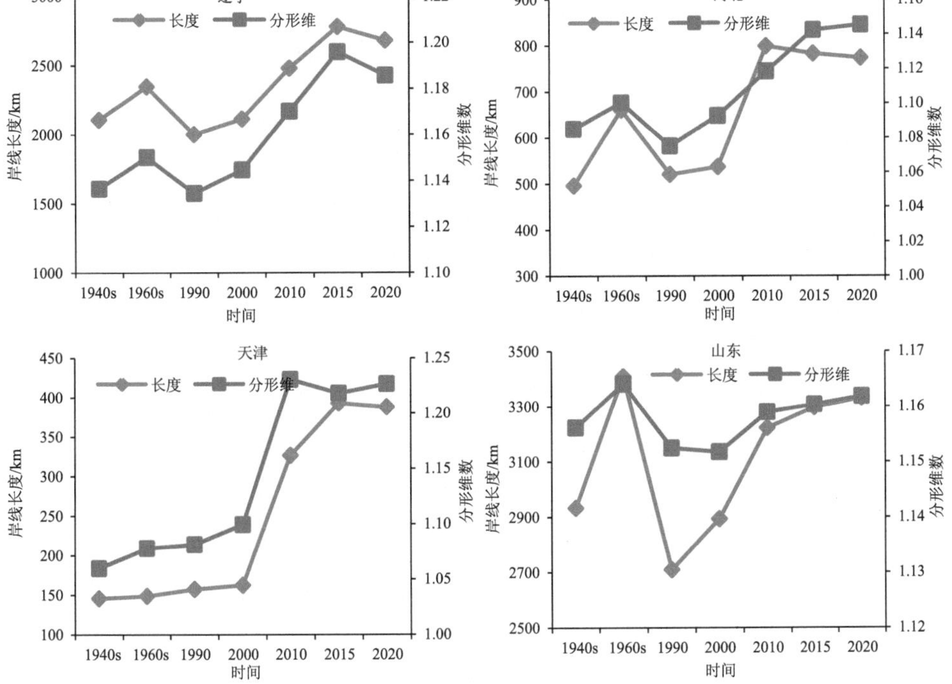

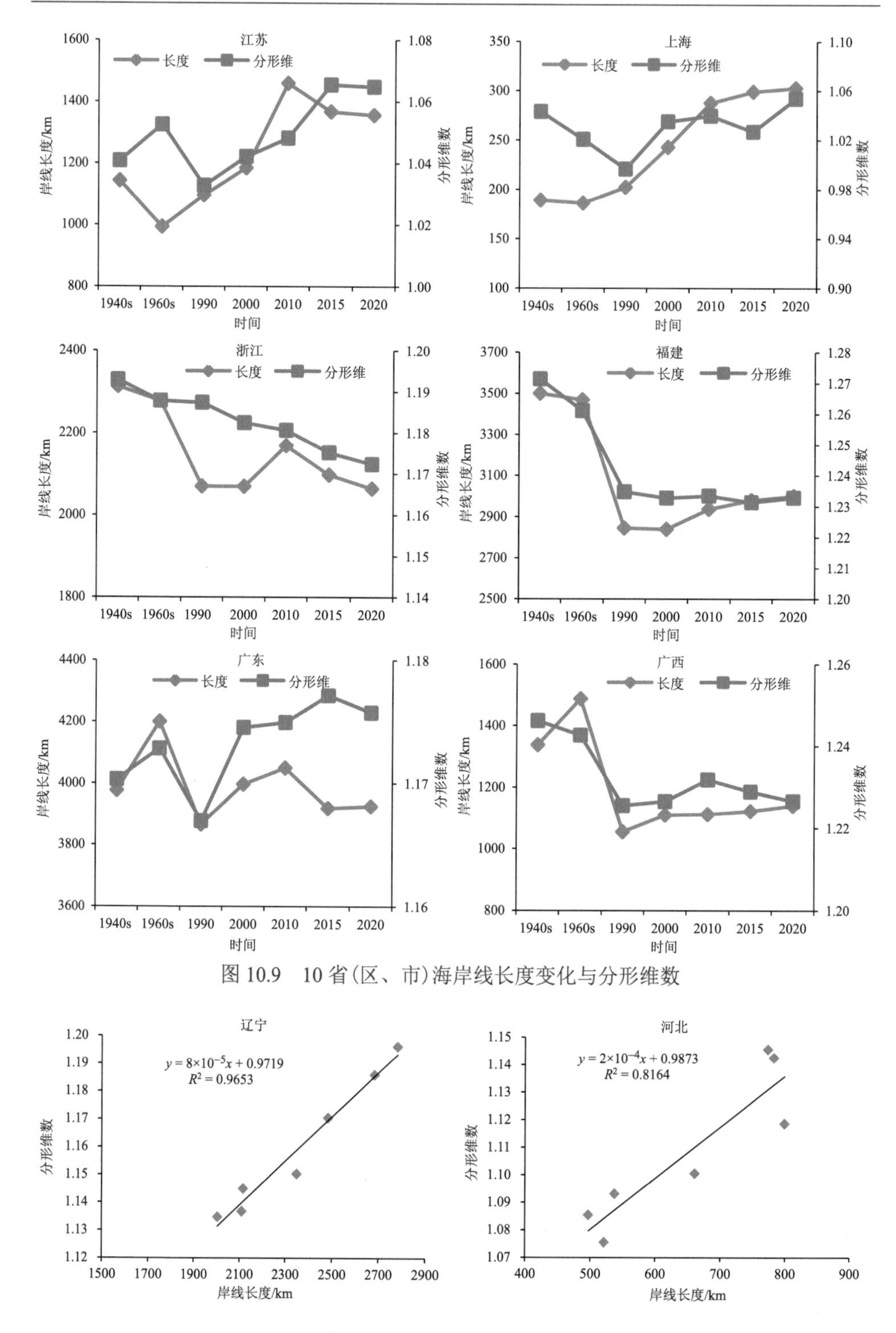

图 10.9　10 省(区、市)海岸线长度变化与分形维数

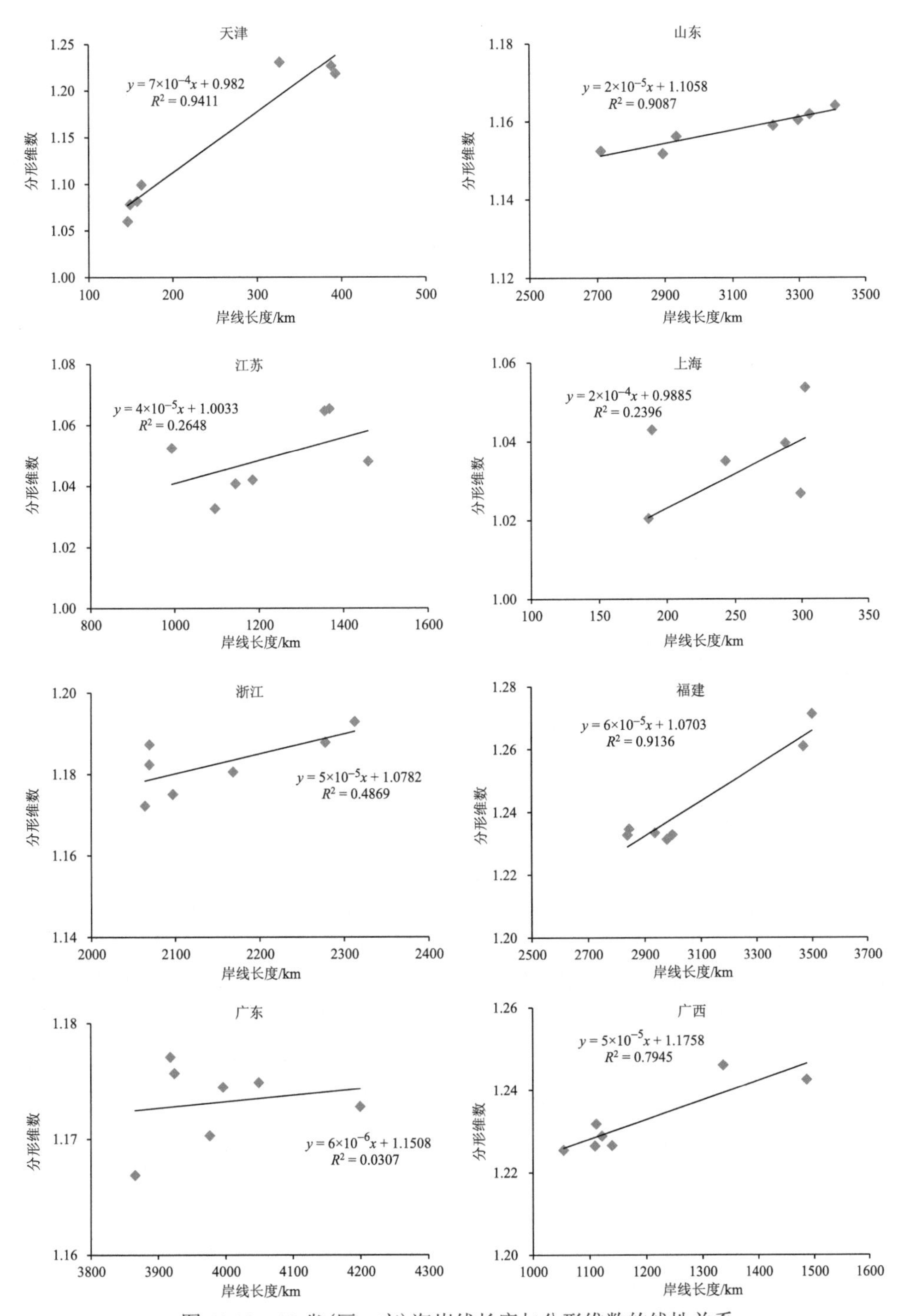

图 10.10　10 省(区、市)海岸线长度与分形维数的线性关系

山东和福建 4 省(市)的岸线长度变化趋势与分形维数的变化趋势十分一致，具有较强的相关性，R^2 依次为 0.97、0.94、0.91 和 0.91；河北省在 1940s～2010 年间，岸线长度与分形维数的变化趋势是一致的，而在 2010 年后，两者走势出现分歧，相关性总体也较强，R^2 为 0.82；广西壮族自治区岸线长度与分形维数的变化趋势大致相同，相关性较强，R^2 为 0.79；而对于江苏、上海、浙江和广东 4 省(市)而言，岸线长度与分形维的变化趋势仅在过去 80 年间的某些阶段是一致的，整体相关性较弱，R^2 依次为 0.26、0.24、0.49 和 0.03。

基于以上结果以及前人的研究成果，认为空间尺度的选择以及岸线长度变化驱动要素的不同会影响岸线长度与分形维数之间的相关性。大的空间尺度会弱化或者强化岸线长度与分形维数二者间的相关性，如北黄海和渤海的海岸线长度与分形维数间的 R^2 分别为 0.80 和 0.89，而辽宁、天津、和山东三省(市)的 R^2 均超过了 0.90，但河北省的 R^2 较小，为 0.82；在以人类活动(如港口码头、丁坝突堤建设)为主驱动岸线长度增加的区域，岸线长度与分形维数的变化趋势较为一致，相关性较强，如天津市在过去 80 年间的岸线长度增加主要原因为大规模的填海造陆，以及港口码头和丁坝突堤的建设，一方面大幅增加了岸线的长度，另一方面也显著提高了该区域岸线的复杂程度，因此，岸线长度与分形维数具有很强的相关性，R^2 高达 0.94。

10.4 本章小结

海岸线是分形理论中最常见的研究对象之一，自分形理论出现之后，国内外学者围绕海岸线分形问题做了诸多研究，主要集中于 4 个方面：大尺度区域海岸线分形维的计算与统计，海岸线长度与分形维的关系研究，岸线分形维与人类活动关系的研究，岸线分形维与海岸带自然要素之间的关系研究。本章基于网格法，计算了中国大陆沿海、五大海域以及沿海 10 个省(区、市)自 1940s 以来 7 个时相的岸线分形维数，结果表明：

(1) 1940s～2020 年 7 个时相中国大陆海岸线的分形维数依次为 1.1725、1.1744、1.1595、1.1639、1.1714、1.1813 和 1.1801；2020 年，北黄海、渤海、南黄海、东海和南海 5 海域海岸线的分形维数分别为 1.1621、1.1664、1.1405、1.1921 和 1.1884；辽宁、河北、天津、山东、江苏、上海、浙江、福建、广东和广西 10 省(区、市)海岸线的分形维数分别为 1.1858、1.1455、1.2268、1.1619、1.0647、1.0537、1.1723、1.2328、1.1757、1.2266；过去 80 年间，5 海域及 10 省(区、市)间的海岸线分形维变化较大，时空差异特征十分显著。

(2) 中国大陆海岸线的长度与分形维数之间存在较强的线性关系，相关系数达到 0.83；在海域尺度层面，南海岸线长度与分形维数间的相关性较弱，相关系数为 0.38，其他四海域相关系均超过 0.75，渤海最大，为 0.89；在省域尺度层面，江苏、上海、浙江和广东 4 省(市) 岸线长度与分形维数间的相关性较弱，相关系数均小于 0.5，广东省最小，仅 0.03，而辽宁、河北、天津、山东和福建 5 省(市) 的岸线长度与分形维数之间则有较强的相关性，相关系数均超过 0.8，辽宁省最大，达 0.97。

参 考 文 献

高义, 苏奋振, 周成虎, 等. 2011. 基于分形的中国大陆海岸线尺度效应研究.地理学报, 66(3):331-339.

侯西勇, 毋亭, 侯婉, 等. 2016. 20 世纪 40 年代初以来中国大陆海岸线变化特征. 中国科学:地球科学, 46(8): 1065-1075.

廖永生. 2015. 分形原理评估特殊曲线测量精度——以海岸线为例. 测绘通报, (4):65-68.

林松, 俞晓华, 庄小冰, 等. 2020. 厦门岛海岸线分形特性演变规律的研究. 海洋科学进展, 38(1): 125-133.

刘孝贤, 赵青. 2004. 基于分形的中国沿海省区海岸线复杂程度分析. 中国图象图形学报, 9(10): 1249-1257.

马建华, 刘德新, 陈衍球. 2015. 中国大陆海岸线随机前分形分维及其长度不确定性探讨. 地理研究, 34(2): 319-327.

徐进勇, 张增祥, 赵晓丽, 等. 2013. 2000～2012 年中国北方海岸线时空变化分析. 地理学报, 68(5): 651-660.

张继敏, 李凤全, 王天阳. 2017. 浙江乐清湾海岸带人为干扰度的分形研究. 科技通报, 33(7):29-33.

张云, 张建丽, 景昕蒂, 等. 2015. 1990 年以来我国大陆海岸线变迁及分形维数研究. 海洋环境科学, 34(3):406-410.

朱晓华, 查勇, 陆娟. 2002. 海岸线分维时序动态变化及其分形模拟研究——以江苏省海岸线为例. 海洋通报, (4):37-43.

Dai Z , Li C , Zhang Q . 2004. Fractal analysis of shoreline patterns for crenulate-bay beaches, Southern China. Estuarine Coastal & Shelf Science, 61(1): 65-71.

Grassberger P. 1983. On efficient box counting algorithms. International Journal of Modern Physics C, 4(3): 515-523.

Hu X , Wang Y. 2020. Coastline Fractal Dimension of Mainland, Island, and Estuaries Using Multi-temporal Landsat Remote Sensing Data from 1978 to 2018: A Case Study of the Pearl River Estuary Area. Remote Sensing, 12(15): 2482.

Jiang J, Plotnick R E. 1998. Fractal Analysis of the Complexity of United States Coastlines

Mathematical Geology, 30(5): 535-546.

Mandelbrot B B. 1982. The fractal geometry of nature. New York: WH freeman.

Mandelbrot B B. 1967. How long is the coast of Britain? Statistical self-similarity and fractional dimension. Science, 156 (3775): 636-638.

Sharma P , Byrne S. 2010. Constraints on Titan's topography through fractal analysis of shorelines. Icarus, 209(2):723-737.

Tanner B R , Kelley P J T. 2006. Fractal Analysis of Maine's Glaciated Shoreline Tests Established Coastal Classification Scheme. Journal of Coastal Research, 22(5): 1300-1304.

第11章

中国大陆沿海主要海湾形态变化特征

海湾是海洋深入陆地的部分。海湾地处海陆结合部，常年经受海洋和陆地的双重影响，是海岸带区域的重要组成部分，而且，海湾蕴藏大量的资源，具有独特的自然环境和明显的区位优势，是海洋最容易受人类活动影响的部分，并形成了特有的自然和人文景观。

海湾变化是一个动态的、连续的过程，反映自然、经济和社会等因素对海湾综合作用的结果，其中，形态变化是海湾变化最基本、最重要的一个方面，其对海湾及其周边的水动力与水环境以及海岸带湿地生态系统的影响具有迅速、直接、显著、长期且不可逆转等特征，而且，海湾形态变化也是宏观尺度陆海格局和陆海相互作用变化的重要体现之一，大陆海岸线的显著变化能够引起海湾形态的变化。因此，监测和研究海湾变化对于发展海洋科学、保护海洋环境、确保国家安全等具有重大意义。

本章针对中国大陆沿海的主要海湾，参考《中国海湾志》等资料，筛选出93个海湾(合并为85个)作为研究对象，在7个时相大陆海岸线数据的基础上，基于地形图资料、遥感影像及文献资料，补充20世纪70年代海湾岸线数据以及不同时期海湾的封口线信息，从而建立了1940s～2020年8个时期的海湾空间分布范围数据，进而从海湾海岸线的类型结构、开发利用程度、位置摆动以及海湾的面积、形状、重心变化等角度出发，分析和揭示近80年(1940s～2020年)来中国大陆沿海主要海湾的形态变化特征，旨在从海湾变化的角度出发为中国海岸带的综合管理决策提供依据。

11.1 海湾形态特征研究进展

海湾是深入陆地形成明显水曲的海域(中国海湾志编纂委员会，1997)，是“水域面积不小于以口门宽度为直径的半圆面积，且被陆地环绕的海域”(GB/T 18190—

2017)(陈则实等，2007)。国际上对海湾及其变化的监测和研究具有起步早、多学科交叉、综合性强等特点，其中，不少研究工作涉及或涵盖了海湾海岸线、海湾形态、海岸土地损失等方面变化特征的监测和分析。

美国对海湾形态的研究超前于其他国家。环境保护署(Environmental Protection Agency, EPA)和地质调查局(U.S. Geological Survey, USGS)等机构针对墨西哥湾海岸带开展了大量综合性的调查与研究工作，例如，EPA 早在 20 世纪 90 年代即开展了墨西哥湾海岸和海岸线侵蚀行动议程，是墨西哥湾综合调查与研究项目中的 8 个主题之一[①]；USGS 负责评估美国海岸线的变化特征，最近 20 年来完成了大量的评估报告，例如，针对墨西哥湾海岸带，利用了 19 世纪、20 世纪 20～30 年代、20 世纪 70 年代的历史海岸线数据以及 1998～2002 年间的激光雷达海岸线数据，分析了长期(19 世纪以来)及短期(20 世纪 70 年代以来)整个墨西哥湾的海岸线变化特征，尤其是海岸侵蚀及其所导致的土地资源损失特征(Morton et al.，2004)；在对佛罗里达州“海湾群岛国家海岸”进一步的评估中，增加了 2004 年和 2005 年的激光雷达海岸线数据，深入分析了 2 年间由于 6 个飓风登陆而导致的海岸线的变化特征[②]；随着高分辨率海岸线变化、土地损失、高程和地面沉降等方面数据资源的日益丰富，USGS 进一步发展了海岸带脆弱性指数(coastal vulnerability index, CVI)评估方法，分析海平面上升和海岸线变化等因素对墨西哥湾北部海岸带的影响特征(Pendleton et al.，2010)。

国际上，近年来不少的学者也对海湾的形态变化有所论述，例如：Thanikachalam 和 Ramachandran(2003)应用遥感技术分析了印度东南部马纳尔海湾海岸线和珊瑚礁的变化特征；Ryabchuk 等(2012) 基于历史地图、航空相片、高分辨率卫星影像以及现场监测数据分析了 20 世纪 70 年代中期以来芬兰东部海湾因海岸侵蚀而引起的岸线长期及短期的变化特征；Rosentau 等(2013)利用地质学和考古学断面以及 GIS 模型方法，对芬兰东部 Narva-Luga Klint 海湾地区石器时代的海岸位移特征进行了分析和重建；Hoffmann 等(2013)对波斯湾海岸线进行了高分辨率的数字化，并分析了阿曼北部海岸的长期演化特征；Misra 和 Balaji (2015)针对印度古吉拉特邦海岸带土地利用变化和岸线变化对海湾的影响开展了研究；Puig 等(2016)针对西班牙西南部的加的斯湾(Gulf of Cádiz)，分析和讨论了 1956～2010 年间的风暴强度和海岸线变化速率特征；Jayaprakash 等(2016)分

① U.S. Environmental Protection Agency. 1994. Coastal and shoreline erosion action agenda for the Gulf of Mexico: first generation-management committee report. https://nepis.epa.gov/Exe/ ZyPURL.cgi?Dockey=20001O9W.txt.

② Hapke C J, Christiano M. 2007. Long-term and storm-related shoreline change trends in the Florida Gulf Islands National Seashore. US Geological Survey.

析了印度东南部马纳尔湾中 Vaan 岛在 1973～2015 年间的面积变化特征，计算其面积萎缩速率，并指出该岛屿有很大的风险将在 2022 年被淹没而完全消失；Habicht 等(2017)利用雷达数据和地理信息技术在里加湾东海岸的托尔库斯-拉纳迈特萨(Tolkuse-Rannametsa)地区绘制了全新世早期至中期的古海岸线重建图；Torab(2018)利用 GIS 技术，集成全站仪监测数据、航空相片和卫星影像等数据，分析了全新世和过去 100 年间埃及西奈半岛、达哈布湾等区域海岸线的演变特征；Latapy 等(2020)分析了 19 世纪以来法国北部威桑特湾(Wissant Bay)的形态变化及其对近岸水动力和海岸线演化的影响。

1949 年以来，我国沿海地区经济社会快速发展，尤其是最近几十年来，人类活动对海湾的影响作用已远远超过历史时期，并与自然因素相叠加，使得很多的海湾以前所未有的速率发生着各种各样的变化，但对我国海湾的形态特征进行长期的监测和研究的相关报道并不多见。已有研究主要侧重于单个或少数海湾，例如，林桂兰和左玉辉(2006)以厦门湾为例，研究了海湾资源开发的累积生态效应；宫立新等(2008)研究了 1986～2004 年间烟台典型区域海湾岸线长度和海湾面积的变化特征；张丹丹等(2009)基于 PVS(压力-脆弱性-状态)概念框架对大亚湾等海湾的开发利用情况进行了评价；刘勇等(2009)利用多时期的遥感解译数据，分析了广东省不同类型海湾因海岸带开发利用活动而导致的变化特征；朱高儒和许学工(2012)研究了渤海湾西北岸 1974～2010 年间填海造陆的过程特征及其对渤海湾的影响。这些研究都凸显了对海湾变化进行长时间监测和研究的重要性。叶小敏等(2016)基于时间序列遥感影像对渤海湾 1986～2014 年间近 30 年的水域面积、岸线长度和岸线分形维数等进行了深入的分析；王琎等(2016)对珠江口湾区 1960～2012 年间海岸线以及海岸带土地利用进行监测，并分析了珠江口湾区海岸线变迁的原因；孙百顺等(2017)对近 40 年来渤海湾的海岸线变化、海湾面积变化和海岸属性变化等进行了分析；宋洋等(2018)利用地形图、海图和遥感影像等对 20 世纪 40 年代初以来渤海平面及立体的形态变化特征进行了深入的分析；李加林等(2018)基于宁波市杭州湾、象山港和宁波市三门湾各时期的岸线及土地利用数据，从海湾岸线开发和土地利用两方面综合分析海湾的开发利用强度及其变化特征；柯丽娜等(2018)借助遥感技术监测和研究锦州湾海域以围填海为主的空间开发及利用程度特征；Li 等(2019)分析了中国南方沿海钦州湾的水下地形和海湾海岸线的变化特征，并讨论了造成变化的自然因素和人为因素，以及海湾形态变化对海岸带生态系统的影响特征；孙志林等(2019)利用 GIS 技术对新鹤海湾地形变化、冲淤分布和冲淤量进行探讨，并利用数值模拟技术分析波浪、潮流和泥沙共同作用下对海湾演变的影响；Li 等(2019)对中国北方海岸带区域龙口湾的水下地形演变特征进行分析，探讨了沿海高强度开发对海湾的影响特征；李加林和王丽佳(2020)对围填海影响下东海区 12 个主要海湾的形态时空演变特征进行了分析；孙贵芹等(2020)提取了 1976～2016 年间 9 个时相芝罘湾海岸线的分布信息，从海岸线和海湾形态两个方面出发，分析了人类开发活动影响下典型陆连岛海岸线的时空变化特征及趋势。

总体而言，国外对海湾形态变化方面的研究起步略早，充分发挥历史地图、航空相片、遥感影像、激光雷达等数据资源以及 GIS 技术的作用和优势，同时又能充分结合其他学科的理论和技术方法，较为综合地分析海湾岸线、海湾形态的长期演变特征并揭示自然和人为因素的影响特征，以及在此基础上进一步分析海湾变化过程对水动力、水下地貌以及海岸带生态脆弱性等所造成的影响。然而，国内外学者对海湾形态演变特征的研究大多针对于单个或少数几个海湾，或海湾的局部区域，缺少较大空间尺度和较长时间尺度大量海湾的集总式分析研究。

我国沿海区域海湾众多，近些年来，随着我国海岸带区域经济社会的进一步快速发展，尤其是工业化和城市化的迅猛发展，在沿海很多的海湾区域土地资源供需矛盾问题日渐突出，刺激了大规模的围填海过程，导致海湾形态的显著变化，因此，针对我国沿海区域分布的众多海湾，分析其形态的长期变化特征，能够为我国海岸带区域的岸线保护、海岸带综合管理以及沿海经济社会的可持续发展提供有价值的科学数据和决策依据。

11.2 海湾形态变化特征研究方法

11.2.1 中国大陆沿海主要的海湾

中国沿海的海湾数量众多、类型多样，常见的海湾分类标准及其包含的类型如下(陈则实等，2007)：按照海湾的成因可划分为原生湾和次生湾两个大类，其中，原生湾包含基岩侵蚀湾、火山口湾、构造湾和河口湾四个亚类，次生湾包含三角洲湾、潟湖湾、连岛坝湾和环礁湾四个亚类；按照水域率可分为全水湾(水域率>80%)、多水湾(水域率 60%～80%)、中水湾(水域率 40%～60%)、少水湾(水域率 20%～40%)和干出湾(水域率<20%)五种类型；按照形态系数(海湾宽度与长度的比值)可分为狭长型(形态系数≤0.50)、宽长型(形态系数 0.51～0.90)、方圆型(形态系数 0.91～1.10)、长宽型(形态系数 1.11～1.50)和短宽型(形态系数>1.50)五种类型；按照开敞度可分为开敞型湾(开敞度>0.2)、半开敞型湾(开敞度 0.1～0.2)、半封闭型湾(开敞度 0.01～0.1)、封闭型湾(开敞度<0.01)四种类型。

《全国海洋功能区划(2011—2020 年)》指出我国面积大于 10 km^2 的海湾有 160 多个，大中河口 10 多个；《中国海湾志》对我国 150 多个海湾(含河口和泻湖)的自然条件、社会经济因素、资源状况和开发利用历史及存在的问题等做了全面阐述。本研究综合《中国海湾引论》《全国海洋功能区划研究》沿海各省(区、市)的地图资料等，确定大陆沿海的 93 个海湾作为信息提取和形态变化特征分析的目标，为便于研究，对若干在空间上相连的小海湾进行合并处理，最终得到 85 个海湾(表 11.1)作为具体的研究对象，方便起见，以下简称 85 个海湾。

表 11.1　中国大陆沿海的主要海湾

海区	海湾名称	数量
渤海	营城子湾、金州湾、普兰店湾、董家口湾、葫芦山湾、复州湾、太平湾、锦州湾、渤海湾、莱州湾	10
黄海	青堆子湾、常江澳、窑湾、大连湾、套子湾、芝罘湾、四十里湾、双岛港、威海湾、朝阳港、荣成湾-俚岛湾、爱连湾、桑沟湾、石岛湾、靖海湾-五垒岛湾、险岛湾、乳山湾、丁字湾、横门湾、北湾(鳌山湾)、崂山湾、沙子口湾、胶州湾、灵山湾、崔家潞、琅琊湾、海州湾	27
东海	长江口、杭州湾、象牙港、三门湾、浦坝港、涂茨-爵溪湾、门前涂湾、高湾-昌国湾、台州湾、隘顽湾、漩门湾、乐清湾、温州湾、大渔-鱼寮湾、沿浦湾、沙埕湾、福宁湾、三沙湾、罗源湾、福清湾、兴化湾、湄洲湾、泉州湾、围头湾-厦门港、佛昙湾、旧镇湾、东山湾、诏安湾、宫口湾	29
南海	汕头湾、海门湾、碣石湾、红海湾、大亚湾、大鹏湾、珠江口、广海湾、镇海湾、海陵湾-北津港、水东港、湛江港-雷州湾、安铺港、铁山港、廉州湾、大风江口、钦州湾、防城港、珍珠港	19

11.2.2　海湾封闭图斑的建立

针对大陆沿海的 85 个海湾，提取 20 世纪 40 年代初、20 世纪 60 年代、20 世纪 70 年代、1990 年、2000 年、2010 年、2015 年和 2020 年共 8 个时相的海岸线数据，以及建立各个时期的海部边界，即海湾“封口线”，从而获得各个时期的海湾封闭图斑数据。

1. 海湾海岸线数据

针对 85 个海湾，20 世纪 40 年代初、20 世纪 60 年代、1990 年、2000 年、2010 年、2015 年和 2020 年 7 个时相的海岸线数据直接从中国大陆海岸线数据中提取获得。将 20 世纪 70 年代成像的 Landsat MSS 影像数据与相同年代测绘和编制的 1∶50000、1∶100000 比例尺的地形图等资料相结合(主要反映 1970s 中后期情形)，在 1990 年海岸线数据的基础上，判断海岸线在 1970s～1990 年间的变化，修改 1990 年海岸线数据从而“回溯”获得 1970s 时期 85 个海湾的海岸线数据。

2. 海湾海部边界确定

参照《全国海洋功能区划研究》《中国海湾引论》《中国海湾志》、沿海各省(区、市)地图资料和遥感影像等确定海湾海部，即海湾口门的边界。具体原则和依据如下：

(1) 部分海湾具有明确的口门坐标信息或语言描述信息，可直接建立海湾口门线并与海湾岸线相连接，形成封闭的海湾图斑。

(2) 多数海湾具有明显的岬角，而且岬角附近的地貌形态变化不显著，因此，各个时期的口门线基本一致；少数海湾岬角附近地貌形态略有变化，部分时相口门线与海湾岸线的连接处需要进行适当的调整。

(3) 部分海湾由连串的海岛和海岸围成，需要分段确定海湾口门线。如果岛屿的面积很小，可直接将岛屿顺次连接，如果岛屿面积很大或岛屿岸线很长，则根据实际情况选取岛屿向陆或向海一侧的岸线作为局部区域的口门线，进而与海湾岸线相连，形成封闭海湾。

(4) 部分海湾是河口湾，需要在两个方向分别确定口门线，为保证 8 个时相之间的可比性，上游河道部位一般采用位置和走向完全一致的直线型封口线，而入海口处的封口线则参照上述原则和标准来确定。

11.2.3 海湾形态特征指数

从海湾岸线和海湾平面形态 2 个方面出发，选取海岸线结构、海岸线开发利用程度、海岸线位置摆动、海湾平面面积、海湾平面形状指数、海湾平面重心 6 个指标描述海湾的形态特征及其变化。其中，海岸线结构通过人工岸线和自然岸线的长度比例来反映，本书选用自然岸线的长度比例；海岸线位置摆动主要判断岸线是否整体上背离陆地向海移动，或与此相反；海湾面积直接在 ArcGIS 软件中查看海湾图斑矢量数据的属性表而获得。其他指标的定义及计算方法如下。

(1) 海岸线开发利用程度指数：按照人类活动对海岸线的影响程度，对各个类型的海岸线赋予不同的人力作用强度指数（表 11.2），并按照式(11.1)进行计算；该指数的值域为 100～400，值越小，海湾海岸线开发利用的程度越低，越接近于自然状态，值越大，海湾海岸线开发利用的程度越高，人类活动对海湾海岸线的影响越强烈(Wu et al.，2014)。

$$\mathrm{ICUD}=\sum_{i=1}^{n}\left(A_i\times C_i\right)\times 100 \tag{11.1}$$

式中，ICUD 为海湾岸线开发利用程度指数；A_i 为第 i 类海湾岸线的人力作用强度指数；C_i 为第 i 类海湾岸线的长度百分比；n 为海湾岸线的类型数。

表 11.2 各类型海湾岸线的人力作用强度指数

海岸线开发利用方式	丁坝突堤	港口码头	围垦(中)岸线	养殖岸线	盐田岸线	交通岸线	防潮堤	自然岸线
人力作用强度指数	4	4	4	3	3	4	2	1

(2)海湾平面形状指数：海湾周长与等面积圆形周长的比值[式(11.2)]，反映海湾形状与圆形的相似度；值越小，海湾越趋近于圆形，形状越简单，反之，则越复杂(刘学录，2000)。

$$\mathrm{SIB}=\frac{P}{2\sqrt{\pi A}} \tag{11.2}$$

式中，SIB 为海湾形状指数；P 为海湾周长(m)；A 为海湾面积(m^2)。

(3)海湾平面重心及其变化：在二维平面空间计算海湾几何重心，其在空间上发生位移的方向、路径及距离能够反映海湾形态变化的基本特征。计算公式如下(李玉冰等，2005)：

$$x=\frac{\sum_{i=1}^{n}x_i}{n},\quad y=\frac{\sum_{i=1}^{n}y_i}{n} \tag{11.3}$$

$$L=\sqrt{\left(x_j-x_k\right)^2+\left(y_j-y_k\right)^2} \tag{11.4}$$

式中，(x, y)为海湾重心坐标；(x_i, y_i) $(i=1, 2, \cdots, n)$为海湾平面离散点的坐标；L 为重心位移距离；(x_j, y_j)是 j 时相的重心坐标；(x_k, y_k)是 k 时相的重心坐标。

11.3　大陆沿海主要海湾形态变化特征

11.3.1　海湾海岸线结构时空动态特征

针对 85 个海湾的海岸线，计算每个海湾自然岸线的长度比例，并将其划分为不同的数值区间，统计各个时期各个数值区间对应的海湾数量百分比[图 11.1(a)]，同时，统计各个时期所有海湾岸线的总长度和自然岸线的总长度，计算 85 个海湾整体的自然岸线长度占比[图 11.1(b)]。计算结果表明，总的来说，近 80 年间大陆沿海主要海湾的海岸线结构变化较为显著，多数海湾自然岸线的长度占比急剧下降，具体特征包括：

(1)1940s～1960s 期间：自然岸线长度占比不足 60%的海湾相对较少，主要是少量有大中城市分布的中小型海湾，例如，大连湾、胶州湾、长江口、杭州湾、象牙港、台州湾、温州湾、廉州湾、珠江口、乐清湾；58%以上的海湾，其自然岸线的长度比例在 1960s 时期仍然大于 80%。

(2)1960s～1970s 期间：大陆沿海主要海湾海岸线的开发利用程度总体上处于低速稳步发展的过程中，海岸线开发利用程度较高(自然岸线长度比例<40%)的海湾的数量变化非常微弱；海岸线开发利用程度处于中等水平和低级水平(自然岸线长度比例分别为 40%～60%、>80%)的海湾的数量均呈现出显著减少的趋势，

共同导致海岸线开发利用程度处于中低水平（自然岸线长度比例 60%～80%）的海湾数量的显著增加。

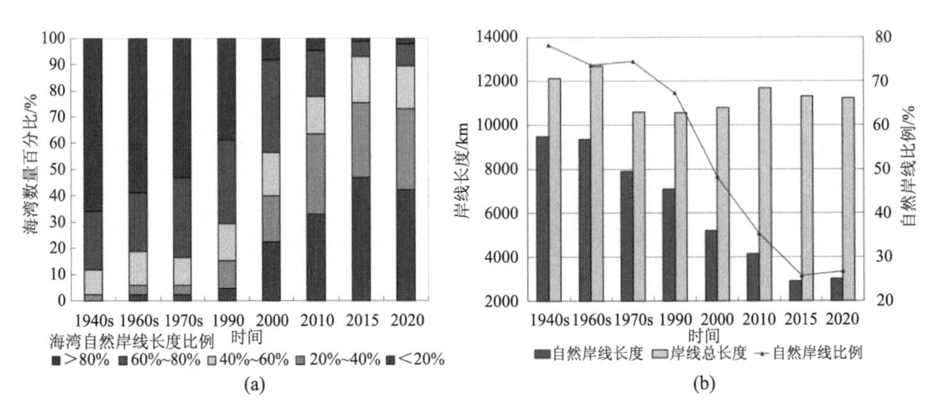

图 11.1　近 80 年间大陆沿海 85 个海湾自然岸线长度占比的变化特征

(3) 1970s～1990 年间：大陆沿海主要海湾海岸线的开发利用程度开始加速发展，1990 年仍有 70%的海湾其自然岸线的长度比例超过了 60%，但自然岸线长度比例超过 80%的海湾已经不足 40%；新的开发热点主要是位于渤海和黄海的海湾，例如，青堆子湾、普兰店湾、董家口湾、渤海湾、莱州湾、芝罘湾、乳山湾、双岛港、威海湾、朝阳港、险岛湾、石岛湾、靖海湾-五垒岛湾、丁字湾、沙子口湾、横门湾、琅琊湾等都逐渐成为新的开发热点。

(4) 1990～2000 年间：大陆沿海主要海湾海岸线的开发速度开始攀升，但除了少量海湾成为新的开发热点外，主要特征表现在众多已经得到开发的海湾，其海岸线的开发利用程度得到进一步的提升；与此相应，至 2000 年，自然岸线长度占比超过 60%的海湾已降至不足 45%，自然岸线长度占比超过 80%的海湾更是显著减少，已降至不足 9%。

(5) 2000～2010 年间：海湾海岸线的开发利用进一步加剧，整个渤海以及南方众多海湾的海岸线都进入快速开发和变化的时期，至 2010 年，自然岸线长度比例超过 60%的海湾的数量占比已降至不足 25%，自然岸线长度比例超过 80%的海湾数量已减少至不足 5%。

(6) 2010～2020 年间：最突出的特点在于迎来阶段性的转折；2010～2015 年继续延续海湾海岸线开发的过程和趋势，至 2015 年前后达到“巅峰”状态，导致自然岸线的长度及占比进一步下降，并达到“谷底”；2015 年，仅剩 6 个海湾的自然岸线长度比例仍然超过 60%，其中仅有 1 个海湾其自然岸线长度比例仍然超过 80%；在 2015 年之后迎来明显的转折，国家在围填海管控方面重大政策的成效开始显现，海湾自然岸线的长度和占比开始有所恢复，至 2020 年自然岸线长度比例超过 60%的海湾增加至 9 个，其中，自然岸线长度比例超过 80%的海湾增加至 2 个。

(7)整体而言：如图 11.1(b)，85 个海湾海岸线的总长度呈波动变化的特征，由 1940s 的 1.21 万 km 变为 2020 年的 1.12 万 km，最高值出现于 1960s(1.27 万 km)，最低值出现于 1990 年(1.05 万 km)；海湾自然岸线的总长度呈持续下降的趋势，尤其是 20 世纪 90 年代之后处于急剧下降的过程中，直至 2015 年前后出现转折；自然岸线长度的最高值在 1940s 初期(0.95 万 km)，最低值在 2015 年(0.29 万 km)；自然岸线长度所占比例同时受到自然岸线总长度和岸线总长度的影响，总体呈现为下降趋势，由 1940s 时期的 78.21%下降为 2015 年的 25.65%，之后开始回升，至 2020 年恢复至 26.70%。

11.3.2　海湾海岸线开发利用程度时空动态特征

针对海湾岸线开发利用程度指数，将其划分为 4 个数值区间，统计不同时期不同区间海湾的个数[图 11.2(a)]，同时，计算近 80 年间每个海湾该指数的变化量，进而绘制其频率直方图[图 11.2(b)]。总的来说，近 80 年间大陆沿海主要海湾海岸线开发利用程度处于不断提高的过程中，具体特征包括：

(1)1940s：绝大多数海湾的海岸线开发利用程度指数都低于 200，属于轻度开发利用状态；其中，19 个海湾为 100(理论最低值)，79 个海湾不超过 150；仅有北方海岸带的 3 个海湾大于 200，分别是大连湾、芝罘湾和胶州湾。

(2)1940s～1960s 期间：海岸线开发利用仅在少量海湾有所发展，有 36 个海湾(约占 42.35%)为负增长或零增长，有 33 个海湾(约占 38.82%)的增长幅度不足 20%(低速增长)，仅有 5 个海湾的增长幅度超过 50%(高速增长)；海岸线开发利用程度比较突出的海湾有大连湾、芝罘湾、威海湾和杭州湾等，胶州湾由于盐田废弃等原因呈现下降的态势；直至 1960s，海湾海岸线开发利用程度指数的最大值始终未超过 300。

(3)1960s～1970s 期间：海湾海岸线开发利用程度总体上仍处于比较低的状态，有 32 个海湾(约占 37.65%)为负增长或零增长，有 23 个海湾(约占 27.06%)的增幅不足 20%(低速增长)，但是，已有多达 12 个海湾的增幅超过 50%(高速增长)；海岸线开发利用程度较高的海湾仍然主要分布于北方的黄海和渤海海岸带区域；至 1970s，海湾海岸线开发利用程度指数的最大值已超过 300，达到了 381，出现在芝罘湾。

(4)1970s～1990 年间：海湾海岸线开发利用有较明显的发展，负增长或零增长的海湾已降至 27 个(约占 31.76%)，其他的 58 个海湾表现为不同程度的增长，这表明海湾海岸线资源的开发开始普遍化；与此相应，至1990年，已经有近1/4的海湾海岸线开发利用程度指数达到或超过200；已经有2个海湾超过了300，分别是芝罘湾和大连湾。

(5)1990～2000年间：海湾海岸线开发利用开始进入较快的发展阶段，且更趋普遍化，与此相应，至2000年，有超过50%的海湾，其海岸线开发利用程度指数已经大于200，并有超过14%的海湾的海岸线开发利用程度指数大于300，已经形成了大连湾—董家口湾、渤海湾及其毗邻区域、芝罘湾—海州湾、长江口、温州湾及其毗邻区域、福清湾—旧镇湾、珠江口及其毗邻区域等海湾海岸线开发利用程度较高的区域；最大值已经高达397，仍出现在芝罘湾。

(6)2000～2010年间：大陆沿海主要海湾的海岸线开发利用程度整体进入加速发展的阶段，海湾海岸线开发利用程度指数“梯次升级、整体提升”的特征非常显著，其结果是除了100～199区间的海湾数量大幅减少外，其他3个区间的海湾数量均显著增加；至2010年，已经有超过77%的海湾，其海岸线开发利用程度指数大于200，超过24%的海湾大于300，而且，理论最大值(400)也已经出现(威海湾)。

(7)2010～2020年间：大陆沿海主要海湾的海岸线开发利用程度达到“峰值”并出现“拐点”。至2015年，已经有超过92%的海湾，其海岸线开发利用程度指数超过了200，超过28%的海湾超过了300；在随后的2015～2020年间，岸线保护和修复政策以及围填海管控等相关政策措施的成效初现，海湾海岸线开发利用进入了“降温”阶段，其结果是，至2020年，海湾海岸线开发利用程度指数大于200和300的海湾数量均有所减少，占比分别已降至87%和27%，但部分海湾的海岸线开发利用程度指数继续上升，山东烟台芝罘湾和辽宁大连太平湾2个海湾均达到了理论最大值(400)，其中，太平湾由于不断围填，实际上已经消失。

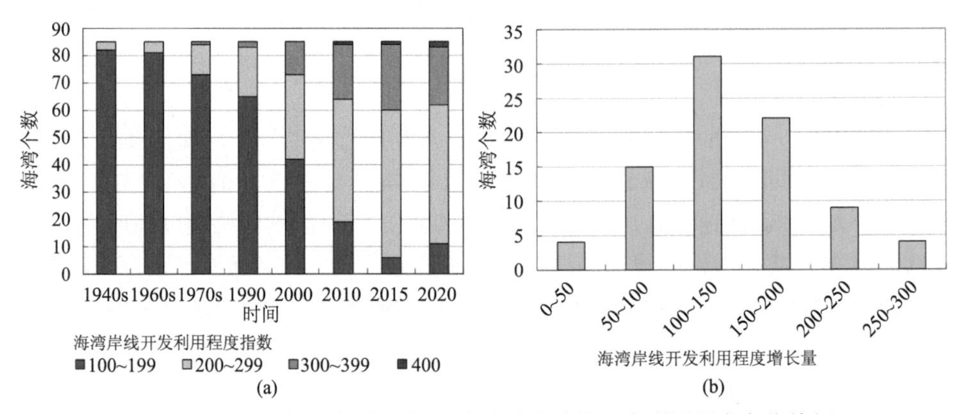

图11.2　近80年间大陆沿海85个海湾海岸线开发利用程度变化特征

(8) 近 80 年间的整体特征如下：大多数海湾的海岸线开发利用程度指数呈现为波动增长的趋势，其中，增长量介于 50～200 之间的海湾居多；1940s～1990 年约 50 年的时间里增长较为缓慢甚至存在较为显著的负增长现象，20 世纪 90 年代以来则是快速发展的阶段，直至 2015 年前后达到“峰值”，可以大体判断 2015 年前后是海湾海岸线开发利用程度变化的重要“拐点”；未来时期，随着国家层面岸线保护和修复政策的实施以及沿海各地相关具体措施的加强，海湾海岸线开发利用程度有可能出现 2 种基本发展态势并存的状况，即①规模较小(海岸线长度有限) 且有较大规模的港口或城市分布的海湾，其支撑区域经济社会发展的功能突出，海湾的海岸线资源将总体朝着优化开发的方向发展，海湾海岸线开发利用程度指数总体继续攀升，达到海岸线开发利用程度指数最大值(400) 的海湾个数仍有可能继续增加。②规模较大(海岸线资源丰富) 的海湾，海岸线资源的保护、修复和可持续利用统筹兼顾，即通过海湾局部区域部分岸段资源的优化开发促进海湾其他区域海岸线资源的保护和修复，海湾自然岸线的长度及占比有望得到提升，海湾海岸线开发利用程度指数有可能向着总体下降的趋势发展。

11.3.3　海湾海岸线位置摆动特征

在 ArcGIS 软件中观察各个时期的海湾海岸线数据，定性判断各个海湾近 80 年间海岸线位置的空间摆动特征，结果表明，总体上，可以将 85 个海湾海岸线的位置摆动特征归纳为持续向海移动型、稳定少动型、往复摆动型和复杂变化型 4 种类型：

(1) 持续向海移动型，海湾岸线整体或局部持续趋向海水一侧移动，一般是海湾岸线局部区域有持续向海移动的趋势，或者在不同的时段分别有不同区域的岸段向海移动，从而使得近 80 年间海湾的海岸线表现出整体或局部向海移动的特征。分析表明，约有 76%的海湾，其岸线变化基本符合持续向海移动型的特点。比较典型的案例如太平湾、胶州湾和莱州湾等。

(2) 稳定少动型，海湾的海岸线总体较为稳定，不存在显著变化的空间区域和时间阶段，近 80 年总体而言，海岸线的变化也并不明显。分析表明，约有 9%的海湾，其岸线变化符合稳定少动型的特点。这些海湾在空间分布上一般远离大中城市，较少受到人类活动的影响或者影响较为轻微，而且一般是以基岩海岸为主，岸线两侧陆海之间的高程差异较为显著，属隆起海岸或断层海岸，向陆一侧为悬崖地貌等。比较典型的案例如荣成湾、碣石湾等。

(3) 往复摆动型，海湾海岸线的变化具有多次(至少 2 次) 往复过程，即方向逆反的过程，且具有这种方向逆反过程的岸段在海湾发生变化的岸段中所占的比例较高，使得海湾海岸线整体或局部表现出向海与向陆“往复”或“交替”变化的

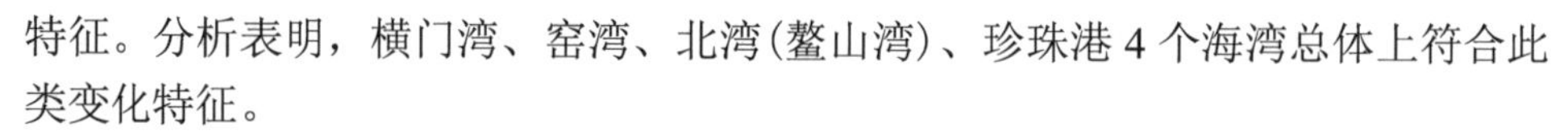

特征。分析表明，横门湾、窑湾、北湾(鳌山湾)、珍珠港 4 个海湾总体上符合此类变化特征。

(4)复杂变化型，海湾海岸线的变化特征明显有别于上述 3 种类型，格局与过程较为复杂，规律不明显。分析表明，约有 9%的海湾其海岸线变化表现出较为复杂的格局与过程特征，这些海湾一般都具有较为复杂的几何形状或者岸线变化的驱动力与驱动机制具有显著的、复杂的时空变异性。典型的案例如海门湾、朝阳港等。

11.3.4 海湾平面面积时空动态特征

统计各个时期所有海湾的总面积以及不同海区海湾的总面积(图 11.3)。将海湾按照平面面积的大小分为 7 个等级，统计不同时期不同等级海湾的个数[图 11.4(a)]；计算每个海湾近 80 年间的面积变化率，将其分为不同的数值区间，并统计不同数值区间对应的海湾的个数[图 11.4(b)]。结果表明：

(1)近 80 年间，绝大多数海湾的平面面积都呈现为显著减少的态势：除了珍珠港、套子湾和崔家滃 3 个海湾的平面面积未曾减少，其他海湾的平面面积都表现为显著减少的趋势，其中太平湾已经消亡、双岛湾趋近于消亡，而佛昙湾、漩门湾和汕头湾的面积缩减率也都超过了 80%。

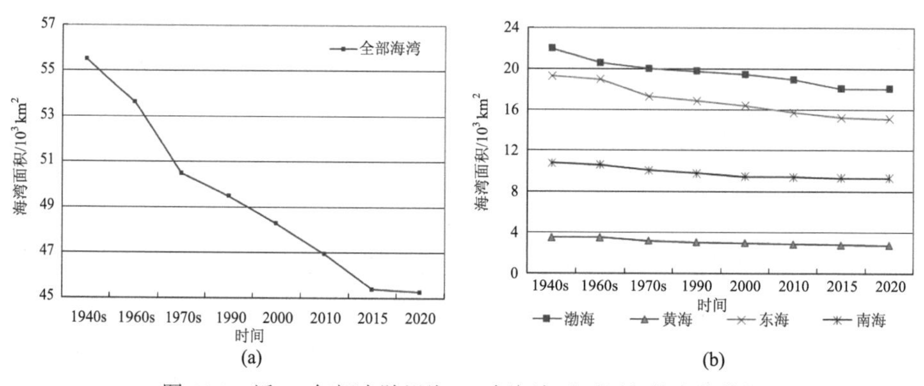

图 11.3 近 80 年间大陆沿海 85 个海湾平面面积的变化特征

(2)近 80 年间，全部海湾总面积的缩减率高达 18.46%，渤海、黄海、东海、南海 4 个海区海湾总面积的缩减率也分别高达 17.77%、21.06%、21.55%和 13.45%；对图 11.3 中的 5 条曲线进行线性拟合，所得方程的 R^2 介于 0.90～0.96 之间，其中，全部海湾平面面积变化曲线[图 11.3(a)]拟合方程的斜率为–1.4845，而渤海、黄海、东海和南海 4 个海区海湾平面面积变化曲线[图 11.3(b)]拟合方程的斜率分别为–0.5156、–0.1162、–0.6297 和–0.2229，5 个斜率值的大小及其差异表明了海湾面积缩减的剧烈程度以及不同海区之间海湾面积变化的空间差异特征。

(3)图 11.4(a)表明：大陆沿海的海湾以平面面积不超过 250 km^2 的小海湾为主，近 80 年间，由于围填海等原因，面积不超过 50 km^2 的小海湾的数量逐渐攀升，至 1990 年已经由位次第 2 跃升为数量最多的等级；1940s 初面积小于 250 km^2 和小于 50 km^2 海湾的数量占比分别为 63.53%和 23.53%，至 2020 年已经分别上升至 69.41%和 31.76%。海湾面积等级的变化以相邻等级之间的转换为主，例如：2000～2010 年间，面积大于 5000 km^2 等级的海湾中有 1 个因面积减小而降级为次一级的海湾；20 世纪 90 年代以来，面积小于 50 km^2 等级的海湾数量显著增加，多数是由 50～100km^2 等级的海湾“降级”而来。

(4)图 11.4(b)表明：在单个海湾层面，近 80 年间，绝大多数海湾(58 个，数量占比达 68.24%)平面面积的萎缩率介于 10%～60%之间；萎缩率超过 10%、20%、40%、60%、80%的海湾比例分别高达 78.82%、56.47%、29.41%、10.59%和 4.71%。据此推断，未来时期如果海湾开发和围填海活动得不到有效的遏制，则海湾的平面面积将很有可能进一步萎缩，直方图的峰区将逐渐“左移”，面积萎缩率达到或超过 40%的海湾将会越来越多，海湾小型化问题将更加突出。

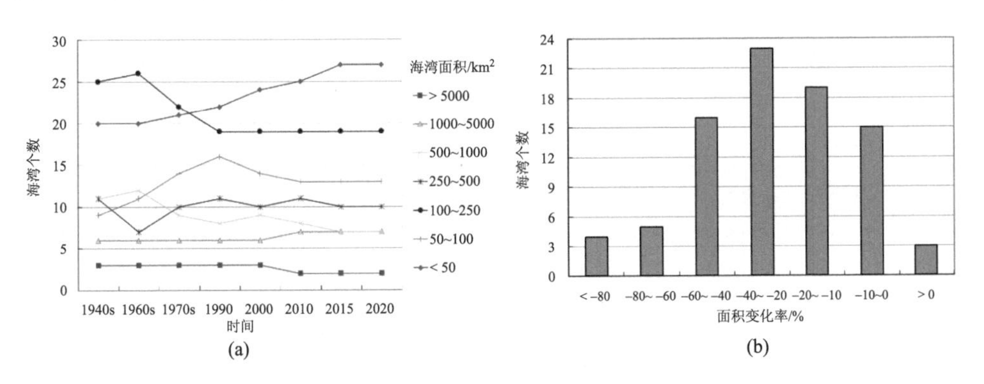

图 11.4　近 80 年间大陆沿海 85 个海湾的平面面积及其变化率分级统计

11.3.5　海湾平面形状指数时空动态特征

海湾平面形状指数深受海岸带地貌的影响，同时，海湾信息提取所用地图资料的比例尺或遥感影像的空间分辨率也对海湾平面形状指数的计算结果有显著的影响。因此，针对每个海湾，计算各个时相的形状指数以及 1940s～2020 年和 1990～2020 年 2 个时段该指数的变化量，进而对该指数及其变化量进行分级统计(图 11.5)；进一步分海区统计各个时期海湾平面形状指数及其在 2 个时段内变化量的最大值、最小值和平均值(表 11.3)。

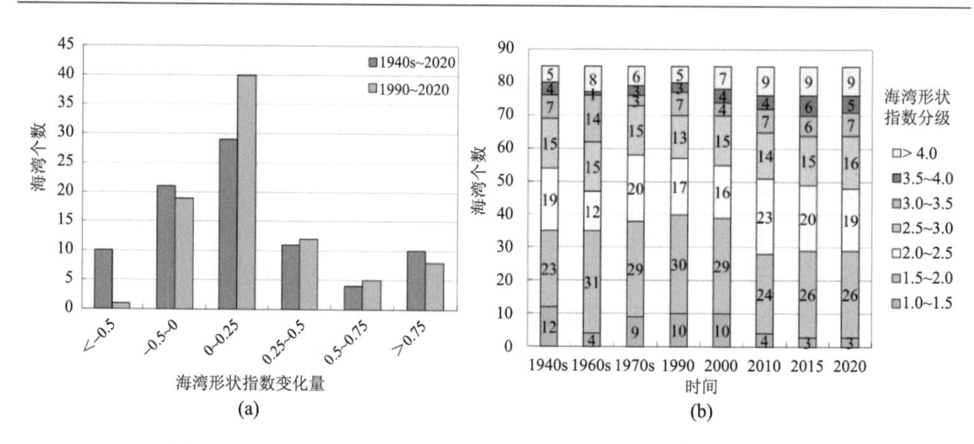

图 11.5　近 80 年间大陆沿海 85 个海湾平面形状指数的统计特征

(1)海湾平面形状指数具有显著的南北差异，北低南高的特征十分明显，表明北方海域的海湾平面形状总体较为简单，而南方海域的海湾平面形状则较为复杂，这种宏观差异主要根源于中国海岸带区域地质环境和地貌格局的差异性。具体而言，以杭州湾南侧为界，北方海岸带兼有 2 大沉降带(黄海-苏北平原、辽河平原与华北平原(包括渤海))和 2 大隆起带(山东半岛与辽东半岛，以及辽西-冀东海岸)，地貌类型为低矮的丘陵山地与辽阔的平原，而南方海岸带则主要是隆起带，地貌类型多为山地丘陵，海岸带岬湾众多，因此，南方海域海湾的平面形状更为复杂。

(2)不管是近 80 年间还是最近的 30 年间，大多数海湾的平面形状指数表现出显著增大的变化趋势，表明海湾平面形状总体上趋于复杂化。具体而言，1940s～2020 年和 1990～2020 年 2 个时段海湾平面形状指数增大的海湾数量分别为 54 个和 65 个，其中，2 个时段增量大于 0.5 的海湾分别为 14 个和 13 个，大于 0.75 的则分别为 10 个和 8 个；尤其是 1990 年以来，海湾平面形状指数的变化加剧，属于较高等级(平面形状指数较大、形状较为复杂)的海湾的数量处于持续增长的过程，至 2020 年，平面形状指数大于 2.0 和 3.0 的海湾数量已经分别达到 56 个和 21 个，所占的比例分别达到 65.88%和 24.71%。

(3)1990 年以来海湾数据的信息源均为 30m 空间分辨率的 Landsat 影像，海湾平面形状指数计算结果的可比性较强，因此，分海区统计 1990～2020 年间呈不同变化趋势的海湾的数量。结果表明，30 年间，北方海域(渤海与黄海)呈现为增长和下降趋势的海湾分别为 33 个和 4 个，而南方海域(东海与南海)则分别为 32 个和 16 个；不同海区之间海湾个体平面形状指数变化趋势的对比进一步表明：北方海域以形状相对较为简单的海湾为主，但是，以围填海为主要特征的海湾海岸线变化提高了这些海湾平面形状的复杂性(北方 89%以上的海湾平面形状趋于复杂化)；南方海域平面形状较为复杂的海湾为数众多，但是以围填海为主要特征的海湾海岸线变化降低了相当一部分海湾平面形状的复杂性(南方高达 33%的海湾平面形状趋于简单化)。

(4)综上所述，1990 年以来，围填海等过程所导致的海湾海岸线变化一方面促进了海湾平面形状指数整体上的提升(多数海湾的平面形状趋于复杂化)，另一方面，又通过“削峰填谷”式的作用缩小了海湾个体之间平面形状指数的差异程度。

表 11.3 近 80 年间大陆沿海 85 个海湾平面形状指数分海区统计特征

	海区	1940s	1960s	1970s	1990 年	2000 年	2010 年	2015 年	2020 年	1940s～2020 年变化	1990～2020 年变化
平均值	黄海	1.94	2.16	1.88	1.90	1.93	2.13	2.18	2.16	0.22	0.26
	渤海	2.01	2.03	1.85	1.91	2.01	2.49	2.44	2.35	0.34	0.43
	东海	2.62	2.72	2.52	2.55	2.56	2.71	2.74	2.74	0.12	0.19
	南海	3.09	3.35	2.90	2.91	2.96	2.96	2.89	2.89	–0.20	–0.02
	所有	2.44	2.60	2.32	2.35	2.38	2.55	2.56	2.54	0.11	0.20
最大值	黄海	2.95	3.40	2.98	3.13	3.13	3.37	4.07	4.03	1.63	1.56
	渤海	2.97	3.06	2.62	2.70	3.01	4.24	3.90	3.52	1.01	1.04
	东海	5.27	5.65	**5.50**	**5.46**	**5.63**	**5.76**	**5.36**	**5.32**	**2.78**	**2.22**
	南海	**6.31**	**7.24**	4.81	4.84	4.89	4.89	4.65	4.67	0.62	0.72
最小值	黄海	**1.18**	1.40	**1.06**	**1.07**	**1.07**	**1.40**	**1.25**	**1.10**	–0.89	–0.14
	渤海	1.37	**1.38**	1.38	1.46	1.49	1.53	1.40	1.40	–0.17	–0.26
	东海	1.59	1.72	1.66	1.64	1.61	1.65	1.63	1.63	–0.86	–0.14
	南海	1.49	1.64	1.55	1.51	1.55	1.55	1.53	1.53	**–1.84**	**–1.61**

注：加黑的数字同时也是所有海湾的最大值或最小值。

11.3.6 海湾平面重心位移特征

计算各个时期每个海湾的平面重心坐标，并计算不同时段平面重心的位移距离，分析平面重心位置的变化特征(表 11.4)。计算结果表明，大多数海湾的平面重心处于较为活跃的状态，具有显著的动态变化特征，而且海湾平面重心的运动表现出较强的时空差异性。具体特征如下：

(1) 1940s 以来，大陆沿海海湾平面重心位移的轨迹及距离各不相同，但与海湾海岸线空间位置的摆动特征相联系，从平面重心是否“背陆向海”运动的角度来判断，发现绝大多数海湾的平面重心位移具有总体上不断背离陆地而趋向于海洋方向的特点；海湾平面重心在不同时段的位移方向和距离有所差异，但总体上与围填海所导致的海湾平面面积萎缩方向以及海岸线空间位置的移动方向相一致。

(2) 不同时段海湾平面重心的位移特征差异较大。在近 80 年的时间尺度上，所有海湾平面重心位移距离的平均值为 1.71 km，最大值高达 14.25 km，平均的位移速度达到了 21.40 m/a，其中，位移距离不超过 5 km、3 km、1 km 的海湾的数量比例分别达到 97.65%、84.71%和 45.88%；1940s～1990 年间，所有海湾平面重心位移距离的平均值为 1.23 km，最大值为 4.57 km，平均的位移速度达到 27.27 m/a，其中，57.65%的海湾重心位移距离不超过 1km，87.06%的海湾重心位移距离不超过 3 km；1990～2020 年间，所有海湾平面重心位移距离的平均值为 0.78 km，最大值为 13.14 km，平均的位移速度达到 25.97 m/a，其中，超过 62.35%的海湾平面重心的位移距离不足 0.5 km，超过 91.76%的海湾的平面重心位移距离不足 2 km。

(3) 海湾平面重心位移距离存在较为显著的海区差异，以 80 年时间尺度总体的位移距离为例，渤海、黄海、东海和南海 4 个海区海湾平面重心位移距离的平均值分别为 2.31 km、1.04 km、2.03 km 和 1.84 km，表明渤海的海湾变化最为突出，其次是东海。

(4) 部分海湾的平面重心较为活跃，在不同时间阶段的位移距离均较为突出，例如杭州湾、葫芦山湾、门前涂湾、汕头湾等。

表 11.4　近 80 年间大陆沿海 85 个海湾平面重心的位移特征

位移距离/km	1940s～1990 年	1990～2020 年	1940s～2020 年
＜0.5	28	53	18
0.5～1	21	12	21
1～2	17	13	22
2～3	8	3	11
3～4	9	1	5
4～5	2	2	6
＞5	0	1	2
最大值/km	4.57	13.14	14.25
最小值/km	0.00	0.01	0.05
平均值/km	1.23	0.78	1.71
位移速度/(m/a)	27.27	25.97	21.40

11.4　本章小结

基于地形图资料与 Landsat 系列传感器遥感影像提取 20 世纪 40 年代初以来 8 个时相的中国大陆沿海主要海湾的空间分布数据，并从 6 个描述海湾形态特征的指标出发，计算和分析海湾形态的时空动态特征，主要结论如下：

(1) 20 世纪 40 年代初至 2020 年，中国大陆沿海主要海湾的海岸线在结构组成、开发利用程度和空间位置等方面发生了较为剧烈的变化。总的来说，主要体现为自然岸线的长度和比例显著下降、海湾海岸线的开发利用程度显著增强、海湾海岸线位置总体上显著背陆向海运动。而且，海湾海岸线空间位置的剧烈变化导致了海湾平面形态的显著变化，主要体现为大多数海湾的面积不断萎缩、海湾形状总体趋向于复杂化但个体之间的差异在缩小、大多数海湾的平面重心不断背陆向海运动 3 个方面的特征。

(2) 近 80 年间，大陆沿海主要海湾各个方面的变化特征是自然因素和人类活动因素共同影响的结果，但海湾海岸线结构和开发利用程度等的变化特征表明，以围填海为主的人类活动无疑是主导的影响因素，而且其影响作用逐渐增强，尤其是最近的几十年间，其作用已经远远超过了自然因素。

(3) 海湾海岸线及海湾平面形态的变化存在较为显著的时空差异性。

早期阶段(20 世纪)，有大中城市分布或与其毗邻的中小型海湾以及河口湾，因其优越的地理区位而最早得到开发，海湾形态变化的宏观分布呈现为离散的点状格局，还不存在较大的南北差异，而且，早期阶段海湾周边的土地资源相对丰富，海湾水域开发或占用的必要性不大，海湾形态变化的幅度也并非特别显著。

最近几十年来，尤其是 1990 年以来，随着中国沿海区域经济社会普遍进入较为迅速的发展阶段，海岸带土地资源供应日趋紧张，供需矛盾日渐尖锐，围填海造地面积日益增加，海湾形态变化因而变得更加普遍和剧烈，例如，海湾自然岸线的减少速度不断加快、海湾海岸线开发利用整体进入较快的发展阶段、海湾平面重心位移速度显著提高、海区层面海湾变化的差异性及特征规律更趋显著等；在渤海和黄海海域，由于海岸带开发工程难度小、经济成本低而收益高等原因，其海湾开发的历史更早、空间范围更广、进程也更为迅速，海湾形态变化的速度和幅度都已经远远超出南方沿海区域的众多海湾，使得海湾形态变化的南北差异有所显现。

最近十余年来，随着经济社会发展的区域集聚效应逐渐增强，宏观尺度粤港澳大湾区、环杭州湾大湾区、环渤海大湾区3大湾区以及中小尺度众多海湾开发热点相间分布的格局逐渐形成，海湾开发及其形态变化的南北差异在缩小。

(4)海湾形态变化的“拐点”特征显著。值得注意的是，海湾海岸线结构、开发利用程度以及海湾平面面积等多个指标均有力地显示出2015年前后是海湾形态变化的“拐点”。具体而言，与2015年之前多个时间阶段的变化特征截然相反，2015～2020年间，海湾自然岸线的长度和比例总体呈现为上升趋势，且海岸线开发利用水平位列低等级区间的海湾数量有所上升，位列中高等级区间的海湾数量则有所下降，部分海湾的平面形状指数也开始下降等，说明大陆沿海主要海湾的海岸线资源开始得到有效的保护，岸线修复的成效初现，自然岸线的长度及占比有所恢复，高强度的海岸线开发，尤其是围填海等开发活动得到了有效的控制。

分析海湾形态变化“拐点”出现的原因，可以认为主要得益于国家层面重大的政策调整及相关措施的推进，例如：2012年，国家海洋局印发《关于建立渤海海洋生态红线制度的若干意见》，将渤海重要的海洋生态功能区、生态敏感区和生态脆弱区划定为重点管控区域，分区分类制定红线管控措施，严格分类管控的制度安排①；2013年，国家海洋局开始加强围填海管控、划定海洋生态保护红线，并大力推进海域海岸带整治修复工作，随后全国的围填海总量逐年下降，2013年仍高达15413 hm^2，2017年已降低为5779 hm^2(降低了63%)②；2016年，国家海洋局印发《关于全面建立实施海洋生态红线制度的意见》，全面实施海洋生态红线制度，强调牢牢守住海洋生态安全根本底线③；2017年，国家海洋局进一步实施了6个暂停措施，执行了“史上最严围填海管控措施”④；2018年7月，国务院发布《关于加强滨海湿地保护严格管控围填海的通知》⑤，强调了严控新增围填海造地、加快处理围填海历史遗留问题、加强海洋生态保护修复、建立滨海湿地保护和围填海管控长效机制4个方面的政策措施；2019年10月，在党的十九届四中全会上通过决定：除国家重大项目外，全面禁止围填海⑥。

上述国家层面重大政策的实施和相关措施的推进，取得了立竿见影的成效，已经对海湾形态的时空动态过程和发展趋势产生显著的影响，使其开始向良好的方向转变和发展。未来时期，更进一步的政策建议如下：以海湾为基本单元，对

① 中华人民共和国中央人民政府网站，http://www.gov.cn/gzdt/2012-10/17/content_2245965.htm.

② 中华人民共和国中央人民政府网站，http://www.gov.cn/xinwen/2018-01/18/content_5257749.htm.

③ 中华人民共和国中央人民政府网站，http://www.gov.cn/xinwen/2016-06/16/content_5082772.htm.

④ 中国日报网站，http://language.chinadaily.com.cn/2018-01/03/content_35431388.htm.

⑤ 中华人民共和国中央人民政府网站，http://www.gov.cn/zhengce/content/2018-07/25/content_5309058.htm.

⑥ 中央广播电视总台国际在线网站，http://news.cri.cn/20191105/dc056147-847f-9da7-a705-bb6c78e6fd12.html.

中国沿海的海湾进行基本功能的定位和划分，并实施分类管理，例如，①以生态保育为主要功能定位的海湾，应严控海湾海岸线的开发、尝试恢复海湾的自然岸线、维持海湾面积和形态特征的稳定性；②以港口和航运为主要功能定位的海湾，应该优化和提升海岸线及海域空间资源的利用效率，同时严格防治海湾的水环境污染；③以城镇生活为重要功能的海湾，应该陆海统筹，合理安排海湾区域“三生”空间(生产、生活和生态空间)的数量结构，并优化其空间布局；④对于大型的海湾，由于其面积大、生态系统类型多样、具有多种经济功能，人类活动的影响广泛而复杂，建议陆海统筹、以海定陆，强调建立在对海湾陆海空间进行功能分区基础上的分区管控政策和措施，以及建立在综合海湾自然地理、生态系统、行政管理等方面层级特征基础上的分级管控政策和措施，同时加强和优化多部门综合管控政策和措施等。

参 考 文 献

陈则实, 王文海, 吴桑云. 2007. 中国海湾引论. 北京: 海洋出版社.

宫立新, 金秉福, 李健英. 2008. 近 20 年来烟台典型地区海湾海岸线的变化. 海洋科学, 32: 64-68.

柯丽娜, 董颖娜, 庞琳, 等. 2018. 1995～2015 年锦州湾海域围填海空间格局变化分析. 海洋环境科学, (3): 389-395.

李加林, 姜忆湄, 冯佰香, 等. 2018. 海湾开发利用强度分析——以宁波市杭州湾、象山港与宁波市三门湾为例. 应用海洋学学报, (4): 541-550.

李加林, 王丽佳. 2020. 围填海影响下东海区主要海湾形态时空演变. 地理学报, (1): 126-142.

李玉冰, 郝永杰, 刘恩海. 2005. 多边形重心的计算方法. 计算机应用, 25(S1): 391-393.

林桂兰, 左玉辉. 2006. 海湾资源开发的累积生态效应研究. 自然资源学报, 21(3): 432-440.

刘学录. 2000. 盐化草地景观中的斑块形状指数及其生态学意义. 草业科学, 17(2): 50-52, 56.

刘勇, 杨晓梅, 张丹丹, 等. 2009. 面向开发利用的广东省海湾分类及变化分析. 地理科学进展, 28(2): 216-222.

宋洋, 张华, 侯西勇. 2018. 20 世纪 40 年代初以来渤海形态变化特征. 中国科学院大学学报, (6): 761-770.

孙百顺, 左书华, 谢华亮, 等. 2017.近 40 年来渤海湾岸线变化及影响分析. 华东师范大学学报(自然科学版), (4): 139-148.

孙贵芹, 徐艳东, 林蕾, 等. 2020. 基于遥感和 GIS 的烟台芝罘湾海岸线变迁研究. 海洋科学进展, (1): 140-152.

孙志林, 龚玉萌, 许丹, 等. 2019. 新鹤海湾的演变特征及水沙模拟分析. 海洋工程, (1): 64-74.

王珊, 吴志峰, 李少英, 等. 2016. 珠江口湾区海岸线及沿岸土地利用变化遥感监测与分析. 地理科学, 12: 1903-1911.

叶小敏，丁静，徐莹，等. 2016.渤海湾近30年海岸线变迁与分析. 海洋开发与管理，(2)：56-62.

张丹丹，杨晓梅，苏奋振，等. 2009. 基于PVS的海湾开发利用程度评价——以大亚湾为例. 自然资源学报，24(8)：1440-1449.

中国海湾志编纂委员会. 1997. 中国海湾志(第二分册). 北京：海洋出版社.

朱高儒，许学工. 2012. 渤海湾西北岸1974～2010年逐年填海造陆进程分析. 地理科学，32：1006-1012.

Habicht H L, Rosentau A, Jõeleht A, et al. 2017. GIS-based multiproxy coastline reconstruction of the eastern Gulf of Riga, Baltic Sea, during the Stone Age. Boreas, 46(1): 83-99.

Hoffmann G, Rupprechter M, Mayrhofer C. 2013. Review of the long-term coastal evolution of North Oman-subsidence versus uplift. Zeitschrift der Deutschen Gesellschaft für Geowissenschaften, 164(2): 237-252.

Jayaprakash M, Sivakumar K, Muthusamy S, et al. 2016. Shrinking of Vann Island, Gulf of Mannar, SE coast of India: assessing the impacts. Natural Hazards, 84(3): 1529-1538.

Latapy A, Héquette A, Nicolle A, et al. 2020. Influence of shoreface morphological changes since the 19th century on nearshore hydrodynamics and shoreline evolution in Wissant Bay (northern France). Marine Geology, 422:106095.

Li D, Tang C, Hou X, et al. 2019a. Morphological changes in the Qinzhou Bay, Southwest China. Journal of Coastal Conservation, 23(4): 829-841.

Li D, Tang C, Hou X, et al. 2019b. Rapid morphological changes caused by intensive coastal development in Longkou Bay, China. Journal of Coastal Research, 35(3): 615-624.

Misra A, Balaji R. 2015. Decadal changes in the land use/land cover and shoreline along the coastal districts of southern Gujarat, India. Environmental monitoring and assessment, 187(7): 461.

Morton R A, Miller T L, Moore L J. 2004. National Assessment of Shoreline Change: Part 1, Historical Shoreline Changes and Associated Coastal Land Loss Along the U.S. Gulf of Mexico. U.S. Geological Survey Open File Report 2004-1043.

Pendleton E A, Barras J A, Williams S J, et al. 2010. Coastal vulnerability assessment of the Northern Gulf of Mexico to sea-level rise and coastal change. U.S. Geological Survey Open-File Report 2010-1146.

Puig M, Del Río L, Plomaritis T A, et al. 2016. Contribution of storms to shoreline changes in mesotidal dissipative beaches: case study in the Gulf of Cádiz (SW Spain). Natural Hazards and Earth System Sciences, 16(12): 2543-2557.

Rosentau A, Muru M, Kriiska A, et al. 2013. Stone age settlement and holocene shore displacement in the Narva - LugaKlint Bay area, eastern Gulf of Finland. Boreas, 42(4): 912-931.

Ryabchuk D, Spiridonov M, Zhamoida V, et al. 2012. Long term and short term coastal line changes of the Eastern Gulf of Finland. Problems of coastal erosion. Journal of coastal conservation, 16(3): 233-242.

Thanikachalam M, Ramachandran S. 2003. Shoreline and coral reef ecosystem changes in Gulf of

Mannar, southeast coast of India. Journal of the Indian society of Remote Sensing, 31(3): 157-173.

Torab M. 2018. Holocene evolution of Dahab coastline-Gulf of Aqaba, Sinai Peninsula, Egypt. Journal of African Earth Sciences, 139: 254-259.

Wu T, Hou X, Xu X. 2014. Spatio-temporal characteristics of the mainland coastline utilization degree over the last 70 years in China. Ocean & Coastal Management, 98: 150-157.

第12章

渤海海岸线及海湾形态变化特征

20 世纪中期以来中国沿海区域经历了多次围填海热潮，对海岸带陆海格局、近海环境和生态系统、海湾形态特征等产生了广泛而深刻的影响。其中，最近的一次围填海热潮是进入 2000 年以来以工业化和城市化驱动为主要特征的大规模围填海，此次热潮在我国北方沿海区域尤为突出，例如，在环渤海三省一市海岸带区域发生的规模庞大的围填海活动使得渤海成为了近期中国围填海的重心区域。

作为中国唯一的半封闭内陆边缘海,渤海长期的形态变化具有显著的独特性，在全球范围亦表现出突出的典型性和代表性，但学术界尚未对此进行系统而深入的研究，已有的研究成果主要关注渤海的局部区域，以揭示河口三角洲演变、填海造陆对环境和生态的影响等为主要目的，而对渤海整体较长时期的形态变化所进行的监测和研究则较为少见，因此，从点、线、面、体不同维度出发，系统性地研究气候变化及人类大规模围填海背景下渤海较长时期的形态变化特征具有较为重要的意义。

本章基于历史时期不同阶段测绘的地形图、海图以及多源遥感影像等数据资料，基于 GIS 技术获取渤海多时相的海岸线、低潮线、等深线等数据，进而分析平面重心、立体重心、海区面积和海区体积等指标的变化，对 1940s 初期以来整个渤海形态的长期变化特征及其主要原因进行系统的分析和研究，以期引起学术界和政府管理部门的重视，为“拯救渤海”、打好渤海综合治理攻坚战提供新的思路及信息支持。

12.1 渤海概况及海区划分

渤海位于亚欧大陆的东部，介于 37°27′N～41°N、117°35′E～121°10′E 之间，由辽东半岛与山东半岛所围绕，属于半封闭内陆边缘海，以平原性淤泥与砂砾质岸线为主，岸坡平缓，潮间带广阔(徐晓达等，2014)。渤海沿岸由辽宁省、河北省、天津市和山东省 3 省 1 市所围绕，海岸带区域社会经济发展迅速，使得环渤海地区的工业化和城镇化进程明显加快(盖美等，2013)，并已形成京津冀城市群、辽中南城市群和山东半岛城市群。河口三角洲发育和大规模围填海活动导致渤海面积逐年萎缩(马万栋等，2015；王勇智等，2015)，从 1940s 初至 2014 年约 70 年间，渤海面积大约萎缩了 0.57 万 km^2，萎缩速率超过了 82 km^2/a(Hou et al.，2016)。尤其是进入 21 世纪以来，随着辽宁沿海经济带、天津滨海新区、河北沿海地区、黄河三角洲高效生态经济区、山东半岛蓝色经济区等发展战略陆续上升为国家战略，环渤海的围填海活动更趋白热化(高文斌等，2009；胡聪等，2014a, 2014b；程钰等，2015)，渤海的萎缩速度进一步加快，许多地区岸线向海扩张明显，导致渤海形态发生了非常显著的变化(李亚宁等，2015)。然而，对渤海形态变化的研究成果多集中于渤海的局部区域，以揭示河口三角洲演变、填海造陆对环境和生态的影响等为主要目的(李仕涛等，2013；叶小敏等，2016；Jiang et al.，2016)，而对较长时期渤海整体的形态变化所进行的监测和研究则较为少见(Zhu et al.，2014)。为此，本章旨在从点、线、面、体不同维度出发，针对渤海整体较长时期的形态变化特征开展系统性的分析和研究。

渤海通过其东部的渤海海峡与黄海相连通，整个渤海由渤海湾、辽东湾、莱州湾和中部海区 4 个部分组成(王诺等，2015)，根据海湾的定义及相关的文献资料(夏东兴和刘振夏，1990)，参照环渤海区域的地图和海图资料以及遥感影像，确定各个海区的空间范围和边界(图 12.1)。

图 12.1　渤海 4 个海区空间范围示意图

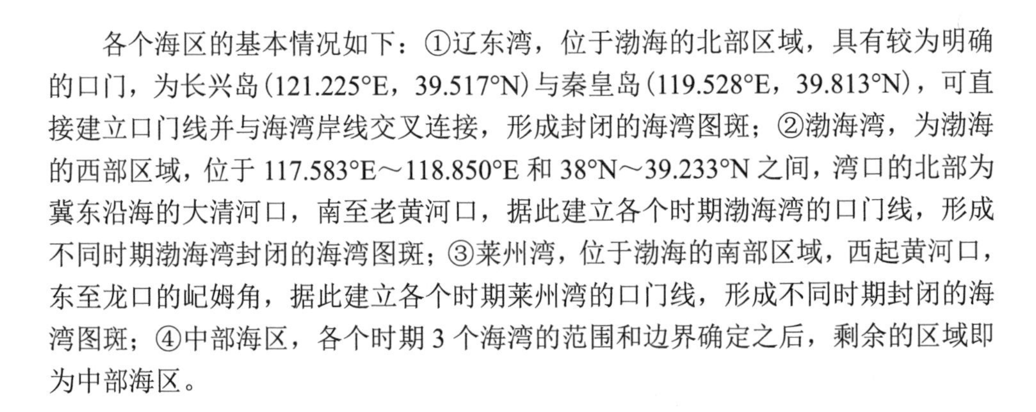

各个海区的基本情况如下：①辽东湾，位于渤海的北部区域，具有较为明确的口门，为长兴岛（121.225°E，39.517°N）与秦皇岛（119.528°E，39.813°N），可直接建立口门线并与海湾岸线交叉连接，形成封闭的海湾图斑；②渤海湾，为渤海的西部区域，位于 117.583°E～118.850°E 和 38°N～39.233°N 之间，湾口的北部为冀东沿海的大清河口，南至老黄河口，据此建立各个时期渤海湾的口门线，形成不同时期渤海湾封闭的海湾图斑；③莱州湾，位于渤海的南部区域，西起黄河口，东至龙口的屺姆角，据此建立各个时期莱州湾的口门线，形成不同时期封闭的海湾图斑；④中部海区，各个时期 3 个海湾的范围和边界确定之后，剩余的区域即为中部海区。

12.2 数据与研究方法

12.2.1 数据源及多要素信息提取

提取不同时期海岸线数据的信息源主要包括：美国陆军制图局编绘的中国沿海 1∶25 万地形图 13 幅，测绘时间集中于 20 世纪 40 年代初；环渤海区域 1∶5 万和 1∶10 万地形图，测绘于 20 世纪 50 年代至 60 年代初；Landsat MSS/ TM/ETM+/OLI 系列传感器多波段卫星影像数据，成像时间包括 1970s 初期、1990 年、2000 年和 2014 年，由美国地质调查局（http://glovis.usgs.gov）提供下载服务。

针对多源、多比例尺的地形图资料，主要借助于图廓点、经纬网等进行高精度的空间配准；针对多时相 Landsat 卫星影像，主要进行几何精校正、波段合成、假彩色合成、影像色彩拉伸等预处理过程，以提高海岸线目视解译的精度。以上述地形图资料和遥感影像为主要数据源，结合野外考察过程中获得的 GPS 测量数据、文字记录和照片资料等，采取目视解译的技术途径提取渤海 1940s 初、1960s 初、1970s 初、1990 年、2000 年和 2014 年共 6 个时相的大陆海岸线分布数据。

海岸线采用平均大潮高潮线的定义（毋亭和侯西勇，2016），各个时相海岸线提取的过程中，严格控制采样点的密度，以降低因为数据源和分辨率等方面差异所导致的海岸线精度差异（侯西勇等，2016），将岸线提取结果与野外测量数据进行对比，表明 6 个时相海岸线提取结果的误差较低，均小于对应数据源（地形图或 Landsat 影像）线要素信息提取的理论最大允许误差（Hou et al.，2016）。

提取不同时期低潮线、等深线和水深点的信息源主要包括：中国人民解放军海军司令部航海保证部编制和出版的海图资料共计 28 幅，出版年份为 1966～1969 年（9 幅）、1985～1986 年（5 幅）、1999～2005 年（7 幅）和 2008～2012 年（7 幅），测绘年份分别主要集中在 1959～1960 年、20 世纪 70 年代初期、20 世纪 90 年代和 21 世纪初期 4 个时期，海图的制图比例尺介于 1∶12 万和 1∶30 万之间，大多数为 1∶12 万和 1∶15 万比例尺，海图精度总体较高。针对这批海图资料，利用高分辨率扫描仪进行扫描，并进行空间配准和测绘时间信息梳理，大体确定 1960 年、1970s、1990s 和 2000s 四个时期作为渤海形态变化研究的时间断面(表 12.1)；在此基础上，在 GIS 软件环境中提取出不同时期的低潮线、水深点和等深线等信息。

表 12.1　渤海海图资料

时期	海图编号	比例尺	出版时间	测绘年份
1960 年	1003、1004、1005、1006、1007、1008、1009、1011	1∶15 万	1966 年 12 月	1958～1960 年，1959 年为主
	1004	1∶30 万	1969 年 6 月	1959～1960 年
1970s	11370	1∶15 万	1985 年 9 月	1959 年、1969 年、1972 年，1972 年为主
	11500、11700、11800、11900	1∶25 万	1986 年 3～5 月	1958～1960 年、1972 年、1975 年、1983 年，1972 年及 1975 年为主
1990s	11370	1∶15 万	2005 年 10 月	1959～1975 年、1981～1982 年、1987～1994 年、1998 年、2001 年、2004～2005 年
	11510	1∶15 万	2000 年 8 月	1959～1960 年、1972～1973 年、1985～1986 年、1989～1990 年、1994～1998 年
	11570、11710	1∶12 万	2001 年 4 月	1959 年、1971～1973 年、1983 年、1989 年、1992～1996 年、1998 年
	11770	1∶15 万	1999 年 10 月	1958～1959 年、1969～1977 年、1983～1985 年
	11800	1∶25 万	2002 年 1 月	1958～1959 年、1972～1978 年、1983～1985 年、1989 年、1991 年
	11910	1∶25 万	2002 年 10 月	1959～1975 年、1997 年、2000～2001 年
2000s	11370	1∶15 万	2008 年 11 月	1959～1975 年、1981～1982 年、1987～1994 年、1998 年、2001 年、2004～2007 年
	11500	1∶25 万	2008 年 8 月	1959～1999 年、1989 年、1995 年、1996～2003 年、2000～2007 年
	11710	1∶12 万	2010 年 10 月	1959 年、1972 年、1983 年、2002～2003 年、2006～2009 年
	11770	1∶15 万	2012 年 4 月	1958～1959 年、1983～1985 年、2001 年、2006～2007 年、2009～2011 年
	11800	1∶25 万	2012 年 8 月	1958～1977 年、1983～1998 年、2002 年、2004 年、2006～2007 年、2010 年、2011 年
	11840	1∶15 万	2009 年 5 月	1959 年、1984～1985 年、1991 年、1999 年、2002 年、2004 年、2006～2008 年
	11910	1∶15 万	2012 年 7 月	1959～1975 年、1981 年、2001 年、2004～2007 年、2009 年

12.2.2 多期水下地形信息的建立

不同时期海图资料所采用的高程基准面存在差异，有1956年黄海高程和1985年国家高程基准2种，为此，按照广泛使用的基准面换算公式(1985年国家高程基准=1956年黄海高程–0.029 m)将多源、多时相海图的高程基准统一换算到1985年国家高程基准(吴家乃和朱梅心，1991；徐雷诺，2009)。

水深数据采集和处理过程中将海图资料统一转换成WGS84坐标系，采集获得的水深点、等深线均以浮点型数据记录水深信息；在此基础上，在ArcGIS软件中通过空间分析技术生成不规则三角网(TIN, triangulated irregular network)数据模型，进而，将其转换生成100 m空间分辨率的浮点型DEM数据。由此得到1960年、1970s、1990s和2000s四个时期渤海的水下地形数据(图12.2)。

12.2.3 多维度海湾形态特征参数

针对渤海整体及其4个分区，点、线、面、体多维度相结合计算海湾形态的多种特征参数，综合反映渤海的形态特征及其变化。其中：点要素包括海湾平面的几何重心和三维立体空间的重心，以及空间位移特征；线要素包括海岸线、低潮线和等深线(5 m水深)，主要用于分析其空间位置的变化特征；面状要素是指海湾平面的周长、面积、形状指数；三维立体空间主要分析体积的变化特征以及水下地形的侵蚀-淤积格局特征。具体而言：

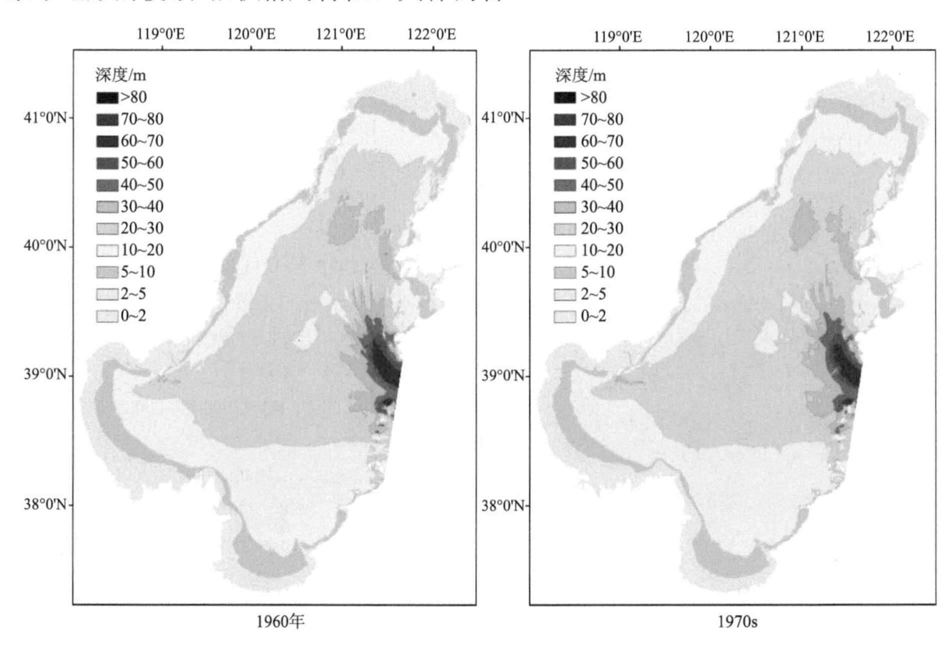

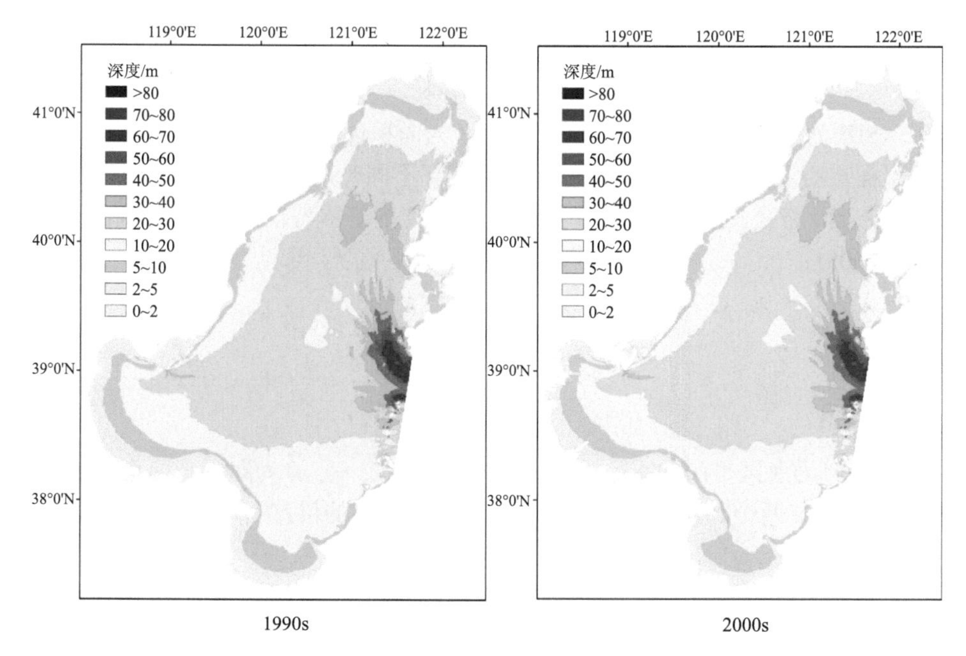

图 12.2　不同时期渤海水下地形空间分布特征

(1)海区平面的周长与面积可直接在 ArcGIS 软件中对海湾平面图斑的属性表进行统计而获得。

(2)海域三维体积的计算是在 ArcGIS 软件中通过计算 DEM 数据像元面积与每个栅格像素水深数值(绝对值)的乘积，进而将所有像元的这一乘积进行累加求和而得到。具体的计算过程中，为充分保证体积计算结果的精度，像元的面积单位采用 0.01 m^2(即平方分米)，高程单位则采用 0.1 m(即分米)，由此计算得到体积数值，再将其单位折算为 km^3。

(3)海岸线、低潮线和等深线的位置变化特征是利用美国地质调查局(USGS)开发的数字海岸线分析系统(DSAS)，通过建立剖面线并计算每个剖面线上相应线要素的变化速率(Wang et al.，2014；David et al.，2016)。

(4)水下地形的侵蚀-淤积格局是基于 ArcGIS 软件的栅格计算器模块，对 2 个时相的 DEM 数据进行差值计算，获得逐像元的水深变化数值，对其进行分级，反映不同强度的侵蚀或淤积过程。

(5)另外几个形态特征参数的计算公式如下。

平面形状指数：海湾周长与等面积圆的周长之比[式(12.1)]，反映海湾平面形状与圆形的相似度(刘蕾等，2015)；指数值越小，说明平面越趋近于圆形，形状越简单，反之，则越复杂。

$$\mathrm{SIB}=\frac{P}{2\sqrt{\pi A}} \tag{12.1}$$

式中，SIB 为形状指数，P 为周长(km)，A 为面积(km^2)。

平面重心及其位移：在二维平面空间计算不同时期海湾的几何重心，其空间位移的方向、路径及距离能够反映海湾形态变化的基本特征。计算公式如下(李玉冰等，2005)：

$$x=\frac{\sum_{i=1}^{n}x_i}{n},\ y=\frac{\sum_{i=1}^{n}y_i}{n} \tag{12.2}$$

$$L=\sqrt{\left(x_j-x_k\right)^2+\left(y_j-y_k\right)^2} \tag{12.3}$$

式中，(x, y)为海区平面的重心坐标；(x_i, y_i) $(i=1, 2, \cdots, n)$为海区平面离散点的坐标；L 为 j 与 k 两个时期之间的时段内二维空间重心的位移距离；(x_j, y_j)是 j 时相的重心坐标；(x_k, y_k)是 k 时相的重心坐标。

三维空间海湾的重心及其位移：采用薄板法(乔伟峰等，2015)计算三维空间海湾的重心坐标，即，将渤海及其 4 个分区的三维立体空间抽象为等深线三维立体化后所形成的一层一层“薄板”搭建而成的组合体，在计算每一层二维“薄板”重心坐标的基础上进一步计算整体的三维重心。各个“薄板”的重心坐标中，x、y 值采用平面重心的计算公式得到，而 z 值则按照如下方式计算：

$$z_i=\left(i-1\right)+h \tag{12.4}$$

式中，i 为“薄板”(等深线)所在的层数；h 为“薄板”厚度(等深线间隔)。在本研究中等深线间距选取 0.1 m，从而将渤海三维立体空间划分为 800 多层。各“薄板”(等深线之间水体)的组合体的三维重心坐标为

$$\tilde{x}=\frac{\sum x_i v_i}{\sum v_i},\quad \tilde{y}=\frac{\sum y_i v_i}{\sum v_i},\quad \tilde{z}=\frac{\sum z_i v_i}{\sum v_i} \tag{12.5}$$

式中，$\tilde{x}$ 、$\tilde{y}$ 、$\tilde{z}$为渤海整体三维重心的坐标；x_i 、y_i 、z_i 为第 i 个“薄板”的三维重心坐标；v_i 为第 i 个“薄板”的体积，等于“薄板”面积与厚度 h 的乘积。计算得到以米为单位的三维重心坐标值，在此基础上，针对其中的 x 和 y 值，进一步通过投影坐标系转换，得到对应的经纬度坐标数值。

三维空间重心的位移距离计算方法是在二维平面计算公式的基础上增加表示水深(z)的坐标轴，公式如下：

$$L'=\sqrt{\left(x_j-x_k\right)^2+\left(y_j-y_k\right)^2+\left(z_j-z_k\right)^2} \tag{12.6}$$

式中，L'为 j 与 k 两个时期之间的时段内三维空间重心的位移距离；(x_j, y_j, z_j)是 j

时相的重心坐标；(x_k, y_k, z_k) 是 k 时相的重心坐标。

12.3 渤海形态变化特征

12.3.1 平面重心时空动态特征

渤海及 4 个海区平面重心的移动特征如图 12.3、表 12.2 所示。可见，1940s～2014 年，整个渤海的平面重心整体向东北方向移动，移动距离为 5.72 km，移动速度为 0.08 km/a；其中，以 1940s～1960s 期间移动最显著，移动距离为 4.16 km，移动速度达到 0.21 km/a。各个海区的平面重心位移特征如下：

(1) 渤海湾的平面重心整体呈现为向东移动的特征，移动距离为 6.31 km，移动速度为 0.09 km/a；不同时段的移动方向和速率有所差异，以 1940s～1960s 期间移动最快，移动距离为 4.51 km，移动速度达到了 0.23 km/a。

(2) 莱州湾的平面重心呈现为南北跳跃并整体向东移动的基本特征，移动距离相对较小，仅为 2.60 km，移动速度为 0.04 km/a；1990 年之后移动明显加快，移动距离达 5.4 km，移动速度则超过 0.20 km/a。

(3) 辽东湾的平面重心呈现为整体向东北方向移动的特征，但 2000 年之后变为快速逆向折返，因而近 70 年总体的移动距离被大幅减小，仅为 2.10 km，移动速度仅为 0.03 km/a。

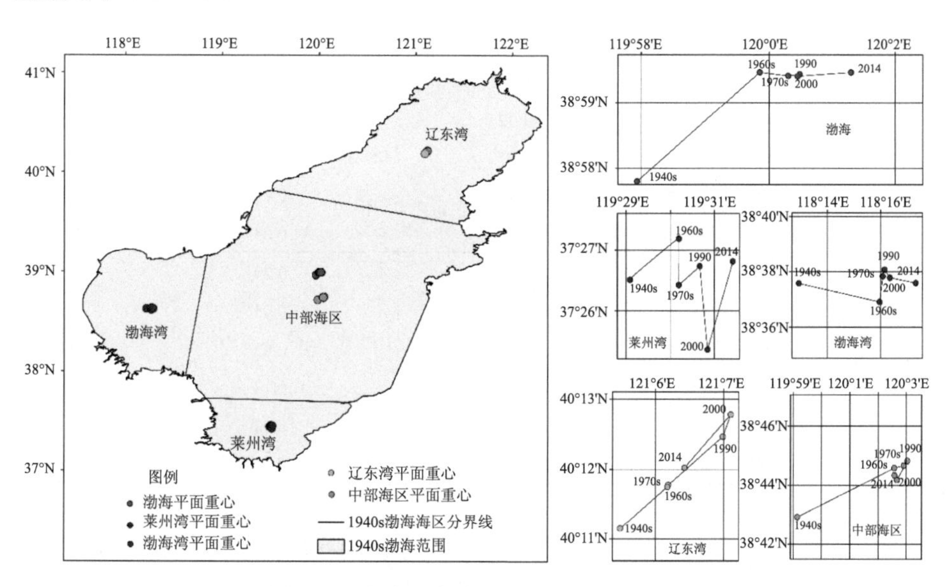

图 12.3 渤海及各海区平面重心移动轨迹

表 12.2 渤海及各海区平面重心位移特征

海区	时段	移动距离/km	移动速度/(km/a)	移动方向
渤海	1940s～1960s	4.16	0.21	↗
	1960s～1970s	0.65	0.06	→
	1970s～1990 年	0.27	0.01	→
	1990～2000 年	0.08	0.01	↙
	2000～2014 年	1.21	0.09	→
	1940s～2014 年	5.72	0.08	↗
渤海湾	1940s～1960s	4.51	0.23	↘
	1960s～1970s	1.75	0.17	↗
	1970s～1990 年	0.46	0.02	↗
	1990～2000 年	0.62	0.06	↘
	2000～2014 年	1.47	0.11	↘
	1940s～2014 年	6.31	0.09	→
莱州湾	1940s～1960s	1.77	0.09	↗
	1960s～1970s	1.46	0.15	↓
	1970s～1990 年	0.78	0.04	↗
	1990～2000 年	2.61	0.26	↘
	2000～2014 年	2.82	0.20	↗
	1940s～2014 年	2.60	0.04	→
辽东湾	1940s～1960s	1.72	0.09	↗
	1960s～1970s	0.61	0.06	↙
	1970s～1990 年	1.72	0.09	↗
	1990～2000 年	0.05	0.01	↗
	2000～2014 年	1.48	0.11	↙
	1940s～2014 年	2.10	0.03	↗
中部海区	1940s～1960s	5.80	0.29	↗
	1960s～1970s	0.51	0.05	↗
	1970s～1990 年	0.35	0.02	↗
	1990～2000 年	1.32	0.13	↙
	2000～2014 年	0.32	0.02	↖
	1940s～2014 年	5.56	0.08	↗

(4) 中部海区的平面重心整体向东北方向移动，与渤海整体的重心的移动方向基本一致，移动距离约为 5.56 km，移动速度为 0.08 km/a；以 1940s～1960s 期间移动最快，移动距离为 5.80 km，移动速度达到了 0.29 km/a，在 1990 年之后变为

逆向折返趋势，但速度相对较低。

12.3.2　立体重心时空动态特征

渤海及各海区不同时期的立体重心坐标如表 12.3 所示，空间位移特征如图 12.4 所示。

表 12.3　渤海及各海区立体重心的坐标

海区	时期	经度/(°E)	纬度/(°N)	深度/m
渤海	1960 年	120.1733	39.0151	–12.15
	1970s	120.1704	39.0102	–12.04
	1990s	120.1796	39.0195	–12.17
	2000s	120.1808	39.0204	–12.19
渤海湾	1960 年	118.4264	38.6471	–8.20
	1970s	118.4234	38.6520	–8.25
	1990s	118.4178	38.6652	–8.32
	2000s	118.4231	38.6666	–8.41
莱州湾	1960 年	119.6152	37.5227	–5.40
	1970s	119.6181	37.5194	–5.36
	1990s	119.6266	37.5132	–5.30
	2000s	119.6574	37.4931	–5.11
辽东湾	1960 年	120.9846	40.0541	–11.33
	1970s	120.9799	40.0509	–11.21
	1990s	120.9834	40.0528	–11.27
	2000s	120.9829	40.0503	–11.23
中部海区	1960 年	120.1271	38.7639	–13.25
	1970s	120.1262	38.7625	–13.15
	1990s	120.1319	38.7669	–13.31
	2000s	120.1310	38.7645	–13.25

立体重心空间分布及位移的具体特征如下：

(1) 立体重心的平面位移方面。40 余年间，整个渤海的立体重心整体向东北方向移动，平面移动距离为 0.87 km，各时段重心移动表现出西南、东北方向的交替与转折特征，1970s～1990s 移动速度最快，向东北方向移动距离为 1.31 km。渤海湾的重心整体向北偏西方向移动，平面移动距离为 2.22 km，各时段重心移动表现为西北-东北的摆动变化趋势，1970s～1990s 移动速度最快，向西北方向

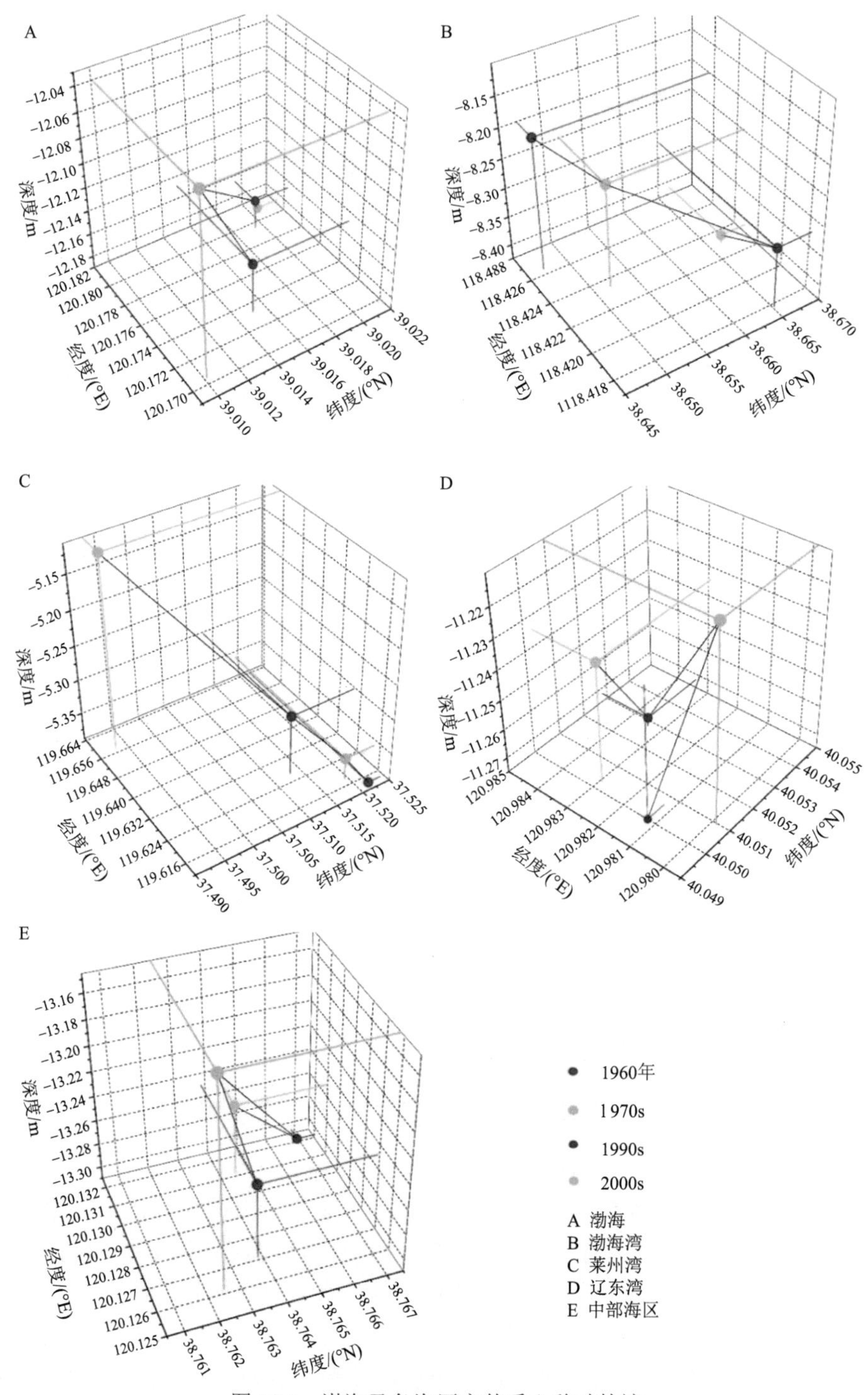

图 12.4 渤海及各海区立体重心移动轨迹

移动距离为 1.57 km。莱州湾的重心持续向东南方向移动，是渤海立体重心平面移动速度最快的海湾，平面移动距离为 4.96 km，1990s 之后重心移动速度最快，平面移动距离为 3.51 km。辽东湾的重心较为稳定，整体呈现为向南偏西方向的小幅度移动，平面移动距离为 0.45 km，各时段重心移动表现为西南-东北-西南的交替变化趋势，各时段平面移动距离普遍不足 0.5 km。中部海区重心移动的速度最缓慢，整体上向东移动了 0.34 km，各时段重心移动表现为西南-东北-西南的交替变化趋势，1970s～1990s 移动速度最快，向东北方向移动距离为 0.70 km。

⑵立体重心的深度变化方面。40 余年间，整个渤海的重心深度总体呈下降趋势(下降了 0.04 m)，渤海湾立体重心深度呈持续下降趋势(下降了 0.21 m)，而莱州湾的立体重心深度则呈持续上升的趋势(上升了 0.29 m)；辽东湾和中部海区的立体重心深度呈现为波动变化的特征，辽东湾的立体重心总体上升了 0.10 m，而中部海区立体重心经历了一定的升降变化之后又回归为–13.25 m。

12.3.3　线要素的位置变化特征

自 1940s 以来，渤海的海岸线整体表现为持续向海推移，2000 年以后海岸线向海推移的现象尤其明显；渤海湾、莱州湾、黄河三角洲和辽东湾北部的海岸线、低潮线以及 5 m 等深线的位置变化均较为显著。因此，利用 DSAS 软件中的岸线变化速率方法分析这些热点区域海岸线、低潮线和 5 m 等深线的位置变化特征。具体如下：

⑴海岸线的变化特征：如图 12.5、图 12.6 所示，自 1940s 以来，得益于黄河携带的大量泥沙在河口区域不断沉积，黄河三角洲区域新生陆地面积持续扩张，而人类的围填海活动、海岸工程建设以及海上石油开采等则加速了海岸带区域土地利用/覆盖的变化，因此，黄河三角洲区域海岸线向海扩张距离高达 25 km 以上，局部区域甚至超过 30 km。大量的港口码头区域，例如，辽东湾北岸的锦州港，岸线向海扩张距离超过 9 km，渤海湾的曹妃甸、天津港、黄骅港等港区的岸线向海扩张距离超过 20 km。辽东湾的大辽河下游河口、莱州湾南岸等区域，岸线向海扩张距离超过 10 km。除了上述热点区域，其他区域的海岸线也多以向海扩张为基本特征，但扩张的距离和速度相对较小。

⑵低潮线和 5 m 等深线的变化特征：如图 12.7、图 12.8 所示，黄河三角洲区域的海岸线持续向海扩张，低潮线和 5 m 等深线也都随之向海移动，尤其是 1960 年以来，多数区域低潮线与 5 m 等深线向海移动的距离大大超过了 10 km，某些区域甚至高达 20 km。渤海湾区域由于港口建设发展极为迅速，人工岸线替代自然岸线并导致海岸线向深水区移动，许多区域的低潮线和 5 m 等深线受到显著的影响而已经消失；但渤海湾港口之外的其他区域低潮线并未有明显的变化，某些

区域存在明显的海岸侵蚀现象，但是低潮线向陆地方向移动的距离普遍不足 1 km。莱州湾南岸部分区域的潮间带侵蚀较为明显，低潮线位置显著朝向陆地一侧移动，但移动距离普遍不足 2 km，仅在局部区域达到 4 km 以上，而 5 m 等深线的分布位置并没有较为明显的变化。辽东湾北岸的低潮线向海移动趋势较为显著，多数区域位移距离约 4 km，但 5 m 等深线位置相对稳定，仅呈现为陆海之间小幅度摆动的特征。

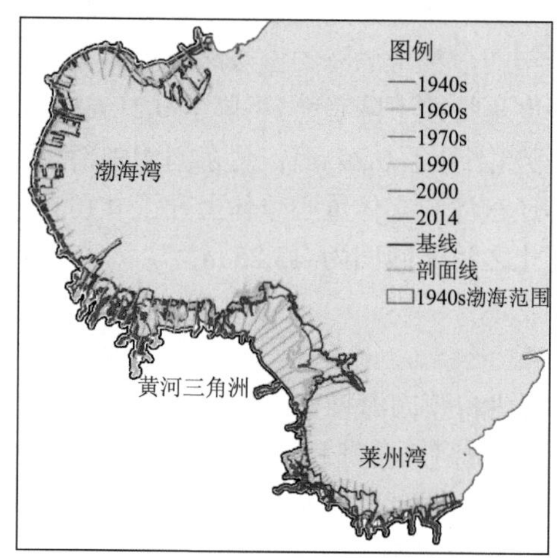

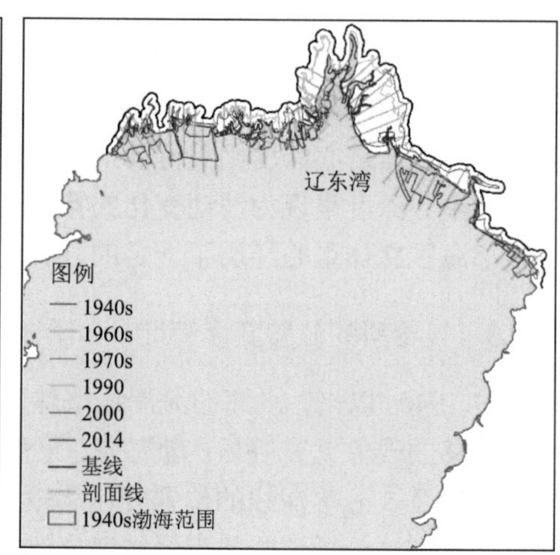

图 12.5　热点区域岸线时空变化特征

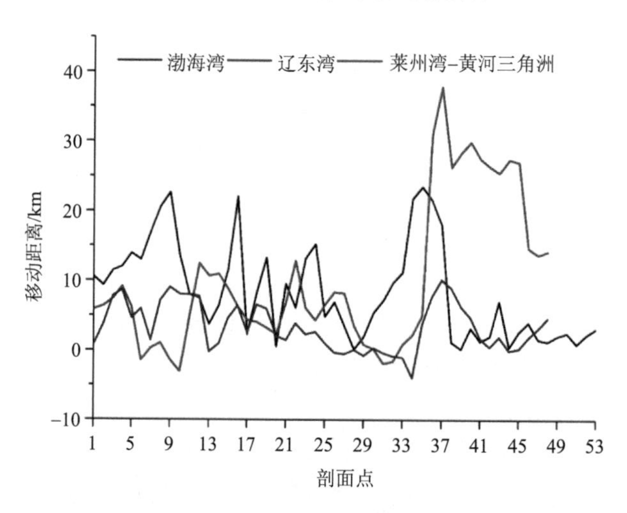

图 12.6　热点区域海岸线移动距离

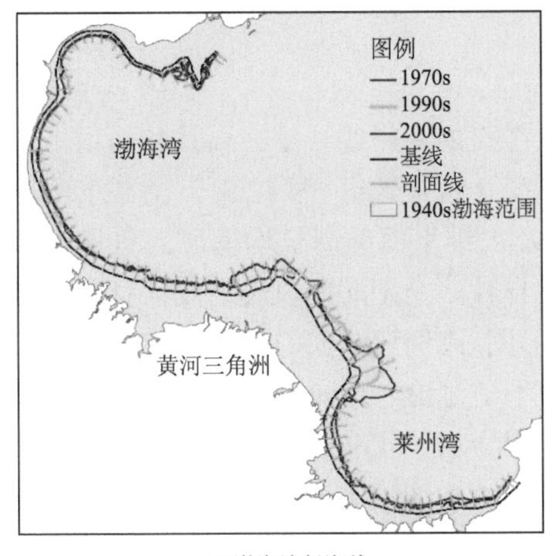

(a) 渤海湾低潮线

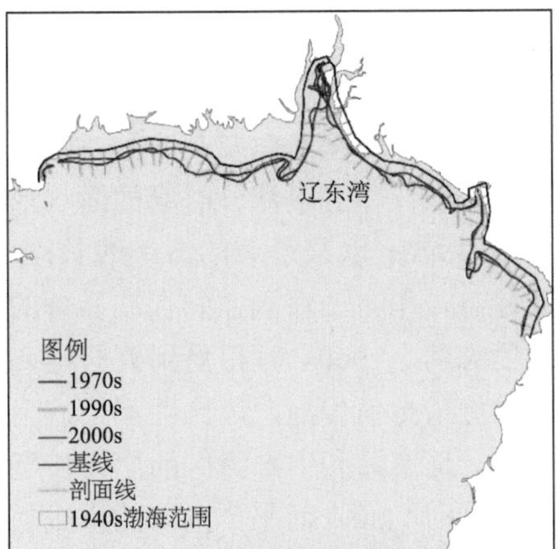

(b) 辽东湾低潮线

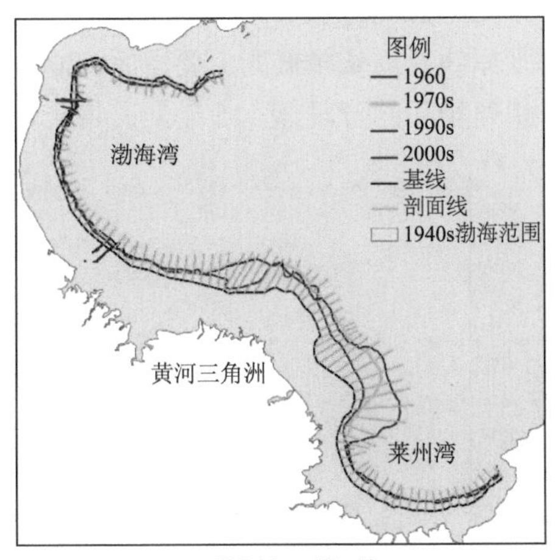

(c) 渤海湾5m等深线

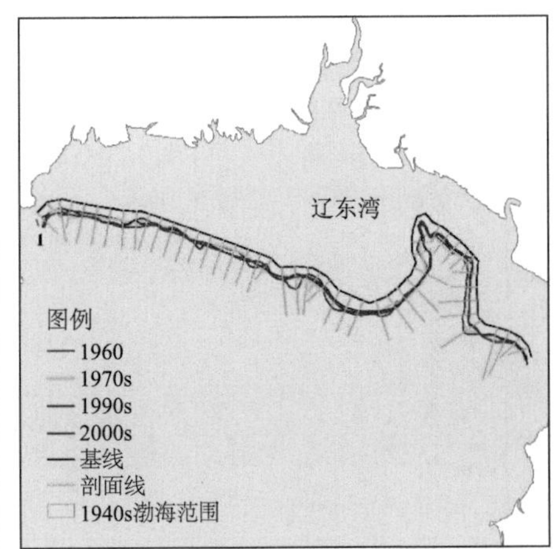

(d) 辽东湾5m等深线

图 12.7　热点区域低潮线与 5 m 等深线时空变化特征

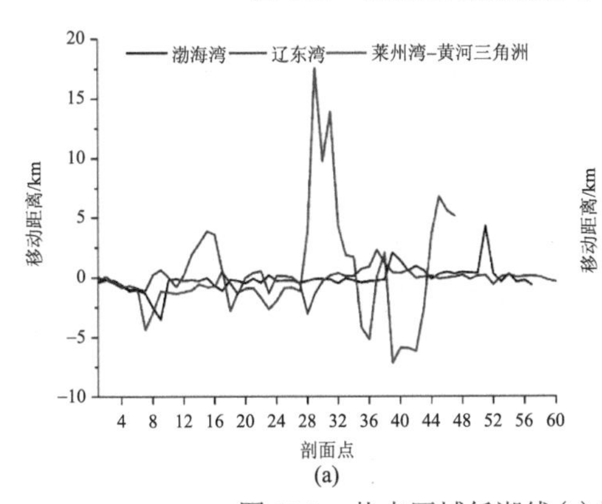

(a)

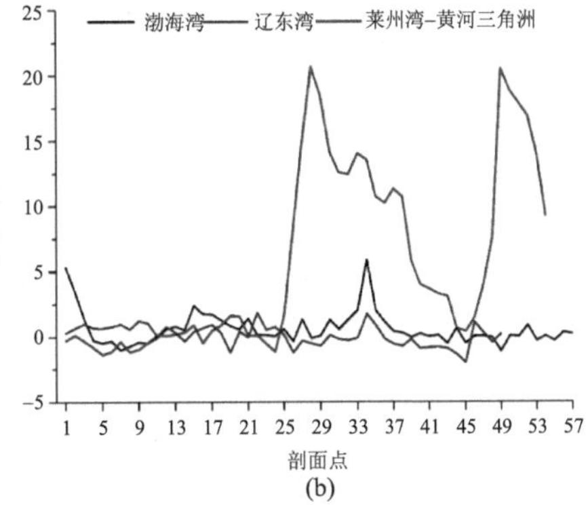

(b)

图 12.8　热点区域低潮线(a)与 5 m 等深线(b)移动距离

12.3.4 面状要素形态变化特征

统计不同时期渤海及其 4 个海区面状图斑的海岸线长度、周长和面积，并计算形状指数，得到渤海长时间的面状形态变化特征数据(图 12.9)，结果表明：

(1) 1940s 以来渤海的海岸线长度以及二维平面的周长均呈现为总体增加的变化趋势，但 4 个海区之间存在显著的差异性，个别海区表现为波动变化但总体增长的态势。1960s 时相受到数据源(地形图)比例尺较大的影响而使得岸线长度和海区周长数值偏高，可比性不足，因而不予讨论。1940s～2014 年间，渤海湾、莱州湾、辽东湾和中部海区的岸线长度分别增加了 459.86 km、66.94 km、317.19 km 和 293.14 km，而整个渤海的岸线长度合计增加了 1137.13 km。莱州湾和辽东湾 2 个海区的岸线长度及海区周长早期均呈现为显著的降低趋势，分别在 1970s 和 1990 年降至低谷，在此之后则开始增长，以“裁弯取直”为特征的大规模围海发展盐田和养殖区是导致早期阶段 2 个海区岸线及周长降低的主要原因。2000 年之后渤海及其各个海区的岸线进入了一个快速增长的阶段，近 15 年间的增长速率

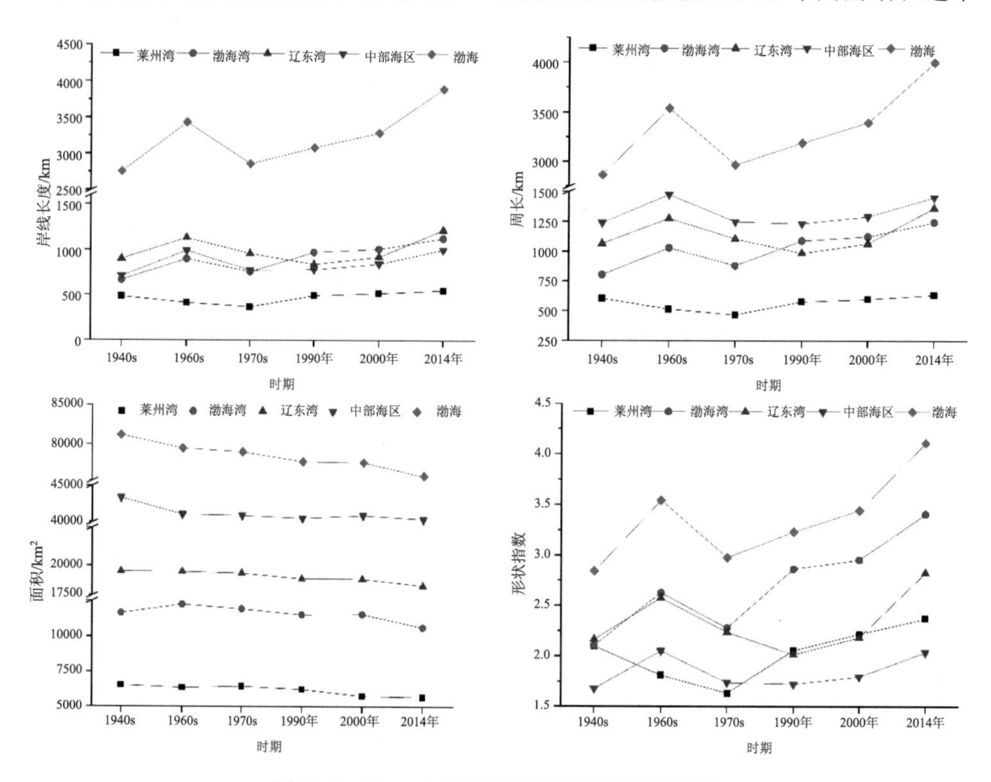

图 12.9 近 70 年渤海及各海区形态特征变化

远远超出了 2000 年以前近 60 年间的平均增长速率；围填海的目的由发展盐田和养殖为主转向发展港口、工业区和城镇用地为主，以及围填海方式由岸线“裁弯取直”、大面积整体式围填海转向多突堤式、人工岛式、多区块组团式等新型围填海，这是导致 2000 年以来岸线快速增长的主要原因。

(2) 1940s 以来渤海的面积呈现为持续下降的变化趋势，总面积减少了 5743.93 km^2，其中，渤海湾、莱州湾、辽东湾和中部海区 4 个分区的面积分别减少了 1031.64 km^2、861.35 km^2、1025.30 km^2 和 2825.64 km^2。渤海面积变化具有一定的时空复杂性，表现在：渤海湾的面积属于波动下降趋势(有多次反弹)，莱州湾和中部海区的面积属于总体下降(有单次反弹)，而辽东湾的面积则属于持续下降的变化趋势；与岸线长度的变化趋势类似，渤海面积也是在 2000 年之后进入一个快速减少的阶段，近 15 年间面积减少的速率大约是 2000 年之前近 60 年间的 2 倍以上；渤海湾和辽东湾近 15 年间的面积减少速率尤为突出，是 2000 年之后渤海围填海、海域面积减小的热点区域，但莱州湾因受黄河入海口河道多次改道以及泥沙沉积速率大幅下降的影响，其面积减少的趋势有所放缓，近 15 年面积减少的速率已经不足 2000 年之前近 60 年间的 50%。

(3) 1940s 以来渤海及其各海区的形状总体上趋于复杂化。海岸线长度和海区周长大幅增长，而海区面积却大幅减少，形状必然趋于复杂。由于不同时相数据源类型和空间精度(地图比例尺与影像分辨率)的差异对形状指数计算结果有较大的影响，因而重点分析 1990 年以来均以 30 m 分辨率 Landsat 卫星影像为数据源的时段。结果表明，1990～2014 年渤海及 4 个海区的形状指数都呈现为持续增加的趋势，整个渤海、渤海湾、莱州湾、辽东湾和中部海区的形状指数分别增加了 0.88、0.54、0.30、0.81 和 0.31，表明渤海及其各个海区的形状在不断地趋于复杂化。

12.3.5　三维立体形态变化特征

利用渤海多时相水深数据计算渤海及各个海区的体积，探究水下地形的侵蚀-淤积格局。

(1) 渤海海岸带河口三角洲发育典型，尤其是黄河三角洲和辽河三角洲，造成河口区域陆地面积增长、水深变浅以及海岸线向海一侧逐渐推移；另外，渤海沿岸的围填海活动比较剧烈，盐田、养殖和港口建设等人类活动在导致渤海面积不断萎缩的同时，也对水下地形产生深刻的影响。因此，整个渤海及各个海区的体积变化较为显著，具体如表 12.4 所示：自 1960 年至 21 世纪初期约 50 年间，整个渤海、渤海湾、莱州湾、辽东湾和中部海区的容积(水的体积)均显著减少，分别减少了 24.08 km^3、4.69 km^3、8.48 km^3、7.47 km^3 和 3.45 km^3；将各个海区水的体积的变化量平均到其在 1960 年的面积，得到“平均的变化幅度”，则整个渤海、渤海湾、莱州湾、辽东湾和中部海区的这一数值分别达到了 0.30 m、0.38 m、1.33 m、0.38 m 和 0.08 m，由此可见，中部海区地形相对较为稳定，而其他 3 个海湾的变化幅度均显著高于整个渤海，尤其是莱州湾的变化幅度最为惊人，高达 1.33 m。

表 12.4 渤海及各海区水体的体积统计

海区	不同时期体积/km^3				1960～2000s	1960～2000s
	1960 年	1970s	1990s	2000s	变化量/km^3	平均变化幅度/m
整个渤海	1408.89	1388.36	1397.00	1384.81	–24.08	–0.30
渤海湾	114.81	111.41	110.76	110.12	–4.69	–0.38
莱州湾	47.91	47.08	46.00	39.43	–8.48	–1.33
辽东湾	325.00	316.22	322.35	317.53	–7.47	–0.38
中部海区	921.18	913.64	917.89	917.73	–3.45	–0.08

(2) 自 1960 年以来，渤海水下地形的侵蚀-淤积空间格局特征如表 12.5、图 12.10 所示，渤海海岸带主要由于围填海、河口三角洲发育两方面原因，在黄河三角洲、渤海湾和辽河口区域有大量的浅海水域变成了陆地。近 50 年来一直保持为海水的区域中，显著淤积、中度淤积、轻微淤积、基本稳定、轻微侵蚀、中度侵蚀和显著侵蚀的区域分别占 2.19%、3.00%、30.91%、36.46%、25.88%、1.08%和 0.49%，淤积区域面积的合计占比(36.09%)大大超过了侵蚀区域面积的合计占比(27.45%)，由此可见，渤海大部分区域水下地形发生了较为显著的变化。但是，水下地形的侵蚀-淤积格局存在显著的海区差异：渤海湾、莱州湾和辽东湾均是淤

表 12.5 1960～2000s 渤海及各海区侵蚀-淤积特征 (单位：km^2)

变化趋势	变化等级	水深变化 d/m	渤海	渤海湾	莱州湾	辽东湾	中部海区
淤积	显著淤积	$d \leqslant -5.00$	1643.78	408.09	412.89	96.22	726.58
	中度淤积	$-5.00 < d \leqslant -2.50$	2253.46	284.78	252.03	481.05	1235.60
	轻微淤积	$-2.50 < d \leqslant -0.25$	23239.27	3354.13	1527.32	8427.85	9929.97
基本稳定		$-0.25 < d \leqslant 0.25$	27410.95	3636.36	2451.98	6159.44	15163.17
侵蚀	轻微侵蚀	$0.25 < d \leqslant 2.50$	19457.57	2645.62	1189.47	3262.14	12360.34
	中度侵蚀	$2.50 < d \leqslant 5.00$	810.54	101.65	26.73	89.31	592.85
	显著侵蚀	$d > 5.00$	366.91	56.82	2.74	19.4	287.95
新生陆地(围填海、河口三角洲沉积造陆)			4134.35	1698.92	509.78	1021.58	904.07

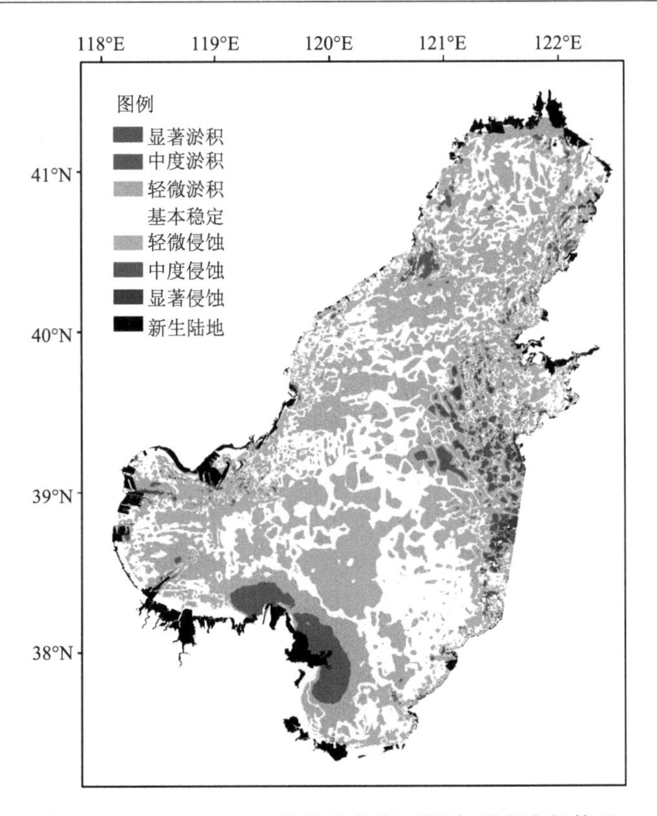

图 12.10 1960～2000s 渤海及各海区侵蚀-淤积空间格局

积区域远远超过侵蚀区域，而中部海区则相反，是侵蚀区域略大于淤积区域；而且，即便是渤海湾、莱州湾、辽东湾 3 个海湾之间，水下地形侵蚀-淤积分布格局的面积比例差异也较为显著，主要受到 1990s 以来黄河水沙通量大幅减少、黄河三角洲侵蚀-淤积动态发生阶段性变化的影响，渤海湾和莱州湾水下地形的淤积区域面积占比(分别为 38.59%和 37.39%)已经远远低于辽东湾(48.58%)。

12.4 本章小结

本章利用地形图、海图和遥感影像等数据资料提取 20 世纪 40 年代初以来 6 个时相的海岸线数据和 1960 年以来 4 个时期的水下地形数据，进而点、线、面、体相结合计算多维度形态参数并分析其变化特征，综合揭示渤海及各海区形态的长期变化特征。主要结论如下：

(1) 整个渤海的平面重心和立体重心均表现出向东北方向运动的趋势，立体重心同时呈现持续下降，即向深水区移动的态势，但重心的运动呈现出显著的时空

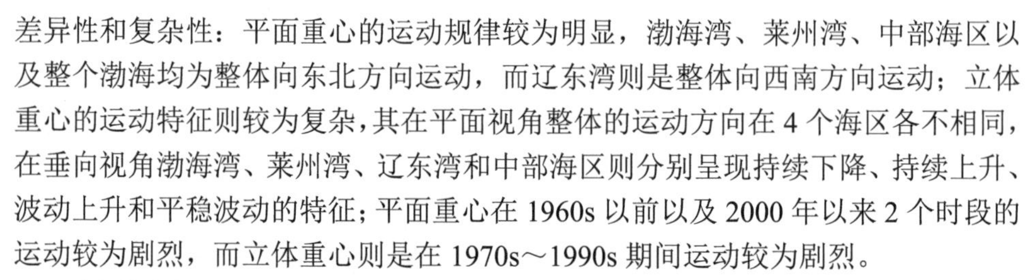

差异性和复杂性：平面重心的运动规律较为明显，渤海湾、莱州湾、中部海区以及整个渤海均为整体向东北方向运动，而辽东湾则是整体向西南方向运动；立体重心的运动特征则较为复杂，其在平面视角整体的运动方向在 4 个海区各不相同，在垂向视角渤海湾、莱州湾、辽东湾和中部海区则分别呈现持续下降、持续上升、波动上升和平稳波动的特征；平面重心在 1960s 以前以及 2000 年以来 2 个时段的运动较为剧烈，而立体重心则是在 1970s～1990s 期间运动较为剧烈。

⑵渤海的海岸线、低潮线和 5 m 等深线空间分布均表现为整体持续向海推进的变化态势，黄河三角洲、辽河口、莱州湾南岸、曹妃甸、天津港等区域是陆进海退的热点区域；在相对以自然过程为主导的变化热点区域(如黄河三角洲)，其海岸线、低潮线和 5 m 等深线呈现出较为有序的向海推进的格局-过程特征，规律性较强，而以人类活动为主导的变化热点区域(如曹妃甸、天津港等)，人工岸线代替自然岸线并导致岸线向深水区移动，低潮线、5 m 等深线局部消失和被打断的特征较为突出；局部区域，如老黄河口、莱州湾南岸，有清晰可辨的海岸侵蚀过程，但这些区域人类活动对海岸线、低潮线和 5 m 等深线的影响程度相对轻微了很多。

⑶渤海及各个海区的海岸线长度、周长均呈现为总体增加的变化趋势，而面积却呈现为持续下降的变化趋势；渤海岸线长度、周长和面积的变化呈现出较为复杂的格局-过程特征，部分海区存在较为显著的波动特征，而且，在岸线长度和周长增加以及面积减少的速率方面，2000 年是一个较为显著的转折点，除了莱州湾变化速率显著放缓之外，其他 3 个海区以及整个渤海均在 2000 年之后进入了一个更加剧烈的、更加迅速的形态变化阶段。

⑷渤海大部分区域的水下地形发生了较为显著的变化，总体趋势是以淤积为主，受此影响，整个渤海及各个海区海水体积的减少特征较为显著，但水下地形的侵蚀-淤积表现出较为复杂的格局-过程特征，对各个海区的影响具有显著的复杂性特征。中部海区相对较为稳定，虽然容积总体减少，但是变化幅度远远低于整个渤海，而且侵蚀区域的分布范围略高于淤积区域；而渤海湾、莱州湾、辽东湾 3 个海湾则均是淤积区域显著超过侵蚀区域，容积减少的幅度也均是显著高于整个渤海，其中又尤以莱州湾为最，变化幅度达到整个渤海的 3 倍以上。

综上所述，渤海及其各个海区自 20 世纪 40 年代以来经历了剧烈的、复杂的形态变化过程，综合平面重心、立体重心、海岸线位置与长度、低潮线、5 m 等深线、平面周长、海域面积、海水体积等多要素的格局-过程特征，可以发现，黄河三角洲、辽河口、莱州湾、曹妃甸、天津港等是导致渤海形态发生变化的热点区域，而以河口三角洲发育和围填海为主的人类活动因素则是导致渤海形态发生变化的主要影响因素，但这两方面主导因素的影响力度和贡献水平存在明显的消长关系，总体上，以河口三角洲发育为主的自然过程的影响作用在逐渐削弱，而人类的各种围填海活动的影响作用却逐渐高涨，尤其是 20 世纪 90 年代以来，人类活动因素的主导性地位愈来愈显著。

参 考 文 献

程钰, 刘凯, 徐成龙, 等. 2015. 山东半岛蓝色经济区人地系统可持续性评估及空间类型比较研究. 经济地理, 35(5): 118-125.

高文斌, 刘修泽, 段有洋, 等. 2009. 围填海工程对辽宁省近海渔业资源的影响及对策. 大连水产学院学报, 24(S1): 163-166.

盖美, 张丽平, 田成诗. 2013. 环渤海经济区经济增长的区域差异及空间格局演变. 经济地理, 33(4): 22-28.

侯西勇, 侯婉, 毋亭. 2016. 20 世纪 40 年代初以来中国大陆沿海主要海湾形态变化.地理学报, 71(1): 118-129.

胡聪, 于定勇, 赵博博. 2014a. 天津滨海新区围填海工程对海洋资源影响评价. 海洋环境科学, 33(2): 214-219.

胡聪, 于定勇, 赵博博. 2014b. 围填海工程对海洋资源影响评价——以曹妃甸为例. 城市环境与城市生态, 27(1): 42-46.

李仕涛, 王诺, 张源凌, 等. 2013. 30a 来渤海填海造地对海洋生态环境的影响. 海洋环境科学, 32(6): 926-929, 938.

李亚宁, 王倩, 郭佩芳, 等. 2015. 近 20a 来渤海岸线演替及其开发利用策略. 海洋湖沼通报, (3): 32-38.

李玉冰, 郝永杰, 刘恩海. 2005. 多边形重心的计算方法. 计算机应用, 25(S1): 391-393.

刘蕾, 臧淑英, 邵田田, 等. 2015. 基于遥感与 GIS 的中国湖泊形态分析. 国土资源遥感, 27(3): 92-98.

马万栋, 吴传庆, 殷守敬, 等. 2015. 环渤海围填海遥感监测及对策建议. 环境与可持续发展, 40(3): 63-65.

乔伟峰, 刘彦随, 王亚华, 等. 2015. 城市三维重心算法与实验分析——以南京市为例. 地理信息科学, 17(3): 268-273.

王诺, 许雪青, 吴暖, 等. 2015. 渤海污染风险与生态系统功能价值评价研究.海洋湖沼通报, 24(1): 167-174.

王勇智, 吴頔, 石洪华, 等. 2015. 近十年来渤海湾围填海工程对渤海湾水交换的影响. 海洋与湖沼, 46(3): 471-480.

毋亭, 侯西勇. 2016. 海岸线变化研究综述. 生态学报, 36(4): 1-13.

吴家乃, 朱梅心. 1991. 论我国高程基准面问题. 河海大学学报, 19(1): 59-64.

夏东兴, 刘振夏. 1990. 中国海湾的成因类型. 海洋与湖沼, 21(2): 185-191.

徐雷诺. 2009. 我国各种高程系之间的换算及应用. 治淮, (10): 44-45.

徐晓达, 曹志敏, 张志珣, 等. 2014. 渤海地貌类型及分布特征. 海洋地质与第四纪地质, 34(6): 171-179.

叶小敏, 丁静, 徐莹, 等. 2016. 渤海湾近 30 年海岸线变迁与分析. 海洋开发与管理, 33(2): 56-62.

David T I, Mukesh M V, Kumaravel S, et al. 2016. Long-and short-term variations in shore morphology of Van Island in gulf of Mannar using remote sensing images and DSAS analysis. Arabian Journal of Geosciences, 9(20): 756-763.

Hou X Y, Wu T, Hou W, et al. 2016. Characteristics of coastline changes in mainland China since the early 1940s. Science China Earth Sciences, 59(9): 1791-1802.

Jiang L,Wu S H,Yang Q H, et al. 2016. Spatial Distribution and Temporal Evolution of Sediment Transport Pathway of Deltaic Deposits in a Rift Basin: an Example From Liaodong Bay Sub-basin, Bohai Bay, China. Australian Journal of Earth Sciences, 63(4): 469-483.

Wang Y D, Hou X Y, Jia M, et al. 2014. Remote Detection of Shoreline Changes in Eastern Bank of Laizhou Bay, North China. Journal of the Indian Society of Remote Sensing, 42(3): 621-631.

Zhu L,Wu J,Xu Z, et al. 2014. Coastline Movement and Change Along the Bohai Sea From 1987 to 2012. Journal of Applied Remote Sensing, 8(1): 083585.

第13章

龙口湾岸线及海湾形态变化特征

世界沿海国家为寻求新的发展空间，对于海洋空间资源的需求日益迫切。海域和海岸线是海洋经济发展的重要载体，适度进行填海造田，可以增加城市建设和工业生产用地，保证经济社会发展的空间资源需求，在很大程度上解决了沿海地区土地资源供应不足的问题，并产生了巨大的社会和经济效益。

近几十年，在龙口湾海岸带区域，随着经济社会的快速发展，围填海造地、港口建设、人工岛兴建等大规模填海造陆活动，极大地改变了海湾的形态，浅滩消失、湿地面积锐减、生物多样性遭到破坏等一系列海洋生态环境问题也随之产生，从而削弱了龙口湾及其周边海域的生态系统服务功能和价值。

随着龙口港的兴建及其规模的不断扩大，近年来，很多学者对龙口湾及其海岸带区域的资源利用状况、潮流特点、冲淤环境、地形地貌、表层沉积物、海洋水质等进行了大量的实地调查和研究。国家海洋局第一海洋研究所在上世纪 80 年代对龙口湾做了比较系统的调查研究工作。1996 年出版的《龙口湾自然环境》对龙口湾的气候、海浪、潮汐、海流、盐度、地质、沉积物、地貌、泥沙以及开发利用状况进行了详细描述，是研究龙口湾的重要参考资料。总的来说，前人对龙口湾进行了大量的研究工作，但对于其水下地形的历史演变以及围填海后海底地形的变化特征还没有相关报道。

了解龙口湾的历史形态特点，掌握其冲淤规律、海岸线变化、海岸带土地利用变化等方面的信息资料，可以为海湾及其海岸带的生态环境保护、合理规划和可持续开发利用等提供数据支持和理论依据，有助于海湾区域经济社会与生态环境之间的协调和健康发展。围填海活动最直接、最显著的结果是海岸线与水下地形的改变，本章通过整理和分析龙口湾及其海岸带区域的历史地图以及新近的水下地形多波束调查数据，阐释龙口湾水下形态演变过程以及围填海活动引起的海底微地形地貌变化特征。

13.1 自然地理与经济社会发展

13.1.1 龙口湾的位置与范围

龙口湾是指屺姆岛西端和界河口连线以东的水域，位于山东半岛的北部、莱州湾的东侧，地理坐标范围为 37°33′N～37°41′N，120°13′E～120°20′E(图 13.1)。龙口湾地处龙口镇正西、屺姆岛东南、龙口市的西部，属于莱州湾的一部分，北靠龙口市的屺姆岛，东侧为龙口市城区，东南则为龙口市的海岱和黄山馆镇。龙口湾的湾口宽度 13.4 km，水域面积约 84 km^2，龙口湾是个浅水湾，大部分海域水深在 6 m 以下，海湾以鸭滩和官道沙嘴的连线为界，分为内湾和外湾。龙口湾为湾口向西的半开敞式次生海湾，湾内最大水深位于湾口的屺姆岛附近，水深达 23 m(曲绵旭等，1995)。

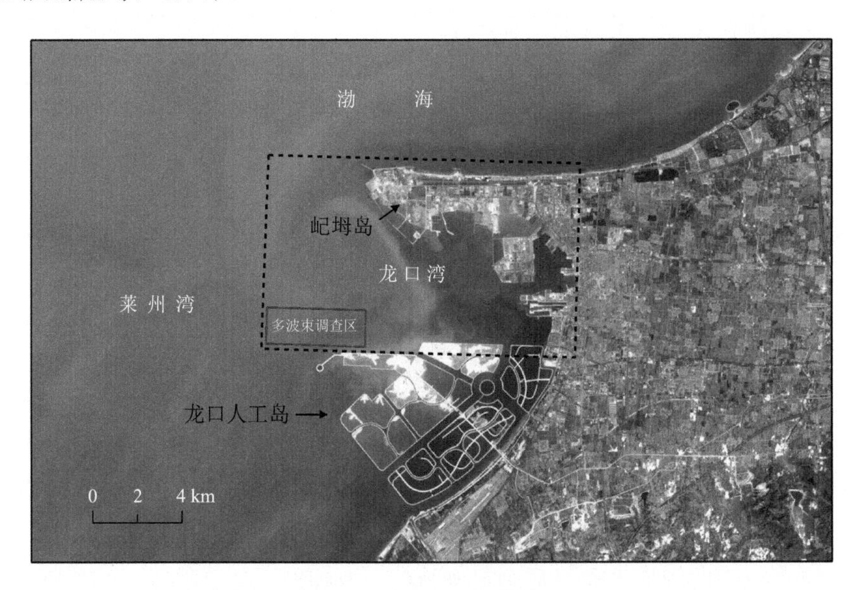

图 13.1　龙口湾地理位置图

13.1.2 龙口湾自然地理特征

1. 气候特征

龙口湾属于温带季风气候，四季分明，气候宜人。夏季受海洋影响湿热多雨，冬季受蒙古高压控制，气候干冷。多年平均气温为 12°C 左右，平均气温的年内变化呈单峰型(7 月份最高，1 月份最低)，年较差约 29℃。年均降水量为 620 mm 左右，年降水量的 75%以上集中在 5～9 月，其中 7、8 两月份(月均 306 mm)接近全年总降水量的一半。该区域年均风速为 4.4 m/s，各月最多风向为 S 向，全年各向平均风速以 S 向最大(约为 5.4 m/s)，NW 向次之。屺姆岛作为天然的屏障使港湾得到掩护，龙口湾内的风力显著减少。年均相对湿度为 70%，月际变化不显著，年均蒸发量为 1900 mm。该区的台风一般出现在 7、8 月，持续大风会引起龙口湾的增水过程，给航运、海上作业等带来较大影响。

2. 海洋水文

龙口湾的潮汐属于不规则半日潮类型，每一太阳日中有两次高潮及两次低潮，潮汐日不等现象比较明显。港湾小于 50 cm 的假潮在全年各个月份均可出现，以 6、7 月份最高，振动持续时间长短不一，差别较为明显。龙口湾深度基准面在平均海平面以下 0.7 m，平均海平面比 1985 年国家高程基准平均海平面略高，最高潮位 250.1 cm，最低潮位–214.9 cm，平均潮差 91 cm。龙口海洋站多年波浪观测资料统计结果显示，龙口湾的常波向与强波向均为 NE 向，超过 3.0 m 的大浪集中于偏北向，最大波高为 7.2 m，波高随水深增加而增大，波浪的成长主要决定于水深。因有连岛沙坝的天然掩护且水深较浅，湾内波浪比湾外明显偏小，内湾 SW 向风浪出现频率为 15%，居各向频率之首。

龙口湾的潮流属于不正规半日潮流性质，在一个太阴日中有两次涨潮流和两次落潮流。连岛沙坝造就了耳状海湾，在岛头海域形成强流区，而在内湾形成弱流区。上世纪龙口湾开发较少，海域潮流以旋转流为主，航道以北为逆时针旋转，航道以南为顺时针旋转。如今龙口湾的不断开发影响了潮流运动形式，湾内大部分水域为往复流。龙口港湾内，表层潮流平均流速为 30 cm/s，最大涨潮流速为 35 cm/s，方向 195°，最大落潮流速为 45 cm/s，方向 29°；底层潮流平均流速为 14 cm/s，最大涨潮流速为 22 cm/s，方向 213°，最大落潮流速为 29 cm/s，方向为 45°。

3. 地质地貌

龙口地区在大地构造上位于胶东隆起的胶北台凸北缘、黄县断陷盆地西部。该区岩浆岩活动频繁，且具有多期多旋回特点，构造以断层为主，局部发育相对宽缓的褶皱。龙口湾海相沉积层厚度在 3～6 m 间，陆相层厚度一般不到 20 m。龙口港港区一带表层为 2～3 m 厚的淤泥、淤泥混砂；在其之下，为粉质黏土、粗砂互层，局部夹有土层，厚度不均匀；湾内基岩层埋深在–25 m 以下。龙口海岸属海侵型平原砂质海岸，多为海拔 50 m 以下的滨海平原，岸滩较稳定。

本区海岸地貌：海蚀崖(主要分布在屺姆岛的北岸和西岸)、海蚀平台(分布在屺姆岛的北侧和西侧)、沿岸堤(区内分布广泛，高度 4 m 左右，宽度不等，组成物质为细、中、粗砂)、连岛坝(数条砂脊组成，坝长 8 km，宽 1～2 km，北侧岸线平直，南侧岸线具有弧形弯曲)、砂咀(老砂咀即龙口砂咀，是连岛坝形成过程中的产物，新砂咀主要分布在河口，如北马南河、界河等)、海滩(形态、物质组成、床面构造均有较大差别)。

本区海底地貌：水下海蚀平台与孤礁(分布在新礁、于家礁及屺姆岛以北的海区)、海蚀深槽(分布在桑岛水道和屺姆岛西北近海区域)、水下岸坡(湾内外范围有很大不同)、海底平原(波浪作用比较薄弱的堆积地貌)、水下沙堤(分布在大砂坝以北和界河口以西水下岸坡上，由中细砂组成)、水下砂咀(湾内发育三条水下砂咀，即官道砂咀、尖子头砂咀和鸭滩砂咀)。

13.1.3　龙口湾经济社会发展特征

龙口湾毗邻的龙口市是一个以工业为主导的城市，经济基础雄厚，工业在国民经济中占主导地位，综合实力优势显著。2008 年，全市完成地区生产总值 570 亿元，实现地方财政收入 25 亿元。2013 年，龙口全市完成地区生产总值 935 亿元，社会消费品零售总额 279.2 亿元。多年在山东省县域经济发展考核中位居第一名，2016 年在全国百强县中列第十一位。龙口自然资源丰富，有国内唯一大型海滨煤炭基地，南部山区盛产黄金、花岗岩、石灰石等矿产资源。

龙口湾兼具环渤海经济圈和山东半岛制造业基地的双重区位优势，其腹地范围包含鲁北、冀南以及山西等地，已成为该区域物资大量进出的集散港址，起到了鲁北港群中心港的作用。龙口港是国家一级对外开放口岸、烟台市三大核心港区和两个亿吨港区之一，也是中国最大的对非贸易港口、国内铝土矿进口第一大港以及距离黄河三角洲最近的 10 万吨级港区之一。龙口港交通条件便捷，现拥有 70 多条国内外航线。铁路、公路的联通将使龙口港在环渤海经济大发展和山东省建设东北亚国际航运中心的战略规划中发挥更重要的作用。近年来，龙口港正从传统的装卸中心向现代物流中心转型，基本形成了以港口为中心、基于现代信息网络技术的全新港口物流运营模式，最大程度地实现了物流信息共享，已发展成为现代化数字智能港口。综上所述，目前龙口港已发展成为一个内外贸兼营、公专用泊位配套、物流服务功能齐全的现代化综合性港口。

13.2　数据与研究方法

13.2.1　历史海图及遥感影像

自然因素及人类活动均会对海岸系统产生显著的影响，研究海湾长时间序列的形态演变有助于认识其各历史时期的形态特征，从而对海湾开发利用的经济社会效益和生态效应等做出科学的评价。一般来说，决定海湾形态改变的自然因素主要包括海平面上升、潮流、风浪及泥沙输送等(Blott et al.，2006；Van der Wal et al.，2002；Wu et al.，2016；Zhang et al.，2015)。频繁的海岸活动，如航道疏浚、港口扩建、泥沙挖掘及土地复垦等也会使海湾形态发生变化(Butzeck et al.，2016；Zhang et al.，2015)。近几十年，人类活动对于海湾形态变化的影响已显著超过自然因素，世界上已经很少有河口海湾仍保留原有的潮间带(Halpern et al.，2008)。研究者广泛采用声呐扫测、水文调查、现场取样、数学模型等方法来展示海湾的短期动态变化(Kim et al.，2006；Pittaluga et al.，2015；Tambroni et al.，2005)。现有的模型如 historical trend analysis(HAT)、expert geomorphological assessment(EGA)等由于缺乏具体的物理参数而存在固有的限制，用它们来模拟长期的形态演化时往往得不到理想结果(Blott et al.，2006；Wang et al.，2013)。历史海图为分析海湾形态时空变化提供了数据资料。前人利用多期海图、遥感影像、GIS 技术并结合现场调查数据对世界上很多河口、海湾的动态演变做了分析，如尼罗河口(Van der Wal et al.，2002)、长江口(Wang et al.，2013)、伶仃湾(Wu et al.，2016)、默西河口(Blott et al.，2006)等。

因港口建设、安全航行所需，近几十年来针对龙口湾海域的水深调查和海图编绘工作得以持续进行。本研究共收集到该区域 5 个历史时期的海图资料(图 13.2)，分别为 1960s、1980s、1990s、2000s 及 2010s，出版单位为中国人民解放军海军司令部航海保证部(简称航保部)和中华人民共和国海事局，其详细信息见表 13.1。由于海域面积较大，每幅海图通常是连续几年多次调查和测量的最后成果，所以主要反映年代际的变化特征。

尽管水深测量中存在多种固有的误差，例如潮位校准、测量船的姿态误差及波浪影响等，但考虑到相对成熟的海洋测绘技术，这些误差并不影响最终的成果图，即历史海图基本上可以客观真实地反映调查期的水深状况。考虑到所获取数

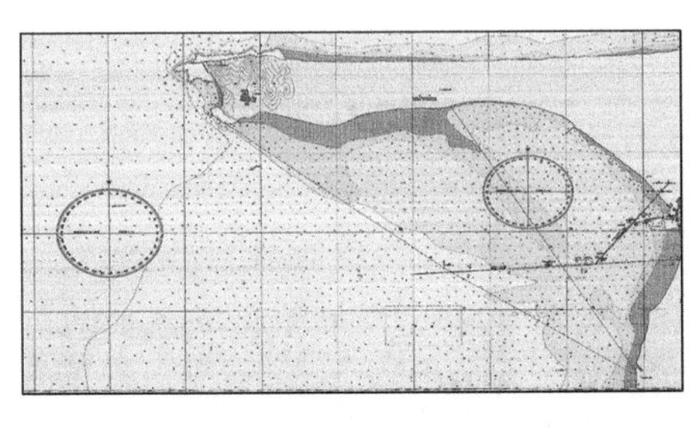
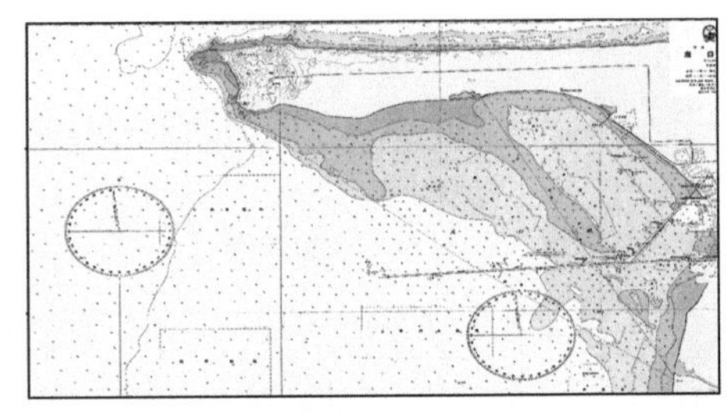
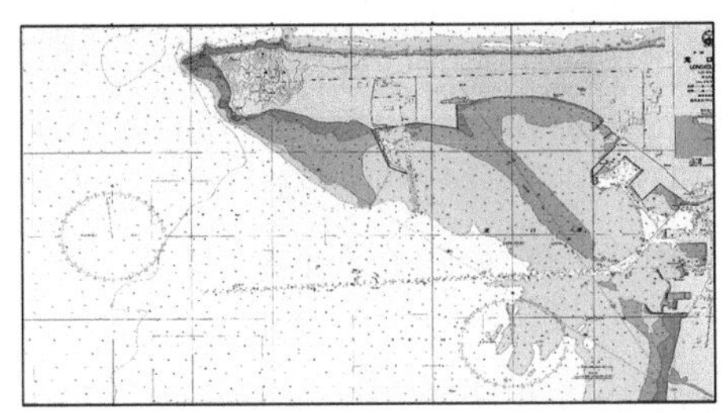
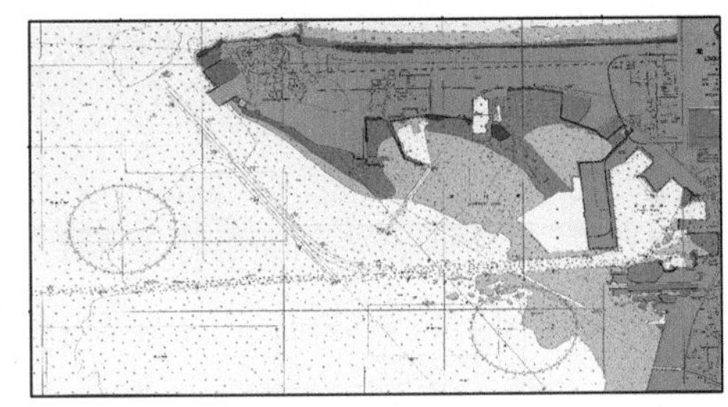
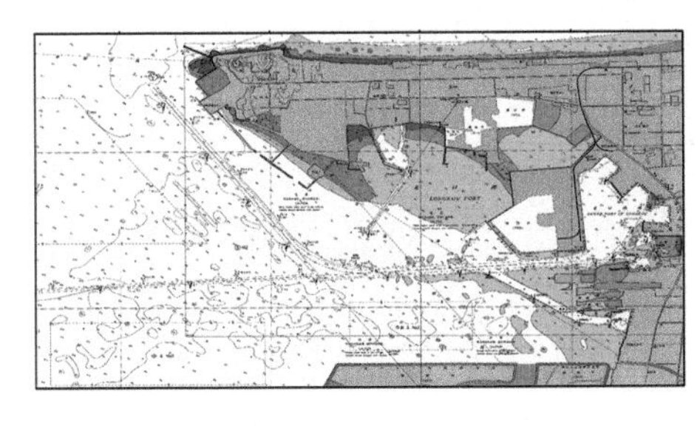

图 13.2 研究区历史海图

表 13.1 收集到的研究区海图信息

出版单位	图幅号	出版日期(年-月)	测量日期/年	比例尺
航保部	10302	1966-4	1963/1964	1:15000
航保部	11892	1984-5	1980/1982	1:15000
航保部	11892	1999-8	1994/1996	1:15000
航保部	11892	2011-8	2007/2009	1:15000
海事局	34112	2014-2	2012/2013	1:25000

据的有效性，选取了龙口湾的一部分作为研究对象来阐释其历史演变特征(图 13.1)。此外，收集了 5 期龙口湾历史遥感影像(Landsat)作为辅助数据来进一步展示其形态变化。

前人研究表明，最低天文潮(LAT)的航海保证率在中国沿海均在 97%以上，达到并超过了 95%的指标要求，最低天文潮面适用于作为中国海区的海图深度基准面。基于潮汐的基准水平不一致会增加测深数据的不准确性，为此，研究中使用的水深参照最低天文潮。利用海图中的经纬度信息，在 ArcGIS 平台下对每幅海图进行校准、设置投影坐标系(UTM-WGS84)；然后对海图中的水深点、等深线、海岸线等数字化，对水深信息采用克里金插值方法进行插值处理获取水下数字高程模型(DEM，网格大小为 50 m × 50 m)；经裁剪后得到研究区各历史时期的数字化海图。利用 GIS 空间分析工具(例如 Cut Fill 等)，可以通过对比分析不同历史时期的水下 DEM(如 DEM 相减)来反映海湾的形态变化特征(如等深线变化、冲淤面积等)。前人的研究表明，相邻两期水深变化大于± 0.5 m 可以认为有意义(Blott et al.，2006；Van der Wal et al.，2002；Zhang et al.，2015)，本章中采用此标准来定量分析龙口湾的水下地形演变。

13.2.2　多波束数据及其处理方法

多波束扫测区域范围为 37°37′07″N～37°37′59″N，120°10′11″E～120°13′09″E。考虑到扫测区水深在 10 m 以上，相邻测线间隔设为 30 m，波束开角为 130°，以保证全覆盖扫测。外业作业时间为 2016 年 5 月 27 日至 6 月 2 日。实际扫测线如图 13.3 所示，测区东西向约 4.4 km，南北约 1.6 km，扫测面积约 7 km^2。扫测过程中每隔 2～3 个小时做一次声速剖面测量，用于后期多波束数据的声速校准；龙口港附近放置了水位仪，每隔 5 分钟测量一次潮位数据，用于后期多波束数据的潮位校正。

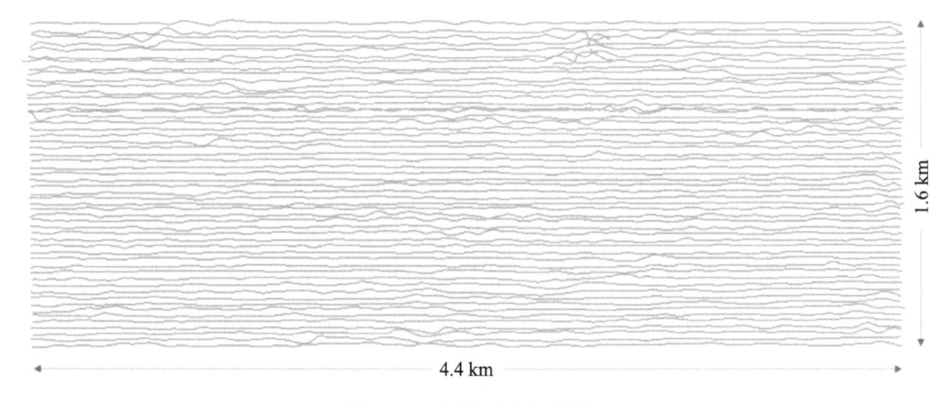

图 13.3　扫测区实际测线

从多波束的工作原理可知，其原始数据除需要进行系统误差(roll、pitch、yaw)校正外，还需进行多波束脚印归位、声速校正、潮位校正，以及吃水校正。数据校正后还需进行滤波去噪工作，才能输出最终成果，满足工程和科研应用。图 13.4

展示了多波束水深数据处理的一般流程。

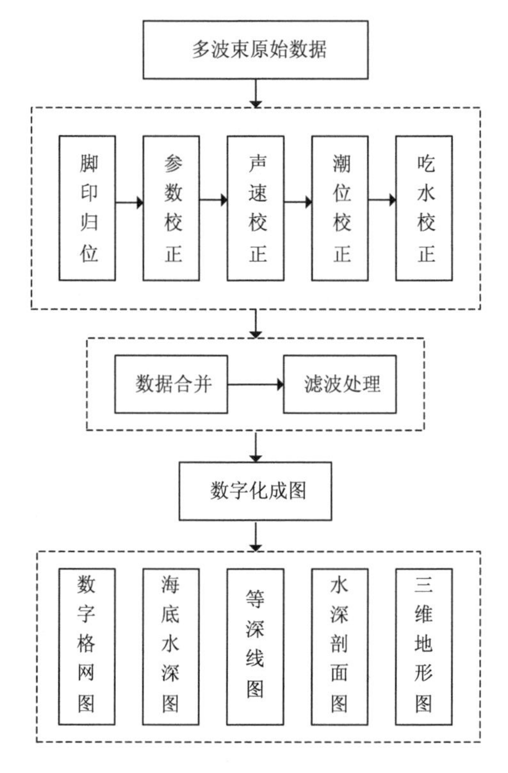

图 13.4　多波束水深数据处理流程图

1. 脚印归位

多波束脚印归位即把船参考坐标系下多波束各探测变量转为大地参考坐标系下测点的位置和水深变量。该过程包含两个步骤：①波束归位到船体坐标；②波束归位到地理坐标(李家彪，1999；卢凯乐，2016)。

2. 声速校正

声波在海水中传播速度受海水温度、盐度、压力等因素的影响而变化，声波发生反射、折射导致声线弯曲，而声线弯曲误差会对声线传播距离及测深值产生影响。声速校正后处理可以分为折线改正法与几何改正法两类(李家彪，1999；张伟，2009)。

3. 潮位校正

多波束原始测深数据需要统一到同一垂直基准面下，这就需要通过潮位数据进行改正。由于潮位随时间变化，要得到精准的水深图，须保证潮位的连续测量。在验潮站控制的范围内，水面潮汐的动态变化可以通过潮位观测值的内插实现。常用的内插方法包括：①线性内插，是最常用的潮汐内插方法，适合于验潮站间距离较近的情况，若验潮站的观测数据为等间隔连续数据，则采用线性内插法。②回归内插，若验潮站的观测数据为非等间隔连续数据，则可采用回归内插法。

4. 吃水改正

多波束实测水深为换能器到海底测点之间的距离，需要加上换能器吃水，才能得到实际水深。吃水改正分静态吃水改正和动态吃水改正。

静态吃水是船体停泊状态下，换能器声学中心距水面的垂直距离，可以直接量测进行改正。扫测过程中，随着船速的变化，船体会随海面上下波动，导致换能器吃水变化，即为动态吃水，一般通过实验获得(卢凯乐，2016)。

5. 滤波处理

由于仪器噪声、海况不佳等因素，多波束数据中会包含异常数据或随机噪声，其直接影响数据质量，需要将其滤除使数据真实客观地反映海底状况。滤波按照处理数据的自动化程度可以分为人工交互式滤波和自动滤波。

人工交互式滤波是基于单条测线或单个水深采样(Ping)对多波束测深数据进行“剔毛刺”的处理过程，主观性强，对操作者的经验要求较高，往往能得到满意结果，但效率不高。

自动滤波自动化程度高，适合大批量多波束数据的编辑要求。CUBE 算法(combined uncertainty and bathymetric estimator)是美国新罕布什尔大学(University of New Hampshire) Brian Calder 教授创立的，用来对多波束异常数据进行自动检测(Calder and Mayer，2003；Jakobsson et al.，2002)。其通过计算每个测深点的水平和垂向精度，在设定的格网下选择周围水深，利用信息传播模型，将测深信息传递到网格节点(黄谟涛等，2011；黄贤源，2011)。对选中的水深点应用中值滤波，利用动态卡尔曼滤波通过抗差和最优估计生成节点处的水深及误差估计值。由于该算法具备其他算法无法比拟的智能化处理能力，许多知名的商业海道测量数据处理软件(如 Caris Hips and Sips)都已嵌入该算法，成为多波束剔除假信号的首选(黄辰虎等，2010；王德刚和叶银灿，2008)。

6. 数字化成图

经上述处理的多波束条带数据经拼接、融合后数据量仍然庞大、复杂。这就需要在不影响数据精度的前提下对其进行格网化处理。与一般意义的格网化插值不同，多波束数据格网化不是以加密数据点为目的，而包含了数据压缩的思想。常用的算法有中值内插法、高斯加权平均内插法、距离加权内插法等(李家彪，1999)。下面以高斯平均内插法为例，介绍多波束的格网化处理过程(姜小俊，2009)。

该算法以多波束格网节点 O 为中心，R 为半径，搜索对应顶点周围所有水深数据点，将它们进行高斯加权曲面拟合。利用式(13.1)对拟合曲面上的 O 点进行曲面插值来重新计算该点水深值。

$$W(r) = A\exp\left\{-\left(r/\alpha\right)^2\right\} \tag{13.1}$$

式中，A 是归一化因子，保证所有权重之和为 1；α 为权重降为最大权重 $1/e$ 的距离(一般是搜索半径 r 的一半)。

原始的多波束水深数据经校正编辑、格网化压缩后，即可输出各种基础图件，如水深图、等深线图、水深剖面图、三维地形图等。本书利用专业多波束后处理软件 Caris 对原始数据进行处理，得到姿态校准值 roll、pitch、yaw 分别为–3.51°、5.62°和–7.01°，经数据检查，声速、潮位改正，滤波处理后，采用 CUBE 算法得到扫测区水深曲面(0.5 m 分辨率)，然后转换成为 asc 格式数据用于下一步分析。

13.3 海岸线及海湾形态变化特征

13.3.1 围填海发展及海岸线变化特征

龙口湾因龙口市而得名，因而与龙口市的经济社会发展密切相关。多年来，龙口市始终坚持“工业强市”“以港兴市”战略，尤其是 2007 年以来，龙口市提出了“六大产业”的发展思路，把具有坚实基础的临港产业和加工制造业列为重中之重，一批优势企业呈现出明显的集群化、链条化、规模化发展趋势。但龙口的建设用地指标年均不到 500 亩，远远不能满足很多项目几千亩、上万亩的土地需求。为进一步拓展发展空间，龙口湾临港高端产业聚集区建设显得尤为重要。2010 年 5 月，龙口人工岛群工程用海获得国家海洋局批复。作为中国最大的人工岛群，龙口离岸人工岛计划填海面积 45 km^2。围填海工程于 2011 年 1 月开工，至 2012 年上半年，完成了全部围堰长度 120 km。

龙口市产业结构改变和大规模围填海活动必然导致海岸线空间位置及利用方

式变化，过去 80 年间龙口湾各种类型海岸线的长度及分布情况如图 13.5 和表 13.2 所示。

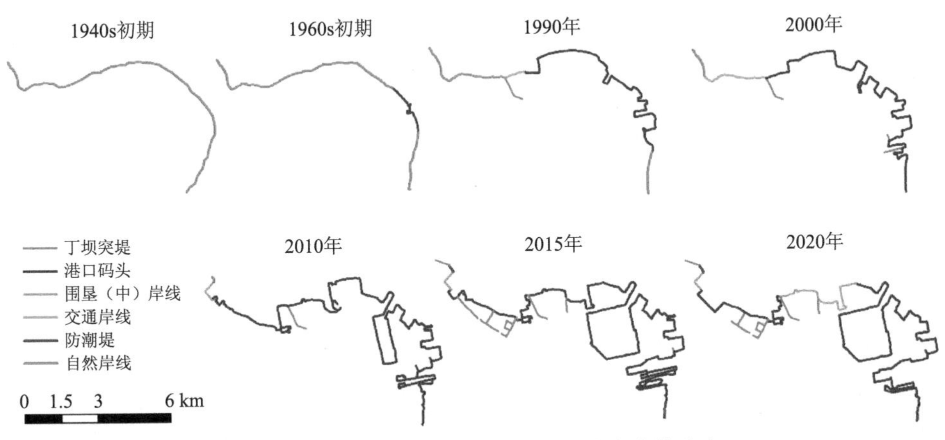

图 13.5　1940s 初期至 2020 年龙口湾海岸线分布

表 13.2　1940s 初期至 2020 年龙口湾海岸线长度

海岸线类型	海岸线长度/km						
	1940s 初期	1960s 初期	1990 年	2000 年	2010 年	2015 年	2020 年
丁坝突堤	0	0	1.27	2.36	1.28	7.01	5.80
港口码头	0	3.11	12.40	19.14	36.04	41.40	31.40
围垦(中)岸线	0	0	0.00	0.00	1.00	1.00	6.09
交通岸线	0	0	0.93	2.87	0	0	0
防潮堤	0	0	0	0	0	1.04	1.01
自然岸线	16.58	13.00	5.96	1.27	0.24	0	0
合计	16.58	16.11	20.56	25.64	38.55	50.45	44.31
人工岸线比率	0.0%	19.30%	71.00%	95.10%	99.40%	100.00%	100.00%

龙口湾岸线长度、空间位置以及利用方式发生了显著变化。2015 年前，龙口湾岸线长度呈递增趋势，从 1940s 初期的 16.58 km 增加到 2015 年的 50.45 km，增长了 33.87 km，年均变化强度达 2.7%，2015 年后岸线长度有所减少；1940s 初期，岸线类型全部为自然岸线，随后自然岸线长度逐渐减少，人工岸线逐渐增加，2015 年自然岸线全部消失，人工岸线比率达 100%，其中港口码头岸线占比 82.1%，占主导地位；岸线空间位置整体表现为陆进海退，陆地面积增加了 16.19 km^2，陆地面积增长指数达 0.98 km^2/km。

13.3.2 近 50 年水下地形演变特征

图 13.6 为各个时期插值后的数字化海图，各时期水下面积、水量统计见图 13.7。结果显示：1960s 到 1990s 年间龙口湾形态变化不大；2000s 后岸线及水下地形均发生显著变化。图 13.8 展示了相邻年代的水深变化情况，进一步定量说明了龙口湾的形态演变过程。总的来说，从 1960s 到 2010s 这半个世纪，研究区水域面积减少了 15%，陆地面积增加了 13 km^2；随着海岸带人类活动的增加，龙口湾从 1990s 后其形态发生突变而非渐变。龙口湾的形态演变从时间角度来看可以划分为 3 个阶段。

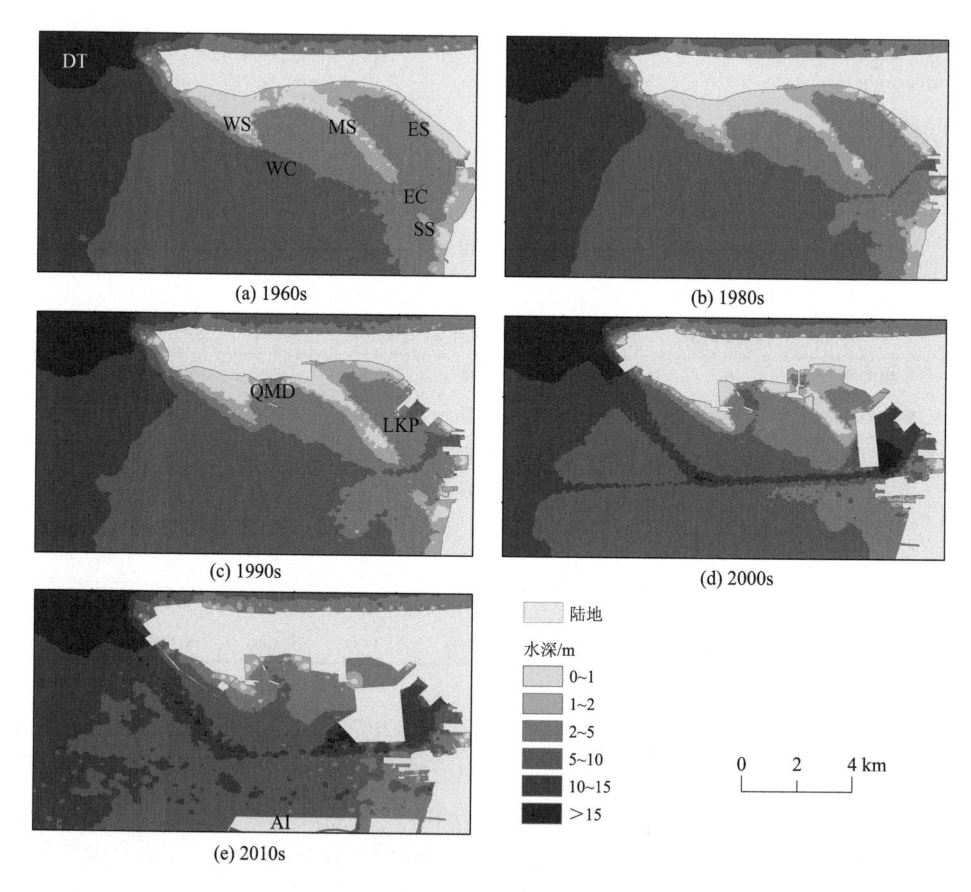

图 13.6 不同时期龙口湾的数字化水深图

图中缩写含义如下：WS-西部浅滩区，MS-中部浅滩区，ES-东部浅滩区，SS-南部浅滩区，WC-西部航道，EC-东部航道，DT-深槽，QMD-屺姆岛码头，LKP-龙口港，AI-人工岛

1960s～1990s，这近 30 年龙口湾形态自然演变，受人类活动影响较小。在此阶段，龙口湾水下地形呈现出如下格局：1 个深槽区、4 个浅滩区(西部浅滩、中部浅滩、东部浅滩及南部浅滩)和一个航道区(西航道与东航道)，总体来说形态变化不大，处于动态平衡状态[图 13.6(a)～(c)、图 13.8(a)(b)]。从 1960s 到 1980s 期间，接近 70%的水下面积没有发生显著改变(即水深改变±0.5 m 以内)，而大约只有 20%的区域存在轻微的冲蚀[图 13.8(a)]；研究区平均水深从 7.19 m 增加到 7.43 m，研究区的水域面积在 1960s 占 85.12%(图 13.7)，在 1980s 占 84.99%，变化并不明显；图 13.8(a)显示深槽区、龙口港和东航道区域水深变浅了 0.5 m 以上，西部浅滩区、中部浅滩区及南部浅滩区发生不到 1 m 的沉积现象。从 1980s 到 1990s 期间，超过 80%的水下区域没有发生显著变化，而出现沉积与冲蚀的面积各占大约 10%(表 13.3)；中部浅滩区和南部浅滩区深度继续保持变浅的趋势(存在轻微的沉积现象)，西部浅滩区出现厚度不到 1 m 的冲蚀现象[图 13.8(b)]；伴随着龙口港的扩建，东部浅滩区逐渐消失，并且在港池区有超过 3 m 的水深变化[图 13.8(b)]；与 1980s 相比，在 1990s 阶段，屺姆岛码头得到扩建，航道清淤工作也有所增加，所以在屺姆岛码头附近水域发生超过 1 m 的水深变化，而在东航道区域形成一条水深变化在 1～3 m 的点状折线[图 13.8(b)]。

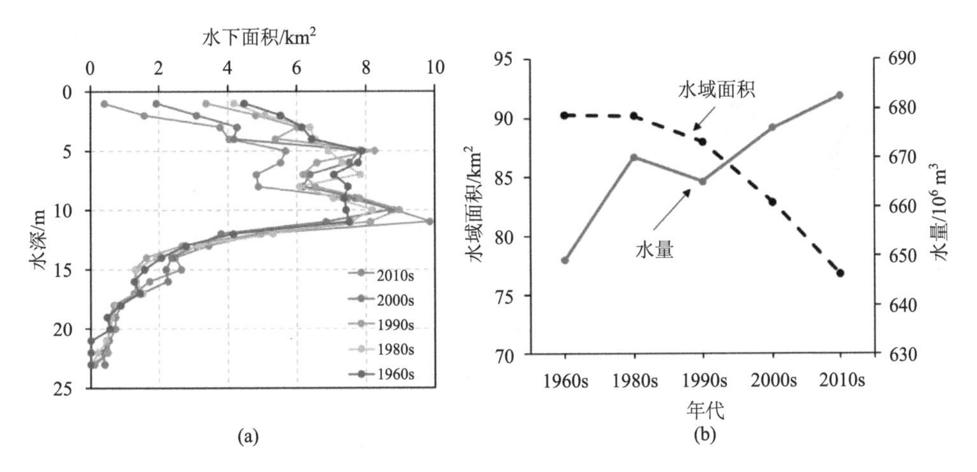

图 13.7　龙口湾研究区从 1960s 到 2010s 期间水下面积统计(a)；从 1960s 到 2010s 期间龙口湾研究区水域面积及水量大小统计(b)

1990s～2000s，港口扩建、航道清淤等人类活动打破龙口湾的自然状态，使近岸及水下地形发生明显改变：三个浅滩区面积逐渐缩小，港池深挖，航道加宽加深[图 13.6(c)、13.6(d)]。在该时间段西部浅滩区出现约 1 m 淤积现象，而在中部浅滩区则有不到 1 m 微蚀现象[图 13.8(c)]。由于屺姆岛沿岸土地复垦，中部浅滩区和西部浅滩区逐渐缩小。水域的比例从1990s的82.9%下降到2000s的78.2%，而平均水深则从 7.56 m 增加到 8.16 m(图 13.7)。该阶段冲蚀面积比例增加到18.85%，淤积面积增加到28.70%(表13.3)。深槽区向屺姆岛岬角延伸，并且得以继续轻微加深。与1990s相比，在2000s最为显著的变化是龙口港大面积的扩建并伴随着航道加宽加深。图13.6(d)显示龙口港池深水区面积有所扩大，码头东侧水深超过20 m。航道(包括东航道和西航道)被挖至10多米，局部区域超过了15 m[图13.6(d)]。图13.8(c)显示沿航道出现一条水深变化超过3～5 m的折线。航道两侧则因就地抛沙导致淤积现象。与1980s～1990s阶段类似，屺姆岛码头继续扩建，其邻近水域深度加深超过1 m以上[图13.8(c)]。

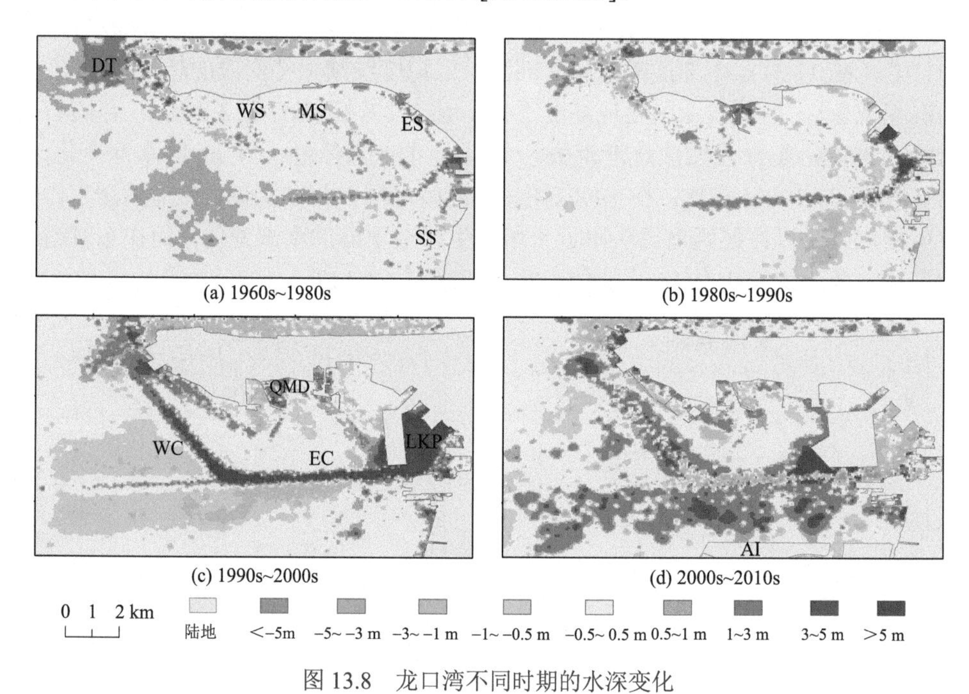

图13.8　龙口湾不同时期的水深变化

表13.3　龙口湾1960s～2010s地貌冲淤变化

时间段		1960s～1980s	1980s～1990s	1990s～2000s	2000s～2010s
淤积区/km^2	<−5 m	0.00	0.04	0.04	0.18
	−5～−3 m	0.13	0.09	0.17	0.55
	−3～−1 m	2.25	2.45	5.96	4.17
	−1～−0.5 m	2.22	6.59	17.65	7.28

续表

时间段		1960s～1980s	1980s～1990s	1990s～2000s	2000s～2010s
无显著变化区/km^2	–0.5～0.5 m	68.58	70.66	43.53	37.95
冲蚀区/km^2	0.5～1 m	12.76	4.35	5.03	8.71
	1～3 m	4.08	3.27	5.32	14.76
	3～5 m	0.26	0.43	2.02	2.42
	＞5 m	0.05	0.25	3.28	0.91
淤积区比例/%		5.09	10.40	28.70	15.83
冲蚀区比例/%		18.98	9.42	18.85	34.83
净增水量/10^6 m^3		20.96	–5.02	10.97	6.51
陆域增量/km^2		0.14	2.23	4.95	6.25

2000s～2010s，龙口港进一步扩建、人工岛兴建，水下地形发生显著变化：浅滩区基本消失，人工岛北部水下地形复杂、较为破碎[图 13.6(d)、13.6(e)]。在此期间，水域在 2000s 所占比例为 78.20%，到 2010s 则下降到 72.34%。平均水深从 8.16 m 增加到 8.89 m(图 13.7)。水深增加 0.5 m 以上的水域达到了 26.79 km^2(占水域的 34.83%)，比以往时期所占比例都大。图 13.6(e)显示，西部浅滩区和中部浅滩区大部分被侵占。与 2000s 相比，2010s 期间龙口港向西扩展，港口西部有较大区域被疏浚 3 m 以上用来与航道相连，局部水深已经达到了 20 m 以上[图 13.6(d)、13.6(e)]。在此阶段，靠近龙口港东侧的局部水域发生不到 1 m 的淤积现象[图 13.8(d)]。深槽区的深度变化基本与 1990s～2000s 期间的保持一致。航道总体来说清淤进一步得到加深，部分区域存在淤积过程。此阶段最为显著的特征是在航道与人工岛之间的区域大量的泥沙被挖掘，不少区域挖掘深度大于 3 m[图 13.8(d)]。这些泥沙被绞吸式挖泥船直接泵出用于吹填人工岛，结果在海底留下大量的取土坑，详细的地形地貌特征会在 13.3.3 节阐述。

13.3.3　人工岛建设导致的微地形地貌变化

尽管历史海图可以在较大尺度上用来综合分析海湾的形态变化特征与变化趋势，但受限于精度问题(如本研究中海图处理后单元格大小为 50 m × 50 m)，其并不能提供海底详细的地形地貌特征。多波束测深技术更关注局域小尺度问题，其可以获取高分辨率的水深数据，实现海底地形的三维展示，能够成为海图工作的一个很好的补充。为更好地揭示吹填工程带来的海底地形变化特征，本研究在人工岛的西北部海域进行了多波束全覆盖扫测工作(图 13.9)，该海域可以作为小区域地形变化研究的一个示例。

(a) (b) (c) (d)

图 13.9　龙口湾野外实地调查

图 13.10 为处理后得到的多波束水深地形图。结果显示人工岛吹填工程使附近海底地形发生剧烈改变。人工岛建设前，该区域地形较为平坦，从东向西水深逐渐加深；吹填工程后该海域水深值在 10.2～18.5 m，其中 43%的区域在 16 m 以下。

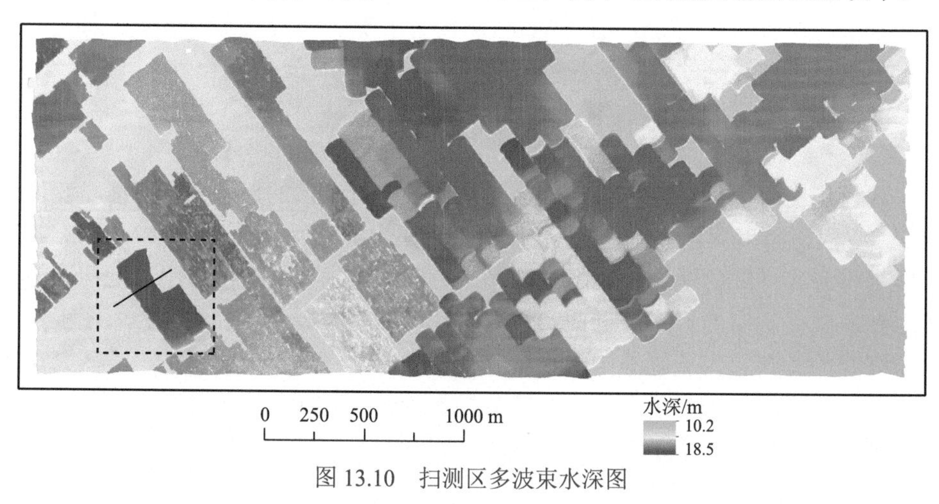

图 13.10　扫测区多波束水深图

图 13.11 为扫测区域坡度图，坡度范围为 0～83°，分级统计不同坡度区间的分布面积，如表 13.4 所示。除取土坑边缘坡度较大外，其余区域均较为平坦，坡度值小于 1°的像元数量占 60.27%，接近 85%的像元坡度小于 3°，坡度值大于 10°的像元数量仅占总像元数量的 5.20%。陡峭地形区域(坡度高值区)主要分布在取土坑边缘，近乎垂直。

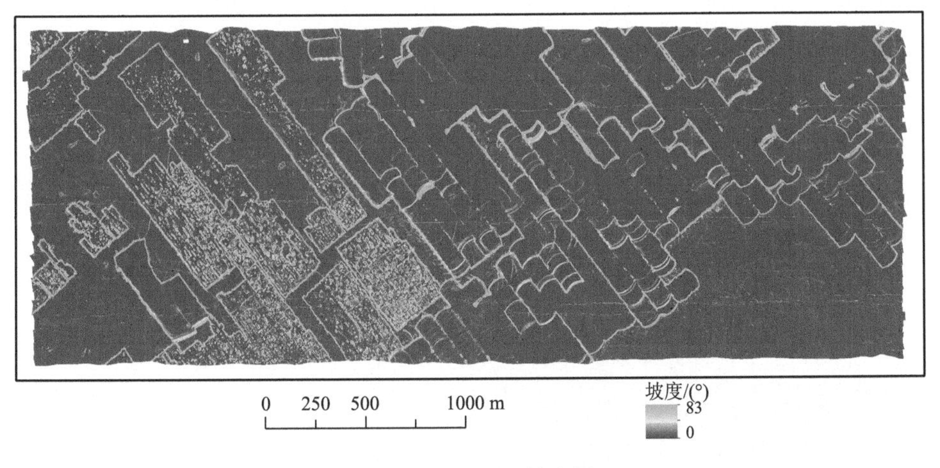

图 13.11　扫测区坡度图

表 13.4　扫测区坡度统计

坡度范围/(°)	像元数量	占比/%	累积占比/%
0～1	17062191	60.27	60.27
1～2	5217862	18.43	78.70
2～3	1707576	6.03	84.73
3～4	884534	3.12	87.85
4～5	579341	2.05	89.90
5～10	1383502	4.89	94.79
10～50	1444274	5.10	99.89
＞50	29318	0.10	100.00

在吹填工程中，绞吸式挖泥船是目前应用较为广泛的机械(图 13.9)。作业时以绞刀作为挖掘工具，使海底沉积物切削后被吸入，水、泥混合成泥浆，经过吸泥管进入泵体并经过排泥管送至排泥区。为了保持相对稳定的排泥距离，一般遵从“远泥近吹，近泥远吹”原则。绞吸式挖泥船挖泥、输泥及卸泥均是一体化，生产效率较高，在沿海港口疏浚、围填海工程中得以广泛应用。多波束数据显示

挖泥船作业抽出海底沉积物留下大量取土坑，其位置、形状、深度、大小清晰可见，它们如同一道道海底 “疤痕”，有的长达 1200 m。取土坑深度不一，较浅的 1 m 左右，深的可超过 8 m。吹填工程使原来的海底地形地貌发生了巨大变化。图 13.10 中可以看出，这些取土坑连接成片，大部分是比较规整的长方形，为 NW-SE 向，与该区域海水底流方向一致。

选取扫测区西南处一个取土坑进行三维成图，沿取土坑做一条水深剖面。3D 图及水深剖面逼真地展现取土坑的形态(图 13.12)，该取土坑宽 130～220 m，长 530 m，深 4 m 左右，由此可估算该处约有 $3.9\times10^5\ m^3$ 泥沙被抽出。由于调查区的吹填工程完成时间不长，取土坑内部并未发现明显的回淤现象，但有些取土坑边缘已出现泥沙淤积。分析多波束后向散射数据发现，未挖掘的海底表层可观测到泥沙波痕，而取土坑内由于底质较硬并未形成波痕(图 13.13)。

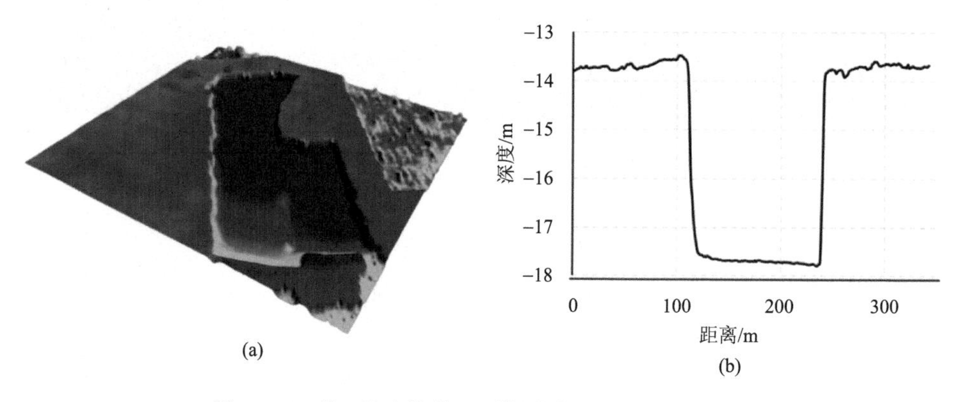

图 13.12　某一取土坑的 3D 效果图(a)和水深剖面(b)

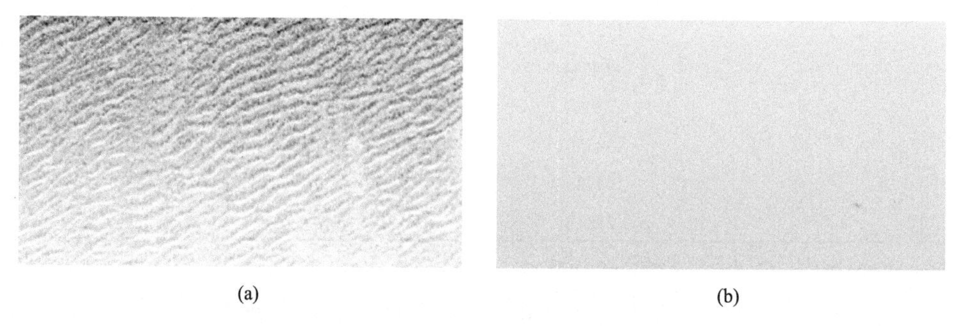

图 13.13　原始后向散射数据对比：(a)海底泥沙波痕；(b)平坦海底

从多波束海底水深图可以推测，该区围填海前是稍有坡度的平坦地形(从东至西逐渐加深)。本研究缺乏吹填工程前的多波束数据资料，为定量计算该区围填海工程带来的地形变化，选取未挖掘区的水深样点(88 个，全区离散分布，图 13.14)，利用克里金插值法构建“挖掘前”的海底地形(图 13.15)。

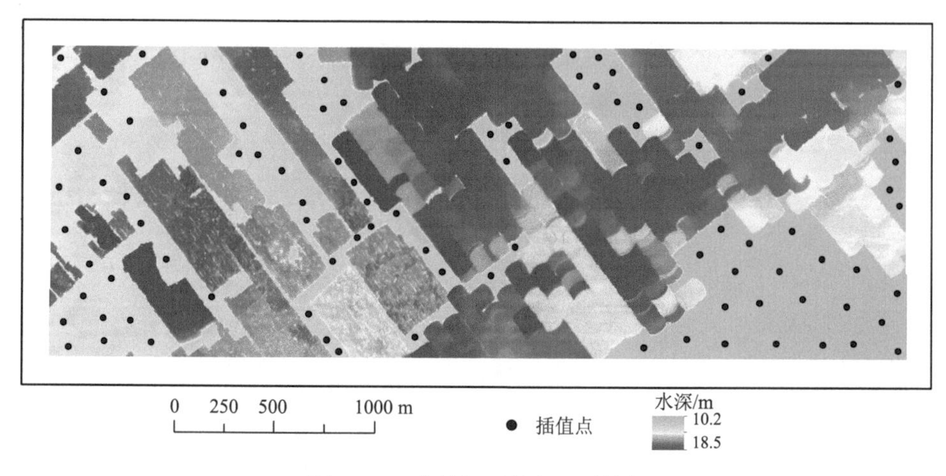

图 13.14　未挖掘区的水深采样点

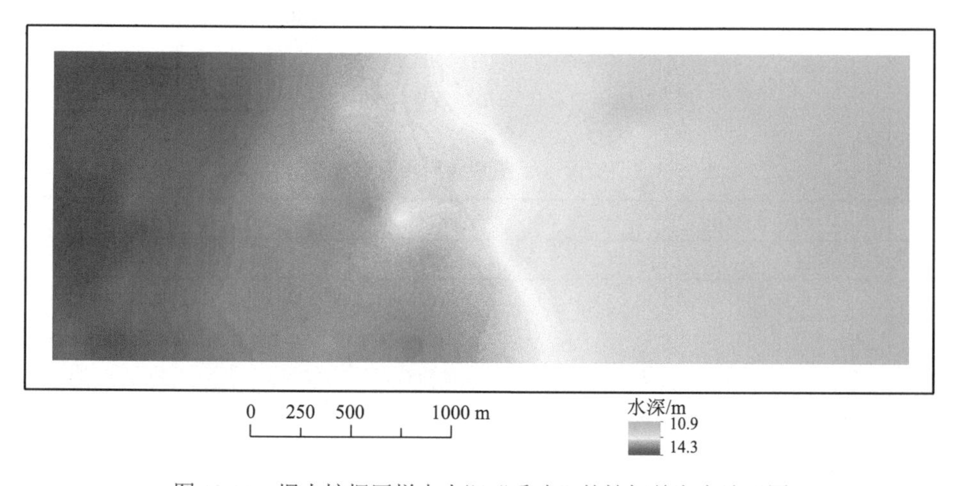

图 13.15　据未挖掘区样点水深“重建”的挖掘前海底地形图

分析表明，研究区挖掘前平均水深为 12.74 m，挖掘后平均水深 15.08 m。与 13.3.2 节多期海图对比研究的方法类似，利用 GIS 空间分析技术定量计算该区水深变化，进而推算取土坑体积(即挖掘的海底沉积物土方量)。图 13.16 为吹填工程实施前后的水深变化情况。统计(表 13.5)显示：约三分之二的区域水深变化量的绝对值大于 0.5 m，发生了显著的水深变化，其中，挖掘深度介于 2～5 m 的区域面积为 3.7 km^2，挖掘深度超过 5 m 的取土坑面积为 2.28×10^5 m^2，占 3.52%；

未发生显著变化的区域占 34.28%(水深变化超过–0.5 m 的仅占 0.14%，将其归为未发生明显变化区)。水深变化(正值)超过 0.5 m 即认为有挖掘现象，挖掘深度超过 4 m 的取土坑多集中在研究区的中东部，并连接成片(图 13.16 中深红色区域)。统计结果表明，该区取土坑平均深度为 3.55 m，据此可估算该研究区有 15.06×10^6 m^3 的泥沙被抽取用于吹填人工岛。

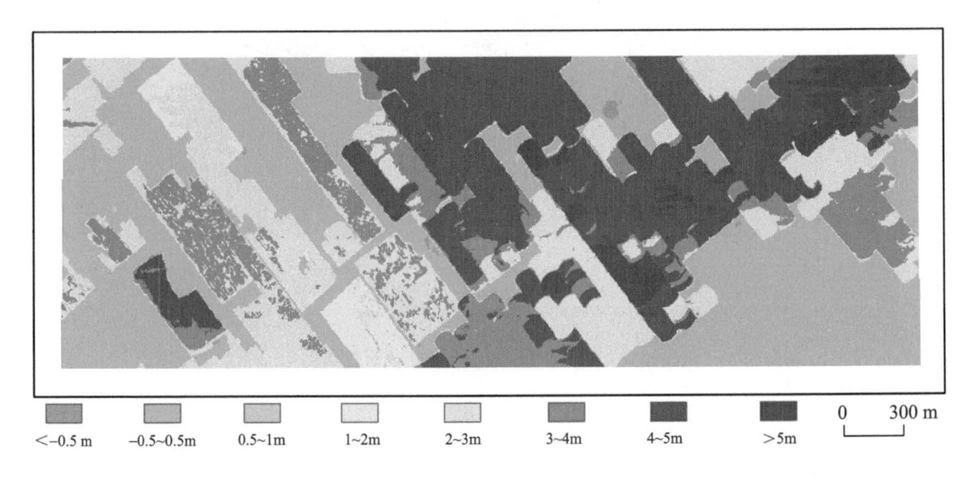

图 13.16　研究区吹填工程前后的水深变化

表 13.5　研究区吹填工程前后水深变化统计结果

水深变化/m		分布面积/km^2	所占比例/%
无显著变化区	< 0.5	2.214	34.28
挖掘区	0.5～1	0.054	0.83
	1～2	0.249	3.85
	2～3	1.248	19.33
	3～4	0.932	14.43
	4～5	1.533	23.75
	> 5	0.228	3.52

13.4　海湾形态变化影响因素分析

13.4.1　海平面变化

《2019 年中国海平面公报》显示，1980～2019 年中国沿海海平面上升速率达到了 3.4 mm/a。在自然状态下，海平面上升会淹没沿岸陆地、侵蚀海岸，导致海岸线蚀退。但与之相反，龙口湾的海岸线呈现出向海发展的态势，水域面积的比例从 84.99%减少到 72.34%，由此，可以认为龙口湾的海平面变化并非该区域海岸线和海湾形态变化的重要影响因素，人类活动的影响幅度远远超过海平面上升引起的自然响应。

13.4.2　泥沙输送

泥沙输送在海湾形态演变中起着重要的作用。龙口湾没有源远流长的大河注入，直接注入海湾的河流有龙口河、北马南河、界河等，但受胶东半岛地形影响，这些河流都是源近流短的季节性小河，流域面积也很小。在没有水库拦截的情况下，各河进入龙口湾的泥沙总量也仅有 35.7×10^4～58.3×10^4 t/a。由于陆域水库拦沙和小流域综合治理等的影响，向海输入的泥沙数量大大减少，龙口湾自然沉积速率仅为 0.05～0.10 cm/a(曲绵旭等，1995)。2000s 以前龙口湾水深没有太大变化(1960s、1980s 和 1990s 的平均水深分别为 7.19 m、7.43 m 和 7.56 m)，也未发现大范围的人类活动。从表 13.3 中可以看出，1960s～1980s 期间没有显著水深变化的区域面积为 68.58 km^2，1980s～1990s 对应的为 70.66 km^2。综上所述，可以认为，泥沙输送也不是龙口湾海湾形态演变的主要影响因素。

13.4.3　港口建设与航道疏浚

截至 2017 年，龙口港拥有码头岸线约 15 km，生产泊位 30 个，其中，15 万吨级 1 个，10 万吨级 7 个，5 万吨级 4 个。为保证航运功能，龙口港的航道疏浚工作自 1990s 以来一直持续，航道得以不断加宽加深。图 13.6(d)、13.6(e)显示龙口港区域与约 9600 m 长的水道均保持较大的水深值。疏浚的淤泥被抛卸到航道西南处附近的海底，造成较大范围的轻微淤积(图 13.8)。填海造地是影响海湾形态变化重要的人类活动，其不仅以最直接的方式改变岸线长度与形状，还给水下海底地形带来显著变化。表 13.3 统计结果显示，从 1960s 到 2010s 研究区填海面积达 13.57 km^2。近岸水域被侵占使龙口湾水下面积明显减少。1980s 国家海洋局第一海洋研究所取样调查发现龙口内湾富集黄铁矿，S 含量最高值达 59%，在重矿物中占绝对优势(曲绵旭等，1995)。黄铁矿是海中自生矿物，其存在说明龙口内湾形成了一个特殊的沉积环境——还原环境，标志着本区沉积作用微弱、动力条件弱、环境自我调节和自我代谢能力较差。曲绵旭等(1995)综合分析了控制龙口湾沉积作用的各种因素，认为如不加以保护和治理，龙口内湾的消亡将是很快的。龙口湾发育有 3 个水下砂咀：尖子头砂咀、官道砂咀及鸭滩砂咀(分别对应西部浅滩区、中部浅滩区和南部浅滩区)。2000s 以前，鸭滩砂咀由于填海已逐渐消失，尖子头砂咀和官道砂咀由于屺姆岛码头的扩建与近岸海洋工程项目的实施，其大部分面积也逐渐被侵占。

13.4.4 人工岛建设

遥感影像、历史海图、多波束数据等分析结果均表明，龙口人工岛建设使得龙口湾的地貌形态发生了剧烈改变(图 13.8 和图 13.10)。在离岸人工岛的建设过程中，绞吸式挖泥船停泊在较深的水域，泥沙混合物材料被泵入浮动管道，采用吹填工艺将海底沉积物输送至目标区，这可以防止泥沙疏浚物质排放到海水中(Zainal et al.，2012)。但同时这种作业方式会在海底留下大量取土坑，随沿岸流移动的悬浮物沉积于此，长远来看会对海滩造成破坏。Chew III(1999)的研究也表明近岸泥沙、砾石的采掘会使波浪运动进一步侵蚀海岸。

海湾自然形成后在很长的历史时期一般会处于较为稳定的平衡状态，而人类活动会扰乱这一平衡，导致海湾冲蚀或淤积，并直接影响到近岸的生态系统，所以了解海湾长期的演变趋势是非常重要的。港口清淤、人工岛建设等人为活动会直接或间接地给海湾环境带来显著的影响。在龙口湾，尽管人工岛建设会给龙口港提供一个更为稳定的航行条件以及更好的泊位环境，但与此同时，由于流体动力条件的弱化而带来一定程度的淤积(安永宁等，2010)。前人的研究已证实陆地与龙口人工岛之间的航道区域正处于较强的沉积环境(An et al.，2013)。

13.5 本章小结

本章利用水深数据结合 GIS 技术构建研究区水下 DEM，定量分析了龙口湾的地貌形态变化特征；采用多波束调查手段，获取了龙口人工岛邻近海域的高分辨率的水深数据，分析和揭示了吹填工程带来的海底地形变化特征。主要结论如下：

(1)龙口湾近 50 年的形态变化可以分为 3 个阶段：1960s～1990s 时期，沉积与冲淤区域呈斑状相间分布，龙口湾以自然的演变为基本特征，很少有大规模的人类活动影响其形态变化；1990s～2000s 时期，伴随着龙口港扩建、航道清淤以及围填海活动等人类活动，龙口湾近岸及水下地形发生了明显改变；2000s～2010s 时期，由于龙口港的进一步发展以及大规模人工岛项目的实施，龙口湾的地貌形态发生了更为剧烈的改变。

(2)近几十年频繁而剧烈的近岸开发活动(主要包括港口扩建、航道清淤和人工岛建设)已超过自然因素(海平面上升、泥沙输送等)的影响，成为引起龙口湾形态变化的主导因素。

(3)人工造岛的吹填工程使得采泥区域水深平均加深了 2.34 m，绞吸式挖泥船在海底留下了大量取土坑，取土坑的平均深度为3.55 m，海底地形地貌发生了极大的改变，海底的原始地貌已“面目全非”，对海底底栖生境造成了严重的破坏。

(4)围填海开发活动不仅改变海岸线形态，同时对海底地形地貌也会造成巨大影响，破坏近海底栖生境，扰乱区域生态平衡。

龙口湾水域广阔，优越的地理位置和自然条件，使其在捕捞和增养殖方面具有良好开发优势。龙口湾是莱州湾的一部分，而莱州湾是我国重要的渔场之一，是中国对虾的主要产地。伴随着龙口湾的开发建设，尤其是近年来的围填海工程的实施，龙口内湾及龙口浅滩逐渐消失，原有的育幼场、产卵场遭到毁灭性损害。关于疏浚、吹填项目的工艺多有报道，然而对于如何治理由此类工程引起的海底底栖生境的破坏还缺乏相关的研究。人类活动的影响如果达到了海洋生态系统无法支撑的临界值，就很容易使其处于崩溃边缘。现阶段龙口的近岸土地复垦活动还在进行，建议相关部门进一步规范化围填海工程项目的实施，如优化集约用海布局，划定围填海开发活动区域，加强资源补偿机制，完善信息公开制度，建立围填海开发活动的后期评价体系等，使海湾经济、生态真正实现协调可持续发展。

参考文献

安永宁, 吴建政, 朱龙海, 等. 2010. 龙口湾冲淤特性对人工岛群建设的响应. 海洋地质动态, 26(10): 24-30.

黄辰虎, 陆秀平, 侯世喜, 等. 2010. 利用 CUBE 算法剔除多波束测深粗差研究. 海洋测绘, 30(3): 1-5.

黄谟涛, 翟国君, 柴洪洲, 等. 2011. 检测多波束测深异常数据的 CUBE 算法模型解析. 海洋测绘, 31(4): 1-4.

黄贤源. 2011. 多波束测深数据质量控制方法研究.郑州：解放军信息工程大学.

姜小俊. 2009. 海底浅层声学探测空间数据集成与融合模型及 GIS 表达研究. 杭州：浙江大学.

李家彪. 1999. 多波束勘测原理技术与方法. 北京: 海洋出版社.

卢凯乐. 2016. 多波束测深数据预处理及系统误差削弱方法研究与实现. 南昌: 东华理工大学.

曲绵旭, 王文海, 丰鉴章. 1995. 龙口湾自然环境. 北京: 海洋出版社.

王德刚, 叶银灿. 2008. CUBE 算法及其在多波束数据处理中的应用. 海洋学研究, 26(2): 82-88.

张伟. 2009. 多波束测深系统在水下地形测量中的应用研究. 北京: 中国地质大学(北京).

An Y, Yang K, Wang Y, et al. 2013. Effect on Trend of Coastal Geomorphological Evolution after Construction of Artificial Islands in Longkou Bay. Advances in Environmental Technologies, 726-731: 3308-3312.

Blott S J, Pye K, Van der Wal D, et al. 2006. Long-term morphological change and its causes in the Mersey Estuary, NW England. Geomorphology, 81(1-2): 185-206.

Butzeck C, Schröder U, Oldeland J, et al. 2016. Vegetation succession of low estuarine marshes is affected by distance to navigation channel and changes in water level. Journal of Coastal Conservation, 20(3): 221-236.

Calder B R, Mayer L A. 2003. Automatic processing of high-rate, high-density multibeam echosounder data. Geochemistry Geophysics Geosystems, 4(6):253-278.

Chew III R T. 1999. Environmental problems on the low atolls of the Marshall Islands. Journal of Geoscience Education, 47(2): 143-149.

Halpern B S, Walbridge S, Selkoe K A, et al. 2008. A global map of human impact on marine ecosystems. Science, 319(5865): 948-952.

Jakobsson M, Calder B, Mayer L. 2002. On the effect of random errors in gridded bathymetric compilations. Journal of Geophysical Research, 107(B12): 2358.

Kim T I, Choi B H, Lee S W. 2006. Hydrodynamics and sedimentation induced by large-scale coastal developments in the Keum River Estuary, Korea. Estuarine Coastal and Shelf Science, 68(3-4): 515-528.

Pittaluga M B, Tambroni N, Canestrelli A, et al. 2015. Where river and tide meet: The morphodynamic equilibrium of alluvial estuaries. Journal of Geophysical Research: Earth Surface, 120(1): 75-94.

Tambroni N, Pittaluga M B, Seminara G. 2005. Laboratory observations of the morphodynamic evolution of tidal channels and tidal inlets. Journal of Geophysical Research, 110: F04009.

Van der Wal D, Pye K, Neal A. 2002. Long-term morphological change in the Ribble Estuary, northwest England. Marine Geology, 189(3-4): 249-266.

Wang Y, Dong P, Oguchi T, et al. 2013. Long-term (1842～2006) morphological change and equilibrium state of the Changjiang (Yangtze) Estuary, China. Continental Shelf Research, 56: 71-81.

Wu Z, Saito Y, Zhao D, et al. 2016. Impact of human activities on subaqueous topographic change in Lingding Bay of the Pearl River estuary, China, during 1955～2013. Scientific Reports, 6: 37742.

Zainal K, Al-Madany I, Al-Sayed H, et al. 2012. The cumulative impacts of reclamation and dredging on the marine ecology and land-use in the Kingdom of Bahrain. Marine Pollution Bulletin, 64(7): 1452-1458.

Zhang W, Xu Y, Hoitink A J F, et al. 2015. Morphological change in the Pearl River Delta, China. Marine Geology, 363: 202-219.

第14章

杭州湾岸线及海湾形态变化特征

杭州湾紧邻长江三角洲，是人-地要素高度耦合和复杂反馈的海岸带复合系统。杭州湾自然水系形态呈现喇叭口状，影响了入海泥沙通量、海平面高程、波浪和潮汐、入海沉积物等自然要素，同时这些自然要素又反作用于海湾形态，改变了原有的自然环境与地貌形态。围垦工程加快了杭州湾自然形态的变化，并重新塑造了湾区形态。

环杭州湾沿岸是我国东部沿海经济最活跃的增长极之一，沿岸城市群经济基础较好、对外开放程度高。随着浙江省海洋经济的持续推进，沿岸生产及生活方式发生了巨大的改变，主要表现为人口密度持续增大、产业活动不断集聚、城市化水平显著提升等。高能耗的生产及生活方式，对湾区的资源与环境造成了前所未有的胁迫。为提升杭州湾生态韧性及实现人海协调发展，亟须通过科学的理论与技术方法，摸清湾区的环境本底值，分析湾区自然形态变化的趋势，探讨影响湾区环境的自然及人为活动因素。当前，考虑海湾整体格局(岸线形态与水下地形形态)及空间特征过程演变的综合型研究还不多见。

本章通过系统梳理杭州湾相关的资料与文献，总结了湾区气象、水文、地形地貌等自然地理环境要素背景值及社会经济发展特征。在此基础上，充分利用ArcGIS、ENVI等地理信息与遥感分析平台，监测了1990～2020年岸线长度和岸线类型等海湾自然形态指标的时空变化情况，分析了水下地形的空间格局及变化特征，并探讨了影响湾区自然形态转变的因素。通过研究，以期为协调杭州湾沿岸经济发展与资源环境保护、提升湾区环境治理与管控能力提供科学依据。

14.1 自然地理与经济社会发展

14.1.1 杭州湾的位置与范围

杭州湾位于我国华东沿海地区(图14.1)，分属浙江和上海两省(市)，沿岸分布的城市有上海市、嘉兴市、杭州市、绍兴市、宁波市及舟山市。杭州湾北岸地理空间范围西起浙江省海盐县澉浦镇，东至上海市浦东新区芦潮港；南岸地理空间范围西起浙江省绍兴市上虞区曹娥江收闸断面，东至浙江省宁波市镇海区甬江口（刘毅飞，2019）；其地理坐标空间范围为：21°33′20″N～ 21°54′30″N, 108°28′20″E ～108°45′30″E，海湾的面积约 380 km^2。

杭州湾是非常典型的河口海湾，海岸线曲折复杂、岛屿众多，东西方向的长度约为 90 km，南北方向自口外向口内渐趋狭窄，湾口位置的宽度达 100 km，而湾内起始端(澉浦)的宽度则仅为 20 km，空间形态呈现自西向东逐渐变宽的喇叭状。杭州湾的北岸是长江三角洲的南缘，沿岸陆域为单一的平原地形，水下分布着多个水下深槽地形；南部沿岸陆域地形以平原和丘陵山地为主，是宁绍平原的北部边缘，潮滩面积较广。

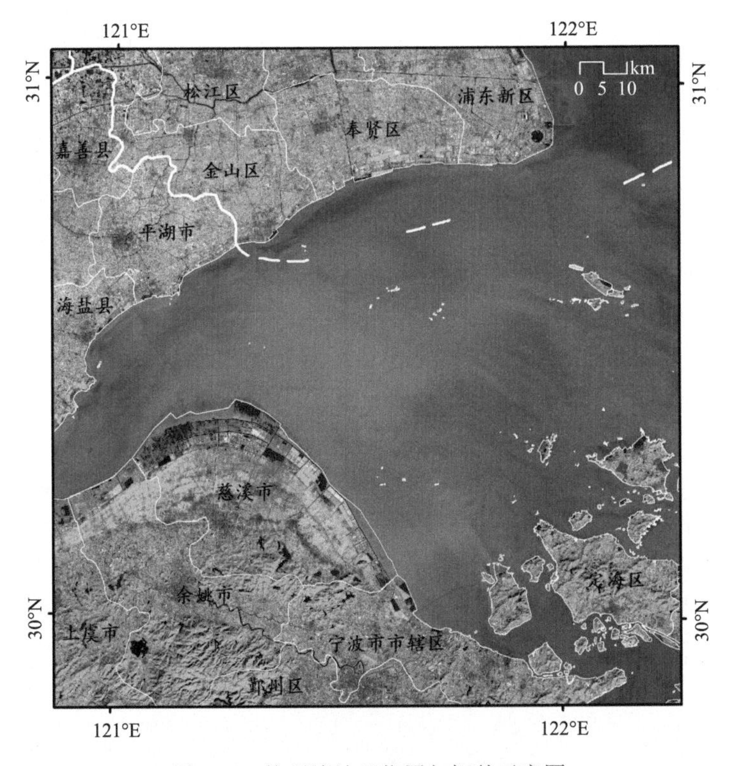

图 14.1 杭州湾地理位置与概貌示意图

背景影像为 Landsat OLI 传感器影像数据，编号为“LC81180392014356LGN00”，行列号为 118-39，成像时间为 2014 年 12 月 22 日，以 7-5-2 波段组合形式呈现

14.1.2　杭州湾的自然地理特征

1. 气候特征

杭州湾处于北纬 30° 附近，位于亚欧大陆与西北太平洋的过渡区域，受到东亚季风、副热带高气压带、陆海分布及地形地貌等因素影响，是典型的亚热带季风气候，主要的气候特点包括：季风显著，四季分明，气温适中，雨量丰富。区域年日照时数达 1825～2080 小时，全年无霜期在 350 天以上，多年平均气温 15.7～16.1℃，高温季节出现在夏季，极端高温月一般出现在 7 月，低温季节出现在冬季，极端最低气温月主要出现在 2 月份(杨士瑛和国守华，1985；蔡友铭等，2015；陶吉兴等，2015)。年平均湿度为 77%～82%，年均降雨量为 980～2000 mm(蔡友铭等，2015；陶吉兴等，2015)。降水主要集中在 3～9 月，占全年降水量的 75 %，雨季可分为两个时期：第一个集中降水时期为梅雨期，杭州湾每年 6 月 10 日前后入梅，7 月 10 日前后出梅；第二个集中降水时期在 8 月下旬至 9 月，降水来源主要为热带气旋携带的水汽(杨士瑛和国守华，1985)。杭州湾多年平均风速为 2.2～5.5 m/s，湾口的平均风速要大于湾顶，年平均大风日(瞬时风速≥17 m/s)一般少于 20 天。冬季盛行 N-NNE 向风，夏季盛行 S-SSW 向风，春秋为过渡季节。但由于受移动性气旋和反气旋、锋面活动和局地地理因素的影响，削弱了季风特征(杨士瑛和国守华，1985)。

2. 水文水系特征

钱塘江水系注入杭州湾内部，多年平均年径流量为 9.3×10^{11} m^3，含沙量为 0.1～0.3 kg/m^3(陈征海，2002；蔡友铭等，2015)。钱塘江源头至澉浦段的河长 500 km，流域面积 5.01×10^4 km^2，多年平均年径流总量为 2.91×10^{11} m^3，多年平均输沙量 5×10^6 t。天然径流年内分配较为不均，汛期集中在 4～6 月(梅雨季节)，占年总量的 50%，7～9 月为台风汛期。最大洪峰流量高达 2.9×10^4 m^3/s，枯水期最小流量为 15.4 m^3/s(王桂芝等，1982)。

钱塘江的主要支流为浦阳江和曹娥江。浦阳江的主干流长 49.61 km，流域面积为 492.62 km^2，多年平均年径流量为 2.46×10^{10} m^3。浦阳江上游建有中小水库 1037 座，总库容达 3.1×10^9 m^3，中游建有高湖分洪闸，下游截弯取直，开挖新河，灌溉面积达 2.3×10^5 亩(魏铮等，2019)。曹娥江经上虞入杭州湾，全长 193 km，流域面积为 6046 km^2，多年平均年径流量为 4.53×10^{10} m^3；曹娥江干流花山站以下为感潮河段，口门的潮差达 4 m 以上，是典型的洪冲潮淤的强潮河口(冯利华和鲍毅新，2005)。

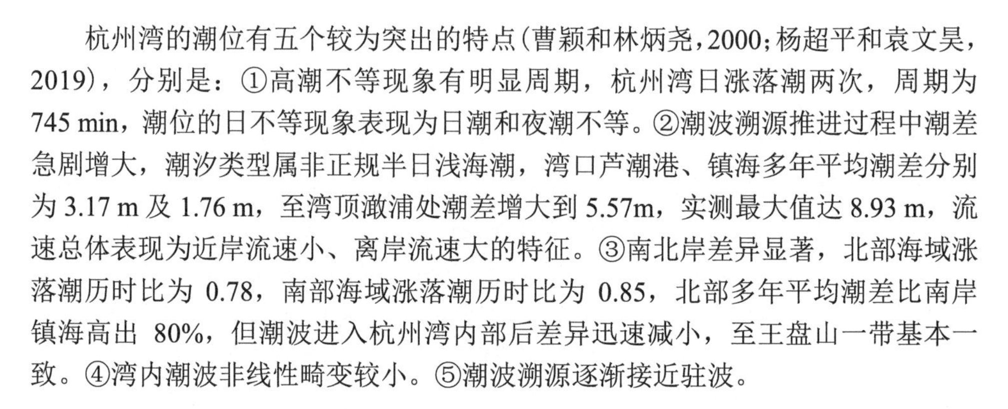

杭州湾的潮位有五个较为突出的特点(曹颖和林炳尧，2000；杨超平和袁文昊，2019)，分别是：①高潮不等现象有明显周期，杭州湾日涨落潮两次，周期为745 min，潮位的日不等现象表现为日潮和夜潮不等。②潮波溯源推进过程中潮差急剧增大，潮汐类型属非正规半日浅海潮，湾口芦潮港、镇海多年平均潮差分别为 3.17 m 及 1.76 m，至湾顶澉浦处潮差增大到 5.57m，实测最大值达 8.93 m，流速总体表现为近岸流速小、离岸流速大的特征。③南北岸差异显著，北部海域涨落潮历时比为 0.78，南部海域涨落潮历时比为 0.85，北部多年平均潮差比南岸镇海高出 80%，但潮波进入杭州湾内部后差异迅速减小，至王盘山一带基本一致。④湾内潮波非线性畸变较小。⑤潮波溯源逐渐接近驻波。

3. 地质地貌特征

杭州湾南岸属典型的淤泥质海岸的淤涨岸段，海岸线呈弧形，堆积了大量松散沉积物，包括海积、冲海积、冲湖积、冲(洪)积等，厚度 60～130 m。地势北低南高，以平原为主，平均海拔 2.0～5.0 m，南侧有残丘零星分布，海拔均为 150 m 以下。海岸地貌形态变化和泥沙搬运的主要动力为潮汐和潮流，平原沿岸滩涂呈现西部冲淤交替不稳定的特征，其中慈溪市北部的庵东平原淤涨速度较快(林钟扬，2019)。

杭州湾北岸为浅碟形洼地的冲积平原，地势大致呈东南向西北倾斜。杭嘉湖平原(嘉兴区域)属江南古陆外缘杭州湾凹陷，吴淞江冲积平原平均海拔 2.8 m；丘陵由火山岩、侵入岩组成，海拔大多在 50～100 m，零散分布在钱塘江沿岸的海宁、海盐、平湖等地；堆积地貌分布在钱塘江—杭州湾北岸(海宁、海盐和平湖南部)，由近代钱塘江和外海潮流携带的泥砂及现代人工促淤下堆积而成(林钟扬，2019)，组成物质为亚砂土、粉砂，沿岸线呈条带状分布，海拔 3～4 m。

受水动力的作用，杭州湾呈现北蚀南淤的态势。北岸水下深槽发育较多，但在港口开发及人工长期修堤筑坝的保护作用下，岸线已日趋稳定；南岸的人工围垦强度较为突出，近 30 年陆地向海扩张显著，自然湿地的面积已经从 1990 年的 568.9 km^2 下降至 2017 年的 230.9 km^2，人工湿地面积则从 1990 年的 141.7 km^2 增长至 2017 年的 1221.5 km^2(林钟扬，2019；彭小家等，2020；王丽佳等，2020)。围垦工程导致杭州湾南岸漫滩流特性、海域涨落急流速有所减弱，并且近岸海域涨急流速有较为明显的累积效应(方强等，2020)。

14.1.3 杭州湾经济社会发展特征

海湾经济指的是政府与市场共同推动下形成的一种高级区域经济形态，海湾经济面向经济发展水平达到一定程度且地理空间位于同一水域周边的城市群，旨在实现湾区要素高效流动、产业跨城市分工协作及公共服务高度一体化，具有空间共享、产业分工协作、开放创新等特点(顾自刚等，2018；石坚韧等，2020)。2017 年 6 月浙江省第十四次党代会提出：大力发展湾区经济，重点建设以上海为龙头的环杭州湾大湾区(陈俊达和易露露，2015)。

杭州湾的地理位置非常优越，海滩广阔，岛屿众多，海湾曲折，水产、港口资源丰富，是发展对外贸易和旅游业的“黄金海岸”，是进入国际市场的最便捷出海通道之一，是国家“一带一路”倡议海上丝绸之路的重要地理节点。改革开放以来，杭州湾沿岸区域经济社会水平得到快速提升，是引领我国海洋经济发展的重要增长极之一(张大成，2019；公丕宏，2019；陈莎雯等，2020)。

20 世纪 90 年代以来，上海凭借其海陆双重交通优势成为我国重点改革开放阵地与对外交流纽带。随后，上海的经济发展对周边城市形成涓滴效应，通过产业转移对环杭州湾城市经济起到提升作用，例如，浙江杭州与上海通力合作，在信息技术和智能制造等产业取得迅猛发展(杜丽菲等，2008)。环杭州湾地区的上海、宁波等大型城市的经济对外开放度不断提升(石坚韧等，2020)。目前，凭借着舟山港、上海港的先天外贸优势以及海铁联运和江海联运的完整物流通道，环杭州湾大湾区海陆统筹发展，并积极参与全球生产分工，目前已拥有长三角 33%的经济总量、49%的进出口总量、43%的中国民营 500 强企业、53%的境内上市公司、32%的专利申请量，整体形成了城市合作紧密且具有一定区域经济规模的多中心协同发展态势(李晓莉和申明浩，2017；池仁勇等，2019)。上海单中心的发展格局逐渐被“多中心”互相融合的发展态势取代，湾区整体已经形成了“1+2+3”的跨区域空间网络布局，即以国际大都市——上海为核心，以杭州、宁波为区域中心，以三个较大城市——嘉兴、绍兴和舟山为重要的组成部分(张汉东，2017)。

14.2　数据与研究方法

海湾是人地高度耦合的区域，摸清湾区自然要素的本底值，分析当前湾区变化的态势，探索合理的可持续发展模式，是维护海湾区域经济可持续发展与协调生态系统健康的必由之路。利用实验室数值模拟和现场观测手段分析海湾自然形态及环境动态变化是当前的研究热点之一(Todeschini et al.，2008；Pittaluga et al.，2015)。本章基于实验室卫星影像解译数据、海图水深数据及野外实地调研数据开展了杭州湾形态本底值与转变情况的基础研究。

14.2.1　遥感影像收集与处理

遥感(remote sensing，RS)技术是高效的非直接接触地物而获取其属性特征及其时间和空间变化的方法。遥感技术在提取大尺度地物方面具有高效性，与传统的现场勘测技术相比，遥感手段获取的数据的时空尺度较大，而且可获取不同时期地表覆被类型的空间分布及转变信息，可检测沿海地貌的空间特征以及确定自然过程和人为干预对海岸带的影响，因而已被广泛地应用于监测海岸线的变化(Everitt et al.，2008；Zhang et al.，2015；Hoang et al.，2016)。

Landsat 系列卫星具有中等空间分辨率，可实现较大空间尺度海岸线变化的长时序定量监测工作。自 1972 年以来，美国 NASA 的陆地卫星计划已发射 9 颗 Landsat 系列卫星，可提供长时间序列的连续全球地表观测记录(Tian et al.，2016)。Landsat 5 卫星携带专题制图仪(TM)和多光谱成像仪(MSS)两个传感器，在 1984～2013 年间提供影像数据服务，是目前在轨运行时间最长的光学遥感卫星，所获得的 30 m 分辨率光学图像是迄今为止应用最为广泛、成效最为显著的地球资源卫星遥感数据。Landsat 8 卫星装备有陆地成像仪(OLI)和热红外传感器(TIRS)，是美国陆地探测系列的后续卫星，自 2013 年 2 月起提供卫星影像数据服务。OLI 有 9 个波段的感应器，覆盖了从红外到可见光的多个波段，OLI 比 ETM+ 传感器增加了一个海岸带蓝波段(band 1: 0.433～0.453μm)和一个短波红外波段(band 9: 1.360～1.390μm)，其中，海岸带蓝波段可用于海岸带观测，短波红外波段可用于云检测。

本研究利用 Landsat 系列卫星多时相的遥感影像，通过人机交互方式提取杭州湾海岸线分布矢量数据集，涉及的卫星遥感影像源自 Landsat 5 的专题制图仪(TM)及 Landsat 8 卫星的陆地成像仪(OLI)。在此基础上，开展岸线历史变化特征及演变规律研究。本章节共收集了研究区 5 个时期空间分辨率为 30 m 的遥感影像(图 14.2)：1990 年(TM)、2000 年(TM)、2010 年(TM)、2015 年(TM)、2020 年(OLI)。

遥感影像的预处理工作主要包括大气校正、几何校正两步。大气校正在 ENVI 5.3 软件内置的 FLAASH 大气校正模块中进行；几何校正所需的地面同名控制点(ground control points，GCP)源自谷歌地球高分辨率历史影像，在 ENVI 5.3 平台下使用地面同名控制点进行遥感影像几何校正，保证整体精度较优(误差小于 0.5 个像元)，并使用双线性内插(bilinear interpolation)方法将图像重采样。

制定统一的卫星影像解译工作流程及标准，运用 GIS 技术解译和获得岸线分布数据。根据海湾岸线形态特征的先验知识(Google 影像及实地调研获取了不同岸线样本的特征)，在 ArcGIS 10.2 平台下采用目视解译方式完成海湾岸线的提取工作，为确保各时期岸线的可比性，解译过程设置相同的比例尺。岸线提取工作完成后，计算各个时期的岸线长度，对比分析研究区海岸线变化特征。

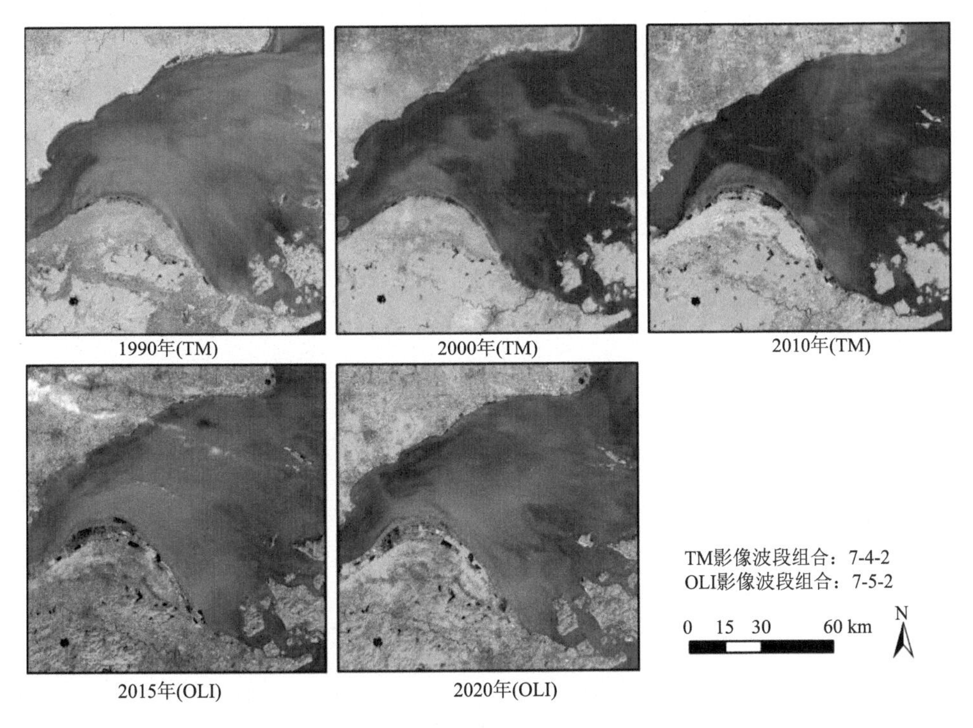

图 14.2　研究区多时相遥感影像

14.2.2　历史海图收集与处理

不同时期的历史海图记载的水深数值，能够反映不同时期的海湾地形地貌特征，可用于分析海湾的水下地貌演化规律(Van der Wal and Pye，2003；Blott et al.，2006；Wang et al.，2013)。随着杭州湾港航相关产业发展不断提速，跨杭州湾水域的工程建设数目不断增多(杭州湾跨海大桥、嘉绍大桥等)，为确保港口顺利建设、航道安全航行，交通运输部东海航海保障中心对该区域的水深进行了适时的调查。

为了解杭州湾水下地形的变化情况，本研究开展了海图水深数值点和等深线的矢量化工作，在此基础上构建杭州湾的 DEM 数据，用于定量分析湾区水下地形地貌变化特征。研究共收集 2 幅历史海图(图 14.3)，分别反映 1990s、2020s 时期的情况，出版单位分别为中国人民解放军海军司令部航海保证部及船讯网。但由于杭州湾面积较大，同一时期水深数据获取的年份也稍有差异(同一幅海图图件记载的数据是连续几年多次调查的最后成果)。尽管海图中的水深测量数据存在固有的误差，例如潮位校准及波浪影响等，但这些误差并不影响最终的成果图，历史海图基本上可以为分析海湾不同时期的淤积、侵蚀提供可靠的数据来源。考虑到所获取数据的有效性，本研究选取了杭州湾水下地形变化较为显著的北岸嘉兴港区及南岸慈溪滩涂区作为研究对象来阐释其历史演变特征。

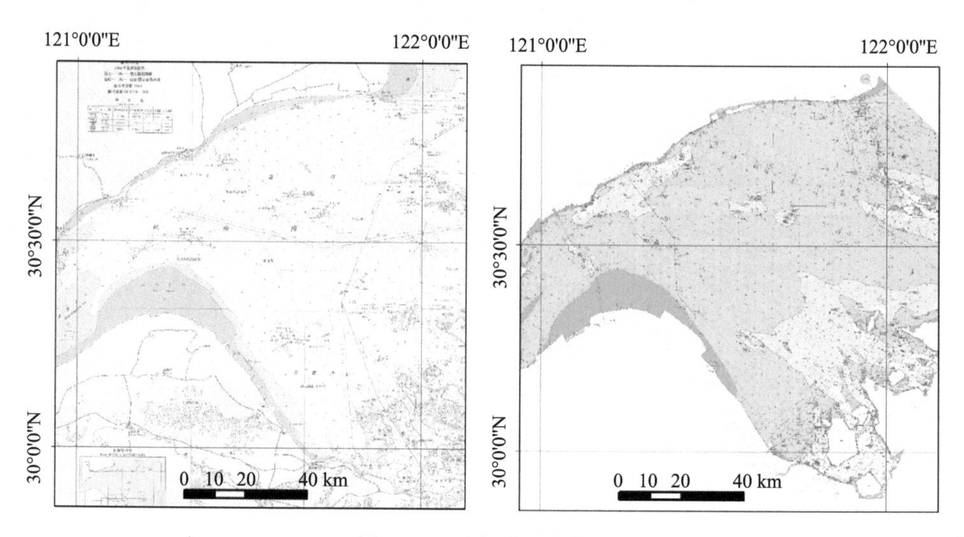

图 14.3　研究区历史海图

基于历史海图中的水深数据开展杭州湾水下地形变化研究，包括三个操作步骤，分别是：图像地理配准、水深数据点矢量化及地理空间变化分析。首先，在 ArcGIS 平台中赋予海图电子图片北京 54 坐标系，并使用地理配准工具为海图中刻画的经纬网交汇点添加经纬度信息，地理配准后的海图具备了空间坐标信息；在此基础上对海图中的水深点、等深线、海岸线等进行矢量化提取；进而在 GIS 中采用反距离加权方法对矢量化后的水深点和等深线进行空间插值处理，获取水下数字高程模型(DEM)；最后经裁剪处理，得到研究区各历史时期的数字化海图。利用 GIS 空间分析工具，对比分析不同时期水深的差异，通过不同时期 DEM 数据对比(如执行减法运算)来反映海湾水下地形的形态改变特征，获得等深线变化、冲淤面积等信息。在本研究中，参照前人的研究，相邻两期水深变化幅度(绝对值)大于 0.5 m 则认为对海湾水下地形的演变具有显著指示意义(Blott et al.，2006；Van der Wal and Pye，2003；Zhang et al.，2015)。

14.3　杭州湾自然形态变化特征

本节讨论的对象为杭州湾的自然形态，包括岸线形态、水下地形及海湾重心，分三个模块分别分析湾区以上三个自然要素的空间分布格局及演变过程。第一个模块分析杭州湾岸线的类型、长度及空间地理位置的分布格局与演变过程特征；第二个模块分析冲淤过程中水下地形的空间格局变化特征；第三个模块分析湾区平面重心与立体重心的方位转移趋势特征。本书旨在摸清杭州湾自然形态的一般特征，把握各要素的空间转变的规律，识别要素转变的预警信息。

14.3.1　杭州湾海岸线变化特征

基于 1990～2020 年的 Landsat 系列遥感影像，以及 1990s 和 2020s 两个时期的历史海图数据，在 ArcGIS 平台中目视解译获取了杭州湾的海岸线空间位置矢量数据(图 14.4)，包括对应 5 景遥感影像成像年份的平均大潮高潮线数据及对应 2 幅海图 0 m 等深线的数据。在此基础上，根据岸线利用方式的差异，划分了 6 种岸线类型，并使用栅格统计工具分别统计了每个时期不同类型的高潮线的长度。

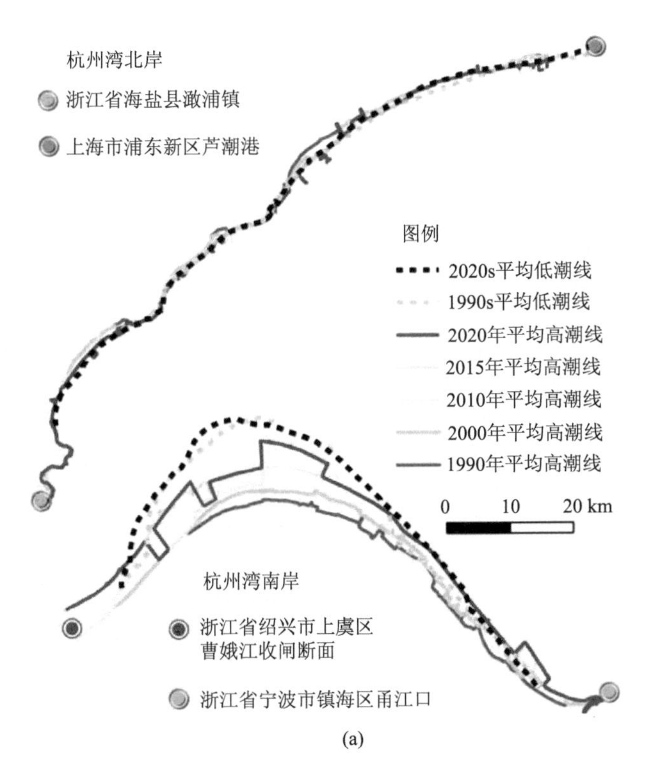

(a)

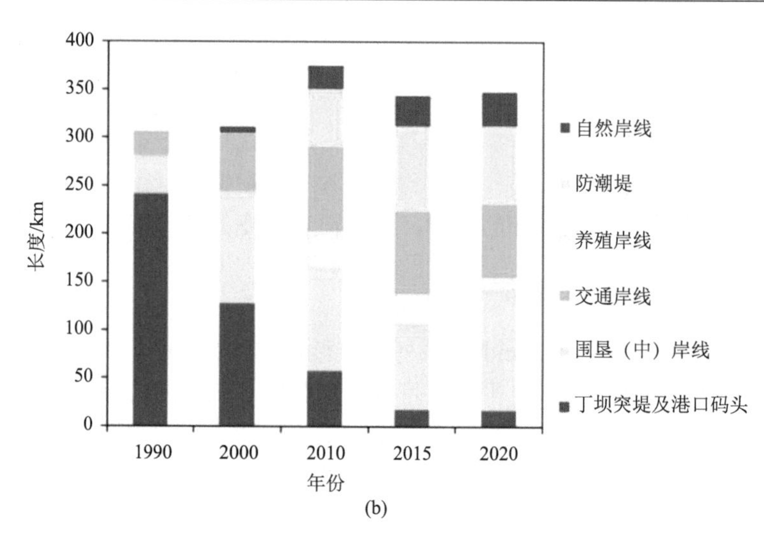

图 14.4　1990～2020 年杭州湾海岸线分布图(a)；1990～2020 年杭州湾海岸线长度统计(b)

统计结果显示：在过去的 30 年中，杭州湾岸线的总长度由 259.82 km 增加至 316.02 km，增量为 56.20 km，平均增长速率为 1.87 km/a(表 14.1)。根据岸线扩张速率快慢差异，可将杭州湾岸线变化划分为两个阶段：快速扩张阶段(1990～2010 年)与缓慢扩张阶段(2010～2020 年)。1990～2000 年间，杭州湾岸线相对稳定，扩张速率为 1.22 km/a，2000～2010 年间，岸线扩张快速率达 3.78 km/a，岸线长度分别增加了 12.18 km 和 37.82 km，该阶段是杭州湾岸线长度扩张最显著的时期；2010～2020 年间，杭州湾的岸线长度增加了 6.2 km，增长速率为 0.62 km/a，该阶段岸线增长速率明显放缓，其中 2010～2015 年间岸线长度略有减少，2015～2020 年间岸线长度继续增加了 7.07 km。

表 14.1　杭州湾区域海岸线变化统计

年份	海岸线长度/km	标准差(Std.)	海岸线类型	长度变化/km	增长速率/(km/a)
1990	259.82	8.72	高潮线	—	—
2000	272.00	5.61	高潮线	12.18	1.22
2010	309.82	3.31	高潮线	37.82	3.78
2015	308.95	2.78	高潮线	−0.87	0.62
2020	316.02	2.71	高潮线	7.07	

杭州湾岸线类型呈现出自然岸线比例快速下降而人工岸线比例急剧提升的总趋势。1990～2020 年间杭州湾自然岸线的长度由 221.67 km 减少至 14.82 km，减

少量达 206.85 km，自然岸线占比由 85.32 %下降至 4.69 %。研究时期，杭州湾人工岸线变化具有两大特征：①人工岸线的类型不断增多，交通岸线和防潮堤是杭州湾出现较早的两类人工岸线，养殖岸线、围垦(中)岸线、丁坝突堤及港口码头等类型人工岸线的出现时间稍晚。②人工岸线的总长度不断增加，1990～2020 年间，人工岸线总长度由 38.15 km 增长至 301.20 km，不同类型的人工岸线在研究末期的长度降序排序分别为：防潮堤、围垦(中)岸线、交通岸线、丁坝突堤及港口码头、养殖岸线。其中防潮堤、围垦(中)岸线及交通岸线是人工岸线中净增量最显著的类型，分别从 1990 年的 13.51 km、0 km、24.63 km 增长至 2020 的 110.31 km、67.19 km、75.63 km。

岸线长度的标准差反映了岸线演化过程中的空间离散程度。标准差的数值越大，代表岸线在空间的离散程度越大；标准差数值越小，代表岸线在空间的离散程度越小，并集中在某个岸段。根据标准差统计结果显示：1990～2020 年间的 5 个时期，岸线变化的标准差数值呈单调下降的趋势，表明了杭州湾岸线变化的区域趋于集中，由图 14.4 可知，早期杭州湾南北两岸的岸线均有不同程度的扩张，2010 年后，杭州湾北岸的岸线趋于稳定，岸线空间扩张不显著，但杭州湾南岸的岸线一直向湾内水域扩张，间隔年份的岸线间距由逐渐变宽转为不断收窄，说明研究时期岸线扩张强度先增强后减弱。

14.3.2　杭州湾水下地形演变特征

在 ArcGIS 软件中使用反距离插值法分别对研究时期始末两个阶段(1990s 和 2020s)海图中的水深数值进行空间插值，获取到 1990s、2020s 两个时期的杭州湾水下地形信息[图 14.5(a)(b)]，在此基础上，通过空间叠加分析识别两个时期之间水下地形的转变情况，参照宋洋等(2018)使用的分级标准(表 14.2)，可将水深数值变化的大小依次划分为显著淤积、中度淤积、轻微淤积、基本稳定、轻微侵蚀、中度侵蚀及显著侵蚀 7 个等级[图 14.5(c)]。

杭州湾区域水深的空间插值结果显示：①北岸的水深显著大于南岸，湾口的水深显著大于湾顶。②近岸水下岸坡及岛屿四周的等深线较为密集，坡度较大，垂直落差较大，深水区分布较多；湾顶的水下等深线数值变化较显著，水下地形较复杂、起伏较大；湾口的等深线分布较稀疏，水下地形相对较为平坦均一。③嘉兴港毗邻水域的淤积严重，所在沿岸深槽区的水深极值有所下降，1990s 的水深极值为 41.60 m，至 2020s 水深极值已变为 32.96 m。

将杭州湾两个时期的水深数据进行空间叠加，结果显示：①湾区水下地形整体趋于淤积，其中，水下淤积的面积为 1961.35 km^2，水下侵蚀的面积为 1579.1 km^2，水下地形维持稳定的面积为855.06 km^2。②湾口呈现北侵南淤的整体态势，轻度侵蚀的区域面积广泛集中在上海奉贤—浦东岸段及以南的海域，显著侵蚀的区域为湾口海岛(滩浒岛、贴饼山岛、大白山岛等)周边海域。③湾顶呈现出北淤南侵的态势，湾顶区域主要受上游钱塘江的冲淤作用影响，浙江海盐县至上海金山区沿岸出现大面积的淤积状态，其中，嘉兴港沿岸为显著淤积区域，但南岸的浙江余姚市—慈溪市潮滩临水一侧的湾区则出现了明显的冲刷现象，是中度侵蚀区的集中分布区域。④湾口向内至湾顶由侵蚀状态过渡到淤积状态，且出现了较为明显的侵蚀-淤积分界线，大体位于上海奉贤区至浙江慈溪市连线处[A—B，图14.5(c)]，是水下地形基本稳定的集中分布区域。

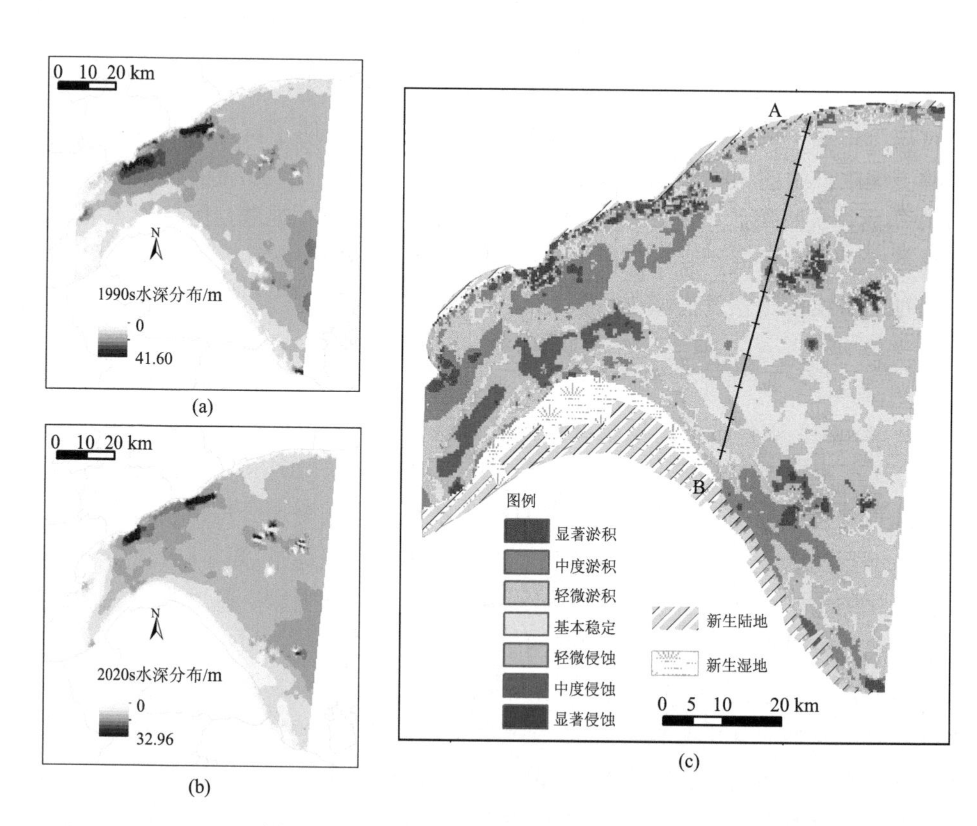

图14.5 杭州湾不同时期的水深及其变化特征

(a)1990s水深分布；(b)2020s水深分布；(c)1990s～2020s水深变化等级分布，其中A—B连线为水下地形基本稳定区域分界

表 14.2　1990s～2020s 杭州湾水深地形变化统计

冲淤趋势	变化等级	水深变化/m	面积/km^2
淤积	显著淤积	$d \leqslant -5.00$	74.42
	中度淤积	$-5.00< d \leqslant -2.50$	458.72
	轻微淤积	$-2.50< d \leqslant -0.25$	1428.21
基本稳定		$-0.25< d \leqslant 0.25$	855.06
侵蚀	轻微侵蚀	$0.25< d \leqslant 2.50$	1346.66
	中度侵蚀	$2.50< d \leqslant 5.00$	189.60
	显著侵蚀	$d >5.00$	42.84

14.3.3　杭州湾重心演变特征

标准差椭圆(standard deviational ellipse, SDE)是空间统计方法中能够精确揭示要素多种空间分布特征的一种方法(Wong，1999；赵璐和赵作权，2014)。SDE 方法将研究对象的空间区位和空间结构在空间坐标系中呈现相应的位置，从空间全局的角度使用空间分布椭圆的中心、长轴、短轴、方位角等指标，定量解释地理要素空间分布的中心性、展布性、方向性、空间形态的整体格局及演化特征。椭圆空间分布范围表示地理要素空间分布的主体区域，椭圆中心表示地理要素在二维空间上分布的相对位置，方位角反映其分布的主趋势方向(即正北方向顺时针旋转到椭圆长轴的角度)，长轴表征地理要素在主趋势方向上的离散程度。

SDE 的数学原理为：基于地理要素空间分布的平均中心，分别计算要素在椭圆 X 轴方向和 Y 轴方向上的标准差，以此确定空间要素分布的椭圆的长短轴及方向，使用该椭圆可以直观地从专题图中获取要素空间分布的离散度的变化情况。SDE 主要参数的计算公式如下。

标准差椭圆的平均中心计算公式为

$$\overline{X_w} = \frac{\sum_{i=1}^{n} w_i \cdot x_i}{\sum_{i=1}^{n} w_i};\overline{Y_w} = \frac{\sum_{i=1}^{n} w_i \cdot y_i}{\sum_{i=1}^{n} w_i} \tag{14.1}$$

标准差椭圆的方位角计算公式为

$$\tan\theta = \frac{\left(\sum_{i=1}^{n} w_i^2 \cdot \tilde{x}_i^2 - \sum_{i=1}^{n} w_i^2 \cdot \tilde{y}_i^2\right) + \sqrt{\left(\sum_{i=1}^{n} w_i^2 \cdot \tilde{x}_i^2 - \sum_{i=1}^{n} w_i^2 \cdot \tilde{y}_i^2\right)^2 + 4\sum_{i=1}^{n} w_i^2 \cdot \tilde{x}_i^2 \cdot \tilde{y}_i^2}}{2\sum_{i=1}^{n} w_i^2 \cdot \tilde{x}_i \cdot \tilde{y}_i} \tag{14.2}$$

标准差椭圆的 X 轴标准差计算公式为

$$\sigma_x = \sqrt{\frac{\sum_{i=1}^{n}\left(w_i \cdot \tilde{x}_i \cdot \cos\theta - w_i \cdot \tilde{y}_i \cdot \sin\theta\right)^2}{\sum_{i=1}^{n} w_i^2}} \tag{14.3}$$

标准差椭圆的 Y 轴标准差计算公式为

$$\sigma_y = \sqrt{\frac{\sum_{i=1}^{n}\left(w_i \cdot \tilde{x}_i \cdot \sin\theta - w_i \cdot \tilde{y}_i \cdot \cos\theta\right)^2}{\sum_{i=1}^{n} w_i^2}} \tag{14.4}$$

式中，(x_i, y_i)为研究对象的空间坐标；w_i为权重；（$\overline{X_w}$，$\overline{Y_w}$）是加权平均中心；θ为标准差椭圆的方位角，代表椭圆中心与正北方向构成的线段沿顺时针方向旋转与椭圆长轴构成的夹角；$\tilde{x}_i$、$\tilde{y}_i$分别表示研究对象到加权平均中心的距离偏差；σ_x、σ_y分别为 x 轴和 y 轴上的标准差。

研究时期，杭州湾岸线及水下地形发生了显著的变化，引入标准差椭圆工具，旨在分析湾区二维平面空间及水下立体空间对湾区自然要素转变的响应程度。标准差椭圆的平面重心指示当前时期岸线覆盖的中心区域(设置的一个标准差椭圆，覆盖 63% 的研究区域)，标准差椭圆长轴方向指向当前时期岸线的集中区域，相邻两个时期的椭圆长轴方向间的区域为岸线变动的热点区域；同理，加入水深数据权重的标准差椭圆可识别水下地形重心的位移情况，椭圆长轴可识别水下地形显著变动的区域。

基于标准差椭圆方法计算杭州湾多时相的平面重心坐标(图 14.6、表 14.3)，计算结果显示：①1990～2020 年间，湾区平面重心整体向东平移了 2.84 km，其中 1990～2000 年湾区平面重心往东南方向平移了 12.79 km，2000～2010 年湾区平面重心往西北平移了 14.19 km，2010～2015 年湾区平面重心往东平移了 3.92 km，2015～2020 年湾区平面重心往西平移了 1.00 km；②1990～2020 年间，海湾自然形态变化的热点区域为南岸的浙江余姚—慈溪—宁波市辖区沿岸。基于标准差椭圆方法计算的杭州湾三维水下地形重心结果(图 14.6、表 14.4)显示：1990s～2020s，杭州湾水下三维重心向西北方向平移了 1.35 km。

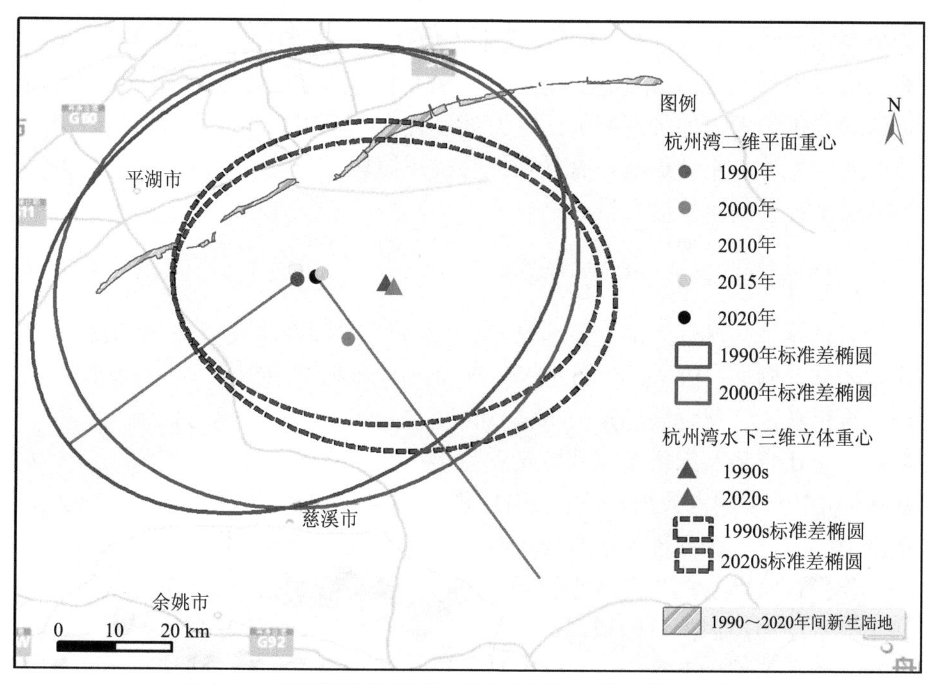

图 14.6　基于标准差椭圆工具的杭州湾二维三维重心分布

表 14.3　杭州湾二维平面重心空间变化情况统计

年份	X/(°E)	Y/(°N)	Rotation/(°)	重心移动方向
1990	121.275769	30.546722	34.10	初始状态
2000	121.35672	30.456031	147.34	↘
2010	121.273295	30.560677	26.79	↖
2015	121.314196	30.55549	32.06	→
2020	121.305297	30.550669	30.51	←

表 14.4　杭州湾三维水下地形重心空间变化情况统计

时期	X/(°E)	Y/(°N)	Rotation/(°)	重心移动方向
1990s	121.427533	30.536363	95.28	初始状态
2020s	121.415287	30.542192	90.41	↖

14.4　杭州湾自然形态变化影响因素分析

本节分别从自然和人文两个角度出发，探讨影响杭州湾形态变化的因素。自

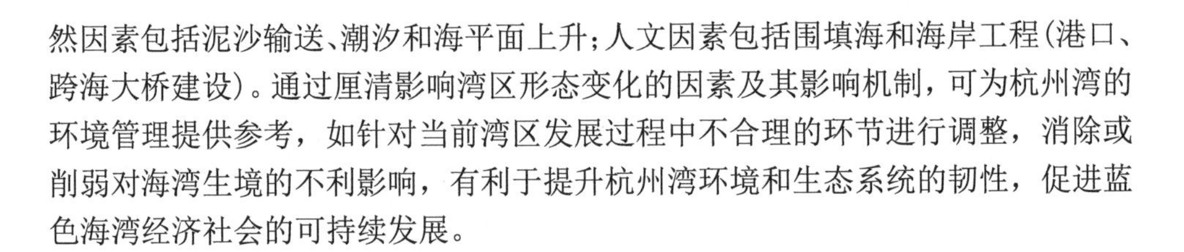

然因素包括泥沙输送、潮汐和海平面上升；人文因素包括围填海和海岸工程（港口、跨海大桥建设）。通过厘清影响湾区形态变化的因素及其影响机制，可为杭州湾的环境管理提供参考，如针对当前湾区发展过程中不合理的环节进行调整，消除或削弱对海湾生境的不利影响，有利于提升杭州湾环境和生态系统的韧性，促进蓝色海湾经济社会的可持续发展。

14.4.1 自然因素对杭州湾形态的影响

针对杭州湾区域环境演变及海湾形态（南北岸滩涂及岸线形态）变化的研究成果比较丰富，例如：Song 等（2020）基于 2013 年杭州湾中部水文、悬移物和底物实地调查资料，利用物质通量分解法探讨了杭州湾悬移物的动力机制，分析了沉积物粒度变化趋势及床层沉积物的运移趋势；杨海飞等（2019）利用长江口至杭州湾水域的 23 个实测点数据，结合 2011 年洪、枯季大潮悬沙浓度数据，分析了悬沙浓度空间分布特征；邵宇杰等（2020）基于 GF-4 卫星影像数据，构建了海洋水色反演模型，监测了杭州湾悬浮泥沙浓度；徐啸等（2019）综合分析了杭州湾及洋山深水港水动力及泥沙运输模式；余祈文和符宁平（1994）在论述杭州湾水、沙运动和冲淤变化的基础上分析了北岸深槽的形成和发育机理及演变特点；陈黄蓉等（2020）基于长江口及东海的浮标观测资料，建立针对静止海洋光学传感器（GOCI）的瑞利校正反射率数据的浊度反演模型，并对长江口至杭州湾海域的浊度进行遥感反演；杨超平和袁文昊（2019）结合最新水下地形测量数据，分析了杭州湾北岸金丝娘桥港（金汇港岸段）近岸水深条件；章伟艳等（2009）提取与测试了杭州湾等海区表层沉积物样品的各级组分和全样的有机碳及同位素，并定量分析各级组分有机碳含量、来源及物质组分；曹颖和林炳尧（2000）采用调和分析和潮汐特征值统计两种方法分析了杭州湾潮汐特性；赵建春等（2008）基于杭州湾北岸 167 个表层沉积物样品及实测水文资料，分析了强潮海湾近岸表层沉积物的时空变异特征，在此基础上探讨了表层沉积物对高能水动力环境的响应过程。

泥沙与沉积物通量、潮汐、海平面上升是影响海湾形态及其变化的重要因素（Fan et al.，2014；Song et al.，2020）。杭州湾湾顶沉积物来源主要为上游钱塘江携带的泛洪表层物质，且大部分泥沙沉积在澉浦以上河段；杭州湾湾口沉积物主要源自长江口海域，随沿岸流及涨潮流直接进入杭州湾内的下切水下凹槽内，是下切凹槽的沉积环境演化的重要物质基础（张霞等，2018；王昆山等，2013；Fan et al.，2014）。大约 40%的长江沉积物在沿岸流和潮流的作用下沉积于现代杭州湾口（吴华林等，2006）。自钱塘江上游修建新安江水库后，浙江省加大了水土保持力度，通过增加森林覆盖度、兴建水库等方式整治水土流失现象，开展的水土保持工作有效减少了入海沉积物通量。

杭州湾是世界最著名的强潮型河口之一，潮汐对湾区自然形态的冲淤影响显著(席雅娟等，2016；潘存鸿等，2019)。杭州湾湾口受海洋影响显著，水体的悬沙浓度受海洋动力作用控制，促使泥沙形成了再悬浮效应，补充了湾内水体含沙量，决定了湾内悬沙浓度的空间分布格局(赵建春等，2008；杨海飞等，2019)。潮汐的不对称性是杭州湾泥沙输送呈现“C”型输运模式动力机制的主要原因，即北侧为涨潮主导型、南侧为退潮主导型(Song et al.，2020)。湾内中部的泥沙输移以平流为主，南北近岸附近的泥沙输移则由抽潮控制，垂直环流输沙对总输沙贡献不大，涨落潮时，悬沙量的变化曲线以 M 型(双峰)为主，悬沙浓度分布南高北低，净输沙呈“北岸向陆、南岸向海”的“C”型输沙模式，即存在两条并行的沉积物运输路径：第一条路径为湾口向湾顶北岸输沙，第二条路径为湾顶向湾口南岸输沙(Song et al.，2020)。

已有的研究显示海平面上升存在诸多负面的影响，其中，比较普遍和突出的影响是加剧海岸线的侵蚀速率以及淹没海岸带的土地(闫白洋，2016)；近海湿地数量减少或退化又削减了抵御风暴潮侵蚀的能力，加剧海岸的侵蚀风险(Loder et al.，2009)。监测表明，20 世纪末期以来，中国沿海的海平面变化较为显著，平均的上升速率约为 3.4 mm/a(Zhang et al.，2015)。然而，在杭州湾，海岸线显示出向海延伸的总体趋势，计算结果表明，从 1990 年到 2020 年，海岸线净增长了 56.2 km(表 14.2)。由此可以认为，海平面上升在杭州湾水下地形地貌形态和海岸线变化中的作用并不显著。

14.4.2　人类活动对杭州湾形态的影响

20 世纪中后期以来，随着杭州湾海岸带区域经济社会的快速发展，围填海、海岸工程以及陆域的土地利用/覆盖变化等人类活动已经成为影响杭州湾海湾形态演变的重要因素(彭小家等，2020)。

历史上，杭州湾的演变以北冲南淤为基本特征，南岸持续淤涨；1949 年之后，杭州湾北岸东部的滩涂不断外涨，相继修建了人民塘、盐海塘、漕泾塘、胡桥塘、团结塘、金汇西塘和金汇中塘等海塘；近年来，在杭州湾北岸又相继实施了华电灰坝东滩促淤工程、碧海金沙工程、柘林塘南滩促淤工程、上海化工区圈围工程和金山石化圈围工程(李建佳，2013)。在这种背景下，围填海工程等人类活动对杭州湾海岸线、水下地形、泥沙冲淤、水动力环境及滩涂湿地等的影响特征已经成为近年来学者关注的热点问题，例如：方强等(2020)建立了杭州湾海域 1997 年、2007 年和 2015 年三个年份的二维水动力数值模型，从高潮位、漫滩流和流速大小三个角度分析了累积围垦工程对杭州湾南岸的影响；胡慧等(2020)基于 1990 年、1995 年、2000 年、2005 年、2010 年和 2015 年 6 个时期的 Landsat 系列遥感影像数据分析了杭州湾南岸慈溪市海岸带区域的城乡建设用地扩张对滩涂湿地的占用特征；王丽佳等(2020)基于 Markov 模型及土地开发利用强度评价模型，构建了杭州湾南岸人类活动强度评估体系，揭示了杭州湾南岸滨海湿地的围垦开发强度及土地覆被的时空演变规律；蔡壮(2020)基于杭州湾 2000 年、2005 年、2010 年和 2015 年 4 个时期的 Landsat 系列卫星影像和社会统计数据资料，研究了 15 年间土地利用变化的生态环境效应。

在我国，受到耕地红线制度的严格约束，围海造陆成为实现城市建设过程中耕地资源“占补平衡”和缓解沿海地区大城市人地系统争夺空间资源矛盾的一种普遍而有效的方法(Tian et al.，2016；Hou et al.，2016)。在杭州湾海岸带区域，通过围填海增加土地空间、实现城市耕地资源“占补平衡”的过程和现象非常突出和典型，成为改变杭州湾海岸线位置、类型和形态的直接因素之一(王丽佳等，2020)。城镇化进程中杭州湾陆域不断向海延伸，压缩了杭州湾的水域面积。城市空间扩展是有效缓解区域人口生存空间压力的有效手段，环杭州湾低平的沿岸平原区，开发难度小、投资成本小、基础建设好，因而成为了城市扩展过程中被优先开发利用的空间区域，城市建设过程中大量耕地转化为不透水面，改变了原有自然土地覆被及利用方式，进而导致了区域自然环境背景值及生态系统状态退化(杨晓平等，2005；黄日鹏等，2018；樊超等，2019)。例如：在过去的几十年中，以宁波为代表的环杭州湾城市空间面积显著扩展，1991～2013 年间城镇建设用地增加了 5.4 倍(蒋狄微，2015)。杭州湾南岸的大量自然湿地滩涂经人工围垦转化为了耕地及建设用地，使得杭州湾自然形态发生了极大的改变。河口海湾自然形态的变化对沿海环境造成的负面影响日益显著(王丽佳等，2020；彭小家等，2020)。

大量的海岸工程，尤其是临港工业基建所需的海岸工程不仅改变了海岸线的位置和类型，而且已经显著影响到杭州湾湾区的冲淤环境(田金平等，2019；杨超平和袁文昊，2019；彭小家等，2020)。环杭州湾城市群海洋经济占比较大，大力发展海洋经济，需提升港口、码头等临港基础设施的功能。为满足港航的需要，嘉兴、宁波、上海等地不断加大对港口建设项目的资金投入力度。港口建设、保税港区建设及跨海大桥建设等改变了岸线利用方式，原有的自然岸线转化为以丁坝、码头等为主的不透水面，导致自然岸线不断缩减、人工岸线比例不断增加(胡慧等，2020；蔡壮，2020)。例如，上海市在杭州湾北岸的芦潮港岸段实施了人工半岛和东、西临港促淤等工程，导致长江口西进杭州湾的泥沙减少，出现了南汇淤涨、奉贤冲刷、金山相对稳定的冲淤变化的新格局(管君阳，2011)。1990s 以来，浙江省和上海市对杭州湾北岸深水岸段进行了港口建设、促淤等开发活动，极大地改变了湾区自然形态；嘉兴港建设，港口附近的岸段随之改变了原有岸线用途，自然岸线快速被人工岸线替代，同时港口周边的水域得到疏浚加深，一定程度缓解了杭州湾顶北岸显著淤积状态(徐利锋，2017)。南汇岸段经围垦工程高滩被圈围成陆地，低滩被促淤抬高，水下岸坡被外推并渐趋稳定，水下地形改变迫使流场进行局部自我调整，刷低了近岸海床，造成深槽引起潮流顶冲点西移，导致人工半岛以西的南汇岸段普遍出现淤积，但因西进杭州湾的泥沙减少，淤积强度并不大，多属轻淤(管君阳，2011)。

综上，杭州湾北岸海岸线在人工控制下，已逐步趋于稳定。大规模的近海开发活动对海湾的冲淤环境和区域生态系统均会产生一定影响。尽管近岸工程为当地带来巨大的经济效益，但它对沿海自然生态系统的负面影响也不容忽视。为协调经济发展与生态健康之间的关系，亟须对沿岸工程进行必要的生态环境的影响评价，实施更合理的生态综合管控政策。

14.5 本章小结

本章在 ArcGIS 平台中开展了杭州湾水下地形和海岸形态变化的研究工作，包括以下几个部分：①矢量化历史海图及电子海图的水深点数据。②目视解译杭州湾所在区域多个时期的 Landsat 系列卫星遥感影像，获取了岸线类型、长度及空间位置形态等数据集。③运用空间叠加手段定量分析长时序的杭州湾岸线及水下地形形态变化特征，利用 ArcGIS 空间分析模块中的椭圆分析工具识别岸线及水下地形显著转变的空间范围及重心移动的方向。④探讨了影响杭州湾自然形态变化的自然与人为因素。

获取 1990～2020 年间杭州湾岸线及水下形态的变化特征，主要结论如下：

(1)岸线长度、类型及变化速率的时序监测结果显示：杭州湾岸线的总长度由 259.82 km 增加至 316.02 km，增量为 56.2 km，平均增长速率为 1.87 km/a；岸线类型呈现出自然岸线比例快速下降，人工岸线比例急剧提升的总趋势，其中防潮堤、围垦(中)岸线及交通岸线是人工岸线中净增量最显著的岸线类型；并可划分岸线快速扩张(1990～2010 年)与岸线缓慢扩张(2010～2020 年)两个时期。

(2)水下地形空间格局分析结果显示：杭州湾北岸的整体水深均值大于南岸；湾顶的水下地形比较复杂、起伏较大，湾口的水深均值大于湾顶，且水下地形相对比较平坦；近岸水下岸坡及岛屿四周的垂直落差较大，深水区较多。

(3)水下地形冲淤分析结果显示：湾区水下地形整体趋于淤积，湾口至湾顶由侵蚀状态过渡到淤积状态，侵蚀-淤积分界线大体位于上海奉贤区至浙江慈溪市的连线处；湾口呈现北侵南淤的态势，显著侵蚀的区域为湾口海岛(滩浒岛、贴饼山岛、大白山岛等)周边海域；湾顶呈现出北淤南侵的态势，浙江海盐县至上海金山区沿岸出现大面积的淤积状态，其中北岸嘉兴港沿岸淤积最显著，但南岸浙江余姚市—浙江慈溪市潮滩临水一侧湾区为中度侵蚀区的集中区域。

(4)海湾形态时空转变分析结果显示：研究期间，湾区二维平面重心整体向东平移了 2.84 km；海湾自然形态变化的热点区域集中在浙江余姚—慈溪—宁波市辖区沿岸；三维水下地形重心分析结果显示杭州湾水下三维重心向西北平移了 1.35 km。

参 考 文 献

蔡友铭, 谢一民, 袁晓, 等. 2015. 中国湿地资源(上海卷). 北京: 中国林业出版社.

蔡壮. 2020. 杭州湾土地利用变化的生态环境效应研究. 上海:上海师范大学.

曹颖, 林炳尧. 2000. 杭州湾潮汐特性分析. 浙江水利水电专科学校学报, (3): 14-16.

陈黄蓉, 张靖玮, 王胜强, 等. 2020. 长江口及邻近海域的浊度日变化遥感研究. 光学学报, 458(5): 34-46.

陈俊达, 易露露. 2015. 大力发展广东湾区经济, 全面建设黄金海岸带. 中国商贸, (9): 114-117.

陈莎雯, 董洁霜, 方晨晨, 等. 2020. 环杭州湾城市群公路客运与旅游经济协调发展空间差异性分析. 物流科技, 43(10): 1-5.

陈征海. 2002. 浙江林业自然资源(湿地卷). 北京: 中国农业科学技术出版社.

池仁勇, 胡倩倩, 周必彧. 2019. 湾区经济时代杭州湾多中心协同现状与发展机制. 技术经济, 38(7): 91-99.

杜丽菲, 徐长乐, 郭小兰, 等. 2008. 长三角地区区域空间结构发展模式分析. 山西师范大学学报(自然科学版), (1): 113-116.

樊超, 桂峰, 赵晟. 2019. 海岛城镇空间扩展及景观生态演变研究——以舟山为例. 海洋通报, (4): 447-454.

方强, 黄赛花, 许雪峰, 等. 2020. 围垦工程群对杭州湾南岸累积水动力影响分析. 科学技术与工程, 518(13): 319-325.

冯利华, 鲍毅新. 2005. 曹娥江出口江道的演变与整治.水科学进展, (1): 52-55.

冯利华, 鲍毅新. 2006. 滩涂围垦区的 PRED 关系——以慈溪市为例. 海洋科学, (4): 88-91.

公丕宏. 2019. 中国多尺度经济空间层级演化研究. 北京: 中共中央党校.

顾自刚, 徐文平, 肖威. 2018. 舟山在杭州湾大湾区战略中的定位及相关建议. 湾区经济, (3): 73-75.

管君阳. 2011. 杭州湾北岸冲淤演变及其对化工区工程响应. 上海: 华东师范大学.

胡慧, 李伟芳, 傅杰超, 等. 2020. 海岸带建设用地空间格局及其演变特征研究. 上海国土资源, (2): 31-35.

黄日鹏, 李加林, 段义斌, 等. 2018. 快速城镇化对杭州湾南岸慈溪市土地利用及生态系统服务价值的影响. 中国水土保持科学, 16(5): 108-116.

蒋狄微. 2015. 宁波市土地利用/覆被时空变化分析和预测研究. 杭州: 浙江大学.

李建佳. 2013. 杭州湾岸线演化及稳定性研究. 杭州: 浙江大学.
李晓莉, 申明浩. 2017. 新一轮对外开放背景下粤港澳大湾区发展战略和建设路径探讨. 国际经贸探索, (9): 5-14.
林钟扬. 2019. 杭州湾更新世以来沉积环境演变及其三维地质结构建模. 武汉: 中国地质大学(武汉).
刘毅飞. 2019. 杭州湾金山深槽近期演变过程及影响因素.上海: 华东师范大学.
潘存鸿, 郑君, 陈刚, 等. 2019. 杭州湾潮汐特征时空变化及原因分析. 海洋工程, 37(3): 1-11.
彭小家, 林熙戎, 方今, 等. 2020. 杭州湾近 30 年海岸线与海岸湿地变迁分析. 海洋技术学报, 39(4): 9-16.
邵宇杰, 胡越凯, 周斌, 等. 2020. 基于 GF-4 卫星的杭州湾悬浮泥沙浓度遥感监测研究. 海洋学报, (9): 134-142.
石坚韧, 汪旻妍, 吕庆文, 等. 2020. 基于杭州湾区城市群开放度的实测研究. 上海城市管理, 29(5): 36-44.
宋洋, 张华, 侯西勇. 2018. 20 世纪 40 年代初以来渤海形态变化特征. 中国科学院大学学报, 35(6): 761-770.
陶吉兴, 赵岳平, 吴伟志, 等. 2015. 中国湿地资源(浙江卷). 北京: 中国林业出版社.
田金平, 李星, 陈虹, 等. 2019. 精细化工园区绿色发展研究: 以杭州湾上虞经济技术开发区为例. 中国环境管理, 11(6): 121-127.
王桂芝, 周潮生, 章绍英. 1982. 钱塘江潮区的主要水文特征. 水文, (4): 55-57.
王昆山, 金秉福, 石学法, 等. 2013. 杭州湾表层沉积物碎屑矿物分布及物质来源. 海洋科学进展, 31(1): 95-104.
王丽佳, 李加林, 田鹏, 等. 2020. 杭州湾南岸围垦土地人类活动强度及对滨海湿地覆被类型的影响. 上海国土资源, 41(1): 4-10.
魏铮, 周胜利, 于海燕, 等. 2019. 浦阳江流域水环境现状公众调查及分析. 资源节约与环保, (6): 8-9.
吴华林, 沈焕庭, 严以新, 等. 2006. 长江口入海泥沙通量初步研究. 泥沙研究, (6): 75-81.
席雅娟, 师育新, 戴雪荣, 等. 2016. 杭州湾潮滩沉积物黏土矿物空间差异与物源指示. 沉积学报, 34(2): 315-325.
徐利锋. 2017. 杭州湾嘉兴港简介及进出港安全分析. 航海技术, (1): 12-14.
徐啸, 佘小建, 崔峥, 等. 2019. 杭州湾及洋山深水港动力和泥沙条件分析. 水道港口, 40(5): 504-510, 517.
闫白洋. 2016. 海平面上升叠加风暴潮影响下上海市社会经济脆弱性评价. 上海: 华东师范大学.
杨超平, 袁文昊. 2019. 杭州湾北岸金丝娘桥港——金汇港岸段近岸水深条件分析. 第十九届中国海洋(岸)工程学术讨论会, (4): 75-78.
杨海飞, 张志林, 李伯昌. 2019. 长江口—杭州湾悬沙浓度的空间分布特征研究. 上海国土资源, 40(2): 70-74.

杨士瑛, 国守华. 1985. 杭州湾区的气候特征分析. 东海海洋, (4): 16-26.
杨晓平, 李加林, 童亿勤, 等. 2005. 杭州湾南岸土地利用结构变化及其影响因素分析. 商业研究, (16): 182-185.
余祈文, 符宁平. 1994. 杭州湾北岸深槽形成及演变特性研究. 海洋学报(中文版), (3): 74-85.
张大成. 2019. 基于夜光遥感的杭州湾城市群发展轨迹研究. 杭州: 浙江大学.
张汉东. 2017. 实施杭州湾大湾区发展战略的建议. 浙江经济, (18): 11-12.
张霞, 林春明, 杨守业, 等. 2018. 晚第四纪钱塘江下切河谷充填物物源特征. 古地理学报, (5): 877-892.
章伟艳, 金海燕, 张富元, 等. 2009. 长江口——杭州湾及其邻近海域不同粒级沉积有机碳分布特征. 地球科学进展, (11): 32-39.
赵建春, 戴志军, 李九发, 等.2008. 强潮海湾近岸表层沉积物时空分布特征及水动力响应——以杭州湾北岸为例. 沉积学报, 26(6): 1043-1051.
赵璐, 赵作权. 2014. 基于特征椭圆的中国经济空间分异研究. 地理科学, 34(8): 979-986.
Blott S J, Pye K, Van der Wal D, et al. 2006. Long-term morphological change and its causes in the Mersey Estuary, NW England. Geomorphology, 81: 185-206.
Everitt J H, Yang C, Sriharan S, et al. 2008. Using High Resolution Satellite Imagery to Map Black Mangrove on the Texas Gulf Coast. Journal of Coastal Research, 24: 1582-1586.
Fan D D, Tu J B, Shang S, et al. 2014. Characteristics of tidal-bore deposits and facies associations in the Qiantang Estuary, China. Marine Geology, 348: 1-14.
Hoang T C, O'Leary M J, Fotedar R K. 2016. Remote-Sensed Mapping of Sargassum spp. Distribution around Rottnest Island, Western Australia, Using High-Spatial Resolution WorldView-2 Satellite Data. Journal of Coastal Research, 32: 1310-1321.
Hou X, Wu T, Hou W, et al. 2016. Characteristics of coastline changes in mainland China since the early 1940s. Science China Earth Sciences, 59: 1791-1802.
Loder N M, Irish J L, Cialone M A, et al. 2009. Sensitivity of hurricane surge to morphological parameters of coastal wetlands. Estuarine, Coastal and Shelf Science, 84: 625-636.
Pittaluga M B, Tambroni N, Canestrelli A, et al. 2015. Where river and tide meet: The morphodynamic equilibrium of alluvial estuaries. Journal of Geophysical Research-Earth Surface, 120: 75-94.
Song Z, Shi W, Zhang J, et al. 2020. Transport mechanism of suspended sediments and migration trends of sediments in the central Hangzhou bay. Water, 12(8): 2189.
Thomas C G, Spearman J R, Turnbull M J. 2002. Historical morphological change in the Mersey Estuary. Continental Shelf Research, 22: 1775-1794.
Tian B, Wu W, Yang Z, et al. 2016. Drivers, trends, and potential impacts of long-term coastal reclamation in China from 1985 to 2010. Estuarine, Coastal and Shelf Science, 170: 83-90.
Todeschini I, Toffolon M, Tubino M. 2008. Long-term morphological evolution of funnel-shape tide-dominated estuaries. Journal of Geophysical Research-Oceans, 113(C5): 1-14.

Van der Wal D, Pye K. 2003. The use of historical bathymetric charts in a GIS to assess morphological change in estuaries. Geographical Journal, 169: 21-31.

Wang Y, Dong P, Oguchi T, et al. 2013. Long-term（1842～2006）morphological change and equilibrium state of the Changjiang（Yangtze）Estuary, China. Continental Shelf Research, 56: 71-81.

Wong D W S. 1999. Several fundamentals in implementing spatial statistics in GIS: using centrographic measures as examples. Geographic Information Sciences, 5(2): 163-174.

Zhang W, Xu Y, Hoitink A J F, et al. 2015. Morphological change in the Pearl River Delta, China. Marine Geology, 363: 202-219.

第 15 章

钦州湾岸线及海湾形态变化特征

河流径流与泥沙入海量、平均海平面、入海沉积物、波浪和潮汐等是控制河口海湾地貌形态长期变化的主要因素。近年来，人类活动(如河道疏浚、采砂、港口扩建和人工岛建设等)随着沿海工业化和城市化发展而显著增加,并逐渐成为影响海湾形态变化的重要因素。据报道，世界上大多数海湾都有人类活动的痕迹，其中约 41%的海湾受到人类活动的多重影响。

中国沿海是世界上人口最稠密的区域之一，过去几十年间，围填海造陆已经成为改善沿海地区(尤其是沿海城市)土地短缺以及满足经济社会发展需求的一种简单而有效的方法。中国西南地区的钦州湾也不例外：随着近几十年来当地经济的飞速发展，钦州湾海岸工程活动变得频繁而密集，例如，港口建设、航道清淤、保税港区建设和连岛公路建设等导致钦州湾的形态发生了很大的变化。河口海湾的形态变化可能会对沿海环境产生重要影响。

针对钦州湾围填海工程的影响，前人已做了大量的研究，例如，湾口外海岸线变化对茅尾海潮流动力及水体交换的影响、湾口围填海对钦州湾水动力环境的影响、湾口填海对茅尾海水交换能力的影响、海洋工程对钦州湾海岸带地形及泥沙冲淤的影响、大规模填海工程对钦州湾水动力环境的影响等。但对钦州湾海湾形态较长时期历史演变特征的研究还不多见。

开展海湾水下动力地貌和海岸动态变化研究，不仅有助于了解其形态演变规律，为预测未来变化提供数据支持，还有助于支持对自然环境和社会经济影响的评估，并协助制定有效的管理措施，进一步促进海洋环境管理及其资源的可持续利用，实现沿海经济社会与生态环境的健康发展。因此，本章结合历史海图和卫星影像，定量分析钦州湾形态的长期变化特征，并探讨影响钦州湾形态变化的自然与人为因素。

15.1　自然地理与经济社会发展

15.1.1　钦州湾的位置与范围

钦州湾是中国南海北部湾的一部分(为沿岸湾顶的中部)，位于广西壮族自治区南面，东起合浦县英罗港、西到东兴市北仑河口，核心区位于钦州市(图 15.1)。地理坐标范围为 21°33′20″N～21°54′30″N，108°28′20″E～108°45′30″E，海湾面积约 380 km^2。钦州湾由内湾(茅尾海)、外湾(钦州湾)以及连接内外湾的潮汐通道(龙门水道)构成。湾首及湾口都很开阔，中部较窄，宽 2.8～5.6 km，呈两头大中间细的喇叭状，三面被低山丘陵环绕，北有钦江和茅岭江注入，南与北部湾连通，是一个半封闭的天然海湾。纵深长约 37 km，自北向南延伸，南面向北部湾敞开。大部分海区地形比较平坦，底质在北部沿岸 18 km 以内几乎全是泥沙质浅滩。湾内水较浅，一般水深 2～18 m，最大水深 29 m。钦州湾是广西和中国西南地区通向东南亚以及非洲和欧洲，从而进入国际市场的最便捷出海通道。地理位置优越，水产、矿产资源丰富，海滩广阔，岛屿众多，海湾曲折，是发展对外贸易和旅游业的“黄金海岸”。

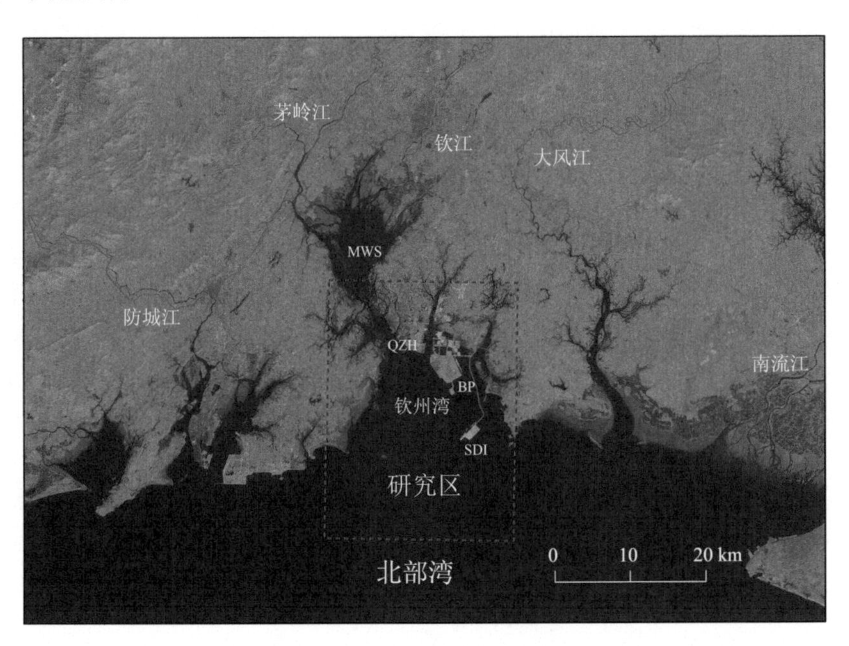

图 15.1　钦州湾地理位置图

图中缩略词含义如下：MWS-茅尾海，QZH-钦州港，BP-保税区港口，SDI-三墩岛

15.1.2 钦州湾的自然地理特征

1. 气候特征

钦州湾海岸带地区处于北回归线以南，常年受大气环流、陆海分布及大陆地形地貌等因素的影响，具有典型的南亚热带海洋性季风气候，其主要特点包括：高温多雨、干湿分明、夏日长冬日短、季风盛行等。该区灾害性天气较为频繁，主要的自然灾害有台风、低温阴雨、暴雨、海雾、风暴潮等(孙辰琛，2015)。热带气旋对钦州湾及其沿海区域的影响集中在每年的 5～11 月。该区最热月为 7 月，最冷月为 1 月，平均气温在 21.1～23.4℃，历年月平均最高气温为 26.2 ℃，月平均最低气温为 19.2 ℃(李翠漫，2019)。降水资源丰富，多年平均降雨量达到 2170.9 mm，降雨量季节分布不均匀，雨量集中在 5～9 月，比例占全年雨量的 76%。钦州湾多年平均风速为 2.6 m/s，冬季盛行 N-NNE 向风，夏季盛行 S-SSW 向风。该区平均日照时数 1800h 左右，全年无霜期在 350 天以上(黎广钊等，2001)。

2. 水文特征

钦州湾内湾主要的入海河流有钦江、茅岭江，外湾主要有大风江。钦江长 179 km，流域面积 2457 km^2，年均入海水量 19.6×10^8 m^3，年输沙量为 46.5×10^4 t；茅岭江长 112 km，流域面积 2959 km^2，年均入海水量为 29×10^8 m^3，年输沙量 55.3×10^4 t；大风江长 185 km，流域面积 1927 km^2，年均入海水量为 18.3×10^8 m^3，年输沙量 36×10^4 t(李翠漫，2019)。

钦州湾潮波主要由传入南海的太平洋潮波系统控制，其潮汐判别系数为 4.6，为正规半日潮海区(董德信等，2015)。根据龙门验潮站监测资料统计，多年平均潮差为 2.40m，最大潮差 5.52m，多年平均海面高程为 0.40m，多年平均高潮位为 1.61m，多年平均低潮位为–0.80m，多年最高高潮位为 3.33m，多年最低低潮位为 –2.39m(黎广钊等，2001)。

钦州湾海域的潮流以全日潮流为主，运动形式主要属往返流性质，海区北部潮流流速较小，涨潮平均流速为 88.5cm/s，最大为 96 cm/s；落潮平均流速为 112.5 cm/s，最大流速为 132 cm/s。涨、落潮潮流流向与深槽走向一致。潮流落潮速度大于涨潮速度，有利于起到冲刷航道的作用，较大的余流同时有利于物质的运输扩散，将大量泥沙和污染物带走流向外海，减少泥沙的淤积和附近海域污染物的聚集(孙辰琛，2015)。

钦州湾海区的波浪以风浪为主，常浪向为 SSW 向，频率约占 17.67%，其次为 NNE 向，频率约为 17.2%，强浪向为 SW 及 SSW 向，次浪向为 S 向和 N 向。

最大波高出现在 SSW 向浪，达 1.73m，频率为 37.5%，周期为 4.6s；其次为 S 向浪，浪高为 1.50m，频率为 12.6%，周期为 3.8s（黎广钊等，2001；孙辰琛，2015）。

3. 地质地貌

在大地构造方面，钦州湾位于华南褶皱系西南端之一隅，断裂构造主要以 NE、NW 向为主，地质构造运动比较复杂，使得该区域地貌复杂、港汊众多、海岸线曲折、湾内岛屿星罗棋布。钦州湾是冰后期海平面上升，海水淹没钦江和茅岭江的古河谷而形成的典型巨型溺谷湾（张伯虎等，2010）。内湾主要是由第四系湛江组和北海组构成的古洪积-冲积平原（李翠漫，2019）。

钦州湾深入内陆，岸线蜿蜒曲折，海底地形起伏不平，水深总趋势是自北向南逐渐增大，在沿岸河水动力和海洋水动力的共同作用下，形成了各种各样的水下动力地貌。主要的地貌类型有：潮间浅滩（包括淤泥滩、沙滩、红树林滩）、河口沙坝、潮沟、潮流沙脊、潮流深槽、水下拦门浅滩、水下岸坡等 7 种类型（黎广钊等，2001）。人工地貌主要有盐田、养殖虾塘、港口码头、海堤、防潮闸、水库和防护林等。内湾潮间浅滩宽阔，地形自岸向海倾斜，滩面潮沟发育，潮沟与滩面的高差为 1.5～3m 不等，向南水深加大，深水区位于茅尾海南部海区，最大水深为 16m。中部湾颈海区海底地形呈不规则状、起伏不平的峡谷形态，礁石较多、水道狭窄、潮流较大，最大水深达 18.6m。外湾区海底地形从东至西呈现高低起伏态势，从北至南呈现深槽与沙脊相间排列形态（孙辰琛，2015）。

钦州湾的潮流深槽相当发育，贯通内外湾的主槽在湾中部外端呈指状分叉成三道，最长的达 27 km，一般水深 5～10m，最大水深达 18.6m。深槽北部已开发成为钦州港和龙门港的港池及锚地，南部东、西深槽已分别开发成为钦州港东、西进出港航道。

15.1.3 钦州湾经济社会发展特征

钦州湾与钦州市相得益彰、相伴而生。钦州市位于中国西南部、广西壮族自治区南部、南海之滨、北部湾经济区南北钦防的中心位置，是西南地区最便捷的出海通道。截至 2022 年，钦州市户籍总人口 420.44 万人。钦州市是“一带一路”南向通道陆海节点城市，北部湾城市群的重要城市，拥有深水海港（亦是国家保税港）的钦州港。南钦高速铁路作为广西北部湾地区的主要铁路运输通道，构成了中国西南地区连接东南亚地区最便捷的出海通道。钦州湾隶属于钦州市，是广西壮族自治区和北部湾区域的重要海湾之一，是集港口开发、旅游开发、临海产业、增养殖开发、生态系统保护等于一身的多功能海湾。自 2008 年国务院批复《广西北部湾经济区发展规划》以来，伴随着构建泛北部湾经济合作区的实施，其开发利用前景和经济效益在广西沿海地区经济建设中的地位越来越重要(刘晓玲,2019)。

钦州港的吞吐量超过 800 万吨，一直是连接中国西南内陆和东南亚国家的最重要的海港之一(Wang et al.，2014)。该港位于茅尾海的东南部，三面环陆，南面向海，是天然的避风良港；水位深、港池宽、潮差较大、回淤少，后方陆域广阔，具备建设港口的优良条件。茅尾海口门处深水航道常年维持水深达 15m，使钦州港具备了建设 10 万吨级泊位的建港条件(孙辰琛，2015)。

钦州港建于 20 世纪 90 年代，并于 1997 年被列为国家开放港口之一。为了容纳大型远洋轮船，钦州港对航道进行了疏浚，清除了大量沉积物。依湾而建的钦州港依托优越的港口资源及区位条件，发展十分迅速。如今，东航道的深度为 12.3 m，宽度为 120 m，可以容纳 50000 吨级的船舶顺利航行。一大批以石化、能源、造纸、粮油加工、冶金为首的重大临海工业项目陆续建成投产(董德信等，2014)。近岸基础设施建设、工业和运输业发展等极大地改变了钦州湾的自然形态。保税港区及其仓库建于 2005～2008 年，三墩高速公路和海上人工岛自 2010 年以来一直在建设中。到 2013 年底，钦州湾土地开垦的总面积为 22.5 km^2，根据市政规划，到 2025 年计划土地开垦面积将达到 79 km^2。

15.2 数据与研究方法

15.2.1 遥感影像收集与处理

考虑到海湾系统对经济社会发展和生态系统健康的重要性，其动态变化成为多学科学者关注的重点问题。针对海湾动力学特征，前人利用实验室实验、水文调查、数值模型等技术方法进行了大量研究(Kim et al.，2006；Pittaluga et al.，2015；Tambroni et al.，2005；Todeschini et al.，2008)。海湾形态变化，包括短期和长期变化，可以基于过程的模型进行定量研究(Green et al.，2000；Karunarathna and Reeve，2008)。使用流体动力学和形态动力学模型通常可以预测短期和区域尺度的变化，得到较为满意的结果，而长期的地貌形态演化则一般使用历史趋势分析和专家地貌评估等统计模型来实现(Blott et al.，2006；Townend，2005；Wang et al.，2013)。目前，基于 GIS 空间分析技术，利用测深图和卫星遥感数据分析仍是量化海湾长期形态变化的有效方法(Blott et al.，2006；Van der Wal et al.，2002；Wang et al.，2013；Zhang et al.，2015)。

与传统的现场勘测技术相比，现代遥感技术方法在效率和时空精度等方面优势较为明显。遥感和 GIS 技术已广泛应用于监测海岸线变化，可获取海岸带不同土地利用/覆盖类型空间分布信息，检测沿海地貌的空间特征以及确定自然过程和人为干预对海岸带的影响等(Everitt et al.，2008；Hoang et al.，2016；Kumar et al.，2010)。Landsat 可提供长时间序列的连续全球地表观测数据(Tian et al.，2016)，具有中、高空间分辨率，可实现较大空间尺度海岸线变化的定量监测工作。

本研究利用多时相 Landsat 遥感影像，通过人机交互方式对钦州湾海岸线进行数字化提取，分析其历史变化特征及演变规律。共收集了 1978 年(MSS)、1987 年(TM)、1999 年(ETM+)和 2013 年(ETM +)4 个时期的遥感影像(图 15.2)。

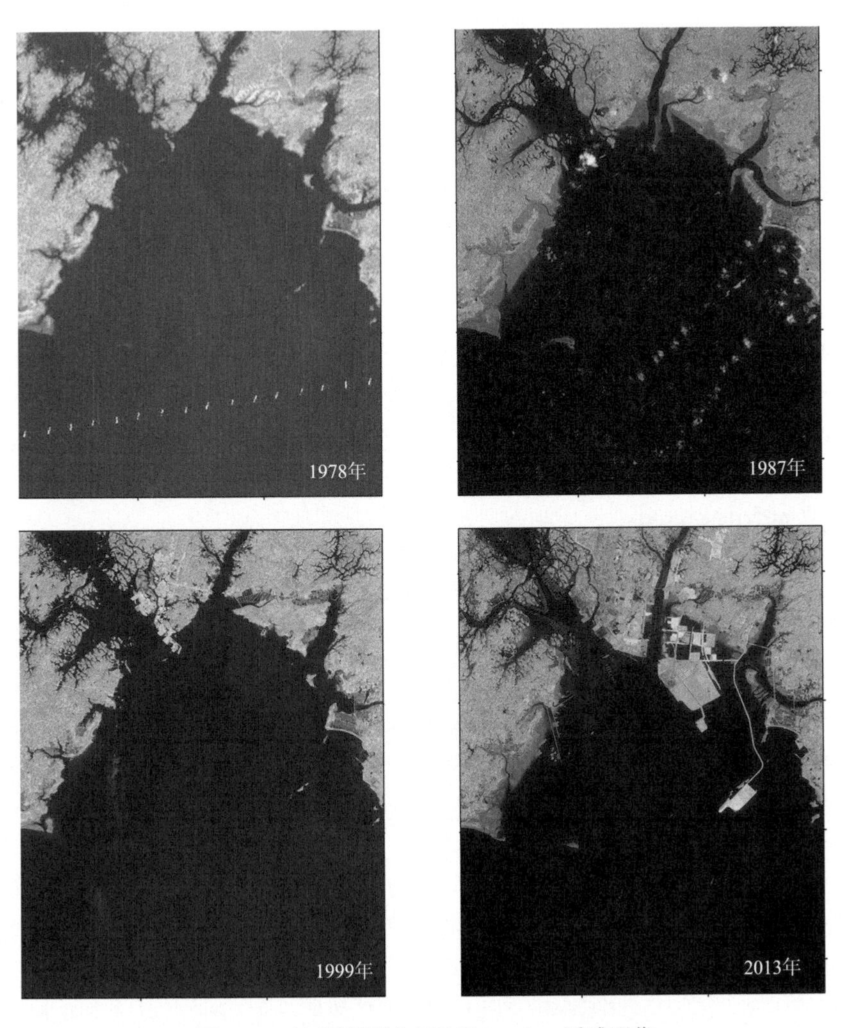

图 15.2　钦州湾区域多时相 Landsat 遥感影像

为保证海岸线提取结果的相对一致性，所选卫星影像均为每年的同一月份(12 月)。其中，MSS 影像的空间分辨率为 80 m，TM 和 ETM +影像的空间分辨率为

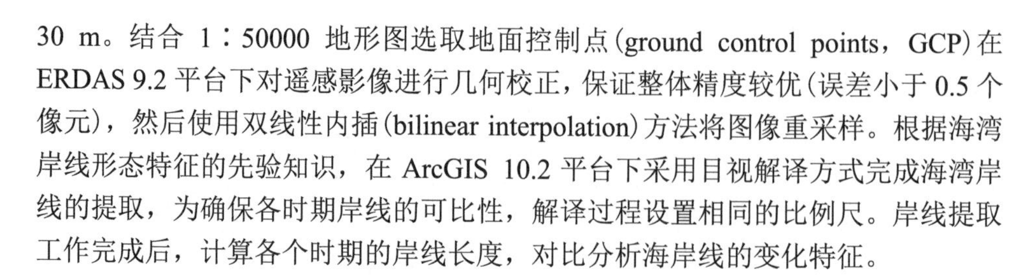

30 m。结合 1∶50000 地形图选取地面控制点(ground control points，GCP)在 ERDAS 9.2 平台下对遥感影像进行几何校正，保证整体精度较优(误差小于 0.5 个像元)，然后使用双线性内插(bilinear interpolation)方法将图像重采样。根据海湾岸线形态特征的先验知识，在 ArcGIS 10.2 平台下采用目视解译方式完成海湾岸线的提取，为确保各时期岸线的可比性，解译过程设置相同的比例尺。岸线提取工作完成后，计算各个时期的岸线长度，对比分析海岸线的变化特征。

15.2.2 历史海图收集与处理

历史海图能够反映不同时期海湾的地形地貌特征(Van der Wal and Pye，2003)。通过对比分析不同历史时期的海图，可以认识海湾长期地貌演化规律，并有助于确定地貌变化与水沙动力之间的定量关系(Blott et al.，2006；Van der Wal and Pye，2003；Wang et al.，2013)。近几十年来，钦州湾多次进行水深调查工作以满足港口建设、航道安全航行等的需要。为了解钦州湾历史形态变化，本章利用多期海图提取水深信息并构建海湾 DEM，定量分析其地形地貌变化特征。共收集到 1960s、1970s、1990s、2010s 时期测绘的 4 幅历史海图，出版单位为中国人民解放军海军司令部航海保证部及中华人民共和国海事局，其详细信息见表 15.1。由于海湾面积较大、不同时期湾内水下地形变化不同，最后形成的海图可能是一年内完成水深调查的成果图(例如 1970s 海图)，也可能是连续几年多次调查的最后成果(如 2010s 海图)。

表 15.1 钦州湾区域不同时期的海图信息

出版单位	图幅号	出版日期(年-月)	测量日期/年	比例尺
航保部	10803	1970-10	1965	1:50000
航保部	16781	1985-9	1979	1:40000
航保部	16781	2000-3	1995/1996	1:40000
海事局	92101	2015-1	2014	1:60000

尽管水深测量中存在固有的误差，例如潮位校准、测量船的姿态误差及波浪影响等，但考虑到相对成熟的海洋测绘技术，这些误差并不影响最终的成果图以及本研究的需求，即历史海图基本上可以为分析海湾不同时期的淤积、侵蚀提供精度可靠的数据信息。考虑到所获取数据的有效性，本研究重点选取钦州湾水下地形变化较为显著的空间区域作为研究对象来阐释其历史演变特征。

首先，利用海图中的经纬网信息，在 ArcGIS 平台下采用 UTM-WGS84 投影坐标系统对每幅海图进行校准(图 15.3)；然后对海图中的水深点、等深线、海岸线等信息进行数字化，对水深点和等深线采用克里金插值方法进行插值处理获取水下数字高程模型(DEM)，DEM 网格大小为 100 m× 100 m；最后经裁剪后得到研究区各历史时期的数字化海图。利用 GIS 空间分析工具，对比分析不同时期的水下 DEM，通过不同时期 DEM 相减来计算海湾的形态改变，包括等深线变化、冲淤面积等。本研究参照前人的研究方法，相邻两个时期的水深变化大于± 0.5 m 则认为对海湾水下地形的演变具有显著指示意义(Blott et al.，2006；Van der Wal et al.，2002；Zhang et al.，2015)。

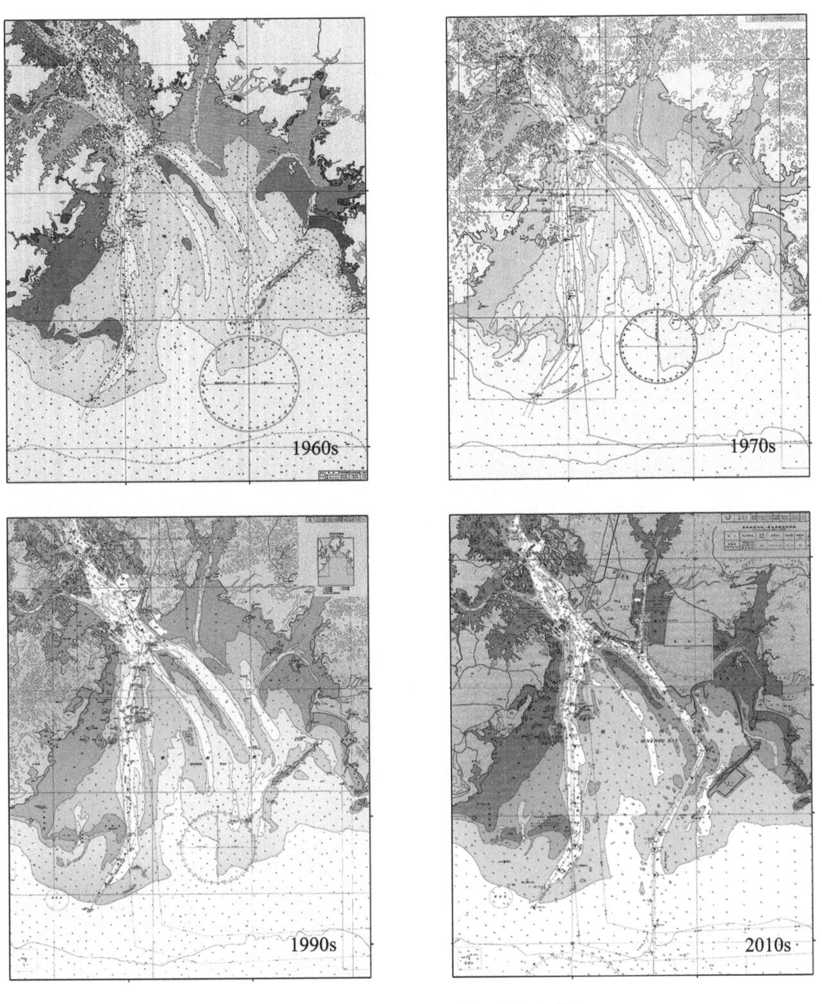

图 15.3　钦州湾区域的历史海图

15.3　海岸线及海湾形态变化特征

15.3.1　围填海发展及海岸线变化特征

1978～2013 年间钦州湾区域的海岸线变化特征如图 15.4 所示。统计表明，在过去的 35 年中，该区域海岸线长度增加了约 72.4 km，平均增长速率为 2.07 km/a (表 15.2)。具体而言，从 1978 年到 1987 年，钦州湾岸线形态没有发生显著变化(图 15.2 和图 15.4)，钦州湾处于动态平衡状态，海岸线保持自然发展的状态过程，几乎没有迹象显示人类活动对海岸线变化有显著的干扰；在此阶段，海岸线的总长度仅增加了约 1.3 km，年平均增长速率为 140 m/a。在 1990s 时期，钦州湾近岸人类活动明显增加，由图 15.2 可以看出，钦州港及其周边的基础设施已经建成，而且很大部分区域都是通过围填海造地而成。从 1987 年到 1999 年，该区域海岸线平均每年增长 3.48 km，增长速率是 1978～1987 年时段的近 25 倍，岸线总长度增加了 20.8%。从遥感影像(图 15.2)可以得知，从 1990s 到 2010s，钦州湾海岸线的剧烈变化主要发生在钦州港的东南部，在这个时期，保税港区及其仓库建设极大地改变了钦州湾的岸线形态，此外，海上人工岛和三墩公路的建设也使得该时

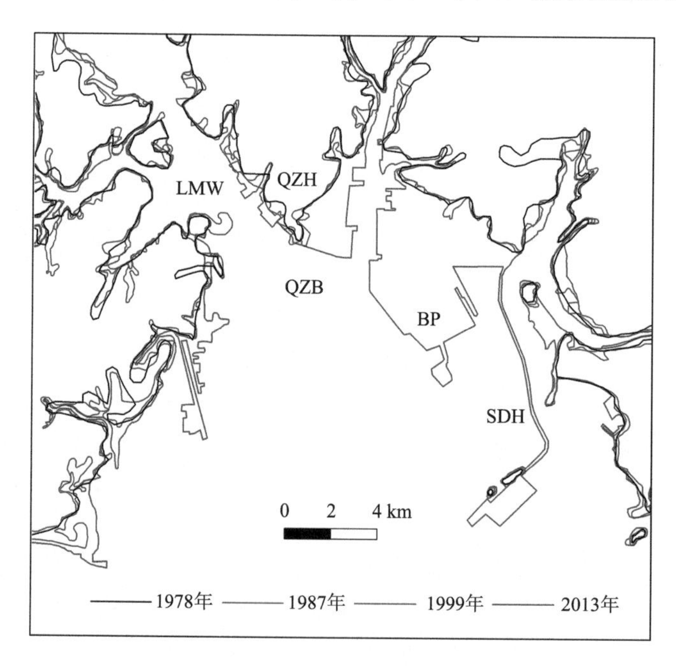

图 15.4　钦州湾 1970s～2010s 的海岸线变化

LMW 表示龙门水道，QZB 表示钦州湾，SDH 表示三墩公路，其他缩略词含义与图 15.1 相同

表 15.2　钦州湾区域海岸线变化统计

年份	海岸线长度/m	与上一时期相比变化特征	
		长度变化/m	增长速率/(m/a)
1978	1.988×10^5	—	—
1987	2.001×10^5	0.13×10^4	0.14×10^3
1999	2.418×10^5	4.17×10^4	3.48×10^3
2013	2.712×10^5	2.94×10^4	2.10×10^3
合计	—	7.24×10^4	2.07×10^3

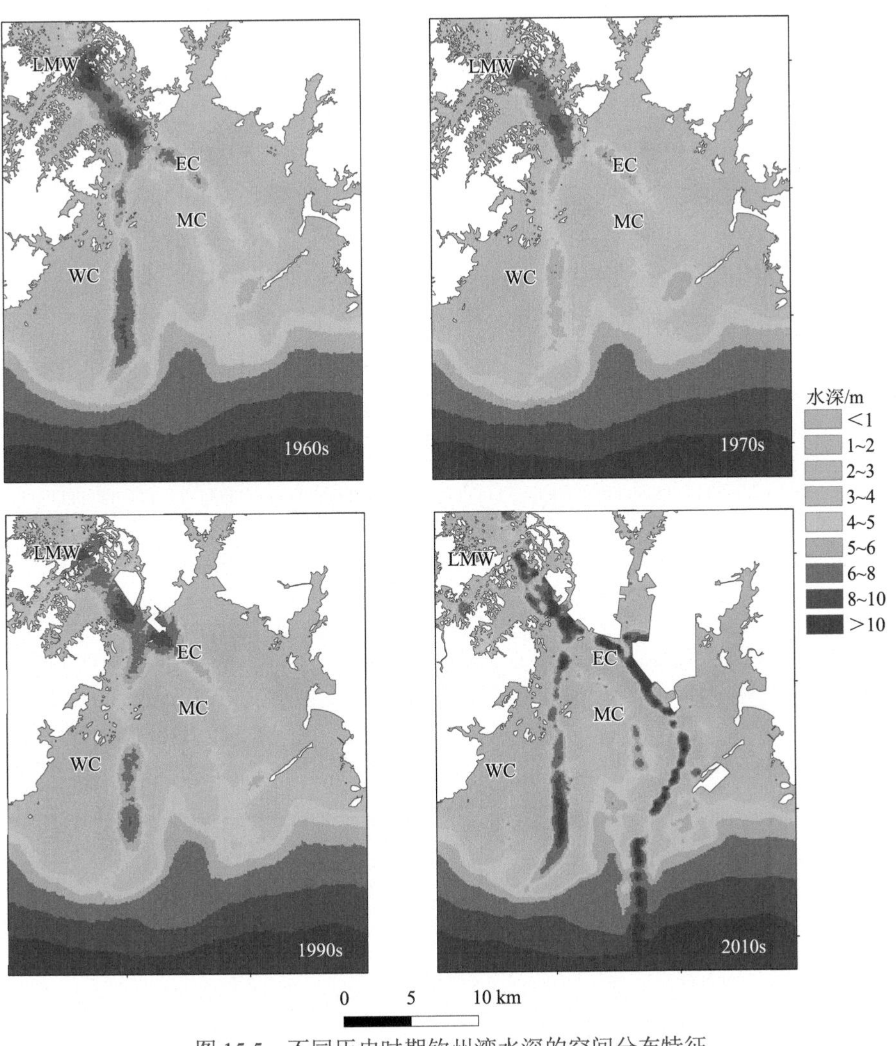

图 15.5　不同历史时期钦州湾水深的空间分布特征

图中缩写含义如下：LMW –龙门水道，WC –西部水道，MC –中部水道，EC –东部水道

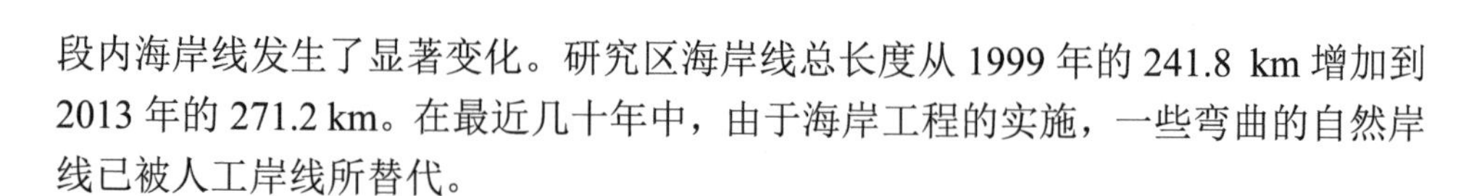

段内海岸线发生了显著变化。研究区海岸线总长度从 1999 年的 241.8 km 增加到 2013 年的 271.2 km。在最近几十年中，由于海岸工程的实施，一些弯曲的自然岸线已被人工岸线所替代。

15.3.2 近 50 年水下地形的演变特征

钦州湾区域各个时期(1960s、1970s、1990s 及 2010s)水下地形(水深)信息空间插值结果如图 15.5 所示，在此基础上计算和统计不同时期的水下面积、水量，结果如图 15.6 所示；提取钦州湾不同时期的等深线分布情况，如图 15.7 所示。

整体来看，近几十年，钦州湾水下地形宏观格局并未发生剧烈变化，4 个深槽(龙门水道、西部水道、中部水道及东部水道)的构造位置相对较为稳定，但在局部水域的变化清晰可辨。2m 等深线大部分位于近岸海域，且从 1960s 到 1990s 几乎没有发生变化[图 15.7(a)]；在 2010s～2020s 时段内，西部海岸区域的 2m 等深线向东延伸，且三个深槽航道(西部水道、中部水道及东部水道)的两侧均出现了 2m 等深线。5m 等深线主要位于深槽航道两侧、浅滩边缘及外海区域；与其他时期相比，2010s 分布更多的 5m 等深线，尤其是在中部及东部航道区域[图 15.7(b)]。从 1960s 到 1990s 期间，研究区除离岸较远的外海外几乎没有 10m 等深线的分布，而在 2010s 期间，沿东部航道区域 10m 等深线广泛分布[图 15.7(c)]。

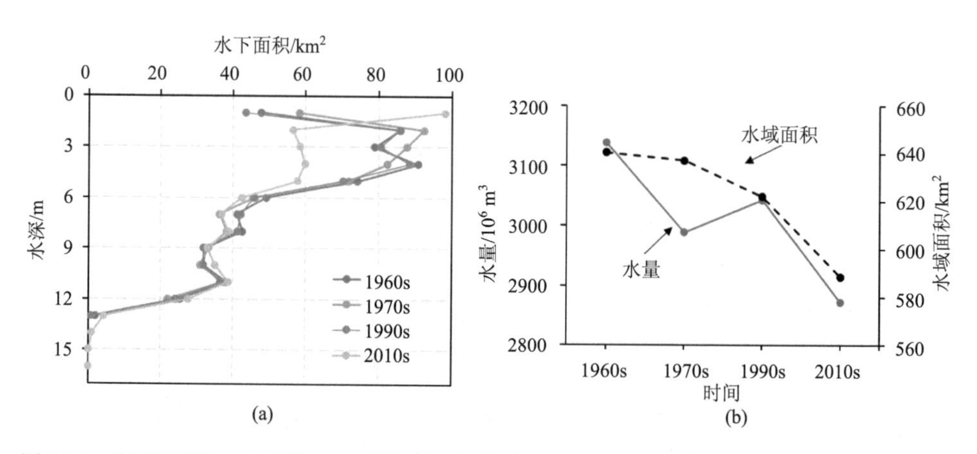

图 15.6 (a)钦州湾 1960s 到 2010s 期间水下面积统计；(b)钦州湾 1960s 到 2010s 期间水域面积及水量统计

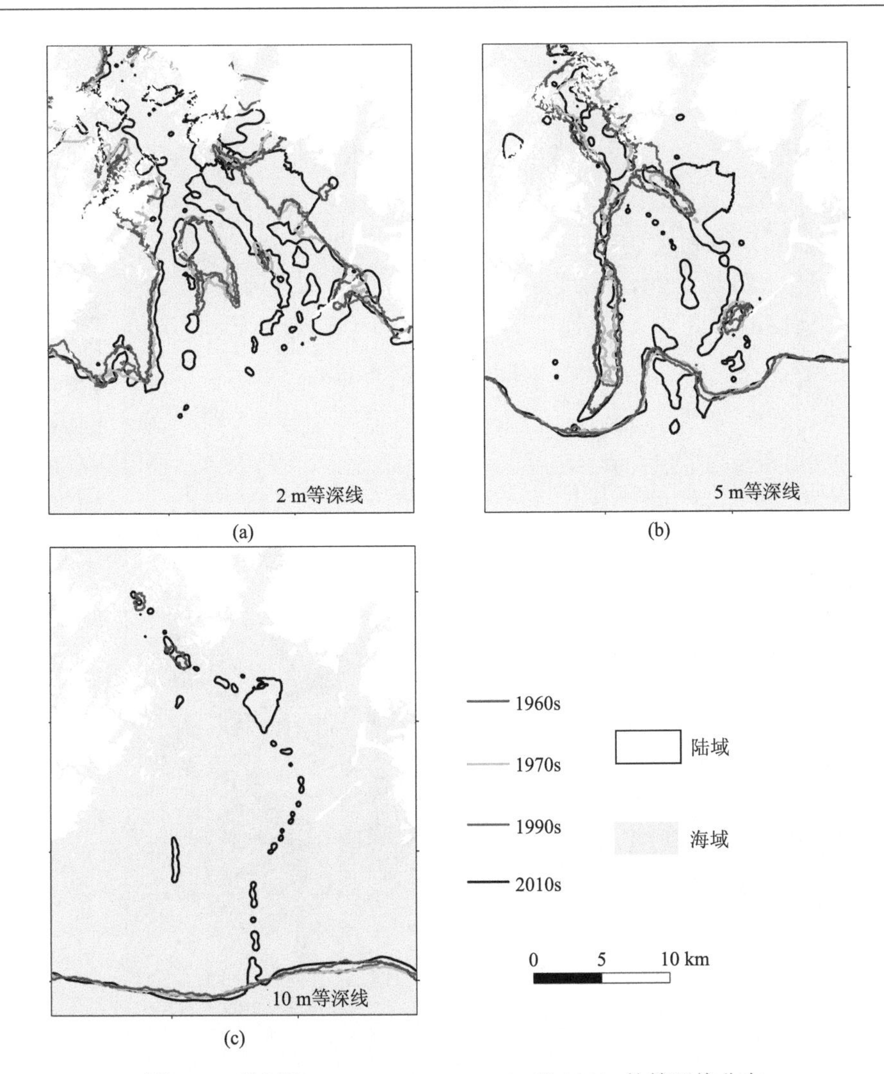

图 15.7　钦州湾 1960s、1970s、1990s 和 2010s 的等深线分布

图 15.8 展示了钦州湾区域不同历史时期的水下地形变化情况。总的来说，1960s～1990s，该区域水下地形相对稳定，变化并不显著。钦州港在 1970s 尚未建设，1960s～1970s 期间，大约 80%的海域没有发生明显的深度变化，但是超过 17%的区域有明显的泥沙沉积现象[图 15.8(a)、表 15.3]，沉积现象主要发生在 4 个深槽区。由于淤积厚度较大(约 2m 左右)，龙门水道及西部航道的水下形态变化较为明显。此外，龙门水道的东北部有小于 1m 的沉积现象，而在三墩岛附近海域水深则增加了 1m 左右。

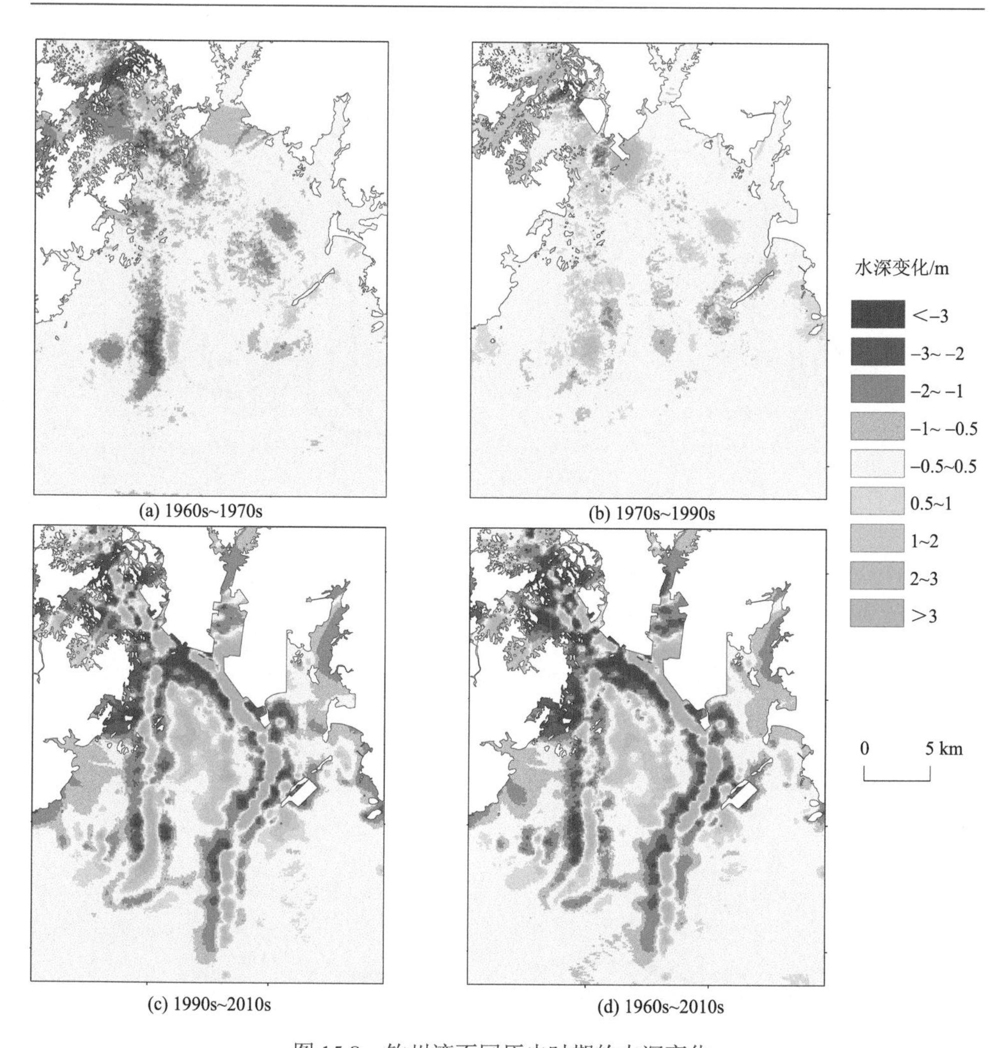

图 15.8 钦州湾不同历史时期的水深变化

与1960s～1970s期间的情况类似，1970s～1990s期间，钦州湾约80%的水下区域没有明显的深度变化。但是，与1960s～1970s时段有所不同，1970s～1990s时期钦州湾人类活动痕迹明显增多，特别是在钦州港附近的人类活动明显增加，在这一段时期，围填海造地使得陆地面积增加了14.97 km^2(表15.3)。钦州港建于1990s，同时期的遥感影像可以明显识别出港口的基础设施(图15.2)。1990s与1970s的DEM数据对比显示[图15.8(b)]，由于港口建设、港池疏浚，钦州港东南方向出现超过3m的水深变化。在这段时期，龙门水道基本处于动态平衡状态，与1960s～1970s时期类似，部分地区出现轻微淤积或侵蚀，局部区域的变化略为显著，例如，三墩岛周围出现了 1m 左右的淤积现象。整体来看，整个研究区深度增加 0.5m 以上的区域为 80.12 km^2，占全部水下面积的 12.88%(表 15.3)，而该时期内，淤积面积相对较小，仅占全部水下面积的 5.79%；与之对应的是，在该阶段尽管水下面积减少了 2.34%，但水量净增加了 5.4×10^7 m^3 (图 15.6)。

表 15.3　钦州湾区域 1960s～2010s 的淤积、冲蚀区以及陆域面积的大小及变化

时间段		1960s～1970s	1970s～1990s	1990s～2010s
淤积区/km^2	<−3 m	2.83	0.24	14.13
	−3～−2 m	7.93	1.44	28.97
	−2～−1 m	39.74	5.85	70.80
	−1～−0.5 m	59.20	28.51	75.99
无显著变化区/km^2	−0.5～0.5 m	503.91	506.01	299.95
冲蚀区/km^2	0.5～1 m	18.01	43.36	35.46
	1～2 m	4.68	23.61	33.63
	2～3 m	0.73	7.22	14.17
	>3 m	0.11	5.93	15.55
淤积区比例/%		17.22	5.79	32.26
冲蚀区比例/%		3.69	12.88	16.79
陆域增量/km^2		3.27	14.97	33.52

从 1990s 到 2010s 期间，随着钦州港基础设施不断完善、保税港港池疏浚及填海工程的实施，钦州湾海底地貌发生了巨大的变化[图 15.6、图 15.8(c)、表 15.3]。该区域陆域面积由 210.8 km^2 增加到 244.4 km^2，水域面积占比下降了 5.38%；有接近一半面积的水下地形发生了显著变化，沉积和侵蚀面积各占水下面积的 32.26%和 16.79%，变化幅度明显超过前两个历史时期。虽然平均水深没有显著变化，从 1990s 的 4.89 m 到 2010s 的 4.88 m，但总水量减少了 1.69×10^8 m^3(图 15.6)。钦州湾 2010s 时期最显著的特征是西、中、东三个深槽航道都得到了加深，尤其是西航道与东航道的深度甚至加深超过了 10 m，在图 15.5 中可看到两个清晰的狭窄深槽形状。由图 15.7、图 15.8(c)均可以明显看出，10 m 等深线已沿东航道延伸至外海；三个主要航道的深度都增加了 2m 以上，但同时也可以发现，西部和东部深槽周围存在明显的沉积现象，部分区域的沉积厚度超过 2m 或 3m，这很可能与航道疏浚泥沙就近处置有关；与 1990s 相比，钦州港在 2010s 向东扩展，为提高海运能力，在港口的南部和西部大量泥沙被挖掘，致使港口附近的港池水深增加了 3m 以上。钦州湾 2010s 的另一个重大变化是，在钦州港的东南方向，

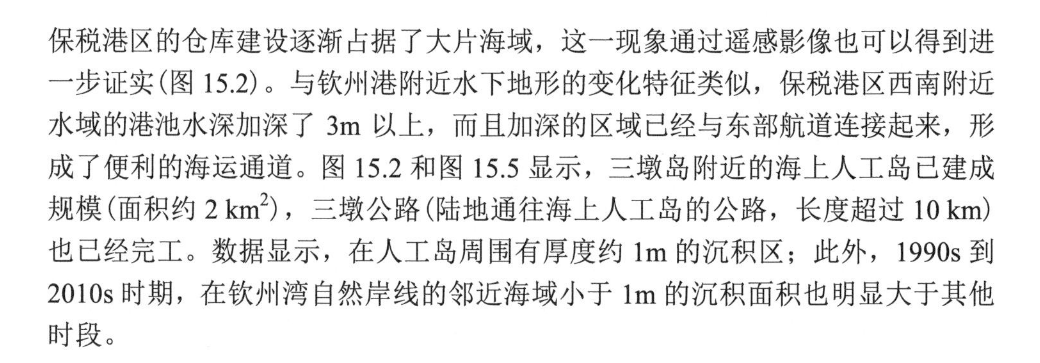
保税港区的仓库建设逐渐占据了大片海域，这一现象通过遥感影像也可以得到进一步证实(图 15.2)。与钦州港附近水下地形的变化特征类似，保税港区西南附近水域的港池水深加深了 3m 以上，而且加深的区域已经与东部航道连接起来，形成了便利的海运通道。图 15.2 和图 15.5 显示，三墩岛附近的海上人工岛已建成规模(面积约 2 km^2)，三墩公路(陆地通往海上人工岛的公路，长度超过 10 km)也已经完工。数据显示，在人工岛周围有厚度约 1m 的沉积区；此外，1990s 到 2010s 时期，在钦州湾自然岸线的邻近海域小于 1m 的沉积面积也明显大于其他时段。

15.4 海湾形态变化的影响因素及环境效应

15.4.1 钦州湾形态变化的影响因素

1. 自然因素

一些自然环境因素，如海平面上升、潮汐、波浪以及入海河流流量和泥沙输送均会对海湾的形态变化产生一定影响。最近几十年，全球海平面上升已成不争的事实(Mudersbach et al.，2013)。在沿海地区，浪高、潮汐和风暴潮均与海平面密切相关(Arns et al.，2017)。海平面上升会侵蚀海岸线、淹没海岸带土地，而近海湿地和潮间带的丧失会显著增加风暴增水带来的灾害风险(Loder et al.，2009)。在过去的 30 年中，中国海岸线的海平面上升速率为 3.4 mm/a，未来 30 年，华南海岸线的平均海平面可能上升 60～130 mm(Zhang et al.，2015)。然而，在钦州湾，大多数海岸线显示出向海延伸的趋势，计算结果表明，从 1978 年到 2013 年，海岸线延伸了 36.4%(表 15.2)。由此可以认为，海平面上升在钦州湾 1978～2013 年间水下地形地貌形态和海岸线变化中的作用并不显著。

注入钦州湾内湾的主要河流有钦江和茅岭江，它们每年向海输送约 2.77×10^{10}m^{3}的淡水和 8.64×10^4 t 的沉积物(黎广钊等，2001)，但这两条河流输送的沉积物大部分都在内湾茅尾海内沉积。钦州湾独特的自然条件是存在一个狭窄的龙门水道，它将内湾和外湾相连，为海底深槽的发育创造了天然的有利条件。实测数据表明，钦州湾中部潮流强劲，在无大风浪的条件下，最大涨潮潮流流速达 100cm/s，最大落潮潮流流速则大于 170 cm/s(黎广钊等，2001)，猛烈的湍流冲刷深槽，致使其沉积物无法沉积覆盖，从而保证了深槽的稳定性。由于水下岩体的存在，狭窄的龙门水道在海湾中部外端分支形成 3 道指状水道，长达 27 km 的西部水道形成了天然的航道。总体来看，人类活动干扰较少、自然因素居于主导地位的 1960s～1990s 时期，钦州湾深槽的方向和格局基本没有变化(图 15.5)。

2. 人类活动

越来越多的研究表明，在过去的约百年中，人类活动对海湾形态变化的影响程度已经超过了自然环境要素(Blott et al.，2006；Klingbeil and Sommerfield，2005；Wang et al.，2013)。水利部对广西壮族自治区进行的水土流失遥感调查和水利普查相关数据显示，广西水土流失面积从 1965 年的 12982 km^2 增加到 1975 年的 13564 km^2，这在很大程度上与当地严重的毁林开荒扩大农田面积等不合理的农业发展模式密切相关(梁刚毅，2014)。水土流失加剧促使大量泥沙入海，导致钦州湾出现沉积现象，这与本研究基本吻合，1960s～1970s 时段内，钦州湾淤积面积(很大范围集中在深槽区)约占研究区总面积的 17.22%，远大于冲蚀区的面积比例(图 15.8、表 15.3)。自 1980s 以来，广西加大了水土保持力度，通过植树造林、兴建水库等方式对水土流失问题进行了整治工作。水土保持工作的开展，使得入海沉积物明显减少，冲蚀区面积比例得到明显增加(图 15.8、表 15.3)。

前人的研究已表明，航道疏浚及泥沙弃置是影响海湾沉积物形态分布的重要人为因素(Blott et al.，2006)。1990s 以前，钦州湾深槽航道基本处于动态平衡状态。1990s 以后，人类活动的影响远远超过了自然因素，极大地改变了整个钦州湾的形态。在上世纪末，北部深槽区(龙门水道)已通过开挖疏浚发展成为港口和锚地，而东部和西部深槽也已开发成为钦州港的入海和出海通道。从图 15.8 中可以清晰地看到，从 1990s 到 2010s 深槽区有大规模的海底疏浚现象。由于航道及港口的疏浚开发，1990s 与 1970s 时段相比，尽管钦州湾的水体面积减少了 14.9 km^2，但水量却增加了 5.42×10^7 m^3。伴随着海运业务的增加，航道疏浚、港口扩建工程都得到一定发展。尤其是 2010s 阶段，航道疏浚及其泥沙就地处置直接改变了局部区域的水下地形地貌形态(图 15.5 和图 15.7)。在 2010s 时期，东部航道和西部航道得到进一步加深，东部航道的 10m 等深线一度延伸到了外海。泥沙就近处置导致航道周围出现明显的沉积现象，图 15.8 中可以看出沿东部航道和西部航道周边有约 2m 的沉积。类似的现象同样出现在珠江口的伶仃洋(Wu et al.，2016)。Pye 和 Neal(1994)的研究中发现，航道疏浚及泥沙弃置造成的水深增加或减少会影响局地波浪状态，从而导致沙丘从增生到侵蚀的变化。因此，航道疏浚泥沙倾卸区的选择也是航道动态平衡的重要因素之一。

围填海造地是显著影响海湾形态变化的另一种重要的人类活动(Dai et al.，2016；Lane，2004)，其可直接改变海岸线的长度以及陆地和岛屿的形状。表 15.2 和表 15.3 的统计数据显示，从 1960s 到 2010s，钦州湾沿岸共有 51.76 km^2 的海域被围填，从 1978 年到 2013 年，海岸线的长度增加了 7.24×10^4 m。由此可见，大规模的围填海造地极大地改变了钦州湾的岸线形态。在钦州湾，比较显著的围填海造地开始于 1990s，这在卫星影像中可以清楚地识别出来(图 15.2)。钦州港建于 1990s，随着海运的需求，港口在 1990s 后不断扩展。由于钦州港的兴建、发展，港口附近的海域变成了陆地，同时港口周边的水域得到疏浚加深，这显著改变了钦州湾的陆域面积及水下形态。保税区港及其仓库始建于 2005 年，随着建设面积的扩大，大片海域被逐渐占据(董德信等，2015)。到 2012 年，三墩岛高速公路和近海的人工岛已经建成，也在很大程度上影响了钦州湾的形态变化，这在图 15.2 和图 15.8 中可以得到证实。在海湾中修建长长的高速公路可能会增强局地潮汐流，从而导致泥沙悬浮，董德信等(2015)通过数值模拟方法发现三墩岛高速公路东侧中部水域的沉积物浓度高达 30～40 mg/L。人工岛建设和围填海造地会在很大程度上改变水动力边界条件及海流流速流向，并通过影响侵蚀-淤积速率和格局的方式而最终影响沉积物的运输(Wang et al.，2013)。

15.4.2 钦州湾形态变化的环境效应

海湾形态发生变化，进而会影响局部海域的流体动力学环境，包括流速、水流方向等。牙韩争等(2017)用数值模拟方法计算了钦州湾的潮流、纳潮量及水交换能力的变化。结果表明，岸线变化后，三墩岛高速公路尽头附近的水流速度增加了 0.2 m/s，涨潮时期三墩岛附近的海流方向由东南向变成了西南向，水体交换时间从 27 天延长到了 28 天。尽管钦州湾总体上处于稳定状态，但由于海湾的大规模土地开垦，部分水域侵蚀和沉积环境发生了显著变化。例如，三墩岛高速公路中部的滩涂区年侵蚀量达 7 cm(董德信等，2015)。值得注意的是，1990s 到 2010s 期间，钦州湾近岸区域的沉积量有所增加，西部航道向东迁移。由此可推断，航道几何形状以及湾内冲淤环境的改变导致局地水动力条件发生了变化。

钦州湾形态的变化不仅影响水动力环境，而且影响了区域生态系统。例如，从 1960s 到 2010s，钦州湾红树林分布格局呈现出由高度集中(highly concentrated)或较集中(relatively concentrated)向基本均匀(nearly concentrated)发展的趋势，究其原因，主要是湾内堤防、水产养殖池塘和港口建设破坏了当地生态系统平衡所致(李春干等，2015)。2009～2011 年钦州湾海洋环境调查结果显示，钦州湾海洋生物指数和栖息地指数已处于不健康状态(赖俊翔等，2016)。此外，沿海工程也会改变当地的栖息地，从而导致生物群落的变化。通常情况下，大规模的填海工程(如人工岛建设)都是通过水力充填法来完成。该方法从海底抽取大量沉积物，会直接或间接地影响海洋生物的底栖环境(Barnes and Hu，2016)。庄军莲等(2014)对钦州湾潮间带生物进行调查，发现 2009～2012 年不同样带生物群落的年际变化差异与围填海带来的环境变化紧密相关。此外，潮流变化还会影响水体污染物的运输，有报道已指出在钦州港及保税区港建设完成后，钦州湾近岸化学需氧量

(Chemical Oxygen Demand, COD)浓度增加了约 10%(高劲松等，2014)。

15.5 本章小结

本章利用历史海图和遥感影像，集成应用 RS 和 GIS 等技术，定量分析了钦州湾海底地貌和海岸线的变化特征。主要结论如下：

(1)从 1960s 到 2010s 期间，研究区水下面积减少了 51.76 km^2，海岸线从 1978 年到 2013 年增加了 7.24×10^4 m，许多弯曲的自然岸线已经被人工岸线所取代。

(2)从 1960s 到 1990s 期间，钦州湾的形态相对稳定，自 1990s 以来，由于密集的沿海开发活动，海岸线和水下地形变化显著，钦州湾形态发生了巨大的变化。

(3)自 20 世纪 70 年代以来，人类活动对钦州湾形态变化的影响已明显超过自然因素，高强度的人类活动(如土地开垦、港口建设和航道疏浚)对钦州湾形态变化的影响尤为显著。

本章定量分析了 1960s 以来钦州湾的长期形态变化特征(包括水下地形及海岸线的演变)，并探讨了其变化机制。研究结果有助于增强对钦州湾人类活动与自然环境相互作用关系的理解，能够为预测未来演变提供数据支持。大规模的近海开发活动对海湾的冲淤环境和区域生态系统均会产生一定影响。尽管近岸工程为当地带来巨大的经济效益，但它对沿海自然生态系统的负面影响也不容忽视。为保持经济发展与生态健康之间的平衡，沿岸工程对生态环境的影响评价及沿海地区的综合科学管理在今后显得尤为必要。

参考文献

董德信, 李谊纯, 陈宪云, 等. 2014. 大规模填海工程对钦州湾水动力环境的影响. 广西科学, 21(4): 357-364, 369.

董德信, 李谊纯, 陈宪云, 等. 2015. 海洋工程对钦州湾岸线地形及泥沙冲淤的影响. 广西科学, 22(3): 266-273.

高劲松, 陈波, 陆海生, 等. 2014. 钦州湾潮流场及污染物输运特征的数值研究. 广西科学, 21(4): 345-350.

赖俊翔, 许铭本, 张荣灿, 等. 2016. 广西钦州湾海域生态健康评价与分析. 海洋技术学报, 35(3): 102-108.

黎广钊, 梁文, 刘敬合. 2001. 钦州湾水下动力地貌特征. 地理学与国土研究, (4): 70-75.

李春干, 夏阳丽, 代华兵. 2015. 1960～2010 年广西红树林空间结构演变分析. 湿地科学, 13(3): 265-275.

李翠漫. 2019. 钦州湾海岸带景观格局时空演变及生态系统健康评价. 南宁：南宁师范大学.

梁刚毅. 2014. 广西水土流失演变趋势及其原因分析. 广西水利水电, (4): 71-73.

刘晓玲. 2019. 钦州湾近海污染现状与治理对策研究. 南宁：广西大学.

孙辰琛. 2015. 茅尾海海水环境质量响应人为活动变化的研究. 桂林：广西师范学院.

牙韩争, 许尤厚, 李谊纯, 等. 2017. 岸线变化对钦州湾水动力环境的影响. 广西科学, 24(3): 311-315, 322.

张伯虎, 陈沈良, 谷国传, 等. 2010. 钦州湾潮流深槽的成因与稳定性探讨. 海岸工程, 29(3): 43-50.

庄军莲, 许铭本, 王一兵, 等. 2014. 钦州湾潮间带生物群落对环境变化的响应分析. 广西科学, 21(4): 381-388.

Arns A, Dangendorf S, Jensen J, et al. 2017. Sea-level rise induced amplification of coastal protection design heights. Scientific Reports, 7: 40171.

Barnes B B, Hu C. 2016. Island building in the South China Sea: detection of turbidity plumes and artificial islands using Landsat and MODIS data. Scientific Reports, 6: 33194.

Blott S J, Pye K, Van der Wal D, et al. 2006. Long-term morphological change and its causes in the Mersey Estuary, NW England. Geomorphology, 81: 185-206.

Dai Z, Fagherazzi S, Mei X, et al. 2016. Linking the infilling of the North Branch in the Changjiang (Yangtze) estuary to anthropogenic activities from 1958 to 2013. Marine Geology, 379: 1-12.

Everitt J H, Yang C, Sriharan S, et al. 2008. Using High Resolution Satellite Imagery to Map Black Mangrove on the Texas Gulf Coast. Journal of Coastal Research, 24: 1582-1586.

Green M O, Bell R G, Dolphin T J, et al. 2000. Silt and sand transport in a deep tidal channel of a large estuary (Manukau Harbour, New Zealand). Marine Geology, 163: 217-240.

Hoang T C, O'Leary M J, Fotedar R K. 2016. Remote-Sensed Mapping of Sargassum spp. Distribution around Rottnest Island, Western Australia, Using High-Spatial Resolution WorldView-2 Satellite Data. Journal of Coastal Research, 32: 1310-1321.

Karunarathna H, Reeve D. 2008. A boolean approach to prediction of long-term evolution of estuary morphology. Journal of Coastal Research, 24: 51-61.

Kim T I, Choi B H, Lee S W. 2006. Hydrodynamics and sedimentation induced by large-scale coastal developments in the Keum River Estuary, Korea. Estuarine Coastal and Shelf Science, 68: 515-528.

Klingbeil A D, Sommerfield C K. 2005. Latest Holocene evolution and human disturbance of a channel segment in the Hudson River Estuary. Marine Geology, 218: 135-153.

Kumar A, Narayana A C, Jayappa K S. 2010. Shoreline changes and morphology of spits along southern Karnataka, west coast of India: A remote sensing and statistics-based approach. Geomorphology, 120: 133-152.

Lane A. 2004. Bathymetric evolution of the Mersey Estuary, UK, 1906～1997: causes and effects. Estuarine, Coastal and Shelf Science, 59: 249-263.

Loder N M, Irish J L, Cialone M A, et al. 2009. Sensitivity of hurricane surge to morphological parameters of coastal wetlands. Estuarine, Coastal and Shelf Science, 84: 625-636.

Mudersbach C, Wahl T, Haigh I D, et al. 2013. Trends in high sea levels of German North Sea gauges compared to regional mean sea level changes. Continental Shelf Research, 65: 111-120.

Pittaluga M B, Tambroni N, Canestrelli A, et al. 2015. Where river and tide meet: The morphodynamic equilibrium of alluvial estuaries. Journal of Geophysical Research-Earth Surface, 120: 75-94.

Pye K, Neal A. 1994. Coastal dune erosion at Formby Point, north Merseyside, England: Causes and Mechanisms. Marine Geology, 119: 39-56.

Tambroni N, Pittaluga M B, Seminara G. 2005. Laboratory observations of the morphodynamic evolution of tidal channels and tidal inlets. Journal of Geophysical Research-Earth Surface, 110: F04009.

Tian B, Wu W, Yang Z, et al. 2016. Drivers, trends, and potential impacts of long-term coastal reclamation in China from 1985 to 2010. Estuarine, Coastal and Shelf Science, 170: 83-90.

Todeschini I, Toffolon M, Tubino M. 2008. Long-term morphological evolution of funnel-shape tide-dominated estuaries. Journal of Geophysical Research-Oceans, 113: C05005.

Townend I. 2005. An examination of empirical stability relationships for UK estuaries. Journal of Coastal Research, 21: 1042-1053.

Van der Wal D, Pye K. 2003. The use of historical bathymetric charts in a GIS to assess morphological change in estuaries. Geographical Journal, 169: 21-31.

Van der Wal D, Pye K, Neal A. 2002. Long-term morphological change in the Ribble Estuary, northwest England. Marine Geology, 189: 249-266.

Wang Y, Dong P, Oguchi T, et al. 2013. Long-term（1842～2006）morphological change and equilibrium state of the Changjiang（Yangtze）Estuary, China. Continental Shelf Research, 56: 71-81.

Wang Y, Tang L, Wang C, et al. 2014. Combined effects of channel dredging, land reclamation and long-range jetties upon the long-term evolution of channel-shoal system in Qinzhou bay, SW China. Ocean Engineering, 91: 340-349.

Wu Z Y, Saito Y, Zhao D N, et al. 2016. Impact of human activities on subaqueous topographic change in Lingding Bay of the Pearl River estuary, China, during 1955～2013. Scientific Reports, 6: 37742.

Zhang W, Xu Y, Hoitink A J F, et al. 2015. Morphological change in the Pearl River Delta, China. Marine Geology, 363: 202-219.

第 16 章

中国大陆海岸线变化的影响因素

中国大陆海岸线受自然过程和人类活动叠加作用，一直处于动态演变过程中，影响岸线变化的因素，在不同的时空尺度上，改变着岸线的形态与结构，例如：地质构造奠定岸线基本格局；全球气候变化在千年尺度上牵动岸线的进退，也在百年尺度上影响全球岸线蚀退；河流泥沙输送在10～100年尺度上塑造岸线的类型与形态，这一因素又同时受全球气候变化和人类活动的作用；自然湿地成为沿海地区防潮防波的自然屏障，减缓海洋动力作用对岸线的雕琢；随着人类社会经济的发展，围填海与基础设施建设、工矿开发与水资源超采，不仅侵占大面积自然湿地，而且直接造成岸线的人工固化；而国家政策的导向，又在一定程度上左右人类活动对岸线的改变方向；短时间尺度的风暴潮和地震，造成岸线显著变化的同时，也因其对沿岸人口经济的巨大破坏，引起人类对自然岸线保护的反思和重视，进而影响岸线管理政策的调整，驱动调水调沙与湿地恢复工程的实施。

梳理和分析海岸线变化的影响因素，可以在岸线变化特征研究的基础上，“知其然”并“知其所以然”。本章从特征规律及例证等方面，针对这些因素进行分析和阐述。

16.1 自然影响因素

16.1.1 地质构造决定海岸线的宏观轮廓

中国海岸带地质构造自北向南呈现出隆起与沉降交替的格局，主要的隆起带包括辽东半岛隆起带、燕山隆起带、山东半岛隆起带和浙闽粤桂隆起带，主要的沉降带包括辽河平原沉降带、华北平原沉降带和苏北-杭州湾沉降带(苏奋振等，2015)，海岸带主要的断裂带自北向南包括张家口-蓬莱断裂带、郯庐断裂带、华南滨海断裂带和泉州-台湾断裂带等，主要呈NE-NNE向和NW-NWW向(印萍等，2017)，隆起、沉降、断裂带的分布特征奠定岸线类型分布的大格局。海岸带以杭州湾为界，杭州湾以北主要是隆起带的山地丘陵海岸与沉降带的平原海岸相间分布，杭州湾以南多为隆起带的山地丘陵海岸(刘宝银和苏奋振，2005)；隆起带岸线曲折、多分布有岬湾，沉降带岸线平直、多分布有滩涂(苏奋振等，2015)；在断裂带处，一般会出现岸线基本走向的转折点(刘尚仁，1995)。

位于隆起带的山地丘陵海岸，主要分布有基岩岸线和砂砾质岸线，基岩岸线自北向南分布在辽东半岛、山东半岛、浙江、福建、广东、广西和海南等地区，砂砾质岸线分布在除天津、江苏以外的沿海区域；位于沉降带的平原海岸主要为平原粉砂淤泥质岸线、港湾型淤泥质岸线和河口湾淤泥质岸线，平原粉砂淤泥质岸线分布于辽河平原辽东湾、华北平原、淮北平原和苏北平原等地，港湾型淤泥质岸线分布于辽东半岛东南、浙江、福建等地，河口湾淤泥质岸线分布于钱塘江口和珠江口等地；另外，在杭州湾以南一些河口及海湾分布的淤泥质岸滩多生长有红树林，呈现为生物岸线(李培英等，2007)。

16.1.2 全球增温促使海岸线向高位迁移

全球气候变化，特别是全球气温变化是导致全球范围海岸线位置发生变化的重要原因。长时间尺度上的气温升高引起冰川融化和海水体积膨胀，海侵发生并导致海岸线向陆移动(向高位转移)，气候周期性降温则导致冰川复凝及海水体积收缩，海退发生并使海岸线向海方向移动(向低位转移)。文献资料显示，在千年时间尺度上，中国海岸带的渤海西岸曾发生阶段性海侵与海退，海侵将岸线推进到山东桓台-河北黄骅及文安一线(陈吉余，2010)，渤海西北岸多条平行于现代岸线的牡蛎礁群，以及渤海西岸四条平行于现代岸线的贝壳堤，均是当时海侵和海退形成的古海岸线位置地貌标志(祁雅莉，2013)。

自工业革命以来，全球气温变化的主要特征表现为显著的上升趋势，增温过程导致海水体积的膨胀变化和高纬度区域的冰川融化，引起海平面的不断上升，造成全球范围的海侵现象。根据 IPCC 2019 年发布的《气候变化中的海洋和冰冻圈特别报告》显示，2006～2015 年，格陵兰冰盖以约 2780 亿 t/a 的速度在融化，南极冰盖以约 1550 亿 t/a 的速度在融化，分别为全球海平面上升贡献约 0.77 和 0.43 mm/a(IPCC，2019)。1901～2010 年，全球海平面上升速率达 1.7 mm/a(IPCC，2013)；1900～2017 年，美国东海岸海平面上升速率最高的北卡罗来纳州和弗吉尼亚州，其沿海海平面上升速率约为 4.5 mm/a，即使速率最低的佛罗里达州和缅因州，其沿海海平面上升速率也有 1.3 mm/a(Piecuch et al.，2018)。文献资料显示，1950s 以来辽河三角洲岸线侵蚀和 1870～1950 年间天津岸线侵蚀均受海平面上升的影响(张景奇，2007；李建国等，2010)。1993～2019 年，全球海平面上升速率达到(3.24±0.3) mm/a[①]；1993～2019 年，中国沿海海平面上升速率为 3.9 mm/a，显著高于全球平均水平。海平面上升，导致近岸的波浪能、潮汐能增加，风暴潮的作用增强，进而加剧海岸线侵蚀，2019 年，辽宁绥中南江屯的砂质岸段年均侵蚀距离达 7 m，江苏盐城射阳双洋港北养殖区的粉砂淤泥质岸段年均侵蚀距离达 48.4 m[②]。

16.1.3 河流泥沙输送显著改变陆海格局

长时间尺度上，河流入海泥沙沉积于河口区，形成淤泥质或砂砾质岸线，是影响和改变河口海岸地貌的重要原因。1979 年以前，中国年均入海河流泥沙总量达 20.14 亿 t/a，河流径流量和含沙量决定了输沙总量，当时除鸭绿江受水库影响较大外，其他河流入海泥沙量主要受流域降水量、降水形式和强度、降水与产沙区分布是否一致等因素的影响，呈现多沙、少沙年交替出现，以及 3～6 年连续多沙、少沙期的特点；入海泥沙一部分被潮汐、海流输送至近海沉积，一部分直接沉积在河口区域，使河口三角洲逐渐向海淤长延伸，改变海岸线的位置和长度，1979 年之前的约百年间，每年黄河入海的泥沙中约 2/3 沉积于河口三角洲，年均造陆面积超过 20 km^2，长江入海的泥沙中约 1/3～1/2 沉积在河口三角洲前缘，年均造陆面积约 9 km^2(程天文和赵楚年，1985)。不同河流入海泥沙量的高低，亦影响其河口附近海岸线的淤进速度。

短时间尺度上，河流水沙变化往往与人类活动相关，同样构成海岸线变化的重要影响因素。根据对全球范围 1200 万 km 河流河道的评估发现，全球长度大于 1000 km 的河流中，仅有 37%的河流仍能保持自由流通，23%的河流能够保持不间断的流向海洋(Grill et al.，2019)。通过对全球河流(4462 条流域面积大于 100 km^2 的河流)泥沙通量的模拟分析发现，人类活动造成的土壤侵蚀导致全球河流输沙量呈显著增加趋势(全球河流年输沙量增加了约 23 亿 t)，与此同时，自 1960 年以来人类修建的水库又将泥沙滞留，导致入海泥沙通量呈显著减少趋势(年入海泥沙通量减少了约 14 亿 t)，全球约有 1000 亿 t 的河流泥沙被滞留在水库中(Syvitski et al.，2005)。由于中上游水利工程的兴建，加之流域工农业用水加剧及水量调配管理失衡，1996～2000 年间黄河水沙量剧减，导致黄河三角洲海岸线发生后退(赵广明等，2013)。长江上游一系列水库的兴建亦导致其入海泥沙显著减

① 世界气象组织. 2020. WMO2019 年全球气候状况声明。

② 自然资源部海洋预警监测司. 2020. 2019 年中国海平面公报。

少，1950～2000 年多年平均入海泥沙量为 4.33 亿 t[①]，2003 年长江三峡水库建成，长江入海泥沙降至 2.06 亿 t，2004 年降至 1.47 亿 t，2006 年降至 0.86 亿 t，长江入海泥沙一般通过潮流或通沙通道被带至杭州湾北岸，其沙量剧减导致杭州湾北岸由淤涨型岸滩转为侵蚀型岸滩(施伟勇等，2012)。

16.1.4　海洋动力冲淤特征影响海岸地貌

近岸海洋动力是影响泥沙粒径大小及其空间分布、塑造海岸带剖面形态的主要自然因素，往往为波浪、潮汐、潮流等共同作用。波浪通过掀沙或直接对海岸冲刷而影响海岸的形态，波浪掀沙主要为扰动和破碎两种形式，波高较小时，以扰动为主掀动海底泥沙，波高大且频率高时，波浪以破碎方式掀沙，且掀沙能力随波高频率正向增大；当波浪与海岸呈非垂直夹角时，波浪破碎带产生与海岸平行的沿岸流，沙坝、沙嘴等海岸地貌往往为沿岸流带动泥沙形成。周期性潮汐通过带动海水垂直及水平运动形成潮汐通道，进而塑造海岸地貌，对淤泥质岸线尤其显著。潮流通过作用于河口海岸区泥沙的稳定容重和起动流速，塑造海岸形态(侯庆志，2013)。

文献资料显示，潮流作用是辽东浅滩潮流沙脊形成的主要动力(夏东兴和刘振夏，1984)；2000～2009 年，天津滨海新区部分岸段受持续的潮汐影响呈明显侵蚀状态(李建国等，2010)；1980s 以来江苏海岸发生整体蚀退，主要是因为黄河改道后，废黄河三角洲岸线向海开敞，波能集中和潮流作用增强，导致 0m 等深线呈现整体侵蚀后退的趋势，并且侵蚀区域近年来有向南部扩大趋势(孙伟红，2012)；在杭州湾北岸南竹港-龙泉岸段，根据 1998～2003 年监测数据，潮流驱动导致泥沙呈纵向输送状态，同时季节性波浪作用形成该段岸线冬淤夏冲的季节波动特征，冬季离岸西北风带动的波浪导致近表层泥沙向岸运动，夏季向岸东南风带动的波浪导致底层泥沙离岸输运，在岸线淤冲形态上便呈现出冬淤夏冲的波动变化(施伟勇等，2012)；福建九龙江河口区，腹内比口门宽 4 km，因受海水控制，导致九龙江河口径流靠近其南岸入海，形成的环流流向影响泥沙分布，导致河口南岸沉积泥沙粒径及海水水深均大于北岸(陶明刚，2006)。

16.1.5　风暴潮、地震等引发海岸线突变

风暴潮和地震因其突发的高能量，可引起海岸线短时间内的显著变化。风暴潮导致沿海泥沙再分布，泥沙离岸运移使滩肩消失，高能冲浪到达海岸并对其进行侵蚀，连续风暴潮情况下，这种侵蚀和岸线后退将明显加重，其影响程度甚至

① 中华人民共和国水利部. 2002. 中国河流泥沙公报 2002.

显著超过单次特大风暴潮(Lee et al.，1998；Cox and Pirrello，2001)。风暴潮伴随大风、强降雨，沿岸地区增水显著，造成低平区域淹没、岸线形态重塑，例如冲毁海堤、冲决养殖堤坝、冲平近岸沙坝、改变潮汐通道等(李志强和陈子燊，2003)。中国海岸带因其位于西太平洋台风影响范围，且分布众多地势低平的河口三角洲和沿海低平原，加之部分区域地面沉降和围填海，因而成为全球风暴潮灾害严重的区域之一，长江口以北风暴潮主要由秋冬寒潮气旋引起，易发区包括天津-河北黄骅、山东潍坊、江苏连云港岸段，长江口以南风暴潮以夏季台风影响为主，易发区包括浙江台州-福建宁德、珠江口、广东湛江岸段(印萍等，2017)。文献数据显示，1977～2014年，袭击东亚和东南亚的台风强度增加了12%～15%，而这一增加趋势，又与东亚、东南亚近岸海域海洋表面变暖显著相关(Mei and Xie，2016)。中国大陆海岸带区域的活动断裂主要为NE-NNE向和NW-NWW向，断裂带多发地震，地震高发区包括环渤海和琼州海峡沿岸(印萍等，2017)，地震瞬时高强度能量，通过对海岸地貌的直接作用，改变岸线形态。

我国沿海区域因风暴潮、海啸等灾害过程导致的海岸侵蚀现象较为普遍和严重。例如：2003年秋，天津青静黄排水渠-独流减河岸段发生风暴潮，冲毁岸堤7.6 km，最大侵蚀达1.2 km(李建国等，2010)；2000～2010年间，山东岸段受风暴潮频次不同，呈现出蚀退和淤进不同的趋势，2000～2005年间强风暴潮次数高，导致海岸蚀退达117.8 km^2，自然岸线后退，2006～2010年，风暴潮频次减少，黄河口及莱州湾南岸淤积57.7 km^2，岸线向海淤进(吴春生等，2015)。

16.1.6 生态系统是海岸线的重要修饰者

盐沼、红树林、海草床和珊瑚礁等类型的湿地生态系统通过其消浪护岸、促淤造陆等功能，显著影响海岸带对河流泥沙、海洋动力以及风暴潮等因素的响应程度，从而构成海岸线变化的重要影响因素。盐沼主要包括芦苇滩、碱蓬滩、海三棱藨草滩和互花米草滩等，盐沼植被因其茎叶对水流的阻挡作用，具有波浪衰减功能，当海三棱藨草滩的宽度达到185 m时，可衰减有效波高80%，40 m宽的芦苇滩或30 m宽的互花米草滩也可达到同样的消浪效果(葛芳等，2018)；红树植被因其纵横交错的发达的根系，使海滩面摩擦力增加，破碎波浪、阻挡水流和减弱流速，加速水中悬浮颗粒的沉降并网罗碎屑，从而起到消浪促淤的作用，波浪在红树林区的流速为其在潮沟流速的10%，覆盖度高于0.4、宽度大于100 m的红树林，其消波系数可达85%，可化平10级风所形成的巨浪，红树林促进小于0.01 mm粒径悬浮颗粒物的沉积，并通过凋落物参与沉积，其泥沙淤积速度可达附近裸滩的2～3倍(陈雪清，2001)；海草床和珊瑚礁主要分布于近岸海区，可减弱海浪冲击力，海草因其根茎紧抓海底沉积物，故可巩固海床底质，珊瑚礁结构的复杂性是影响其消浪能力的主要因素，约 70%～90%的海浪冲击力在经过珊瑚礁后可被吸收，因此，海草床和珊瑚礁是海岸的天然防波堤(赵美霞等，2006；宋晖等，2014；Harris et al.，2018)。2004 年由印度洋大地震引起的海啸袭击印度 Cuddalore 地区，无红树林分布的区域，村庄几乎完全被摧毁，而有红树林在其外围分布的区域村庄受损则非常小(Danielsen et al.，2005)。

我国沿海区域台风等自然灾害较为频繁和严重，滨海湿地生态系统在抵御灾害、保护海岸方面发挥着巨大的、不可替代的作用。1994 年 17 号台风登陆温州，袭击苍海东塘海堤，70%海堤被毁，堤外分布有 200 m 宽互花米草的 15 km 长海堤则保持完好无损(Wan et al.，2009)；2003 年台风“伊布都”袭击广东台山市，有 4650 m 堤坝因其外围有红树林保护而无损，无红树林分布的区域，堤坝被冲垮、村庄被淹没，损失超过 700 亿元；2008 年台风“黑格比”袭击广东珠海市，淇澳岛大围湾 1 km 土堤和开发区 2 km 简易石土长堤，因其外围有红树林保护而无恙，附近无红树林分布的区域，部分水泥钢筋公路则被冲毁[①]。

16.2　人为影响因素

16.2.1　经济社会发展是海岸线变化的强力驱动因素

历史时期，受人口增长和城市扩张的驱动，多数沿海发达国家，如美国、日本、荷兰等对滨海土地进行围垦，经济社会发展成为其海岸线变化的强力驱动因素(Kennish，2001；Suzuki，2003；Hoeksema，2007)。海岸线变化强度和利用方式受到区域社会经济发展水平的影响和制约(吴文挺等，2016)，20 世纪 40 年代初以来，主要在经济社会发展的驱动下，中国海岸带的岸线人工化程度不断提高，这一时期大致经历了以下五个阶段的围填海过程(侯西勇等，2016，2018)。

1940s 阶段，经济社会发展较为落后，极少对海岸带区域进行开发，自然岸线广泛分布，仅在局部区域分布有少量的人工海堤；

1950s 阶段，计划经济主导下掀起了盐田建设浪潮，建成沿海长芦、辽东湾、莱州湾、淮盐四大盐场，空间上表现出盐田大规模向海扩张的特征；

1960s、1970s 阶段，为支持国家粮食生产和经济建设，围垦海涂进行农业种植，沿海区域形成大量新增农业用地；

1980s、1990s 阶段，改革开放以来，在市场经济快速发展的驱动下以及受到生活水平提升背景下的需求拉动影响，养殖业快速发展，沿海滩涂围垦养殖，并

① 廖宝文. 2009. 红树林湿地生态系统的防灾减灾功能. 广东省林业局[2009-2-02/2023-10-05]. http://lyj.gd.gov.cn/news/special/forum/content/post_1876039.html.

且因围海养殖利益高于盐田，沿海多地盐田向养殖转变，养殖的发展使我国成为世界第一养殖国，但在空间上，岸线则呈现出更快、更大规模、平直化地向海扩张趋势；

2000 年以来，受内外贸一体化政策的驱动，进出口及远洋贸易增多，随着沿海各省(区、市)人口集聚，沿海经济带的逐渐布局，以及工业化、城市化过程中产业结构转型和升级，沿海港口码头、临港工业园的建设突飞猛进，港口码头和围垦(中)岸线的比例不断增高，盐田岸线的比例则显著下降。

16.2.2　高强度的围填海直接导致陆海格局急剧变化

在近年来国家实施严格管控围填海政策之前，随着沿海经济各阶段的发展和近海开发加剧，围填海成为导致中国沿海岸线变化的主要人为影响因素。由于淤泥质海岸围垦易形成有效淤进，围垦成本低，中国海岸带高强度的围填海主要集中于环渤海经济圈和长三角经济圈的淤泥质海岸，例如辽东湾、渤海湾、莱州湾和江苏北部沿岸等地，砂质及基岩质海岸因不易形成有效淤积，围垦成本高，因此主要在城市扩张进行港口及工业区建设时围垦(吴文挺等，2016)。围填海集中于滨海湿地区域，导致水文环境改变，造成湿地退化，使岸线景观类型发生本质变化；围填海改变岸线形态的同时，也会因岸线结构变化改变近岸水动力场，进而加剧近岸海区的淤积或侵蚀(陶明刚，2006)。

文献显示，1985～2010 年，中国大陆沿海围垦滨海湿地 7551.83 km^2，围垦速度和强度分别为 302.07 km^2/a 和 1.7(hm^2/km)/a，环渤海经济圈和长江三角洲经济圈围垦量占全国总量的 85.7%(吴文挺等，2016)；2000～2010 年，环渤海地区围海、围海养殖和填海面积分别达 410 km^2、486 km^2 和 656 km^2，其中，填海主要来自津冀港口建设，其间新建港口有曹妃甸港、天津中心渔港、天津港、天津大港、黄骅港，建设围堤长度增加近 2.5 倍(吴春生等，2015)；1990s 辽河三角洲围海造田导致双台子河口至大辽河河口岸段快速淤进(张景奇，2007)；1973～2013 年，浙江三门湾陆域向海面积增加约 156 km^2，岸线长度减少约 40 km，海湾和淤泥质岸滩被围垦成农田、果林和养殖塘，纵深的港汊被拦海筑坝蓄淡，导致该区域海岸线长度显著减少(陈晓英等，2015)；1960s～2000 年，福建九龙江口因人工围垦导致其海岸线向海扩张约 150 m，浒茂洲尾向海增加 1.25 km^2，玉枕洲尾岸线向海推进约 1 km，厦门西港海区围垦，导致海湾纳潮能力下降，使海区淤积严重(陶明刚，2006)；1987～2005 年，广东大亚湾海岸带因围填滩涂，导致淤泥质岸线成为变化最快的岸线类型，其长度逐年减少(于杰等，2009)；2010～2014 年，海南三亚岸线变化总长度中，人工岸线变化占比 56.3%，而人工岸线中，围填海占 40%，围填面积由 2010 年的 645 km^2 增长到 2014 年的 1022 km^2，增速达

58.4%(梁超等，2015)。

16.2.3　基础设施建设直接导致海岸线人工化和固化

沿海基础设施的建设大大改变了岸线的形态和类型结构。随着沿海经济的发展，临海道路、港口码头、岸堤以及航海水道日渐增加，导致海岸线人工化和固化程度不断提高。临海道路建设过程中，不仅直接改变了自然岸线的类型，而且因岸线固化导致陆侧自然区域与海洋的连通性受阻，湿地植被发生逆向演替，进而改变滨海湿地类型，同时，因岸线固化导致海侧水沙运移规律改变，进一步影响周围岸段的淤蚀特征；因考虑建设成本，港口码头一般建设于基岩及砂质岸线，但有时也会因经济发展需要，在淤泥质和粉砂质等建港条件差的岸段建设，港口码头的建设，直接引起自然岸段人工化；岸堤的建设一般是为了消减海浪等对沿岸的侵袭，并从一定程度上可以缓解海岸的侵蚀；航海水道的发展，特别是在近岸区域，因船舶往来航行，导致逐年累月的水下掀沙和水道冲刷加宽，容易引起沿岸特别是淤泥质岸段发生蚀退。

途经莱州湾南岸潮上带区域的大家洼-莱州-龙口铁路段的建设，侵占潮上带滨海湿地面积达 600 hm^2，使该区域的自然岸线转变为人工岸线，莱州湾羊口港、央子港、下营港的建设，因改变了近岸水沙运移规律，导致东部岸段侵蚀加剧(张绪良等，2009)；天津滨海新区和黄河三角洲人工岸堤的修建，在一定程度上缓解了自然因素对海岸的侵蚀(李建国等，2010；栗云召等，2012)；2010～2014 年，海南三亚岸线变化主要分布于有利港口发展的岸段，岸线类型的变化主要呈现出由基岩岸线和砂质岸线向人工港口码头转变的趋势，人工岸线中海洋工程占比达52%，2010、2011、2012 年三亚港口吞吐量逐年上升，分别达 134 万 t、142 万 t和 151 万 t，这从侧面反映出基础设施建设导致三亚岸线人工化的趋势(梁超等，2015)。1980s 中期以来，西洋水道不断发展，船只航行造成水下掀沙和横向冲刷，水道逐年加宽，使江苏西洋水道陆侧滩涂 0 m 线呈现侵蚀后退趋势(蔡则健，2008)。

16.2.4　工矿开发、水资源超采加剧海岸侵蚀和后退

随着沿海经济的发展，沿海油气开采和海滩采砂活动不断开展，导致岸线人工化程度不断提高。水文环境通过影响湿地生物地球化学循环，主导着滨海湿地的形成、演替和分布，因此，岸线变化也受到水文环境变化的影响。人类工农业生产导致的水资源超采，引起地下水位下降、河流径流减少，在滨海地区甚至进一步导致地下盐卤水入侵。其中，滨海湿地区域的地下水位下降会引起湿地植被退化、湿地面积减小；河流径流减少甚至断流导致河口湿地输入淡水量和淹水时间减少，河海交互区水动力作用发生改变，河口湿地含盐增大，滨海湿地植被逆

向演替；地下盐卤水入侵则加剧湿地地下水矿化和土壤盐渍化，进一步导致植被退化，从而改变海岸类型(张绪良等，2009)。

海南三亚海岸带的海滩采砂，导致近岸泥沙供应失衡，海洋动力环境改变，海滩形态重塑，加剧了海岸侵蚀(梁超等，2015)；位于辽河下游平原和辽东湾的辽河油田，以及位于黄河三角洲的胜利油田，因其油井平台的建设，使自然岸线人工固化，同时因向海开采的趋势，造成海岸线变化(张景奇，2007)；工矿开发往往在 1～10 年尺度上对岸线造成难以逆转的改变。因黄河沿线工农业用水增加等原因，1996～2000 年黄河入海径流骤减，导致这一时期黄河三角洲湿地退化，柽柳、芦苇、碱蓬及其混生群落不断相互转换，滨海湿地稳定性降低，这一时期岸线呈整体后退趋势(李政海等，2007；赵广明等，2013)；20 世纪最后 20 年，因水资源超采、河流径流减少、地下水位下降、地下咸卤水入侵，莱州湾南岸潮上带淡水芦苇沼泽湿地、香蒲沼泽湿地退化，昌邑灶户盐场以西盐地碱蓬湿地退化为潮上带茅草湿地(张绪良等，2009)。

16.2.5 国家及地方政策能够抑制或促进海岸线变化

2010s 初以来，为转变“向海索地”的发展模式，坚持生态优先、绿色发展，国家关于海岸线的管控政策及法规相继出台。2012 年 10 月，国家海洋局印发《关于建立渤海海洋生态红线制度的若干意见》，提出“渤海自然岸线保有率不低于 30%，辽宁省、河北省、天津市、山东省自然岸线保有率分别不低于 30%、20%、5%、40%”[①]；2016 年 12 月，国家海洋局印发《关于加强滨海湿地管理与保护工作的指导意见》，在滨海湿地保护、修复、管理、监测方面提出政策性要求，成为自然岸线保护与修复的助力键[②]；2017 年 1 月，国家海洋局印发《海岸线保护与利用管理办法》，这是中国第一个海岸线针对性的政策法规文件，加强了对大陆岸线保护、节约利用、整治修复的硬约束，提出到 2020 年全国自然岸线保有率不低于 35%(不包括海岛岸线)，辽宁省、河北省、天津市、山东省、江苏省、上海市、浙江省、福建省、广东省、广西壮族自治区、海南省自然岸线保有率分别不低于 35%、35%、5%、40%、35%、12%、35%、37%、35%、35%、55%(于秀波和张立，2018)；2018 年 7 月，国务院印发《关于加强滨海湿地保护严格管控围填海的通知》(国发〔2018〕24 号)，出台“史上最严围填管控政策”，取消围填海地

① 赵建东，孙安然. 2012.《关于建立渤海海洋生态红线制度若干意见》印发. 中央政府门户网站[2012-10-17/2020-07-28]. http://www.gov.cn/gzdt/2012-10/17/content_2245965.htm.

② 方正飞. 2016. 国家海洋局印发《关于加强滨海湿地管理与保护工作的指导意见》. 中国政府网[2016-12-24/2020-08-04]. https://www.gov.cn/xinwen/2016-12/24/content_5152456.htm.

方年度计划指标，除国家重大战略项目外，全面停止新增围填海项目审批，将地方围填海审批权限收归国务院，原则上，不再受理有关省级人民政府提出的涉及辽东湾、渤海湾、莱州湾、胶州湾等生态脆弱敏感、自净能力弱海域的围填海项目，要求有关省级人民政府按照“生态优先、节约集约、分类施策、积极稳妥”的原则，加快处理围填海历史遗留问题，将历史遗留问题处理情况与新增围填项目申请挂钩，并在 2018 年下半年启动围填海专项督察“回头看”确保政策落实[①]（于秀波和张立，2020）。

近几年来，中国沿海部分省（区、市）通过地方立法等方式对海岸带进行保护，2017 年 9 月福建通过《福建省海岸带保护与利用管理条例》，山东省人大常委会陆续批准通过《东营市海岸带保护条例》《青岛市海岸带保护与利用管理条例》等 7 个沿海市的海岸带保护法规，实现了山东省海岸带保护立法全覆盖。2020 年 6 月，继《浙江省生态海岸带建设方案》印发后，浙江省政府宣布将建设 1800 km 长的“生态海岸线”，贯通平湖金丝娘桥至苍南霞关渔港的公路绿道系统，进行海洋湿地、防护林（包括红树林）等的生态建设与修复等，至 2025 年将全面清零修复受损生态岸线[②]，此外，浙江省生态海岸带建设将谋划百余个支撑项目，总投资超 3495 亿元[③]。

16.2.6　调水调沙与湿地恢复工程海岸保护成效显著

进入 21 世纪以来，随着政府和民众对自然岸线生态保护意识的不断提高，与自然岸线恢复相关的工程相继实施，并取得了一定的效果，这些工程包括河流调水调沙工程、湿地恢复工程等。河流调水调沙工程利用水利设施对径流进行短期调度，改变水沙运移条件，增加下游河道行洪能力，下游河口三角洲的淡水因而得到补充，河口湿地也随之恢复（尚俊生等，2005）。湿地恢复工程主要通过恢复自然水系连通、因地制宜补种湿地代表植被、退养还滩（湿）等手段，恢复湿地景观，修复自然岸线（于秀波和张立，2018）。

2002 年以来，黄河调水调沙工程的长期实施，改善了黄河尾闾河道的水沙条件，改变了水下岸坡的冲淤状况，使近入海口处近岸冲刷、离岸淤积，并使河口湿地景观得到恢复（王伟等，2015）；自 2013 年开始，深圳福田红树林生态公园兴

---

① 国务院. 2018. 关于加强滨海湿地保护严格管控围填海的通知. 中国政府网[2018-07-25/2020-07-28]. http://www.gov.cn/zhengce/content/2018-07/25/content_5309058.htm.

② 方臻子. 2020. 打造浙江版“黄金海岸”. 浙江日报[2020-07-18/2020-08-05]. http://zjrb.zjol.com. cn/html/2020-07/18/content_3348484.htm.

③ 王丽玮. 2020. 整合沿海优势资源 浙江将建设 1800 公里生态海岸带. 人民网[2020-07-17/ 2020-08-04]. http://zj.people.com.cn/n2/2020/0717/c186327-34164891.html.

建，面积约38 hm^2，这片区域位于福田红树林国家级自然保护区与香港米埔自然保护区之间，在1990s生长着原生红树，后因填海转变为人工岸线，红树林生态公园的修建，恢复了两个保护区之间的生态廊道，成为湿地恢复案例的一个缩影(于秀波和张立，2018)；自2015年开始，辽宁盘锦辽河口通过疏通潮沟、清淤平整养殖池、种植碱蓬等措施，使滩涂水系得到恢复，养殖滩涂恢复为滨海原生湿地，辽宁营口团山和山东荣成月湖沙坝通过侵蚀防护、残坝拆除与离岸潜堤等措施，对岸线进行了生态修复(于秀波和张立，2020)。

近年来，国家和地方实施推进多个海岸带修复生态工程和项目，包括：海域海岸带整治修复专项、“蓝色海湾”整治行动、“南红北柳”生态工程、“银色海滩”岸滩修复工程、横琴滨海湿地修复工程等(于秀波和张立，2018)。据统计，通过“南红北柳”生态工程、“蓝色海湾”整治工程和“生态岛礁”修复工程的推进实施，累计修复岸线长度已超过190 km，通过“蓝色海湾”整治行动，山东省修复湿地5283.53 km^2，恢复沙滩66.55 km^2，退堤(池)还海414.87 km^2，修复岸线长度19.56 km(于秀波和张立，2020)。

16.3 本章小结

本章梳理和总结了海岸线变化的影响因素及其影响特征，概括如下：

(1)从分秒到千年，从泥沙粒径到沧海桑田，在不同的时空尺度上，海岸线受到多种因素和多时空尺度过程的影响而呈现出复杂的变化特征。地质、地貌、气候、入海河流、水文水动力、自然灾害、人类活动等诸多因素都影响着海岸线的变化趋势，多因素综合作用，塑造了现今的海岸线分布特征。众多影响因素并非各自独立存在，而是相互作用与影响、密不可分(图16.1)。

(2)中国海岸带地质构造呈隆起-沉降交替格局，隆起、沉降、断裂带的分布特征奠定岸线类型分布的大格局；千年尺度上全球气候变化，引起海平面周期性升降，造成海侵与海退，导致岸线位置变化，现阶段全球气候变暖，引起冰川融化和海水膨胀，使海平面不断上升，导致近岸波浪能、潮汐能增加、风暴潮作用增强，加剧岸线侵蚀；长时间尺度上，河流入海泥沙沉积于河口区形成淤泥质或砂砾质岸线，影响海岸地貌，短时间尺度上，河流水沙变化往往与人类活动相关，进而改变岸线形态；近岸海洋动力塑造和影响海岸剖面形态、泥沙粒径大小和分布；沿海地区的风暴潮和地震等因其突发的高能量，可引起岸线短时间显著变化；而盐沼、红树林、海草床和珊瑚礁等生态系统类型通过其消浪护岸、促淤造陆等作用，影响着海岸带对河流泥沙、海洋动力以及风暴潮等因素的响应程度，进而成为岸线变化的影响因素。

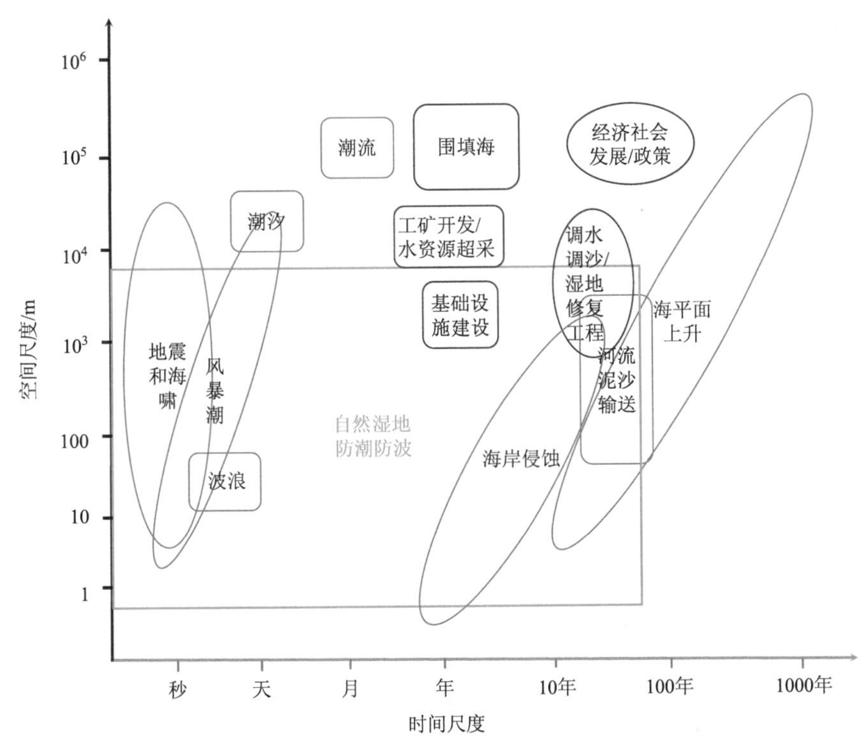

图 16.1　大陆海岸线变化影响因素及其时空尺度示意图

参考(Carr et al., 2010)并作补充

(3) 与自然因素相比，人为因素对海岸线的影响往往呈现出快速、显著和直接的特征，国家经济发展和政策法规影响岸线变化的主导方向，围填海是导致中国沿海岸线人工化程度提高的直接因素，沿海基础设施建设和工矿开发活动改变岸线形态和类型结构，水资源超采和地下咸卤水入侵引起滨海湿地退化演替，改变岸线地貌；河流调水调沙工程、湿地恢复工程促进了自然岸线的恢复。

参 考 文 献

蔡则健. 2008. 江苏海岸带中段低潮滩现代演变趋势遥感分析. 江苏地质, 32(1): 29-33.

陈吉余. 2010. 中国海岸侵蚀概要. 北京：海洋出版社.

陈晓英, 张杰, 马毅, 等. 2015. 近 40a 来三门湾海岸线时空变化遥感监测与分析. 海洋科学, (2): 43-49.

陈雪清. 2001. 对红树林的生态功能和生物多样性的全面认识及维护. 林业资源管理, (6):

65-69.

程天文, 赵楚年. 1985. 我国主要河流入海径流量、输沙量及对沿岸的影响. 海洋学报(中文版), (4): 460-471.

葛芳, 田波, 周云轩, 等. 2018. 海岸带典型盐沼植被消浪功能观测研究. 长江流域资源与环境, 27(8): 1784-1792.

侯庆志. 2013. 渤海湾连片开发对于海岸滩涂动力环境及演变过程的影响研究. 南京: 南京师范大学.

侯西勇, 刘静, 宋洋, 等. 2016. 中国大陆海岸线开发利用的生态环境影响与政策建议. 中国科学院院刊, 31(10): 1143-1150.

侯西勇, 张华, 李东, 等. 2018. 渤海围填海发展趋势、环境与生态影响及政策建议. 生态学报, 38(9): 3311-3319.

李建国, 韩春花, 康慧, 等. 2010. 滨海新区海岸线时空变化特征及成因分析. 地质调查与研究, (1): 63-70.

李培英, 杜军, 刘乐军, 等. 2007. 中国海岸带灾害地质特征及评价. 北京: 海洋出版社.

李政海, 王海梅, 韩国栋, 等. 2007. 黄河下游断流研究进展. 生态环境, (2): 686-690.

李志强, 陈子燊. 2003. 砂质岸线变化研究进展. 海洋通报, (4): 77-86.

栗云召, 于君宝, 韩广轩, 等. 2012. 基于遥感的黄河三角洲海岸线变化研究. 海洋科学, (4): 99-106.

梁超, 黄磊, 崔松雪, 等. 2015. 近 5 年三亚海岸线变化研究. 海洋开发与管理, (5): 43-45.

刘宝银, 苏奋振. 2005. 中国海岸带与海岛遥感调查——原则、方法、系统. 北京: 海洋出版社.

刘尚仁. 1995. 广东新构造运动区划——兼论新构造对海岸线发育的影响. 中山大学学报(自然科学版), (4): 93-99.

祁雅莉. 2013. 渤海西南岸全新世大暖期最大海侵线重建. 青岛: 中国科学院研究生院(海洋研究所).

尚俊生, 单玉兰, 周瑞清. 2005. 黄河调水调沙试验对下游河道行洪规律的影响. 中国水利, (9): 51-53.

施伟勇, 戴志军, 谢华亮, 等. 2012. 杭州湾淤泥质海岸岸线变化及其动态模拟. 海洋科学进展, (1): 36-44.

宋晖, 汤坤贤, 林河山, 等. 2014. 红树林、海草床和珊瑚礁三大典型海洋生态系统功能关联性研究及展望. 海洋开发与管理, (10): 88-92.

苏奋振, 等. 2015. 海岸带遥感评估. 北京: 科学出版社.

孙伟红. 2012. 江苏海岸滩涂资源分布与动态演变. 南京: 南京师范大学.

陶明刚. 2006. Landsat-TM 遥感影像岸线变迁解译研究——以九龙江河口地区为例. 水文地质工程地质, (1): 107-110.

王伟, 衣华鹏, 孙志高, 等. 2015. 调水调沙工程实施 10 年来黄河尾闾河道及近岸水下岸坡变化特征. 干旱区资源与环境, 29(10): 86-92.

吴春生, 黄翀, 刘高焕, 等. 2015. 基于遥感的环渤海地区海岸线变化及驱动力分析. 海洋开发与管理, (5): 30-36.

吴文挺, 田波, 周云轩, 等. 2016. 中国海岸带围垦遥感分析. 生态学报, 36(16): 5007-5016.

夏东兴, 刘振夏. 1984. 潮流脊的形成机制和发育条件. 海洋学报(中文版), (3): 361-367.

印萍, 林良俊, 陈斌, 等. 2017. 中国海岸带地质资源与环境评价研究. 中国地质, 44(5): 842-856.

于杰, 杜飞雁, 陈国宝, 等. 2009. 基于遥感技术的大亚湾海岸线的变迁研究. 遥感技术与应用, (4): 512-516.

于秀波, 张立. 2018. 中国沿海湿地保护绿皮书 2017. 北京: 科学出版社.

于秀波, 张立. 2020. 中国沿海湿地保护绿皮书 2019. 北京: 科学出版社.

张景奇. 2007. 辽东湾北岸岸线变迁与土地资源管理研究. 长春: 东北师范大学.

张绪良, 陈东景, 谷东起. 2009. 近 20 年莱州湾南岸滨海湿地退化及其原因分析. 科技导报, 27(4): 65-70.

赵广明, 叶思源, 高茂生, 等. 2013. 黄河三角洲大汶流自然保护区的土地利用与岸线变化分析. 地球信息科学学报, (3): 408-414.

赵美霞, 余克服, 张乔民. 2006. 珊瑚礁区的生物多样性及其生态功能. 生态学报, (1): 186-194.

Carr M H, Woodson C B, Cheriton O M, et al. 2011. Knowledge through partnerships: integrating marine protected area monitoring and ocean observing systems. Frontiers in Ecology and the Environment, 9(6): 342-350.

Cox J C, Pirrello M A. 2001. Applying joint probabilities and cumulative effects to estimate storm-erosion and shoreline recession. Shore & Beach, 69(2): 5-7.

Danielsen F, Sorensen M K, Olwig M F, et al. 2005. The Asian tsunami: A protective role for coastal vegetation. Science, 310(5748): 643.

Grill G, Lehner B, Thieme M, et al. 2019. Mapping the world's free-flowing rivers. Nature, 569(7755): 215-221.

Harris D L, Rovere A, Casella E, et al. 2018. Coral reef structural complexity provides important coastal protection from waves under rising sea levels. Science Advances, 4(2): eaao4350.

Hoeksema R J. 2007. Three stages in the history of land reclamation in the Netherlands. Irrigation and Drainage, 56(S1): S113-S126.

IPCC. 2013. Climate change 2013:the physical science basis. Cambridge: Cambridge University Press.

IPCC. 2019. IPCC Special Report on the Ocean and Cryosphere in a Changing Climate. In press.

Kennish M J. 2001. Coastal salt marsh systems in the US: A review of anthropogenic impacts. Journal of Coastal Research, 17(3): 731-748.

Lee G, Nicholls R J, Birkmeier W A, 1998. Storm-driven variability of the beach-nearshore profile at Duck, North Carolina, USA, 1981～1991. Marine Geology, 148(1-4): 163-177.

Mei W, Xie S P. 2016. Intensification of landfalling typhoons over the northwest Pacific since the late 1970s. Nature Geoscience, 9(10): 753-757.

Piecuch C G, Huybers P, Hay C C, et al. 2018. Origin of spatial variation in US East Coast sea-level trends during 1900～2017. Nature, 564(7736): 400-404.

Suzuki T. 2003. Economic and geographic backgrounds of land reclamation in Japanese ports. Marine Pollution Bulletin, 47(1-6): 226-229.

Syvitski J P M, Vorosmarty C J, Kettner A J, et al. 2005. Impact of humans on the flux of terrestrial sediment to the global coastal ocean. Science, 308(5720): 376-380.

Wan S W, Qin P, Liu J, et al. 2009. The positive and negative effects of exotic *Spartina alterniflora* in China. Ecological Engineering, 35: 444-452.

第17章

大陆海岸线变化的环境与生态效应

海岸线在自然因素与人类活动两方面因素的耦合影响下，一方面表现出自然岸线的侵蚀、受损和减少，另一方面则表现出人工岸线的急剧增加及向海扩张，与此相伴，海岸带地区的资源、环境和生态均发生一系列相应的变化，主要表现为自然资源的损失与匮乏、环境污染与恶化以及生态系统退化等，进而加剧海岸带区域地质、气候和生态灾害的频度、强度及综合风险，海岸带生态安全问题日益突出。

例如，短时间在滨海地区大量出现的人造地表景观不仅快速重塑海岸带的土地覆盖类型、改变海岸带地区陆-海之间物质能量流动，而且深刻改变滨海湿地地区景观类型、加剧生物栖息地环境破碎化。滨海湿地被侵占导致其生态系统服务功能丧失，湿地面积减少导致湿地区域内所能容纳的种群数量减少，气体调节、废物处理、栖息地以及干扰调节服务等生态系统服务也随之降低，湿地退化、生物多样性减少和生态系统服务降低相互反馈，从而导致湿地生态系统服务进一步恶化。此外，海岸带地区是风暴潮、海浪、海啸、赤潮、海平面上升、海岸侵蚀、海水入侵与土壤盐渍化等众多灾害的集中交会地，以人类活动为主导的岸线变化，导致湿地资源大面积丧失，景观破碎化严重，在一定程度上影响了海岸带韧性，减弱了抵抗自然灾害的能力；《中国海洋灾害公报》显示海洋灾害每年均会给海岸带地区的农业、水产养殖业、海岸工程、房屋、船只以及居民的生命财产等造成巨大的损失。

本章主要通过文献综述的方式，从近海岸自然资源、环境、生态系统、自然灾害对岸线变化的响应角度展开，论述海岸线变化的环境与生态效应。

17.1 近海岸自然资源对海岸线变化的响应

17.1.1 自然湿地萎缩减少和退化严重

受全球或区域性海平面上升、风暴潮、地震海啸等自然因素，以及人类高强度的围垦、填海活动等的影响，海岸侵蚀加剧、滨海湿地生态系统面积损失和功能退化已经成为直接威胁区域、国家乃至全球可持续发展的重要问题。2005 年发布的千年生态系统评估报告[①]及 2006 年发布的全球环境展望[②]均指出，地球上约有 60%的生态系统正在退化或处于不可持续利用的状态，其中，滨海湿地的损失退化尤为严重。滨海湿地萎缩、退化一般表现为红树林、珊瑚礁以及滩涂等面积的大幅减少和生物群落、服务功能的退化等。在过去的半个多世纪，由于自然和人为因素的影响，我国的滨海湿地遭受到了极大的破坏(张晓龙等，2014)，20 世纪 50 年代以来，全国滨海湿地丧失约 200 多万 hm^2，相当于滨海湿地总面积的 50%[③]；2012 年，我国海岸带区域有超过 30%的原生砂质岸滩和超过 60%的沿岸沙坝、海岸泻湖遭到破坏(He et al.，2014)；从 1950 到 2014 年，总共损失海岸带湿地 8.01×10^6 hm^2，总丧失率为 58.0%(Sun et al.，2015)；红树林从 20 世纪 80 年代初期的约 4 万 km^2 降到 90 年代末的 1.5 万 km^2，且多变为低矮的次生群落，其经济和生态价值大幅降低(洪华生等，2003)，尤其在中国南部，红树林减少了 73%，珊瑚礁减少了 80%(Qiu，2012)。

17.1.2 自然岸线资源减少、侵蚀加剧

自然岸线是一种宝贵的自然资源，遭受破坏或被改变为防潮堤等类型的人工岸线之后将很难再恢复至自然的状态和功能。自然岸线保有率逐年下降和砂质岸线侵蚀加剧是岸线资源受损的主要体现。一方面，人类高强度围海造陆，大力发展沿海工业，港口码头、盐田围堤、养殖围堤、滨海交通、防潮堤等大量人工岸线取代自然岸线。Lie 等(2008)研究指出，韩国新万金工程使得海岸侵蚀加剧；受环渤海围填海影响，自 2008 年以来，自然岸线长度持续下降(孙百顺等，2017)；自 20 世纪 40 年代初期到 2014 年，中国大陆自然岸线长度及比例由 1.48 万 km

① Millennium Ecosystem Assessment, 2005a. Ecosystems and Human Well-being: Synthesis. Washington, D C. Island Press, World Resources Institute.

② Millennium Ecosystem Assessment, 2005b. Ecosystems and Human Well-being: Wetlands and Water Synthesis. Washington, D C. Island Press, World Resources Institute.

③ 国家海洋局. 2008.中国海洋环境质量公报。

(81.70%)下降 0.65 万 km(32.92%)，减少剧烈(Hou et al.，2016)。另一方面，由于陆源泥沙入海量减少、近岸水动力环境改变和风暴潮加剧等原因，泥沙运移机制与冲淤环境改变，泥、砂质岸线侵蚀严重。20 世纪初的尼罗河入海泥沙量达 1.2×10^8～1.4×10^8 t/a，但流域修建一系列水坝(特别是 1964 年修建阿斯旺大坝)后，90%以上的河流泥沙被拦截在水库里(Stanley and Warne，1998)，导致河口主要出水通道附近海岸出现高达 106 m/a 的蚀退速率(Fanos，1995)；2002 年黄河入海沙量较 20 世纪 50 年代减幅达 80%，导致黄河口岸线的急剧侵蚀(Yang et al.，1998)。

17.1.3　海岸带和近海生物资源退化和减少

自然岸线大幅侵蚀导致河口、滩涂等湿地资源减少，同时人工岸线的肆意扩张侵占了大量原有自然湿地，固化的人工岸线改变了近海沉积环境，随之发展的港口运输、水产养殖及滨海旅游等产业造成严重的近海水质和底泥环境污染。近海水生、底栖生物生存空间及生存条件的巨变，导致生物栖息地损失及底栖环境恶化，鱼类产卵场、索饵场、越冬场和洄游通道(即 “三场一通道”)受损等，严重影响近海生物资源。日本谏早湾的软体动物双壳类和腹足类在围垦活动的干扰下不断减少(Sato，2006)；韩国新万金工程引起底栖生物的减少甚至消失(Ryu et al.，2014)；由于在苏北竹港的围垦，沙蚕在两个月内全部死亡，生命力较强的蟛蜞也在 7 年内全部死亡(徐谅慧等，2014)；占全球 45%的红腹滨鹬种群依赖于渤海海域 20km 的沿海滩涂，而天津滨海湿地鸟类栖息地的大面积丧失，已严重威胁该物种的生存(崔鹏等，2016)；围垦使长江口南岸底栖动物种类减少，甲壳类和多毛类减少明显，甚至消亡(袁兴中和陆健健，2001)；大连凌水湾的围填海工程使近海水质和底栖生物栖息地严重受损，众多底栖生物出现大面积迁移、死亡和灭绝的现象(于大涛，2010)。

17.2　近海岸环境对海岸线变化的响应

17.2.1　近海岸水动力及沉积环境改变

水动力是反映海域水环境的一个重要指标，直接关系到海域水交换能力、污染物扩散和自净能力以及近岸沉积物的沉积与泥沙冲淤等方面。水动力环境主要表现有潮汐运动、流场结构、流速、流向、欧拉余流场等(陈金瑞和陈学恩，2012)，大规模围填海直接改变海岸结构，进而影响潮流运动和近岸水动力条件，导致潮流场结构、纳潮量、沉积环境和冲淤环境的改变(刘建波，2010；牙韩争等，2017)。

1984 年韩国西海岸瑞山湾围垦工程在湾口修建长达 8km 海堤，使得低潮滩沉积过程发生显著变化(Lee et al.，1999)；韩国灵山河口术浦沿海的围垦活动导致潮汐壅水减小、潮差扩大，并加重台风时的洪水灾害(Kang，1999)；孙永根等(2012)在研究钦州保税港填海造陆项目对海洋环境影响时指出，工程区西侧和东侧流速增加，南侧流速减小，东侧和南侧由于新增岸线改变了原有流场方向，由于东槽流速增加导致深槽部位推移质泥沙由淤积变为轻微侵蚀，改变了原有冲淤环境，工程建设造成钦州湾海域纳潮量减少 2%左右；张钊等(2020)对瓯江口围填海的累积水动力效应研究发现，由于灵霓北堤、浅滩一期对涨潮流路的阻挡作用，南口、工程近区的低潮位、涨潮流产生明显的累积效应，并且南、北口涨潮潮量均表现出抵消效应。

17.2.2 近海岸水质和底质环境恶化

海岸带区域，尤其是发展中国家的海岸带区域，由于人口密集，经济社会发展水平较低，产业结构发展以低端型和资源与能源消耗型产业为主，海洋开发利用方式仍然较为粗放，高耗能、高污染项目比较普遍，对海岸带和近海的污染非常严重。另外，大坝修建和陆域水资源过度开发导致淡水入海通量降低，海岸带围填海工程进一步降低了近岸海水交换能力和污染自净能力，双重作用下，导致近岸水质与底泥环境污染与持续恶化。西方发达国家也曾经发生较为严重的近海和海岸带环境污染问题，例如，美国巴泽兹湾(Buzzards Bay)受多氯联苯(Polychlorinated Biphenyls, PCBs)严重污染，被迫关闭了约 7500 hm^2 的渔场，新贝德福德沿岸的 4500hm^2 贝类养殖区也因大肠杆菌含量过高而荒废(韦兴平，1988)。就我国而言，改革开放以来，我国仅用几十年的时间完成了西方发达国家上百年时间完成的工业化发展阶段，因而海岸带和近海区域阶段性的环境污染问题也非常突出，例如：辽东湾、长江口、杭州湾、珠江口、锦州湾、连云港等均是我国富营养化、重金属污染、石油污染十分严重的区域①；近 10 年来，我国东南沿海地区废水、废气和固体废弃物排放量分别增加 60%、120%和 190%，对海岸带区域环境质量产生严重威胁(吕剑等，2016)。由于严重的污染问题，渤海底层已经出现了南北 “双核” 的低氧结构，沉积物中累积的有机质在夏季的矿化分解是产生底部低氧和酸化环境的重要原因，低氧区的产生是渤海生态系统剧变的结果和集中体现(张华等，2016)。污染泄漏事件频繁发生，例如，2013 年，全国共发生 0.1 吨以上船舶污染事故 19 起，总泄漏量 881.63 吨，其中，溢油事故 15

① 国家海洋局. 2016.中国海洋环境质量公报。

起，总溢油量 867.59 吨，化学品泄漏事故 4 起，总泄漏量约 14.04 吨[①]；除了以上常规污染物外，内分泌干扰物、微塑料、药品和个人护理品、全氟化合物及溴代阻燃剂等海岸带新型污染物也引起了国内外广泛关注(吕剑等，2016；周倩等，2015)。

17.2.3 近海岸景观环境受损和退化

剧烈的岸线侵蚀与扩张均可导致湿地资源退化，改变近海原位的景观类型分布以及海岸带的陆海生态连通性特征。人类活动主导的岸线变化导致自然景观类型及数量减少，且呈破碎趋势。近 30 年，环渤海滨海区域自然湿地面积减少了 45.37%，人工湿地面积增加了 57.23%，以盐田、养殖池面积增加为主，主要由沼泽、滩涂转出，自然湿地向人工湿地演变，人工湿地向非湿地演变(魏帆等，2018)；由于受人类活动干扰强度大，环渤海滨海湿地景观趋于破碎化、均衡化，各景观类型均匀分布，景观异质性降低(张绪良等，2009)。对中国象山港和美国坦帕湾景观格局演变的对比研究表明，近 30 年来人类活动对象山港和坦帕湾景观格局演变产生了深刻的影响，主要表现在景观空间构型、景观多样性和景观破碎度的变化，随着人类活动增强，景观平均斑块面积减少，自然景观比例高于人工景观；象山港景观的多样性减少比较明显，坦帕湾景观多样性减少的区域集中在人类活动最弱和最强区域，形成双峰模式(刘永超等，2016)。黄宁等(2012)在研究厦门市海岸带景观格局变化中发现，在发展初期研究区景观呈多样化、形状趋于复杂、空间分布较分散，经历了快速发展之后，景观趋向单一、形状趋于规则，分布较为集中，自然景观明显破碎化，连通性显著下降。

17.3 近海岸生态系统对海岸线变化的响应

17.3.1 海岸带生物多样性与群落结构改变

生物多样性是指生命形式的多样性和变异性，具体来说，是对一定时间和一定地区所有生物(动物、植物、微生物)物种及其遗传变异和生态系统的复杂性的总称(李博等，2000)。由于人类活动与气候因素的影响，近岸水动力环境、底泥沉积物特性、潮滩高程、近海水质等条件的改变均对近岸生物多样性与生物群落结构造成很大的负面影响。日本谏早湾(Isahaya)的围填海工程造成湾内动物群落的种类与平均密度均明显下降，底栖动物中的多毛种类迅速上升为优势种类，改

① 中华人民共和国环境保护部. 2014.中国近岸海域环境质量公报。

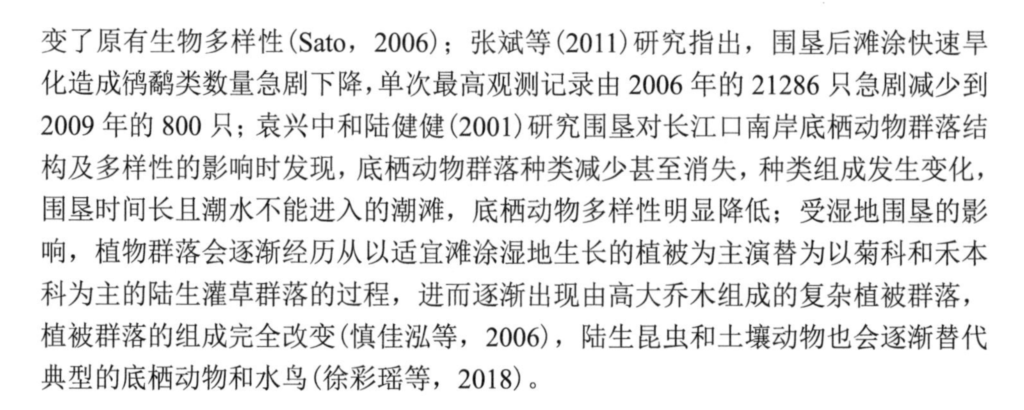

变了原有生物多样性(Sato，2006)；张斌等(2011)研究指出，围垦后滩涂快速旱化造成鸻鹬类数量急剧下降，单次最高观测记录由 2006 年的 21286 只急剧减少到 2009 年的 800 只；袁兴中和陆健健(2001)研究围垦对长江口南岸底栖动物群落结构及多样性的影响时发现，底栖动物群落种类减少甚至消失，种类组成发生变化，围垦时间长且潮水不能进入的潮滩，底栖动物多样性明显降低；受湿地围垦的影响，植物群落会逐渐经历从以适宜滩涂湿地生长的植被为主演替为以菊科和禾本科为主的陆生灌草群落的过程，进而逐渐出现由高大乔木组成的复杂植被群落，植被群落的组成完全改变(慎佳泓等，2006)，陆生昆虫和土壤动物也会逐渐替代典型的底栖动物和水鸟(徐彩瑶等，2018)。

17.3.2 生态系统服务功能衰退和价值降低

生态系统服务功能是指生态系统与生态过程所形成和维持的人类赖以生存的自然环境条件与效用(欧阳志云和王如松，2000)。例如，红树林生态系统具有良好的固岸护堤、防止水土流失、净化空气以及强大的固碳能力(唐博等，2014)；完整的珊瑚礁对波浪能量的削减能力平均达到 97%以上，可有效抵抗台风灾害(Ferrario et al.，2014)。自然海岸线的变化对生态系统的服务功能均有很大的负面影响。Wang 等(2010)对厦门同安湾围垦计划进行生态系统服务价值估算发现，围垦后生态系统服务价值都将受损，且损失量随着围垦规模的增大而增加；曹妃甸围填海工程占用滩涂湿地每年造成的生态多样性、气候调节功能、空气与水质量调节等生态服务功能损失达 4736 万元(索安宁等，2012)；潍坊北部沿海地区围填海造成的湿地生态系统服务功能价值损失为 1.02×10^4 万元/a，单位面积损失为 1.06 万元/($hm^2\cdot a$)(马龙等，2014)；围填海影响下，2005～2015 年杭州湾新区生态系统服务价值总量呈下降趋势，且价值损失趋于加速，大部分生态系统类型各项服务的总价值以及单项生态系统服务类型的价值量缩减，且 2010 年后生态系统服务功能衰退速度加快(姜忆湄等，2017)。

17.4 近海岸自然灾害对海岸线变化的响应

17.4.1 风暴潮等极端天气的影响加剧

湿地是保护海岸带区域的一道天然屏障，具有稳固岸滩、削减波浪能量等防御灾害的服务功能。岸线侵蚀往往伴随着红树林、珊瑚礁等湿地资源的大幅减少，加之围填海主导下的人工岸线无序扩张，近海水动力条件发生改变，海湾纳潮量减小，进而加剧风暴潮及台风等极端天气事件的影响。例如，孟加拉国风暴潮灾害造成了 1970 年 30 万人死亡和 1991 年的 14 万人死亡(尤再进，2016)；2005 年美国 Katrina 风暴潮灾害导致 1863 人死亡和 705 人失踪，损失超过 800 亿美元，被认为是美国历史上最具破坏性的热带风暴；Peduzzi 等(2012)研究表明，死亡风险取决于热带气旋强度、暴露程度、经济水平和治理水平，尽管预计热带气旋的频率会有所减少，但随着沿海城市发展压力增大，未来 20 年热带气旋强度和灾害都将会加剧；陆逸等(2016)研究表明，1980～2014 年，中国台风大风和台风极端大风平均日数均显著减少，台风极端大风平均强度增强，引起极端大风的台风在生命期和影响期的平均强度也均显著增强；《中国海洋灾害公报》显示，2019 年各类海洋灾害中，造成直接经济损失最严重的是风暴潮灾害，占总直接经济损失的 99%；风暴潮灾害造成直接经济损失 116.38 亿元，为近十年平均值(86.59 亿元)的 1.34 倍[①]。

17.4.2　海水入侵、地面沉降灾害加剧

泥砂质岸线侵蚀严重，湿地资源后退，随之带来海水入侵时间延长，海水倒灌距离加大的问题，加剧了近岸滩涂盐渍化、地表淡水资源咸化并导致沿岸农业受损。为对抗这些影响，人们又通过超采滨海地区的地下水资源来弥补淡水的减少，这一行为一方面导致了近岸区域的地面沉降，另一方面又加剧了海水的入侵速度，形成恶性循环。目前全世界范围内已有 50 多个国家和地区的几百个地段发现了海水入侵，主要分布于社会经济发达的滨海平原、河口三角洲平原及海岛地区(李振函等，2009)。特别是进入 20 世纪 80 年代以来，我国渤海、黄海沿岸由于大型水利工程的建设，都出现了不同程度的海水入侵加剧现象(刘杜娟，2004)；2017 年渤海滨海平原地区海水入侵严重，主要分布于盘锦、秦皇岛、唐山、沧州以及山东潍坊等地，入侵距离一般距岸 12～25km，全国多地海水入侵范围有所扩大[②]；1959～2008 年天津市区累计最大沉降量达 3.22m ，受到沉降影响的区域达 8000 km^2(Liu et al.，2016；Li et al.，2020)。地面沉降导致楼房倾塌和地下管道变形，雨季洪灾为患，给居民生产和交通带来不便和严重损失。

17.4.3　海岸带和近海的生态灾害加剧

海水富营养化是引起赤潮和绿潮的主要原因，以人类围填海为主导的海岸扩张所伴随的工农业废水入海、船舶排污、近海养殖以及滨海旅游产生的垃圾等均加剧了海水富营养化程度，加之近海水域自净能力下降等其他原因，赤、绿潮灾

① 国家海洋局. 2020.中国海洋灾害公报。

② 国家海洋局. 2018.中国海洋灾害公报。

害严峻。继赤、绿潮灾害后，水母数量的爆发式增长而导致的生态灾害也越发受到关注。近 10 年温州近岸海域年平均发生 6.3 起赤潮，平均每年发生面积为 520km^2，共发生 20 起有毒赤潮，占赤潮总数的 31.7%（郜钧璋等，2017）；2008 年，黄海海域爆发迄今为止世界范围内有文献记录的最大规模绿潮，据专家估计，该次浒苔绿潮生物量可能突破 1000 万 t(唐启升等，2010；Sun et al.，2008)；与 2002 年相比，2003 年大型水母的平均渔获率增加了 78%，而渔业生物平均总渔获量以及小黄鱼和银鲳的平均渔获率分别下降了 42%、29%和 88%(程家骅等，2004)。赤、绿潮以及水母暴发造成消耗水体溶解氧、产生有毒物质、降低生物多样性等生态安全问题，直接和间接造成了巨大的社会经济损失，严重威胁我国海域生态环境。

17.5 本 章 小 结

人类在海岸带资源开发利用、改变岸线格局的同时，不可避免会对海洋环境造成负面影响，致使海岸带生态服务功能不断下降。海岸线的显著变化打破了海陆依存关系的平衡，给海陆之间的协调发展带来阻碍。例如，围填海导致海岸带和海洋自然灾害风险加剧以及生态环境脆弱性增强，资源环境承载力下降，经济社会系统与自然环境系统之间矛盾加剧等。自然岸线、潮滩湿地比例的快速降低，伴随而来的是海岸线向海洋方向快速扩张，滨海湿地景观格局显著破碎化，人工斑块数量迅速增加。海岸带环境容量是有限的，如果人类开发活动的影响超出了海洋环境容量能够承受的上限值，海岸带环境与生态功能将遭到严重破坏，甚至难以恢复。

本章在前人研究的基础上，对海岸线变化的环境与生态效应问题进行了系统梳理，总结如下：海岸线变化对近海岸自然资源的影响表现在自然湿地萎缩，自然岸线资源减少、侵蚀严重，海岸带和近海生物资源减少；对近岸环境的影响表现在近海岸水动力及沉积环境改变，近海岸水质与底泥环境恶化，近海岸景观环境受损、破碎化；对近海岸生态系统的影响表现在生物多样性与群落结构改变，生态系统服务功能衰退、服务价值降低；对近海岸自然灾害的影响表现为风暴潮、台风等极端天气事件的影响加剧，海水入侵、地面沉降灾害加剧，近海域赤、绿潮，水母暴发等灾害加剧。

参 考 文 献

陈金瑞, 陈学恩. 2012. 近 70 年胶州湾水动力变化的数值模拟研究. 海洋学报, 34(6):30-41.
程家骅, 李圣法, 丁峰元, 等. 2004. 东、黄海大型水母暴发现象及其可能成因浅析. 渔业信息与战略, 19(5):10-12.
崔鹏, 雍凡, 徐海根. 2016. 我国滨海湿地及生物多样性保护的现状、问题与对策. 世界环境, S1: 26-28.
郜钧璋, 刘亚林, 林义, 等. 2017. 近 10 年温州近岸海域赤潮灾害特征分析. 海洋湖沼通报, 4:86-90.
洪华生, 丁原红, 洪丽玉, 等. 2003. 我国海岸带生态环境问题及其调控对策. 环境工程学报, 4(1): 89-94.
黄宁, 杨绵海, 林志兰, 等. 2012. 厦门市海岸带景观格局变化及其对生态安全的影响. 生态学杂志, 31(12):3193-3202.
姜忆湄, 李加林, 龚虹波, 等. 2017. 围填海影响下海岸带生态服务价值损益评估——以宁波杭州湾新区为例. 经济地理, 37(11):181-190.
李博,杨持,林鹏. 2000. 生态学. 北京:高等教育出版社.
李振函, 张春荣, 朱伟. 2009.日照市沿海地区海水入侵现状与分析. 水文地质工程地质, 36(5):129-132.
刘杜娟. 2004. 中国沿海地区海水入侵现状与分析. 地质灾害与环境保护, 15(1):31-36.
刘建波. 2010. 胶州湾 60 年岸线变化对水动力影响研究. 青岛：中国海洋大学.
刘永超, 李加林, 袁麒翔,等. 2016. 人类活动对港湾岸线及景观变迁影响的比较研究——以中国象山港与美国坦帕湾为例. 地理学报, 71(1): 86-103.
陆逸, 朱伟军, 任福民, 等. 2016. 1980～2014 年中国台风大风和台风极端大风的变化. 气候变化研究进展, 12(5):413-421.
吕剑, 骆永明, 章海波. 2016. 中国海岸带污染问题与防治措施. 中国科学院院刊, 31(10):1175-1181.
马龙, 张洪欣, 苏婕, 等. 2014. 围填海对潍坊北部沿海地区湿地生态系统服务功能损害影响研究. 激光生物学报, 23(6):620-625.
欧阳志云,王如松. 2000. 生态系统服务功能、生态价值与可持续发展. 世界科技研究与发展, 22(5) : 45-50.
慎佳泓, 胡仁勇, 李铭红, 等. 2006. 杭州湾和乐清湾滩涂围垦对湿地植物多样性的影响. 浙江大学学报(理学版), 33(3):324.
孙百顺, 左书华, 谢华亮, 等. 2017. 近 40 年来渤海湾岸线变化及影响分析.华东师范大学学报(自然科学版), 4:139-148.
孙永根, 高俊国, 朱晓明. 2012. 钦州保税港区填海造地工程对海洋环境的影响. 海洋科学, 36(12):84-89.
索安宁, 张明慧, 于永海, 等. 2012. 曹妃甸围填海工程的海洋生态服务功能损失估算. 海洋科学, 36(3):108-114.
唐博, 龙江平, 章伟艳, 等. 2014. 中国区域滨海湿地固碳能力研究现状与提升. 海洋通报, 33(5):481-490.
唐启升, 张晓雯, 叶乃好, 等. 2010. 绿潮研究现状与问题. 中国科学基金, 1:5-9.

韦兴平. 1988.美国重视河口污染治理工作. 海洋环境科学, 3:121.

魏帆, 韩广轩, 栗云召, 等. 2018. 1985～2015 年围填海活动影响下的环渤海滨海湿地演变特征. 生态学杂志, 37(5):1527-1537.

徐彩瑶, 濮励杰, 朱明. 2018. 沿海滩涂围垦对生态环境的影响研究进展. 生态学报, 38(3):1148-1162.

徐谅慧, 李加林, 李伟芳, 等. 2014. 人类活动对海岸带资源环境的影响研究综述. 南京师大学报(自然科学版), 37(3): 124-131.

牙韩争, 许尤厚, 李谊纯, 等. 2017. 岸线变化对钦州湾水动力环境的影响. 广西科学, 24(3):311-315.

尤再进. 2016. 中国海岸带淹没和侵蚀重大灾害及减灾策略. 中国科学院院刊, 31(10):1190-1196.

于大涛. 2010. 填海工程悬浮物扩散及环境生态影响研究. 大连: 辽宁师范大学.

袁兴中, 陆健健. 2001.围垦对长江口南岸底栖动物群落结构及多样性的影响. 生态学报, 21(10):1642-1647.

张斌, 袁晓, 裴恩乐, 等. 2011. 长江口滩涂围垦后水鸟群落结构的变化——以南汇东滩为例. 生态学报, 31(16):4599-4608.

张华, 李艳芳, 唐诚, 等. 2016. 渤海底层低氧区的空间特征与形成机制. 科学通报, 61(14):1612.

张晓龙, 刘乐军, 李培英, 等. 2014. 中国滨海湿地退化评估. 海洋通报, 33(1): 112-119.

张绪良, 张朝晖, 徐宗军, 等. 2009. 莱州湾南岸滨海湿地的景观格局变化及累积环境效应. 生态学杂志, 28(12):2437-2443.

张钊, 周玲玲, 陈妍宇, 等. 2020. 瓯江口围填海的累积水动力效应. 海洋湖沼通报, 2:64-71.

周倩, 章海波, 李远, 等. 2015. 海岸环境中微塑料污染及其生态效应研究进展. 科学通报, 60(33):3210-3220.

Fanos A M. 1995. The impact of human activities on the erosion and accretion of the Nile delta coast. Journal of Coastal Research, 11(3): 821-833.

Ferrario F, Beck M W, Storlazzi C D, et al. 2014. The effectiveness of coral reefs for coastal hazard risk reduction and adaptation. Nature Communications, 5(5):3794.

He Q, Bertness M D, Bruno J F, et al. 2014. Economic development and coastal ecosystem change in China. Scientific Reports, 4: 1-9.

Hou X, Wu T, Hou W, et al. 2016. Characteristics of coastline changes in mainland China since the early 1940s. Science China Earth Sciences, 59: 1791-1802.

Kang J W. 1999. Changes in tidal characteristics as a result of the construction of sea-dike /sea-walls in the Mokpo coastal zone in Korea. Estuarine, Coastal and Shelf Science, 48(4): 429-438.

Lee H J, Chu Y S, Park Y A. 1999. Sedimentary processes of fine-grained material and the effect of seawall construction in the Daeho macro tidal flat nearshore area, northern west coast of Korea. Marine Geology, 157(3-4):171-184.

Li D, Hou X, Song Y, et al. 2020. Ground Subsidence Analysis in Tianjin (China) Based on Sentinel-1A Data Using MT-InSAR Methods. Applied Sciences, 10: 5514.

Lie H, Cho C, Lee S, et al. 2008. Changes in marine environment by a large coastal development of the Saemangeum reclamation project in Korea. Ocean and Polar Research, 30 (4) : 475-484.

Liu P, Li Q, Li Z, et al. 2016. Anatomy of Subsidence in Tianjin from Time Series InSAR. Remote Sensing, 8: 266.

Peduzzi P, Chatenoux B, Dao H, et al. 2012. Global trends in tropical cyclone risk. Nature Climate Change, 2 (4) :289-294.

Qiu J. 2012. Chinese survey reveals widespread coastal pollution: massive declines in coral reefs, mangrove swamps and wetlands. Nature, 6: 3.

Ryu J, Nam J, Park J, et al. 2014. The Saemangeum tidal flat: Long-term environmental and ecological changes in marine benthic flora and fauna in relation to the embankment. Ocean & Coastal Management, 102 (B) : 559-571.

Sato S. 2006. Drastic change of bivalves and gastropods caused by the huge reclamation projects in Japan and Korea. Plankton and Benthos Research, 1 (3) : 123-137.

Sun S, Wang F, Li C, et al. 2008. Emerging challenges: Massive green algae blooms in the Yellow Sea. Nature Proceedings, 2266.1.

Sun Z, Sun W, Tong C, et al. 2015. China's coastal wetlands: Conservation history, implementation efforts, existing issues and strategies for future improvement. Environment International, 79: 25-41.

Stanley D J, Warne A G. 1998. Nile delta in its destruction phase. Journal of Coastal Research, 14 (3) :794-825.

Wang X, Chen W Q, Zhang L P, et al. 2010. Estimating the ecosystem service losses from proposed land reclamation projects: A case study in Xiamen. Ecological Economics, 69 (12) : 2549-2556.

Yang Z S, Milliman J D, Galler J, et al. 1998. Yellow River's water and sediment discharge decreasing steadily. Transactions of American Geophysical Union, 79 (48) : 589-592.

第 18 章

大陆海岸线保护的政策与对策建议

综合前述第 6 至 17 章的研究结果，可以发现，自 20 世纪 40 年代初以来，中国大陆海岸线发生了极为显著的变化，总体特征表现为自然岸线的长度和占比显著减少，而人工岸线的长度和占比则显著上升，人类对海岸线开发利用的程度普遍大幅度提升，围填海和河口三角洲发育使得大陆海岸线整体向海推进，围填海开发导致海岸线分形特征显著变化以及陆海格局的剧烈变化，不同尺度规模的海湾区域其岸线变化尤为显著。

大陆海岸线变化受到自然和人类活动多种因素的共同驱动，并且又反馈于自然环境和人类社会，对环境、资源、生态、灾害以及经济社会发展等产生不容忽视的复杂而深刻的影响。在过去 80 年的时间尺度上，大陆海岸线变化的自然因素驱动力总体在下降，而人文因素驱动力则持续显著上升，并已成为绝对主导性的驱动因素，与此相应，大陆海岸线变化的环境与生态效应总体上呈现为较为普遍且严重的负面影响，而且诸多具体的影响具有显著的持续性或长效性特征，在近期甚至未来较长时期内都将一直存在。

近十年来，尤其是中国共产党第十八次全国代表大会确立了中国特色社会主义事业为经济建设、政治建设、文化建设、社会建设、生态文明建设“五位一体”的总体布局以来，国家层面逐渐认识到围填海等人类活动的负面影响，并较为密集地实施了一系列的重大政策调整以及政府机构改革和生态修复工程。本章对近期国家层面的重大政策调整、生态修复工程和措施等进行梳理，在厘清基本发展脉络及其实施成效的基础上，立足当前及未来时期海岸线保护、修复和管控等方面基本需求及发展态势，分析和提出应该进一步坚持、强化或补充的政策措施。

18.1 近期海岸线保护相关政策和措施发展特征

18.1.1 21 世纪初期仍是围填海快速推进的时期

进入 21 世纪以来，我国经济社会继续保持快速发展的态势，尤其是在东部沿海区域，上升势头极为强劲。2001 年，我国加入世界贸易组织(WTO)，进一步刺激了沿海经济社会的加速发展。在 21 世纪的第一个十年间，沿海区域土地资源紧缺、发展空间不足的压力和矛盾骤然激化，围填海造地因而成为沿海各省(区、市)迅速获得增量发展空间的有效途径。“十五”期间(2001～2005 年)我国每年填海造陆面积 300 km^2，“十一五”期间(2006～2010 年)急剧增至每年 700 km^2(朱高儒和许学工，2011)；而且，直至“十一五”结束和“十二五”开端之际，这种发展势头仍在持续高涨，停止以及转折的迹象尚不明显，大有继续十年围填海的迹象。例如，截至 2012 年 10 月，国务院先后批复沿海 11 省(区、市)的海洋功能区划，如图 18.1 所示，获批的至 2020 年建设用围填海指标合计达 2469.03 km^2(侯西勇等，2016a)。

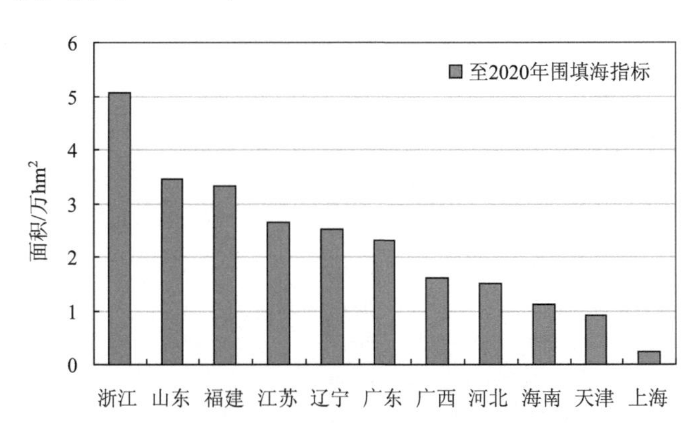

图 18.1 国务院批复的至 2020 年沿海建设用围填海规模指标

据中国政府网相关资料汇总，http://www.gov.cn/

18.1.2 近十年是海岸带管控政策密集发布时期

围填海管控、海岸线保护、海岸带空间可持续管理与科学利用、海岸带生态修复等相关的政策建议早在“十一五”围填海如火如荼发展的时期已经有迹可循，在进入 21 世纪的第二个十年以来逐渐清晰、成熟并迸发出强劲的声音，及至近年来逐渐上升为国家层面政策体系的重要组成部分并被落实到具体的生态修复工程

中。相关的政策主要出自国家海洋局和国务院，其中比较重要的政策如下①：

2006 年 9 月 22 日，国家海洋局发布《关于进一步规范海洋自然保护区内开发活动管理的若干意见》(国海发[2006]26 号)，强调“海洋自然保护区内禁止进行破坏性开发活动，严格控制一般性开发活动”。

2009 年 11 月 24 日，国家发展改革委和国家海洋局联合发布《关于加强围填海规划计划管理的通知》(发改地区〔2009〕2976 号)，通过五条措施，强调“合理开发利用海域资源，整顿和规范围填海秩序，保障沿海地区经济社会的可持续发展”。

2011 年 12 月 5 日，国家发展改革委和国家海洋局联合印发《围填海计划管理办法》(发改地区〔2011〕2929 号)，对超指标围填海活动制定出惩罚性措施。

2012 年 4 月 25 日，国家海洋局公布《全国海洋功能区划(2011—2020 年)》，提出了“规划用海、集约用海、生态用海、科技用海、依法用海”的指导思想，以及大陆自然岸线保有率不低于 35%、完成整治和修复海岸线长度不少于 2000km 的目标任务。

2012 年 10 月，国家海洋局印发了《关于建立渤海海洋生态红线制度的若干意见》，设定渤海自然岸线最低保有率为 30%。

2012 年 11 月，中国共产党第十八次全国代表大会召开，大会报告明确提出了全面落实经济建设、政治建设、文化建设、社会建设、生态文明建设“五位一

---

① 相关政策发布情况主要参阅下列网址：

[1]http://gc.mnr.gov.cn/201807/t20180710_2079916.html

[2]http://gc.mnr.gov.cn/201806/t20180614_1795619.html

[3]http://gc.mnr.gov.cn/201806/t20180614_1795610.html

[4]http://www.gov.cn/jrzg/2012-04/25/content_2123467.htm

[5]http://www.gov.cn/zhengce/content/2016-12/05/content_5143290.htm

[6]http://www.gov.cn/ldhd/2012-11/17/content_2268826.htm

[7]http://www.gov.cn/xinwen/2016-05/13/content_5073046.htm

[8]http://www.gov.cn/xinwen/2016-06/16/content_5082772.htm

[9]http://www.gov.cn/gzdt/2012-10/17/content_2245965.htm

[10]http://gc.mnr.gov.cn/201806/t20180614_1795724.html

[11]http://gc.mnr.gov.cn/201806/t20180614_1795446.html

[12]http://gi.mnr.gov.cn/201807/t20180705_2008676.html

[13]http://gi.mnr.gov.cn/201807/t20180705_2008677.html

[14]http://gi.mnr.gov.cn/201807/t20180705_2008680.html

[15]http://gi.mnr.gov.cn/201807/t20180703_1993053.html

[16]http://www.gov.cn/zhengce/content/2018-07/25/content_5309058.htm

体”总体布局的任务要求，将生态文明建设放在突出地位，纳入社会主义现代化建设总体布局，昭示了中国共产党加强生态文明建设的意志和决心。

2016 年 5 月 12 日，财政部和国家海洋局联合发布《关于中央财政支持实施蓝色海湾整治行动的通知》，切实推进海湾生态修复和整治工作。

2016 年 6 月，国家海洋局印发《关于全面建立实施海洋生态红线制度的意见》并配套印发《海洋生态红线划定技术指南》，指导全国海洋生态红线划定工作，标志着全国海洋生态红线划定工作全面启动。

2016 年 11 月 24 日，国务院发布《“十三五”生态环境保护规划》，明确提出加强海岸带生态保护与修复，实施“南红北柳”湿地修复工程，严格控制生态敏感地区围填海活动；到 2020 年，全国自然岸线(不包括海岛岸线)保有率不低于 35%，整治修复海岸线 1000 km 等目标任务。

2017 年 3 月 31 日，国家海洋局发布《海岸线保护与利用管理办法》，将海岸线分为严格保护、限制开发和优化利用三类，提出分类管控要求。同时，为全面落实大陆自然岸线保有率不低于 35%的管控目标而将任务进行分区和分级分解，实施 6 个暂停措施，执行“史上最严”的围填海管控。

2017 年 9 月，国家海洋局发布《关于开展“湾长制”试点工作的指导意见》，提出加快建立健全陆海统筹、河海兼顾、上下联动、协同共治的治理新模式，以及推进“强化海洋空间资源管控和景观整治、加强海洋生态保护与修复”等任务。

2017 年 12 月，国家海洋局发布《关于开展编制省级海岸带综合保护与利用总体规划试点工作的指导意见》，强调要综合考虑管辖海域范围邻接生态系统整体性和完整性以及陆域经济对海洋的依赖程度，以 2015 年为基期，规划期限设定为 2035 年，2020 年为近期目标年。

2018 年 4 月，通过整合原国土资源部、国家海洋局等部门的部分职责，组建了自然资源部，进一步加强和完善了政府生态环境保护职能，促进陆海统筹政策的制定和实施。

2018 年 6 月 29 日，国家海洋督察组向山东、上海、浙江、广东反馈围填海专项督察情况，严厉督查地方政府围填海政策法规规划落实情况。

2018 年 7 月，国务院印发了《关于加强滨海湿地保护严格管控围填海的通知》(国发〔2018〕24 号)，对围填海管控提出了一系列更为严格、更为明确的要求。

2019 年 10 月 31 日，党的十九届四中全会通过决定：除国家重大项目外，全面禁止围填海。

综上所述，2012 年是里程碑式的年份，相关政策实现了重大的突破，管控政策和措施的综合性得到加强，管控力度和政策效力得到显著提升。尤其是中共十八大以来，“绿水青山就是金山银山”的理念逐渐深入人心，国家在生态文明顶层设计和制度体系建设方面加快推进。例如，2015 年 4 月，《中共中央 国务院关于加快推进生态文明建设的意见》明确了生态文明建设的总体要求、目标愿景、重点任务和制度体系；2015 年 9 月，进一步出台了《生态文明体制改革总体方案》，提出健全自然资源资产产权制度、建立国土空间开发保护制度、完善生态文明绩效评价考核和责任追究制度等制度，使得生态文明建设有了制度依据；2016 年，联合国环境规划署发布《绿水青山就是金山银山：中国生态文明战略与行动》报告，标志着中国绿色发展开始为世界贡献中国方案。海岸带区域上述一系列政策措施的出台、实施以及生态修复工程的推进，恰是国家在生态文明顶层设计和制度体系建设方面的重要体现和典型缩影。

18.1.3 管控政策对大陆海岸线的保护成效初现

综合分析前述第 6 至 11 章的内容，可以发现中国大陆海岸线变化在 2015 年前后发生了较为重要的转折，具体表现包括：大陆海岸线的总长度在 2015 年之后趋于稳定少变(图 6.2)；大陆海岸线的开发利用类型结构在 2015 年之后趋于稳定(图 6.24)；大陆海岸线开发利用程度综合指数在 2015 年之后的变化甚微(表 7.2)；2015～2020 年间海岸线平均变化速率大幅下降，明显低于其他各个时间阶段(图 8.4)；2015～2020 年间大陆沿海向海扩张的面积急剧下降，陆地面积净增长量仅为 222 km^2，陆地面积增长指数仅为 0.01 km^2/km，岸线变化距离当量也仅为 12.29 m/km，明显低于其他各个时间阶段(表 9.2)；大陆海岸线分形维数 2020 年与 2015 年相比仅有微弱的增长(图 10.2)；大陆沿海海湾的海岸线结构(自然岸线占比)、海岸线开发利用程度指数、海湾平面面积、海湾平面形状指数、海湾重心位移等多个指标也均有力显示 2015 年前后是海湾形态变化的“拐点”。将这些重要的事实与近十年间国家层面海岸带管控政策的密集发布以及生态保护与修复工程的推进相联系，可以判断，一系列政策措施的密集出台和生态保护与修复工程的实施已经显著促进了中国海岸带区域资源、环境和生态的好转，2015 年前后大陆海岸线和海湾形态特征众多具体指标的变化趋势迎来“拐点”，这些已经构成非常有力的证据。

18.2 加强大陆海岸线保护的政策与对策建议

我国海岸带空间范围广阔，大陆海岸线漫长，海岸带生态系统复杂多样，自 20 世纪 40 年代以来的 80 年间，尤其是最近的几十年间，主要受到人类活动的影响，大陆海岸线发生了急剧的变化。最近十年间出台的一系列政策措施和实施的生态修复工程初步取得了成效，大陆海岸线变化迎来“拐点”，开始向好转变，在这种形势下，提出未来时期进一步加强大陆海岸线保护的政策与对策建议。

18.2.1　进一步加强海岸带监测和科学研究

1. 持续开展大陆海岸线变化动态监测，积累长时序监测数据

1) 发挥国产遥感数据优势，对海岸线变化进行高精度、高频度动态监测

海岸线对海平面上升、海岸侵蚀、港湾淤积、湿地生态资源和近海海域环境等具有重要的指示作用(崔红星等，2020)。遥感监测技术具有覆盖范围广、重访周期短等特点和优势，能够弥补常规海岸线测量方法的缺点，快速获取海岸线动态变化信息(杨晓梅等，2002)。基于多时相遥感影像开展海岸线变化监测，有利于掌握海岸线的分布情况和时空变化特征，为海岸带资源开发及生态系统保护等提供数据支持和技术支撑(徐进勇等，2013；杨继文等，2020)。过去很长一段时间内，我国在中高分辨率卫星遥感数据方面过于依赖国外商业卫星，在一定程度上限制了岸线变化遥感监测领域的发展(蔡建楠等，2018)。近年来，随着一系列国产卫星，尤其是高分系列卫星的相继发射，国产卫星数据现已成为环境监测、海洋生态、灾害监测的重要数据来源。目前，国产卫星在种类、波段覆盖范围、光谱分辨率、空间分辨率、重访周期等方面已经达到国际领先水平。例如，20 余颗高分系列卫星的陆续发射，已基本解决高分辨率遥感卫星影像的需求(郭雅，2019)。因此，今后海岸线变化监测在数据选取方面应综合多源遥感数据尤其是国产遥感数据的优势，尝试将多源遥感数据进行融合，实现对包括围填海、海岸工程、海岸侵蚀、岸滩自然演化、岸带资源开发利用等监测对象(目标)的高精度、高频度动态监测分析。

2) 综合运用大数据、云计算等技术，提高海岸线变化分析的精度和效率

随着地球观测卫星数量、种类的不断增多，当前可获取的遥感数据已经达到了一定的量级，具备了在地区尺度甚至全球尺度长时序研究的数据基础。然而，在对大空间尺度、长时间序列的岸线时空变化分析时，传统的遥感数据下载及处理存在数据获取受限、效率低、耗费大量人力物力等缺点(楚丽霞，2019)。如何合理使用开放多源数据库，提高处理海量数据效率，综合分析多领域数据并解决相应的科学问题已成为遥感卫星数据处理领域的研究前沿与热点。近年来大数据技术的蓬勃发展，使研究人员较容易地访问和处理海量遥感数据成为可能。数据立方(data cube)、深度学习(deep learning)、机器学习(machine learning)及满足综合分析利用的云平台在高效处理获取海量数据方面展现出极大的技术优势(Sudmanns et al.，2019)。例如，遥感云平台能够提供在线处理，便捷调用多种数据库，运算效率高，可为海岸线时空变化监测分析提供新的机遇与研究视角。随

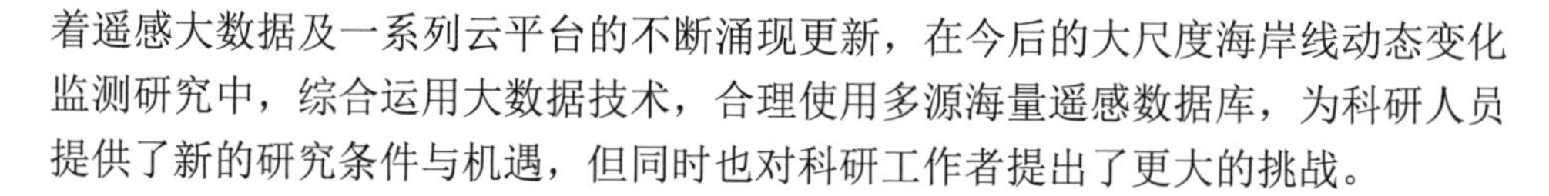

着遥感大数据及一系列云平台的不断涌现更新，在今后的大尺度海岸线动态变化监测研究中，综合运用大数据技术，合理使用多源海量遥感数据库，为科研人员提供了新的研究条件与机遇，但同时也对科研工作者提出了更大的挑战。

2. 加强海岸带资源、环境、生态综合调查和多学科系统监测

2015 年《中共中央 国务院关于加快推进生态文明建设的意见》指出“实施严格的围填海总量控制制度、自然岸线控制制度，建立陆海统筹、区域联动的海洋生态环境保护修复机制。”中共十九大报告明确提出实施区域协调发展战略，并要求“坚持陆海统筹，加快建设海洋强国”。由此可见，我国在顶层设计层面已经意识到陆海统筹对于海岸带生态环境监测、保护的重要性。海岸带是海洋系统和陆地系统复合交叉的地理单元，是受海陆相互作用的独特环境体系，其内部系统之间存在着密切的联系(文超祥和刘健枭，2019)，对于这种特殊的地理空间单元进行系统监测充满了挑战。在这种背景下，加强海岸带资源、环境、生态综合调查和多学科系统监测，无疑具有重要的现实意义。今后的海岸带系统监测研究，需强调陆、滩、海兼顾，进行多学科、多尺度、高精度、高频度调查和监测，获取多学科系统性的、动态性的监测数据，为进一步探索海岸带生态系统的特殊性提供详实的数据支撑，为海岸带合理的空间规划提供科学依据。

3. 加强海岸带系统多学科科学研究，促进海岸带科学体系发展

近年来，我国海岸带调查研究不断加强，在陆海相互作用、海平面变化与预测、海岸带生态灾害防治等领域取得了重要进展，为海岸带地区新城区规划、重大工程建设、生态保护修复等提供了重要数据及技术支撑。但当前中国海岸带综合调查尚存在一些问题，主要有系统性不足，如对地质作用过程与致灾机理研究较弱；对于新兴技术的应用不足，忽视长期观测和系统评估(杜晓敏等，2020)。此外，聚焦区域资源环境问题不够，没有形成支撑生态修复、支撑自然资源管理的科学体系。因此，在海岸带这一特殊的地理空间，开展多学科交叉融合，进行系统性、综合性的研究显得尤为重要。目前，多时空尺度海岸线变化的资源、环境和生态效应及其修复措施已成为海岸带科学研究的重点之一。研究中不仅涉及地理学、海洋学，还包括环境科学、生态学、测绘科学、遥感学、生物学、工程学、管理学等多个学科门类。如何将多学科理论体系、技术方法有机结合，形成海岸带系统科学，是当前海岸科学研究领域面临的巨大挑战。

18.2.2 加强海岸线保护和修复，促进海岸带生态系统可持续性发展

1. 进一步在法律与政策层面强化和提升海岸带的地位

近几十年我国沿海地区经济快速发展，海岸线开发利用强度不断加大，随即带来了海岸线生态功能退化、自然岸线长度及海岸景观遭到破坏等诸多问题(侯西勇等，2016b)。海洋生态红线是海洋生态安全的底线。海洋生态红线的划定需充分考虑保住底线的原则，即以海洋自然属性为基准，在维持海洋生态功能基础上，明确海洋生态保护、海洋环境质量底线，为未来海洋产业和社会经济发展留有空间。自然岸线是海洋最重要的自然属性之一，因此自然岸线的保有率成为海洋生态红线划定的重要参考。2016 年 11 月，中央全面深化改革领导小组会议通过的《海岸线保护与利用管理办法》(以下简称《办法》)是我国专门针对海岸线保护与利用的首部规范性文件，对新形势下的海岸线保护与合理利用提出了涉及自然岸线保有率管控、岸线分类保护、岸线整治修复等内容的全面要求。《办法》中明确指出，到 2020 年，全国自然岸线保有率不低于 35%(不包括海岛岸线)，且整治修复后具有自然海岸形态特征和生态功能的海岸线须纳入自然岸线管控目标管理。此外，为贯彻落实《办法》中关于自然岸线保有率管控目标的要求，2017 年 5 月由国家海洋局印发的《海岸线调查统计技术规程(试行)》首次在自然岸线中加入了具有自然岸滩形态和生态功能的岸线，以便于将其纳入自然岸线保有率计算中。国家立法、地方落实，加强海岸线保护与利用管理、实现自然岸线保有率管控目标，是构建科学合理的海岸线格局、促进海岸带可持续发展的必由之路。

2. 促进和提升海岸带管理措施层面的科学性和系统性

海岸建设退缩线作为一项有效的管理手段已在国际上广泛使用，其对于平衡滨海城市资源开发利用需求与沿海生态保护要求、平衡现实建设与预留发展空间需求、平衡安全防护与亲水景观需求、维持海岸带地区健康可持续发展有重要意义。在海岸建设退缩线的研究与应用中，最为关键的问题是如何确定退缩宽度(贾俊艳等，2013)。尽管在世界范围内海岸建设退缩线已经被广泛应用，例如，美国三分之二的沿海采取退缩线制度来管理海岸带开发活动，联合国环境规划署推荐使用 100 m 作为地中海沿岸国家统一的退缩距离(Sanò and Medina，2010)，但是确定退缩距离并没有统一的方法。我国海岸线绵长，各近海城市现状基础水平参差不齐，发展需求多种多样，导致退缩线标准难以统一。建议综合考虑自然过程、海岸带类型、社会经济特征、法律体系、相关方利益等多种因素作为退缩距离的确定依据；建立以海岸线为基准，向陆、向海分别设定退缩距离、退缩空间的海

岸带双向退缩线制度，强调对海岸线类型与特征、海岸带人类活动的类型与特征进行关联分析，因地制宜，设定基于分级与分类管控的退缩线距离；从多维影响机制出发，建立分级分类的评估体系，并进一步探讨该体系在海岸带管控方面的应用。针对无退缩要求的岸段，建议通过经济手段调控、引导、规范海岸使用方式，并实行海岸线有偿使用制度、生态补偿制度。在岸线使用方面征收多种费用，如区块租金、招标费、产值税等；在海岸带开发利用中，根据使用的不同地理位置，采取不同收费标准(胡斯亮，2011)。

此外，亟待提升和加强由社区到城市层面的海岸带综合管理。我国的海岸带综合管理实践 1994 年始于厦门，积累了大量的经验。厦门作为唯一一个城市案例被写入 2020 年 6 月发布的全球《海洋综合管理》蓝皮书，“立法先行、集中协调、科技支撑、综合执法、公众参与”的海岸带综合管理经验和做法已被总结为“厦门模式”。建议各沿海城市相互学习，积极探索并提高海岸带综合管理能力，例如，将整个海岸带空间作为管理对象，基于生态系统的海岸带管理，因地制宜，形成更多的海岸带特色综合管理模式。

3. 加强重点区域海岸线和海岸带生态系统保护与修复

随着海洋生态文明建设的持续推进和建设海洋强国的必然要求，我国加强了对海岸带生态环境保护和修复工作力度，出台了《关于进一步加强海洋生态保护与建设工作的若干意见》《关于开展海域海岛海岸带整治修复保护工作的若干意见》等政策意见，对海岸带生态修复提出了具体修复原则、修复目标，明确了主要修复措施。党的十九大报告指出坚持陆海统筹，加快建设海洋强国，实施重要生态系统保护和修复重大工程，优化生态安全屏障体系，构建生态廊道和生物多样性保护网络，提升生态系统质量和稳定性。近年来，国家和地方实施了很多海岸带生态修复工程和项目，如海域海岸带整治修复专项、“蓝色海湾”整治行动、“南红北柳”生态工程、“银色海滩”岸滩修复工程等。目前我国海岸带生态修复主要存在的问题包括：海岸带生态理念贯彻不够深入、缺乏系统思维方法进行陆海一体化综合施策以及修复效果监测及评价不够充分(于小芹和余静，2020)。建议进一步通过保护或恢复河口、泥滩、红树林、海草床、珊瑚礁等海岸带自然生态系统，遏制海洋环境污染，保护海洋环境，促进沿海区域湖泊-河流-海洋栖息地之间的生态连通性；通过修复自然岸线、恢复湿地、退堤(池)还海等一系列措施，推进海岸带生态系统的恢复和修复，提升海岸带生态系统抵御气候灾害的能力。

18.2.3　科学制定和有序推进海岸带区域的国土空间规划

1. 陆海统筹科学规划海岸带空间

构建科学、合理的国土空间规划指标体系，有助于加强空间规划的引导和管控能力，落实生态文明建设、海洋强国建设(周桢津，2019)。海岸带是独特而重要的国土空间，合理的国土空间规划对其发展方向具有重要意义。陆海空间规划体系存在较大差异：以陆域为主的海岸带空间规划对于海洋的重要性考虑不够全面，仅将其作为陆域城市的界线和一种独特的景观资源进行片面考量；而以海洋为主的海岸带空间规划多是简单对沿海区域划定刚性保护区，无法有效的对其进行环境保护，且对陆域规划也难有促进作用(李孝娟等，2019)。此外，由于各部门规划编制原则、依据、空间布局及规划周期等方面的差异，加上缺乏相互融合的数据平台，科学合理的海岸带区域空间规划落地比较困难。因此，急需加强科学、技术与管理的融合，进行跨学科的交流与合作以解决规划编制与落地工作。可借鉴荷兰、日本、美国等发达国家在海岸带空间规划实践中的有益经验，结合我国海岸带特点，构建陆海统筹的空间规划体系、重视海岸带分区管理和分区利用、注重科学分类和土地利用矩阵的应用等(文超祥等，2018)。此外，在倡导生态文明建设的背景下，为构建陆海统筹、“多规合一”的指标体系，有必要把海岸线资源保护与修复作为重要目标，将涉及海岸带的指标体系进行专门深入的研究。

2. 严格管控存量滩涂海域的使用

关于围填海审批流程，应重视围填海项目利益相关方协调与平衡，同时发挥科研优势，建立海岸、波浪、海底地形、行洪安全、潮汐、生态系统服务等数学、物理、生态、环境模型对围填海造地进行各方面的综合评价。可借鉴日本及荷兰围填海审批许可经验，提交审批前，应用综合模型对拟围填项目进行经济、灾害、环境、生态综合评价，并完成利益相关者之间的协调。项目审查过程中，应通过公示征求公众意见，并征求项目所在区、社区基层管理部门、环保部门、地方公共团体和其他相关机构的意见，并对意见做出评价。对项目利益相关者处理、填海范围与面积、公共空间保证、围填海收费、施工与使用年限等方面，应加强许可认可申请制度(孙丽，2009)。对在建围填海工程，可参考日本对围填海工程的平面设计方式(胡斯亮，2011)：在围填海布局上，工程项目内部考虑采用水道分割，避免采用整体、大面积连片填海的格局；在岸线形态上，考虑采用曲折的岸线走向，避免采取截弯取直的岸线形态。

3. 加强已围填区域的恢复和治理

对历史围填海区域进行环境生态评估和分类，因地制宜，采取相应的措施，避免生态环境进一步恶化。坚持自然恢复为主、人工修复相结合的原则，通过加大各级财政支持，推进围填海区域及其周边海域环境和生态的恢复与重建工作(侯西勇等，2018)。在环境生态损害巨大的区域或围填海工程实施后的废弃区域，应重点强化生态修复、补救性措施，实施退围还湿地(还滩)工程，保证海岸带区域可持续发展。加强对退围还湿区域沿岸开发活动的评估，确保海岸恢复效果。建议政府部门协同科研机构、民间环保组织制定退围还湿计划，确定实施区域、实施目标、实施方案及监督措施等。退围还湿具体措施可借鉴荷兰和美国的相关经验(胡斯亮，2011；张明祥等，2015)，例如：恢复和维护自然变化的海岸线、通过在围填区域养育和培育沙岛来吸引鸟类和鱼群、恢复河口三角洲，强化海岸作为众多海洋生物栖息地的功能、增加河道宽度和流量，扩大沿岸的“开放水域”、在长期、翔实的本底调查和科研监测的基础上，进行滨海湿地保护管理、栖息地恢复。

18.3 本章小结

本章主要梳理了最近 10 余年国家层面在围填海管控、海岸线保护、海岸带空间可持续管理与科学利用、海岸带生态修复等方面重大政策措施的发展过程，并联系前述章节中针对中国大陆海岸线和沿海海湾形态变化特征进行深入研究而发现的若干指标在 2015 年前后迎来“拐点”的重要结论，证实近十年国家密集出台的海岸带管控政策和措施已经在大陆海岸线保护方面初步显现出成效。在此基础上，着眼未来时期，从进一步加强海岸带监测和科学研究，加强海岸线保护和修复、促进海岸带生态系统可持续发展，科学制定和有序推进海岸带区域的国土空间规划 3 个方面出发，提出加强大陆海岸线保护的政策与对策建议。

参考文献

蔡建楠, 何甜辉, 黄明智. 2018. 高分一、二号卫星遥感数据在生态环境监测中的应用. 环境监控与预警, 10(6):16-22.

楚丽霞. 2019. 利用遥感卫星数据云平台研究人类活动对沿海环境的影响. 北京: 中国地质大学(北京).

崔红星, 汪驰升, 杨红, 等. 2020. 近 40 年苏北海岸线时空动态变迁分析. 海洋环境科学, 39(5): 694-702, 708.

杜晓敏，周平，常勇，等. 2020. 美国海岸带综合地质调查进展及其对中国海岸带研究的启示. 地质通报, 39(Z1):414-423.

郭雅. 2019. 基于国产卫星的海上变化性目标物遥感监测应用研究. 北京：中国地质大学(北京).

侯西勇，刘静，宋洋，等. 2016a. 中国大陆海岸线开发利用的生态环境影响与政策建议.中国科学院院刊, 31(10):1143-1150.

侯西勇，徐新良，毋亭，等. 2016b. 中国沿海湿地变化特征及情景分析. 湿地科学，14(5): 597-606.

侯西勇，张华，李东，等. 2018. 渤海围填海发展趋势、环境与生态影响及政策建议. 生态学报，38(9): 3311-3319.

胡斯亮. 2011. 围填海造地及其管理制度研究.青岛：中国海洋大学.

贾俊艳，何萍，钱金平，等. 2013. 海岸建设退缩线距离确定研究综述. 海洋环境科学，32(3): 471-474.

李孝娟，傅文辰，缪迪优，等. 2019. 陆海统筹指导下的深圳海岸带规划探索. 规划师，35(7): 18-24.

孙丽. 2009. 中外围海造地管理的比较研究. 青岛：中国海洋大学.

文超祥，刘健枭. 2019. 基于陆海统筹的海岸带空间规划研究综述与展望. 规划师, 35(7): 5-11.

文超祥，刘圆梦，刘希. 2018. 国外海岸带空间规划经验与借鉴. 规划师, 34(7): 143-148.

徐进勇，张增祥，赵晓丽，等. 2013. 2000～2012 年中国北方海岸线时空变化分析. 地理学报，68(5): 651-660.

杨继文，刘欣岳，邓蜀江. 2020. 基于多时相遥感影像的海岸线变化监测研究. 测绘与空间地理信息, 3: 107-108, 112.

杨晓梅，周成虎，骆剑承，等. 2002. 我国海岸带及近海卫星遥感应用信息系统构建和运行的基础研究. 海洋学报(中文版), 24(5): 36-45.

于小芹，余静. 2020. 我国海岸带生态修复的政策发展、现状问题及建议措施. 中国渔业经济，38(5): 8-16.

张明祥，鲍达明，王玉玉，等. 2015. 美国旧金山湾滨海湿地保护与管理的经验及启示. 湿地科学与管理, 11(1): 24-28.

周桢津. 2019. 市县乡级国土空间规划指标体系研究——以长沙市为例. 南京：南京大学.

朱高儒，许学工. 2011. 填海造陆的环境效应研究进展. 生态环境学报, 20(4): 761-766.

Sudmanns M, Tiede D, Lang S, et al. 2019. Big Earth data: disruptive changes in Earth observation data management and analysis? International Journal of Digital Earth, 13(7): 832-850.

Sanò M，Medina M R. 2010. Coastal setbacks for the Mediterranean: a challenge for ICZM. Journal of Coastal Conservation, 14:33-39.

附　表

附表1　1940s大陆海岸线信息提取的数据源

序号	图幅编号	图名	年份
1	nf49-10	湛江	1944
2	nf49-11	电白	1943
3	nf49-12	赤溪	1944
4	nf49-14	海康/雷州	1944
5	nf50-2	汕头	1943
6	nf50-3	诏安	1937
7	nf50-5	香港	1943
8	nf50-6	陆丰	1943
9	ng50-12	莆田	1943
10	ng50-15	厦门	1943
11	ng50-16	晋江	1945
12	ng50-8	福州	1944
13	ng51-1	瑞安	1944
14	ng51-5	霞浦	1944
15	nh51-1	上海(西)	1916
16	nh51-10	鄞县	1944
17	nh51-13	永嘉	1944
18	nh51-14	松门	1944
19	nh51-2	上海(东)	1945
20	nh51-5	杭州	1937
21	nh51-6	定海	1944
22	nh51-9	慈溪	1944
23	ni50-4	莒县	1944
24	ni50-8	东海	1944
25	ni51-1	灵山卫	1937
26	ni51-13	南通	1943
27	ni51-14	吕四镇	1945
28	nj50-11	惠民	1945
29	nj50-12	掖县	1915
30	nj50-3	天津	1944
31	nj50-4	昌黎	1944
32	nj50-7	盐山	1945
33	nj51-10	威海卫	1944
34	nj51-13	青岛	1944
35	nj51-14	靖海卫	1944
36	nj51-2	復县/瓦房店	1932
37	nj51-3	孤山	1904
38	nj51-5	大连	1910
39	nj51-9	烟台	1944
40	nk50-12	临榆/山海关	1932
41	nk51-10	连山/锦西	1944
42	nk51-11	营口	1932
43	nk51-7	锦县	1932
44	nf49-8	中山	1944
45	nf49-9	合浦	1944
46	ni51-5	八滩	1945
47	ni51-9	盐城	1944

附表 2　1990 年大陆海岸线信息提取的数据源

Landsat 卫星影像行列号	成像时间	Landsat 卫星影像行列号	成像时间
118032	19890912	120034	19910831
118038	19890811	120035	19890530/19860918
118039	19870518	120036	19870921
118040	19911020	120043	19921020
118041	19930603	120044	19941111
118042	19930603	121032	19930827
119032	19930525	121033	19910923
119033	19930930	121034	19920824
119034	19890530/19900602	121044	19911009
119035	19890530	121045	19891120
119037	19910723/19870921	122033	19930615
119039	19910723	122044	19901013
119041	19911112	122045	19951230
119042	19890615	123045	19900902
119043	19930626	124045	19911030
120032	19881009	124046	19911030
120033	19900524	125045	19901205

附表 3　2000 年大陆海岸线信息提取的数据源

Landsat 卫星影像行列号	成像时间	Landsat 卫星影像行列号	成像时间
118032	20011229	120035	20000504/20011229
118038	20011229	120036	20011229
118039	20011229	120043	20011229
118040	20011229	120044	20011229
118041	20011229	121032	20011229
118042	20001223/20011229	121033	20011229
119032	20011229	121034	20011229
119033	20011229	121044	20011229
119034	20000504	122033	20011229
119035	20000504	122034	20011229

续表

Landsat 卫星影像行列号	成像时间	Landsat 卫星影像行列号	成像时间
119037	20011229	122044	20011229
119039	20011229	122045	20011229
119042	20001223/20011229	123045	20011229
119043	20011220	124045	20021105
120032	20011229	124046	20010408
120033	20011229	125045	20001224
120034	20000504/20011229		

附表 4　2010 年大陆海岸线信息提取的数据源

Landsat 卫星影像行列号	成像时间	Landsat 卫星影像行列号	成像时间
118032	20091005/20100911	120034	20090715
118038	20090919	120035	20090715/20100913
118039	20090717/20100911	120036	20091003
118040	20090428/20090717	120043	20091003
118041	20090428	120044	20091003
118042	20090428	121032	20100927
119032	20100625	121033	20100911
119033	20100913	121034	20090519
119034	20090606	121044	20090111
119035	20100913	122033	20090830
119037	20090606	122044	20090102
119038	20100524	122045	20090102
119042	20090428/20090606	123045	20090109
119043	20090606/20111220	124045	20090106/20091006
120032	20090715	124046	20100324
120033	20090715	125045	20091006

附表 5　2015 年大陆海岸线信息提取的数据源

Landsat 卫星影像行列号	成像时间	Landsat 卫星影像行列号	成像时间
118032	20150515	120033	20150513/20150522
118038	20150714	120034	20150513
118039	20150714	120035	20150513

续表

Landsat 卫星影像行列号	成像时间	Landsat 卫星影像行列号	成像时间
118040	20150714	120036	20150513
118041	20150714	120044	20150801
118042	20150803	121032	20150504
119032	20150609/20150515	121033	20150605
119033	20150522	121034	20150504/20150513
119034	20150927	121044	20150719
119035	20150927	122033	20150612
119037	20151013	122044	20150119
119039	20150522	122045	20151018/20150416
119041	20150925	123045	20150416/20150416
119042	20151013	124045	20150117
119043	20150319	124046	20150930
120031	20150513	125045	20150414
120032	20150513		

附表 6　2020 年大陆海岸线信息提取的数据源

Landsat 卫星影像行列号	成像时间	Landsat 卫星影像行列号	成像时间
118032	20200410	120033	20200323
118033	20200410	120034	20200323
118038	20200222	120035	20200323
118039	20191204/20200222	120036	20200323
118040	20191204	120043	20200316
118041	20200410	120044	20200220
118042	20200417	121032	20200323
119032	20200401	121033	20200314
119033	20200323	121034	20200323
119034	20200401	121044	20200415
119035	20200323	121045	20200218
119037	20200112	122033	20200305
119039	20200316	122044	20200218
119041	20200417	122045	20200413
119042	20200417	123045	20200131/20200413
119043	20200417	124045	20200131/20200223
119044	20200316	124046	20200131
120032	20200323	125045	20200223

附表 7　中国大陆海岸带 135 个空间单元划分

省(区、市)	编号	地名	省(区、市)	编号	地名
辽宁	1	丹东东港市	山东	35	烟台莱州市
	2	丹东东港市		36	烟台莱州市-烟台招远市
	3	大连庄河市		37	烟台龙口市
	4	大连庄河市		38	烟台蓬莱区
	5	大连普兰店区		39	烟台市辖区
	6	大连市辖区		40	烟台市辖区
	7	大连市辖区		41	烟台市辖区-威海市辖区
	8	大连市辖区		42	威海市辖区
	9	大连瓦房店市		43	威海荣成市
	10	大连瓦房店市		44	威海荣成市
	11	大连瓦房店市		45	威海荣成市
	12	大连瓦房店市		46	威海乳山市
	13	营口市盖州市		47	烟台海阳市
	14	盘锦市辽河		48	烟台海阳市-青岛即墨区
	15	锦州市凌海市		49	青岛即墨区-青岛市辖区
	16	葫芦岛市辖区		50	青岛市辖区
	17	葫芦岛市兴城市		51	青岛黄岛区
	18	葫芦岛市绥中县		52	青岛黄岛区-日照市辖区
河北	19	秦皇岛市辖区		53	日照市辖区
	20	秦皇岛抚宁区-昌黎县	江苏	54	连云港市赣榆区
	21	秦皇岛昌黎县-唐山乐亭县		55	连云港市辖区
	22	唐山乐亭县-曹妃甸区		56	连云港灌云县-盐城响水县
	23	唐山市滦南县		57	盐城市滨海县
天津	24	天津市宁河区		58	盐城市射阳县
	25	天津市辖区		59	盐城市大丰区
天津-河北	26	天津市辖区-沧州市黄骅市		60	盐城大丰区-盐城东台市
河北	27	沧州市黄骅市		61	盐城东台市-南通如东县
山东	28	滨州市无棣县		62	南通市如东县
	29	滨州市沾化区		63	南通通州区-启东市
	30	东营市辖区		64	南通市启东市
	31	东营市辖区		65	南通市启东市
	32	东营市垦利区		66	南通海门区-苏州太仓市
	33	潍坊市寿光市	江苏-上海	67	苏州市-上海市辖区
	34	潍坊市辖区-潍坊昌邑市	上海	68	上海市辖区-南汇区

续表

省(区、市)	编号	地名	省(区、市)	编号	地名
上海	69	上海南汇区-奉贤区	广东	103	揭阳市惠来县
	70	上海奉贤区-上海市辖区		104	汕尾市陆丰市
浙江	71	嘉兴平湖市-海盐县		105	汕尾市辖区
	72	杭州市辖区		106	汕尾市海丰县
	73	宁波市慈溪市		107	惠州市惠东县
	74	宁波慈溪市-宁波市辖区		108	惠州市辖区
	75	宁波市辖区		109	深圳市辖区
	76	宁波奉化区-象山县	香港	110	香港
	77	宁波象山县-宁海县	香港-广东	111	香港-深圳市辖区
	78	台州市三门县	广东	112	深圳市-中山市
	79	台州市临海市	澳门	113	澳门
	80	台州市温岭市	广东	114	珠海市辖区
	81	温州市乐清市		115	江门新会区-台山市
	82	温州市乐清市		116	江门市台山市
	83	温州市辖区-温州瑞安市		117	江门市台山市
	84	温州平阳县-苍南县		118	阳江市辖区
福建	85	宁德市福鼎市		119	阳江市辖区-阳江阳西县
	86	宁德市霞浦县		120	茂名市电白区
	87	宁德市蕉城区		121	茂名电白区-湛江吴川市
	88	福州市罗源县		122	湛江市辖区
	89	福州连江县-福州市辖区		123	湛江市辖区
	90	福州市长乐区		124	湛江市雷州市
	91	福州市福清市		125	湛江市徐闻县
	92	莆田市辖区		126	湛江市徐闻县
	93	泉州市惠安县		127	湛江徐闻县-雷州市
	94	泉州市辖区-泉州晋江市		128	湛江市雷州市
	95	泉州晋江市-厦门市辖区		129	湛江市遂溪县
	96	厦门市辖区-漳州龙海区		130	湛江市廉江市
	97	漳州市漳浦县	广西	131	北海市合浦县
	98	漳州市云霄县		132	北海市辖区-合浦县
	99	漳州市诏安县		133	北海合浦县-钦州市辖区
广东	100	潮州市饶平县		134	钦州市辖区-防城港市辖区
	101	汕头市辖区		135	防城港市东兴市
	102	汕头潮阳市-揭阳惠来县			

附　　图

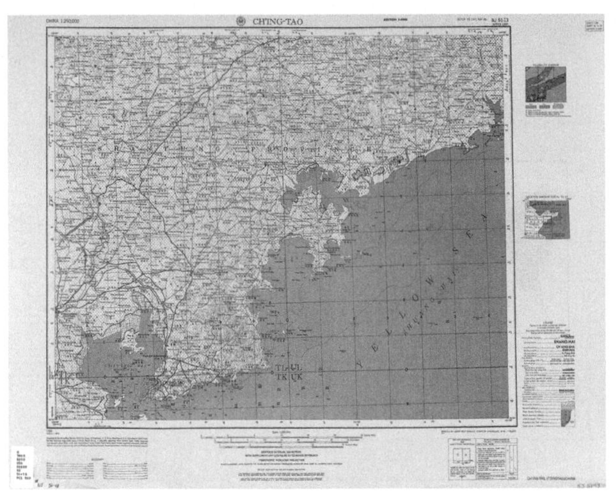

(a)

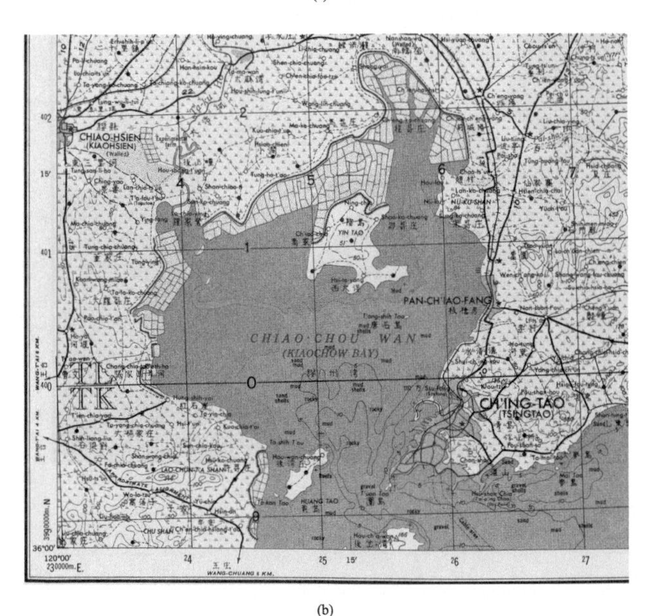

(b)

附图 1　沿海 1∶25 万地形图示例(青岛幅：整体概貌与局部细节)

地名英文名与原资料保持一致

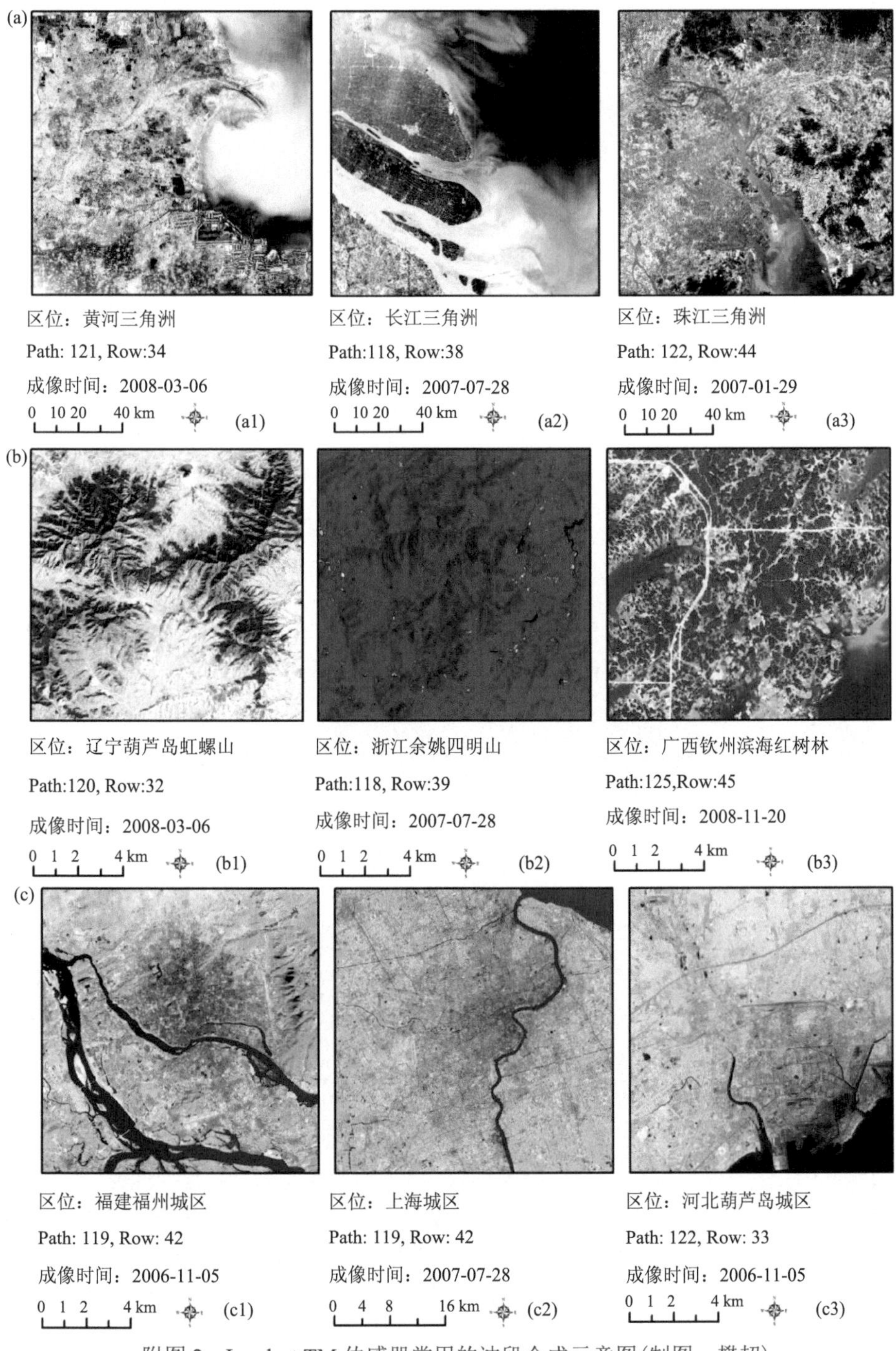

附图 2　Landsat TM 传感器常用的波段合成示意图(制图：樊超)

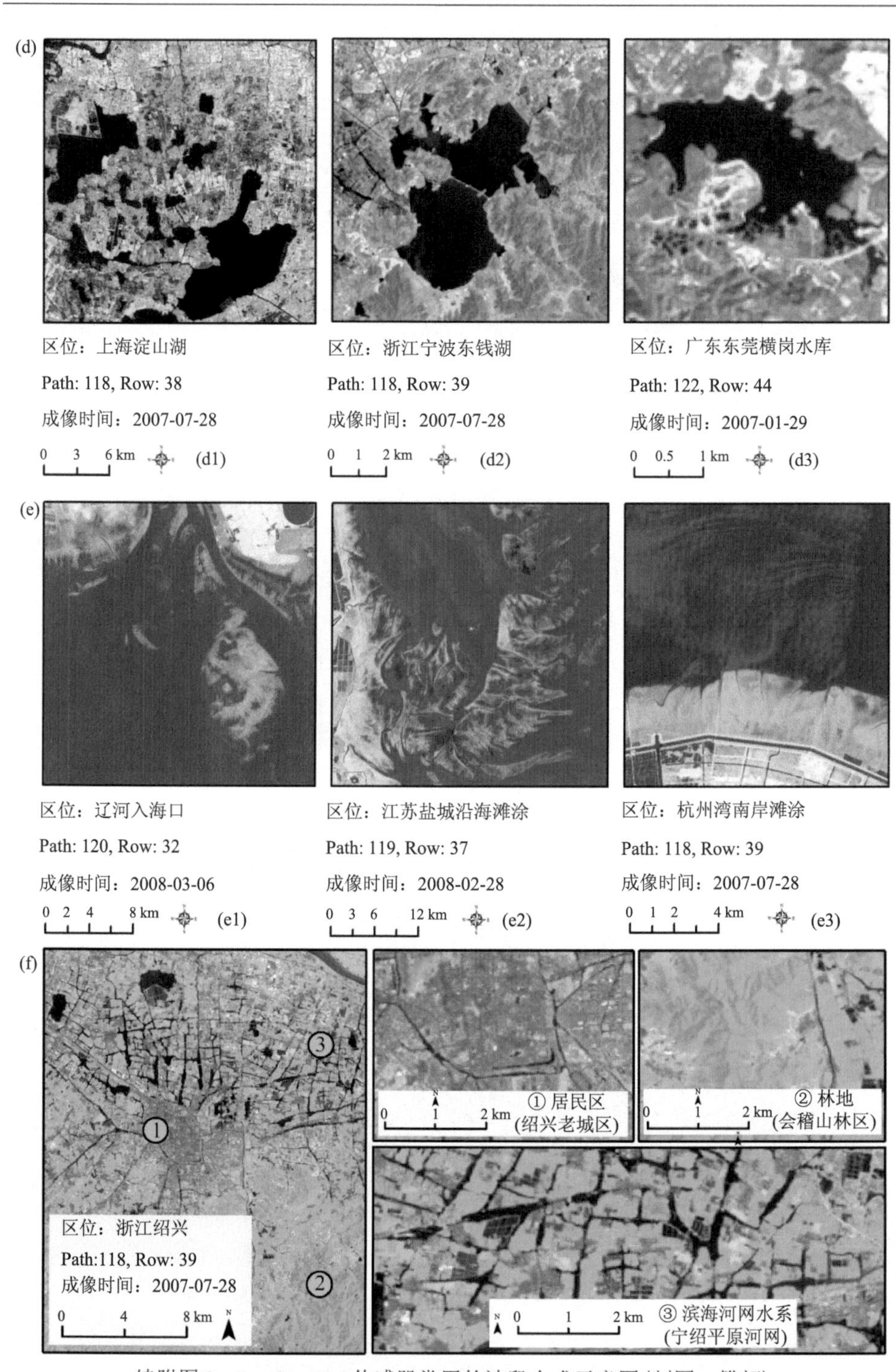

续附图 2　Landsat TM 传感器常用的波段合成示意图(制图：樊超)

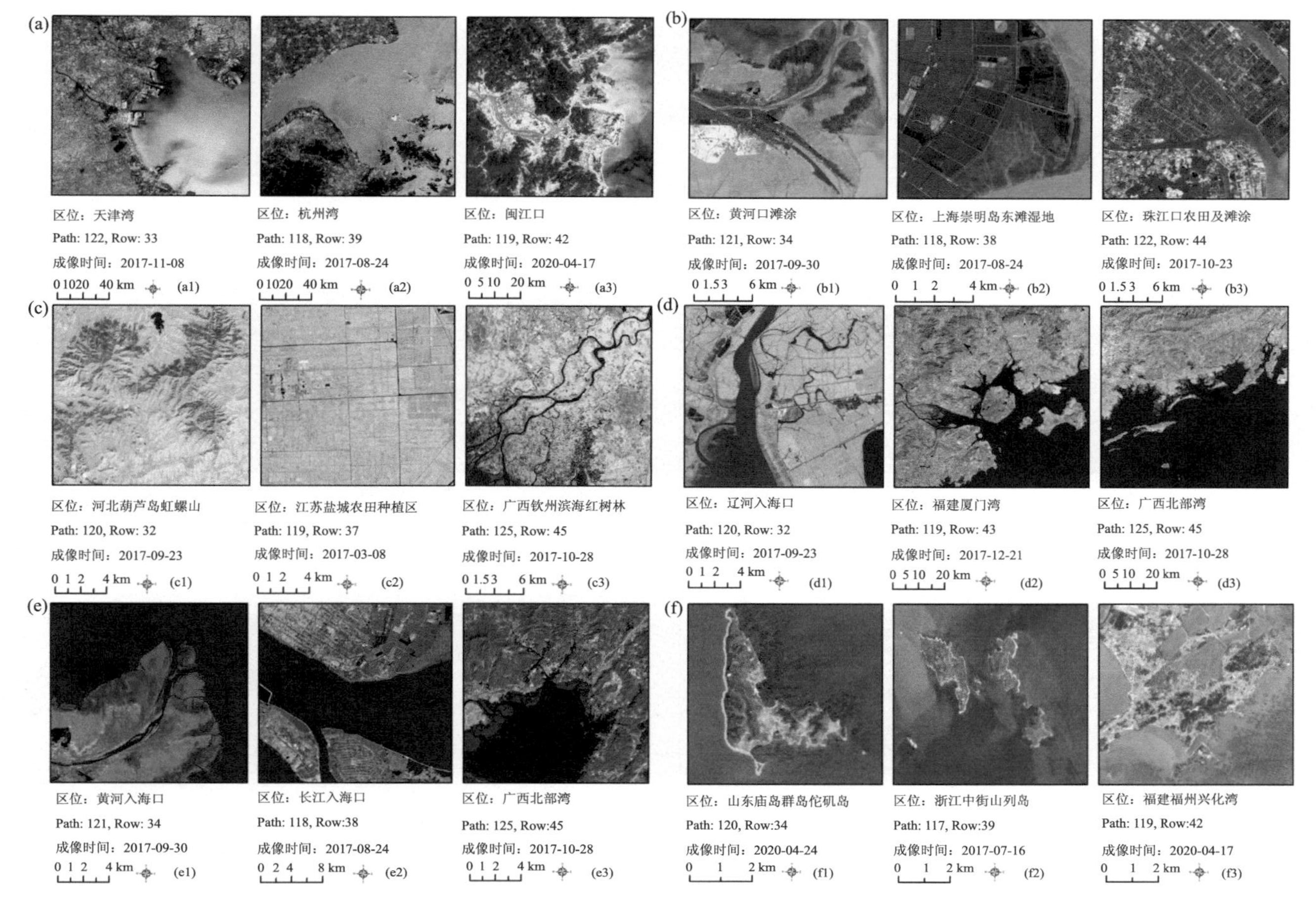

附图 3　Landsat OLI 传感器常用的波段合成示意图(制图：樊超)

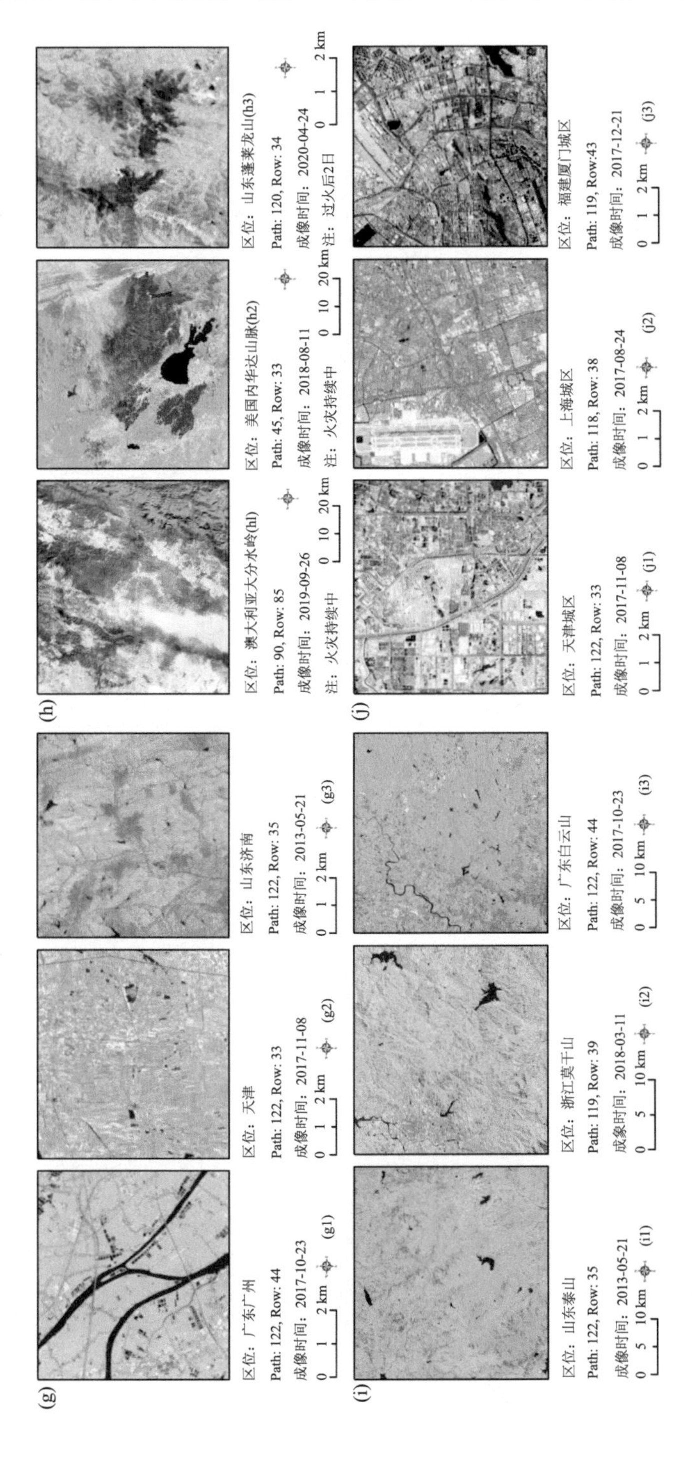

续附图 3　Landsat OLI 传感器常用的波段合成示意图(制图：樊超)

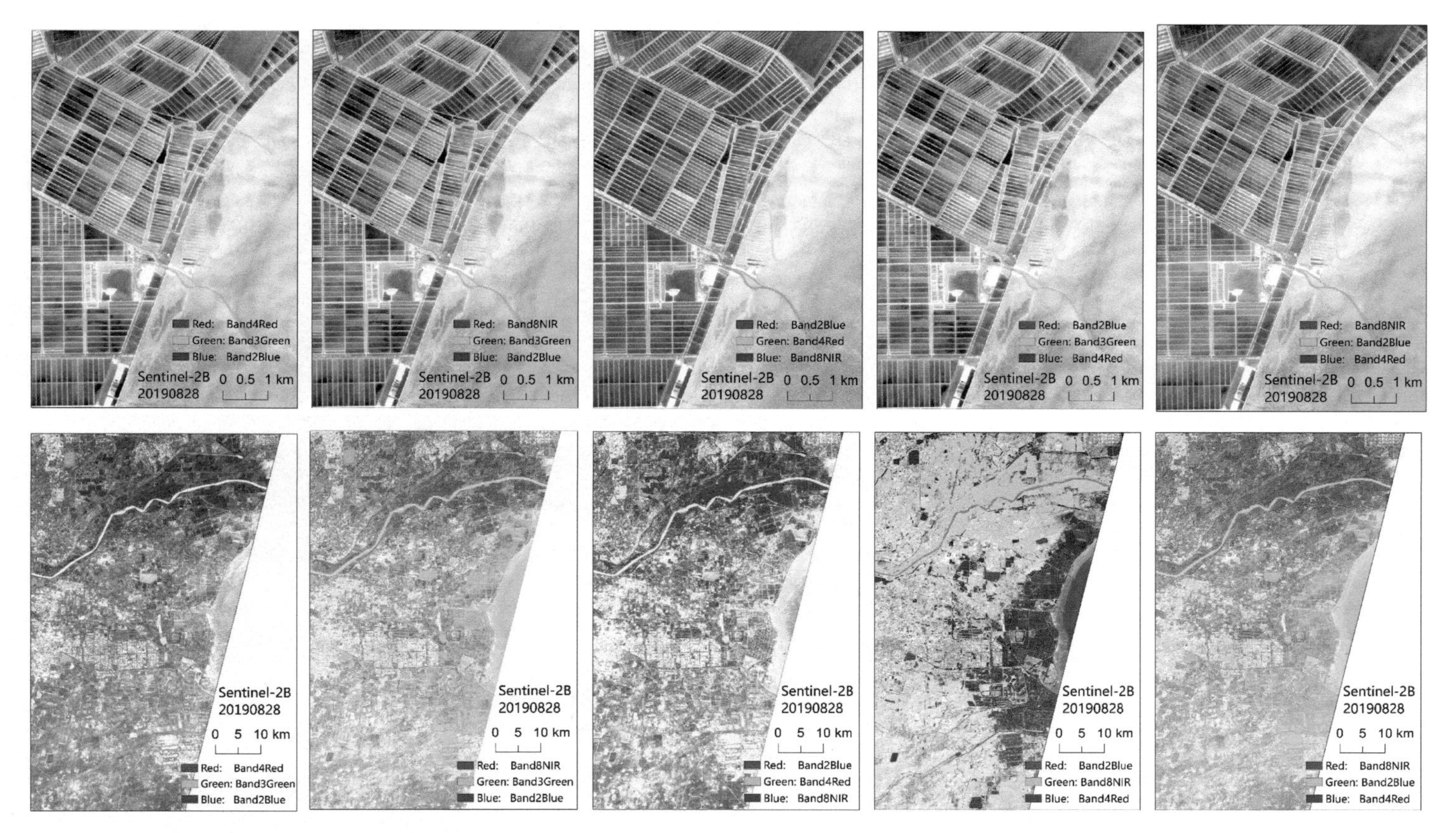

附图 4 哨兵-2B 影像不同波段组合效果（以莱州湾西岸为例）（制图：侯西勇）

附图5 主要自然岸线的遥感判读标准与现场照片

(a1)基岩海岸 Landsat OLI 影像，大连甘井子区；(a2)砂砾质海岸 Landsat OLI 影像，徐闻县角尾乡；(a3)有陡崖的砂砾质海岸 Landsat OLI 影像，福建漳州市漳浦县；(a4)淤泥质海岸 Landsat OLI 影像，浙江温州苍南县金乡镇；(a5)红树林海岸 Landsat OLI 影像，防城港市东兴镇；(a6)芦苇海岸 Landsat OLI 影像，上海南汇区；(b1)、(b2)、(b3)、(b4)、(b5)、(b6)分别是(a1)、(a2)、(a3)、(a4)、(a5)、(a6)中绿色亮点位置的现场照片

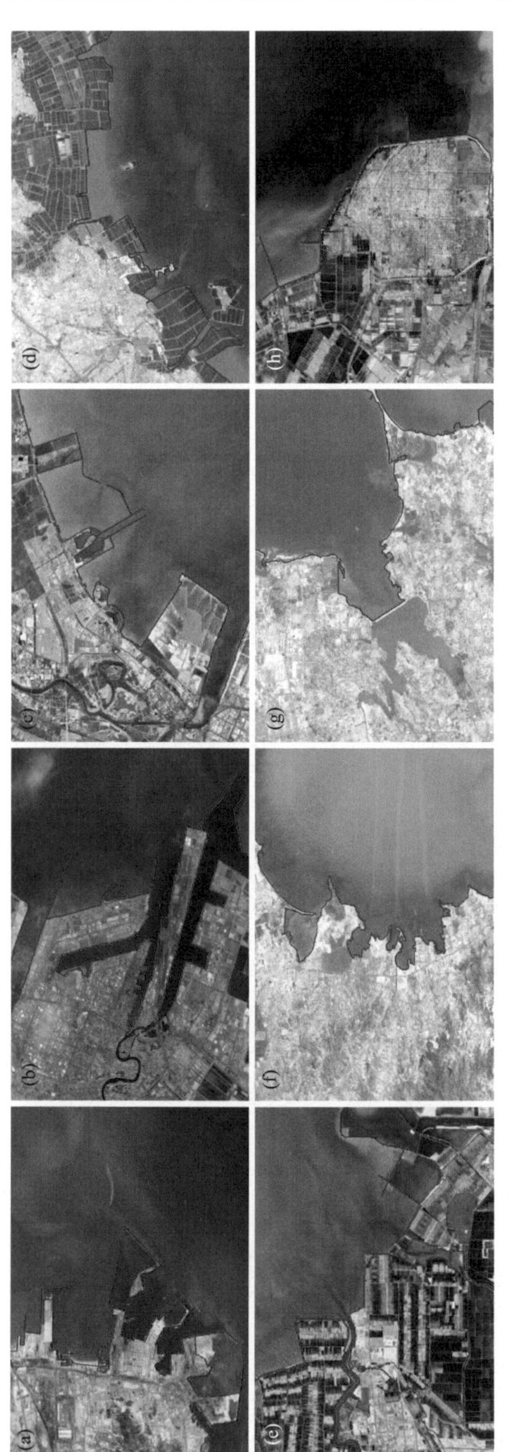

附图6 主要人工岸线的遥感判读标准

(a)丁坝突堤 Landsat OLI 影像；(b)港口码头 Landsat OLI 影像；(c)围垦(中)岸线 Landsat OLI 影像；(d)养殖岸线 Landsat OLI 影像；
(e)盐田岸线 Landsat OLI 影像；(f)交通岸线 Landsat OLI 影像；(g)跨海公路 Landsat OLI 影像；(h)防潮堤 Landsat OLI 影像

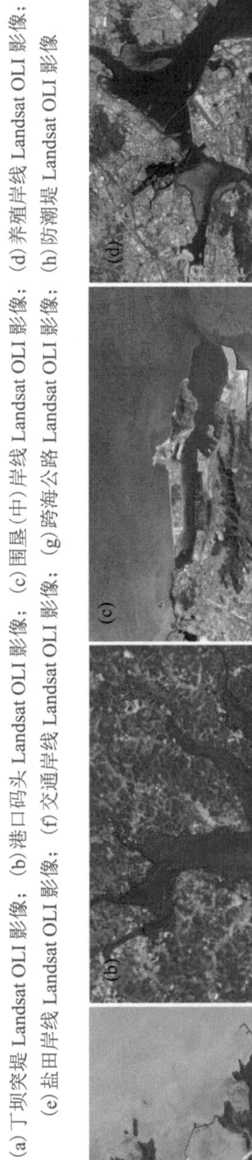

附图7 特殊区域岸线遥感解译标准示例

(a)和(b)河口位置河海分界线的确定；(c)和(d)陆连岛位置大陆海岸线的确定

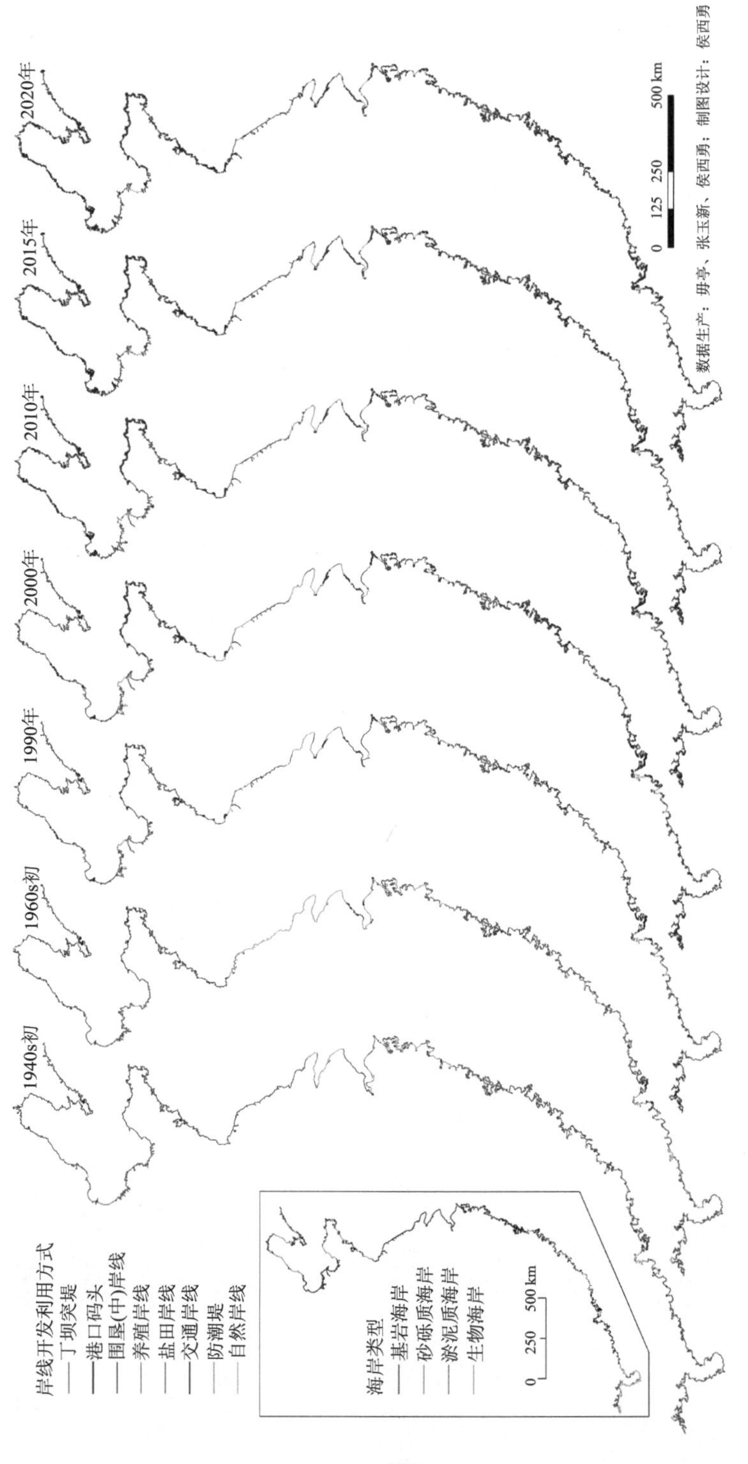

附图8 1940s以来中国大陆海岸线开发利用时空演变